KB274832

환경갈등과 불평등

최병두 지음

우리사회에서 환경문제가 중요한 사회 현안으로 등장한 이후, 이에 관한 많은 연구들이 이루어졌으며, 그 결과물로서도 많은 논문과 단행본들이 출판되었다. 이 책을 펴내면서, 나는 이 책이 이렇게 많은 환경 관련 문헌들 가운데 단지 하나를 더 보태는 정도에 지나는 것이 아닐까 하는 조바심을 가졌다. 그럼에도 불구하고, 출판을 결심한 것은 최소한 두세 가지 측면에서 의의가 있을 것이라는 확신 때문이다. 즉 환경문제에 관한 많은 연구성과에도 불구하고, 첫째 환경문제에 대한 비판적 인식과 대안적 실천이 요구되고 있는 이때, 이 책은 이러한 요구에 다소간 부응할 수 있다는 점과, 둘째 환경문제에 대한 이론적 성찰과 경험적 연구의 연계에 있어 이 책은 이러한 중요성을 상당히 반영하고 있다는 점 때문이다. 여기에 한 가지 의의를 덧붙인다면, 환경문제를 보다 적실하게 이해하기 위해 문제 현상의 관찰범위와 문제 배경에 대한 이해의 깊이를 더할 필요가 있으며, 이 책은 이러한 필요를 어느 정도 충족시키고 있다는 점이다.

이 책은 환경문제를 둘러싼 여러 가지 측면들, 예로 환경담론, 환경기술, 환경정책, 환경운동 등을 비판적으로 인식하고, 이에 대한 대안적 방안들을 모색하고자 했다. 우선, 이 책의 서두에서 나는 환경담론

4

에 함의된 근대성뿐만 아니라 이른바 탈근대성도 비판하고자 했으며, 이들을 결합시키는 대안적 환경담론의 필요성을 강조하였다(서장). 또한 사후적 환경기술(및 산업)의 발달과 사전적 환경기술의 발달 간의 모순을 비판적으로 지적하고, 이러한 모순을 극복하기 위한 과제들을 제시했다(제1장). 유사하게, 국가 환경정책에 대한 유의성과 함께 그 한계에 대한 비판을 제시하고, 그 유의성과 한계를 포괄적으로 극복할 수 있는 대안적 정책을 추구했다(제2장). 환경운동 역시 환경문제의 해결에 큰 의의를 가지지만, 또한 최근 드러나는 바와 같이 많은 문제점들을 안고 있다는 점에서 비판의 대상이 되고 있다. 따라서 이러한 점들을 해소하고 환경운동의 지속적 발전을 위한 방안들을 모색했다(제3장). 또한 이 책은 환경문제에 대한 이론적 고찰과 경험적 분석을 연계적으로 수행하기 위해, 환경갈등과 환경불평등에 관한 이론 또는 개념들에 바탕을 두고 그 사례들을 현실에서 찾아 심층적으로 분석하고자 했다. 이와 같은 심층사례 분석을 위해 채택된 주제는 대구시가 추진하고 있는 위천공단 조성계획을 둘러싼 환경갈등과 서울시내에서 찾아볼 수 있는 여러 가지 양상의 환경불평등이다. 물론 이 두 가지 유형의 사례들에 대한 연구는 단지 경험적으로 심층적인 분석만이 아니라 이론적으로 어떤 함의를 찾기 위한 것인데, 특히 위천공단 조성계획을 둘러싼 사례연구에서는 경제·환경적 모순이 어떻게 사회공간적 갈등으로 전이되었는가를 이론적으로 규명하고자 했으며(제4, 5, 6장), 환경불평등에 관한 사례연구에서는 환경불평등을 개념적으로 유형화하고 발생배경을 이론적으로 추정하고자 했다(제7, 8장). 그리고 이러한 두 가지 의의에 덧붙여, 이 책은 환경관련 연구들에서 매우 중요한 주제들이지만 심도있게 다루어지지 않았던 주제들을 고찰하고자 했다는 점에서 의의를 가진다. 예로, 환경의 탈근대성, 환경불평등이나 환경정의와 같은 개념들은 환경문제에 관한 연구들에서 거의 다루어지지 않았던 주제들이라고 할 수 있다. 특히 생태학에 관한 재인식과 환경정의에 관한 철학적 및 사회이론적 배경에 관한 연구는 앞으로 환경문제에 관한 개

넘적 연구의 핵심이 될 것으로 추정된다(제9장). 이러한 주제들은 환경 문제의 현실을 보다 적실하게 이해하고 또한 어떤 규범적 지향을 찾아갈 수 있도록 우리의 관심의 폭과 깊이를 더해줄 것으로 기대된다.

물론 이와 같이 이 책의 의의에 관한 제시가 이 책에서 모두 완벽하게 실현되었음을 의미하는 것은 결코 아니다. 이 책은 사실 지난 수년간 발표했던 논문들 가운데 나름대로 의의를 가질 뿐만 아니라 책으로 출판되었을 때 그 의의가 확대될 수 있는 논문들을 선정하여 편집한 것이다. 그러나 책의 편집과정에서 몇 가지 문제점들이 드러났고, 이들을 해결하기 위해 상당한 노력이 필요했다. 특히 이 책에 편집된 논문 대부분은 미국 존스 홉킨스 대학에 1년간(1996년 8월~1997년 8월) 교환교수로 가기 이전에 씌어진 것들이다. 이로 인해 원 논문들의 출판 시기가 다소 늦어지게 되었고, 여기에 포함된 자료들을 수정하기 위해 상당한 시간이 추가되었다. 이외에도 이 책이 여전히 많은 문제점들을 내재하고 있을 것으로 우려된다. 출판 이후 이 책의 문제점들에 대해 독자들의 많은 지적을 바라며, 이를 통해 이 책을 수정·발전시킬 수 있는 기회를 가질 수 있기를 바란다.

이 책이 편집·출판되기까지 있었던 많은 분들의 도움에 감사드린다. 우선, 이 책에 편집된 논문들이 본래 게재되었던 여러 학술지들의 편집자들에게 고마움을 표한다. 그리고 이러한 논문들을 새롭게 수정·보완함에서 대구대학교 교내 연구비 지원을 일부 받았음을 밝히고자 한다. 한국공간환경학회와 한국도시연구소는 항상 나의 연구가 지속될 수 있도록 한 자극과 지원의 근원이었다. 거듭 늦어진 원고에도 불구하고 모든 정성으로 책을 편집하고 출판해 준 도서출판 한울의 편집진에게도 감사한다. 단순한 고마움으로는 표현할 수 없는 가족들의 애틋한 정, 그리고 또 다른 의미에서 감사함을 어떻게 표현해야 할지 알 수 없는 많은 독자들의 애정으로 이 책이 출판될 수 있었음을 깨닫는다.

1999년 이른 봄에 지은이 씀

차례

제3부 환경불평등과 환경정의 353

서장

환경의 근대성과 탈근대성*

1. 머리말: 환경위기와 환경담론

오늘 우리는 환경(위기)의 시대에 살고 있다. 물론 인간은 이 지구상에서 존립하게 된 이후 주어진 환경과 부단한 관계 속에서 생활하고 있으며, 인간이 만들어낸 사회 역시 자연환경과 불가분의 관계 속에서 형성·유지·발전·전환되고 있다. 따라서 환경이 인간의 생존 및 사회발전과 언제 어디서나 밀접한 관계를 가지고 있다는 보편적 사실로 보면, 환경에 대한 관심과 논의는 전혀 이상할 것이 없다. 그럼에도 불구하고 오늘 우리는 환경을 불안과 경외의 눈빛으로 바라보며, "환경! 이는 인간 생존의 보금자리요, 사회발전의 터전"이라고 외치고 있다. 이제 환경은 우리 시대의 담론에서 가장 핵심적인 주제로, 실천의 가장 규범적인 덕목으로 자리잡게 되었다.

왜 환경인가? 우리는 이에 대해 우선 세 가지 측면, 즉 물질적, 이데올로기적, 그리고 학술적 측면에서 답할 수 있다. 첫째, 우리 일상생활

---

* 이 논문은 한국공간환경학회 편, 《공간과사회》 9호, 한울, 1997, 31-73쪽에 게재된 바 있다.

을 통해 항상적으로 환경문제를 경험하고 인지하고 있다. 우리의 생활 주변 어디를 둘러보아도 보이는 것은 인공적으로 조성된 환경이거나, 파괴·오염된 환경들이다. 도시는 밀폐되고 불안전한 작업장, 고층아파트로 밀집된 주거지, 자동차들의 물결로 가득한 도로 등으로 구성된다. 자연의 공간은 콘크리트와 아스팔트로 뒤덮인 인공의 공간으로 바뀌었고, 그 공간 속에서 이루어지는 생산과 생활은 엄청난 자원을 소모하고 다양한 폐기물들을 배출하고 있다. 이러한 인공적 공간의 조성과정에서 원지역주민들은 생계 및 주거의 터전을 파괴당하고 쫓겨나게 되었으며, 인공적으로 조성된 공간 속에서 숨쉬는 공기, 마시는 물, 발 딛는 흙은 오염되고, 인간의 신체도, 마음도 오염된 채 고통받게 되었다.

뿐만 아니라 우리는 환경문제에 대한 일상적 체험과 더불어 신문과 TV를 통해, 그리고 서적과 잡지, 보고서 등을 통해 지역적, 국가적, 세계적으로 환경문제가 점점 심화되고 있다는 기사와 설명을 일상적으로 접하게 되었다. 또한 대학마다 붐을 일으키고 있는 환경강좌나 중·고등학교 교과목에 독립 설정된 환경교육, 그리고 다양한 시민단체들이 실시하는 시민환경교실 등을 통해 우리는 환경문제의 심각성을 교육받게 되었다. 이들을 통해, 우리는 지역이나 국가적 차원의 수질오염, 대기오염, 토양오염 등등이 몇 ppm에 달할 정도로 오염되었다는 사실뿐 아니라 일상생활과는 별로 관계가 없는 것처럼 보이는 오존층 파괴, 지구 온난화, 열대림 남벌, 토양유실과 사막화, 생물종의 다양성 감소 등 지구적 환경문제가 급속하게 악화되고 있음을 알게 된다. 이러한 간접적인 경험들을 통해, 우리는 오늘날 환경문제가 개별 인간들의 삶을 고통스럽게 할 뿐만 아니라, 나아가 인류의 위기를 초래하고, 지구 멸망을 가져다줄 재앙으로 환경위기를 느끼게 되었다.

이러한 상황에서, 우리는 환경을 외치지 않을 수 없게 되었다. 환경에 대한 외침은 파괴·오염된 생활환경의 체험을 통해 받게 된 피해와 불안감, 고갈·황폐화된 지구환경의 지각으로 알게 된 위기감에 기인한다. 이러한 외침은 오늘날 환경문제의 심화와 광범위한 확산을 초래하였으며 이는 곧 인간생존과 사회발전에 대한 위험과 위협을 느끼도록 하는 현실적·물질적 위기에 근거한다. 또한 이러한 직·간접적 경험을 통해 얻게 된 환경지식은 다양한 영역들에서 환경문제에 관한 의사소통과 여론 조성을 가능하게 하였고,[1] 환경문제가 점점 심각해지는 만큼 이에 관한 환경담론도 보다 활발하게 전개되도록 둘째, 오늘날 환경의 개념은 한편으로 극단적인 규범성을 내포하는 반면, 다른 한편으로는 자본주의 경제·정치체계의 유지 또는 지배권력의 강화를 위한 이데올로기가 되었다는 점이다. 즉 환경담론에서, 오늘날 환경이 그 자체로서 고갈·황폐화되고 파괴·오염된 것으로 인식할 뿐만 아니라, 인간의 생존과 사회 발전에 있어 점점 더 위협적인 것, 지구상의 모든 생명체들의 미래 존재를 불안하게 하는 것으로 인식되면 될수록, 그 반대로 환경은 인간 생존과 공생적인 것, 사회발전과 조화를 이루어야 하는 것, 생명체의 존재론적 안전을 보장해야 하는 것으로 개념화되게 되었다. 이러한 과정에서 위험, 위협, 불안의 대상으로서 환경은 정반대의 이미지, 즉 공생, 조화, 안전과 관련된 개념으로 인식되게 되었고, 어떤 객관적 사실이라기보다 인간의 주관적 의식 또는 사회적 이념으로 전화되게 되었다. 즉 오늘날 환경, 생태, 녹색 등의 용어들은 윤리, 도덕, 규범, 가치를 담지하는 것으로 규정되고, '민주'나 '자유' 등과 같은 인

---

1) 루만(Luhmann)에 의하면, 환경문제는 사회를 구성하는 상이한 기능체계들에 따라 상이하게 정의된다. 즉 경제학, 법학, 과학, 정치학, 종교학, 교육학 문제를 설정함에서 각자 자신의 방식, 즉 루만이 '자기준거적 체계의 논리'라고 한 것을 가지고 있으며, 이에 따라 각자 환경문제들을 정의하고 이에 대응하는 자신의 방식을 가지고 있다. 따라서 환경문제가 보편적 문제로 설정되기 위해서는 생태적 의사소통이 우선 가능해야 한다고 주장한다. Niklas Luhmann, *Ecological Communication*, London: Polity Press, 1989(독일어 원본은 1986년 출판). 루만의 '의사소통' 개념은 하버마스(Habermas)가 주장하는 의사소통, 즉 생활세계에서의 규범적 담론과는 달리 단지 외적 세계의 인지에 기초한 언로(code)의 형성을 의미하며, 따라서 환경에 관한 규범적 언설과 이데올로기 간을 구분하지 않는다는 점에서 문제점이 있는 것처럼 보인다. 이러한 '생태적 의사소통'의 개념을 적용한 국내 논문으로, 노진철, 「사회문제로서의 환경적 위협: 사회학적 인식」, 『현상과 인식』, 109-132쪽 참조

14

류의 보편적 이념들과 동등한 것 또는 그 이상의 것으로 인식된다.[2] 환경은 순수한 자연의 순리 또는 경외스러운 생명으로 인식되거나, 환경윤리, 환경정의, 환경평등으로 개념화되고, 인류의 이상인 생태유토피아를 지향하거나 또는 새로운 사회체제로서의 '생태사회주의'를 건설하기 위한 이념적·실천적 토대가 되기도 한다.

그러나 다른 한편으로 이와 같이 자연적 조건에서 상징적 의식으로 전화되는 과정 또는 물질적 사실로부터 사회적 문제로 제도화되는 과정에서, 환경담론은 어떤 이데올로기적 요소도 동시에 담게 되었다.[3] 자원고갈과 환경오염에 대한 지나친 우려는 생존에 불가피한 자원이용과 오염물질의 배출까지도 통제·관리하도록 하고, 환경 위기의식의 과장된 고취는 기술발전의 필요성을 지나치게 강조하도록 하며, 심지어 환경재의 '무책임한' 공공성보다는 '책임있는' 사적 소유, 또는 시장메커니즘에 보다 철저하게 의존하여 최적배분을 보장하도록 하는 상품화를 정당화시키도록 한다.

뿐만 아니라 환경이 내재하게 된 규범성 역시 특정집단의 이데올로기로 동원되고 있다. 예로, 선거운동에서 환경문제에 별 관심도 없는

---

2) 스미스(N. Smith)는 "사회적 규범들의 근원으로서 '자연'의 권위는 인간 개입에 대한 자연의 가정된 외부성에 기인하며," 이는 "보편적 자연이라는 가정을 고취"시킴으로써 이데올로기적으로 작동하게 된다고 비판한다. N. Smith, "The production of nature," in G. Robertson et al., *Future Natural: Nature, Science, Culture*, New York: Rougledge, 1996, p.41.

3) 여기서 이데올로기란 단순히 환경이념을 의미하는 것이 아니라, 특정지배집단에 의해 동원되는 수단으로서의 이데올로기를 말한다. 이러한 측면에서 환경담론의 문제성에 관해 보다 구체적인 연구가 절실히 필요하다. 환경론들에 내재된 이데올로기적 성격에 관한 논의로, K. Eder, "The institutionalisation of environmentaliim: Ecological discourse and the second transformation of the public sphere," in S. Lash, B. Wzerszynski, and B. Wynne(eds.), *Risk, Environment and Modernity: Towards a New Ecology*, Sage, London, 1996, pp.203-223 참조. 또한 이러한 점에서, 해라와 헤니넨은 생태학 또는 환경담론을 생태-지식(eco-knowledge)을 통한 새로운 '규율'의 성격을 가지게 되었다고 주장하고 있다. Y. Haila and L. Heininen, "Ecology: a new discipline for disciplining?" *Social Text*, 42, 1995, pp.153-171.

후보들이 자신의 규범적 이미지를 높이기 위해 '환경'후보임을 홍보하기도 하고, 실제 환경보전과 무관하거나 심지어 환경문제를 유발하는 기업들이나 이들이 생산·판매하는 상품들이 환경기업, 녹색상품이라고 선전되기도 한다. 정치가들이나 기업들은 이러한 전략을 통해, 자신들의 이미지를 규범적으로 재현하고자 할 뿐만 아니라, 때론 자신들이 저지른 환경문제들을 은폐하고자 한다. 이와 같은 과정을 통해, 환경은 한 사회의 지배집단이 환경문제 그 자체의 해소가 아니라, 자신의 경제·정치적 이해관계를 실현시키기 위해 동원되는 이데올로기로 전락하는 경우가 흔히 발생하게 되었다.

셋째, 환경담론이 학술적으로 폭넓은 관심을 가지게 된 것은 이러한 점들뿐만 아니라 학술분야에 있어서의 어떤 문제성, 즉 기존의 이론체계로는 새롭게 등장한 환경문제를 포함하여 자본주의 사회 전반의 급격한 변화를 분석하고 그 대안적 해결방안을 제시하기 어렵다는 인식에 기인한다. 사실 환경담론은 인간과 사회의 세계관, 자연관, 가치관 등과 밀접하게 관련되어 있기 때문에, 환경에 관한 철학적·이론적 논의는 오랜 역사를 가진다. 그럼에도 불구하고 최근 학술적 담론에서 환경이 핵심적 주제로 부각되게 된 것은 실제 환경문제의 심각성, 환경개념의 규범적·이데올로기적 특성뿐만 아니라, 기존의 분석틀이나 이론 또는 사상체계에 근거하여 당면한 환경문제를 분석·이해하고 이를 해결하기 위한 대안을 찾기 어렵다는 평가되기 때문이다.

우선 기존의 근대 학문세계에서 주류를 이루어왔던 실증주의적 (또는 데카르트적) 과학이나 자유주의적 철학 그리고 이에 기초한 여러 가지 사회·경제적 이론들이 그동안 환경문제를 무시해왔거나 또는 당면한 환경문제에 적절히 대처하지 못했다는 점이 지적된다. 이러한 주류 학문체계는 근대적 물질문명의 발달을 뒷받침하기 위한 합리성을 강조하고 이에 근거하여 과학·기술의 발달을 추구해왔다. 이러한 과학·기술적 합리성은 근대 산업사회, 특히 자본주의 사회의 발전에 엄청난 원동력이 되었지만, 그 결과 인간은 비대해진 경제·정치체계를 더 이상

통제하지 못하게 되었을 뿐만 아니라 체계 자체의 발전을 제어하는 환경위기에 봉착하게 되었다.[4]

이러한 주류 학문체계뿐만 아니라 정통 맑스주의적 정치·경제학 역시 현대사회의 급속한 변동과 이 과정에서 심화되고 있는 환경문제와 그 외 다양한 사회공간적 문제들에 대해 적절하게 대응하지 못했다고 비난을 받고 있다. 특히 기존 사회주의 국가들의 붕괴는 이러한 맑스주의의 위기를 가속화시켰다. 특히 환경문제와 관련하여 맑스주의는 자본주의 경제·정치분석에서 자연환경의 중요성을 인식하지 못했으며, 또한 사회주의로의 전환이 생산력의 지속적 발전을 유지하면서도 어떻게 환경문제를 해소할 수 있는가에 대한 적합한 답을 제시하지 못한 것으로 평가되고 있다.

오늘날 환경담론이 좌파에서 우파에 이르기까지 폭넓은 스펙트럼을 가지는 것은 물론 환경문제 그 자체의 특성(단지 자연의 문제에 국한된 것이 아니라 자연-인간-사회 간의 관계, 즉 이 지구상에 존재하는 모든 것들과 그들간의 관계를 대상으로 하고 있다는 사실)과 더불어 이러한 학문적 경향과도 무관하지 않다고 하겠다. 즉 오늘날 환경담론이 활발하게 이루어지고 있는 것은 당면한 환경문제를 해결하고 나아가 환경과 사회가 조화를 이루는 이상적 사회로의 전환을 목적으로 하고 있지만, 다른 한편으로는 이와 같은 주류 및 비주류 학문체계의 한계를 벗어나기 위한, 또는 이러한 한계에 봉착한 학문체계의 침체 및 공백을 메우기 위한 역할을 하고 있기 때문이다.

이러한 점들에서 보면, 오늘날 환경담론이 왜 중요한 것으로 인식되고 있으며, 그 문제성은 무엇인가를 이해할 수 있다. 그러나 문제는 환경을 외친다고 해서, 환경담론이 활발하게 전개된다고 해서, 환경문제

---

4) 이러한 점에서, '근대성'의 전개과정에서 야기되는 환경문제에 관한 폭넓은 논의는 프랑크푸르트 학파의 주장들에서 찾아볼 수 있다. 이에 관해서는, C. Fred Alford, *Science and the Revenge of Nature*, Tampa: University of Florida Press, 1985; R. Eckersley, *Environmentalism and Political Theory: Toward an Ecocentric Approach*, Albany: SUNY Press, 1992 등 참조.

<표 1> 환경의 근대성과 탈근대성

구분			근대성(모던)		탈근대성(포스트모던)
물적 토대			포드주의 (대량생산·대량소비)		포스트포드주의 (다품종소량생산)
생산공정·기술			대규모 표준화된 생산공정: 기계화·자동화		유연적 생산공정: 소재축 약적 극소전자기술
	환경기술		환경오염처리기술(사후적)		청정기술(사전적)
도시·지역개발			대규모 공단개발 도시재개발 신도시(주거)건설		소규모 기술·과학단지 도시재활성화(gentrification) 생태도시건설
유통구조			대형매장(슈퍼마켓, 백화점 —상품진열을 위한 매장) 고객유치중심 마케팅 브랜드광고		적소시장(market niches— 장소의 상품화를 위한 매장) 고객관리중심마케팅 상징광고
소비·여가생활			표준화된 상품 소비: 노동력 재생산을 위한 여가생활		다변화된 상품 소비: 여가를 위한 여가생활
환경정책·정치			국내 환경정책,법 제도화 오염물질처리정책 쌍무적 자원환경협상·조약 스톡홀름유엔환경회의(1972)		녹색당의 등장과 상대적 쇠퇴 오염발생원 통제정책 리우유엔회의(1992) 등 세계 다자간 환경회의·협상(그린 라운드)
	환경운동		1960년대 이후 환경단체 급증 1970년대 환경생태운동의 폭발		시민환경운동의 확산·국제화 새로운 주민환경운동(환경정의운 동)
환경담론			1960년대 말 환경문제에 대한 관 심 급증과 현대환경론의 시발		환경문제 관심의 상대적 위축 환 경론의 세분화
철학 사회 이론	기술 주의	보수	환경위기 발생 전까 지는 대체 로 무관심	신맬서스주의, 기술만 능론	녹색자본주의론
		진보		환경관리(개량)주의	신슘페터주의(기술경제패러다임)
	생태 주의	보수		자기의존적 공동체 주의	지속가능한 발전론, 생태도시론
		진보		급진 생태주의	심층생태학, 사회생태학
	사회 주의	비맑스		(생태사회주의적 함의)	생태사회주의, 신사회운동론
		맑스		(거의 무관심)	생태맑스주의

의 발생원인과 그 해결방안이 저절로 제시되는 것은 아니라는 점이다.
따라서 환경문제의 역동적 전개과정과 이에 상응하는 환경담론의 발전
과정을 구체적으로 분석해볼 필요가 있으며, 이러한 분석에 기초하여
환경문제의 발생원인을 과학적으로 규명하고 그 해결방안을 실천적으

18

로 모색해나가야 할 것이다. 이를 위해 이 글에서 우리는 현대 산업사
회, 특히 2차대전 이후 1970년대 초까지 비교적 안정된 축적체제를 구
축하고 있었던 포디즘과 그 결과로 인한 환경위기의 발생, 그리고 이러
한 환경위기에 대응하고자 했던 (후기)모던 환경론의 특성, 그리고 새
로운 축적체제로의 전환을 보이고 있는 이른바 포스트포디즘(또는 유
연적 축적체제)과 환경문제 간의 관계, 그리고 이를 배경으로 한 포스
트모던 환경론의 특성과 문제점을 살펴보고자 한다.5) 본문의 서술은
<표 1>에 요약된 내용에 따라 전개될 것이다.

2. 포드주의와 환경위기

근대 자본주의 경제체제는 서구 선진국들에서 전개된 산업혁명을 지
나면서 본격적인 산업자본주의로 전환하게 되었다. 18세기 후반에서
19세기 전기간에 걸쳐 진행된 이 과정은 방직기, 증기기관 등의 발명
을 통해 섬유, 섬유기계, 공작기계 등의 핵심산업을 중심으로 전개되었
다. 이 과정에서 새로운 자원들이 투입되고 기계화된 생산수단을 통해

---

5) '근대성(modernity)'에 관해 가장 잘 알려진 개념 정의는 A. Giddens, *The Con-
scequences of Modernity*, Stanford: Stanford Univ. Press, 1990에서 찾아볼 수 있
다. 즉 그에 의하면, 근대성은 "17세기 이후 유럽에서 등장하여 세계적으로
영향을 미친 사회생활 또는 조직 양식들"과 관련된다. 그는 근대성과 탈근대
성(postmodernity) 간의 단절성에 반대하여, 탈근대성을 '후기 근대성'이라고
지칭하기도 한다. 이러한 근대성의 개념 속에서 편집된 책으로, S. Hall, D.
Held, D. Hubert and K. Thompson(eds.), *Modernity: An Introduction to Modern
Societies*, London: Blackwell, 1996 참조. 그러나 이 논문에서 이 개념들은 기본
적으로 하비의 인식, 즉 현상들을 경험하는 '역사지리적 조건'으로서의 인식
에 따른다. 뿐만 아니라 <표 1>에서 구분은 모던 환경(론) 대 포스트모던 환
경(론)의 이분화를 위한 것이 결코 아니며, 자본주의 일반 속에서 만들어지는
대립적 경향들의 상호침투로서의 역사지리적 조건들의 변화를 나타내기 위한
것이다. D. Harvey, *The Condition of Postmodernity*, London: Blackwell, 1989, 구
동회·박영민 역, 『포스트모더니티의 조건』, 1995, 한울 참조.

상품들이 생산되었으며, 시장판매가 일반화되게 되었다. 그러나 이 과정은 20세기 초까지, 즉 포드주의가 출현하여 일반화되기 전까지, 대체로 소규모 공장제수공업상태로 진행되었고, 면화와 선철, 석탄 등의 사용량이 급증하기 시작했지만 자원고갈과 환경오염은 우려할 정도로 가시화되지는 않았다.

대규모 생산공정을 통해 표준화된 상품들이 대량으로 생산되게 된 것은 20세기 중반 포드주의의 등장과 이의 보편화 이후이다. 포디즘의 상징적인 개막은 흔히 1914년 헨리 포드가 자동화된 자동차 조립라인에 배치된 노동자들을 위해 '하루 5달러, 8시간 노동'이라는 보상 체제를 도입한 시점으로 인식되고 있다. 그러나 포디즘이 일반적으로 정착되는 시기는 2차 대전 이후이다. 그 사이 1930년대의 심각한 경제침체(공황)를 거치면서 케인즈주의적 국가개입이 필요했고, 다른 한편으로 조립라인에 노동자를 적응시키는 규율이 필요하게 되었다. 즉 미국에서 배양된 대량생산의 조립라인기술은 1930년대 중반 이전까지 유럽에서는 그다지 크게 발전하지 못했고, 특히 "유럽에서 포디즘 확산을 정착시키기 위해서는 계급관계의 주요한 변혁—1930년대에 시작하여 1950년대에 와서야 겨우 열매를 맺게 된 혁명—이 필요했다."[6]

포드주의는 흔히 자동조립라인을 통한 표준화된 제품생산, 생산체계 내 구상기능과 실행기능 간의 분리, 대량생산·대량소비체제로 개념화되지만, 나아가 새로운 노동력 재생산체계, 새로운 노동통제·관리, 새로운 미학과 심리학, 요컨대 '새로운 유형의 합리적·모던·대중적 민주 사회'를 뜻한다. 우선 제품을 대량으로 생산하기 위해 동일한 부품이 동일한 방식으로 동일의 모델로 조립될 수 있어야 하고, 이에 따라 제품이 표준화되었고, 각 과업 역시 표준화되었다. 이러한 대량생산은 전용기계류를 사용하기 때문에 설비에 더 많은 비용이 들지만, 일단 설비를 갖추고 나면 제품의 추가단위당 비용은 비교되지 않을 정도로 낮아

---

6) D. Harvey, op. cit., 1989, 구동회·박영민 역, 앞의 책, 1995, 172쪽.

진다는 점에서, 대량생산은 '규모의 경제'에 의존했다.

금세기 동안 이러한 혁신적 생산체계는 가공식품에서 가구, 의류, 주방기구에 이르는 각 생산부문에 변혁을 가져왔고, 2차대전 이후 포드주의의 정착은 전쟁과정에서 극도로 합리화되었던 기술들을 활용한 일련의 산업들, 예로 자동차와 조선, 운송설비, 제철, 석유화학, 고무, 소비재가전제품, 건설산업 등이 경제성장의 동력이 되었다. 특히 건설산업의 성장은 전후 경제복구 건설사업뿐만 아니라 포드주의 산업들에 요구되는 사회간접시설들의 개발과 교외화와 신도시 건설, 도시재개발, 교통·통신시스템의 지리적 확산 등과 관련되었다. 이러한 도시공간의 재구조화는 대량소비의 규범 마련에도 기여했다.[7] 대량생산은 제품의 표준화뿐만 아니라 대량소비를 뜻하며, 실제 전후 포드주의는 대량소비의 규범과 총체적 생활방식의 변화를 동반했다.

대량소비의 규범은 우선 상대적으로 높은 임금과 노동시간의 감소(하루 5달러, 8시간 노동)에서 주어진다. 이의 목적은 매우 높은 생산성의 조립라인체계를 작동시키는 데 필요한 노동규율로 노동자들을 붙잡아두기 위한 조치이며, 또한 동시에 노동자들에게 기업의 대량생산 제품인 막대한 양의 재화들을 소비할 수 있을 만큼 충분한 수입과 여가시간을 제공함을 뜻한다. 뿐만 아니라 이러한 대량소비규범의 확산을 위해, 유통구조와 마케팅에 큰 변화가 유발되었다. 대형 매장을 갖춘 슈퍼마켓과 백화점들이 등장하게 되었고, 영세소매업들의 소규모매장들을 소멸시키게 되었다. 특히 소비를 촉진시키는 "신용할부판매는 (실

---

7) D. Harvey, op. cit., 1989, 구동회·박영민 역, 앞의 책, 1995, 176쪽. 또한 Robin Murray, "Fordism and post-fordism," *Marxism Today*, 1988; 로빈 머레이, 「포드주의와 포스트포드주의」, 강석재·이호창 편역, 『생산혁신과 노동의 변화』, 새길, 93쪽: "대량생산은 … 대량소비를 필요조건으로 한다. 소비자가 표준화된 상품을 구매하려고 해야만 한다. 대량광고는 물론 주택과 도로와 같은 소비 하부구조의 공급 역시 대량소비의 규범을 마련하는 데 중추적인 역할을 했다. 도로체계가 철도를 확실히 제압할 수 있도록 제너럴 모터스, 스탠더드 오일, 파이어스톤 타이어즈가 출현했고, 이어 33개 도시의 시내 전차·철도 운송체계를 허물었다."

<표 2> 선진국 생산성, 세계 에너지 소비, 이산화탄소 배출량, 환경단체 설립추이

선진 자본주의 국가들의 평균 성장률			세계 에너지 평균 증가율		세계 이산화탄소 배출량			환경단체 설립시기	
시기	생산량	1인당	시기	증가율	연도	배출량	증가율	시기	비율
1820~1870	002.2	1.0			1860	9		1900 이전	1
1870~1913	2.5	1.4	1860~1945	2.2	1913	17	1860~1945 / 1.3	1990~1945	8
1913~1950	1.9	1.2			1945	26		1946~1961	17
1950~1973	4.9	3.8	1945~1973	4.9	1973	60	1945~1973 / 4.1	1962~1969	38
1973~1979	2.6	1.8	1973~1987	2.0	1980	50	1973~1980 / -2.6	1970~1974	37
1979~1985	2.2	1.3			1989	58	1980~1989 / 1.8	—	—

주: 1) 이산화탄소배출량 단위는 탄소환산억톤으로, 자료의 그래프에서 수치화한 것임.
2) 환경단체 설립시기는 1974년 영국에서 활동하고 있는 환경단체 605개를 대상으로 한 것임.

자료: 1) 선진국들의 평균 성장률: D. Harvey, op. cit., 1989; 구동회·박영민 역, 1995, 176쪽.
2) 세계 에너지 소비 평균증가율: P. R. Odell, "Draining the world of energy," in R. J. Johnston & P. J. Taylor(eds.), *A World in Crisis?* Oxford: Blackwell, 1989
3) 세계 이산화탄소 배출량: 이해찬 역, 『세계환경정치』, 돌베개, 1994.
4) Francis Sandbach, *Environment, Ideology and Policy*, Oxford: Blackwell, 1980, p.11.

업수당전표와 더불어) 고층건물과 고속도로만큼이나 포드주의시대의 상징이 되었다."[8] 또한 고객유치를 위한 대대적인 마케팅, 그리고 제품 그 자체가 아니라 제품을 생산한 상표(브랜드)의 광고가 본격화되었다.[9] 이러한 광고를 통해 노동자들은 표준화된 제품들의 소비를 급증

---

8) R. Murray, op. cit., 1988, 강석재·이호창 역, 92쪽.
9) 예로, 파인(Fine)은 의복이라는 최종제품이라기보다 천의 브랜드 이름을 알리는 광고의 사례를 들고 있다. 아직 의복 자체는 숙련된 노동자의 수공업적 생산으로 만들어지지만(또한 이러한 제품이 더 가치 있는 것으로 인식된 반면), 이에 소요되는 천은 기술혁신을 통해 대량생산된 제품이었기 때문이다. Ben Fine & Ellen Leopold, *The World of Consumption*, London: Routledge, 1993, pp.228-229.

시키게 되었고, 주어진 여가시간을 통해 이러한 소비, 즉 노동력의 재생산을 위한 소비를 즐길 수 있게 되었다.

이러한 포드주의 축적체제에 의한 사회(공간)적 변동과 관련된 많은 분석들이 가능하겠지만, 우리는 이를 환경문제와 관련시켜서 분석하고자 한다. 전후 포드주의 경제가 선진 자본주의 국가들에서 안정적으로 성장했던 1950년에서 1973년 사이 생산량의 연평균 성장률은 무려 4.9%에 달했으며, 이는 이 국가들의 성립 이후 유래없은 호황을 누렸음을 의미한다(<표 2> 참조). 그러나 이 시기 핵심산업을 이루었던 자동차와 조선, 운송설비, 제철, 석유화학, 고무, 소비재 가전제품, 건설산업 등은 엄청난 자원을 원료와 에너지로 소모했다. 즉 이 시기(1945~1973년) 세계 에너지 소비량은 연평균 4.9% 증가했으며, 이에 따른 세계 이산화탄소의 배출량도 연평균 4.1%(연간 배출량은 2, 3배 정도) 증가했다. 물론, 이러한 에너지 소비와 대기오염물질의 배출은 대부분 선진 자본주의 국가들을 중심으로 한 것이었다.[10]

또한 대규모 생산공정설비를 위한 대대적인 공단조성, 대량생산뿐만 아니라 대량소비 규범에 상응하기 위한 도시재개발(특히 포드주의적 기능분화와 유통구조에 부응하는 대규모 사무공간과 백화점의 매장의 확보를 위한 도심재개발)과 교외화(신도시 건설), 그리고 교통체계 개선을 위한 사회간접시설들의 확충을 위해 녹지는 잠식되고, 자연경관은 대규모로 파괴되었을 것으로 추정된다. 그리고 가구, 가전제품, 자동차 등의 대량소비는 이에 따른 쓰레기 발생량을 엄청나게 증가시키고, 또한 대형 주거시설의 난방연료 연소뿐만 아니라 자동차 보급이 급

---

10) 이와 같이 높은 에너지사용 증가율은 주로 몇몇 서구 선진 국가들에 의해 주도된 것이고, 일부는 구소련과 동구의 중앙집권적 계획경제체제하에서 이루어진 것이다. 반면 제3세계 후진국들의 에너지소비는 매우 미미했다. 이러한 점에서 "… 이와 같이 예외적으로 높은 에너지사용 성장률은 '정상'—인구증가와 바람직한 경제성장의 지속에 부응하기 위하여 '요구되는' 증가율—을 나타낸다"는 서구 선진국들의 포드주의적 태도의 문제점이 지적된다. P. R. Odell, "Draining the world of energy," in R. J. Johnston & P. J. Taylor(eds.), *A World in Crisis?* London: Blackwell, 1989.

증함에 따라 배출되는 폐기가스가 도시의 대기오염을 심화시키게 되었다. 이러한 환경문제는 포드주의적 경제성장이 지속되는 동안 점점 누적·심화되게 되었다.

물론 포드주의적 경제성장이 추진되는 동안, 서구 대도시들의 일부에서 대형 환경사고들(예로, 1950년대 런던 스모그사건)이 발생하기는 했지만, 환경문제가 시민들 사이에 보편적 관심으로 자리잡게 된 것은 이러한 축적체제가 성숙기에 달했던 1960년대 이후였다. 이에 따라 환경문제들에 대응하기 위한 대중매체의 보도기사 횟수와 지면이 대폭 증가하게 되었고, 환경관련 잡지들[대표적 예로, 1970년 창간된 ≪에콜로지스트≫(Ecologist)]가 창간되어, 환경문제에 대한 대중적 관심을 고취시키게 되었다. 또한 환경단체들을 비롯한 각 단체들의 회원수도 급속하게 늘어나게 되었다. 즉 <표 2>에서처럼, 영국에서 1974년 활동중인 환경단체 총 605개 가운데 38%는 1962~1989년 사이, 37%는 1970~1974년 사이에 설립된 것으로 조사된다. 이와 같이 급증한 환경운동단체들은 다양한 이념들을 배경으로 하고 있지만, 그동안 경제성장과정에서 부산물로 발생한 자연파괴와 환경오염을 우려하고, 원전발전소 등 추가적으로 환경공해문제를 유발할 수 있는 시설 등에 대해 반대하면서, 환경보호 및 공해추방운동을 대대적으로 전개하고 전국적으로 확산시키게 되었다. 이러한 시민환경운동과 운동단체의 조직은 정부 정책에 대해 중요한 압력단체 역할을 하였지만, 녹색당과 같은 정당조직으로 발전하지는 않았다(환경관련 정당조직이 제도정치권 내로의 진입을 시도한 것은 대체로 1970년대 말 이후의 일이다<표 3> 참조).

다른 한편 기업이나 정부 역시 환경문제의 심화를 우려하기 시작했다. 이에 따라 오염물질의 통제·처리정책을 위한 정부관련 행정들이 부서를 독립시키고 지위를 높이게 되었으며, 환경관련 법들이 본격적으로 제정되었다. <표 3>의 자료를 살펴보면, 영국, 프랑스, 덴마크, 네덜란드 같은 국가들에서는 1970년대 초반 환경운동의 전국적 확산

<표 3> 선진국들에서의 환경 관련제도 및 환경운동의 등장 시점(연도)

구분	제도		운동	
	환경법	환경처(부)	전국 확산	정당조직
미국	1969	—	—	—
스웨덴	1969	1986	1971	1981
영국	1974	1970	1970	1973
덴마크	1973	1971	1971	1983
네덜란드	1980	1971	1972	—
스위스	1985	—	—	1982
노르웨이	1981	1971	—	—
프랑스	—	1971	1970	1984
오스트리아	—	1972	1974	1982
포르투갈	1987	1972	1979	1983
핀란드	—	1983	1979	1983
벨기에	—	1974	1975	1980
서독	—	1986	1972	1979
룩셈부르크	1981	1984	—	1979
이탈리아	1987	1987	1979	1985
일본	—	1971	—	—

자료: 문순홍, 「서구녹색정치의 역사와 환경정책의 제도화」, ≪환경과 생명≫ 창간호, 1994, 49쪽.

과 환경관련 부서의 환경처(또는 부/성)로의 독립은 거의 동시에 이루어졌다(그러나 서독과 스웨덴 등은 예외적임). 또한 이미 발생한 환경문제에 대처하기 위해 환경오염처리기술에 대한 투자와 이에 따른 환경산업도 급속히 성장하게 되었다.[11] 그동안 국제환경문제와 관련하여 주로 양국간 쌍무적 환경협상이나 조약들이 이루어지긴 했지만, 환경문제가 점차 심각해지고 이에 대한 시민들의 관심이 높아지게 되자, 드디어 1972년 스웨덴의 스톡홀름에서 유엔국제환경회의가 개최되기도 했다.

---

11) 예로서 일본의 공해방지 설비산업분야의 생산액은 1966년 341억 엔에서 1972년 3,746억 엔으로 10배 이상 급증했으며, 1974년에는 다시 6,773억 엔으로 2배 가까이 뛰었다. 그러나 그 이후 생산액은 1990년에 이르기까지 6천억 엔대를 계속 유지하는 정도였다. 최병두, 「한국의 환경산업과 환경기술」, 한국공간환경학회 편, 『새로운 공간환경론의 모색』, 한울, 1995 참조.

3. 환경위기와 모던 환경론

환경위기에 관심을 가지는 서구 자본주의 국가 연구자들 대부분은 위에서 논의된 포드주의 축적체제가 이러한 환경위기를 초래했다는 점에 대해서는 대체로 합의하고 있으며, 또한 이것이 환경담론과 환경운동의 급성장을 유발했던 배경이라는 점에 대해서는 공통적인 의견을 제시하고 있다. 또한 이와 관련하여, 환경에 관한 고전적 논의들과는 맥을 달리하는 새로운 모던 환경론이 등장하게 되었다. 물론 이 시기에 급성장한 환경담론들이 모두 이러한 포드주의 축적체제의 특성에 대한 분석에서 출발한 것은 아니다. 뿐만 아니라 이 시기 사회과학이나 철학(주류 사회이론이든, 정치·경제학적 이론이든지 간에) 심지어 자연과학 등 학문 자체의 영역에서 환경문제에 대한 새로운 논의들이 시발되었다기보다는, 환경문제에 직접 직면한 정부 정책보고서 또는 환경운동에 참여한 활동가들 주변의 이념적 논쟁들에서부터 출발한 경우도 있었다. 이러한 현대(즉 모던) 환경론(modern environmenmtalism)의 등장 시기는 대체로 1960년대 후반에서 1970년 초로 설정될 수 있다.[12]

초창기 현대 환경론의 내용 분석에 들어가기 전에 우선 지적되어야 할 점은 환경운동이 점차 조직화되어가고 또한 현대 환경론이 점차 체계화되어가는 과정과는 달리, 환경문제에 대한 일반시민들과 정부의 관심은 오히려 상대적으로 감소하게 되었다는 점이다. 즉 서구 선진국들에서 환경운동이 치열해지고 있음에도 불구하고, 레이건이나 대처 정부의 신보수주의적 정책은 경제침체를 명분으로 여전히 경제·개발우선정책에서 벗어나지 못했고 심지어 환경운동을 무색하게 할 정도로 무시했다.[13] 이러한 점은 이 시기 일반시민들에 대한 한 설문조사에서

---

12) D. Pepper, *Roots of Modern Environmentalism*, London: Routledge, 1984, 이명우 외 역,『현대환경론』, 한길사, 1989 참조.

13) 페퍼(D. Pepper)에 의하면, "레이건이나 대처가 이끄는 보수성향의 정부들이 환경에 해를 끼치는 정책을 강화하고 있는 것에 비례해서 환경문제에 관한 더 많은 관심들이 일어나고 있다. 보수성향의 정부들은 냉전의 원리를 이용해 군

<표 4> 당면 주요 문제에 대한 시민의식

연도	경제	세금 지출	공해 생태	에너지	범죄	교육	보건 의료	행정 성실
1970	52	31	41	—	28	11	7	—
1972	57	40	14	—	17	8	5	5
1973	72	10	11	10	18	9	4	42
1974	82	9	9	18	16	4	2	22
1976	85	33	6	13	18	9	5	18

주: 시민들이 당면한 문제들 가운데 차기 대통령이 수행할 것이라고 생각하는 주요 항목
들 두세 가지에 대한 설문조사.
자료: Francis Sandbach, *Environment, Ideology and Policy*, Oxford: Blackwell, 1980, p.11.

도 잘 나타나고 있다(<표 4> 참조). 이 설문조사의 자료에 의하면, 시
민들의 의식에서 경제는 여전히 가장 중요한 관심과 정책의 대상이었
을 뿐만 아니라 그 이후 이에 대한 관심은 계속 높아지고 있는 반면 공
해·생태문제에 대한 의식은 1970년을 기점을 다시 급속히 감소하고 있
음을 볼 수 있다. 이와 같은 설문조사의 자료가 함의하는 바는 환경운
동이 활발해지고, 현대환경론이 시작하는 시점에서, 이미 정부정책이
나 시민의식은 경제침체를 명분으로 환경에 대한 관심을 점차 잃어가
고 있었다는 점이다. 뿐만 아니라 이러한 환경운동이나 환경담론의 형
성이 환경문제의 해결과 직접적인 관계가 있는가라는 점에 의문을 가

비지출을 증가시킴으로써 환경문제를 은폐하고, 경제성장우선정책을 내세워
스스로의 정책적 과오로 인해 발생한 환경문제가 심각한 사회문제로 제기되
더라도 이를 묵살하는 편리한 논리를 강화했다. 물론 이러한 논리에 반발로
비롯된 평화운동에 끊임없이 시달려야만 했다. … 1973년 중동의 오일쇼크가
서구 경제를 강타한 후에는 경제성장이 더 중요한 목표로 설정되었으며, 1974
년에 알래스카의 송유관 공사가 환경운동단체들의 격렬한 반대에도 불구하고
재가를 얻게 되었을 때에는 환경문제의 중요성이 완전히 버림받지 않나 하는
느낌도 생겼다. 한 번 이런 바람이 불기 시작하자 북해의 석유를 사용해 경제
적 어려움을 덜자는 명분 아래 스코틀랜드의 키숀(Kishorn) 호와 같은 아름다
운 호수에 송유관을 건설하자는 계획까지도 아무런 반대도 없이 일사천리로
진행되기도 했다." D. Pepper, op. cit., 1984, 이명우 외 역, 앞의 책, 1989,
41, 49쪽.

지도록 한다는 점이 지적될 수 있다. 현대 환경론의 초창기에 있어 환경문제와 관련된 주장들은 이러한 현실세계의 냉엄함을 배경으로 전개되었다.

또한 지적되어야 할 점은 학문세계에 있어서의 문제점이다. 위에서 지적한 바와 같이, 기존의 사회과학 및 철학의 영역에서는 위기상황으로 치닫고 있는 환경문제에 대해 이론적으로 고찰하기를 거부하거나 또는 기피했다. 주류 사회과학(특히 사회학)이 환경문제를 기피한 이유는 기본적으로 자신의 연구대상인 '사회'가 '자연'과 혼합되기를 거부했기 때문이라고 할 수 있다. 이에 대한 여러 가지 다른 이유들을 고려해볼 수 있지만, 사회과학자들은 자연이 사회과학의 전통적 경계 밖에 있으며, 또한 정치적으로 너무 위험하다고 생각했기 때문에, 환경문제를 다루지 않았다고 할 수 있다. 달리 말해서, 사회과학자들이 환경문제를 논의하지 않았던 것은 "그들이 자신의 학문 주변에 쳐놓은 방어적인 사회적 배타성 때문"에, 그리고 "'자연'을 발생론적 및 생물학적 기반에서 인종주의와 성(차별)주의를 정당화하는 정치적 논점들과 결부시켰기 때문"이라고 할 수 있다.14) 이러한 점에서 우리는 현대 환경론이 그 시발단계에서 사회과학적 관심의 부재로 인해 상당히 왜곡(사회적 원인 규명의 부재)되거나 어떤 공백(즉 '사회적인 것'의 결여)이 있었을 것으로 추정해볼 수 있다.

환경문제에 대한 사회과학적 관심의 거부는 주류 학문체계에서 뿐만 아니라 정치·경제적 학문체계에서도 역시 마찬가지였다. 맑스주의가 환경문제를 다루기를 거부한 이유는 주류 사회과학과 마찬가지로 자연

---

14) Luke Martell, *Ecology and Society,* London: Polity, 1994, pp.7-10. 그외 가능한 이유로서, ① 사회과학자들이 환경론적 가치들에 찬동하지 않았을 것이다. ② 개인적 수준에서 환경에 관심을 가진다고 할지라도 환경운동과 관련된 주장들이 변칙적 수사를 사용하기 때문에 이를 다루기가 어려웠을 것이다. ③ 전후 사회학에서 맑시즘의 영향력은 계급투쟁과 무관한 환경문제를 다루고 싶지 않았을 것이다. ④ 사회과학자들이 노령화되어 있었으며 새로운 관심과 논의에 대해 폐쇄적이었을 것이다. 그러나 이러한 이유들은 모두 기각된다.

환경을 사회과학의 전통적 범위 안에 두지 않았기 때문이지만 또 한편으로는 환경에 관한 논의가 '정치적으로 너무 위험'하다고 보는 주류 사회과학과는 달리 정치적으로 거의 의미를 가지지 못했기 때문이라고 할 수 있다. 즉 사회주의자들이 당시 활발하게 전개되었던 환경론에 대해 비판한 이유는 ① 다양한 생태적 관점들은 결국 동일하게 '자연적 한계'를 수용하는 보수주의이며, ② 녹색정치는 산업주의/기술에 반동적으로 대립함으로써 오히려 자본주의의 환경파괴적 성격을 간과하고, ③ 환경론자들이 환경을 인류의 보편적 이해관계라는 명분하에 계급과 지역적 불평등에 대한 관심을 배제하고, ④ 환경이라는 일반이익은 일종의 특수이익이며, 특히 기술관료와 중간층 활동가들과의 동맹가능성이 있으며, ⑤ 환경적 요구는 대부분 특권 소수 엘리트들의 욕구에 의해 결정되며 따라서 그 외 계층들의 대부분은 기본적 필요도 충족시키지 못하는 상태에서 이러한 환경적 요구에 강제된다는 점 등이다.[15] 비록 사회주의자들 모두가 이러한 비판에서 환경문제를 거부한 것은 아니라고 할지라도, 환경문제에 대한 정치·경제학자들의 적극적 관심의 결여는 현대 환경론의 초기 발달과정에서 어떤 왜곡이나 공백(환경문제를 유발하는 자본주의 사회구조 분석의 부재, 환경문제와 관련된 계급성의 문제 간과 등)을 초래했다고 주장할 수 있다.

현대 환경론의 등장배경을 통해, 1960년대 후반에서 1970년대 제시한 다양한 주장들을 살펴볼 수 있다. 우선 이 당시 제시되었던 환경관련 주장들은 크게 기술중심주의와 생태중심주의를 한 축으로, 보수주의와 진보주의를 또 다른 축으로 하여 구분되기도 한다.[16] 이러한 환경

---

15) Magnus Enzenberger, "A critique of political ecology," *New Left Review*, no. 84, 1974.

16) 이러한 구분에 대해 T. O'Riordan, *Environmentalism*, London: Pion, 1981; D. Pepper, op. cit., 1984 등 참조. 이러한 구분에 대한 문제점들에 관해 문순홍, 『생태위기와 녹색의 대안』, 1993, 46쪽 참조. 특히 문순홍에 의하면, 이러한 구분은 "녹색적 사유의 이론적 다양성이 나타나기 이전"에 이루어진 것이라는 문제점이 있는 것으로 지적된다. 그러나 페퍼 자신에 의하면, "1960년대와 1970년대를 통해 우후죽순처럼 각양각색으로 나타나는 '환경문제와 관련된

관련 주장들은 어떠한 경우에도 환경문제 자체의 심각성에 대해서는 공감하지만, 문제의 발생원인에 대한 인식과 그 해결방안에 있어서 차이를 보인다. 기술중심주의자들은 그 나름대로 경제적 원칙을 배경으로, 특히 신고전적 합리주의를 토대로 발생한 과학적 합리적 주장에 근거하여, 성장의 신화를 신봉하고 환경문제에 대한 기술적·정치적 통제가 가능하다고 인식하거나(보수적 기술중심주의), 능력과 효율성을 전제로 물질적 풍요를 위한 환경관리의 필요성을 강조한다(진보적 기술중심주의). 반면 생태중심주의자들은 생태적 원칙을 배경으로 성장의 한계를 인식하고, 자기의존적 이해관계에서 생태적 계획과 생활환경의 쾌적성 보호를 주장하거나(보수적 생태중심주의), 계몽을 통해 개인이나 사회조직의 가치관과 행동양식의 근본적 변화를 추구한다(진보적 생태중심주의).

이렇게 구분되는 환경담론들을 뒷받침했던 대표적인 주장들은 물론 기술/생태중심주의, 보수/진보주의 간에 단절적으로 (최소한 명분상) 구분되는 것은 아니었다. 예로, 기술중심주의적 환경론은 경제성장과 자원이용 간의 불균형을 특히 강조하는 신맬더스주의적 주장이나 심지어 (환경관련) 기술이 발달하기만 하면 환경과 관련된 모든 문제들이 해결가능하다고 인식하는 기술만능주의적 입장에 근거한다. 그러나 '공공목장의 비극'(1968)이라는 우화를 제시했던 하딘(Hardin)과 같은 신맬서스주의자들조차 자연의 수용력이라는 생태학적 법칙뿐만 아니라 인간의 무책임한 행동을 비난하고, 환경문제를 해결하기 '계몽된 소수의 사적 소유'가 불가피하며 다수의 도덕적 신념이 개선되어야 한다고 주장한다. 뿐만 아니라 미래의 경제성장과 자원이용 간의 불균형, 즉 인구는 기하급수적으로 성장하는 데 반해 자원은 기하급수적으로

주장들'은 1980년대에는 비교적 체계적인 모습으로 정리되어 등장하게 된다"(D. Pepper, op. cit., 1984, 이명우 외 역, 앞의 책, 1989, 41쪽). 특히 이러한 구분이 가지는 장점들 가운데 하나는 기술중심주의라고 해서 모두 보수적인 것은 아니며, 생태중심주의라고 해서 모두 진보적인 것은 아니라는 사실을 명시적으로 나타낸다는 점이다.

감소한다는 점을 강조한 '성장의 한계'론자(1972)들은 인구성장 억제와 공해의 통제, 자원의 재순환, 경제성장 우선정책의 범세계적 포기, 강대국과 제3세계 간의 자원불균형 분배의 조절 등을 강조한다.

이와 같은 기술중심주의적 환경론자들은 현 상태의 환경문제에 대한 인간의 개인적, 사회적 한계를 어떤 의미에서 부분적으로 인정하지만, 종국적으로 끊임없는 경제성장의 가능성을 신봉하고, 환경문제를 통제·관리할 수 있는 인간의 능력(즉 기술력)을 신뢰하고자 했다. 이러한 논자들의 주장은 갈릴레오와 뉴턴에 의한 근대 과학혁명과 데카르트이나 베이컨의 과학적 합리주의에 그 뿌리를 두고 있었다. 그러나 경제적·기술적 합리성을 신뢰한 이러한 주장들 이면에는 심각한 문제들이 은폐되어 있었다. 좌·우파를 불문하고 모든 환경론자들에게 충격적인 쟁점으로 받아들여졌던 하딘의 궤변은 그 이면에 "자연자원의 착취를 통한 사리사욕의 욕구에 대한 합법화, 그리고 이를 통해 모든 사람들에게 공평하게 부과되는 사회·환경적 손실이 숨겨져 있었다". 또한 '성장의 한계'에 관한 연구를 지원했던 "'로마클럽'은 서구의 산업자본과 다국적기업을 위한 집단이었으며, 이러한 연구를 통해 미래에 대한 불길한 징조를 세상사람들에게 널리 전파함으로써 세상사람들이 자발적으로 민족주의 노선을 포기하고 초국가적 차원에서의 다국적기업에 대한 지원을 강화하도록 유도했다고 비난받았다."[17] 즉 기술중심주의적 환경론은 그 초창기부터 정치적 담론의 이데올로기적 성격을 강하게 내포하고 있었다.

생태중심주의는 이러한 기술중심주의적 환경론에 반대하여, 또는 1960~70년대 이러한 환경론적 시도가 거의 성과를 거두지 못했다는 비판에서 출발했다. 생태중심주의적 환경론과 관련된 대표적 주장들은 『생존을 위한 청사진』(1972), 『작은 것이 아름답다』(1973) 등을 들 수 있다. 『생존을 위한 청사진』은 "과학기술주의를 배경으로 한 자본집중

---

17) D. Pepper, op. cit., 1984; 이명우 외 역, 앞의 책, 1989, 44, 52쪽.

적인 현대기술이 그 자체로서 충분한 가치가 있다"는 그릇된 가치관이 바뀌어야 한다고 주장하며, '대규모 생산라인 체계와 노동의 분업에 따른 비인간적 생산양식'의 포기를 요구하고, 대신 바람직한 미래사회를 위하여 생태계 파괴의 극소화, 에너지와 자원의 절약 등을 설정하고 물적 생활수준의 저하를 보상하기 위한 질적 생활수준의 향상을 주장하면서 도시와 농촌 환경의 개선뿐만 아니라 '작업의 질적 수준' 향상 등을 주장했다. 『작은 것이 아름답다』는 현대인의 자연관의 철학적 성격 및 결함을 파악하기 위해, 주류를 이루는 철학적 가치체계들을 조사하고, 이들이 어떻게 경제학적 가치로 전환되어 나타나는 것을 보여주고자 했다.

생태중심주의적 환경론들은 환경운동에 직접 참여한 활동가들이거나 또는 이들로부터 고무된 논자들에 의해 제시되었다. 이러한 환경론은 서구 낭만주의 또는 초자연주의(종교적, 예로 불교적) 자연관에 그 뿌리를 두고 있거나, 또는 신맬더스주의를 인정하기도 했으며, 또 다른 경우 생태사회주의적 성격을 강하게 함의하고 있었다. 즉 생태중심주의 환경론자들은 때로 성장의 한계를 받아들이기도 하고, 때로 크로포트킨의 사회주의와 매우 유사한 주장들을 제시하기도 했다. 뿐만 아니라 이들이 기술중심주의적 환경론을 비판하면서, 코모너(Commoner)와 같은 급진적 환경운동가들은 네오맑스주의적 입장에서 기술중심주의가 갖는 파괴적 성격을 비판하고, 환경문제의 발생원인을 단순한 인구성장보다는 '보다 근본적인 사회구조의 모순', 즉 '현대적(자본주의적) 생산도구의 기술적 설계'에서 찾고자 했다.[18] 그러나 이들의 주장은 기본적으로 환경문제를 유발하는 사회체제에 대한 분석보다는 생태윤리적 규범성에 기초해 있었으며, 맑스주의 또는 사회주의적 이론체계에 기초한 환경론은 아직 본격적으로 시발되지는 않았다.

이러한 생태중심주의적 환경론은 기술중심주의적 환경론과는 전혀

---

18) B. Commoner, *Making Peace with the Planet*, New York: The New Press, 1975(1992, 2nd edn.), pp.8, 54.

32

다른 의미와 실천을 전제로 하고 있었다. 그러나 1970년대 초창기 환경론에 대한 전반적인 반성의 입장에서 보면, 이들간에 어떤 공통점이 발견된다. 첫째, 이들은 환경문제를 사회체제와 무관한 기술적 또는 생태적 문제로 파악하고 이들간의 직접적 관련성을 면밀하게 분석하지는 않았다. 즉 이들은 사회와 자연이 무관하거나 또는 사회를 자연생태계의 일부로 간주함으로써, 환경파괴·오염이 어떤 사회문제라기보다는 자연생태계의 기능파괴 및 그에 의해 부차적으로 발생하는 사회체계의 기능장애로 생각했다. 둘째, 이와 관련하여 기술론적 또는 생태규범적 처방은 기술론적 해결 또는 실천적 요소를 전면에 부각시킴으로써 환경문제에 대한 학문적 (특히 사회과학적) 논의를 배제했다. 앞서 지적한 바와 같이 사회과학적 환경론의 결여는 환경문제를 유발하는 사회체제 자체에 관한 과학적 분석을 어렵게 했다. 셋째, 이러한 처방들은 실제 자본주의적 사회구조의 변화에 거의 영향을 미치지 못했다. 달리 말해서 1970년대 서구 환경운동의 역할이 과소평가되어서는 안 된다는 전제하에서, 포드주의축적체제에서 포스트포드주의 (또는 유연적) 축적체제로의 전환은 환경론과는 무관하게 진행되었다.

4. 포스트포드주의와 환경문제

포드주의적 축적체제가 포스트포드주의 또는 이른바 '유연적 축적체제'로 전환하게 된 것은 어떤 환경적 논리가 아니라 철저히 경제적 논리에 의해 추동된 것이었다. 물론 이러한 자본축적의 논리에 의해 추동되었다고 해서, 유연적 축적체제가 환경적으로 아무런 함의를 가지지 않음을 뜻하는 것은 아니다. 그러나 이러한 축적체제의 변화가 환경문제의 심화 또는 환경운동의 고조와 직접적으로 관련된다는 지나친 주장에 대해서는 일단 경계를 하면서, 이러한 변화과정이 어떻게 전개되었는가에 대해 관심을 가질 필요가 있다.

1960년대 후반 포드주의적 서구 경제의 붕괴조짐은 나타나기 시작했다. ① 그동안 급속한 경제성장을 지속시켰던 서구와 일본 경제는 국내시장의 포화상태로 자국 잉여생산물의 수출시장 개척을 필요로 했다. ② 또한 포드주의적 합리화의 성공으로 많은 노동자들이 기계로 대체됨에 따라, 실업자가 양산되었고 실수요가 침체하게 되었다. ③ 각 국가 및 도시 재정문제가 흔들리기 시작했고 인플레이션이 가속화되었다. ④ 미국의 달러는 안정적 국제준비통화로서의 기능을 점차 상실(또는 약화)하게 되었고, 국제통화체계에 커다란 혼란이 초래되게 되었다. 이에 덧붙여 다국적 역외제조업 진출이 활발해졌고, 많은 제3세계 국가들은 수입대체정책들을 활발하게 추진하게 되었다. 즉 포드주의적 축적체제는 그 내재적으로 자기 규제의 불가능으로 인해 이미 붕괴될 가능성을 안고 있었다.[19]

포드주의 축적체제의 와해는 기본적으로 '경직성'의 문제로 이해된다. 이러한 경직성은 포드주의 축적체제에 기초했던 경제사회의 모든 측면들에서 지적된다. 우선 대규모 생산체계의 경직성에 문제가 있었다. "대량생산체제에 대한 대규모의 장기적 고정자본 투자의 경직성은 수많은 설계의 유연성을 가로막고, 다양한 소비시장의 안정적 성장을 전제해야 한다는 문제점을 안고 있었다."[20] 또한 노동시장·노동배분·노동계약에 있어서의 경직성이 문제가 되었다. 탈숙련화된 대규모 생산직 노동자들에 대한 경직된 통제, 관리, 수급상의 문제는 조직관리비용을 엄청나게 증가시켰다. 대량생산된 상품의 시장은 점차 포화상태에 이르게 되었고, 실업과 인플레이션에 따른 유효수요의 부족으로 상품재고는 급속히 증가했다. 또한 그동안 노동력의 안정적 재생산을 담당하고 있었던 복지국가는 대규모 복지비용의 지출에 있어 경직성에 봉

---

19) D. Harvey, op. cit., 1989, 구동회·박영민 역, 앞의 책, 1995, 제2부 참조. 또한 공간환경적 관점에서 포스트포드주의에 관한 많은 논의들 가운데 대표적 논문들로 편집된 A. Amin(ed.), *Post-Fordism: A Reader*, London: Blackwell, 1994 참조.
20) D. Harvey, op. cit., 1989, 구동회·박영민 역, 앞의 책, 1995, 187쪽.

착하게 되었다.

포드주의 축적체제의 경직성으로 인해, 1973~1975년 사이 서구 경제에 엄청난 디플레이션이 발생했고, 이 기간 동안 기업들은 노동통제의 합리화, 재구조화 및 노동강도의 강화, 기술변화, 자동화, 새로운 생산라인과 적소시장(market niches)의 탐색, 노동통제가 쉬운 지역으로의 지리적 분산, 합병, 자본 회전시간의 가속화 조치 등을 추구했다. 이러한 문제에 덧붙여 심각한 외적 에너지자원의 공급문제, 즉 OPEC의 유가 인상조치와 아랍-이스라엘전쟁 당시 서방에 대한 아랍의 석유수출 금지결정이 밀어닥쳤다. 이는 ① 에너지 투입량의 상대적 비용을 급격하게 바꾸어 놓았고, 모든 경제부문에서는 기술적, 조직적 변모를 통해 에너지 사용을 줄이기 위한 방법을 모색하게 하였으며, ② 오일달러 잉여분의 재활용문제가 발생하여 세계 금융시장의 불안정이 가속화되고, 오일쇼크에 의해 더욱 악화된 서구 경제에서 경기후퇴는 스테그플레이션(상품생산량의 정체와 높은 가격 상승)으로 이어졌다.

'포드주의 이후' 서구 경제의 회복(포스트포드주의 또는 유연적 축적체제로의 전환)은 이러한 경제침체 속에서 자본축적을 지속시키기 위한 기업들의 노력에 의해 이루어졌다. 포드주의 대량생산이 추구하는 규모의 경제는 보다 값싸게 다양한 상품들을 생산할 수 있는 소규모 분공장들이 가지는 이점인 '범위의 경제'를 수용하였다. 즉 경직된 생산체계를 극복하기 위해 기업들은 포디즘을 하청과 '외부조달' 등의 전체구조와 결합시키기 위해 네트워크를 강화시키게 되었고, 보다 유연한 기술·제품의 개발을 위한 소규모 고부가가치 첨단기술단지나 과학연구단지들을 개발하게 되었다. 이에 따라 대규모 경직된 탈숙련 노동력은 한편으로 다기능·고숙련 노동과 다른 한편으로 보다 심화된 탈숙련 노동의 양분을 통해 극복되었다. 소규모 일괄(batch)생산과 하청계약은 포디즘 체제의 경직성을 능가하는 이점을 가지고 훨씬 넓은 범위의 시장 수요를 만족시켰으며, 아주 전문화된 소규모 적소시장의 개척과 함께 제품 혁신의 속도를 드높이게 되었다. 생산 흐름을 유지하는 데 필요한 재고 감소를 위해 '적시배달체계'와 같은 새로운 조직형태가 전개됨에 따라 회전시간은 엄청나게 짧아졌고, 이와 결부하여 소비의 회전시간도 짧아져야 했다. 즉 생산체계의 변화에 보조를 맞추기 위해 새로운 유통구조, 재빠른 패션 변화, 새로운 필요의 유발, 소비양식 및 생활문화의 변화 등 유통 및 소비생활 측면에서도 변화가 유도되었다.[21]

대규모 백화점이나 쇼핑센터들은 단순히 소극적인 고객유치가 아니라 보다 적극적으로 고객을 관리함으로써, 소비자들의 소비능력과 생활양식을 파악하여 판매를 촉진시킬 뿐만 아니라 생산에 이를 반영하고자한다. 또한 대형 유통업들의 틈새로 전세계적 체인을 형성한 새로운 전문점과 편의점, 컴퓨터통신판매 등과 같이 새로운 유통양식이 등장·보급되게 되었다. 상품광고는 단순한 제품이나 기업 그 자체의 선전 차원을 능가하여 다양한 이미지를 동원하여 제품이나 기업을 상징화시키고, 소비를 촉진하고 있다. 이러한 유통구조와 광고양식의 변화는 소비자들의 새로운 필요를 유발하고, 욕구를 자극하게 되었으며, 소비양식과 생활문화의 대대적인 변화를 동반했다. 이러한 변화는 또한 공간 소비양식과 도시건축양식의 변화를 동반했다. 화려하게 치장된 매장공간은 상품 판매를 위한 배경이 아니라 그 자체로 판매의 대상이 되었으며, 상품 판매기능만을 강조했던 대규모 백화점이나 표준화된 쇼핑센터들은 보다 다양하고 다채로운 외양을 가지게 되었다.

이와 같이 포드주의 이후의 서구 경제는 생산체계, 노동과정, 제품, 시장, 소비유형(그리고 공간이용)의 유연성에 그 뿌리를 두고 있다. 이러한 축적체제의 전환은 ① 기술적·조직적 혁신의 엄청난 강화, ② 서비스업(특히 금융업)의 급속한 증대, ③ 새로운 '시·공간적 압축'을 동반했다.[22] 극소전자(ME)혁명이라고 일컬어지는 기술혁신은 소재, 생산

---

21) M. Featherstone, *Consumer Culture and Postmodernism*, London: Sage, 1991 등 참조.
22) '시·공간적 압축'의 개념은 특히 근대성 및 탈근성에 관한 하비의 논의에서

공정, 제품, 마케팅에 이르는 전과정에 응용되었을 뿐만 아니라 기업간 네트워크 조직 강화를 가능하게 했다. 자본의 회전속도가 빨라짐에 따라, 이를 뒷받침하게 위한 금융산업 및 생산자서비스산업은 새로운 공급방식(보험, 증권 등)들을 도입하면서 대대적으로 팽창하였다. 정보통신기술의 발달은 물리적 거리마찰을 극복할 수 있도록 함으로써 자본주의 세계의 새로운 시·공간압축을 가져왔고 이는 개인적 및 공공적 의사결정에 소요되는 시간 지평의 축소와 함께 즉각적 의사결정과 여러 지역으로의 즉시 전파를 가능하게 했다.

서구 경제에서 이러한 유연적 축적체제로의 전환이 내포하고 있는 함의들은 경제적, 정치적, 문화적, 지리적 측면에서 엄청난 논란거리가 되고 있다. 뿐만 아니라 최근 이러한 논란에 환경적 측면이 가세하게 되었다.[23] 이러한 논란에서, 유연적 축적체제는 무(無)재고, 품질관리 강화(즉각적 하자 검색과 결함 수정), 결손시간 단축, (준)수평적 하청관계, 직무구분의 철폐, 실질임금의 상승(다기능노동력에 한함), 경영참여의 확대(이른바 생산자민주주의), 탈규제, 분권화, 다변적 소비욕구의 충족, 재택근무, 시·공간적 접근성의 증대 등등으로 사회의 제반 측면들이 강조되고, 미래 사회의 장밋빛 전망을 보장하는 것으로 간주되기도 한다. 마찬가지로 환경적 측면에서, 유연적 축적체제는 포드주의 축적체제에서 대규모로 소모되던 소재와 에너지의 엄청난 축약, 새로운 소재의 개발과 에너지 효율성 제고, 첨단기술산업중심의 공해저감형 생산공정, 탈제조업화에 따른 물질적 소재의 저감, 정보통신의 발달에

중요성을 가진다. D. Harvey, op. cit., 1989, 구동회·박영민 역, 앞의 책, 1995, 317-373쪽 참조

23) 이러한 논란과 관련해서는, 최병두, 『환경사회이론과 국제환경문제』, 한울, 1995에 게재되어 있는 최병두-김환석 교수 간의 논쟁 참조. 그러나 이상하게도 포스트포드주의적 경제·기술 변화가 환경문제에 미치는 영향을 명시적 단일 주제로 분석한 문헌은 거의 찾아볼 수 없다. 리피에츠의 책(A. Lipietz, *Towards a New Economic Order: Postfordism, Ecology and Democracy*, Polity, Cambridge, 1992)에서도 포스트포드주의와 환경문제 간의 관계는 심도깊게 논의되지 않고 있다.

이동량의 감소 등등은 모두 포드주의 축적체제하에서 자행되었던 자원소모와 환경오염을 놀라울 정도로 저감시켜 줄 것이라고 주장되기도 한다.

1970년대 초반 이후 서구 선진 자본주의 국가들에서 진행된 유연적 축적체제로의 전환이 이와 같은 사회·경제적 문제들뿐만 아니라 환경적 문제의 극복을 달성할 수 있는가의 여부는 (포드주의 축적체제가 정착되어 안정되기까지는 40~50년의 기간이 소유되었다는 점을 감안해볼 때) 좀더 시간을 두고 지켜보아야 할 문제이다. 또한 이러한 축적체제의 변화가 각 국가별로 어떤 양상으로 나타날 것이며, 특히 세계적으로 어떤 영향을 미칠 것인가에 대한 분석을 위해서도 좀더 기다려 볼 필요가 있다. 그러나 이제 포드주의의 붕괴 이후 20년이 경과되었다는 점에서 그동안의 전개과정에 대해서 신중한 평가를 해볼 수 있을 것이다. 특히 유연적 축적체제로의 전환과 관련하여 선진국들에서, 그리고 전세계적으로 환경문제가 어느 정도 해소·완화되었는지에 대해서도 어느 정도 평가해볼 필요가 있다.

<표 5>는 유연적 축적체제로의 전환과정에 있는 선진 자본주의 국가들(이른바 G7 국가들) 그리고 일부 신흥공업국가들의 경제성장 및 에너지소비 증가 추이를 나타낸 것이다. 사실 선진국들의 경제는 포드주의가 본격적인 붕괴과정에 접어들었던 1970년대 후반부에도 상당한 경제성장을 달성했다. 즉 영국을 제외한 대부분의 국가들에서 연평균 3% 이상의 경제성장률을 나타내었다. 그리고 그동안 진행되었던 경제의 구조적 변동과정의 효과가 가시화된 것은 1980년대 초반으로 일본을 제외한 대부분의 국가들은 1~2%대의 성장률 둔화를 경험했다. 그러나 포드주의적 경제구조의 문제들이 어느 정도 해소되었던 1980년대 후반부 서구 경제는 다시 전반적인 호조현상을 보이고 있다. 이러한 사실에서 볼 때, 서구 자본주의 국가들에서 유연적 축적체제로의 전환은 전면적인 구조적 변동과정을 거친 '견고한 전환인가' 아니면 단순한 경기침체를 극복하기 위한 '일시적 해결인가'라는 의문이 제기될

<표 5> 선진국 및 신흥공업국들의 경제성장과 에너지소비 연평균 증가율 추이

구분	연도	선진 자본주의 국가들													
		미국		일본		독일		영국		프랑스		이탈리아		캐나다	
		100억	%	1조	%	100억	%	10억	%	100억	%	10조	%	10억	%
경제성장	1975	365		213		168		387		442		84		415	
	1980	428	3.2	267	4.06	197	3.2	424	1.8	516	3.1	105	4.6	503	3.9
	1985	485	2.5	320	3.7	209	1.2	468	2.0	556	1.5	113	1.5	580	2.9
	1990	552	2.6	399	4.5	245	3.2	551	3.3	651	3.2	131	3.0	670	2.9
에너지소비	1975	1571		244		224		190		138		112		156	
	1980	1626	0.7	299	4.1	247	2.0	186	-0.4	163	3.4	120	1.4	175	2.3
	1985	1598	-0.3	320	1.4	245	-0.2	193	0.7	155	-1.0	138	2.8	176	0.1
	1990	1909	3.6	400	4.6	268	1.8	215	2.2	206	5.9	157	2.6	208	3.4

구분	연도	신흥공업국					
		한국		중국		멕시코	
		1조	%	100억	%	10억	%
경제성장	1975	37		—	—	425	
	1980	53	7.5	75	10.2	586	6.6
	1985	108	15.3	122	7.7	641	1.8
	1990	178	10.5	177	7.7	686	1.4
에너지소비	1975	23		345		51	
	1980	36	9.4	387	2.3	82	10.0
	1985	47	5.5	509	5.6	97	3.4
	1990	83	12.0	625	4.2	112	2.9

주: 1) 자국 화폐단위 불변 GNP 또는 GDP.
　　2) 에너지소비량의 단위는 백만 톤(석유환산톤).
자료: 통계청, 「주요해외경제지표」, 1994.

수 있다.

　이러한 경제성장률의 변화와 이에 대한 성격규정상의 의문과 관련하여, 우리는 에너지소비량의 변화를 추적해볼 수 있다. 1973년 1차 오일쇼크(1973년과 1980년 2차에 걸쳐 있었음) 이후 선진국들의 에너지소비량은 그 이전에 비해 증가율이 둔화되었지만, (포드주의 산업시설들의 잔존으로?) 경제가 급속히 침체했던 영국을 제외하고 절대량이 감소하지는 않았다. 1980년대 전반부에 들어오면서 영국과 이탈리아를 제외한 국가들의 에너지소비량 증가율은 더욱 둔화되었고, 미국, 독일, 프랑스 등에서는 절대적 감소를 보이게 되었다. 그러나 이 시기 에너지소비에 있어서 이러한 감소 추세는 자원절감형이라고 하는 유연적 축적체제의 작동에 기인한 것인가, 그렇지 않으면 경제침체 자체에 기인한 것인가에 대한 의문이 제기될 수 있다. 이러한 의문은 1980년대 후반부의 에너지소비 추세와 관련지어 평가해볼 수 있다. 즉 서구 경제가 다시 회복기에 접어들었던 1985~1990년 사이, 에너지소비량은 이에 비례하여 다시 증가하고 있음을 볼 수 있다. 이러한 사실에서 보면, 서구 자본주의 국가들에서 에너지소비 증가율의 변동은 축적체제의 근본적인 변화에 기인한다기보다는, 경제성장률의 변동에 따른 것이라고 할 수 있다. 즉 앞으로도 경제성장률이 더욱 높아지게 되면, 에너지소비량도 비례하여 더욱 증가할 것이라는 점을 예상해볼 수 있다.

물론 이러한 주장이나 예상에 대해 공감한다 할지라도, 유연적 축적체제에 내재된 환경문제 해소가능성에 대해 미련을 가질 수도 있을 것이다. 그렇다면, 유연적 축적체제에 기초한 사회경제 전반에서 어떤 부분이 자원·환경문제를 유발하고 있는가를 따져볼 필요가 있다. 이러한 점에서, 의심이 가는 부분으로 ① 산업재구조화를 위해 새롭게 도입된 산업들이 비록 소규모 첨단산업(단지) 또는 (생산자)서비스업들이라고 할지라도, 이러한 시설들의 건설과 가동은 추가적인 에너지소비를 요구했을 것이다. ② 과학기술, 특히 전자·통신기술의 발달은 기존에 사용되었던 에너지의 효율성을 증대시킨다고 할지라도, 이와 관련된 기기 및 네트워크의 운영 자체가 새로운 에너지소비원으로 등장했다고 추정된다. ③ 제품주기가 급속히 단축(예를 들어, 전형적인 포드주의적 제품의 반감기는 5~7년 정도였지만, 유연적 축적에서는 섬유나 의류산업 같은 부문에서 이것을 절반 이상 단축시킨 보면, 비디오게임, 컴퓨터소프트웨어 등 다른 두뇌산업에서는 그 반감기가 18개월 미만으로 떨어졌다)됨으로써, 상품의 엄청난 낭비가 조장되었을 것이다. ④ 소비자들의 소득수준이 높아지고 소비가 다변화됨에 따라, 새로운 소비가 증가했고 이에 따른 자원 및 에너지소모량, 폐기물발생량이 증가했을 것이다.

선진 자본주의 국가들은 축적체제의 전환과 더불어 환경산업과 환경기술을 고도화함으로써 자원·환경문제를 포드주의 시기보다도 낮은 수준으로 완화시킬 수 있었을 것이다. 특히 오염물질 처리기술뿐만 아니라 이른바 청정기술이라고 하는 사전적 예방기술도 상당한 수준에 이르렀다. 그러나 이러한 환경산업과 환경기술의 발달을 통해 환경문제를 일정수준 이하로 통제한다고 해서 환경문제를 근본적으로 해소할 수 잇는 것은 아니다. 뿐만 아니라 선진국들은 기존의 포드주의적 설비와 기술을 포기한 것이 아니라 이른바 신흥공업국가들에 이전시킴으로써, 환경문제를 전세계적으로 확산시키는 결과를 초래했다고 할 수 있다.

<표 5>에서 확인되는 바와 같이, 멕시코의 경우 에너지소비 증가율이 상당히 둔화되고 있지만, 한국과 중국은 석유쇼크와는 거의 무관하게 매우 높은 에너지소비 증가율을 보이고 있다. 이러한 상황에서 선진 자본주의 국가들을 중심으로 한 환경위기가 전세계적으로 확대되고, 다양한 국제환경협약들이 체결되게 되었으며, 1992년에는 리우유엔환경개발회의가 개최됨으로써 환경문제는 지구인들의 보편적인 관심으로 부각되게 되었다. 그러나 이러한 국제환경협약이나 앞으로 다가올 환경관련 국제다자간협상(그린라운드)은 선진 자본주의 국가들이 제3세계국가들의 자원이용과 환경오염 및 국제무역에 일정하게 개입하고 자국의 환경설비 및 환경기술을 판매하기 위한 환경제국주의적 전략이라고 비난받기에 이르렀다.

이상에서 지적된 이와 같은 사실들에 기초하여 다음과 같이 환경문제와 관련된 자본주의 경제체제(비록 유연적 축적체제라고 할지라도)의 특성들을 잠정적으로 요약해볼 수 있다. 첫째, 자본주의 경제는 성장중심적이며, 소재자원의 소모는 이에 비례하여 증가한다. 둘째, 자본에 의해 개발되는 기술은 에너지효율성을 비록 높이고 오염물질 처리

방식을 고도화한다고 할지라도, 자원·환경문제를 해결하기보다는 일정 수준으로 통제하는 정도이다. 셋째, 새로운 산업과 유통·정보통신시설의 등장은 추가적 에너지소비를 필요로 한다. 넷째, 자본의 자기증식과정은 제품주기의 감소 등을 통해 항상적 감가(사용가치를 가진 상품의 폐기 또는 파괴)를 요구한다. 다섯째, 생활과정에서 소비는 끊임없이 자극되고, 총량적으로 확대된다. 여섯째, 한 지역의 환경문제는 해소되기보다는 다른 지역으로 이전된다.[24]

자본주의 사회의 이러한 문제점들에 대한 지적은 유연적 축적체제에 내재되어 있는 환경문제의 해결잠재력을 전적으로 부정하는 것은 아니다. 즉 환경문제의 해결은 포드주의 축적체제의 완전한 극복과 유연적 축적체제 내에 내포되어 있는 잠재력을 어떻게 실현시킬 것인가의 문제라고 할 수 있다. 그러나 자본주의체제에서 이러한 잠재력의 실현가능성은 여전히 의문시된다.

5. 환경문제와 포스트모던 환경론

1970년대 후반 이후 서구 선진국들에서 환경문제에 대한 국민들의 관심은 상대적으로 줄어든 것처럼 보인다. 이는 부분적으로 환경문제가 가시적으로 어느 정도 진정되는 것처럼 보였다는 점에 기인하지만, 다른 한편으로는 환경문제에 앞서 경제침체와 이의 회복이 사회적으로 더 큰 이슈가 되었기 때문이라고 할 수 있다. 그러나 환경운동은 보다 활발해지고 국내 및 국제적으로 조직화되면서 녹색당과 같은 정당조직을 구성하고 제도정치권 내로 진입을 시도하게 되었고, 부분적으로 성

---

24) 하비에 의하면, "엥겔스가 주거문제를 두고서, 부르주아들은 주거문제에 관해서 단 하나의 해결책밖에 없다, 그것은 문제를 계속 다른 데로 옮겨 보내는 것이다. … 이와 비슷하게, 오염문제에 관해서도 부르주아들은 단 한 가지 해결책밖에 없다, 계속 딴 데로 옮기는 것"이라고 주장된다. 즉 오염재해는 지리적으로 재배분될 뿐이다. 하비, 앞의 글, 1995, ≪창작과비평≫ 좌담회.

공가능성을 보이기도 했다. 그러나 1980년대 후반이후 대부분의 정당들(진보정당뿐만 아니라 보수정당들에게도)은 환경문제에 대해 관심을 일반화시키게 되었고, 환경문제에 대한 일반 국민들의 관심이 상대적으로 줄어듦에 따라, 녹색당에 대한 지지도와 이를 통한 의석수도 다소 감소하는 경향을 보였다.

다른 한편 1960년대 후반 이후 빈번하게, 그러나 정형화되지 않은 상태에서 제시되었던 다양한 환경관련 주장들은 1980년대 이후 보다 체계화되게 되었고, 사회과학과 철학 분야에서 학문적 관심이 상대적으로 증대되게 되었다. 그러나 사회과학 및 철학 영역의 주요 학문적 주제들 가운데 환경은 여전히 부차적이고, 비중은 아직 상대적으로 낮은 것으로 평가될 수 있다. 달리 말해서 사회과학과 철학은 여전히 경제, 정치, 사회, 문화, 역사(기술을 포함한 물질문명의 발달) 등을 다루면서 단지 이들과 관련이 있을 경우에만 자연환경(문제)을 논술하는 정도였다. 예로, 1980년대 이후 세계적 사회이론과 철학사조를 선도했던 하버마스, 푸코, 데리다, 기든스 등의 학자들이나 조절이론을 포함한 포스트포드주의론과 포스트모더니즘 등에서 환경문제는 거의 언급되지 않거나 또는 사회문제의 한 부분으로만 다루어지고 있을 뿐이고, 사회와 환경을 대등한 관계 또는 직접적 관련성 속에서 다룬 논의들은 거의 찾아볼 수 없다.[25]

그러나 환경문제에 대한 사회이론적, 철학적 관심은 앞으로 더욱 확대될 것으로 기대되며, 특히 21세기 사회·정치적, 및 학술적 담론의 핵심적 주제로 부각될 것으로 예상된다. 환경문제에 관한 이러한 관심 수준과 앞으로의 확대가능성을 전제로 포스트포드주의 축적체제에 상응

---

25) 이러한 사회이론가 또는 사상가들의 이론체계 내에서 환경(또는 생태, 자연 등)이 차지하는 비중이 상대적으로 적다고 할지라도, 이들의 이론, 사상이 환경문제 또는 환경론과 무관한 것은 결코 아니다. 최근 이들 이론사상가들의 환경관에 관한 논의들로서, D. Glodblatt, *Social Theory and the Environment*, Colorado: Westview, 1996; S. Vogel, *Against Nature: the Concept of Nature in Critical Theory*, Albany: SUNY Press, 1996 등 참조.

하는 '포스트모던' 환경론을 분석해볼 필요가 있다.[26] 이 시기의 환경
론 역시 기본적으로 기술/생태중심주의와 보수/진보주의를 양 축으로
한 분류방식에 따라 구분될 수 있으며, 이에 덧붙여서 보다 활발한 논
의들을 전개하게 된 생태사회주의적 환경론들을 비맑스주의적/맑스주
의적 주장들로 구분하여 검토해볼 수 있다.

1) 기술중심주의적 환경론:
보수적 녹색자본주의와 진보적 네오슘페트주의

우선 기술중심주의적 사고들은 환경문제의 통제·관리와 관련된 경
제적 합리성을 보다 치밀하게 분석하고 기업 또는 정부에게 요청되는
다양한 전략적·정책적 방안들을 제시하게 되었고, 유연적 축적체제로
의 전환과정에 내포된 기술발달의 함의를 보다 면밀하게 검토하게 되
었다. 보수주의적이라고 할 수 있는 기술중심적 환경론자들은 기업이
환경을 보호하면서 어떻게 이윤을 확대시킬 수 있는가에 관심을 가진
다는 점에서 '녹색자본주의자'들이라고 할 수 있다.

이들은 "세계의 환경론자들만이 환경적 사고를 더 이상 독점하지 않
는다. 석유산업, 화학산업, 기계산업 그리고 생명공학산업 등과 같은
선도적 기업들은 환경적 제약을 인식하고 환경적 기회를 탐구하기 시
작했다"고 주장한다.[27] 이들은 기업들에게 환경산업과 환경기술에 대
한 투자를 요청하지만, 물론 이러한 투자는 이윤창출적·비용효율적인
경우에만 한정된다. 이들은 또한 환경문제를 통제·관리하고자 하는 정

---

26) 여기서 '포스트모던' 환경론이란 '포스트모더니즘'에 기초를 두거나 또는 이
와 직접 관련된 환경론을 의미하는 것이 아니라 1980년대 이후 서구 사회에
서 포스트포드주의적 경향이 나타나고 이의 상부구조로서 포스트모더니즘이
붐을 일으키고 있는 상황에서 대두된 여러 가지 환경론들을 의미한다. 포스트
모더니즘과 직접 관련된 환경론에 관해서는 다음 결론 절에서 논의할 것이다.

27) J. Elkinton and T. Burke, *The Green Capitalists: How Industry Can Make Money
and Protect the Environment*, London: Victor Gollancz Ltd, 1987 등 참조.

부에게 자원소비량을 줄이기 위한 가격인상정책, 자원이용과 관련된 환경세의 도입, 오염물질 배출권의 상품화 등을 제안하였다.

이들의 주장은 기술중심주의적 환경론으로 분류될 수 있으면서도 또 이것과는 상당히 다른, 진보적 견해들을 찾아볼 수 있다. 이러한 견해들은 포스트포드주의론에 어느 정도 함의되어 있으며, 특히 이의 한 유형이라고 할 수 있는 신슘페터주의자들의 환경관련 주장들에서 찾아볼 수 있다. 이들은 콘트라티에프의 장기파동이론을 수정·확대하여 기술결정론적 한계를 넘어서 기술과 사회제도간의 복잡한 상호작용을 포착하여 보다 포괄적인 진화이론을 발전시키고자 한다. 특히 이들이 제시하는 기술·경제패러다임은 환경문제에 관한 분석에 응용된다. 이들의 주장에 의하면, 4차 장기파동기간을 지배했던 에너지·소재집약적 포드주의 대량생산체계는 정보통신기술에 기초한 유연적 다품종생산체계로 이행했고, 이러한 이행의 기저에는 석유에서 극소전자로의 핵심요소의 교체가 자리잡고 있다고 설명된다. 그리고 이러한 이행은 환경문제 해결의 가능성을 그 속에 내포하고 있는 것으로 간주된다. 이들이 주장하는 바에 의하면,[28] 정보통신기술의 발달이 환경문제의 해결에 기여할 수 있는 측면은 ① 에너지와 소재의 소비에 대해 훨씬 더 정확한 모니터와 통제를 가능하게 함으로써 소비의 효율성을 증대시킨다. ② 품질과 재고를 통제하고 제품 결함률을 낮춤으로써 소재 낭비와 결함품 및 재고손실 등을 크게 줄여준다. ③ 부품의 수와 중량을 상당히 감소(일부 제품의 경우 50%까지)시킴으로써 소재 소비를 절감시킨다. 이에 덧붙여 운송장비의 연비 향상뿐만 아니라 교통량의 절대 감소를 가능하게 하는 정보통신수단의 보급과 활용이 강조된다. 이러한 정보통신기술에 기초한 기술·경제패러다임은 "애초에 어떤 환경적 목표들을 추구하기 위해 발전된 것은 아니지만 정치적 의지와 적정한 사회

---

28) C. Freeman, *The Economics of Hopes: Essays on Technical Change, Economic Growth and Environment*, London: Pinter, 1992; 김환석, 「기술경제패러다임의 변화와 환경문제」, ≪공간과사회≫ 5호, 1994, 81-118쪽 등 참조

제도적 틀이 뒷받침된다면 보다 환경친화적 방향으로 적응될 수 있을 것"이라고 주장된다. 나아가 "나노테크놀로지와 생명공학기술이 중심이 될 여섯번째의 기술경제패러다임은 환경친화적 목표를 우선으로 추구할 것이며, 이 기술들의 잠재력이 적정한 사회제도적 변화와 결합되어 실현될 때 비로소 환경문제는 완전히 해결될 수 있을 것으로 기대된다."[29]

이와 같은 진보적 기술중심주의적 환경론은 현재의 환경문제를 우려하지만, 기술혁신과 이에 상응하는 경제전반의 변화 그리고 사회제도적 혁신까지 수반하는 폭넓은 사회변화의 과정을 의미하는 기술경제패러다임의 변화에 따른 환경문제의 해결가능성을 낙관한다. 그러나 이러한 낙관은 과연 서구 선진국들에서 에너지소비량이 1980년대 후반 이후 다시 증가하고 있다는 사실에 근거할 때 성급한 것처럼 보인다. 또한 이러한 낙관론에 담겨 있는 '사회제도적 혁신'이 무엇을 의미하는지는 알 수 없지만, 문제는 이러한 기술혁신(최소한 제5차 파동기)은 환경적 목표를 추구하기 위해 이루어진 것이 아니며 따라서 환경친화적 방향으로 나아가기 위해 어떤 '정치적 의지'가 필요하다는 점에 대해 공감한다면, 이러한 정치적 의지란 결국 기술혁신을 추동하는 주체의 전환, 즉 소재 및 에너지를 교환가치로 이용하여 가치를 증식시키고자 하는 자본과 사용가치를 추구하는 노동자 일반 또는 시민들 간의 다툼을 의미하는 것이라고 할 수 있다.

2) 생태중심주의적 환경론:
보수적 '지속가능 발전론'과 진보적 생태학

'성장의 한계'(1972)가 전세계 언론에 충격적 반응을 유발한 것과는 대조적으로, 이와 유사한 논조로 작성된 「대통령에게 보내는 2000년대

---

29) 김환석, 앞의 글, 1993, 113-114쪽.

의 지구예측보고서」(1980)는 별다른 주목을 끌지 못했다. 이들이 공통적으로 주장한 바는 '지나친 과잉으로 인한 멸망'이며, 이를 피하기 위해 '범세계적 차원에서의 인구와 경제의 안정상태가 반드시 달성되어야 한다'는 일반적 결론이다. 그러나 이러한 연구는 좌·우파 모두에게 비판을 받았다. 과학기술주의를 신뢰한 낙관론자들은 이 연구가 지나치게 어두운 운명결정론적 색채를 가지고 있다고 비판하는 반면, 급진적 환경론자들은 이 연구가 다국적기업들의 입장을 반영하고 있다고 비난했다. 그러나 과잉의 통제와 경제의 안정을 추구하는 논조의 환경론이 1980년대 후반이후 새롭게 부각되어 전세계적으로 확산되고 있다. 이 논조는 이른바 '지속가능한 발전론'이라고 불리고 있다.

지속가능한 발전론은 1987년 발표된 브룬트랜드(Brundtland)의 세계환경발전위원회 보고서인 「우리의 공동 미래(Our Common Future)」에서 명시적 제시되었고, 그 이후 상당한 논의가 진척되면서 1992년 리우회의의 '의제 21'에 반영됨에 따라 세계적으로 환경과 관련된 핵심적 논제가 되었다. 지속가능발전론은 경제발전의 지속가능한 경로를 규정하기 위해 신고전경제학을 재구성하고 한다는 점에서, 기본적으로 경제적 합리성(나아가 기술중심주의)에 근거한 사고라고 할 수 있다. 그러나 지속가능발전론은 과거 '성장의 한계'와는 달리 '지나친 과잉에 따른 멸망'을 강조하기보다는 사회발전과 조화를 이루는 생태환경을 보다 명시적으로 부각시키고 세대간, 국가간, 지역간, 계층간 형평성을 강조한다는 점에서 생태주의 쪽으로 중심을 상당히 이동한 환경론이라고 할 수 있다. 또한 이러한 지속가능발전론이 환경과 관련된 다양한 정책들에 반영되면서 '생태도시론'이라는 새로운 개념의 도시계획론 분야를 만들어내기도 했으며, 또한 생태운동가들 역시 이러한 주장을 어느 정도 긍정적인 관점에서 이해하고자 한다는 점에서 '보수적' 생태중심주의라고 할 만하다.[30]

---

30) 물론 '지속가능한 발전'에 관한 논의 모두가 '보수적'이라고 분류될 수는 없을 것이다. 예를 들어, 보다 진보적 입장에서 이에 관한 논의로, J. R. Engel

지속가능발전론의 주요 주장들은 다음을 포함한다. ① 환경자원은 이를 이용하는 현 세대와 이를 물려받을 다음 세대간(그리고 국가간, 지역간, 계층간)에 형평성 있게 이용되어야 한다. ② 자연자본 스톡(natural capital stocks)의 경제적 가치를 강조하고, 사회발전의 전통적 측도로서 GNP 대신에 환경의 파괴·오염과 쾌적성을 반영하는 그린(green) GNP가 도입되어야 한다. ③ 형평성을 확보하기 위해 환경에 영향을 미치는 외부불경제의 내부화를 위한 다양한 규제방안들이 요구된다. 이러한 주장들을 포함하고 있는 지속가능한 발전론은 오늘날 선진국들뿐만 아니라 전세계적으로 확산되어 정부정책의 기조이념으로 제시되고 구체적 정책들에 반영되고 있다.

그러나 이러한 환경론이 개발을 정당화하기 위한 보조수단으로 동원된다는 점을 제쳐놓고라도, 그 자체 내에 여전히 경제적 합리성을 옹호하고 있다는 점에서 문제성을 안고 있다. 예로, 지속가능발전에 따르면, 환경비용의 내부화를 위해 시장인센티브(즉 환경의 상품화)를 이용하거나 또는 환경세를 부과하는 것이 가장 효과적인 규제방법으로 제시된다. 결국 지속가능한 발전 또는 개발과 환경간의 조화란 어디까지나 인간의 입장에서 본 지속가능성 또는 조화를 의미하는 것이지 자연의 한 부분으로서 인간과 자연의 조화를 의미하지는 않는다.[31] 뿐만 아니라 이러한 환경론은 그동안 지속가능성이나 형평과 조화를 파괴했던 것이 무엇이며 이를 어떻게 제거할 수 있는지에 대해서 관심을 가지기보다는 유연적 축적체제를 뒷받침하는 환경이데올로기로서 작동하는 것처럼 보인다.

1970년대 환경운동의 이념적 지주가 되었던 급진적(radical) 생태중

---

and J. G. Engel, "The ethics of sustainable development," in J. R. Engel and J. G. Engel(eds.), *Ethics of Environment and Development*, London: Belhaven, 1990, pp.1-23 등 참조.

[31] 이정전 편, 『지속가능한 사회와 환경』, 박영사, 1995, 특히 제1장 및 제2장 참조. 또한 지속가능한 발전의 개념에 관한 보다 최근의 논의들에 관해, 문순홍 편역, 『지속가능한 사회를 향한 생태전략』, 나라사랑, 1995 참조.

심주의적 환경론은 그동안 전개되었던 다양한 환경관련 주장들과 환경운동의 한계와 약점에 대한 반성을 통해 1980년대 이후 보다 체계적으로 발전하게 된다. 이들 가운데 심층(deep)생태학과 북친(Bookchin)의 사회생태학은 보다 진보적인 생태중심주의적 환경론이라고 할 수 있다.

심층생태학은 인간을 자연과 분리시키고 그 위에 군림하게 하는 인간중심적, 이원론적, 기계적 세계관을 비판하고, 물질주의적, 고전물리학적 이해를 넘어서 영적 자아와 '지구예지'의 수준으로 이행하고자 한다. 또한 지구 생명체의 내재적 가치, 다양성 보장을 위한 공생, 외부세계에 대한 인간간섭(정책)의 변화, 생물평등권 실현을 위한 사고전환과 노력 등을 강조한다. 심층생태학자라고 할지라도 환경파괴적 세계관의 기원에 대해서는 다양한 이견들을 제시하며, 이러한 인간중심주의 사고를 탈피하기 위해 '생태유물론'이라는 용어를 사용하기도 한다.

사회생태학이라고 지칭되는 북친의 환경론은 환경문제의 발생원인에 대하여 사회의 책임을 보다 강조한다. 그의 비판대상은 단순한 인간중심주의를 능가하여 인간에 의한, 인간의 (계급적, 성적) 지배이다. 그는 먼저 사회체계가 지배의 굴레를 벗어나서 조화를 이루지 못한다면 환경위기는 극복될 수 없다고 강조하고, '자연과학의 차원을 넘어 사회생태학으로 발전'을 주장한다. 이러한 사회생태학의 유형에 바로(Bahro)의 후기 저작들이 포함되기도 한다.[32] 그는 오늘날 환경위기는 '산업체계로 하여금 양 위주의 성장을 향하여 돌진하게 하는 논리' 즉 '자기 절멸적 논리'에 기인한다고 주장하고, 이러한 환경위기를 극복하기 위해 '사회주의사회와 자본주의사회에 관통되어 있는 권력지향적 지배논리'로부터의 단절이 필요하다고 주장한다. 이러한 사회생태학에서, 북친의 주장은 모든 지배관계의 철폐를 주장한다는 점에서 때로 생태아나키스트로 분류되기도 하며, 바로의 주장은 사회주의, 무정부주의

---

32) R. Bahro, *Building the Green Movement*, London: Heretic Books, 1986 등 참조.

의 전통을 이어받은 것이라고 평가되기도 하는데 이는, 생태사회주의
와 큰 차이를 가지지는 않는다.

이러한 1980년대 이후 생태중심주의적 환경론들은 산업사회를 발전
시켜온 인간의 (경제적·기술적·정치적) 합리성을 부정한다는 점에서
'포스트모던' 환경론이라고 할 수 있다. 즉 이들은 공통적으로 '근대
문명의 토대가 되는 계몽이라는 틀을 체계적으로 부정'하며, '지배적
시장사회를 비위계적 협력사회'로의 전환을 주장한다. 그러나 환경위
기의 극복을 위한 인간중심주의의 탈피에 대한 요구나 인간의 이성에
대한 총체적 부정은 결국 자연환경을 이해하는 인간의 새로운 시각이
라는 점에서 논리적 한계를 가질 수밖에 없다. 달리 말해서 이들의 주
장은 결국 인류 역사에서 물질문명을 추동시켜온 경제적, 기술적, 정치
적 합리성을 인류의 역사를 구원하기 위한 '생태적' 합리성으로 대체
하고자 하는 노력으로 해석된다.

뿐만 아니라, 이들의 비판은 환경위기를 유발한 현대사회의 모순에
초점을 두고 있음에도 불구하고, 현대 자본주의 사회의 변화과정에 민
감하게 반응하지 못하고 산업사회 일반에 대한 피상적 주장들에 의존
할 수밖에 없었다.

3) 사회주의적 환경론:
생태사회주의와 생태맑스주의

1970년대 제시되었던 다양한 환경론들 가운데 일부는 이미 사회주
의적 색채를 다분히 가지고 있었지만, 사회주의적 환경론이라고 하기
는 어렵다. 왜냐하면, 사회주의적 환경론은 현대사회가 당면한 환경위
기의 극복 이후 도래하는 새로운 사회로서 사회주의를 설정하고 있을
뿐만 아니라 보다 직접적으로 자본주의사회에 대한 체계적 비판을 전
제로 하기 때문이다. 물론 이러한 주장은 기존의 사회주의적, 특히 맑
스주의적 이론이나 철학이 자본주의체제에 대한 비판을 통해 환경문제

를 그 이론체계 내에서 명시적으로 다루어왔거나 또는 이를 다룰 수 있는 암묵적 여지를 남겨두고 있다고 주장하는 것은 아니다. 또한 기존의 사회주의·맑스주의 이론이나 철학이 오늘날 급변하고 있는 세계적 변화(특히 1970년대 선진 자본주의 국가들의 경제위기와 유연적 축적체제로의 전환, 그리고 1980년대 중반 이후 현실 사회주의국가들의 붕괴)를 적합하게 설명하고 있다고 주장하는 것은 아니다. 오히려 이러한 세계적 변화는 이른바 맑스주의의 위기를 가져왔을 뿐이다. 그러나 바로 이러한 이유에서 사회주의·맑스주의 이론들은 자신들의 분석틀내에서 환경문제를 다룰 수 있는 잠재력을 모색하고, 이론적 위기를 극복할 수 있는 가능성을 타진하게 되었다.

생태사회주의는 서구(특히 서독) 환경운동이 정치조직을 발전하는 과정에서 요구되었던 이념적 정향들 가운데 하나로 발전한 환경론이다. 생태사회주의자들은 환경위기의 근원을 사회생태론자와 유사하게 인간의 자연지배적·파괴적 의식에서 찾고 있지만, 후자와는 달리 이러한 의식의 구체적 원인으로서 자본주의 경제체제를 비판한다. 이들에 의하면, 자연환경의 파괴는 자본주의의 내적 법칙성과 명백한 관계를 가지고 있으며, 따라서 환경위기를 극복하기 위해 생산 자체의 변화와 생산관계의 변화가 요구된다. 특히 고르(Gorz)의 초기 저작들은 정치·경제학적 분석틀을 원용하여 자본주의 발전에 따른 자본의 유기적 구성도 증가와 이에 따른 이윤율의 저하, 그리고 이를 해소하기 위한 자본의 회전기간 단축과 제품주기의 감소, 이에 따른 절대적 희소성의 증대와 물자 결핍, 가격 폭등 등과 관련시켜 1970년대 서구 경제의 위기와 동시에 환경위기의 발생을 설명하고자 했다. 즉 자본주의경제체제의 문제성으로 인해 발생하는 환경위기는 이러한 사회와의 단절을 통해 극복될 수 있다고 주장된다.

이러한 생태사회주의자들은 자본주의적 합리성에 대한 비판과 사회주의로의 전환을 촉구한다. 이를 위해 그들은 자본주의적·기술적 합리성은 비판하지만, 또한 동시에 생물윤리나 자연의 신비화 그리고 어떠한 반인간주의도 거부하고, 인간중심적이고, 인간주의적 입장(또는 '탈인간중심주의적 인간주의')을 견지하고자 한다.33) 또한 이들은 정통 맑스주의적 주장들, 예로 생산력의 지속적 발전, 생산관계의 변혁을 위한 산업노동계급의 핵심적 역할 등에 대해 의문을 제기한다. 그러나 생태사회주의자들은, 스스로 인정하고 있는 바와 같이, 현대 자본주의에 대한 정확한 분석(특히 현대 자본주의가 자기파괴적 경향에 있지만, 친자본주의적 기술적 조치로 이 위기가 극복될 수 있다는 이중적 또는 모순된 사고의 해결), 생태사회주의의 대안적 사회경제이론의 제시, 변혁의 역사적 주체들의 방향과 전략 개발 등에 있어 한계를 가지고 있었다. 그러나 생태사회주의는 이러한 자기 한계를 극복하기 위해 나아가기 보다는 계속 추상적 논의 수준에 머물러 있거나 또는 다른 방향으로 사고를 전환시키기도 했다.

이러한 방향전환에 있어 대표적 인물은 고르(Gorz)로서, 그의 후기 저작들은 하버마스(Habermas)가 제시한 도구적 합리성의 개념과 이 합리성에 의한 '생활세계의 식민화'이론의 틀 속에서 환경문제를 고찰함으로써,34) 초기 자본주의적 경제합리성의 맑스주의적 비판으로부터 벗어나고자 할 뿐만 아니라 포스트모더니즘과도 일정한 거리를 유지하고자 한다. 사실 하버마스의 의사소통적 행위이론은 환경운동을 포함하여 새롭게 전개되고 있는 다양한 사회운동들을 분석할 수 있는 유의한 틀을 제공했으며, 그 이후 '신사회운동론'의 관점에서 환경운동을 이해하고자 하는 다양한 시도들이 있었다. 신사회운동론에 의하면, 노동운동과는 달리 환경운동을 포함한 새로운 사회운동들은 작업장이 아닌 시민사회에서 찾아야 하면 이에 대한 방어행위들을 통해 가치와 생활양식의 변화를 추구하고자 한다. 그러나 이러한 신사회운동론은 자본

---

33) D. Pepper, *Eco-Socialism: From Deep Ecology to Social Justice*, London and New York: Routledge, 1993 참조.

34) A. Gorz, *Capitalism, Socialism, Ecology*, trans. by C. Turner, London: Verso, 1994. 또한 D. Goldblatt, op. cit., ch.3: "The political ecology of capitalism: Andre Gorz," 1995, pp.74-111 참조.

주의적 생산관계의 계급성을 철회하고, 환경운동을 시민사회의 방어라는 관념적 실천연대나 도덕적 규범의 차원으로 이해하도록 했다.

이러한 생태사회주의적 환경론과 많은 공통점을 가지면서도 여전히 맑스의 정치경제학의 유의성을 인정하면서 그 이론틀을 수정·확대함으로써 오늘날 환경위기를 분석·극복하고자 하는 생태맑스주의자들이 있다. 이들에 의하면, 현대 환경위기는 생산력/생산관계와 이를 규정하는 생산조건들(즉, 외적 물리적 조건과 노동력 및 시·공간 차원을 포함한 하부구조)간의 모순으로 발생한다.

자본주의는 이러한 생산조건을 마치 상품이나 상품자본인 것처럼 취급하지만, 이들은 전혀 자본주의적으로 생산되는 것이 아니다. 이를 위해 자본은 생산조건영역으로 침투하여 자연을 자본화시키고자 하며 국가는 이러한 자연과 자본간의 매개역할을 한다. 자본과 국가는 생산조건에 대하여 보다 많은 계획화와 통제를 통해 새로운 형태의 계획된 '유연성'을 증대시키고자 하지만, 이러한 계획화는 유연적 자본주의냐 아니면 계획된 자본주의냐라는 기로에서 긴장을 발생시키게 된다.[35]

이러한 생산조건의 사회화·정치화과정과 이로 인해 발생하는 긴장은 유연적 축적체제에서 발생하는 환경문제를 이해할 수 있는 어떤 시사점을 제공한다. 그러나 오코너(J. O'Connor)의 주장은 환경위기의 설명에서 자본의 가치증식과정에 대해 언급하지 않고 있다는 점에서 한계를 가진다.[36] 이러한 점에서 알트파터(Altvater)는 가치순환과 자본축

---

35) J. O'Connor, "Capitalism, nature, socialism: a theoretical introduction," *Capitalism, Nature, Socialism*, 1(1), 1988, pp.11-38.

36) 비데(Bidet)의 생태맑스주의적 입장은 이러한 O'Conner의 입장과 맥을 같이 하지만 다소 상이하다. "비데의 정식화에 의하면, 잉여가치의 전유, 즉 착취를 둘러싼 자본과 노동 간의 갈등이 '자본주의의 제1의 모순' 또는 '내적 모순'을 구성한다면, 사용가치의 영유, 즉 자본에 의한 의미의 박탈과 욕구의 소외 및 사회적 생산비의 외부화를 둘러싼 자본과 생활자간의 갈등은 '자본주의의 제2 의 모순' 또는 '외적 모순'을 구성한다"(Bidet, op. cit., 1992; 이병천, 앞의 책, 1995, 281-282쪽 재인용). 그동안 서구 맑시즘이 간과하고 있었던 외적 모순이 환경위기의 발생원인으로, 이는 노동가치이론에 기초하여 설명될 수 있다

적의 가속화라는 경제적 논리와 자연조건의 한계와 불가역성이라는 생태적 논리의 충돌을 강조하고, 이러한 충돌은 대량생산·대량소비를 지향하는 포드주의적 자본주의로 인해 발생했다고 주장한다. 즉 "포드주의체제의 경제적 팽창과정 또는 자본순환의 과속화는 전세계를 원료공급과 상품 판매를 위한 시장으로 변화시켜 자본의 가치증식을 위한 공간적 경계를 폐기시켜버렸고, 기계적 리듬에 순응된 인간노동과 자동화를 통해 단위제품 생산에 필요한 시간을 극소화시킴으로써 시간적 경계조차도 폐기시켰다."[37] 이러한 포드주의적 축적체제는 대량생산과 표준화를 통해 생태계의 파괴와 자연의 다양성 감소를 초래했을 뿐만 아니라 자본의 증식을 점차 어렵게 했다.

생태맑스주의자들의 이와 같은 설명들은 포드주의적 축적체제의 문제점들을 고찰할 수 있도록 하며, 나아가 자본주의 경제체제가 어떻게 환경위기를 유발하고 있는가를 설명할 수 있도록 한다. 그러나 현재 생태맑스주의는 아직 초보적 단계로 완전한 틀을 갖추지 못하고 있으며, 특히 포드주의 이후 자본주의의 발전과정과 환경문제와의 관계에 관해 거의 논의되지 않고 있을 뿐만 아니라 자본주의 사회에서 새로운 사회로의 전환에 관하여 많은 부분들에서 아직 해결되지 않은 문제점들을 가지고 있다.

예로, 생산력의 지속적 발전의 가능성, 생활세계(환경)의 파괴를 초래하는 환경가치의 파괴 원인(이 점에 대해 생태맑스주의자들은 상품의 물신성을 강조하기도 한다), 생태사회주의로의 전환에 있어 핵심적 역할을 담당하는 계급, 그리고 유연적 축적체제의 한계를 명확히 분석하지 않고 있음을 들 수 있다.

고 주장된다.

37) Altvater, op. cit., 1987; 문순홍, 앞의 책, 1993, 112쪽 재인용.

54

6. 환경론의 새로운 지평을 위하여

환경론의 새로운 지평을 열어가기 위한 노력은 다음과 같은 과제를 포함해야 할 것이다. 첫째, 환경위기를 점차 심화시키고 있는 자본주의 체제의 기본 모순은 무엇인가? 둘째, 현 단계 서구 선진 자본주의 국가들에서 전개되고 있는 유연적 축적체제는 환경문제의 심화와 어떤 관계가 있는가? 셋째, 환경위기를 극복한 후 새로운 사회는 어떠한 체제에 의해 작동될 것인가? 넷째, 이러한 새로운 사회로의 전환은 누구에 의해, 어떻게 이루어져야 하는가? 다섯째, 기존의 다양한 환경론들은 어떻게 통합될 수 있는가? 그러나 이러한 의문에 대한 해답은 새로운 '거대이론'의 창출을 요구한다는 점에서 쉽게 찾을 수 없으며 이러한 거대이론에 대한 포스트모더니즘의 반론 또한 그 나름대로 유의하다.

프랑스 후기구조주의 이후 그 연장선상에서 발달한 포스트모더니즘은 환경운동을 포함하여 새로운 사회운동을 직·간접적으로 지원하지만, 환경에 대해 중심적인 관심을 가지고 있지는 않다.[38] 그러나 이들은 맑스주의를 포함하여 모든 대서사들을 거부하고, 특히 인간중심주의와 이에 기초한 진보에 대해 매우 회의적이다. 포스트모더니즘은 자연의 진보적 '인간화'로서 그리고 이러한 변화의 방식에 맞서는 모든 생활형태와 사고양식의 파괴로서 역사를 개념화하는 것을 부정한다. 이러한 점에서 포스트모더니즘은 반인간중심주의, 반물질주의를 지향한다(그러나 생태중심적이라고 하기는 어렵다. '생태' 자체에 대해 관심을 가지지 않을 뿐만 아니라 '중심'을 거부한다). 그들은 서구사상에

---

38) 그러나 포스트모더니즘의 입장에 직·간접적으로 기초하여 환경에 관해 논의한 문헌으로, M. E. Zimmerman, *Contesting Earth's Future: Radical Ecology and Postmodernity*, Berkeley: Univ. of California Press, 1994; A. E. Gare, *Postmodernism and the Environmental Crisis*, London and New York: Routledge, 1995; V. A. Conley, *Ecopolitics: The Environment in Poststructuralist Thought*, London and New York: Routledge, 1997 참조. 또한 M. E. Soule and G. Lease (eds.), *Reinventing Nature? Responses to Postmodern Deconstruction*, Washington D.C.: Island Press, 1995 참조.

반자연주의에 대한 니체의 공격39)과 서구문명에 기술적 중심에 대한 하이데거의 공격을 지지한다.40)

니체(F. Nietzsche)는 인간과 자연을 근본적으로 분리(인간의 존재 혼과 정신을 신체와 분리)시키고 후자를 경멸한 기독교적 인간중심주의를 비판하고, 또한 서·구 형이상학적 서·구 철학적 전통에 반하여 초월적 세계의 가능성을 거부한다. 니체에 의하면, "교회에 관한 모든 개념들은 그들의 존재를 위해 인식된다. 가장 악의적인 허위적 조작은 자연과 자연의 가치를 '탈가치화'하기 위한 목적에 있다."41) 그는 "자연은 신의 반자연성을 명예롭도록 하기 위해 잘못 판단되었다. '자연적인' 것은 '경멸적,' '나쁜' 것과 동일한 것으로 의미하게 되었다. … 냉혹한 논리로, 사람들은 자연을 부정하는 절대적 필요에 도달했다"42)고 주장한다. 이와 같은 종교적 철학적 기초에 근거한 인간성과 자연 간의 이분법에 대한 니체의 부정은 우주에서 인간성의 새로운 자리를 찾도록 한다. 니체의 철학은 포스트모더니즘의 기원을 이루지만, 다른 한편으로 (니치즘에 의해) 인간에 의한 자연의 총체적 기술적 지배를 정당화하는 데 이용되기도 했다.

하이데거(M. Heidegger)는 '권력에의 의지'에 관한 니체의 사고가 여전히 서구 형이상학의 전통을 표현한다고 주장했다. 하이데거는 데카르트적 과학과 맑스주의 사상 양자 모두를 세계의 지배에 속박되어

---

39) 환경윤리에서의 니체의 중요성에 관해서는, M. Hallman, "Nietzsche's environmental ethics," *Environmental Ethics*, 13(1), 1991, pp.99-125 참조. 또한 이 논문에 대한 반론으로, R. R. Acampora, "Using and abusing Nietzsche for environmental ethics," *Environmental Ethics*, 16(2), 1994, pp.187-194 참조.

40) 하이데거는 프랑스 철학자들 사이에 "생태적 투쟁에서 첫번째 이론가"로 인식된다. P. Quigley, "Rethinking resistance, environmentalism, literature, and poststructuralist theory," *Environmental Ethics*, 14(4), 1992, pp.291-306. 또한 하이데거의 환경윤리에 관해, M. E. Zimmerman, "Toward a Heideggerean *ethos* for radical environmentaism," *Environmental Ethics*, 5(2), pp.99-132.

41) F. Nietzsche, *The Anti-Christ*, Harmondsworth: Penguin, 1968, p.150.

42) F. Niezsche, *The Will to Power*, New York: Vintage Books, 1968, p.141.

있고, 존재들의 존재(Being of beings)를 위한 보호에 실패했다고 비난한다. 하이데거에 의하면, 인간의 의지(합리성)는 "지구를 소진과 소비로 멸망시키고 인공적인 것으로 바꾸어 버린 기술을 매개로 어디에서나 그 자신을 재현한다. 기술은 지구를 그 가능성의 발전된 영역을 능가해서 더 이상 가능하지 않는 따라서 불가능한 것들로 몰고 간다."[43] 이러한 문제성의 극복을 위해 하이데거는, 도덕성은 거주장소(agode or dwelling place)─인간이 거주하는 개발지역─에 근거를 두어야만 한다("적절한 거주는 존재에 근접성이다")고 주장한다.

오늘날 포스모더니스트들은 니체와 하이데거로부터 전통 속에서 서구사상에서 지배에 대한 추동을 규명하고, 과학과 맑스주의에 의해 지배되는 담론에 의해 억압된 담론들을 정당화하고자 한다. 즉 이들은 더 이상 세계의 지배를 지향하지 아니하며 사물들이 존재하도록 하는 세계 내에서 거주하는 방식에 보다 일치하는 담론을 제시하고, 언어 자체를 능가하여 담론의 제도적 배경을 분석하고, 권력이 이 속에서 작동하는 방법을 보이고자 하며, 끝으로 그들은 새로운 유형의 정치적 실천을 옹호한다.[44]

예를 들어, 생태학에 관해 명시적으로 논의한 리오타르(Lyotard)의 한 논문에서, 생태학은 (지적 또는 물리적) 은둔의 장소(palce of seclusion), 즉 파괴적 질서 또는 전략적 배치들에 의한 체계적 통제에 종속되지 않는 사고의 'Oikos'를 위한 투쟁을 포함할 수 있으며, 또한 포함해야 한다고 주장한다.[45] 포스트모더니즘이 환경위기 극복을 위해 제시하는 통찰력은 아마 이보다 훨씬 많을 것이며, 포스트모더니스트들이 개발한 다양한 개념들이 보다 설득력을 가지고 응용될 수도 있을 것이다.

---

43) M. Heidegger, *The End of Philosophy*, New York: Harper & Row, 1973, p.190.

44) A. E. Gare, op. cit, 1995, ch.4 참조.

45) J.-F. Lyotard, "Oikos," in *Political Writings*, Minneapolis: Univ. of Minnesota Press, 1993.

환경론의 새로운 지평은 이러한 포스트모더니즘이 환경문제에 대해 가지는 통찰력과 개념들까지도 포섭할 수 있어야 할 것이다. 특히 맑스주의와 포스트모더니즘(니체, 하이데거의 전통) 사이의 차이점은 부정될 수 없지만, 또한 그들의 주장의 공통된 기반을 부정할 필요가 없다. 이에 대해 하비(Harvey)는 다음과 같이 언급하였다.

> 모더니즘(일반적으로 해석하여)과 포스트모더니즘이 모더니티의 오랜 역사 속에서 변증법적으로 조직된 대립물들이라면, 우리는 이 주장들을 상호 배타적인 것이라고 볼 것이 아니라 서로 상대방을 내포하는 대립물들로 보아야 한다. 맑스는 물신성 내부의 경험을 충분히 신뢰할 만한 것으로 보았으나, 표면적으로 왜곡된 것이라고 했고, 하이데거는 똑같은 상품교환과 기술적 합리성의 세계를 배척해야 할 일상생활의 비신뢰성의 근원이라고 보았다. 문제의 근원에 대한 이와 같은 느낌의 공유가 공통의 토대로 작용하여, 그 토대로부터 보다 나은 장소(환경) 이해를 새로 마련할 수 있도록 해준다. 그처럼 이 차이들을 화해불가능한 모순들로서가 아니라 모더니티와 포스트모더니티의 조건 모두에 고유하게 내재한 변증법적 대립물로서 이해한다면 어떨까?[46)

만약 이러한 주장이 받아들여진다면, 자본주의적 모순을 규명하고 새로운 사회-환경으로 나아갈 수 있는 거대이론의 필요성이 인정될 수 있을 것이다. 문제는 '거대이론'이기 때문이 거부되어야 할 것인가가 아니라, 이러한 이론을 어떻게 정립할 것이며, 또한 어떻게 실천할 것인가라는 점에 있다.

---

46) D. Harvey, "From space to place and back again: reflections on the conditions of postmodernity," in J. Bird et al.(eds.), *Mapping the Futures: Local Cultures, Global Change*, London & New York: Routledge, 1993; 박영민 역, 「공간에서 장소로, 다시 반대로」, ≪공간과사회≫ 5호, 1995, 49-50쪽. 이 글은 상당히 수정되어 D. Harvey, *Justice, Nature and the Geography of Difference*, London: Blackwell, ch.11, 1996, p.315에 재수록되어 있다.

한국 환경문제의 재인식

제1장

한국의 환경산업과 환경기술*

1. 서론

오늘날 심화된 환경문제는 단순히 자연환경의 파괴·오염 차원을 벗어나서, 인간의 생활환경을 고통스럽게 만들고 있을 뿐만 아니라 기업의 생산환경을 심각하게 제약하기에 이르렀다. 상품생산과 시장판매를 통한 이윤추구를 기본 목표로 삼고 있는 기업들은 그동안 국가의 경제성장 우선정책에 힘입어 그 수와 규모면에서 엄청나게 성장했고 사회경제적으로도 상당한 물질적 부를 창출했다. 그러나 그와 동시에 기업들은 생산원료 및 에너지자원의 고갈과 더불어 배출된 오염물질 처리능력에 있어 일정한 한계에 봉착하게 되었으며, 또한 시민들의 환경의식 고양과 국가의 환경규제 강화로 더 이상 환경을 무시한 채 생산활동을 지속시키기는 어려운 상황에 도달하게 되었다.

뿐만 아니라 환경문제가 지구적 규모로 누적·확대됨에 따라 이를 통제하고자 하는 국제협상들이 빈번하게 이루어졌고 국제환경규제는 점

---

* 이 논문은 한국공간환경학회 편, 『새로운 공간환경학의 모색』, 한울, 1995, 377-429쪽에 게재된 바 있다.

차 강화되었으며, 그린라운드라고 불리는 새로운 세계적 환경협상은 앞으로 환경문제를 유발하는 산업과 무역에 대해 더욱 포괄적이고 강력한 규제조치들을 부가할 것으로 예측된다. 이제 기업들은 점점 심화되는 국내 환경문제의 완화뿐만 아니라 점차 강화되고 있는 국제 환경규제의 탈피를 위해, 불가피하게 환경부문에 대한 투자를 확대해서 공해방지시설들을 확충해야 하며, 나아가 오염물질의 발생 원인을 해소할 수 있는 생산공정이나 상품품질을 개선하도록 강한 압박을 받고 있다.

이와 같이 국내외적으로 환경문제가 점점 심각해짐에 따라 이에 대처·해결하기 위한 다양한 방안들이 제시되고 있는데, 이러한 방안들 중에서 제도적으로 주요한 의미를 가지는 것으로 환경산업과 환경기술의 발달을 들 수 있다. 또한 환경문제의 심화와 환경규제의 강화는 기업들로 하여금 당면한 생산환경의 제약을 개선·완화하기 위해 환경산업과 환경기술의 개발에 관심을 유도하였다. 또한 이러한 환경산업과 환경기술의 개발은 기업들에게 이윤획득의 새로운 기회를 제공하였고, 국가는 기업들의 이러한 관심과 기회를 뒷받침하기 위해 환경산업·기술의 개발에 재정적, 법적 지원을 제도화하였다.

그동안 국내 환경산업은 매우 영세한 규모와 낮은 기술수준에서 단순한 공해방지설비나 오염물질처리와 관련된 업종들이 주를 이루어 왔으나, 최근 관련기업 및 국가 재정의 투자 증대로 해당시장의 규모가 급속하게 확대에 따라 새로운 고부가가치 성장산업으로 각광받게 되었다. 특히 대량생산·소비체제에 기초한 포드주의적 경제성장으로 인해 오염물질의 배출량이 증가하고 또한 오염원들이 급속하게 확산될 뿐만 아니라 새로운 유형들이 발생됨에 따라, 이에 대처하기 위한 공해방지설비업, 폐기물처리 및 재활용업 등 환경관련 업종들이 크게 성장하고 있다. 또한 대기업들도 환경산업시장의 급성장에 점차 큰 관심을 가지고 환경산업과 더불어 이를 위한 환경기술의 개발에 투자를 증대시키고 있다. 앞으로 국내 환경문제가 더욱 심화되고 국제 환경규제가 보다 강화될 것으로 추정되기 때문에, 이에 경제·기술적으로 대처하기 위한 환경산업 및 환경기술에 대한 수요 역시 크게 팽창할 것으로 예상된다.

그러나 이러한 상황에 있어, 국내 환경산업과 환경기술이 어떠한 문제점을 안고 있는가에 대한 세밀한 고찰이 요청되고 있다. 우선 현상적으로 드러나는 문제점들로, 환경산업에 대한 기업들의 관심은 자신의 단기적 이해관계에 입각하여 발생한 오염물질들을 처리하는 수준을 능가하지 못하고 있다. 또한 국가는 여전히 과거에 수행해왔던 전통적 산업들에 우선적인 관심을 가지고, 새롭게 부각되고 있는 환경산업에 대한 재정적·법적 지원을 체계적으로 제도화하지 못하고 있다. 이로 인해 사전적 예방차원의 환경산업이나 청정기술의 개발은 지연되고 있으며, 이를 위한 환경관련 기초과학연구분야의 투자는 극히 미진한 상태에 머물러 있다.

보다 거시적이고 구조적인 문제로서, 환경산업과 환경기술의 개발이 과연 환경문제 해결에 기여할 것인가에 대한 의문도 제대로 논의되지 않고 있다. 순수한 의미에서 환경산업과 환경기술의 개발 그 자체는 환경문제 해결에 상당히 기여한다는 점을 부정하기는 어렵다. 그러나 환경문제 해결이 아니라 이윤추구를 일차적 목적으로 하고 있는 기업들의 환경산업과 이에 종속된 환경기술의 발달은 비록 가시적으로 환경문제를 해결하는 것처럼 보일지라도, 실제 내면적으로는 오히려 환경문제를 악화시킬 수 있는 우려를 안고 있다.

이 글은 이러한 문제의식, 즉 환경산업과 환경기술의 발달은 환경문제의 해결에 필요하지만 자본주의 사회경제체제하에서 이들의 발달은 일정한 한계를 가질 수밖에 없다는 문제의식에서 이를 어떻게 극복해나갈 것인가라는 의문과 관련된 예비적 고찰이라고 할 수 있다. 그러나 이 글은 이러한 의문에 대해 명확한 답을 제시하기보다는 이를 위한 이론적 및 경험적 자료의 수집·정리단계에서 씌어진 것으로, 한국을 포함한 자본주의 사회에서 환경문제의 발생과 환경산업 및 환경기술의 발달 관계를 개념적으로 재정리해보고, 다음으로 경험적 자료에 기초

한 현황 중심으로 세계 및 한국의 환경산업의 성장과정, 국내 환경산업
의 수급구조, 국내 환경기술의 개발수준과 투자 실태 등을 분석해볼 것
이며, 끝으로 한국을 포함한 자본주의 사회에서 환경산업 및 환경기술
이 안고 있는 문제점들을 해소할 수 있는 논제들을 예비적으로 고찰해
보고자 한다.

2. 자본주의 사회의 환경산업과 환경기술

1) 환경문제와 환경산업의 발달

오늘날 우리가 당면한 환경문제는 흔히 인정되는 바와 같이, 생산활
동이 환경을 무시한 채 이윤추구에 급급해온 기업의 생산활동과 환경
의 보전보다 개발의 필요성을 강조해온 정부정책 또한 이들과 관련하
여 기술은 기업생산의 이윤성과 국가개발의 효율성에 우선적으로 기여
하도록 발전해온 기술로 인해 심화된 것이라고 할 수 있다. 달리 말해
서, 우리사회의 환경위기는 자본주의적 기업들이 기본적으로 이윤추구
를 위해 가동하는 생산과정에서 점점 더 많은 자원을 소모하면서 점점
더 많은 오염물질을 배출하는 산업화와 이를 뒷받침하기 위해 환경파
괴적 성격을 가지는 기술의 발달에 기인한다. 이와 같이 자본주의적 산
업화와 기술문명의 발달이 환경위기를 유발했다는 사실은 기술중심주
의자들을 제외한 모든 환경론자들에 의해 지적되고 있다.[1] 이러한 과

---

[1] 자본주의적 산업화와 기술문명의 발달이 환경문제를 유발하는 과정에 관해,
최병두, 『환경사회이론과 국제환경문제』, 한울, 1995, 88-116쪽 참조. 각 유형
의 환경론자들이 가지는 입장에 대해, 데이비드 페퍼, 『현대환경론』(이명우
외 역), 한길사, 1995; 문순홍, 『생태위기와 녹색의 대안』, 나라사랑, 1993 등
참조. 그리고 산업유형별 환경문제의 발생 정도에 관한 구체적 연구로, 안기
철·박훈·이동진·유상희, 『환경친화적 산업발전』, 산업연구원, 1998 참조. 또
한 과학기술의 발달과 환경문제 간의 관계에 관한 논의로서, 고대승, 「과학기
술의 발달은 환경문제와 어떻게 연관되어 왔는가?」, 환경연구회 편, 『환경논

정을 통해 심화된 환경문제는 자연과의 유기적 관계 속에서 생존하고 있는 인간의 생활환경을 악화시킬 뿐만 아니라, 자원소모와 오염물질의 배출이 불가피한 기업들의 생산환경을 파괴하게 된다. 이제 환경문제는 개별 집단이나 지역의 문제가 아니라 전국가적, 전세계적으로 확산된 문제로, 인간의 일상생활과 기업의 생산활동을 심각하게 제약하면서 자본주의 사회경제체제 자체를 위협하는 중요한 요인이 되고 있다.

이러한 상황에서 기업은 그동안 무시해온 환경에 대해 명목적으로나마 인식을 달리하게 되고, 직·간접적으로 압박해오는 자연환경적·사회정치적 제약을 극복 또는 완화하기 위한 노력의 일환으로 환경부문에 대한 관심을 증대시키게 되었다. 이에 따라 기업들은 쾌적한 환경을 요구하는 시민들의 환경운동과, 심화된 환경문제를 통제하고자 하는 정부의 규제정책 그리고 환경문제의 지구적 확산으로 인해 강화된 국제환경규제에 따른 실질적 압박과 이해관계에 입각하여 환경산업과 환경기술에 대한 투자를 확충하게 되었다. 그러나 환경산업 및 기술에 대한 기업들의 관심과 투자는 기본적으로 소극적이다. 왜냐하면, 일반적으로 환경과 관련된 비용은 자연환경 또는 사회 전반에 전가될 수 있기 때문에, 여타 상품에 대한 수요와는 달리 환경과 관련된 설비나 기술의 수요는 가능한 잠재된 상태로 유보되면서, 일반 기업들은 이에 대한 비용을 가능한 지불하지 않으려는 경향이 있기 때문이다.[2] 또한 국가는

의의 쟁점들』, 나라사랑, 1994, 139-168쪽; 이필렬, 「과학기술의 발달과 환경문제」, 환경연구회 편, 『환경논의의 쟁점들』, 나라사랑, 1994, 169-188쪽 등 참조.

2) 환경산업(환경기술을 포함하여)에 대한 투자는 그외에도 여러 가지 점들에서 아주 어렵다는 점이 인정되고 있다. 그 이유로서 환경산업은 그 초기단계에 시장의 규모가 적으며, 환경문제의 통제는 기업의 이윤추구 목적에서 볼 때 부차적일 뿐이고, 기업의 입장에서 환경산업의 대상이 되는 환경문제를 화폐로 표현할 수 있어야 하지만 이 표현이 쉽지 않고, 기업은 보통 자신의 생산공정 및 생산물이 환경에 미치는 손상을 잘 파악하지 못한다는 점 등이 지적된다. Rene Kemp and Luc Soete, "The greening of techological progress,"

이러한 경향에도 불구하고 기업들의 생산활동 위축을 우려하여 기업들에 대한 환경규제의 강화와 환경투자 요구를 가능한 억제하고자 한다. 이에 따라 환경문제가 극히 심각한 상황에 이르기 전까지 환경산업 및 환경기술의 개발은 지연되게 된다.

이와 같이 환경문제(또는 위기)의 가시화에 대한 지연 전략에도 불구하고, 국가는 기업들의 생산활동에 대한 환경규제를 강화하여 환경부문에 대한 투자를 유도하는 한편, 기업들의 환경설비 확충과 나아가 환경산업 및 환경기술의 개발이 기업들의 이윤추구 목적에 상응할 수 있도록 제도적 및 재정적으로 지원하게 된다. 이에 따라 기업들은 생산환경의 제약 및 국제환경 규제의 극복 또는 완화라는 자신의 필요와 더불어 새로운 이윤창출 기회로서 환경산업과 환경기술에 대한 투자를 확대시키게 된다. 이러한 과정에서 형성된 환경산업자본은 기업 및 정부의 투자 촉진에 따라 형성된 환경산업시장을 겨냥하여, 공해방지시설의 조성, 저공해 생산공정의 개발, 기타 환경관리기능의 확대 등과 관련된 설비나 용역들을 상품화시키고 국내 시장뿐만 아니라 해외에도 이를 수출함으로써 새로운 이윤을 창출하고자 한다(<그림 1> 참조). 이제 환경산업을 통해 구축된 자본은 자신의 가치 증식을 위해 잠재된 환경수요를 끌어내어 스스로 환경산업시장을 확대시켜나갈 수 있는 추동력을 가지게 된다.

자본주의적 환경산업 및 환경기술의 개발과 상품화를 통해 축적된 환경산업 자본은 그러나 환경산업 시장의 특성으로 인해 일정한 한계에 봉착하게 된다. 환경산업(그리고 이에 따른 환경기술)은 세 가지 유형, 즉 ① 이미 발생한 환경오염물질을 사후적으로 통제·처리하기 위한 공해방지형 환경산업, ② 자연자원의 소모와 오염물질의 발생을 사전적으로 예방·방지하고자 하는 청정환경산업, 그리고 ③ 파괴·오염된

Futures, 1992(June), p.447; 김훈기, 「지속가능한 개발과 환경기술: 국내 환경산업의 문제를 중심으로」, 환경연구회 편저, 『환경논의의 쟁점들』, 나라사랑, 1994, 198쪽; 이정전, 『녹색정책』, 한길사, 1996, 제3부 참조.

<그림 1> 환경문제·환경산업·환경기술·환경정책 간 관계에 관한 단순도해

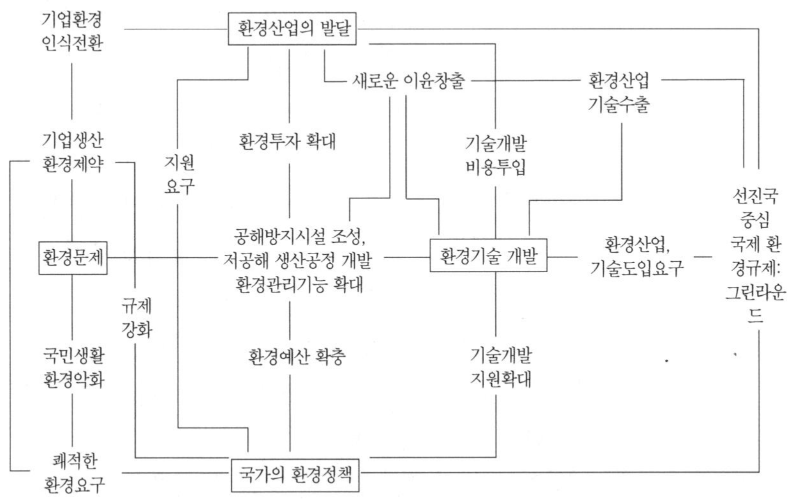

자연환경 그 자체를 회복시키고자 하는 환경보전산업 등으로 구분될 수 있다. 이러한 유형들에서 가장 직접적으로 기업의 환경적 제약조건들을 완화시키면서 단기적으로 이윤추구의 새로운 원천을 확보할 수 있는 유형은 사후적 환경산업 부문이다. 그러나 이러한 사후적 환경산업의 시장 확대는 상대적으로 제한적이다. 왜냐하면, 이 유형의 환경산업의 급속한 성장은 관련시장을 포화상태에 이르도록 할 뿐만 아니라, 사전적 환경산업의 등장으로 인해 사후적 환경산업의 시장 자체가 축소될 수 있기 때문이다.

이러한 상황에 봉착하게 되면, 자본은 사후적 환경산업부문에 더 이상 투자하지 않을 것이며, 어떠한 형태든 환경문제를 심화시킬 수 있는 생산설비자본으로 되돌아 갈 것이다. 물론 이러한 자본의 일부는 사전적 환경산업부문으로도 이전해갈 것이며, 이에 따라 환경문제는 보다 근원적으로 해소될 수 있을 것이라고 기대할 수도 있다. 그러나 사전적 환경산업의 발달은 자본의 축적과정으로 볼 때 결코 쉽지 않다. 왜냐하면, 예방적 차원의 사전적 환경산업은 즉각적인 이윤 창출을 보장하지 않기 때문이다. 즉, 원료 및 에너지원이 고갈되어 생산활동에 직접적인 영향을 미치지 않는 한 기업들은 이러한 부문의 환경산업에 큰 관심을 가지지 않을 것이며, 또한 기업들은 장기적인 기초과학과 기술의 발달을 전제로 하는 이 부문에 대한 투자를 기피하는 경향이 있기 때문이다. 그리고 정부 역시 가시적으로 발생한 환경오염의 통제에 대해서는 민감하겠지만, 사전적 예방 차원의 환경산업에 대해서는 상대적으로 큰 관심을 기울이지 않을 것이다. 무엇보다도 사후적 환경산업에 투입된 자본은 지속적인 이윤 창출이 가능한 시장확보를 위해서, 사전적 환경산업의 발달을 저지하고자 할 것이다.

이러한 이유들로 인해 환경산업은 일정한 수준에 성장을 멈추거나 또는 해외 시장 개척을 필요로 한다. 심각한 환경문제를 먼저 경험한 선진 자본주의 국가들은 이를 통제할 수 있는 환경산업과 환경기술을 먼저 발달시키게 된다. 그러나 선진국의 환경산업자본은 국내 환경산업시장이 일정한 한계상황에 도달하게 되면, 제3세계의 국가들 특히 신흥공업국들에서 새로운 시장을 찾고자 한다. 신흥공업국들은 선진국들로부터 사양화된 공해산업들을 이식시켜 국내 경제성장을 추진해나가는 과정에서 가능한 환경문제를 무시하고자 하며, 이로 인해 심화된 환경문제는 나아가 지구환경오염의 또 다른 원인이 되었다. 선진국의 환경산업자본은 이러한 신흥공업국들의 환경문제에 개입함으로써 자신의 시장을 넓혀갈 수 있는 계기를 모색하게 되고, 이러한 계기들은 지구환경보전을 명분으로 한 국제환경회의와 다양한 환경협약들을 통해 실현된다. 또 이를 통해, 선진국들은 신흥공업국들의 산업과 무역을 통제하는 한편, 자국의 환경산업자본들을 이들 국가에 진출시키는, 이른바 환경제국주의로 발전하게 된다.[3]

환경문제의 발생과 환경산업의 발달 및 그 외적·내적 한계에 관한 이러한 논의는 우리나라의 상황에도 적용될 수 있다. 그동안 우리사회의 자본주의적 경제발전은 자연자원의 고갈과 환경오염의 심화를 초래했으며, 이러한 문제의 해결을 위해 환경산업이 새로운 성장산업으로 등장하게 되었다. 그러나 자본주의적 기업들의 환경산업은 자신이 유발한 환경문제의 해결을 전제로 새로운 이윤추구의 기회를 확보하고자 한다는 점에서 역설적이라고 하겠다. 이러한 상황에서 만약 기업의 환경적 제약조건들이 완화되거나 또는 환경산업과 기술 개발이 기업의 이윤추구와 무관하거나 오히려 비용을 유발하게 된다면, 기업들은 이에 대한 투자를 언제든지 중단하게 될 것이다. 왜냐하면 이러한 환경산업과 환경기술의 개발은 환경문제 해결 그 자체를 위한 것이 결코 아니며, 기업의 자본축적 논리에 종속된 것이기 때문이다.[4] 자본의 필요성에 따라 발달한 환경산업은 환경문제의 존재를 기본 전제로 한 것이기 때문에, 환경문제를 결코 완전히 해결하지 못할 것이며 오히려 암묵적으로 환경문제의 심화를 조장할 수도 있다는 모순을 내재하고 있다.

2) 환경산업과 환경기술 간의 관계

자본주의 사회에서 환경산업의 발달에 관한 앞선 논의에서 우리는 환경산업과 환경기술이 상호 밀접한 관련이 있음을 암묵적으로 전제하였다. 그러나 이윤추구를 기본적인 목적으로 하는 환경산업과 환경문제를 통제하고자 하는 환경기술이 완전히 상호 결합된 합일체로 발달하는 것은 아니다.[5] 즉 환경기술 또는 보다 포괄적으로 기술 일반은 전

---

3) 환경제국주의의 역사적 발전과정에 대해 황태연, 『환경정치학과 현대정치사상』, 나남, 1992, 15-33쪽 참조.

4) 자본주의적 시장원리와 환경보전이 양립하기 어려움에 대한 다소 온화한 논의로서 이정전 편, 『지속가능한 사회와 환경』, 박영사, 1995, 제1장과 2장 참조.

5) 이러한 점에서 환경기술이 필요하기 때문에 환경산업이 발달해야 한다는 오류를 범해서는 안 될 것이다. 이러한 오류의 사례로, 김훈기, 앞의 글, 1994, 189-211쪽 참조.

자본주의 시대에도 발달해왔으며, 심지어 오늘날에도 자본의 영역 밖에서 기술이 개발되고 있다. 순수한 사전적 의미, 즉 "여러 가지 숙련된 솜씨 및 지식과 유용한 것들을 제작하고, 사용하고 또 행하는 절차들이 한데 뭉쳐진 그 전체"6)로서 기술의 발전은 일상생활 속에서도 흔히 찾아볼 수 있다. 여기서 특히 유용한 것들을 제작하기 위한 기술은 흔히 기술을 체현하는 도구(및 이러한 도구들의 결합물로서 기계)의 형태를 가지며, 또한 이러한 도구는 인간 신체의 연장으로 노동의 생산성을 증대시킨다. 이러한 의미의 기술은 인간의 생존을 위한 물질들의 생산에 필수적이다. 그러나 기술은 단순히 물질적 의미만을 가지는 것이 아니라 사회적 의미를 동반한다. 즉 보다 포괄적 의미에서 기술은 "인간이 자연을 다루는 양식과 인간이 자신의 생명을 유지해가는 생산과정… 그리고 인간의 사회적 관계들의 구성양식과 이러한 관계들로부터 파생되는 관념적 개념들의 형식"7)으로 정의된다. 이러한 정의에서 기술은 물질적 속성뿐만 아니라 사회적 성격을 가지며, 인류의 역사와 더불어 지속적으로 발전해왔다. 즉 이러한 기술의 발전은 인간의 물질적 생활의 개선과 사회적 생산력의 발전이라는 점에서 역사 진보의 원동력이라고 할 수 있다.

인류 역사의 발전에서 시대의 구분은 인간생활에 유용한 물품이 어떠한 기술과 도구에 의해 만들어졌느냐보다 어떠한 목적에 의해 만들어졌는가하는 점이 더 큰 비중을 차지한다. 한편으로, "기술과 도구는 인간의 노동이 가져온 발전의 정도를 측정하기 위한 기준을 제공해줄 뿐만 아니라 노동이 어떤 사회적 조건 아래서 수행되었는가를 보여주는 지표이기도 하다."8) 이에 덧붙여 우리는 한 시대에 발달한 기술과

---

6) R. Merrill, "Technology," in D. Sills(ed.), *International Encyclopaedia of the Social Sciences*, London: Macmillan, 1968, p.576.

7) K. Marx, *Capital*, Lawrence & Wishart, vol.1, p.352.

8) K. Marx, op. cit., vol.1. p.176. 또한 이러한 점에서 고르의 주장, 즉 "기술은 중립적이지 않다. 그 이유는 기술이 생산자의 생산물에 대한, 노동자의 노동에 대한, 개인의 집단과 국가에 대한, 그리고 인간의 환경에 대한 관계를 반영

도구의 수준을 인간의 노동이 자연환경을 어떻게 변형시켰는가를 측정
하기 위한 지표로서 뿐만 아니라 그 변형의 정도가 자연환경이 부담할
수 있는 절대적인 한계를 어느 정도 침해했는가를 보여주는 기준으로
사용할 수 있을 것이다. 다른 한편으로, 한 시대에 발전한 기술과 도구
로 생산된 물품들이 어떠한 목적으로 사용되었는가를 살펴봄으로써,
역사 시대를 구분할 수 있다. 즉 자연의 변형을 통해 경제적으로 유용
성을 가지도록 만들어진 물품이 생산자 자신의 생존을 위해 사용되었
는가, 또는 다른 사람(즉 비생산자)들의 생활이나 또는 사회적 부의 축
적을 위해 사용되었는가에 따라, 역사의 시대는 구분될 수 있다. 이러
한 점은 기술이나 도구가 누구의 소유 또는 통제하에 있는가에 따라
시대가 구분됨을 의미하기도 한다.

　　인류 역사에서 자본주의의 등장은 기술의 발달에 의존할 뿐만 아니
라 그것을 통제하기도 한다.9) 물리적·사회적 기술 발달을 통한 잉여물
의 생산은 상품의 시·공간적 이동과 이에 따른 분업의 발달을 촉진시
켰을 뿐만 아니라 상품을 생산하는 계급과 생산을 위한 기술이나 도구
(즉 생산수단) 및 생산된 상품을 통제하는 계급간의 분리를 초래하게
되었다. 이 과정에서 상품의 시·공간적 이동과 분업을 매개하는 화폐
는 이러한 매개과정에서 더 많은 화폐를 얻기 위해 운동하는 자본으로
전환되었고 자본은 생산물과 생산수단, 나아가 생산과정까지 통제할

하며 규정하기 때문이다. 실로 기술은 권력관계, 생산을 위한 사회관계, 그리
고 노동의 위계적 분업의 원형이다"라는 주장이 제시될 수 있다. A. Gorz,
"Technology, technicians and class struggle," in A. Gorz(ed.), *The Division of
Labour*, Brighton: Harvester, 1973.

9) 기술과 사회의 발달간의 관계에 관한 논의는 기술결정론적 사고를 극복하면
서 기술의 사회적 성격을 강조하는 것이 중요하다. 즉 기술과 사회 간의 관계
를 가장 강하게 규정하는 기술결정론은 기술이 다른 사회영역들을 결정하고
사회변화의 추동력이 됨을 의미한다. 그러나 약한 의미에서 기술의 사회적 성
격에 대한 주장은 사회 형태들이 기술에 의해서 '결정'되는 것이 아니라, 오히
려 기술에 의해 '허용'되거나 기술과 '양립'할 수 있음을 의미한다. 기술에 대
한 맑스의 주장은 후자의 관점에서 이해될 수 있다. 라이너 그룬트만, 『마르크
스주의와 생태학』(박만준·박준건 역), 1985, 204-209쪽 참조

수 있게 되었다. 이제 자본은 자신의 운동을 지속시키기 위해 한편으로 일정한 기술적 조건하에 이루어지는 노동과정(협업과 분업의 발달)과 다른 한편으로 이러한 노동과정을 조건짓는 기술의 발전을 촉진 또는 지연시키는 통제자가 되었다. 이러한 과정에서 기술을 체현하면서 노동을 대체하는 기계의 발달은 자본의 필요에 따라 직접 상품을 생산할 뿐만 아니라 그 생산 기계를 생산해내는 수준에 이르렀다. 이러한 과정에서 점점 대규모화된 기계류의 제작 및 유지를 위해 원자재, 에너지, 기타 보조재료들의 소모가 확대되었으며, 그 생산과정에서 대량의 폐기물들을 방출하게 되었다. 또한 자본의 운동에 따라 추동되는 기술의 발달은 기계류로 대표되는 생산수단의 생산부문(이른바 제1부문)이 소비재를 생산하는 부문(제2부문)으로부터 점차 분절되고 가속적으로 팽창하여 불비례를 초래함으로써 자본의 운동에 일정한 한계를 유발하게 되었다.[10]

이러한 위기에 직면한 서구 자본주의 경제는 기존의 축적체제에서 발생한 문제성을 해소하고 새로운 축적체제로 전환하기 위해, 극소전자기술 또는 정보통신기술을 중심으로 한 새로운 기술을 발전시키게 되었다. 현재 진행되고 있는 이러한 새로운 기술의 발전은 제1부문의 생산수단 생산에 있어 소재와 에너지의 투입량을 최소화시킴으로써, 소비재생산에 대한 감소 없이 환경문제를 해결할 수 있는 것으로 예상될 수 있다. 즉 "오늘날의 극소전자적 자동화와 유연생산체계 또는 린(lean) 생산방식에 입각한 생산방식 혁명의 주요 방향은 생산수단의 혁명적 절약을 겨냥하고 있다"고 주장된다.[11] 또 다른 주장으로서, 산업혁명 이후 자본주의의 역사가 동질적인 내용이 아니라 각 시기의 지배적인 기술(경제패러다임)에 따라 그 질적 양상을 달리해왔으며, 현재

---

10) 최병두, 『한국의 공간과 환경』, 한길사, 1991, 296-338쪽; 최병두, 앞의 책, 1995; 황태연, 앞의 책, 1992 등 참조 1970년대 서구 자본주의 경제가 봉착한 위기는 한편으로 생태환경위기와 다른 한편으로 자본축적의 위기가 결합한 형태로 발생한 것이었다.

11) 황태연 앞의 책, 1992, 83쪽.

진행되고 있는 새로운 기술의 발달은 기술의 역사에서 제5차 장기파동으로 인식된다.[12] 제5차 파동의 이행방향은 제4차 장기파동기간을 지배해왔던 에너지 및 소재집약적 포드주의 대량생산체계에서, 정보통신기술에 기초한 유연한 다품종생산체계로의 전환이다. 새롭게 개발된 정보통신기술은 에너지와 소재의 소비에 훨씬 더 정확한 모니터와 통제, 상품의 품질과 재고의 엄격한 관리, 제품 소재의 극단적 축약화 등을 가능하게 하기 때문에, 환경문제의 해결에 크게 기여할 것이라고 주장된다.

기술 일반 특히 환경기술의 발달에 대한 이러한 이론적 주장들은 그 나름대로의 유의성을 가진다. 광의적인 의미로 볼 때, 환경기술은 단지 발생한 공해방지설비나 환경오염물질의 처리기술뿐만 아니라 소재 및 에너지이용과 관련된 연구개발 및 생산공정의 통제·관리기술(이른바 청정기술), 나아가 자연환경 자체를 보호하기 위한 기술들을 포괄한다. 환경기술의 이러한 유형들은 일정한 단계, 즉 공해방지기술→청정기술 →자연환경보호기술 단계를 거치면서 발전하는 경향이 있다. 이와 같은 환경기술의 단계별 발전과정에서 극소전자기술 또는 정보통신기술을 중심으로 진행되고 있는 기술 일반의 발달은 사회경제적 조건에 큰 변화를 가져올 뿐만 아니라 기본적으로 환경에 크게 기여할 것이며 특히 청정환경기술의 발달을 촉진시킬 것으로 예상된다. 이러한 점에서 새로운 기술에 입각한 새로운 축적체제가 이전의 포드주의적 축적체제에 비해서 훨씬 환경친화적인 잠재력을 지니고 있음을 알 수 있다.

그러나 이러한 주장들에 대해 몇 가지 의문이나 문제점들이 제기될 수 있다. 우선 환경기술, 나아가 기술 일반이 환경문제를 해결하는 방

---

12) 김환석, 「기술경제 패러다임의 변화와 환경문제」, 한국공간환경학회 편, ≪공간과사회≫ 5호, 1994, 91-118쪽; 임기철, 『환경친화적 기술혁신 패러다임의 모색』, 과학기술정책관리연구소, 1995. 또한 C. Freeman, "A green techno-economic paradigm for the world economy," in C. Freeman, *The Economics of Hope: Essays on Technical Change, Economic Growth and the Environment*, London: Pinter, 1992 등 참조.

향으로 나아가고 있음을 어떻게 보장할 수 있는가? 만약 이러한 의문에 대해 설득력 있는 답변이 제시되지 않는다면, 이러한 주장은 단지 기계론적 진화론 또는 단순한 낙관적 기대에 불과할 것이다.[13] 이와 관련된 또 다른 의문으로, 자본주의 사회에서 이러한 환경친화적 기술들의 발전을 추동하는 것은 무엇인가?이에 대한 답은 분명히 이윤동기에 따라 행동하는 기업 또는 가치증식을 추구하는 자본임이 틀림없다. 그렇다면, 자본주의 사회에서 기업이나 자본은 필수적으로 환경친화적 기술을 선택할 것인가? 만약 이에 대해 긍정적인 답변이 가능하다면, 당면한 환경위기는 자본주의 사회 내에서도 환경기술의 발달을 통해 극복될 수 있을 것이다.[14] 그러나 이에 대한 긍정적 답변은 환경기술과 이에 의해 뒷받침되는 환경산업이 끊임없이 이윤을 창출할 수 있다는 전제하에서만 가능하다. 그러나 이러한 상황에서, 자본주의적 기업들은 한편으로 환경을 파괴하고 다른 한편으로 환경을 복구하면서 자신의 이윤을 이중적으로 추구할 수 있겠지만, 환경과 그 속에서 살아가는 인간은 점점 더 자본의 논리에 의해 지배받게 될 것이다.

다른 한편, 자원의 고갈과 오염의 심화로 기업의 생산활동이 불가능한 상황에서, 기업들은 어쩔 수 없이 환경기술의 개발을 기대하게 된다. 그러나 이러한 기대는 환경이 기업의 생산활동을 불가능하게 할 정도로 심각한 임계상황이 항상 지속된다는 점을 전제로 한다. 특히 극단

---

13) 라이너 그룬트만(박만준·박준건 역), 앞의 책, 1995, 190-193쪽 참조.

14) 그러나 R. Nelson and S. Winter, "Neoclassical vs. evolutionary theories of economic growth: critique and prospectus," *Economic Journal*, 84, 1974, p.94 참조. 이들은 현존하는 기술들이 시장 동기 또는 이윤극대화를 추구하는 기업의 합리적 결정으로부터 나오기 때문에 선택되는 것이 아니며, 기업은 기술을 선택하는 것이 아니라 소유하고 있다. 즉 기업의 기술은 기계적 과정의 산물이라고 주장한다. 이러한 주장은 신슘페터주의 장기파동론 또는 기술경제패러다임과 관련하여 환경문제에 접근하고자 하는 연구, 특히 도시(G. Dosi)의 연구에 많이 반영되어 있다. G. Dosi, "Technological paradigms and technological trajectories," *Research Policy*, vol.11, no.3, 1982; G. Dosi, *Technical Change and Industrial Transformation*, London: Macmillan, 1984 참조.

적인 상황에서 자본은 이러한 상황 자체를 초월할 수 있다.[15] 이러한
점에서 환경기술의 발달과 그 성과에 대한 사회적 통제가 요구된다. 즉
기술의 발달은 그 물리적 성격으로 볼 때 인간의 생존과 사회의 생산
력 증대에 기여할 수 있다. 특히 환경기술은 자원의 개발·생산·이용의
효율성 향상과 더불어 자연환경이 제공할 수 있는 자원의 가용범위를
확대시킬 수 있다. 그러나 기술의 발달에 내재된 사회적 성격은 이러한
발달과정과 그 성과를 좌우하기 때문에, 생산력과 생산관계에 대한 일
정한 편향성을 가지도록 한다. 따라서 자본주의 사회에서 환경기술의
발달이 실질적으로 환경문제 해결에 기여하도록 하기 위해서는 사회적
관계의 변화가 요구된다. 즉 환경기술은 환경을 이윤추구의 대상으로
인식하는 자본주의적 기업들, 즉 환경산업자본에 의해 지배될 것이 아
니라 환경과의 유기적 관계 속에서 생활하는 일반 대중들에 의해 발전
하고 통제되어야 할 것이다.

3. 환경산업의 성장과정

1) 세계환경산업의 성장과정

일반적 의미에서, 환경산업이란 이미 발생한 각종 오염물질을 조절·
통제·방지하거나 또는 자원소모 및 오염발생 원인 자체를 개선·해소함
으로써, 환경을 지속적으로 보전·유지하기 위해 상호 밀접하게 관련된

---

15) 이러한 점에서, 보스케는 생태주의의 선택이 자본주의적 합리성과 양립할 수
   없다는 것이 분명하지만, "자본주의는 자본의 축적을 필요로 하지만, 그것이
   구조적으로 불가능하게 된 경우조차 붕괴되기는커녕 축적을 다시금 가능하게
   하기 위해 노력한다. 이 때문에 자본의 대규모적인 파괴와 전쟁이 필요하게
   된다. … 자본주의는 도달해야 할 목표에서 볼 때 보다 합리적인 기술조차 현
   행의 사회관계를 강화시키지 않을 경우에는 배제시켜 버린다"고 주장한다. 미
   셸 보스케, 「에콜로지스트 선언」, 조홍섭 편역, 『현대의 과학기술과 인간해
   방』, 한길사, 1984, 151-152쪽.

제조업, 서비스업, 건설업 등으로 구성된 종합적 산업활동을 지칭한다.[16] 이러한 정의에 의하면, 환경산업은 발생한 오염물질을 처리하는 사후적 환경산업과 오염 발생 원인을 개선·제거하고자 하는 사전적 환경산업으로 대별되며, 나아가 자연환경 자체를 보호하고자 하는 산업을 포함하기도 한다.

사후적 환경산업은 주로 공해방지설비 및 오염물질처리시설과 그외 환경오염 측정·분석, 환경영향평가 등과 같이 공해대책형 산업으로 구성되며, 보통 또는 협의의 환경산업이라고 할 때 이러한 산업을 지칭한다. 사전적 환경산업은 에너지·자원절약형 장치기술, 폐기물재활용·자원절약형 산업 등 환경보전형 산업 및 환경정보와 환경교육 등과 관련된 환경정보형 산업을 포함한다. 사전적 환경산업은 분명 환경문제의 해결을 위한 관건이라고 하겠지만, 실제 이러한 산업들은 별도의 환경산업으로 분류되기보다 생산공정이나 원료 및 제품의 개선 등 산업 전반의 발전과 포괄적으로 관련된다.

1970년대, 환경산업이 세계적인 주요 성장산업으로 부상하게 되면서 서구 선진 자본주의 국가들이 2차대전 이후 구축했던 대량생산·대량소비체제 결과로 인해 심각한 자원·환경문제에 봉착했고 이에 대한 정부의 환경규제가 강화되면서 시민들의 환경운동 또한 격렬해졌다. 즉 환경문제의 심화와 이에 대한 정부의 규제 강화 및 시민들의 반대로, 기업들은 이를 해소하기 위해 환경산업에 관심을 가지게 되었다고 할 수 있다. 그러나 실제 이러한 환경산업은 단지 환경문제 및 이와 관련된 사회정치적 규제 또는 제약조건들의 해소뿐만 아니라 기업들에게 이윤 획득의 새로운 기회를 마련해주었다. 그리고 선진국들의 산업구

---

16) 한국산업은행, 『한국의 산업』(하), 1993, 237쪽 참조. 또한 환경처의 정의에 의하면, "환경산업이란 통상 직접 환경오염방지 및 처리에 관여하는 업체를 말하며, 협의적 개념에서 보면 환경 관계법률에 의하여 허가, 등록, 지정을 받아 영업하는 각종 용역서비스업, 설계·시공업 등을 지칭한다". 환경처, 『환경백서』, 1994, 267쪽. 이러한 정의에 의하면, 환경산업은 환경문제의 사후적 처리와 관련된 산업들로 한정된다.

조가 보다 다기화되었고 이로 인해 오염물질의 종류 및 오염경로 등도 더욱 복잡·다양화됨에 따라, 환경산업의 대상과 관련시장도 꾸준히 확대되었다.

이러한 확대과정을 통해 성장한 세계환경산업의 총시장 규모는 1990년 환경관련 기술용역 등 서비스부문을 포함하여 약 2,000억 달러로 추정되었으며, 선진 자본주의를 대표하는 OECD 국가들이 이 시장을 독점적으로 지배하는 것으로 분석되었다. 즉 이 국가들의 환경설비 및 환경서비스 매출액은 1990년 현재 1,850억 달러로 세계 환경시장의 90% 이상을 차지하고 있으며, 이에 고용된 인원은 약 170만 명에 달하는 것으로 기록되어 있다(<표 1a> 참조). 특히 환경산업시장의 국가별 규모를 보면, 미국이 800억 달러, 일본 300억 달러, 독일 270억 달러 규모로 전체 OECD 국가들의 매출액 중에서 각각 43.2%, 16.2%, 14.6%로 총 74.0%를 차지했다는 점에서, 이 세 나라가 세계환경시장을 거의 장악하고 있다고 할 수 있다.[17]

이러한 추세는 <표 1b>에서 재확인된다. 즉 환경시장의 규모를 환경기계장비, 환경서비스 및 자원재활용까지 포함하여 계산하면, 1994년 세계 환경시장은 민간기업 및 공공기관의 매출액을 합하여 전년대비 3.9% 증가한 4,080억 달러에 달하는 것으로 나타났다. 부문별로는 고체폐기물처리, 폐수처리, 플랜트 운용 등의 엔지니어링 및 서비스부문이 전체의 51.8%인 2,113억 달러였으며, 민간 및 공공용수, 재활용

---

[17] <표 1>에 의하면, 미국의 환경산업은 매출액에 비해 고용인원이 상대적으로 매우 많고, 일본의 경우는 그 반대현상을 보이고 있다. 이는 미국이 일본에 비해 환경기술부문에 종사하는 인력이 더 많기 때문인 것으로 해석된다. 이러한 점은 세계 환경시장을 주도하는 주요 3개국의 부문별 경쟁력 비교에서도 나타난다. 즉 미국은 기초연구 및 종합기술부문에서 상위를 차지하지만 국제마케팅 및 가격경쟁력 부문에서 상대적으로 중·하위를 보이는 반면, 일본은 반대로 기초연구 및 종합기술부문에서 중하위를 보이지만 국제마케팅 및 가격경쟁력 면에서 상위를 차지하고 있다. OECD, *The OECD Environment Industry; Situation, Project and Government Policites*, 1992; 한국산업은행, 앞의 책, 1993, 251쪽 참조.

<표 1a> OECD 국가의 환경산업규모(1990년)

(단위: 10억 달러, 만 명, %)

구분	합계	미국	캐나다	독일	프랑스	영국	이탈리아	일본	기타
매출액(A)	185	80	6	27	12	9	5	30	16
(%)	(100.0)	(43.2)	(3.2)	(14.6)	(6.5)	(4.9)	(2.7)	(16.2)	(8.7)
고용인(B)	170	80	5	25	9	7.5	4	20	19.5
(%)	(100.0)	(47.0)	(2.9)	(14.7)	(5.3)	(4.4)	(2.4)	(11.8)	(11.5)
A/B	1.1	1.0	1.2	1.1	1.3	1.2	1.3	1.5	0.8

자료: OECD, *The OECD Environment Industry; Situation, Project and Government Policies*, 1992, 한국산업은행, 『한국의 산업』(하), 1993, 249쪽 재인용.

<표 1b> 세계 환경시장의 규모(1994년)

(단위: 억 달러, %)

구분	미국	서유럽	일본	아시아	중남미	기타	합계
환경기계장비	385	277	142	39	18	67	928(22.7)
환경기술 및 서비스	880	664	347	58	28	136	2,113(51.8)
자원재활용*	390	333	164	45	20	87	1,039(25.5)
합계	1,655	1,274	653	142	66	290	4,080
	(40.6)	(31.2)	(16.0)	(3.5)	(1.6)	(7.1)	(100.0)
전년대비 성장률	4.2	2.2	1.7	16.4	10.4	4.6	3.9

주: * 자원재활용부문은 민간 및 공공부문의 용수공급을 포함한 것임.
자료: 한국산업은행, 『한국의 산업』(하), 1996, 463쪽.

자원 등 자원재활용 부문이 25.5%인 1,039억 달러, 수질보전, 대기오염방지, 폐기물처리 등을 위한 기계장비부문이 22.7%인 928억 달러에 이르고 있다. 이러한 세계환경시장에서 미국 및 일본이 각각 40.6%, 16.0%, 그리고 독일을 포함한 서유럽이 31.2%를 차지했다.

이러한 환경산업시장을 산업 발전 추세 및 그 유형과 관련시켜볼 때, 우선 OECD 국가들의 환경산업은 1970년대에 급속히 성장하여, 1980년대에는 이미 성숙단계에 진입하였고, 1990년대에는 새로운 (첨단)환경기술의 개발을 통해 환경산업시장을 확대해가고 있는 것처럼 보인다. 예로, 일본의 경우 <표 2>에서 확인될 수 있는 바와 같이, 공해방지설비산업의 생산추이는 이미 1976년경에 최고에 달했으며, 그 이후

<표 2> 일본의 공해방지설비산업의 생산 추이

(단위: 억 엔)

구분	1966	1968	1970	1972	1974	1976	1978	1980	1982	1984	1996	1988	1990
생산총계: A	341	768	1,946	3,746	6,773	6,939	6,133	6,551	6,110	5,948	6,686	6,449	7,850
수질오염	195	262	886	1,865	2,663	3,158	3,792	3,521	3,230	3,158	3,358	3,439	3,921
대기오염	92	392	842	1,327	3,343	2,810	1,098	1,601	1,419	1,583	1,518	1,040	1,542
폐기물처리	54	115	211	544	764	949	1,204	1,394	1,393	1,140	1,770	1,933	2,322
소음, 진동	0	0	7	10	13	22	39	57	68	67	40	36	65
수출총계: B	—	—	15.2	47.8	98.1	151.9	231.1	403.6	180.4	173.2	580.0	209.1	291.3
수출비중:B/A	—	—	0.8	1.3	1.0	3.5	5.9	3.6	4.7	2.5	5.2	3.5	3.7

자료: 일본산업기계공업회,『環境裝置産業の課題とヒション』, 1991; 홍성인·김미숙,『공해방지설비산업의 실태분석과 발전방안』, 산업연구원, 1992, 101, 117쪽.

1980년대 전반에 걸쳐 비슷한 생산수준을 유지했고, 1990년에 다시 새롭게 증가하고 있음을 볼 수 있다. 이러한 점에서, 공해방지설비산업과 같이 사후적 환경산업이 성장하는 데는 일정한 한계가 있음을 알 수 있다.[18] 즉 이러한 환경산업은 기존의 공해방지설비를 위한 투자와 시설조성이 급속하게 이루어짐에 따라 급성장하지만, 일단 일정 수준에 달하게 되면 공해에 대한 통제가 일정 수준에 달하게 되고 더 이상 수요가 증대하지 않는 특성을 가지고 있다고 하겠다. 뿐만 아니라 선진국들에서 사전적 환경산업의 발달 또는 보다 포괄적으로 자원절약형·공해저감형 생산체계, 이른바 '유연적 생산체계'의 구축은 공해유발 자체를 감소시킴으로써 이러한 사후적 환경산업 시장을 감소시키는 경향을 가져왔다.

환경산업은 이러한 공해방지설비산업뿐만 아니라 환경관련기술과 서비스산업들을 포함한다. 이러한 환경산업의 성장과정과 관련하여 환경기술의 발전과정을 보면, 선진 자본주의 국가들에서 기존의 기술은 이미 표준화된 상태에서 새로운 (첨단)환경기술들을 개발하는 단계에

---

18) 즉 공해방지설비에 대한 수요는 일정 단계까지는 증가추세를 보이나(공해물질 배출통제단계), 공해원에서의 공해물질 생성을 줄이거나 없애는 단계에 들어서면(신제품 개발 및 신공정단계) 공해방지설비에 대한 수요는 둔화되거나 감소추세를 보인다. 홍성인·김미숙, 앞의 책, 1992, 27쪽.

들어갔다고 하겠다. 선진 자본주의 국가들을 중심으로 이러한 환경산업과 환경기술의 발달은 자국의 환경문제를 통제·완화하는 데 크게 기여했다고 할 수 있지만,[19] 또한 자국의 환경시장뿐만 아니라 세계수출시장에서 엄청난 이윤을 얻을 수 있도록 했다. 특히 1991년 독일, 일본, 미국의 3개국을 중심으로 형성된 세계 환경시장에서, 독일은 수질오염 처리기술 및 설비설계부문에서 경쟁력 우위를 기반으로 100억 달러의 무역수지 흑자를 얻은 바 있다. 또한 미국은 세계 최고의 기초기술 및 종합기술 수준에도 불구하고 가격경쟁력 및 국제마케팅 등의 열위로 인해 흑자규모가 독일에 비해 훨씬 적은 40억 달러에 머물러 있으며, 다음으로 일본이 30억 달러를 기록하고 있다.[20]

물론 세계 환경시장은 아직 완전히 성숙하지 않았으며, 선진국들의 환경산업은 세계 환경시장보다는 국내 환경시장에 더 크게 의존하고 있다. 예로, 1980년대 일본의 공해방지설비산업의 생산에서 수출이 차지하는 비율은 대체로 4~5% 정도이며, 따라서 95% 이상의 공해방지설비는 내수용으로 사용되었다(<표 2> 참조). 그러나 앞으로 선진국들의 환경산업은 국내 환경시장이 포화상태에 이를 경우, 보다 노골적으로 국제환경시장의 확대를 강제하기 위한 환경제국주의적 전략을 드러낼 것으로 예상된다. 사실 최근 국제환경규제가 더욱 강화되고 신흥공업국들에 대한 압박이 점차 커지고 있음은 이러한 선진국들의 환경산업의 상황과 일정하게 관련된 것으로 해석될 수 있다. 이러한 점에서 공해방지설비산업뿐만 아니라 환경기술과 서비스를 포함한 세계 환경시장의 규모는 앞으로 더욱 성장할 것이고, 선진국들의 환경산업자본이 이러한 국제 환경시장의 성장을 주도할 것이라고 추정해볼 수 있다.

---

19) 선진 자본주의 국가들에서 환경문제의 완화는 이러한 (사후적 및 사전적) 환경산업 및 환경기술의 발달과 더불어 기존의 공해산업들과 폐기물들을 해외로 수출했기 때문에 가능했다고 할 수 있다. 최병두, 1995, 102-110쪽 참조
20) 한국산업은행, 앞의 책, 1993, 250쪽.

2) 국내 환경산업의 성장과정

우리나라에서 환경산업이 본격적으로 성장하게 된 것은 선진국들에 비해 훨씬 늦은 1980년대 말 이후이다. 이 시기는 또한 우리나라에서 환경문제가 심각한 사회적 문제로 대두된 시점으로, 세계적으로도 지구환경문제에 대한 관심이 고조되고 이를 해결하기 위한 국제환경규제가 강화된 시점이기도 하다. 1960년대 이후 급속하게 추진된 자본주의적 산업화과정, 특히 1970년대 중반 이후 외국의 사양화된 공해산업들을 도입하여 추진된 중화학공업화는 자원 소모량과 오염물질 배출량을 급증시킴으로써 자원·환경문제를 점차 심화시키게 되었고, 특히 1980년대 후반 이후 낙동강 페놀오염사고 등 대형 환경사고들을 유발하게 되었다. 이와 같이 국내에서는 환경문제의 심화로 인해 시민들의 환경운동과 정부의 규제조치가 강화되었고, 세계적으로 지구환경문제를 명분으로 한 국제환경규제가 보다 엄격해짐에 따라, 기업들은 공해문제에 대해 최소한의 관심을 가지게 되었고 이를 통제하는 시설들을 필요로 하게 되었다. 또한 이러한 상황에서 정부는 환경문제의 해결·완화를 위해 공해방지시설부문에 대한 공공투자를 점진적으로 확충시켰을 뿐만 아니라 환경산업을 지원·육성하기 위한 제도들을 정비·보완하게 되었다.

환경산업의 육성을 위한 정부의 제도 개선에서 주요한 사례로, 1991년 한국표준산업분류에서 이 산업을 명시화한 점을 들 수 있다. 그 이전까지 환경산업은 각종 이질적인 개별 업종들로 구성되어 있었기 때문에 별도의 산업 유형으로 분류되지 않았으며, 이로 인해 환경산업 관련업체들은 다른 제조업들에 비해 정부의 지원을 거의 받지 못했다. 그러나 환경문제가 심화되고 이와 관련된 국내외 여건이 변화함에 따라 환경산업에 대한 제도적 정비와 지원이 필요하게 되었고, 정부는 1991년 한국표준산업분류를 개정하여 포괄적으로 제조업, 서비스업, 건설업 등 3개 업종에 걸쳐 총 13개(1992년 폐기물 재활용 추가) 세부업종

을 포함하는 환경산업분야를 명시하게 되었다.[21] 이와 같이 환경산업
이 별도의 유형으로 분류되게 된 것은 환경산업 자체가 비교적 최근에
등장한 산업이기 때문이며, 또한 환경산업이 비록 업종간에 매우 이질
적으로 연관되어 있긴 하지만 독자적인 시장을 형성하여 그만큼 비중
이 커졌음을 의미한다고 하겠다. 이와 같이 환경산업이 한국표준산업
분류에서 명시화됨에 따라, 1992년부터 국내 환경산업도 제조업과 동
일한 각종 세제 및 금융지원 혜택을 받게 되었고, 특히 공해방지시설업
체 등은 일반 중소기업이 받는 창업 지원, 시설현대화 지원, 경영합리
화 지원 및 기술도입자금 지원 등의 대상이 되었다.

　이러한 과정을 통해 새로운 유형의 산업으로 등장한 환경산업은
1991년 7,271개 사업체 9만 7천 명의 종업원을 가지고 25,000억 원(매
출액 기준)에 달하는 시장을 형성하게 된 것으로 추산되며(<표 3> 참
조), 1992년에는 사업체수 8,489개사, 종업원수 11만 4천 명, 매출액
28,973억 원에 달하여, 전년도에 비해 15～18% 성장한 것으로 나타났
다.[22] 1993년에는 업체수의 증가율(8.0%)로 볼 때 다소 둔화되었지만,
성장추세는 기본적으로 계속되었다고 하겠다. 그 이후 우리나라의 환
경산업은 환경오염 방지시설업 등에서 급속히 성장하여 1996년 약 1
만여 업체로 증가했으며, 연간 매출규모는 약 4조 5천억 원 정도로 추
정되고 있다. 이러한 국내 환경산업의 시장규모(1990년 매출액 기준)
는 <표 1>에서 나타난 미국 및 일본과 비교하여 각각 5.0%, 13.5%
에 불과한 것이긴 하지만, 우리나라 산업 전반의 규모로 볼 때 환경산

---

21) 한국표준산업분류에서 명시된 환경산업은 모두 사후적 환경산업들로서, 구
　체적으로 제조업분야에서 정화조제조업, 집진기 등 방지기자재생산업, 폐기물
　재생처리업, 서비스업분야에서 일반폐기물처리업, 특정폐기물처리업, 폐유처
　리업, 방사성물질처리업, 자가측정대행업, 분뇨관련영업, 환경영향평가대행업,
　그리고 건설업분야에서 환경오염방지시설업, 분뇨처리시설 등의 설계·시공업,
　일반폐기물처리시설설계·시공업 등의 세부 업종들을 포함하고 있다.
22) <표 3>은 통계자료상에 상당한 문제를 안고 있는 것처럼 보인다. 특히 환
　경영향평가를 제외한 다른 유형의 환경산업들은 전혀 성장하지 않은 것으로
　기록되어 있다.

<표 3> 국내 환경산업의 구성과 규모

(단위: 개사, 억 원, 명, %)

업종	1991			1992			1993	1995	1997
	업체수	매출액	종업원	업체수	매출액	종업원	업체수	업체수	업체수
합계	7,271	25,000	97,0000	8,489	28,973	114,462	9,167	11,633	11,770
·환경오염방지시설	631	5,956	13,000	727	8,683	14,540	687	737	793
·자가측정대행	77	126	1,100	77	100	1,100	77	111	125
·폐수수탁처리	23	133	500	31	133	500	45	36	43
·일반폐기물처리	412	1,426	13,000	445	1,426	13,019	559	706	1,338[#]
·특정폐기물처리	40	1,367	1,700	49	1,367	1,548	70	103	(*)
·환경영향평가대행	69	60	1,000	84	209	1,558	91	87	128
·먹는샘물제조업	—	—	—	—	—	—	—	24	—
·분뇨수집, 운반	261	324	2,300	361	324	2,332	364	439	456
·정화조 청소	474	629	2,800	474	630	2,795	468	531	578
·분뇨처리, 오수정화시설 설계시공	515	4,600	2,600	1,187	4,600	9,496	1,397	1,681	2,149
·분뇨정화조제작	22	250	250	22	250	250	29	31	37
·유독물관련영업	2,700	700	4,100	2,921	700	11,684	3,037	3,155	3,537
·폐기물운반선업	11	183	250	9	180	160	11	12	16
·운행차검사대행업	—	—	—	—	—	—	289	296	349
·기술용역업	29	228	300	40	229	300	—	—	-
·폐수처리약품	30	760	1,100	40	800	1,200	—	—	—
·폐기물재활용업	—	—	—	1,890	8,159	53,000	1,796	2,331	1,796[#]
·일반폐기물처리시설설계·시공업	—	—	—	172	—	—	245	292	420
·검사용기기 검사대행업	—	—	—	—	—	—	2	2	5

주: 1) 1993년 이후에는 업체수 자료만 제시되었으며, 매출액 규모의 추정치는 없음.
　　2) 1991년 합계는 폐기물재활용업을 감안한 잠정치임.
　　3) 위 통계수치는 다소 조작된 것처럼 보임(예로 분뇨처리·오염정화시설 설계·시공업은 업체수 및 종업원의 엄청난 증가에도 불구하고 매출액은 변함이 없음).
　　4) 앞년도와 비교하여 1993년에는 일반폐기물처리시설 설계·시공업(245개소), 운행차검사대행업(289개소), 검사용기기 검사대행업(2개소)가 추가된 반면, 기술용역업, 폐수처리약품업은 분류에서 빠져 있음.
　　5) 1997년 폐기물처리업(* 표시)은 특정 및 일반으로 구분되지 않고, 수집·운반, 중간·최종으로 구분되어 있음.
　　6) 1997년 자료에서 [#]표는 1996년 말 자료임.
자료: 환경처, 『환경백서』, 각년도.

업이 차지하는 비중은 매우 급속하게 성장한 것이라고 할 수 있다.

이와 같이 급부상하게 된 우리나라 환경산업에서 주를 이루고 있는 업종은 공해방지시설 및 폐기물처리와 재활용 관련업종 등이다. 즉 1992년 환경산업을 주요 업종별 매출액 규모를 보면, 공해방지시설과 관련된 업종들이 30.0%로 가장 큰 비중을 차지하면서 또한 성장률도 45.8%로 가장 높게 나타나고 있다. 그러나 1993년에는 업체수를 기준으로 5.5% 감소하였으며, 이는 1993년 업체 등록기준 강화에 따라 자본금 및 기술인력을 확보하지 못한 영세업체들의 등록증 반납에 따른 것으로 추정된다. 다음으로 폐기물재활용업이 국내 환경시장에서 큰 비중(28.2%)을 차지했으나, 폐기물 수집, 운반 등 유통구조의 취약 및 영세수집업체의 난립과 재활용제품에 대한 인식부족 등 주변 여건의 미비로 성장률은 높지 않을 것으로 추정된다. 그 외 분뇨처리시설 및 오수정화시설의 설계, 시공업이 4,600억 원, 일반 및 특정 폐기처리업이 2,793억 원 순으로 나타나 이상의 업종들이 국내 환경시장의 거의 대부분(83.6%)을 차지했다.

1993년 이후 국내 환경산업의 업종별 규모를 업체수로 보면, 가장 업체수가 많은 업종은 유독물 관련영업으로 전체 업체의 약 1/3 정도를 차지하면서 계속 증가하고 있으며, 다음으로 분뇨처리, 오수정화시설 설계시공업체로서 이 업종의 업체들 역시 지속적으로 증가하고 있다. 그러나 폐기물 재활용업체는 1992년 1,890개소에서 1993년 다소 줄었다가 1995년 다시 증가했지만, 1997년에는 1992년보다도 더 적은 1,796개소로 줄어든 것으로 기록되어 있다. 이러한 점에서, 국내 환경산업은 아직 사후적 환경산업부문에 집중되어 취약한 구조를 가지고있다고 할 수 있다.

이러한 우리나라의 환경산업은 앞으로 다른 산업들에 비해 더욱 급속하게 성장할 것으로 예상된다. 예로 국내 상장사들을 대상으로 정기주주총회에서 새로 진출하기로 정한 사업목적에 관해 모 일간신문이 조사한 바에 의하면, 최근 3년 동안 국내 기업들이 가장 큰 관심을 가

<표 4> 상장기업들의 신규사업 진출 희망분야

(단위: 개사)

구분	계	환경	주택건설	통신	첨단기기	자동차부품	생수사업	외식사업	부동산개발	방송관련	신용카드	레저
1995	160	34	25	21	21	14	9	9	9	7	5	3
%	100.0	21.3	15.6	13.1	13.1	8.8	5.6	5.6	5.6	4.4	3.1	1.9

주: 1993년 126개사들이 신규사업 진출을 희망한 분야는 환경 17개사, 통신 13개사, 첨단기기 12개사, 부동산개발 15개사 등이며, 1994년 142개사들의 신규사업진출 희망분야는 환경 23개사, 통신 15개사, 첨단기기 9개사, 부동산개발 14개사 등임.
자료: ≪중앙일보≫ 1995. 4. 17.

지고 진출의욕을 보인 신규사업은 환경분야인 것으로 나타났다(<표 4> 참조). 즉 환경사업을 사업목적에 추가한 업체수는 1993년 17개사, 1994년 23개사, 1995년 34개사로, 매년 전년 대비 평균 40% 정도의 증가율을 나타내면서, 신규사업 진출분야 1위를 기록하고 있다. 이와 같이 환경사업이 주택건설, 통신, 첨단기기사업보다도 훨씬 높게 기업들의 투자관심을 끌게 된 것은 최근 들어 전세계적으로 환경오염 측정·방지관련 산업이 황금시장으로 부상되었고, 쓰레기 종량제 시행 이후 폐기물처리사업이 신종사업으로 자리잡게 된 것도 기업의 환경사업 진출의욕을 북돋운 것으로 설명되고 있다.

이와 같이 기업들이 환경사업에 더 많이 진출하고자 하는 것은 환경산업시장의 무한한 성장가능성을 예상한 때문이라고 할 수 있다.[23] 특히 이러한 환경산업의 성장은 새로운 업종, 특히 환경기술 관련업종들의 발달에 힘입은 것이 아니라, 기존의 공해방지시설업과 폐기물처리업이 보다 높은 성장률을 보이고, 이에 따라 전체 환경산업에서 차지하는 비중을 보다 증가시키면서 성장을 선도할 것으로 예상된다. 그러나 이러한 업종들을 중심으로 한 환경산업의 급속한 성장은 당분간 가능

---

23) 예로, 1993년 발행된 『한국의 산업』에서 한국산업은행은 국내 환경산업이 연평균 22.6% 정도로 성장하여 1992년 2.8조 원 규모의 관련시장이 1996년에는 6.2조 원에 달할 것으로 예측했다. 그러나 1998년 『환경백서』에서 환경부는 1996년 실제 연간 매출규모를 약 4.5조 원 정도로 추정하고 있다.

하겠지만, 일본의 사례에서 확인된 바와 같이 일정 기간 후 관련시장이
포화상태에 이르게 되면 그 성장률 또한 둔화 또는 정체될 것으로 예
상된다.

4. 국내 환경산업의 구조

1) 환경부문 투자와 환경산업에 대한 수요

앞서 논한 바와 같이, 공해방지시설과 폐기물처리업 등 사후적 환경
산업을 중심으로 성장하고 있는 우리나라의 환경산업은 그 시장을 형
성하고 있는 수요와 공급의 측면에서 보다 자세히 살펴볼 수 있다. 환
경산업시장에서 개인이 차지하는 수요는 상대적으로 적고, 생산공정에
서 발생하는 환경오염물질의 방지나 처리시설을 필요로 하는 기업이나
또는 공공적 목적으로 이러한 시설들을 조성하고자 하는 정부 및 공공
기관의 수요가 대부분을 차지한다. 즉 1991년 공해방지설비산업의 수
요는 민간기업 50.4%, 정부 및 공공기관 40.7%, 개인 8.8%로 구성되
어 있다.[24] 이러한 수요는 물론 공해방지시설에 대한 민간기업 및 정부
·공공기관의 투자에 의해 뒷받침되어야 하며, 실제 그동안 이 부문에
대한 투자는 급속히 증가했다. 우선 민간기업부문에서의 수요를 환경
관련 설비부문에의 투자 규모로 살펴보면, 1988년부터 1992년까지 공
해방지설비투자의 증가율은 연평균 31.7%로 총설비투자 연평균 증가
율 14.0%보다 2배 이상 높았고, 이에 따라 총설비투자에서 공요해방
지설비부문이 차지하는 비중도 상대적으로 높아졌다(<표 5> 참조).
   이러한 공해방지설비 투자에서, 민간기업의 부담 지출은 절대적인
수준에서 아주 낮지만 점차 증가하는 추세를 보이고 있다. 그동안 우리

---

24) 홍성인·김미숙, 앞의 책, 1992, 44쪽.

<표 5> 공해방지설비 투자 추이

(단위: 억원)

구분	1988	1989	1990	1991	1992	연평균 증가율
총설비투자: A	154,621	174,563	223,113	262,605	260,708	14.0
공해방지설비투자: B	2,887	3,034	3,831	5,956	8,683	31.7
(B/A)	(1.9)	(1.7)	(1.7)	(2.3)	(3.4)	—

주: 공해방지설비투자는 환경처등록 공해방지설비업체의 매출액임
자료: 한국산업은행, 「설비투자계획조사」, 각년도; 한국산업은행, 『한국의 산업』(하), 1993, 259쪽에서 재인용.

<표 6> 제조업의 동기별 설비투자 구성비

(단위: %)

구분		합계	설비능력 증가			합리화				공해 방지	연구 개발	기타
			계	신제품	설비확장	계	유지보수	자동화	에너지절약			
구성비	1985	100.0	68.9	25.2	43.7	18.8	11.1	4.6	3.1	1.2	4.8	6.3
	1989	100.0	69.7	24.1	45.6	16.5	7.9	7.2	1.4	1.1	3.9	8.8
	1992	100.0	61.0	24.4	36.5	21.4	11.7	8.0	1.6	2.5	5.5	9.6
연평균 증가율	1985~89	27.4	27.8	26.0	28.7	23.4	17.0	42.6	5.0	27.0	21.1	38.1
	1989~92	6.6	2.0	7.1	-1.0	16.2	21.8	10.5	11.2	38.4	19.3	10.0

자료: 한국산업은행, 「설비투자계획조사」, 각년도; 한국산업은행, 『한국의 산업』(상), 1993, 22쪽.

나라 기업들은 자신이 부담해야 할 환경비용을 회피해왔으며, 이러한 기업들에 대해 정부의 환경규제 또한 매우 미온적이었기 때문에, 공해 방지시설에 대한 기업들의 투자는 거의 이루어지지 않았다. 그러나 1980년대 후반 환경문제의 심화 및 이와 관련된 국·내외 여건들의 변화로 제조업부문의 기업들은 공해방지시설에 대한 설비투자를 증가시키게 되었다. <표 6>에서 알 수 있는 바와 같이, 제조업체들의 설비투자 동기에서 공해방지를 위한 투자는 아주 낮은 수준을 보이지만, 그 증가율은 매우 높게 나타나고 있다. 특히 1989년부터 1992년까지 전체 설비투자의 연평균 증가율은 6.6%에 지나지 않음에도 불구하고 공

해방지시설에 대한 투자증가율은 38.4%로 가장 높게 나타난다.[25] 이와 같이 공해방지시설에 대한 제조업체들의 투자 증대는 국내 환경산업시장 규모의 확대에 주요한 요인이 되었다.

그러나 민간기업들의 설비투자에 있어 환경문제의 해결과 관련하여 지적되어야 할 점은 제조업체의 투자동기에서 설비능력의 증가, 특히 기존 생산공정을 이용하여 동일한 상품을 추가적으로 생산하기 위한 설비확장이 비록 1989년 이후 감소하고 있지만, 여전히 가장 큰 비중을 차지하고 있다는 점이다. 이에 따라 공해방지시설에 대한 투자는 상대적으로 매우 부진한 상태에서, 기존에 설비된 생산시설과 새롭게 확충된 생산시설들의 증가 추세는 앞으로 공해문제를 더욱 악화시킬 수 있으며, 또한 동시에 공해방지시설에 대해 잠재적 수요를 크게 증가시키고 있다고 하겠다. 반면 우리나라의 제조업체들은 자동화나 에너지 절약 등을 위한 생산공정의 합리화에 아직 큰 관심을 가지고 있지 않으며, 따라서 환경문제에 대해 보다 근원적인 해결가능성을 내포하고 있는 유연적(또는 환경친화적) 생산체계로의 전환은 제대로 이루어지지 않고 있다고 하겠다.

이러한 점에서, 1990년대에 들어 급격히 확대되고 있는 환경오염방지시설에 대한 투자는 사실 기업들의 자발적 계획에 따른 것이라기보다는 환경규제 강화 및 환경관련법규의 엄격한 시행에 따른 것이라고 할 수 있다. 사실 환경처가 환경부로 승격되면서 1991년 종전의 환경관련법규를 더욱 강화한 환경정책기본법 등 5개 법이 제정, 시행되었고, 특히 페놀사태에 따른 시민들의 저항에 직면한 기업들의 환경투자 증가로 인해, 1991년에서 1992년 사이 환경방지시설업이 급속한 성장세를 보였다. 1993년에는 이러한 집중적 투자에 대한 반사적 결과로

---

25) 산업연구원의 실태조사(1992. 6)에 의하면, 민간 제조업분야에서 공해방지시설에 대한 업종별 수요는 화학, 철강, 기계업 등의 순으로 중화학공업을 중심으로 하고 있다. 보다 구체적인 내용에 대해 홍성인·김미숙, 앞의 책, 1992, 45쪽 참조.

인해 환경오염배출업체의 시설투자는 전년대비 28.8% 급감했지만, 19
94년 다시 투자가 확대되면서 1995년에는 전년대비 36.5% 급증하여 1
조 원을 넘어서게 되었다(<표 7a> 참조).

　이러한 시설투자 추이를 설치 건수로 보면, 1991년 6,304건에서
1995년에는 6,079건으로 동기간 중 오히려 0.9% 감소하였지만, 설치
금액의 증가에 따라 건당 설치금액은 1991년 9,400만 원에서 1995년
에는 1억8천만 원으로 2배 가까이 증대했다. 국내 기업들의 환경오염
방지시설에 대한 투자 부문은 대체로 대기오염 및 수질오염에 반반씩
나누어져 있으며, 대기오염 부문이 상대적으로 증가하는 추세를 보이
는 반면, 수질오염 부문은 다소 감소하는 경향을 보이고 있다.

　최근 환경오염방지시설에 대한 국내 기업들의 투자 건수는 더욱 줄
어드는 추세를 보이지만, 반면 투자금액은 급속히 증가하여 1996년 1
조 5천억 원, 1997년에는 1조 7천억 원에 달하게 되었으며, 이에 따라
건당 투자금액도 더욱 증대하여 1997년에는 3억 원을 능가할 정도이
다. 이러한 점은 환경오염방지시설이 꾸준히 고가화, 대규모화되고 있
음을 알 수 있다. 환경오염방지시설 투자실적을 업종별로 보면, 제1차
금속산업부문에서 오염방지시설에 대한 투자가 가장 많이 이루어지고
있으며, 또한 최근 투자액도 계속 증가하고 있다. 이동통신 등을 통한
통신산업의 급성장에 따라 영상통신장비부문에서의 투자는 그 액수로
는 그렇게 많지 않지만 큰 폭으로 증가 추세를 보이고 있으며, 펄프·종
이산업 및 운송장비부문에는 공해방지시설에 대한 투자가 1995~96년
사이 큰 폭으로 증가했으나 1996~97년에는 다시 큰 폭으로 감소한
것으로 나타났다(<표 7b> 참조).

　이와 같은 공해방지설비에 대한 기업들의 투자는 부분적으로 기업들
의 자발성에 따른 것이라기보다는 정부의 규제정책 강화와 더불어 다
른 한편으로의 유인정책 확대에 기인한다고 할 수 있다. 사실 그동안
기업들은 엄청난 금액이 요구되는 공해방지설비에 대한 투자를 기피하
고 오염물질을 무단 배출하거나 적발될 경우 이에 대한 벌금(부과금)을

<표 7a> 국내 환경오염방지시설 설치실적 추이

(단위: 백만 원, 건, 개사, %)

구분		1991	1992	1993	1994	1995	연평균 증가율 (91~95)	1996	1997
설치실적(A)		595,552	868,290	608,829	802,397	1,095,603	16.5	1,539,599	1,731,324
설치건수(B)		6,304	5,770	5,531	5,786	6,079	-0.9	5,890	5,628
업체수(C)		631	727	687	735	737	4.0	—	—
건당금액(A/B)		94	150	110	139	180	17.5	261.4	307.6
업체당금액(A/C)		944	1,194	886	1,092	1,487	12.0	—	—
업체당건수(B/C)		10	8	8	8	8	-4.7	—	—
부문별 설치 실적 (구성비)	대기오염	43.2	41.6	44.2	46.0	51.0	21.4	35.6	38.7
	수질오염	51.6	44.2	48.6	48.4	44.5	12.2	59.5	57.9
	소음, 진동	5.2	14.2	7.2	5.6	4.5	12.3	4.9	3.4

자료: 환경부, 『환경백서』, 1996; 한국산업은행, 『한국의 산업』(하), 1996, 471-472쪽.

<표 7b> 업종별 환경오염방지시설 투자실적

(단위: 10억 원, %)

구분		총계	음식료품	섬유제품	펄프종이	화학제품	석유정제	고무플라스틱	비금속광물	제1차금속	조립금속기계	영상통신장비	전기기계	운송장비	기타
1995		1,096	83	42	17	81	87	10	68	127	65	2	101	33	372
1996		1,540	85	26	77	131	60	16	73	142	131	22	138	73	567
1997		1,731	87	41	26	92	69	15	57	190	58	37	124	45	890
비율(97)		100.0	5.0	2.4	1.5	5.3	4.0	0.9	3.3	11.0	3.3	2.1	7.2	2.6	51.4
증가율	95~96	40.5	1.6	-38	34	61	-32	52	7.7	12	100	174	36.5	121	52
	96~97	12.5	2.7	15.5	-66.6	-29.9	15.9	-3.5	-22.2	33.9	-55.6	71.5	-9.9	-38.4	57.0

자료: 환경부, 『환경백서』, 1998, 204쪽.

지불하는 방법을 택해왔다. 이러한 문제를 해소하기 위해 정부는 자체 출연금 및 배출업체들로부터 징수한 배출부과금으로 환경오염방지기금을 마련하여 민간기업들의 공해방지설비를 위해 융자를 해주고 있으며, 특히 1991년 이후 금융기관을 통한 자금지원도 하고 있다. 이에 따라 1992년 기업의 공해방지설비투자를 유도하기 위해 환경오염방지기금 융자 및 금융자금 지원액은 1,367억 원에 달하여 공해방지시설에 투입된 총금액 8,683억 원의 15.7%를 차지했으며, 1993년에는 1,709억 원으로 증가하여 방지시설투자 총금액 6,434억원의 26.6%에 달했다.[26]

한편 환경부문에 대한 정부 및 공공기관의 투자도 절대적으로 낮은 수준이지만 그동안 크게 증가한 것은 사실이다. 국내 환경산업의 공공투자에 해당되는 환경부문 예산은 1986년 2,058억 원에서 1993년 5,935억 원으로 약 3배 정도 증가했다(<표 8> 참조). 그러나 환경업무를 전담하는 환경처 예산은 1986년 433억 원에서 1993년 903억 원으로 2.1배 정도 늘어났으며, 건설부의 상·하수도 건설예산과 1992년에 새로 책정된 내무부의 수질보전양여금사업이 큰 비중을 차지하고 있다.[27]

또한 정부의 총예산에서 환경처가 차지하는 비중은 1986년보다 1993년에는 오히려 줄었으며, 환경관련 총예산도 거의 증가하지 않았다. 뿐만 아니라 국민총생산(GNP)에서 환경관련예산이 차지하는 비중도 0.23% 정도로 변하지 않았으며, 이러한 환경예산은 선진국에 비해 절대적으로 적은 액수일 뿐만 아니라, 국민총생산 대비로 보더라도 1992년 일본의 0.84%, 미국의 0.57% 등에 비해 절반에도 못 미치는 수준이다. 이와 같이 절대적으로 적은 환경예산은 대부분 경상(인건)비와 공해방지설비 등에 대부분 투입되었고, 매우 적은 액수(1993년

---

26) 환경처, 앞의 책, 1994, 273쪽.

27) 환경예산부문의 환경처 통계자료체계는 최근 상당히 변했으며, 이에 따라 관련예산의 계수도 조정된 것처럼 보인다. 예로 1992년 『환경백서』에 의하면 1992년 환경관련 총예산은 5,706억 원이며 내무부소관 예산은 국립공원관리대책 등 35억 원에 불과한 것으로 기록되어 있지만, 1994년 『환경백서』에 의하면 환경관련 총예산은 5,228억 원이며 내무부소관 예산은 수질보전양여금사업 명목으로 2,125억 원이나 기록되어 있다.

<표 8> 중앙정부의 환경투자(예산) 현황

(단위: 억 원, %)

| 연도 | 합계 | 환 경 부(처) | | | | | | 건설부 | 내무부 | 기타부처 | 정부예산대비환경부예산 | 정부예산대비총환경예산 | GNP대비총환경예산 |
		계	수질보전	폐기물관리	대기보전	환경관리기타	관리기금						
1986	2,058	433	152	28	32	221	−	1,625	−	−	0.31	1.49	0.23
1989	2,515	645	406	38	23	178	−	1,870	−	−	0.29	1.14	0.18
1993a	5,935	903	183	351	24	345	−	2,382	2,500	150	0.24	1.56	0.23
1993b	7,271	1,887	183	351	24	345	1,004	2,382	2,852	150	0.37	1.39	0.27
1995	17,801	6,729	1,726	1,456	29	1,306	−	3,016	5,128	2,568	0.90	2.05	0.51
1997	27,530	10,802	2,957	2,717	89	2,312	−	4,070	8,983	3,675	1.10	2.47	0.66

주: 1993년 자료는 자료의 연도에 따라 다르게 기록되어 있음
자료: 1993a까지 자료는 환경처, 『환경백서』, 1994, 408쪽; 1993b 및 1998년 자료는 환경부, 『환경백서』, 1998, 571쪽.

184.4억 원, 총 환경예산의 4.2%)만이 환경기술부문에 투입되는 것으로 나타났다.

그러나 1990년대 중반 이후 정부의 환경부문 예산은 다시 큰 폭으로 증가하게 되었다. 즉 1993년 7,271억 원이었던 중앙부처의 환경투자는 1994년 1조 원을 상회했고, 1995년 17,801억 원, 1997년 27,530억 원으로 급팽창했다. 특히 1993년 1,887억 원이었던 환경부의 예산은 1995년 6,729억 원, 1997년에는 1조 원을 넘어서게 되었다. 정부의 이러한 환경부문 투자 증대는 정부예산 전체에서 환경부문이 차지하는 비중으로 보면 1993년 1.39%에서 1997년 2.47%로 증가한 것이며, 또한 GNP대비로 보면 1993년 0.27%에서 1997년 0.66%로 증가한 것이다. 이러한 정부의 환경투자 증대는 환경문제의 심화로 인해 추가적인 경제개발과 상품생산이 어렵게 되었음을 반영한 것이지만, 또한 동시에 환경산업의 발전과 환경시장의 팽창을 급속히 견인하는 역할을 담당했다고 하겠다.

이러한 공공부문의 환경 투자는 민간기업의 경우와 유사하게 공해방

지시설 및 폐기물처리시설 조성에 대부분 투입되고 있다. 환경처의 예
산지출을 유형별로 볼 때, 가장 큰 비중을 차지하고 있는 부문은 수질
오염방지시설의 확충으로, 이 부문은 1988~92년간 연평균 90.6%의
높은 증가세를 보였으며, 낙동강 페놀오염사태 등 수질오염문제가 심
각하게 노출되었던 1991년에는 전체 환경처 투자의 75.9%를 차지하
고 있다. 그러나 그후 수질오염부문에 대한 투자는 격감했으며, 대신
광역쓰레기매립장 건설 및 쓰레기소각로 설치 등 폐기물관리부문에 대
한 투자가 급증하여, 1993년에는 환경처 예산의 38.9%를 차지하게 되
었다. 이와 같이 수질오염방지시설과 폐기물처리시설에 대한 투자가
증가 증가하는 것과는 달리, 대기오염방지시설 등 대기보전을 위한 투
자는 매년 20~40억 원 정도로 매우 낮은 수준에 머물러 있다. 그러나
1994년 이후 정부의 환경예산이 급증하면서, 수질오염방지 및 폐기물
처리시설에 대한 투자가 다같이 크게 늘어났으며, 기타 환경관리를 위
한 예산 지출도 대폭 확대되었다.

　이와 같이 기업의 민간투자 및 정부의 공공투자 증가에 따라, 최근
우리나라 환경산업시장이 확대되었으며 앞으로의 성장잠재력 또한 매
우 높다고 하겠지만, 현재로서는 제대로 발달했다고 볼 수 없다. 그리
고 다른 산업들과는 달리 환경산업에 있어 정부 및 공공기관의 수요가
큰 비중을 차지하고 있다고는 하나, 선진국들에 비해 아직 상대적으로
낮은 수준이라고 할 수 있다. 우리나라에서 공해방지설비의 수요부문
별 점유율에서 공공기관이 차지하는 비율을 일본의 경우와 비교해볼
때, 1991년 우리나라의 사정은 1970년대 중반 일본에 해당된다.[28] 그
이후 일본의 경우 정부 및 공공기관의 수요가 크게 늘어나서 70% 정
도의 수준을 보이고 있으며, 현 시점에서 서로 비교해보면 우리나라에

---

28) 일본의 공해방지설비의 수요에서 정부, 공공기관이 차지하는 비율은 1973년
　　27.1%, 1975년 46.0%, 1980년 61.9%, 1985년 64.0%, 1990년 70.0%로 꾸
　　준히 증가해왔다. 일본산업기계협회, 『산업기계』, 1991; 홍성인·김미숙, 앞의
　　책, 1992, 113쪽에서 재인용.

서 정부 및 공공기관이 차지하는 수요점유율은 일본에 비해 상대적으로 낮은 수준이다. 이러한 추세로 볼 때, 앞으로 우리나라에서도 공공수요의 비율이 높아질 것으로 기대해볼 수 있으나, 최근 정부의 입장, 즉 공공사업들의 민영화 추세로 볼 때 이러한 기대는 실현되기 어려울 것으로 보인다. 또한 아래에서 보다 자세히 살펴보겠지만, 수요 측면에서 환경산업의 성장은 앞으로 환경관련기술의 개발 및 세계 환경시장에의 진출에 좌우될 것으로 예상된다.

2) 환경산업의 공급과 생산체계

환경산업의 공급 측면에서 보면, 우리나라에서 주종을 이루는 공해방지설비업에 참여하는 업체들의 수는 점점 증가하고 그 규모도 상대적으로 커지고 있지만, 대기업과 중소기업 간에 양극화된 상태에서 아직 대부분의 업체들은 매우 영세한 상태에 머물러 있다. 예로, 1990년 공해방지시설업체들을 자본금 규모로 보면, 1억 원 미만의 매우 영세한 업체들이 전체의 44.3%를 차지하고 있다(<표 9> 참조). 반면 1990년 10억 원 이상의 자본금을 보유한 업체는 전체 업체수에서 25.3%였지만 전체 자본금 합계에서 98.6%를 차지했으며,[29] 1992년에는 업체수도 크게 성장하여 33.0%, 1993년에는 35.7%를 차지하게 되었다. 특히 1993년 환경업체의 등록기준 강화로 자본금 1억 이하의 영세업체들은 대폭 줄어들었으며, 자본금 10억 원 이상의 업체와 2~5억 원 사이의 업체들로 양분되게 되었다. 그 이후 방지시설업체의 수는 거의 증가하지 않았을 뿐만 아니라, 대·소형 업체간의 양분화 경향은 계속되어 1997년 현재 10억 원 이상의 업체가 37.8%(299개소), 2~5억 사이의 소규모 업체가 55.6%(441개소)를 차지하고 있다. 이러한 점에서 우리나라의 환경산업은 주로 재벌그룹의 계열사로 편성되어 있는

---

29) 그러나 이 수치에는 기업내부의 일부조직에서 환경사업을 담당하는 업체들을 포함한 것이며, 자본금은 기업체 전체로 계상된 것임.

<표 9> 자본금 규모별 공해방지시설업체의 현황

구분	1980	1992	구분	1993	1995	1997
합계	612(100.0)	727(100.0)	합계	687(100.0)	757(100.0)	793(100.0)
10억 원 이상	155(25.3)	240(33.0)	10억 원 이상	245(35.7)	265(35.9)	299(37.8)
1~10억 원	186(30.4)	257(35.4)	5~10억 원	45(6.5)	44(6.0)	53(6.6)
1억 원 미만	271(44.3)	230(31.6)	2~5억 원	380(55.3)	428(58.1)	44 (55.6)
			2억 원 미만	17(2.5)	—	—

주: 자본금에서, 대기업의 경우 기업 내부의 일부조직에서 환경사업을 담당하고 있으나
   자본금은 전체로 계상되어 있음.
자료: 환경처, 『환경백서』, 각년도.

대기업과 환경산업에 순수하게 참여하는 중소업체들로 양극화되어 있
지만, 전반적으로 볼 때 매우 영세한 수준을 벗어나지 못하고 있는 실
정이다.

공해방지시설업체들의 이와 같은 영세성은 업체당 공사 건수나 공사
금액에서 보다 잘 나타난다. 즉 공해방지시설에 참여하는 업체수는
1983년 176개소에 불과했으나 10년 후인 1992년에는 727개로 4.1배
증가했으며, 공사건수는 같은 기간 동안 3.1배, 공사금액은 13.9배 증
가했다(<표 10a> 참조). 그러나 한 업체당 평균공사건수는 10건 정도
에서 8건 정도로 오히려 감소하는 추세에 있으며, 한 업체당 평균공사
금액도 상당히 증가하긴 했지만 1992년 12억 3천만 원 정도이고 1993
년에는 다시 감소하여 8억 9천만 원에 불과했으며, 1건당 평균공사금
액도 평균 1억 원 정도로 나타났다.

이러한 점에서, 우리나라의 환경산업, 특히 전체 환경산업의 매출액
에서 가장 큰 비중을 차지하고 있는 공해방지시설분야의 업체들은 자
산 규모면에서 매우 영세할 뿐만 아니라 수주하는 공사들도 대부분 매
우 소규모라고 할 수 있다. 또한 방지시설업체의 규모별 공사실적을 보
면, 1997년의 경우 자본금 10억 원 이상의 대형업체가 전체 공사금액
의 75%를 넘는 13억 640만 원을 차지하고 있으며, 그 나머지 25% 미
만을 중소형 업체들이 차지하고 있다는 점에서, 중소업체의 경쟁력이

<표 10a> 연도별 공해방지시설업체의 증가추이와 공사실적

구분	1983	1984	1985	1986	1987	1988	1989	1990	1991	1992	1993
업체수(개): A	176	198	245	310	345	388	499	612	631	727	687
공사건수(건): B	1,994	2,607	2,265	3,240	3,440	3,462	4,382	4,442	6,304	5,784	5,531
공사금액(억 원): C	641	970	1,147	1,707	1,885	2,887	3,034	3,830	5,956	8,917	6,088
업체당 평균 공사건수: B/A	11	13	9	10	10	9	9	7	10	8	8
업체당 평균공사금액 (백만 원): C/A	364	490	468	551	546	744	608	626	944	1,227	886
건당 평균공사금액 (백만 원): C/B	32.1	37.2	50.6	52.7	54.8	83.4	69.2	86.2	94.5	154.2	110.1

자료: 환경처, 『환경백서』, 1993, 294쪽.

<표 10b> 방지시설업체 규모(자본금)별 공사실적(1997년)

(단위: 억 원, %)

구분	방지시설 업체수	공사실적			
		합계	대기분야	수질분야	소음·진동
총계	793(100.0)	17,313(100.0)	6,700	10,022	591
10억 이상(대형)	299(37.8)	13,064(75.5)	4,627	8,103	334
5~10억(중형)	53(6.6)	989(5.7)	400	467	122
2~5억(소형)	441(55.6)	3,260(18.8)	1,673	1,452	135

자료: 환경부, 『환경백서』, 1998, 305쪽

대기업에 비해 크게 떨어지는 것으로 나타나고 있다(<표 10b> 참조).

이와 같이 영세한 자본금으로 운영되고 있는 국내 환경산업체들은 몇 가지 주요한 문제점들을 안고 있다. 우선 공해방지설비산업의 가동률이 매우 낮으며, 특히 정부의 환경관련규제의 강화 정도에 따라서 가동률에 큰 변동을 보이고, 또한 업체들이 빈번하게 행정처분을 받고 있다는 점 등이 지적될 수 있다. 즉 공해방지설비업체들의 평균 가동률은 1985년 32.0%로 매우 낮았으며, 1991년 51.2%로 늘어 연평균 8.1%의 증가율을 보였으나 정상가동률 수준에는 크게 미달한다고 하겠다. 또한 이러한 증가추세에서, 1991년 페놀사건을 계기로 공해배출기업들에 대한 정부의 규제가 강화되었고 예로 배출부과금이 대폭 상향 조

<표 11> 방지설비업체의 평균 가동률 및 행정처분 현황

공해방시설비업체의 가동		공해방지설비업체에 대한 행정처분			
연도	평균 가동률(%)	연도	업체수	행정처분 건수	업체당 건수
1985	32.0	1988	499	443	0.9
1988	40.4	1990	612	625	1.0
1990	44.8	1991	631	1,189	1.9
1991	51.2	1992	727	609	0.8

자료: ·가동률: 산업연구원, 「실태조사」(1992, 6); 홍성인·김미성, 앞의 책, 1992, 28쪽
　　　재인용.
　　·행정처분: 환경처, 앞의 책, 1993, 296쪽.

정되었으며, 또한 정부의 환경부문 투자가 증가하면서, 공해방지설비 산업의 가동률이 크게 높아졌음을 확인할 수 있다. 이러한 사실은 아직 우리나라의 환경시장이 자체적으로 안정되지 못하고, 정부의 정책에 크게 의존하고 있음을 의미한다. 한편 이러한 공해방지설비업체들이 오염물질들을 불법적으로 처리하거나 설비를 부실하게 시공함으로써 연평균 1회 정도 행정처분을 받은 경험이 있으며(<표 11> 참조), 이는 결국 관련업체들의 자본의 영세성과 전문기술의 부족에 기인한 것으로 추정된다.

또한 환경산업에 참여하는 업체들의 영세성과 전문기술의 부족으로 인해, 공사과정에서 하도급이 관행화되어 있다. 환경산업은 비록 비교적 단순한 공해방지시설업일지라도 다양한 분야의 인력과 설비 및 기술이 요구되기 때문에, 개별 단위의 영세업체가 공사 전체를 맡아서 진행하기 어렵다. 즉 환경부에서는 기술인력 요건을 등록기준으로 정하고 있으나, 필요한 설비까지 전문화하여 완전한 능력을 갖춘 업체는매우 적은 편이다. 이러한 점은 1992년 시행한 한 실태조사에서 나타 난 바와 같이 개별 공해방지시설업체들 중에서 자체 제작·시공하는경우는 20% 정도이고, 대부분의 경우(72.7%) 설비의 일부에 대해 하청을 주고 있으며, 심지어 수주사업 전체를 하도급하는 경우도 7.6%에 달했다는 사실에서 확인된다(<표 12> 참조).

<표 12> 공해방지설비의 수입 동향

(단위: 천 달러, %)

구분		1980	1985	1988	1989	1990	1991	1992	1993	1994	1995	연평균 증가율	
												88~92	91~95
합계		6,095	7,230	5,309	13,282	8,736	25,797	15,764	24,250	20,659	30,899	31.3	4.6
용도별	대기	2,555	1,430	2,538	8,454	6,826	17,979	7,491	14,922	10,957	16,868	31.3	-1.6
	수질	3,540	5,800	2,771	4,828	1,910	7,818	8,273	9,328	9,702	14,031	31.5	15.7
수입국	미국	1,621 (26.6)	3,283 (45.4)	421 (7.9)	4,990 (37.6)	3,521 (40.3)	12,115 (47.0)	3,317 (21.0)	10,135 (41.8)	8,671 (41.9)	8,116 (26.3)	67.5	-9.5
	일본	3,059 (50.2)	2,058 (28.5)	2,732 (51.5)	6,613 (49.8)	4,390 (50.3)	9,432 (36.6)	5,848 (37.1)	5,794 (23.9)	6,581 (31.9)	4,376 (14.2)	21.0	-17.5
	EC 등	1,415 (23.2)	1,889 (26.1)	2,156 (33.6)	1,579 (5.2)	825 (7.2)	4,610 (10.0)	6,599 (36.7)	8,321 (34.3)	5,407 (26.2)	18,407 (59.5)	32.3	53.2

주: 대기분야는 유해성 가스처리용여과기, 청정기의 수입액.
　　수질분야는 유해성 폐수처리용 여과기, 청정기의 수입액.
자료: 관세청, 『무역통계연보』, 각년도; 한국산업은행, 『한국의 산업』(하), 1996, 475쪽.

　　이와 같이 하청공사가 일반화되어 있는 것은 특정전문기술의 필요가 주요 원인이지만(60.9%), 그 외에도 제작시공물량의 과다, 수익성이 낮음, 하청업체와의 관계 유지 등에 기인하는 경우도 상당수 있는 것으로 나타났다. 이러한 하청을 통한 공해방지시설의 시공 결과에 대한 자체 평가에서, 기업의 만족도는 16.9%에 불과했고, 부실제작·시공이 잦다는 경우가 13.6%, 부실한 경우도 있으나 대체로 만족하는 경우가 69.5%로 나타난다는 점에서, 하청을 통한 공해방지설비의 제작·시공에 많은 문제점들을 안고 있다고 하겠다.

　　국내 환경산업은 영세업체들이 하청관계를 통해 소규모 공해방지설비공사들을 담당하고 있는 극히 취약한 생산체계로 이루어져 있지만, 최근 환경산업의 수요 증가와 함께 시장이 급속히 성장하면서 대기업들의 진출이 부쩍 늘어나고 있다. 1990년대에 들어오면서 현대, 삼성,

럭키금성 등 대재벌들은 환경산업에 큰 관심을 가지고, 기존 계열사 내에 담당부서를 신설하거나 또는 새로운 계열사를 창립하여 환경시장에 참여하고 있다.[30] 그러나 이 분야에 대한 재벌그룹들의 참여는 기계설비 또는 건설업종 등 계열사별로 기존 업무영역을 확장하는 정도이며, 순수 환경관련업체의 설립은 아직 그렇게 많지 않다. 또한 대기업들이 환경산업에 참여하고 있는 업종들은 주로 폐수 또는 폐기물처리장, 탈황설비, 집진시설 등 각종 오염물질들의 처리시설공사나 설비 등이며, 고도의 환경기술과 관련된 엔지니어링기술의 접목 등 종합기술 형태의 본격적인 환경산업을 발전시키지 못한 상태라고 할 수 있다.

대기업들이 비록 초보적인 수준이지만 이와 같이 환경산업에 참여하게 된 것은 대체로 상호 관련된 두 가지 이유, 즉 환경관련 규제의 강화와 환경산업시장의 팽창에 기인한 것이라고 할 수 있다. 우선 대기업들이 환경산업에 관심을 가지게 된 것은 환경공해에 대한 국내외 규제 강화와 국민들의 여론 때문이라고 할 수 있다.

---

30) 주요 재벌그룹들의 환경산업 진출 현황은 다음 부표 참조.

<부표 1> 주요 대기업의 환경관련 사업 진출 현황

(1993년 6월 현재)

계열그룹	참여업체	참여분야
현대	현대정공, 현대건설, 현대공업	쓰레기소각로, 폐수처리장, 탈황시설, 집진설비, 가스세정기술
삼성	삼성엔지니어링, 삼성중공업, 삼성종합개발	집진설비, 탈황설비, 하수처리장, 쓰레기소각로, 소음방지장치, 진동방지장치
럭키금성	럭키개발, 럭키엔지니어링	폐수처리시설, 쓰레기소각로, 탈황설비, 환경영향평가
선경	선경건설, 선경유공, 선경클린텍	폐기물소각로, 집진설비, 환경관련컨설팅
쌍용	(주)쌍용, 쌍용건설, 쌍용중공업, 쌍용엔지니어링	소각로처리장, 탈황설비, 환경영향평가
효성	효성중공업	폐수처리, 소각로, 집진설비
롯데	롯데기공	소각로, 집진시설, 하수처리장
두산	두산환경	폐기물소각로
동아	동아건설, 동아엔지니어링, 공영토건	쓰레기매립장, 하수처리장, 탈황시설
코오롱	코오롱엔지니어링	폐수처리, 대기정화시설, 소각로, 정수시설
한라	한라중공업	집진시설, 유해가스처리설비, 악취제거설비, 소각로, 수처리설비

자료: 한국산업은행, 『한국의 산업』(하), 1993, 259쪽.

1970년대 이후 자원소모, 공해다발형 중화학공업들을 주력산업으로 성장해온 재벌들은 자신의 그룹 내 주력기업들에 오염물질 처리공사나 공해방지설비들의 필요성을 인식하게 되었다. 특히 1990년대 초 원진 레이온의 아황산가스 배출에 따른 직업병 발생문제와 재벌그룹의 계열 회사인 두산전자에 의해 유발된 페놀유출사건 등 대형 환경사고의 발생은 대기업들이 환경문제에 관심을 가지게 된 직접적 계기가 되었다. 이러한 사건들은 공해유발업체들에 대한 정부의 규제 강화를 가져왔을 뿐 아니라, 대기업들에 대한 국민들의 감정을 악화시키고 해당 기업이 속해 있는 재벌그룹에 대한 상품 불매운동까지 초래하도록 했다. 또한 1992년 리우환경회의와 각종 국제환경규제의 강화는 국내 대기업들로 하여금 환경문제에 최소한의 관심을 유도하였다.

이에 따라 대기업들은 실추된 기업의 이미지를 쇄신시키기 위해 그룹차원에서 환경문제를 전담하는 부서를 두고 계열사 내에서 발생하는 환경문제에 대응하는 한편, 국민들에게 다양한 광고매체들을 이용하여 기업의 환경이미지를 제고시키고자 했다. 그러나 실제 공해방지설산업체들 가운데 대기업의 경우는 계열사 공급이 90%를 상회하는 경우도 있으나 평균적으로 20~40%를 차지하고 있으며, 그 비중은 점차 줄고 있는 추세이다.[31]

재벌기업들이 환경산업에 참여하게 된 또 다른 이유는 이 부문에 대한 기업들의 투자확대뿐만 아니라 정부의 재정지출 증대로 인해 관련 시장의 규모가 급속히 확대되고 이에 따라 환경산업이 새로운 이윤창출 기회를 제공하는 성장산업으로 급부상했기 때문이라고 할 수 있다. 또한 국제 환경규제의 강화에 따라 환경산업과 관련된 세계시장이 점차 증대하게 되었고, 이러한 세계 환경시장에 진출하고자 하는 대기업들은 환경산업들에 대한 기술과 설비능력을 향상시키고자 했다.

이와 같이 대기업들의 환경산업 참여는 한편으로 그룹 내 관련기업

---

31) 홍성인·김미숙, 앞의 책, 1992, 44쪽 참조

들의 오염물질 배출 증가 및 이에 따른 각종 처리공사 및 설비를 자체적으로 조달함으로써 비용을 절감하고, 다른 한편으로 점차 증대하고 있는 국내외 환경시장에 진출하여 새로운 이윤창출기회를 획득하기 위한 것이라고 할 수 있다. 이에 따라 현재 대기업들의 환경산업 및 환경기술 수준은 상대적으로 매우 낮다고 할지라도, 앞으로 기존의 공해방지설비 중심에서 환경영향평가업, 각종 환경관련 컨설팅업무에 이르기까지 세분화된 진출전략을 강구하고 있다. 그러나 환경산업에 진출한 대기업들은 환경오염처리에 관한 전반적인 기초연구의 부족 등으로 인해 탈황설비, 고기술 소각로 등 고급·고부가 가치기술 들을 선진 외국기업과의 기술제휴 또는 기술도입에 의존하고 있다.

이와 같이 국내 환경문제의 심화에 따른 공해방지설비의 필요성 증대와 국내 환경산업의 영세성 및 설비·기술의 취약성으로 인해, 국내 환경산업은 선진 자본주의 국가들에 크게 의존하고 있다. <표 12>에서 확인되는 바와 같이, 우리나라는 이미 1980년대 초부터 600~700만 달러 정도의 공해방지설비들을 수입해왔으며, 그 이후 연평균 31.1%의 높은 성장률을 보이면서 1991년에는 그 액수가 2,579만 달러에 이르게 되었다. 이러한 공해방지설비의 수입은 주로 미국과 일본에 의존해왔으며, 최근에 EC 국가들로 다소 다변화되는 양상을 보이고 있다. 이와 같이 국내 기업들이 해외로부터 공해방지설비들을 수입하는 이유는 주로 우리나라의 기술수준이 낮아 국내 제작이 불가능하거나 또는 국산품의 품질이 매우 낮기 때문이라고 할 수 있다.[32]

또한 이러한 국내 환경기술 및 환경산업의 상황에서, 정부는 점점 심각해져가는 환경문제를 통제하기 위해 기업들이 환경오염방지 기자재를 도입하도록 관세감면 등의 유인책을 쓰고 있다. 즉 정부는 해외로

---

32) 산업연구원의 실태조사에 의하면, 공해방지설비의 수입 사유는 기술수준이 낮아 국내 제작이 불가능하기 때문이 38.8%, 국산품의 품질이 너무 낮기 때문이 34.7%, 지속적인 수입으로 A/S 등 때문이 10.2%, 모방생산을 위해서가 10.2%, 기타 6.1%로 나타났다. 홍성인·김미숙, 앞의 책, 1992, 50쪽 참조.

부터 환경오염방지 기자재의 도입을 촉진하기 위해 관세감면 대상품목을 계속 확대해왔으며, 이에 따라 1980년대 이후 1991년까지 도입된 환경오염방지 기자재 중 총 1,719건, 금액으로 3,150억 원이 관세감면 추천을 받았다.[33] 그 이후 1991년에서 1995년까지 관세감면금은 연평균 10.9% 감소하였으나, 관세감면 건수는 4.4% 증가하고 있다.[34]

해외에서 수입된 공해방지시설과 기술에 의존하여 성장한 국내 환경산업은 최근 해외 환경산업시장에 진출하기 위해 노력하고 있다. 예로, 1988년 공해방지시설 수출실적은 985억 8천만 원에 달했으며, 1990년대에도 상당한 수출실적을 보이고 있다. 그러나 이러한 공해방지설비의 수출은 순수한 환경산업체라기보다는 기존의 건설업체들을 중심으로 하고 있으며, 주로 제3세계 국가들에 폐수처리장을 건설하거나 또는 집진기를 설치하는 정도이다.[35]

앞으로 국내외 환경규제의 강화와 국가 경제수준의 향상 및 기업과 정부의 환경투자 확대에 힘입어 환경산업의 시장이 더욱 확대될 전망이다. 이에 따라 국내 환경산업에 대한 대기업들의 참여가 더욱 증가하

---

33) 그러나 공해방지설비의 수입시 관세감면에 대해 조사한 결과, 88.0%가 관세감면 혜택을 받지 못한 것으로 나타나고 있다. 이는 주로 대상품목에서 제외된 경우가 55.0%로 가장 많았고(대상품목에서 제외되는 국내 생산품목의 경우 15% 포함), 관세감면 신청절차가 복잡해 포기한 경우가 30.0%, 기타(절차를 몰랐거나, 최종수요자가 아닌 경우, 국내 대리점에서 구입한 경우 등)가 15.0%로 구성된다. 홍성인·김미숙, 앞의 책, 1992, 50쪽.

34) 관세감면액은 유공(油公) 등 정유업계의 고가 탈황기자재 도입 등으로 1991년에는 177건에 1770억 원에 달했으나, 그 이후 1994년까지 61건 140억 원으로 줄어들었고, 1995년에는 210건에 1117억 원으로 다시 증가하고 있다.

35) 1992년의 경우 해외공사실적을 올린 주요 방지시설업체들은 한국코트렐(대만에 2,000만 달러 집진기 설치 등 대기부문 3건), 대림산업(이란에 500만 달러 폐수처리시설 1건), 신화건설(사우디에 275만 달러 상당의 폐수처리 등 수질부문 4건과 이란에 224.6만 달러 규모의 집진기 설치 등 대기부문 3건), 진도종합건설(이란에 71.1만 달러 상당의 폐수처리시설 등 수질부문 2건), 대진종합ENG(태국에 32만 달러 규모의 집진기 설치 1건), 영남공해대책공사(중국에 13.6만 달러 규모의 폐수처리시설 1건) 등이다. 한국산업은행, 『한국의 산업』(하), 1993, 259쪽.

<표 13> 방지시설업체의 국외공사 실적

(단위: 억 원)

연도	1985	1986	1987	1988	1989	1990	1991	1992	1993	1994	1995	연평균 증가율 (91~95)
실적	15.3	21.3	187.6	985.8	21.7	4.3	505.8	233.7	350.1	323.5	491.9	-0.7

자료: 환경부, 『환경백서』, 각년도.

고, 이들에 의해 공해방지시설 조성을 위한 국내 시장수요가 어느 정도 포화상태에 이르게 되면, 해외 수출은 보다 증가할 것이다. 특히 세계 환경시장의 확대에 따라, 한국을 포함하여 국가 경제수준이 급상승하고 있는 싱가포르, 대만 등 아시아의 주요국들에서 환경산업의 발달이 촉진될 것이며, 또한 동구권 국가들에서도 경제재건을 추진하는 과정에서 EC 국가들의 재정지원 등에 힘입어 급속히 성장할 것으로 예상된다. 그러나 이러한 국가들은 환경기술부문에서 매우 취약하기 때문에, 수출시장의 급속한 신장을 기대하기는 어려울 것이다.

5. 국내 환경기술의 수준과 투자·지원

1) 환경기술의 발달과정과 국내 수준

환경기술은 발생한 환경오염물질의 통제나 처리 또는 환경자원의 개발과 이용 및 보전과 관련된 기술들을 포괄한다. 환경기술은 공해방지설비나 오염물질처리를 위한 기술과 같은 사후처리기술뿐만 아니라 오염물질 자체의 발생을 줄이거나 사전적으로 제거하는 청정기술, 그리고 생명공학, 우주과학기술 등을 접목한 미래형 환경보전기술 등 세 가지 유형으로 대별된다. 이러한 점에서 환경기술은 생물공학, 화학, 건설 및 엔지니어링기술 등 다양한 분야의 기초기술과 제조기술을 포함하는 종합기술이라고 할 수 있으며, 첨단산업의 한 유형으로 인식되기도 한다.

이와 같은 환경기술은 세 가지 유형의 단계를 거치면서 발전하는 경향이 있다(<표 14> 참조). 즉 환경기술은 수질·대기·폐기물 등의 오염물질처리 또는 방지설비기술단계(제1단계)를 시발로, 저오염·무공해공정기술 등 청정기술단계(제2단계)를 거치면서, 생명공학·우주과학기술 등 첨단기술과 접목된 미래형 기술단계로 발전해나간다.

이와 같은 환경기술의 발달과정은 몇 가지 요인들, 특히 환경문제의 심각성과 이에 따른 규제 정도, 개발된 기술의 상품성, 그리고 기초과학의 발달 정도 등과 관련시켜 고찰해볼 수 있다.

제1단계의 공해물질 배출통제를 위한 기술, 예로 폐수나 폐기물처리기술, 집진기술, 탈황이나 탈질소기술 등은 환경오염의 통제를 필요로 하는 기업이나 정부의 투자를 직접적으로 요구되며, 또한 이러한 기술들은 실용성이 높고 쉽게 상품화될 수 있다.

제2단계의 신공정 개발 및 신제품 개발, 무(저)공해제품 개발, 신소재 개발, 대체연료 개발 등과 관련된 사전적 또는 청정환경기술은 기초공학의 발달을 배경으로 장기적으로 개발되며, 일단 개발된 이후 직접적으로 실용가능하며 높은 상품성을 가지게 되지만, 기업이나 정부는 국내외 환경규제가 강화되거나 또는 기존의 생산공정 등으로는 국제적 경쟁력을 더 이상 확보할 수 없을 경우에 한해 투자하게 될 것이다.

그리고 제3단계의 자연보전기술, 예로 자연생태계보호나 오존층보호, 지구온난화방지, 사막화방지 등과 관련된 기술은 (지구)환경문제의 근원적 치유와 관련되지만, 이러한 기술은 매우 포괄적인 기초자연과학의 발달을 전제로 하며 비록 실용성이 있다고 할지라도 상품성이 거의 없기 때문에, 기업이나 정부는 특정한 필요성(또는 상품화)이 주어지지 않을 경우 이에 대한 투자를 가능한 회피할 것이다.

이러한 환경기술의 발달과정을 세계적으로 볼 때, 미국, 일본 등 선진국들은 제1단계 기술인 오염방지기술 개발을 완료한 상태이고, 제2

<표 14> 환경기술의 발달과정

구분	제1단계	제2단계	제3단계
특성	공해통제기술	청정기술	자연보전기술
주요 기술	폐수·폐기물처리, 집진, 탈황·탈질소, 소음·진동 방지기술 등	신공정개발, 무(저)공해 제품개발, 신소재개발, 대체연료개발기술 등	자연생태계보호, 오존층보호, 지구온난화 방지 등과 관련된 기술
환경문제의 상태	가시적으로 매우 심각하게 나타나고, 점차 심화되는 상태	가시적인 문제는 통제 되었지만, 문제유발 요인이 잠재된 상태	문제유발의 잠재요인들이 해소되었지만, 자연환경이 아직 완전히 회복되지 않은 상태
개발방법과 실용성 및 상품성	단기적 개발(모방)가능하며, 실용성과 상품성이 매우 높음	비교적 장기간이 소요되며, 실용성과 상품성이 다소 높음	매우 장기적인 계획이 필요하며, 실용성이 있다고 할지라도 상품성은 매우 낮음
관련과학	건축·토목, 화공, 화학 등	기계, 전자, 자원공학 등	생태학, 지구·우주과학 등
기업·정부의 투자유인 (압박)요인	환경문제의 심각성 및 기술의 상품성으로 기업과 정부의 투자 촉발 (투자압박이 매우 강함)	자원의 고갈 또는 가격인상 등의 요인으로 기업중심의 투자 유인(투자압박이 다소 강함)	쾌적한 생활과 지구환경 보전(윤리)등의 요인으로 정부중심의 투자(투자압박이 매우 약함)

자료: 환경처; 한국산업은행, 『한국의 산업』(하), 1993, 259쪽.

단계 기술인 청정기술 개발에 박차를 가하고 있으며, 최근 제3단계인 자연보전기술 개발에도 큰 관심을 기울이고 있다.[36] 예로, 미국의 경우 산성비연구 프로그램, 지구환경변화연구 프로그램, 저공해·청정기술개발계획 등에 따라 산성비, 온실효과 등에 대한 연구를 수행하고 있으며, 일본은 아쿠아 르네상스(Aqua Renaissance)계획, 지구과학기술에 관한 연구개발기본계획 등에 따라 미생물기술을 활용한 폐수처리시스

---

36) 환경산업 분야별 우위분야와 관련하여 환경관련기술의 발달 수준을 보면, 미국은 환경관련 생명공학 및 화학 등의 기초연구 및 종합기술 부문에서 세계 최고위치를 점하고 있고, 독일은 전반적인 기초연구부문의 발전을 기반으로 특히 수질오염처리 및 대기오염처리 분야에서 세계적으로 최고의 기술수준을 확보하고 있는 것으로 알려져 있다. 반면 일본은 선진국들의 특허 및 기술을 도입, 이용하여 환경기술을 급속히 발전시키고 특히 에너지이용의 효율성 제고, 대기오염정화 기술부문을 집중적으로 육성하고 있다고 한다. 한국산업은행, 앞의 책, 1993, 251쪽.

템, 지구환경보전기술 등에 대한 연구를 추진하고 있다. 이와 같이, 1970년대 이미 심각한 경제침체와 환경공해를 경험했던 선진국들은 과학기술부문에 대한 투자를 경쟁적으로 확대하여 환경기술을 고도화시키면서, 자국내 필요한 환경산업을 뒷받침해줄 뿐만 아니라, 환경기술 자체를 상품화하여 국제시장에서 엄청난 부가가치를 얻게 되었으며, 특히 공해다발형 산업구조를 가지고 있는 제3세계 신흥공업국들로 하여금 환경기술적인 측면에서 새로운 종속을 요구하고 있다.

이와 같이 선진국들의 환경기술은 급속히 발전해가는 상황에서, 국내 환경기술은 아직 매우 초보적인 수준에 있다. 제1단계인 사후처리 기술분야에서 국내 수준은 미국, 일본 등 선진국으로부터 기술을 도입하여 개량·정착해나가고 있지만, 선진국의 50% 정도에 불과하다. 그리고 저오염공정기술이나 저공해상품 제조기술 및 자원재활용기술 등의 청정기술은 제조업 전반의 기술수준 증대와 고도의 기초연구를 요구하기 때문에 선진국에 비해 크게 뒤떨어져 있다. 환경관련기기 제조기술의 경우도 마찬가지로 최근 수요가 급증하고 있지만 국내 기술개발의 부진으로 핵심제조기술의 대부분은 선진국에 의존하고 있으며, 환경보전기술의 개발은 거의 엄두를 못 내고 있다.

국내 환경기술의 수준을 주요 오염분야별로 보다 구체적으로 살펴보면, 대기·수질분야의 기술 일부에서 중·상위수준으로 평가되지만, 그 외 대부분의 분야들에서 선진국에 비해 매우 낮다. 즉 1992년 환경처의 발표에 따르면, 대기오염 방지기술부문에서 고효율 집진기술과 수질오염방지기술부문에서 고도정수 및 슬러지처리기술은 외국기술의 도입, 개량으로 선진국 수준의 60~80%에 이를 정도로 상당한 수준에 이르게 되었다(<그림 2> 참조). 그러나 그 외 분야의 환경기술 수준은 선진국과 비교하여 10~30% 수준에 불과할 정도로 아주 낮은 수준이다. 특히 대기오염분야에서 오염측정기술과 석유정제 및 석유화학부문에서 탈황, 탈질소기술은 선진국에 비해 매우 낙후된 실정이며 수질오염방지부문에서 폐수의 탈질소, 탈인기술 및 난분해성 산업폐수처리

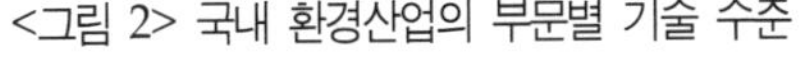

<그림 2> 국내 환경산업의 부문별 기술 수준

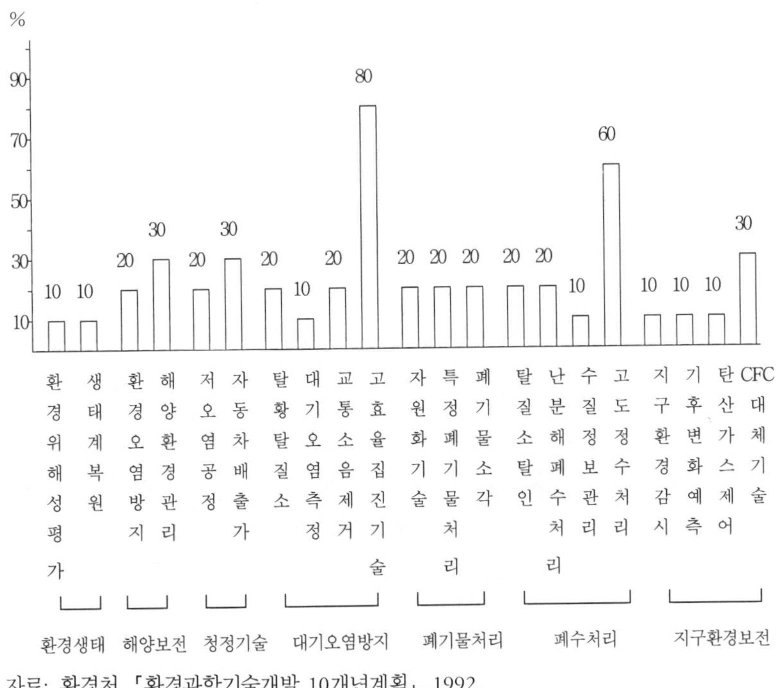

자료: 환경처, 「환경과학기술개발 10개년계획」, 1992.

기술도 아주 낮고, 특히 수질정보 종합관리시스템기술은 선진국의 10%
정도 수준에 불과하다.

　폐기물처리기술에 있어서도 우리나라는 그동안 발생한 폐기물의 대
부분을 단순매립에 의존하여 처리해왔기 때문에 폐기물의 재활용자 원
화기술, 폐기물소각처리기술, 특정폐기물처리기술 등은 선진국에 비해
20%에 불과할 정도 매우 낮은 수준이다. 이러한 환경기술의 수준은
<표 15>에서 알 수 있는 바와 같이, 그 이후에도 상대적으로 거의 개
선되지 않은 것으로 보인다.

　국내 환경기술은 이와 같이 제1단계의 사후처리 기술분야에서도 매
우 낮은 수준일 뿐만 아니라, 다음 단계의 청정 기술분야 또는 환경보
전형 기술분야에서는 더욱 미진한 수준에 있다고 하겠다. 예로 우리나

<표 15> 우리나라 환경기술의 분야별 수준

분야	대기	수질	폐기물	토양/지하수	청정기술	지구환경	해양환경	생태	환경보전
수준(%)	30~70	30~60	20~60	30~50	20~30	30~50	20~30	10~20	10~30

자료: KIST, 「21세기 환경기술개발 장기종합계획」, 1997. 7; 환경부, 『환경백서』, 1998, 163쪽 재인용.

라는 폐기물 감량화기술이나 재이용기술 등 초보적인 기술조차 선진국에 의존하고 있는 상태이다. 또한 몬트리올의정서에 따라 단계적으로 소비량을 감소시키도록 되어 있는 CFCs의 대체물질 개발기술은 선진국의 30% 정도 수준이며, 그 외 환경위해성평가나 생태계 복원을 위한 환경생태 기술분야 및 지구환경감시, 기후변화예측, 이산화탄산 제거 등 지구환경보전 기술분야에서 국내 기술수준은 극히 미미할 정도로 낮은 수준에 있다.[37] 이러한 사전적 청정 기술분야의 발달은 기업의 장기적 투자와 정부의 강력한 지원이 요구되지만, 우리나라의 기업과 정부는 아직 이러한 분야에 대한 관심을 거의 가지고 있지 않은 것처럼 보인다.[38]

---

[37] 국립환경연구원과 한국과학기술원에서 조사한 보고서에 의하면, 1992년 기준으로 선진국의 기술을 100으로 볼 때, 대기·수질분야는 60~80% 수준이며, CFCs 대체물질 개발수준은 40~50%, CO_2제거기술은 20~30% 수준으로 평가되고 있다. 환경처, 『환경백서』, 1994, 242쪽 참조.

[38] 실제 기업의 기술개발을 유도하기 위한 정부의 역할은 현재 청정기술의 개발에는 거의 영향력을 미치지 못하고 있다. 이와 관련된 이유로서, ① 정부의 환경정책은 주로 발생한 환경문제를 해결하는 데 목적을 두고 있기 때문에, 청정기술의 개발에 재정적 지원이 필요하다는 사실을 느끼지 못하거나 재정투자에 우선 순위가 낮은 것으로 간주한다. ② 정부의 재정지원은 주로 사후처리기술의 개발에 투입되고 단지 일부만이 청정기술개발에 투입되고 있으며, 그 대부분이 정부의 지원이 없더라도 청정기술의 개발 능력을 가진 대규모공장에 주어진다. ③ 정부의 규제정책, 예로 환경기준의 설정, 벌과금의 부과 등 다양한 제도들은 기업의 청정기술 개발을 강제 또는 유도할 정도로 엄격하지 못하다는 점 등이 지적될 수 있다. 청정기술개발에서 이러한 어려움은 환경요구를 강제하는 행위자가 정부 외에는 없기 때문이라고 할 수 있다. 김훈기, 앞의 글, 1994, 197쪽; 김훈기, 「현대 과학기술과 환경문제」, ≪환경과 생명≫

<표 16a> 부문별 환경기술 도입 현황

(단위: 억 원, 건, %)

분야	합계 (88~92)		1988		1989		1990		1991		1992		연평균 증가율
	건수	금액	건수	금액	건수	금액	건수	금액	건수	금액	건수	금액	
합계	54	125.1	11	55.2	8	7.9	8	5.0	13	30.2	14	26.8	-16.5
대기	14	53.8	6	37.8	3	2.5	2	1.2	4	11.7	1	0.6	-64.5
수질	19	22.1	6	3.7	2	4.1	5	3.8	3	1.9	3	8.6	23.5
소음 진동	1	0.01	—	—	1	0.03	—	—	—	—	—	—	—
폐기물	16	41.5	1	13.6	2	1.3	—	—	5	14.4	7	12.1	-2.9
기타	4	7.7	—	—	—	—	1	—	1	2.2	3	5.5	—
건당 금액	2.32		5.02		0.99		0.25		2.32		1.91		-21.5

자료: 한국산업기술진흥협회, 「기술도입년차보고서」, 각년도; 한국산업은행, 『한국의 산업』(하), 1993, 273쪽 재인용.

<표 16b> 전체 기술도입에서 환경기술의 비중

(단위: 건, 억 원, %)

구분		합계	1962~ 90	1991	1992	1993	1994	연평균 증가율 (91~94)
전체기술	건수	9,289	6,944	582	533	707	523	-3.5
	기술료	73,331	39,405	9,470	6,805	7,566	10,085	2.1
환경기술	건수	203	115	13	14	25	36	40.4
	기술료	482	157	30	27	96	172	79.0
비율(%)	건수	2.2	1.7	2.2	2.6	3.5	6.9	—
	기술료	0.6	0.4	0.3	0.4	1.3	1.7	—

자료: 한국산업기술진흥협회; 환경부, 『환경백서』, 1998, 164쪽.

이와 같이 국내 환경기술의 낙후로 인해, 우리나라는 일본, 미국 등 선진국들로부터 환경기술을 도입하면서 많은 기술료(로열티)를 지급하

여름호, 1994, 228-235쪽; J. W. Schot, "Constructive technology assessment and technology dynamics: the case of clean technologies," *Science, Technology and Humans Values*, vol.17, no.1, 1992, pp.36-56 참조.

고 있다(<표 16a> 참조). 즉 1962년부터 1993년까지 환경기술 도입 건수는 총 167건으로, 그 대가로 지불한 기술료는 309억 원이며, 1건 당 평균 1억 8천만원의 기술료를 지불한 것으로 나타난다(기술도입 후 판매액에 따라 지급하는 경상기술료 미포함).

도입분야를 오염유형별로 보면, 1980년대는 주로 대기·수질오염과 관련된 기술도입이었으며, 최근에 이 분야들의 오염방지시설들은 대부분 국내 기술로 제작·설치되고 있지만 일부 핵심요소기술은 여전히 선진국들로부터 도입하고 있다. 그리고 1991년부터는 국내 쓰레기문제가 크게 부각되면서 폐기물소각기술 도입이 급증하고 있다. 이러한환경기술의 도입은 1993년 이후 더욱 증가하면서, 전체 기술 도입에서 차지하는 비중도 증가하게 되었다. 즉 1992년 이전까지 환경기술의 도입에 따라 지불한 기술료는 전체 기술료 지불액의 0.4% 이하였으나, 1993년 1.3%, 1994년 1.7%로 증가하였고(건수로는 각년도 3.5%, 6.9%를 차지할 정도로 크게 늘어났다(<표 16b> 참조).

2) 환경기술 개발 투자와 지원

위에서 지적한 바와 같이, 환경기술은 직접 적용가능하고 상대적으로 단기간에 개발될 수 있는 공해방지설비기술이나 오염물질처리·통제기술에서부터 기초적이고 장기간에 걸쳐 개발되어야 하는 생명공학이나 우주과학기술에 이르기까지 매우 다양한 유형들을 포괄하며, 단계적으로 발전하는 경향이 있다. 이러한 환경기술의 개발은 기본적으로 관련기업과 정부에 의해 이루어지며, 이들의 우선적인 투자대상은 유발된 환경공해에 즉각적으로 대응할 수 있거나 또는 상품성이 높은 제1단계의 기술이라고 하겠다. 국내 공해방지설비업체들의 기술개발 투자와 관련된 사례조사에 의하면, 기술개발 투자액은 점차 늘어나고 있다(<표 17> 참조). 즉 1990년 각 공해방지설비업체에서 대기업의 경우 21억 4천만 원 중소기업의 경우는 7천만 원 정도를 투자하였으며,

<표 17> 공해방지설비업체의 기술개발투자와 자체연구 보유 현황

(단위: 백만 원, %, 개소)

| 구분 | 기술개발투자(1사 평균) | | | | | | 자체 연구소(1992년) | | | |
| | 1989 | | 1990 | | 1991 | | 합계 | 있음 | 없음 | 기타 |
	투자액	매출액대비	투자액	매출액대비	투자액	매출액대비	업체수 (%)	업체수 (%)	업체수 (%)	업체수 (%)
합계	–		–		–		58(100.0)	15(25.9)	38(65.5)	5(8.6)
대기업	1,804	0.8	2,138	1.2	2,744	1.7	13(100.0)	10(76.9)	3(23.1)	–
중소기업	25	2.0	69	2.3	119	3.2	45(100.0)	5(11.1)	35(76.9)	5(11.1)

자료: 산업연구원, 「실태조사」, 1992. 6; 홍성인·김미숙, 앞의 책, 1992, 69-70쪽에서 재인용.

1991년에는 각각 28.3%, 72.5% 증가하여 27억 4천만 원 및 1억 2천만 원 투자한 것으로 조사되었다. 또한 이러한 기술개발 투자의 절대액수의 증가와 더불어, 각 업체들의 매출액대비에서도 그 구성비가 상당히 증가하고 있다. 그러나 이러한 민간기업들의 국내 환경기술 투자액은 이들 각 업체들이 해외기술의 도입을 위해 지불하는 기술료 지불액보다도 적은 액수이며, 매출액대비 구성비에서도 아직 상대적으로 매우 적은 비율이라고 할 수 있다.[39] 즉 국내 공해방지설비업체들은 단지 단기적이고 표준화된 공해방지설비기술의 개발을 위해 투자하는 정도이고, 실제 핵심기술들은 거의 외국업체들에 의존함으로써 심각한 기술종속의 상황에 있다고 할 수 있다.

국내 환경기술 개발을 위한 투자는 이와 같이 국내 민간업체들의 경우뿐만 아니라 공공부문에서도 매우 저조한 실정이다. <표 18a>에서 알 수 있듯이, 정부가 환경과학기술개발을 위해 투자하는 예산은 최근

---

39) 이에 대한 이유로 조사연구자들은 다음과 같이 설명하고 있다. 즉 "이는 업체들이 시간과 자금면에서 중장기적인 투자를 감수해야 하는 핵심기술의 대부분을 외국업체와의 기술제휴 내지 기술도입에 의존하고 있기 때문이다. 따라서 매년 지불해야 하는 기술료 지불액이 업체당 3~4억 원에 이르고 도입기술이 소화·흡수되지 못하고 필요시에만 활용된 채 방치되는 경우가 많은 실정이다." 홍성인·김미숙, 앞의 책, 1992, 69쪽.

<표 18a> 공공부문 환경과학기술연구개발비 투자현황

(단위: 억 원)

| 연도 | 총계 | 환경처 | | | | | | 과학기술처 | 상공(산업)자원부 | 건설(교통)부 | 농림부 | 기타 |
		소계	본부	국립환경연구원	환경관리공단	자원재생공사	환경정책평가원					
1988	23.0	16.6	11.0	5.2	0.4	−	−	4.0	2.4	−	−	
1990	44.9	15.6	10.3	5.2	0.1	−	−	8.2	8.6	8.8	3.6	
1992	109.5	37.4	15.4	8.1	1.0	12.9	−	43.7	12.0	6.5	9.9	
1993	184.4	106.6	76.1	12.8	1.2	16.5	−	17.0	30.2	22.6	8.0	
1994	493.8	180.6	139.9	14.2	1.5	15.3	9.9	128.1	109.8	9.6	62.7	3.0
1995	534.4	218.4	170.6	14.3	3.2	19.1	11.2	119.7	114.9	21.6	57.2	2.6
1996	744.4	336.8	277.2	23.1	9.2	16.0	11.3	126.7	142.4	8.3	102.2	28.1
1997	884.6	305.9	250.7	19.4	5.7	13.8	10.5	261.2	174.5	0.8	114.3	27.9

자료: 환경처, 『환경백서』, 1994, 241쪽; 환경부, 『환경백서』,1998, 174쪽.

<표 18b> 공공부문 환경관련 연구개발투자의 국제 비교

(단위: 억 원, %)

| 구분 | 한국 | | | | | | 미국 | | 일본 | | 영국 | |
	1988	1990	1992	1994	1997	연평균증가율 (91~95)	1989	1990	1989	1990	1989	1990
연구개발비	23.0	44.9	109.5	494	884	77.3	2,549	3,360	1,135	1,200	760	1,360
GNP 대비율	0.002	0.003	0.005	0.016	0.021		0.0076	0.008	0.0058	0.006	0.0135	0.010

자료: 환경처, 『환경백서』, 1993; 『환경백서』, 1994, 244쪽.

급속하게 증가하고 있다. 즉 환경과학기술에 대한 공공부문의 연구개발투자는 1988~1992년간 연평균 44.7% 증가하여 1992년에는 109억 5천만 원에 달했고, 1993년에는 전년도에 비해 68.4%가 증가한 184억 4천만 원이 소요되었다. 또한 이러한 투자는 GNP대비 비율도 1988년에 비해 1982년 2배 이상 증가한 것이다. 정부의 환경과학기술연구개발 투자는 환경처의 국립환경연구원 및 자원재생공사에 대한 연구활동

지원을 비롯하여 과학기술처의 환경관련 특정연구개발사업, 상공자원부의 대체에너지개발, 그리고 건설부의 공해방지설비개발 등에 집중투입되고 있다.

1990년대 초반 우리나라의 환경과학기술연구개발 투자액은 미국, 일본, 영국 등의 선진국과 비교해볼 때 절대적으로 매우 적은 액수이고, GNP대비 비율에서도 절반에도 못 미치는 수준이었다(<표 18b> 참조). 그러나 이러한 공공부문 환경기술개발 투자는 1994년 이후 크게 증가하여, 1994년에는 494억 원, 1997년에는 884억 원에 달하게 되었고, GNP에 대한 비율도 1997년 0.021%를 차지하게 되었다. 공공부문에서 전체 연구개발비에 대한 환경과학기술부문 투자비율은 1997년 2.95% 수준으로, 1992년 OECD 국가들의 정부 연구개발투자비 대비 환경연구개발 투자율 0.7~3.6%에 비교하면 대체로 높은 편에 속한다고 할 수 있다.

이와 같은 정부의 환경 연구개발을 위한 투자 확대는 1992년 수립·시행되고 있는 환경과학기술개발 10개년계획에 따른 것이라고 할 수 있다. 이 계획에 의하면, 정부는 2001년까지 총 8,155억 원을 투자여 환경기술을 고도화함으로써 국내 환경문제을 해결하고 국제 환경규제에 대비할 뿐만 아니라 환경산업을 수출전략산업으로 육성하고자 한다.[40] 이 계획에서 주요 투자사업들은 G-7프로젝트, 기반기술개발사업, 기술개발지원사업 등이며, 공공부문에 5,434억 원(66.6%), 민간부문에 2,721억 원(33.4%)을 투자할 예정이었다[41](<표 19> 참조). 그러

---

40) 특히 이러한 공공부문 환경기술개발 투자에서, 큰 비중을 차지하는 것은 정부가 낙후된 기술을 선진 7개국 수준으로 끌어올리기 위해 추진하고 있는 G-7프로젝트 11개 사업들 중에 하나로 포함되어 있는 환경공학기술개발사업이다. 이 사업은 대기, 수질, 폐기물 등 오염방지 또는 처리기술뿐만 아니라 청정기술, 지구환경보전기술, 해양환경보전기술의 개발 제2단계 및 제3단계의 환경기술 개발도 포함하고 있으며, 전반부에는 오염방지기술개발분야에 집중하는 반면 후반부에는 청정기술개발분야에도 주력하여 목표년도인 2001년에는 환경산업의 수출액이 10억 달러에 달하도록 계획하고 있다.

41) 이러한 투자계획을 오염분야별 세부사항으로 볼 때, 가장 큰 비중을 차지하

<표 19> 환경과학기술개발 10개년 투자계획

(단위: 억 원)

구분	누계	1992	1993	1994	1995	1996	1997~2001
계	8,155 (2,721)	261 (91)	613 (268)	854 (309)	1,083 (286)	1,241 (323)	4,103 (1,434)
G-7프로젝트	2,315 (600)	66 (27)	189 (102)	291 (141)	368 (90)	395 (96)	1,006 (144
기반기술개발	2,750 (720)	77 (64)	322 (106)	339 (103)	347 (102)	377 (110)	1,188 (235)
기술개발지원 순수민간투자	1,689 (1,401)	18 —	42 (60)	149 (75)	274 (94)	352 (117)	854 (1,055)

주: ( ) 안은 민간부문 부담액.
자료: 환경처, 「환경과학기술개발 10개년계획」.

나 <표 17>과 비교해볼 때, 1992년 정부가 계획한 투자액 170억 원 중에서 64.4%에 해당하는 109.5억 원만이 투자되었고, 1993년에는 계획된 투자액 345억 원의 53.5%에 불과한 184.5억 원이 투자될 정도로 저조한 실적을 보였다. 그러나, 위에서 언급한 바와 같이, 1994년 이후 정부의 환경연구개발부문 투자는 크게 증가하여, 1994년 계획된 공공부문투자액 545억 원의 90.6%에 달하는 494억 원, 1995년에는 계획액 797억 원의 67.0%에 해당하는 534억 원, 그리고 1996년에는 계획액 918억 원의 81.1%인 744.4억 원이 각각 투자되었다.

한편 정부는 민간기업부문의 환경기술을 지원하기 위해 여러 가지 제도적 장치를 마련하고 있는데 민간부문의 기술개발을 지원하기 위해 1992~2001년 사이 총 1,989억 원의 예산을 산정하고 있을 뿐만 아니라, 현장환경기술지원, 환경기술감리제, 환경기술분야 특허우선심사추

는 것은 소각시스템 개발기술로서, 오염방지기술개발계획에서 예상된 총투자계획액 1,860억 원의 21.2%에 해당되는 395억 원이 할당되어 있다(소각로개발분야와 합하면, 28.2%). 다음으로 큰 비중을 차지하는 분야는 배연가스의 탈황·탈질소기술분야이며, 그외 세부분야들은 거의 일률적으로 동일한 액수의 투자액이 산정되어 있다. 한국오염방지시설협회, ≪환경기술≫ 1992. 11 및 홍성인·김미숙, 1992, 68-69쪽 참조.

천제 등을 시행하고 있다. 환경처는 업체들이 요구하는 기술상담과 현장지원을 위해 1990년부터 기술상담실을 설치·운영하고 있으며, 기술상담보다는 직접적인 현장지원을 중심으로 지원 건수가 점차 늘어나고 있다.

또한 환경기술지원의 한 형태로 운영되고 있는 환경기술감리제도는 사업장에서 배출하는 오염물질을 사전에 예방하기 위해 배출·방지시설을 적정하게 설치하고, 그 시설을 효율적으로 운영하도록 지원하고 있다. 또한 정부는 업체들의 기술개발 의욕을 높이고 개발된 기술을 신속하게 실용화 또는 상업화하고 이윤을 얻을 수 있도록, 환경기술에 대한 특허우선심사추천제도를 도입하여, 통상 3~4년 소요되는 특허심사기간을 1~2년 이내로 단축시켜주고 있다. 그러나 정부의 직접적 재정투자 없이 이루어지고 있는 이러한 제도적 지원정책은 실제 환경기술개발에 있어 기업들의 투자를 거의 유도하지 못하고 있다.

6. 맺음말: 환경산업과 환경기술에 관한 다섯 가지 논제

이상의 논의에서 우리는 자본주의 사회에서 환경산업과 환경기술이 그 사회에서 내생적으로 발생한 환경위기를 극복할 수 있는가의 문제를 개념적으로 살펴보았으며, 보다 경험적인 측면에서 환경산업의 성장과정과 국내 환경산업의 수급구조 및 환경기술의 수준과 투자 현황을 살펴보았다. 논의에 기본적으로 깔려 있는 기조는, 그것이 표면적인 주장이었든 내용적 암시였던 간에, 다음과 같다. 첫째, 자본주의 사회에서 환경산업과 환경기술의 발달은 자본축적의 논리에 의해 좌우되기 때문에 환경문제의 해결과 필연적인 관계가 없다. 둘째, 그러나 환경기술의 발달은 오늘날 자본주의 사회가 봉착한 환경위기의 해결을 위해 충분한 조건은 아니라고 할지라도 필요조건이 될 수 있다. 셋째, 급속하게 발달한 환경산업과 환경기술을 배경으로 선진 자본주의 국가들은 세계 환경시장을 장악하고 환경기술의 종속을 요구하는 새로운 환경제국주의를 구축하고자 한다. 넷째, 이러한 상황에서 국내 기업들은 한편으로 환경문제의 심화로 인한 생산환경의 제약과 환경부문에 대한 정부의 투자에 힘입어 초보적인 환경산업과 환경기술을 개발하고 있지만, 보다 고도화된 환경산업과 환경기술의 발전으로 나아가지 못하고 있다.

그러나 이러한 주장이나 암시는 가정적인 것에 불과하다. 자본주의 사회에서 환경산업과 환경기술의 발달에 관한 논의에서, 우리는 여전히 복합적으로 상호 관련된 여러 가지 의문 또는 딜레마에 빠지게 된다. 자연환경과 인간사회 간의 매개하는 노동과 이를 보완하는 기술을 어떻게 개념지을 것인가? 인류의 역사에서 부단히 발달한 기술 또는 물질문명의 결과로 초래된 환경위기가 과연 환경기술의 발달로 해결될 수 있는가? 자본축적의 논리에 기초하고 있는 선진국들의 환경산업과 환경기술이 지구환경문제를 해결할 수 있는가? 점점 심화되고 있는 국내 환경문제를 해결하기 위해 국내 환경산업과 환경기술을 보다 고도화할 필요가 있는가, 만약 그렇다면 어떻게 해야 할 것인가? 환경기술이 자본축적의 논리가 아니라 어떤 대안적 논리에 의해 발전될 수는 없는가? 우리는 일단 이러한 다섯 가지 의문에 기초하여, 한국을 포함한 자본주의 사회에서의 환경산업과 환경기술의 발전을 이해하기 위한 다섯 가지 논제를 설정하고, 이를 예비적으로 고찰해봄으로써 결론에 대신하고자 한다.

첫째, 자연환경과 인간사회 간을 매개하는 노동과 기술은 '생태적 실재론(리얼리즘)'에 입각하여 개념지을 수 있을 것이다.[42] 즉 인간이 살아가는 세계는 자연과 사회를 포괄하는 하나의 통일체로 구성되어

---

[42] 여기서 '생태(학)적 리얼리즘'이라는 개념은 미셸 보스케, 앞의 글, 1984, 143-146쪽에서 도입되었으며, 인간이 자연적 존재인 동시에 사회적 존재라는 사실, 즉 인간은 자연-인간이며 인간-인간이라고 주장한 포이어바흐와 맑스의 사고에 준거를 두고 있다.

있다. 물론 자연의 운동과 사회의 운동은 각각 상이한 법칙들에 의해 전개되고 있다. 자연은 무한하지만 폐쇄된 체계 속에서 필연적으로 작동하는 법칙에 따라 유지·변화하는 반면, 사회는 제한적이지만 개방된 체계 속에서 개연적으로 작동하는 역사법칙에 따라 유지·변화한다. 개별 인간은 이러한 자연세계와 사회세계에서 동시에 존재하며, 이들을 매개한다. 인간 존재와 그 매개체라는 관점에서, 자연과 사회는 분리된 실체가 아니라 하나의 통일체로 구성되며, 여기서 자연법칙과 사회법칙은 동시적으로 작동한다. 이러한 점에서, 인간에게 주어진 세계는 역사적 개연성으로 실현되는 자연적 필연성의 세계이다. 인간 존재의 통일체적 세계 속에서 자연과 사회를 매개하는 수단은 노동과 이를 대체한 기술이다. 노동과 기술은 자연과 사회를 생산과 파괴 또는 경향과 반경향이라는 변증법적 관계로 연계시킨다.[43] 이러한 연계 속에서 기술을 개념지을 수 있는 어떤 방법론, 즉 생태적 실재론이 필요하다. 생태적 실재론은 자연과 사회의 통일된 실체와 이를 매개하는 노동과 기술이 이러한 인식에 의해서 표현되는 방식으로 스스로를 나타내도록 할 것이다.

둘째, 환경파괴적·물질문명적 기술에서 환경친화적·생태문화적 기술로의 전환을 위하여 '생태기술패러다임'의 관점에서 기술의 개념과 역사를 고찰해볼 필요가 있다. 그동안 기술의 개념과 발달과정에 관한 이해는 주로 자연환경을 대상으로 인간사회에 유용한 자원 축적과 관련된 물질문명의 관점에서 이해되어 왔고, 이에 따라 자연의 정복 또는 지배와 관련된 문제들이 매우 중시되어 왔다. 그러한 기술문명에 대한

---

43) 예비적으로 다음과 같이 주장될 수 있다. 즉 노동과 기술에 의한 사회의 생산은 자연의 파괴를 동반하지만, 자연은 그 자체의 능력에 따라 일정하게 자신을 회복시키는 경향이 있다. 만약 사회에 의해 주어진 파괴적 조건 속에서 자연이 그 자신을 회복하지 못할 때, 자연은 자신에게 주어진 조건을 완화시키기 위해 사회를 파괴시키는 반경향성을 드러내게 된다. 그러나 자연에 의해 주어진 이러한 파괴적 조건 속에서도 인간이 존재하는 한 사회는 적절한 (환경)기술의 개발로 자연의 조건을 완화시킴으로써 자신을 재생산시키는 경향이 있다. 이에 따라 자연과 사회 간에는 새로운 관계가 형성되게 된다.

이러한 관점의 이해는 곧 대립적인 견해들을 유발했고, 이러한 견해들
에 대해 절충주의적 견해도 제시되기도 했다.44) 그러나 긍정적, 부정
적, 또는 절충적 견해든 간에, 물질문명과 관련한 기술론은 오늘날 우
리사회가 당면한 환경문제를 해결함에 있어 거의 도움이 되지 않을 것
이다.45) 달리 말해서 환경문제와 관련한 기술론은 자연을 대상화하기
보다는 인간사회와의 유기적 또는 생태문화적 관계 속에서 이해하고,
기술은 인간사회와 자연환경간의 유기적 관계 속에서 생태문화적 삶을
고양시킬 수 있는 매개로서 개념지어져야 한다. 이렇게 개념화된 생태
기술패러다임은 인류역사의 발전단계 속에서 생태문화적 삶을 고양시
켜온 생태기술들이 어떻게 발전·쇠퇴해왔으며, 앞으로 이러한 기술들
을 어떻게 개발할 것인가라는 문제에 우선적인 관심을 둘 것이다.46)

---

44) 즉 기술문명의 발달은 환경문제를 포함하여 오늘날 인류사회가 당면한 문제
들의 주요 원인임에 대해 대체로 합의할 수 있지만, 이러한 문제들을 해결함
에 있어 어떤 기여를 할 수 있는가에 대해서는 매우 상이한 견해들이 있다. 이
러한 견해들의 양극단에는 기술이 모든 문제를 해결해줄 수 있다고 보는 '기
술 메시아주의,' 이와 정반대로 기술문명의 발달을 전적으로 비판·거부하는
'반기술주의'가 있으며, 이러한 극단적 견해의 중간에서 기술문명의 발달의
필연성을 인정하면서도 이에 의해 야기된 시행착오와 부정적 측면에 주목해
야 한다는 절충주의적 기술론도 제기되고 있다.

45) 이와 같이 기술문명의 발달을 인정하면서 이러한 기술이 환경에 미치는 부
정적 측면을 개선하고자 하는 절충주의적 기술론의 구체적 방안으로, 여러 가
지 제도들의 도입이 강조되고 있다. 예로, 최근에 광범위하게 개발·적용·확산
되고 있는 신기술들이 사회 및 환경에 미치는 영향을 평가하는 '기술평가
(technology assessment)'제도가 도입되어야 한다는 주장이 제기되고 있다. 또
한 이와 유사하게 국제환경경영표준화(ISO 14000시리즈)에 대비하여 자원과
에너지의 투입에서부터 최종 폐기까지 제품 및 서비스의 전 수명에 걸친 환경
부하를 정량화하여 평가·개선하기 위해 '전과정평가(life cycle assessment)'제
도가 도입되어야 한다는 주장도 제시되고 있다. 이영희, 「기술영향평가제도를
도입하자」, 《환경운동》 5월호, 1994, 104-109쪽; 김태훈, 「환경산업의 동향
과 향후 과제」, 《환경과 생명》 여름호, 1995, 80-91쪽 참조. 이러한 제도들
은 기술이 환경에 미치는 영향을 통제하고자 한다는 점에서 어떤 의미를 가진
다고 할지라도, 환경문제의 근본적 해결을 위해 기술문명의 발달을 어느 정도
제어할 수 있는지는 의문스럽다.

46) 이러한 생태기술패러다임은 자연에 대한 도구적 관점을 여전히 견지하면서
환경문제를 해결하고자 하는 '경제기술패러다임'을 대신할 수 있을 것이다.

셋째, 자본종속적 환경산업과 환경기술의 발달을 은폐하는 환경이데 올로기 및 이들을 새로운 지배·착취수단으로 동원하고 있는 환경제국 주의를 극복하기 위해, 생태정치학이 구축되어야 한다. 생산환경을 제 약하는 환경문제가 점점 심화됨에 따라, 자본주의 경제는 환경산업과 환경기술을 급속하게 발달시킴으로써 가시적으로 환경문제를 해결할 수 있는 능력을 가진 것처럼 보이지만, 실제 환경문제가 폭발적 위기로 드러나는 것을 지연시키거나 또는 일정 수준 이상 심화되지 않도록 할 뿐이다. 왜냐하면 자본주의 경제는 자본의 가치증식을 위해 지속적으 로 더 많은 또는 새로운 자원의 소모를 요구하며 오염물질을 배출하기 때문이다. 이로 인해 환경문제는 끊임없이 발생하며, 환경산업과 환경 기술의 발달은 이러한 환경문제의 발생을 항상 전제로 하고 있다. 이러 한 구조적 배경 속에서, 쾌적한 '녹색' 환경은 기업의 이윤추구를 위한 자본주의적 이데올로기, 나아가 선진 자본주의 국가들이 후진국들의 환경주권에 개입하기 위한 환경제국주의적 이데올로기가 된다. 물론 이윤추구와 무관한 환경기술의 개발 또는 지적 재산권을 포기한 환경 기술의 무상 이전을 고려해볼 수 있다.[47] 탈환경이데올로기 및 탈환경 제국주의를 전제로 하는 이러한 고려는 단순히 환경산업이나 환경기술 의 영역에서 이루어지는 것이 아니라, 착취적 자본축적인가 아니면 공 생적 자연환경인가에 대한 정치적 선택에 달려 있다.[48] 이러한 정치적 선택을 위해 생태정치학이 필요하다.

넷째, 자본주의 사회라고 할지라도 환경설비와 기술의 개발, 특히 사 후적 공해방지기술에서 사전적 청정환경기술로의 전환을 위해, 생태학

---

47) 선진국의 기술 이전이 후진국의 환경위기를 극복하는 데는 거의 도움이 되 지 않는다는 주장이 제시되고 있다. 레드크리프트, 『발전과 환경위기』(강현수 외 역), 한울, 1993, 255-269쪽 참조.

48) 이러한 점에서 보스케의 주장, "'공생의 세계인가, 기술파시즘인가'하는 선 택에서 이미 우리는 절반 이상 후자의 길로 접어들고 있다. 기술 파시즘의 거 부는 자연의 균형을 다루는 과학에서 생겨나는 것이 아니라, 정치적이고 또 문명과 관계된 선택에서 비롯된다"는 주장을 참조.

적으로 자율성을 가진 국가의 환경정책이 요구되고 있다. 환경설비와 환경기술의 개발은 당면한 환경위기를 극복하기 위해 충분하지는 않지만 매우 필요한 수단이다.[49] 현재 우리나라는 심각한 환경문제에 봉착해 있으면서 이에 대처할 수 있는 환경기술의 수준은 매우 낮은 상황이다. 따라서 이미 발생한 오염물질들을 처리할 수 있는 환경설비와 기술이 우선 필요하지만, 오염물질과 그 발생원인이 다양화, 복잡화되어 가고 있는 상황에서, 사후처리적 기술체계로는 근본적인 문제를 해결할 수 없다.[50] 그러므로 보다 근원적인 해결을 위해 청정원료·에너지의 사용, 효율적 생산공정, 환경친화적 제품생산 등을 통해 발생원 자체에서부터 오염물질을 배출하지 않도록 하거나 또는 감소시키는 사전예방적 기술체계가 필요하다. 이러한 청정환경기술의 개발은 비록 자본주의 경제라고 할지라도 자원 및 에너지, 노동력 등의 절약 효과를 가져올 수 있다. 그러나 자본주의적 기업들은 강력한 외적 규제가 있거나 또는 자신의 이윤추구와 결부될 때만 이러한 환경설비와 환경기술 개발에 투자하게 된다. 따라서 국가는 생태학적으로 자율성을 가지고 자본의 필요성에 앞서 기업들에게 환경설비와 기술의 개발, 특히 청정환경기술의 개발을 강력하게 요구할 필요가 있다. 이러한 국가 환경정책의 실행은 자본축적을 촉진시킬 수도 있을 것이다. 그러나 국가가 산업발전 또는 자본축적의 단계로 볼 때 아직 청정환경기술의 개발이 어려운 상황에서 이러한 기술 개발을 기업에게 요구하는 것은 자본축적

---

49) 흔히 "환경문제를 해결하기 위한 보다 근원적인 수단을 기술에서 찾아야 하는 이유는 오염물질의 발생과 확산, 그로 인한 다양한 피해의 출현이 직·간접적으로 기술과 관련되기 때문"이라는 주장이 제기될 수 있다. 이러한 주장은 환경파괴적 기술을 극복하기 위한 환경친화적 기술의 발달을 전제로 한다는 점에서 어떤 의미를 가지겠지만, 환경문제의 해결을 위한 근원적 수단이 기술에 한정된다는 오류를 범할 수 있다.

50) 사후처리적 기술체계는 오염물질을 제거하기보다는 그 장소와 형상만을 변화시킬 뿐이고 누적되는 환경부하를 막을 수 없다(예로, 소각의 경우, 새로운 독성물질을 유발할 뿐만 아니라 재나 가스 안에 존재하는 오염물질의 위험잠재성을 완전히 제거할 수 없다).

의 논리에 어긋나는 것이라고 할 수 있다.

다섯째, 환경산업과 환경기술을 감시·감독하고 나아가 주체적으로 관리하기 위한 시민사회운동, 궁극적으로 노동, 기술 그리고 자연환경의 소외로부터 벗어나서 이들을 자주관리하는 생산·생활·생태공동체운동이 필요하다. 환경산업과 환경기술이 자본축적의 논리에 앞서 발전하도록 하는 것은 국가뿐 아니라 시민사회의 몫이기도 하다. 시민들은 기업이 이윤 추구에 앞서 생태적 요구에 따라 환경문제를 해결할 수 있는 환경설비와 환경기술을 개발하도록 감시, 감독할 필요가 있다. 왜냐하면 환경설비와 환경기술이 이윤추구를 목적으로 하는 기업들에 의해 통제되는 것이 아니라 환경문제 해결을 우선으로 하는 시민사회에 의해 자주적 통제·관리될 필요가 있기 때문이다.[51]

이러한 자주적 관리의 필요성은 자본주의적 물질문명이 야기한 여러 가지 유형의 소외, 특히 노동, 기술, 그리고 자연의 소외 극복과 관련된다.[52] 사실 자본주의 사회에서 노동을 대체한 기술의 발달은 노동자를 기계의 단순한 부속물로 전락시킴으로써 노동의 소외를 촉진시키고, 자연을 자본축적을 위한 도구적 수단으로 대상화시킴으로써 자연의 소외를 유발하였다. 또한 이러한 역할을 담당한 기술 자체는 인간사회와 자연환경의 통제로부터 벗어나 외부화함으로써 기술의 소외를 초래했다. 이와 같은 소외상황하에서, 어느 누구도 노동, 기술, 자연의 절제된

---

51) 생태주의적 자주관리에 관해, 미셸 보스케, 앞의 글, 1984, 150-153쪽 참조. 이러한 점에서 황태연은 자본주의적 소유관계와 경제적·생태학적 비합리성을 지적하고 환경위기의 와중에서 소유권 문제의 진보적 해결가능성을 모색하고 있다. 황태연, 앞의 책, 1992, 제3장 참조.

52) 환경문제와 소외 간의 관계에 대한 고찰은 페퍼, 앞의 책, 1989 및 그룬트만, 앞의 책, 1995 등 여러 곳에서 심도 있게 이루어지고 있다. 특히 후자의 경우 이러한 고찰의 결과에도 불구하고, 그룬트만은 소외의 극복, 즉 "자기 실현에 대한 개인적인 욕구가 결국에는 사회적 실재인 생산력의 발전과 어떻게 화해될 수 있는가?"라는 의문을 궁극적으로 해결하지 못한 것처럼 보인다. 여기서 그가 해답을 구하지 못한 것은 생산력의 발전을 사회적 실재에 한정시키고, 자연환경-인간사회의 실재 속에서 이해하지 못했기 때문인 것 같다.

사용에 대해 관심을 가지거나 책임을 지지 못하였고, 이에 따른 무분별한 사용은 결국 오늘날과 같은 환경위기를 야기하는 결과를 가져왔다. 따라서 환경문제의 극복은 이러한 소외상황을 극복하고자 하는 운동, 즉 노동, 기술 그리고 자연을 자주적으로 관리하고 절제하여 사용하는 생산·생활·생태공동체운동이 절실히 요청되고 있다.

제2장

국토개발정책과 환경문제

1. 머리말

오늘날 우리사회의 환경문제는 자연 생태계의 파괴와 오염에 국한되는 것이 아니라 우리 자신의 생존과 생활에 큰 피해를 주고 있으며, 나아가 사회 전체의 발전을 저해하는 심각한 장애요인이 되고 있다. 이와 같이, 환경문제가 점점 심화됨에 따라, 문제현상들의 정확한 실태 파악과 더불어 문제가 유발되는 사회적 배경에 대한 올바른 규명이 절실히 요구되고 있다. 사실 환경문제의 발생 원인은 자연생태계 그 자체에 존재하는 것이 아니라 그 사회의 경제·정치체계에 내재되어 있다. 이러한 점에서 환경문제는 현대 산업사회에서 급속히 진행되고 있는 산업화와 도시화에 기인한다는 주장이 제기되고 있다.

그동안 한국사회에서 급속히 추진된 산업화는 대규모 생산설비 및 사회간접시설들의 개발을 요구했으며, 원료와 에너지의 사용량을 급격히 증대시켰다. 그 결과, 개발과 생산과정에서 환경 파괴와 자원 고갈

---

* 이 논문은 현대사회연구소 편, ≪현대사회≫ 제10권 2호, 1991, 12-35쪽에 게재된 바 있다.

및 해외의존도의 심화 등이 초래되었고, 또한 생산과정에서 배출되는 엄청나고 다양한 폐기물들이 환경을 오염시켰다. 이러한 산업화와 맞물려 진행된 도시화는 인구 및 산업의 과밀집중과 공해에 민감한 생산설비 및 생활자원들의 과잉 사용을 촉진시킴으로써, 대도시 및 지방 공업도시들에 공해를 집중적으로 발생시켰고 이를 그 외곽으로 확산시킴으로써 결국 전국적 규모로 환경문제를 심화시키게 되었다.

그동안 환경문제를 유발·심화시켜온 이와 같은 산업화와 도시화는 그 자체적으로 진행된 것이 아니라, 한국사회를 성격짓는 경제·정치체제에 의해 일정하게 추동된 것이다. 1960년대 이후 우리사회의 급속한 산업화와 도시화는 국가 주도적으로 진행된 경제성장(또는 자본축적)의 필요성에 따른 것이었다. 상대적으로 매우 열악한 생산력 수준에서 출발한 우리사회의 자본주의적 산업화과정은 자본과 기술 및 자원을 해외로부터 도입하여 국내의 저렴한 노동력과 결합시켜 가공·조립된 상품들을 국제시장에 수출하는 가공무역형 산업화로 특징지어진다. 또한 그동안 급속히 진행된 도시화는 이러한 산업화과정에서 요구되는 도시 및 지역개발과 이로 인한 지역불균등발전의 전개과정으로 이해된다.

이러한 과정에서 어느 정도 사회적 부가 형성되었지만, 이는 주로 대재벌(또는 독점자본) 중심의 자본축적이었고, 그 과정에서 여러 가지 사회공간적 문제들(환경문제를 포함하여, 지역불균형문제, 토지·주택문제, 교통문제, 교육문제, 의료·보건문제 등)이 심각하게 유발되었다. 특히 환경문제는 이와 같은 급속한 산업화와 도시화를 추동시킨 자본주의의 문제성과 직결되어 있다. 그동안 우리나라의 자본 축적과정은 자본이나 기술뿐만 아니라 자원의 대외종속성을 심화시키면서, 심지어 선진 자본주의 사회들에서 사양화된 공해산업들과 노후화된 생산설비들을 도입·육성함으로써, 원료와 에너지사용량을 엄청나게 확대시켰고, 산업공해를 무분별하게 누적·확산시키는 경향이 있었다.[1]

뿐만 아니라 그동안 국가(중앙정부 및 지방정부)는 다양한 정책들을 통해 자본주의화과정에 직·간접적으로 개입하고 급속한 자본축적과정을 지원했지만, 이로 인해 발생하는 환경문제에 대해서는 무관심하거나 문제 발생을 암묵적으로 또는 명시적으로 조장해왔다. 국가의 경제성장 우선정책은 자본축적과정에 기여할 수 있는 산업이라면 그 대가가 어떠하든지 간에 재정지원, 세제혜택 등을 통해 도입을 장려·촉진했으며, 이를 뒷받침하기 위해 국토 및 도시·지역개발정책들은 특정 지역들의 인적, 물적 자원들(값싼 노동력을 포함하여 용지, 용수, 전력 등)을 개발함으로써 지역환경의 오염원인이 될 수 있는 대규모 생산시설들의 입지와 가동을 가능하게 했다. 이러한 과정에서 국가는 자연적으로 주어진 자원들을 특정 재벌이나 대기업들에게 특혜적으로 배분하여 이윤추구의 대상으로 상품화되도록 했으며, 이러한 자원들을 이용한 생산과정을 통해 얻어진 이윤을 독점적으로 소유하도록 했다. 또한 국가는 이러한 생산과정에서 요청되는 기업들의 공해방지시설 투자에 대해 소극적 자세로 일관함으로써 기업들이 부담해야 할 환경비용을 사회화시키고, 그 피해를 지역환경과 국민들에게 전가시켰다. 또한 국가는 이로 인해 발생한 환경문제들에 관한 정확한 실태파악을 회피하거나 조사된 자료를 감추기에 급급했으며, 지역주민들의 피해보상 또는 환경개선에 대한 요구를 번번이 묵살해왔다.

이러한 국가는 환경문제의 사회경제적 심각성이 점점 가속화되고, 지역주민들의 환경운동이 보다 거세게 확산됨에 따라, 이 문제에 대해 일정한 관심을 표명하고 공해 유발행위를 규제하거나 오염된 환경을 통제·개선시키기 위한 정책들을 시행하고자 했다. 그러나 대부분의 환경정책들은 실질적으로 환경문제 해결을 위한 것이라기보다, 국가가 환경문제에 관심을 가지고 이를 통제하고자 노력하고 있다는 점을 가시적으로 홍보하기 위한 수단으로 제시되었다. 달리 말해서, 국가정책

---

1) 최병두, 「한국의 산업화와 자원, 환경문제」, ≪현대사회≫ 제37호, 1990, 77-99쪽; 최병두, 『한국의 공간과 환경』, 한길사, 1991; 최병두, 『환경사회이론과 국제환경문제』, 한울, 1995 등 참조.

은 여전히 경제성장을 최우선으로 하고 있으며, 환경문제는 부차적이 거나 무시될 수 있다는 입장을 암시하거나 또는 이를 노골적으로 드러 내었다. 특히 1990년대에 들어 환경부문에 대한 정부의 투자는 크게 증가했지만, 다른 한편으로 환경기초시설 조성의 민영화 등과 같이 시 장메커니즘에 의존하여 환경문제를 통제하고자 하는 정책을 모색하고 있다. 이러한 정책은 현 시기 정치권력의 일반적 성향, 이른바 신자유 주의적 입장에 기초한 것이라고 할 수 있다. 그러나 사회복지문제와 더 불어 환경문제는 시장경제에 의해서는 결코 해결될 수 없는 특성들을 가진다. 뿐만 아니라 지방자치제의 본격화와 더불어, 지방자치단체들 의 경쟁적 개발 전략들은 대구시의 위천공간 조성계획과 같이 환경문 제에 대한 우려와 이로 인한 지역간 갈등을 유발하게 되었지만, (중앙) 정부는 이러한 갈등을 적극적으로 해결하려 하기보다는 정치적 권력 유지를 위해 문제 해결을 지연시키고 있다.

이상과 같이, 그동안 국가의 정치권력은 급속한 경제성장과 기업들 의 이해관계를 대변하기 위해 개발정책을 강행하는 반면, 환경정책은 환경오염으로 인해 피해를 입게 된 주민들의 요구가 자신의 지지기반 및 지속적 경제·정치체제를 위협할 경우에만 이를 회피 또는 완화 수단 으로 제시되었다고 하겠다. 그러나 이러한 국가의 개발정책 및 환경정 책은 단기적으로 환경문제를 무시, 회피 또는 일시적으로 완화시킴으 로써 자본축적을 당분간 지속시키고 국가권력의 유지를 가능하게 할지 는 모르지만, 장기적으로 볼 때 환경문제는 점점 더 악화되어 국민들이 생존·생활 터전의 상실뿐만 아니라 자본과 국가가 유지될 수 있는 기반 의 붕괴를 스스로 초래하게 될 것이다. 이러한 점들에서 환경문제와 관 련하여 자본주의 국가의 기본적 성격과 이를 반영하는 국가정책의 함 의가 철저히 규명되어야 할 것이다. 우리는 이 글에서 ① 자본주의 사 회에서 국가는 어떠한 성격을 가지고 그 역할을 수행하며, 이를 반영하 는 정책들은 어떠한 이유에서 문제성을 담지하게 되는가, ② 한국사회 에서 급속한 경제성장과정을 뒷받침하기 위해 시행된 국토개발계획은 환경문제와 관련하여 어떠한 성격을 함의하고 있는가, ③ 이러한 국토개발계획을 바탕으로 한 도시 및 지역개발정책들은 보다 구체적으로 어떠한 환경문제들을 유발하게 되었는가, 그리고 ④ 이와 같은 개발과정에서 발생하는 환경문제를 통제하기 위한 국가의 환경정책이 어떠한 유의성과 한계를 가지며, 환경문제를 실질적으로 해결하기 위한 대안적 정책들은 어떤 내용을 함축해야 하는가 등을 살펴보고자 한다.

2. 자본주의 국가의 성격과 개발 및 환경정책

1) 자본주의 국가의 역할과 정책

현대 산업사회에서 국가는 경제체계 및 시민사회에서 발생하는 여러 가지 문제들을 해결하고 전반적 사회체제의 유지·발전을 위해, 그 개입범위 및 정도를 점점 확대·강화시키는 경향이 있었다. 자원·환경문제에 대한 국가 개입과 이를 위한 구체적 정책들의 필요성은 두 가지 측면에서 강조될 수 있을 것이다. 첫째, 인간 생활 및 생산에 유용한 자원들 중 기본 요소들(예로, 물, 공기, 토양 등)은 사적으로 생산·소유·소비되는 것이 아니라 자연적으로 주어지며 공공적으로 사용되기 때문에, 이러한 자원들은 국가에 의해 통제·관리되어야 한다. 둘째, 환경문제의 피해는 물, 공기, 토양 등을 매개로 간접적으로 전가되며 또한 불특정 다수인 대중이나 지역 전반에 미친다는 점에서 국가에 의해 규제되고 개선책이 강구되어야 한다. 이러한 점들은 실제 자원·환경문제에 대한 국가의 공적 역할의 유의성을 인식하도록 하며, 문제해결을 위한 국가정책의 중요성을 제고시킨다.[2] 그러나 국가는 단순히 자원·환경문

---

2) 국가의 환경정책에 관한 일반적 논의로, F. Sandbach, *Environment, Ideology and Policy*, Oxford: Basil Blackwell, 1981; R. J. Johnston, *Environmental Problems: Nature, Economy and State*, London: Belhaven Press, 1989 참조.

제 그 자체를 위해 어떤 역할을 담당하거나 정책을 수행하는 것만이 아니다. 국가는 보다 포괄적으로 총체적 사회체계 속에서 고유의 성격과 역할을 부여받는다. 따라서 자원·환경문제에 대한 국가개입의 특성과 이에 담지된 문제성은 사회 전반의 총체적 성격과 관련시켜 논의되어야 할 것이다.

국가는 흔히 사회구성원들 전체를 위해 보편적 선을 추구하는 초월적 존재, 또는 다양한 구성원들(개인이나 집단들) 간의 갈등을 조화롭게 중재하는 중립적 존재로 인식된다. '다원주의' 국가론에서 제시되는 이러한 국가의 성격 규정은 국가의 이상적 개념화를 위해 필요하겠지만, 실제 자본주의 사회에서 국가의 성격이 결코 이러하지 않다는 사실은 많은 실증적 연구들과 논쟁을 통해 밝혀진 바 있다. 그렇다고 국가가 '도구주의' 국가론에서 주장하는 것처럼 단순히 특정집단, 즉 자본가계급의 이익 실현과 다른 집단들에 대한 지배 수단이나 도구에 불과한 것은 결코 아니다. 왜냐하면 자본주의 사회의 상부구조로서 국가의 성격은 물론 그 사회의 토대를 형성하는 경제체계에 의해 물적으로 조건지워지지만, 국가는 이러한 조건하에서 자신의 역할을 수행함으로써 경제적 하부구조에 일정하게 반작용하여 전반적 사회체계의 유지 또는 전환을 위해 어떤 영향력을 행사할 수 있는 '상대적 자율성'을 가지기 때문이다.[3] 나아가, 자본주의 국가는 한편으로 지배계급 전반(즉 총자본)의 이해관계를 대변하기 위한 경제합리화 정책을 통해 경제체계의 효율적 운영과 지속적 자본축적을 뒷받침하고, 또 다른 한편으로 시민사회의 구성원들의 요구를 일정하게 반영하기 위한 복지정책을 통해 사회체제의 안정화와 자신의 지지기반 유지를 위한 국가권력의 정당성을 추구하는 것으로 이해된다.[4] 즉 자본주의 사회에서 국가는 그 경제·

---

3) 이 글에서는 '국가'의 개념을 사회적 총체의 한 층위를 구성하는 상부구조, 정치·행정적 체계, 이 체계를 구성하는 제도 내지 조직으로서 정부, 또는 구체적 정치행위자로서의 정치권력을 구분하지 않고 사용했다. 이러한 국가의 개념들간 차이와 특히 국가자율성의 개념에 관해 손호철, 『한국정치학의 새 구상』, 풀빛, 1991, 제1장 「국가자율성 개념의 과학적 이해」 참조

<그림 1> 사회체계와 자연환경 간의 관계에서 국가의 역할

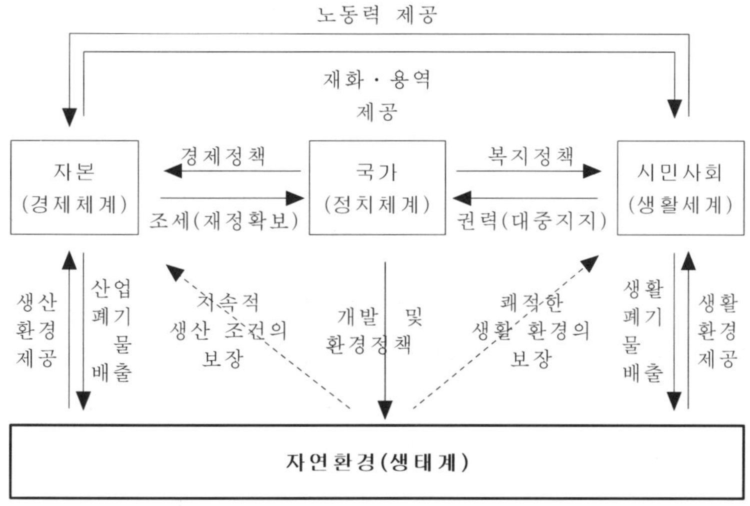

정치체제가 지속될 수 있도록 생산력의 증가와 생산관계의 확대재생산을 위한 조건들을 유지·발전시키는 역할을 부여받는다.

이와 같은 경제체계와 시민사회와의 관계에서 자본주의 국가가 담당하게 되는 이중적 역할, 즉 경제정책을 통한 자본축적의 지원과 복지정책을 통한 권력(정당성)의 확보에 덧붙여서, 사회체계와 자연환경 간의 관계에 관한 개발 및 환경정책을 고려하면, <그림 1>과 같은 도식이 그려질 수 있다.5) 국가는 자본과의 관계에서 경제체계의 지속과 발전을 위해 합리적 경제정책을 수행해야 하며, 그 대가로 조세를 징수함으로써 국가장치 유지를 위한 경비와 경제체계 및 시민사회를 위한 다양한 정책실행에 필요한 재정을 확보하게 된다. 또한 국가는 시민사회와

---

4) J. Habermas, *Legitimation Crisis*, London: Heinemann, 1976 참조.

5) 이 그림은 Habermas, op. cit., 1976, p.5에서 제시된 경제체계, 정치·행정체계 및 시민사회 간 관계에 관한 도해에 자연환경과의 관련성을 첨부하여 재구성한 것임.

의 관계에서 사회구성원들의 생활수준 향상 또는 자본축적과정에서 발생하는 문제들의 해결을 위해 복지정책을 수행함으로써, 국가권력의 유지를 위한 대중적 지지를 획득하게 된다. 이러한 국가의 이중적 역할이 합리적으로 수행되게 될 때, 경제체계에서 생산된 재화와 용역은 시민사회에 효율적으로 공급될 수 있으며, 또한 시민사회는 이를 소비함으로써 경제체계에서 요구되는 노동력이 원활히 재생산될 수 있다. 국가의 역할은 자본주의 사회발전과 더불어 점차 증대되는 경향이 있다. 즉 자본축적이 보다 고도화된 후기자본주의 사회에서는 자본의 과잉축적으로 인한 모순이 심화되고 이로 인한 위기가 증폭되어 주기적으로 나타나는 경향이 있다. 또한 이러한 경제적 위기로 인해 시민사회에 보다 다양하고 심각한 문제들과 이로 인한 갈등관계가 빈번하게 드러나게 된다. 이러한 상황에서, 국가는 경제체계와 시민사회의 요구 이 두 가지에 부응하는 정책을 동시에 요청받게 된다.

자연환경의 요소들과 이들간의 관계로 구성되는 생태계는 이러한 사회체계들이 작동하고, 그들간의 관계가 유지될 수 있도록 하는 바탕을 형성한다.[6] 즉 자연환경은 경제체계에서의 생산활동 및 시민사회에서의 일상생활의 배경으로서, 생산과정에서 요구되는 원료와 에너지 등의 생산자원들을 제공하며, 또한 일상생활에서 요구되는 물, 공기 등과 다양한 생활자원들을 제공한다. 이러한 경제적 생산활동과 일상적 사회활동에서 발생하는 생산 및 생활폐기물들은 다시 자연생태계로 배출된다. 국가는 이러한 경제체계의 생산활동과 시민사회의 소비활동이 원활하게 유지·발전될 수 있도록 자연환경을 일정하게 변형시키는 개발정책, 그리고 개발과정에서 발생하는 자연환경의 침해와 폐기물들의 누적으로 인한 환경오염을 방지 또는 개선하기 위한 환경정책을 강구한다. 그러나 만약 자연환경이 이와 같은 생산과 생활과정에서 지나치게 많은 자원을 채취·수탈당하거나 과도한 폐기물들을 누적시키게 되

---

6) 최병두, 「인간-환경관계와 사회체계」, 《현대예술비평》 겨울호, 1991; 최병두, 앞의 책, 1995, 제1장 참조.

면, 자연생태계는 부담능력과 자정능력을 상실하고 생태위기를 노정시키게 된다. 그리고 이러한 생태적 위기는 사회체계에 반작용하여, 경제체계의 작동과 시민사회의 운용 및 이들 간의 관계가 더 이상 원활하게 유지될 수 없는 사회적 위기를 동반하게 된다.[7]

자본주의 사회에서 국가는 경제체계 및 시민사회의 정상적 환경이용을 위해서 뿐만 아니라 비정상적 위기상황의 생태·사회적 문제들을 해결하기 위해 자연환경(자원)의 새로운 개발 및 통제 정책들(예를 들면, 대체에너지의 개발, 공해방지 및 환경개선시설의 확충 등을 위한 재정투자 등)을 수립·시행하게 되고, 이를 위해 필요한 사회경제적 조치들(산업구조조정, 과학기술개발, 시민사회의 과소비 통제 등)을 강구하게 된다.

자본주의 사회경제 발전과 더불어 국가의 역할이 점점 확대되는 것과 마찬가지로, 자원·환경문제에 대한 국가의 개입도 점점 증대되게 된다. 왜냐하면, 경제체계에서 자본축적을 위한 생산과정의 확대 및 시민사회에서 생활수준의 양적 팽창은 자원이용량과 폐기물의 배출량을 증대시킴으로써 생태환경의 파괴와 오염을 가속화시킬 뿐만 아니라 이로 인해 생산 및 생활활동을 점점 어렵게 만드는 생태·사회적 위기를 점점 증폭시키기 때문이다.

이에 따라 국가는 다양한 환경정책을 통해 경제체제가 지속될 수 있는 생산조건으로서 환경을 확보할 뿐만 아니라 시민사회가 요구하는 쾌적한 생활환경을 보장하고자 한다. 그러나 자연환경이 절대적으로 한정되어 있다는 점에서, 경제체계 및 시민사회의 팽창에 부응하는 역량을 지속시키기는 어렵다. 즉, 경제·사회적 발전은 점점 더 많은 자원과 환경을 요구하지만, 생태환경의 부담능력은 오히려 점점 더 감소하

---

7) 최병두, 앞의 글; E. Altvater, "Prolegomena zu okologischen Kritik der Politischen Okonomie–10 Thesen," 1989; 엘마 알트파터, 「정치경제학의 생태학적 비판 서론 11개 테제」, 위르겐 쿠진스키 외,『전환기의 마르크스주의』, 공동체, 1991, 245-253쪽; 제임스 오코너, 「국가적 상호의존성과 생태적 사회주의」, 쿠진스키 외, 앞의 책, 1991, 255-261쪽 등 참조

고 있다는 점에서, 이들은 상호 모순적 관계에 빠지게 된다.

2) 자본주의적 국가정책의 일반적 성격

이와 같이 자연환경과 총체적 사회체계 간의 관련성 속에서 규정되는 국가의 역할과 이를 수행하기 위한 정책들은 다음과 같은 특성들과 그에 함의된 문제성을 가진다. 첫째, 일반적으로 자본주의 사회에서 자본축적 자체는 경제체계에서의 사적 자본에 의해 이루어지며, 국가는 이러한 자본의 활동에 대해 개별 자본이라기보다는 자본 일반의 이해관계를 반영하고 대변하는 역할을 한다. 즉 국가는 경제체계의 외부에 존재하면서 자신의 정치체계를 형성하고, (때로 개별 자본들의 이익추구와는 반대된다고 할지라도) 지속적 경제성장(즉 자본축적)을 위한 자연자원의 개발 및 보전과 물적 조건들의 창출을 통해 자본주의 사회체계를 전반적으로 유지·발전시켜야 할 역할을 담당한다. 자본주의 국가의 다양한 정책들은 이러한 역할 수행을 위해 더 많은 이윤을 확보할 수 있는 기업에게 투자기회를 제공하거나 그 조건들을 형성해줌으로써, 지속적 자본축적이 가능하도록 한다. 따라서 자본주의 사회에서 국가의 정책 특히 국토개발계획과 도시 및 지역(자원)개발정책은 축적과정에 일차적으로 종속되며, 국가의 존립과 발전은 개발정책의 수행을 통해 축적과정을 지속·확대시킬 수 있는가에 좌우되게 된다.[8]

이러한 국가정책, 특히 환경자원을 매개로 하거나 이의 개발을 통해 수행되는 정책은 배분정책과 생산정책으로 구분된다.[9] 즉 국가는 자연

---

8) 자본축적에 대한 국가(권력)의 의존성에 대해 C. Offe, "Thesis on the theory of the State," in C. Offe, *Contradictions of the Welfare State*, ed. by J. Keane, London: Hutchinson, 1984, pp.125-144 참조.

9) C. Offe, "The theory of the capitalist State and the problem of policy formation," in L. N. Lindberg et al., *Stress and Contradiction in Modern Capitalism*, 1975, 『국가이론의 위기분석』(서규환·박영도 역), 1988, 전예원 참조

적으로 주어지고 일반인들에 의해 공동적으로 사용되는 국·공유자원들
(예, 국공유토지, 공유수면 등)을 기존 이용자들로부터의 동의나 심지
어 자본주의 경제체계의 기본원리인 시장메커니즘에도 의하지 아니하
고 전략적 목적에 따라 임의적으로 개발, 이용 또는 처분할 수 있었다.
특정 기업들은 국·공유자원들을 배분(불하)받음으로써 이를 배타적으
로 소유, 개발하고 그 과정에서 엄청난 수익(개발이익)을 얻게 된다. 또
한 국가는 공업용지 및 택지개발, 도로·철도·항만·용수(댐)시설, 발전
시설 등 사회간접시설들을 생산·제공함으로써, 자본가들로 하여금 생
산비를 절감하고 자본순환을 단축시켜 이윤을 지속적으로 확보할 수
있도록 해준다. 자본주의 국가는 이러한 배분정책 및 생산정책을 통해
자본축적을 위한 환경자원의 제공과 물적 조건의 창출을 도모하지
만,10) 이와 같은 정책 수행 과정에서 자연환경의 직·간접적 파괴를 동
반함으로써 심각한 자원·환경문제가 야기될 뿐만 아니라, 자유재 또는
공공재로서의 환경자원이 사적 자본에 의해 독점적으로 소유되고, 배
타적으로 이용되게 된다.

둘째, 국가는 자본축적을 위한 물적 조건의 제공과 더불어 생산과정
에서 사회화된 비용들(예를 들면, 공해방지시설 및 환경개선시설에의
투자)을 부담하기 위해 (그리고 시민사회의 실질적인 복지정책을 위해)
충분한 재정을 확보해야 한다. 그러나 원칙적으로 경제체제에서의 사
적 자본을 대상으로 한 국가의 재정 확보활동은 기업의 이윤을 상대적
으로 감소시킴으로써, 기업활동을 위축시키고 자본축적과정을 지연시
키게 된다. 이로 인해 국가는 자본축적을 위한 지원활동을 포기해야 하
는 경제정책의 '합리화 위기'에 봉착하거나, 경우 불가피하게 만성적

---

10) 하비는 이와 같이 자본축적을 위해 인위적으로 조성된 환경을 논하기 위해
'건조환경(built environment)'이라는 개념을 제시한다. D. Harvey, "The
urban process under capitalism: a framework for analysis," in M. Dear and A.
J. Scott(eds.), *Urbanization and Urban Planning in Capitalist Society*, 1981, 「자본
주의하의 도시과정: 분석틀」, 최병두·한지연 편역, 『자본주의 도시화와 도시
계획』, 한울, 1989, 60-92쪽 참조.

재정 적자에 빠지게 되는 '재정 위기'에 직면하게 된다.11) 물론 자본주의 사회에서 국가가 봉착하게 되는 이러한 위기들은 적절히 회피될 수 있다. 특히 환경자원을 매개로 하거나 환경문제의 통제를 배경으로 한 국가의 주요 전략들은 이러한 재정위기를 해소할 뿐만 아니라 생산과정을 위한 물적 조건을 제공함으로써 지속적 자본축적을 가능하게 할 수도 있다.

위에서 언급한 것처럼 국가는 자유·공공재인 환경자원을 무상 또는 극히 저렴한 가격으로 사적 자본에게 배분하여 이윤기회를 확대시켜 줄 뿐만 아니라, 이 과정에서 인간생활에 유용한 (실질적 또는 조작적으로) 희소자원을 새롭게 창출하여 상품화함으로써 조세대상을 확대시킨다. 또한 국가는 자본축적의 물적 조건들을 제공하기 위한 자원의 개발과정에서 자원을 값싸게 수용하고 높은 가격으로 재분양함으로써 엄청난 개발이익을 형성하여 제도적으로 환수할 수 있다. 그리고 국가는 환경문제의 통제를 위해 환경자원을 화폐화시킴(예로, 오염부담금제나 오염권 판매제)으로써, 환경을 오염시킬 수 있는 권리(?)를 판매하는 대가로 국가 수입을 확대시킬 수 있다.12) 자본주의 사회에서 국가에 의한 이러한 환경자원의 화폐화 및 상품화 전략은 특정 기업이나 국가에게 엄청난 개발이익의 확보 이상의 주요한 의미, 즉 자본에 의한 환경 정복과 자본주의 경제체제의 일반적 경향인 화폐 및 상품형태의 보편화를 함의한다. 즉 환경자원의 화폐화·상품화는 자본의 순환과정에 장애가 되는 비자본주의적 소유관계를 제거하고, 상품관계로 전화될 수 있

---

11) '합리화 위기'와 '정당화 위기'의 개념에 관해 J. Habermas, op. cit., 1976 참조. '재정위기'에 관해서는 J. O'Conner, *The Fiscal Crisis of the State*, New York: St. Martins Press, 1973, 『현대국가의 재정위기』(우명동 역), 이론과 실천, 1991 참조. 또한 J. O'Conner, *The Meaning of Crisis: A Theoretical Introduction*, London: Basil Blackwell, 1987, 『현대자본주의 위기론』(김성국 역), 나남, 1990 참조.

12) 이정전, 「탐욕스러운 시장경제시스템과 지구환경의 위기」, ≪세계와 나≫ 2월호, 1991; 김명자, 『동서양의 과학전통과 환경운동』, 동아출판사, 1991, 301-308쪽 참조.

는 자원의 종류와 양을 확대시킴으로써 자본축적과정이 지속·확대될 수 있도록 한다.[13)]

셋째, 자본주의적 경제체계의 유지와 흔히 병행하는 민주주의적 정치체계의 유지를 위해, 일반적으로 국가는 자신이 수행하는 정책들에 대한 국민적 동의를 획득하고 시민사회에 일정한 지지기반을 확보해야만 자신의 정치권력을 지속적으로 유지·강화시킬 수 있다. 이러한 점에서, 선진 자본주의 사회들에서 흔히 시행되고 있는 이른바 복지정책들은 경제성장과정의 성과물들에 대해 사회·공간적으로 균등한 배분을 추구하는 한편 성장과정을 통해 시민사회에서 발생하는 다양한 문제들(환경문제 포함)을 해소하여 시민사회 구성원들의 생활(환경)수준 향상에 부분적으로 기여하는 것으로 간주된다. 진정한 민주주의 사회에서 국가의 복지정책은 국가의 존립이유, 즉 사회구성원들의 실질적 생활향상과 보편적 사회정의의 실현 및 시민사회의 사회적 문제 해결을 통해 원활한 노동력의 공급과 합리적인 사회적 결속을 도모함으로써 지속적 경제발전과 국가권력의 유지를 가능하게 해준다.

그러나 실제 자본주의 사회에서 국가정책은 일차적으로 자본축적과정에 종속되기 때문에, 복지정책들은 흔히 시민사회를 위한 실질적 효과를 가지지 못하고 오히려 자본축적만을 위한 문제 해결전략으로 편향되기 때문에 '정당화의 위기'에 직면하게 된다. 이러한 위기를 회피하게 위해 국가의 시민사회정책은 흔히 임기응변적으로 제시될 뿐만 아니라 정책의 본질을 은폐하고자 하는 이데올로기적 성격을 내포한다. 즉 국가권력은 대중적 지지를 얻기 위해 자본축적을 위한 직·간접

---

13) 오페는 국가에 의한 비(非)시장적 (즉 탈시장화된) 수단에 의한 자원의 배분과 자본에 의한 이의 상품화간 모순적 관계를 지적한다. J. Keane, "Introduction," in C. Offe, op. cit., 1984, pp.11-34 참조. 또한 자연환경 또는 자원(토지)에 대한 자본의 정복과 상품화에 관해, H. Lefebvre, *The Survival of Capitalism*, London: Allison & Busby, 1974; A. Lipietz, "The structuration of space, the problem of land, and spatial policy," in J. Carney et al., *Regions in Crisis*, 1980, 「공간의 구조화, 토지문제, 공간정책」(한국공간환경연구회 지역분과 역), 1991, 77-100쪽 참조.

적 국가정책이 사회 전체의 공통적 일반이익을 추구한다는 이미지를 다양한 제도적 메커니즘(언론·방송매체뿐만 아니라 교육제도 및 여타 문화선전활동)을 통해 전달하게 된다. 이러한 점에서 국가의 개발정책 또는 환경정책에서 설정되는 목표들은 규범적 수사(修辭)들(예로, 자연자원의 합리적 개발과 보전, 균형된 산업배치와 지역개발, 생활환경 및 자연환경개선 등)로 나열되지만, 개발정책의 실제 목표는 흔히 자본축적과정의 물적 조건들을 지원하기 위한 것이고, 이러한 수사들은 국가권력의 정당화를 위한 정치적 효과를 가질 뿐이다.

넷째, 시민사회에서 발생하는 문제들로 인해 노동력의 원활한 재생산이 어렵게 되거나 또는 국가정책에 함의된 이데올로기적 성격이 제도적 홍보매체를 통해 효과적으로 전달되지 못하여 시민사회의 의혹이 확대될 경우, 국가는 지속적 자본축적과 권력유지를 위해 법적 규제를 강화하거나 심지어 억압적 통제기구들(경찰, 군대 등)을 동원하게 된다.14) 즉 국가는 환경문제를 통제 또는 개선하기 위해 재정적 투자를 해야 하지만, 위에서 언급한 바와 같이 국가 재정의 한계로 인해 이러한 방법을 기피하고 대신 법적 규제전략을 선호하게 된다. 이러한 법적 규제전략은 시민사회에서 발생하는 환경오염과 그 오염원들을 대상으로 적용되지만, 그 대상에는 생활폐기물을 배출하는 시민사회의 구성원들뿐만 아니라 산업폐기물을 배출하는 기업들도 포함한다. 국가는 이러한 법적 권력의 강화 및 행사를 통해 자본축적에 위배되는 개별 자본들의 행위를 일정하게 통제하고 지나친 자원남용 및 환경파괴와 오염을 완화시킬 수 있게 된다.

---

14) 국가의 사회경제적 통제에 관하여, 앞에서 언급한 것처럼 오페는 국가의 배분기능과 생산기능을 중심으로 사적 축적, 조세문제, 민주적 정당화 등을 강조하고, 그람시(A. Gramsci)는 자본축적을 지원하고 국가권력을 유지하기 위한 국가의 정당화 기능으로 시민사회에서의 다양한 제도적 장치들의 활용을 통한 헤게모니의 장악을 강조하는 반면, 만델은 통제기구들을 통한 국가의 억압적, 기술적, 통합적 기능을 강조한다. E. Mandel, *Late Capitalism*, London: Verson, 1978, pp.474-476, 『후기자본주의』(이범구 역), 한마당, 466쪽 참조.

그러나 재정적 투자가 없는 법적 규제정책은 기업의 생산활동을 제한하고 경제체계의 확대재생산을 불가능하게 함으로써 자본축적과정을 정체 또는 위축시키게 된다. 따라서 기업에 대한 환경규제정책은 단순한 형식에 불과하게 되고, 국가는 경제체계에서 발생하는 환경문제들을 방치할 수밖에 없는 한계상황에 직면하게 된다. 이러한 상황에서 국가는 환경문제의 실태를 은폐하고 이로 인해 피해를 보게 되는 시민사회 구성원들에 대한 통제와 억압을 점점 더 강화시키게 된다. 우선 국가는 심각한 환경문제를 야기할 수 있는 개발정책은 물론, 직접적으로 환경문제를 통제·개선하기 위한 환경정책의 입안 및 실행에서도 국민들의 참여를 제한 또는 배제시키고, 한정된 정책입안가들에 의해 매우 비민주적으로 추진하게 된다. 그리고 국가는 이러한 정책의 결과로 발생·심화되는 환경문제에 관한 실태조사를 기피하거나 또는 조사자료의 공개를 거부하고, 이로 인해 피해를 받게되는 시민사회 구성원들의 정당한 보상요구 및 개발 반대운동 또는 환경개선의 요구 등을 법적 또는 물리적 공권력을 동원하여 강압적으로 묵살하거나 억제하고자 한다. 그러나 이러한 규제정책들은 환경문제를 더욱 악화시킬 뿐만 아니라 시민사회의 불만을 누적·심화시킴으로로써 국가의 존립이유와 그 역할의 정당성에 대한 의문을 고조시키고, 시민사회의 저항에 직면하게 된다.

3) 국가정책의 성격 변화와 사회·환경문제

환경문제의 심화와 이로 인한 시민사회의 저항은 국가의 성격 변화를 초래하게 되었다. 1980년대 이후 서구 사회뿐 아니라 최근 우리나라에서도 나타나고 있는 국가의 성격 변화는 이러한 문제들에 기인하기보다는 포드주의적 축적체제의 경직성으로 인한 경제적 침체와 더불어, 이와 관련하여 복지국가로서의 역할을 어렵게 만드는 국가 재정의 문제를 해소하기 위한 자구적 노력의 결과라고 할 수 있다. 즉 1970년대 중반 이후 서구 사회는 심각한 경제침체를 맞게 되었고, 이로 인해 국가는 재정의 위기에 봉착하게 되었다. 이러한 상황에서, 서구 국가들은 기존에 국가가 담당했던 공공적 역할을 가능한 줄이면서, 이를 시장메커니즘에 이전시키고자 했다. 특히 영국의 대처 및 미국의 레이건 행정부에서 이루어졌던 이러한 정책 기조는 흔히 '신자유주의'라고 불린다.

미국의 신자유주의적 자본주의체제하에서, "새로운 세계경제에서 자본축적 과정과 높은 이윤율의 유지를 견지하기 위해, 미국 자본은 사회-생태적으로 점점 더 지속불가능한 형태의 생산에 의존하게 되었다. … '규제 개혁'을 명분으로 환경법이 후퇴하게 되었으며, 그 결과 주요 환경문제의 악화와 노동자와 유색인들의 생태적 불평등이 초래되었다. 자본은 자연자원을 더욱 무분별하게 착취하고, 환경 및 소비자 보호를 위한 지출을 삭감시켰다."[15] 이러한 신자유주의적 축적 전략은 자본의 세계화 및 자본운동의 자유화 물결을 타고, 전세계적으로 확산되고 있다. 예로, 국제통화기금(IMF)의 구제금융정책은 전형적으로 신자유주의적 입장을 드러내고 있다. 특히 IMF가 실시하는 구조조정 프로그램은 일률적으로 정부 예산을 삭감하는 정책들(보조금지급 중단, 사회복지예산 삭감, 노동자임금 동결, 비생산적 정부기관 폐쇄, 국가기업의 민영화 등)을 주내용으로 하고 있다. 이러한 프로그램은 특히 복지정책 및 환경정책의 기조가 제대로 마련되지 않은 제3세계 국가들에게 치명적인 해악을 끼쳤다.[16]

한국에서도 1990년대에 들어오면서, 이러한 신자유주의적 정책기조가 설정되었다. 김영삼 정부에서 이른바 '세계화'를 국정지표로 내세우

---

15) Daniel Faber, "The political ecology of American capitalism," in D. Faber (ed), *The Struggle for Ecological Democracy: Environmental Justice Movements in the United States*, New York and London: Guilford Press, 1998, pp.27-59.

16) 초스도프스키의 연구에 의하면, IMF의 프로그램에 따라 지원을 받았던 소말리아의 목축경제가 붕괴되었고, 인도에서는 '만성적 기아와 사회적 빈곤'이 초래되었으며, 방글라데시에서는 농촌경제가 파탄에 이르렀고, 베트남에서는 교육과 보건의료제도가 파괴되었다. 초스도프스키, 『빈곤의 세계화』(이대훈 역), 당대, 1998 참조.

면서 개방화, 자유화, 유연화 정책 등을 추진한 것은 신자유주의에 입각한 것이라고 할 수 있다. 이러한 신자유주의적 정책은 IMF 관리체제하에서 시작된 김대중 정부에서 보다 강화되었다. 세계무역기구(WTO) 체제의 해체와 더불어 세계무역은 완전 자유화로 나아가게 되었으며, 우리나라의 상품 및 금융시장도 외국 기업들에 거의 전적으로 개방되고, 지역 시장에까지 다국적자본이 침투하게 되었다. 국내 시장에서도 재벌의 파행적 경영, 정경유착 및 관치금융 등의 문제점들이 제대로 파악·시정되지 아니한 채, 자본 활동의 자유화만을 위한 규제 완화가 촉진되었다. 또한 경제구조조정이나 기업의 유연성 또는 감량경영을 명분으로 노동자의 퇴출이 자행되었을 뿐만 아니라 정부의 조직 개편을 위하여 명예퇴직 등이 강요되었다. 그러나 이러한 신자유주의적 정책들로 인해, 시장에 대한 국가의 통제를 없애려는 탈규제회는 재벌들을 중심으로 한 독점자본의 영향력을 더욱 확대시켰고, 국가 공공정책의 축소는 사회복지 및 생태환경의 무시로 나타났다.

이러한 경험적 상황들을 고려하면, 최근 국가정책의 변화를 주도하고 있는 신자유주의적 경향은 다음과 같은 몇 가지 사항들을 내포하고 있다.[17] 첫째, 최근 국가는 케인즈주의국가 또는 복지국가의 개념하에서 자신의 역할로 인식해왔던 공공적 역할을 축소시키고자 한다. 국가의 공공정책 축소는 시장메커니즘에 대한 규제 완화와 더불어 물리적 및 사회적 하부시설들의 조성과 운영을 민영화하는 것을 의미한다. 이러한 국가정책의 공공성 후퇴는 국가 개입의 실패 및 국가 재정 부족에 기인한 것이라 할지라도, 국가가 담당해야 할 공공적 역할을 포기하고, 이에 대해 더 이상 책임지지 않겠다는 의미를 내포하고 있다. 이로 인해 규제완화정책은 실제 사회·환경적으로 규제가 필수적인 부분들에

---

17) 신자유주의에서는 ① 시장메커니즘을 신봉하는 경제주의, ② 과학주의에 입각한 기술중심적 환경관리, ③ 경쟁의 논리가 개인 및 집단의 운영 논리로서 작동, ④ 소비사회의 내부 계층화 진행, ⑤ 물질적 소유의 상한선과 더불어 하한선이 폐지된다. 홍성태, 「생태위기와 생태론적 전환」, ≪문화과학≫ 16호, 1998, 66-89쪽 등 참조.

도 적용됨으로써 오히려 각종 사회문제와 환경문제를 초래하고 있다. 또한 물리적 및 사회적 하부시설의 조성을 방기함으로써, 국가가 담당해야 할 복지분야(예로, 교육시설 및 서비스의 개선)와 생태환경분야(예, 환경기초시설의 조성)의 개선 노력을 포기하고 있다.

둘째, 신자유주의는 국가의 공공적 기능의 축소와 더불어 시장경쟁의 논리로의 복귀를 추구한다. 시장메커니즘에의 의존은 정부가 더 이상 적극적으로 시장에 개입하지 않는다는 점뿐만 아니라 더 이상 기업이나 금융기관과 유착되지 않음을 의미한다. 그러나 사실 이러한 신자유주의는 (독점)자본의 자유를 최대한 보장함으로써 사회 전체를 자본의 지배하에 두고자 하는 자본의 이해관계를 반영한 것이다. 공공정책의 축소와 더불어 시장메커니즘의 강화는 비자본주의적 사회적 자원들을 자본에 종속시키는 경향을 만들어내었다. 교육과 의료보장뿐만 아니라 공공재 성격을 가지는 자원의 공급이나 오염방지시설의 조성 등이 시장메커니즘에 의해 공급된다는 점은 이들이 상품화되고 자본의 이윤 추구 대상이 됨을 의미한다. 이에 따라 환경산업이 발달할 수 있었지만, 그 기본 목적이 환경의 개선이 아니라 이윤 추구라는 점에서 일정한 한계를 가지고 있다고 하겠다.

셋째, 신자유주의적 정치·경제의 운영은 우선 사회복지영역에 심각한 악영향을 미치게 된다. 미국의 경우 신자유주의적 개편의 결과, 경제호황과 낮은 실업률을 달성했지만, 그 호황의 혜택은 소수층에게 집중되었고 비정규적 노동자층이 급증하면서 다수 대중은 오히려 빈궁화를 경험하게 되었다. IMF 관리체제하에서 우리나라에서도 기업의 구조조정에 의해 실업자가 양산되었으며, 노동의 유연화를 명분으로 정리해고와 근로자 파견제도 등이 시행되었다. 또한 국가의 공공적 역할이 축소됨에 따라, 그동안 구축해왔던 복지제도의 틀이 크게 와해되었고, 그 결과 부익부 빈익빈의 양극화 현상이 재발하게 되었다. 이러한 빈부격차의 심화는 환경부문에도 직·간접적으로 반영되어 자원이용이나 환경피해 보호에 있어 불평등 또는 차별성을 만들어내고 있다(예로,

소득 감소와 유가 인상이 겹치면서, 저소득층의 에너지 이용—자동차 휘발유, 난방이나 취사용 전기 이용 등—비용이 증가하고, 이로 인해 이용량을 불가피하게 줄이게 됨).

넷째, 신자유주의적 정치·경제체제는 생태환경부문에도 심각한 문제를 노정시키게 되었다. 신자유주의적 국가는 그동안 공공정책으로 수행해왔던 복지 및 환경부분의 지출을 대폭 삭감하는 한편 시장경제에 대한 개입도 크게 완화함으로써, 시장메커니즘이 보다 원활하게 작동하여 기존에 국가가 수행했던 역할들을 담당할 것이라고 기대한다. 만약 정부가 기업들에 대한 간섭을 줄이고 적절한 인센티브(유인책)를 구사한다면, 환경문제를 포함하여 대부분의 문제 해결에 시장이 일익을 담당하게 될 것이다. 즉 신자유주의는 '시장이 정치제도보다도 더 효율적으로 자원을 모든 이용자들에게 배분한다'는 관점을 새롭게 제기하면서, 자유주의 시장사회의 고전적 이상을 실현시키고자 한다. 그러나 이러한 신자유주의시장의 이상은 상품화의 논리로 사회와 자연을 보호하기보다는, 오히려 이들을 자본의 지배하에 둠으로써 문제를 더욱 악화시키는 경향을 가진다.

이와 같은 신자유주의적 경향하에서 이루어지고 있는 우리나라의 국가정책들은 지방자치제의 본격적 시행과 더불어 더욱 파행적으로 운영되게 되었다. 그동안 중앙집권적 의사결정과정 속에서 이루어졌던 (개발 및 환경)정책들은 일정 부분 지방자치단체들에게 이양 또는 위임되게 되었다. 이와 같은 지방자치제의 본격화는 지방자치단체들이 지역의 환경용량에 기초하여 지역주민들의 요구에 따라 지역환경의 개발과 보전 정책을 시행할 수 있는 제도를 마련한 것이라고 할 수 있다. 특히 중앙정부의 권한을 지방으로 분산시킴에 따라, 정책적 의사결정과정에 지역주민들의 참여 폭을 확대시킬 수 있는 가능성을 열어놓았다. 이러한 점에서 지방자치제의 시행은 지방적 민주주의를 활성화시킬 수 있는 계기가 될 것으로 기대했다. 그러나 지방자치제 시행의 실제 효과는 이와 같은 긍정적 효과보다는 오히려 부정적 효과를 (최소한 당분간)

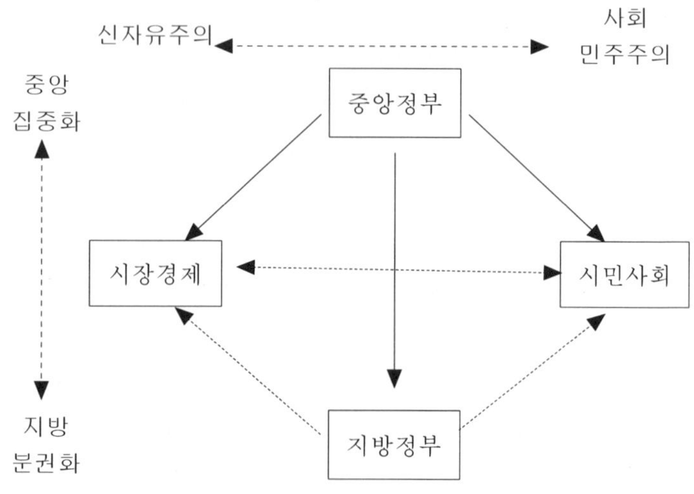

<그림 2> 중앙/지방 권한 관계와 정치체계의 유형

더 많이 만들어내고 있다. 즉 중앙정부 권한의 지방정부로의 이전을 전제로 한 지방자치제의 시행 자체가 필수적으로 어떤 긍정적 결과를 가져다주는 것은 아니다.

현재 우리나라에서 시행되고 있는 '하향식' 지방자치제는 중앙권력의 지방분권화라기보다는 권력의 중앙집중화를 그대로 유지하면서 중앙 권력이 지역으로 진출하여 지역정치를 장악하고자 하는 과정으로 특징지어진다(<그림 2> 참조). 지방자치제가 시행되는 과정에서, 중앙정부가 지방정부에게 실질적인 권한을 이양하지 아니한 채 중앙정부가 책임져야 할 사안들을 주로 지방정부에 전가하기도 했다. 이로 인해, 지방에서 발생하는 환경문제 해결을 위해 중앙정부 차원의 투자가 요구되었고 또 지역 환경문제를 둘러싸고 발생하는 갈등에 대해 중앙정부의 중재가 요청되기도 했다. 그러나 지역정치를 장악하여 자신의 지지기반을 공고히 하고자 하는 중앙권력은 일정한 기준에 따라 갈등을 중재·해소하지 못한 채 계속 유보적 입장을 보이기도 했는데 위천공단이 그 대표적인 예이다.

뿐만 아니라, 중앙정부는 지역경제의 활성화 및 적정한 산업입지 개발을 위한 합리적 국토관리정책을 포기하고, 지방정부들로 하여금 경쟁적으로 이를 시행하도록 유도함으로써, 무분별한 환경개발을 촉진하였다. 특히 지역경제가 침체되고 지방재정이 열악한 상태에서, 지방정부가 수행하는 전략들은 자본의 유입을 촉진하기 위한 개발에 최우선적인 관심을 가지도록 했다. 이로 인해 중앙정부뿐만 아니라 지방정부들도 신자유주의적 정책들을 강화하는 경향을 노골적으로 드러내게 되었다.[18]

그동안 서구사회에서는 (특히 복지국가체제하에서) 중앙정부와 지방정부 간의 역할 분담이 뚜렷이 구분되는 양상을 보였다. 즉 중앙정부는 국가경제의 발전을 위한 경제정책에 우선 관심을 두는 한편, 지방정부는 지역주민들의 요구에 부응하는 복지정책을 우선적으로 시행하고자 했다.[19] 이러한 역할 분담을 통해, 경제적 합리화와 더불어 사회복지의 향상이 추구될 수 있었다. 그러나 복지국가체제의 와해 이후 중앙정부와 지방정부 양자 모두 시장지향적인 신자유주의적 정치·경제전략들을 강구함에 따라, 시민사회의 복지 및 생태환경부문에 대한 정책적 관심이 크게 약화되었다. 우리나라의 지방정부들은 그동안 지역주민들의 복지향상과 지역환경 보전을 위한 아무런 제도들도 마련하지 못한 채, 지방자치제의 본격화와 더불어 곧바로 신자유주의적 경향에 휩싸이게 되었고, 이에 따라 신자유주의적 경제·정치 운영의 문제점들을 더욱 심각하게 드러내게 되었다.

---

18) 외형적으로 시장경제라고 할지라도, '신자유주의'로 특징지어지는 시장은 상품화의 논리로부터 사회와 자연을 보호하기 위해 국가나 공동체의 규제가 전개되는 시장과는 대조를 이룬다.

19) M. Savage and A. Warde, 1993, *Urban Sociology, Capitalism and Modernity*, London: MacMillan, 김왕배·박세훈 역, 「자본주의 도시와 근대성」, 한울, 1995, 제7장 참조. 또한 이재원·류민우 편, 1995, 『지방정부와 지방정치』, 장원출판사 참조

3. 국토개발정책에 함의된 국가의 성격과 환경문제

이상에서 다소 추상적으로 논의된 한국의 국가 성격과 이를 반영한 정책의 특성에 바탕을 두고 그동안 추진되어 왔던 국토개발정책을 고찰해볼 수 있다. 기본적으로 국가는 한편으로 자본축적을 위해 경제성장을 최우선으로 하는 여러 가지 개발정책, 즉 국토종합개발계획과 이를 바탕으로 한 도시 및 지역개발정책들을 수립하고, 이러한 계획의 실행이 국민 전체의 이익에 기여한다는 입장을 표명함으로써 개발정책을 정당화시키고자 했다. 또한 국가는 시민사회의 요구에 효과적으로 대응할 만한 물적·재정적 기반을 충분히 갖추지 못한 상태에서 법적 규제중심의 통제정책을 강화시키고, 시민사회의 여론을 의사결정과정에서 배제시켰으며, 개발과정에서 발생하는 환경파괴 및 주민들의 피해에 대한 시민사회의 요구를 제도적 수단들을 동원해 억압하고자 했다. 한국사회의 국가 성격과 이를 수행하기 위한 정책의 문제성은 물론 그동안 국가가 계획, 시행해온 다양한 개발정책 및 환경정책에서 구체적으로 확인된다. 우선 우리는 부문계획인 경제개발계획과 더불어 공간계획으로서 추진되어 온 국토종합개발계획이 어떻게 자본축적을 지원하는 한편, 정책의 정당성을 확보하고 정치권력의 지지기반을 유지·강화하고자 했는지를 분석해볼 수 있다.[20]

1960년대 이후 급속한 자본축적을 추진해온 국가의 경제성장전략은 단순히 부문정책으로서 경제정책에만 국한된 것이 아니라, 이를 지원할 수 있는 효율적 자원개발 및 합리적 산업배치를 위한 국토개발정책을 필수적으로 요청했다. 1960년대 국토개발계획의 법제화와 구상 제시[21]는 별도의 체계적인 계획수립 없이 경제개발계획 안에서 통합적으

---

20) 김덕현, 「한국의 경제발전과 공간구조 변화」, 서울대학교 박사학위논문, 1991 등 참조.

21) 1963년에는 「국토건설종합계획법」이 제정되어 국토의 자원이용 합리화를 위한 법적 근거가 처음으로 제도화되었으며, 그후 1968년에는 대통령선거 공약으로 제시된 '대국토건설계획'(1967)을 발전시킨 '국토계획기본구상'이 제

로 추진되었지만, 그 이후 국토종합개발계획의 수립을 위한 바탕이 되었다.

중화학공업화가 촉진되었던 1970년대부터는 급속한 경제성장을 뒷받침하기 위해 경제부문정책과 대등하게 국토개발정책의 중요성이 인식됨에 따라 본격적인 국토종합개발계획이 시행되게 되었다. 1970년대 제1차 국토종합개발계획의 특성은 1960년대 경제성장 추진과정에서 장애요인 또는 비효율적인 부분으로 지적되었던 사항들에 대한 국가의 중점적 투자전략과 관련되었다.

1980년대 제2차 국토종합개발계획의 특성은 1970년대의 성장거점 개발방식에 대한 반성과 아울러 그 당시 국정지표인 '복지사회건설'을 반영하고자 했지만, 실제 불균등한 국토개발 및 비효율적인 자원개발의 문제가 심화됨에 따라 1986년 불가피하게 수정되었다. 수정안은 성장잠재력이 큰 지방대도시(부산·대구·광주·대전)를 중심으로 지역경제권 단위의 균형개발 전략을 핵심적인 내용으로 하였으나, 이 안이 수립·시행되었던 후반기(1987~1991)에도 88올림픽 개최준비와 수도권 주택난 해소를 위한 신도시 개발 등으로 인해 수도권 재집중현상이 심화되었다(<표 1> 참조).

1990년대의 제3차 국토종합개발계획은 수도권의 과밀집중과 지역격차, 국토기반시설의 부족, 국민생활환경부문의 상대적 낙후, 환경오염의 심화 등 국토개발과정에서 발생했던 문제점들을 개선하면서, 급속히 증대되고 있는 도시용 토지, 생활환경시설, 산업기반시설과 더불어 자연환경 보전의식의 확산 등 새로운 국토개발 수요에 부응하고자 했다. 이 계획에 따라 전반기(1992~1996) 5개년 간에, 주택, 상하수도 시설 및 환경기초시설부문에 투자가 활발하게 이루어졌고, 지하철, 항만하역능력, 도로 등 사회간접시설의 개발도 상당히 이루어졌다.

또한 지방자치제의 실시에 따라 지역개발 수요의 증대와 함께 주민

시되었다.

<표 1> 시기별 국토계획과 개발정책의 특성

구분	제1차 국토계획 (1972~81)	제2차 국토계획 (1982~91)	제2차 국토계획 수정(1987~91)	제3차 국토계획 (1992~2001)
1인당 GNP	319달러(1972)	1,824달러(1982)	3,110달러(1987)	7007달러(1992)
배경	·국력의 신장 ·공업화의 추진	·인구의 지방정착 ·수도권의 과밀완화	·제6차경제사회발전 5개년계획과 연계 ·도시의 광역화현상에 대응	·인구증가와 경제규모 확대 ·지방화, 국제화, 정보화의 전개 ·국민생활의 질적 고도화 ·국토통일여건 성숙
기본 목표	·국토이용관리 효율화 ·사회간접자본확충 ·국토자원개발과 자연보전 ·국민생활환경 개선	·인구의 지방정착유도 ·개발가능성의 전국적 확대 ·국민복지수준 제고 ·국토자연환경 보전	·인구의 지방정착 유도 ·개발가능성의 전국적 확대 ·국민복지수준 제고 ·국토자연환경 보전	·지방분산형 국토균형성장 골격의 형성 ·생산적,자원절약적 국토이용체계의 구축 ·국민복지 향상과 국토환경의 보전 ·남북통일에 대비한 국토기반 조성
개발 전략 및 정책	·대규모 공업기반의 구축 ·교통, 통신, 수자원 및 에너지공급망 정비 ·부진지역개발을 위한 지역기능 강화	·국토의 다핵구조 형성과 지역생활권 조성 ·서울, 부산 양대도시의 성장억제 및 관리 ·지역기능 강화를 위한 교통,통신 등 사회간접자본 확충 ·후진지역의 개발촉진	·국토균형발전을 위한 다핵구조 형성 ·광역통합개발방식의 도입 ·공공투자의 지역간 적정배분 ·후진지역의 개발촉진 ·지방자치단체 및 주민참여 확대	·지방 육성과 수도권 집중 억제 ·신산업지대 조성과 산업구조 고도화 ·통합적 고속교류망 ·국민생활과 환경부문의 투자 확대 ·국토계획의 집행력 강화와 국토이용 관련제도 정비 ·남북교류지역의 개발·관리
특징 및 문제 점	·거점개발방식 채택 ·경부축 중심의 양극화 초래	·양대도시의 성장억제 및 성장거점도시의 육성에 의한 국토균형발전 추구 ·구체적 집행수단의 결여로 국토의 불균형 지속	·수도권의 성장억제 및 지역경제권 육성에 의한 국토균형발전 추구 ·올림픽 개최 등으로 수도권 성장의 지속	·국토문제 개선과 지방화시대, 나아가 통일시대에 대비한 국토개발전략 추구 ·급변하는 세계화과정에 부적절한 대응

자료: 건설부, 「제3차국토종합개발계획 해설」, 1992; 제3차 국토계획에 관해서는 추가함.

들의 목소리가 높아짐에 따라 환경과 관련된 개발사업은 지역간 이해
대립으로 개발주체와 주민 간의 갈등을 야기시키기도 했다. 이러한 상
황에서, 1995년 정부는 세계화와 지방자치제의 실시 및 남북간 협력
강화 등을 명분으로 기존의 계획을 수정하여 1996년부터 후반기에 시
행될 새로운 국토종합개발계획을 마련하고자 했다. 그러나 그 구체적
세부계획이 발표되지 않음에 따라 기존의 계획이 유효한 것으로 인정
되고 있지만, 이로 인해 국토개발 및 하위단위의 지역개발 계획이 제대
로 추진되지 못하고 혼란을 빚고 있다.

　　이러한 국토개발계획은 시대별로 상이한 산업구조와 정치권력을 배
경으로 입안·시행되었으며, 구체적인 내용들도 상이하지만, 자원개발
및 환경문제와 관련된 몇 가지 공통된 특성들을 함의하고 있다. 첫째,
국토개발계획은 자연환경을 주요 대상으로 하여 국토상에 부존된 자원
의 개발과 산업입지의 확충을 통해 압축적이고 지속적인 경제성장 또
는 생산성의 증대(즉 자본축적)를 목적으로 하는데 이는 우리나라의 국
토개발정책은 경제발전에 대한 국가의 합리적 개입정책을 정당화시키
는 '발전국가론(theory of developmental state)'에 근거를 두고 있다.[22]
자연환경이 국토개발계획의 주요 대상이 된다는 점은 「국토건설종합계
획법」(1963)에서 열거된 국토계획의 대상에 이미 명시되고 있으며,[23]
이러한 국토계획의 대상 설정에서 자연자원의 개발은 산업발전을 위한
요건들과 결합됨으로써 자원의 이용개발 및 보전과 이를 위한 사회간
접시설들(댐, 도로, 산업입지기반 등)의 확충 등을 통해 자본축적을 촉

----

22) 발전주의 국가론에 관해, J. Browett, "Development, the diffusionist para-
　　digm and geography," *Progress in Human Geography*, 4(1), 1980, pp.57-70;
　　Robert Wade, *Governing the Market: Economic Theory and the Role of Government
　　in East Asian Industrialization*, Princeton: Princeton University Press, 1990 등
　　참조.
23) 즉 ① 토지, 물, 기타 천연자원의 이용개발 및 보전, ② 수해, 풍해 기타 재해
　　방지, ③ 도시, 농촌의 배치규모와 그 구조의 대강, ④ 산업입지의 선정과 조
　　성, ⑤ 산업발전의 기반이 되는 공공시설의 배치규모, ⑥ 문화, 후생, 관광에
　　관한 자원과 기타 자원의 보호시설 배치, 규모 및 기타 부대사항 등(제2조).

진시킨다는 내용을 함의하고 있다. 국토개발계획의 이러한 성격은 1970년대 이후 국토종합개발계획에 보다 포괄적으로 내포되게 된다. 예로, 제1차 "국토종합개발계획의 기본목표는 … 국토구조와 환경을 개선하는 데 있다"고 명시되어 있지만, 구체적 개발정책에서는 대규모 공단건설과 교통·통신시설 및 에너지자원 등 자원개발과 사회간접자본을 강조함으로써 생산의 극대화와 능률화를 추구하고 있다. 제2차 국토종합개발계획에서도 기본목표들 중의 하나로 '국토부존자원의 개발과 자연자원의 보전'을 포함하고 있다. 이러한 국토개발계획의 기본목표는 아래에서 논의하고 있는 것처럼 다양한 수사적(修辭的) 내용들을 동시에 열거함으로써, 자본축적을 위한 자원개발 및 이용계획이라는 사실을 모호하게 하고 있지만, 궁극적인 목적은 '산업기반시설 확충으로 개발가능성의 전국적 확대,' 즉 자본축적의 지속과 확대인 셈이다.24)

둘째, 국토개발계획은 규범적 목표들을 설정함으로써 정책의 정당성을 확보하고자 했다. 즉 국가는 계획의 실질적 목적인 자본축적의 지원을 위하여 환경자원의 개발과 공간적 조건의 창출을 추구한다는 사실을 모호하게 하거나 은폐하기 위해, 나아가 사회공간적 결속을 유지하고 정치권력의 지지기반을 확보하기 위해, 국토개발계획이 자원의 효율적 개발과 적정 배분(사회공간적으로 균형된 배치) 및 이를 통한 국민복지 향상에 기여한다는 점을 강조하고 있다. 정책의 정당화를 위한 국토개발계획의 목적은 「국토건설종합계획법」에서 "국토의 자연조건을 통합적으로 이용, 개발, 보전하여 산업입지와 생활환경의 적정화"를 기하며 "국토 … 발전을 이룩하여 국민복지 향상에 기여"한다고 명시된다. 또한 제1차 국토종합개발계획에서도 기본목표는 어디까지나 자원개발 및 배치에 있어서 지역간·부문간 균형발전과 국민생활(환경)의

---

24) 대한민국정부, 『국토종합개발계획』, 제1부 기본계획, 기본목표, 1971; 대한민국정부, 『제2차 국토종합개발계획』, 제2절 국토개발의 진전, 개관, 1982 참조

개선으로 표현된다. 그리고 제2차 계획에서는 지역간 불균형발전과 환경개선의 미흡을 스스로 인정하는 한편, "1980년대의 국정지표인 '복지사회건설'에 대한 기반을 구축하는 기본계획이다"라고 정치적 효과를 전제로 한 계획의 성격을 명시적으로 표명함으로써 계획의 정당화 기능을 강화시키고 있다.25) 이러한 국토개발계획은 국토자원개발과 복지사회건설 간에 밀접한 관련성이 있음을 명시함으로써, '자원개발의 확충=산업경제의 발전=국민생활(환경) 수준의 향상'이라는 계획이념을 통해 정책을 정당화시키고자 했다. 1990년대의 국토종합개발계획은 기존 정책의 문제점을 부분적으로 인정하고 자본축적에 편향된 기존 개발정책의 수정을 통한 복지사회의 건설을 강조하지만, 이러한 강조는 단지 지속적 자본축적과 지배권력의 강화를 위해 정책이념적 차원에서 제시된 것으로 이해될 수 있다.

셋째, 국토개발계획에 내재된 상호 모순되는 두 가지 역할, 즉 한편으로 자본축적을 지원하고 다른 한편으로 정당화 기능을 추구하는 것은 국토개발계획의 주요 대상이 자연환경임에도 불구하고, 국가로 하여금 국토개발로 인해 발생하는 자연환경상의 문제들에 대한 개선 노력을 단지 이데올로기적으로 제시하도록 하거나 또는 직접적인 해결방법을 회피하도록 만든다. 즉 국토개발계획은 항상 자연적·사회적 자원개발과 효율적 이용뿐만 아니라 균형개발 및 자원의 보전이나 환경의 개선을 명시한다.

이에 따라 제1차 계획에서는 국토의 효율적 이용관리를 위한 국토이용의 기능적 전문화 및 도시지역에 대한 지역지구제 등이 제시되며, 1987년의 수정계획은 "우선 도로포장, 상하수도 등 생활환경시설을 양적으로 확대하고 질적인 향상을 기하여 국민기본수요에 대한 보편적

---

25) 또한 제2차 계획의 수정계획에서도 역시 기존 계획의 문제점들(지역간 격차 심화 국민생활의 불균형화)을 다시 인정하면서, 이러한 격차를 해소하고 "전 국민이 국토의 어느 곳에서 살든 형평과 복지차원에서 경제성장의 과실을 균점할 수 있도록 한다"고 강조된다.

충족이 선행되어야 할 것이다"라는 점을 명시한다.[26] 그러나 이러한
국토의 균형개발계획과 자원보전 및 환경개선계획은 산업발전을 통한
자본축적을 일차적으로 전제한 계획이며, 따라서 국토의 균형개발과
환경보전·개선에 대한 정책적 고려는 단순한 이데올로기적 성격을 함
의하고, 실제 계획의 입안·시행에서는 우선순위에 있어서 미루어질 수
밖에 없었다.[27] 또한 제3차 국토종합개발계획에서 제시되었던 기본 목
표들, 즉 지방분산형 국토골격의 형성, 생산적·자원절약적 국토이용체
계의 구축, 국민복지 향상과 국토환경의 보전, 남북통일에 대비한 국토
기반 조성 등은 역시 매우 수사적이라고 할 수 있으며, 과연 1990년대
에 자원절약적 국토이용체계가 어느 정도 구축되었으며, 국토환경의
보전이 어느 정도 이루어졌는가에 대한 의문을 자아내고 있다. 뿐만 아
니라 1990년대 중반 이후 이러한 국토종합개발계획 자체가 지방자치
제의 시행과 선거를 명분으로 한 신자유주의적 국가 전략에 따라 무용
화되었다.

---

26) 대한민국정부, 「제2차 국토종합개발계획 수정계획 1987-1991」, 1987, 17쪽.
27) 이러한 사실은 제2차 국토종합개발계획에서 명시된 국토개발의 단계적 전개
    과정에 관한 도해적 표현에서 여실히 드러나고 있다(<부표 1> 참조). 이 표
    에 의하면, 그동안 국토개발계획에 의한 자원의 개발과 이용은 일차적으로 생
    산환경을 위한 것이며, 생활환경에 관한 고려는 부차적이고, 특히 환경문제와
    직접 관련된 자연환경은 정책적 고려의 대상에서 제외되어왔음을 알 수 있다.
    달리 말해서 국토개발전략은 거점개발, 집적이익추구 → 광역개발, 집적이익
    확산 → 균형개발, 집적이익균점을 추구하고 있지만, 실제 그동안 국토개발계
    획에 의한 개발정책으로 인해 발생한 자원, 환경문제는 우선 특정지역 집중발
    생과 문제 누적 → 광역으로 발생영역의 확대와 문제 확산 → 전국적으로 발
    생영역의 확대와 문제확산으로 심화되어 왔다고 할 수 있다.

<부표 1> 국토개발의 단계적 전개

시기	개발전략	이익추구	대상환경
1970년대	거점개발	직접이익추구	생산환경
1980년대	광역개발	직접이익확산	생활환경
1990년대	균형개발	직접이익균점	자연환경

자료: 대한민국정부, 「제2차 국토종합개발계획」, 1982, 17쪽 수정.

4. 국토개발의 실태와 환경문제

이러한 국토개발계획을 토대로 시행되었던 구체적 개발정책들은 도시 및 지역의 토지개발 또는 기존 이용토지의 전용, 용수 및 에너지자원의 개발, 그리고 공단조성과 교통통신시설 등 사회간접시설의 건설, 도심개발 등을 주요 내용으로 한다. 이러한 정책의 시행은 항상 국토자원의 효율적, 합리적, 균형적 개발뿐만 아니라 자원보전과 환경개선을 명목상 전제로 했지만, 실제 목적은 급속한 경제성장의 지속, 즉 자본축적의 고도화를 뒷받침하기 위한 것이었다. 이로 인해 자연자원은 점점 대규모로 훼손, 파괴되게 되고, 생태환경은 가속적으로 악화되었는데, 그동안 시행된 주요 개발정책들과 그 결과를 통해 이러한 국토개발과 환경문제 간의 갈등을 확인할 수 있다.

우선 국토자원의 효율적 개발과 합리적 이용이라는 목표하에서 시행된 토지개발 및 기존용지의 전용과정은 산림 및 농경지의 절대적 감소, 그리고 이와 대조적으로 산업적, 도시적 토지이용의 급증을 가져왔다(<표 2> 참조). 즉 남한 면적에서 산림이 차지하는 비율은 1970년 67.3%에서 1997년에는 789km^2 줄어들어 65.7%로 감소하고, 농경지는 이 기간 동안 2,141km^{2}가 줄어들어 그 비율은 23.4%에서 21.0%로 감소했다. 반면 생산시설의 확대를 위한 공업용지 및 사회간접시설의 확충을 위한 공공용지 그리고 대도시의 상업적·주거적 토지 면적은 4,081km^{2}가 늘어서, 같은 기간 9.3%에서 13.3%로 증가했다. 이 기간 동안 기존 이용토지의 전용 또는 간척 및 매립사업 등을 통해 새롭게 확보된 토지는 대규모 생산설비의 입지 증대, 교통·통신시설의 확충 또는 대도시의 상업업무시설 및 주거시설의 확대 등을 통해 경제성장에 직·간접적으로 지대한 기여를 했음이 분명하다.

이러한 토지개발은 생산 및 유통의 효율성 증대를 통해 사회간접시설 및 도시 건조환경의 기반을 형성하여 자본축적을 가능하게 했다. 또한, 토지이용의 집약화라는 명분하에서 시행된 산지개발, 농경지 전용

<표 2> 전국 토지용도 변화 추이

(단위: km^2)

연도	총계	경지(%)	임야(%)	기타(%)
1970	98,222.48	22,975.18(23.4)	66,114.72(67.3)	9,132.58(9.3)
1975	98,806.96	22,396.92(22.7)	66,353.52(67.2)	10,056.52(10.2)
1980	98,992.34	22,099.11(22.3)	66,128.76(66.8)	10,764.47(10.9)
1985	99,143.32	21,850.26(22.0)	65,875.14(66.4)	11,417.92(11.6)
1990	99,273.70	21,483.54(21.6)	65,571.37(66.1)	12,218.79(12.3)
1995	99,268.38	21,039.41(21.2)	65,506.05(66.0)	12,722.92(12.8)
1997	99,373.04	20,834.06(21.0)	65,325.23(65.7)	13,213.75(13.3)

주: 기타는 대지, 도로, 공장, 공원·유원지 등 도시적 토지 이용을 나타냄.
자료: 경제기획원, 「주요경제지표」, 해당년도.

및 공유수면 매립과 간척사업 등은 한때 자유재로 국민 일반이 이용해 오던 환경자원이 사적으로 소유·개발되도록 했고, 그 과정에서 이를 화폐가치로 측정하고 상품화함으로써 화폐-상품관계의 대상을 확대시켰으며 개발에 참여하는 재벌기업들로 하여금 엄청난 이윤창출 기회를 보장했다.

토지개발은 또한 직접적으로 자연환경을 훼손·파괴시키며 자연생태계의 자정능력을 현저히 손상시켰다. 산지개발과정(특히 골프장건설 포함)은 벌목과 토양훼손, 수원고갈 등을 초래하며 생태계의 능력을 불가역적으로 저하시켰을 뿐만 아니라, 대기 중 산소의 공급원을 소멸시켰다(산림 1ha가 생산하는 산소의 양은 연간 10t, 흡수하는 이산화탄소의 양은 15t 정도이다). 농경지의 전용 역시 형질을 변형시키는 과정에서 한 번 파괴되면 회복되기까지 2천 년 이상이 걸리는 표층토를 무분별하게 벗겨내는 토양침식을 초래한다. 특히 공유수면 매립과 간척사업은 대규모 공업용지(때로 농업용지도 포함) 확보를 통해 산업입지를 보다 용이하게 하며 개발에 참여하는 특정 재벌기업들에게 막대한 개발이익을 독점적으로 보장해주는 반면, 대규모 자연환경을 체계적으로 파괴하고 지역주민들의 생계터전을 박탈한다.[28] 또한 간척사업과 해안

---

28) 최근의 대표적인 사례로 서해안의 대산임해지역에 건설된 석유화학공단은

매립은 해류의 유속 저하, 조수량 감소, 염도 저하, 수온상승 등을 초래하는 한편 해수에 함유된 산소량, 무기질소량 등을 현저히 감소시키고, 이로 인해 동·식물성 플랑크톤 및 이를 먹고 사는 어패류의 급속한 소멸을 유발시키는 등 해양생태계에 엄청난 변화를 가져왔다.

국토개발정책에 의한 자원생산 및 이의 소유 또는 소비과정에서 발생하는 환경문제는 자본축적과정에서 수반되는 급속한 산업화와 도시화에 필요한 용수 및 에너지개발에서도 심각하게 드러난다. 농업, 공업 및 도시생활에서 요구되는 용수의 총수요량은 1980년 168.8억 m^3에서 1989년 294.0억 m^3로 증가(74.2%)하며, 이에 따른 추가적 용수생산이 필요하게 되었다(<표 3> 참조). 그러나 하천수 이용, 지하수 개발 및 댐건설에 의한 용수공급량은 같은 기간동안 엄청나게 증가했음에도 불구하고, 총용수공급량은 1980년 요구량을 충족시키고도 여유가 있었지만 1989년에는 18.0억 m^3 부족한 상태가 된 것으로 추산되었다.[29]

이 기간 동안 생활용수의 증가와 더불어, 공업용수의 수요량은 전체에서 차지하는 비율은 상대적으로 낮지만 급속한 증가추세를 보인 반면, 농업의 쇠퇴로 인해 농업용수가 차지하는 비율은 급격히 줄어들었다. 그러나 정부의 이러한 용수수요량 추정은 상당히 과대 추산된 것으로 평가된다. 이러한 점은 1994년 실제 용수사용량이 301.4억 m^3로 1989년에 계획했던 1991년도 수용량보다도 더 적었다는 점에서 확인된다. 그럼에도 불구하고 1994년도 계획에서는 2001년 및 2011년 수요량을 또다시 지나치게 과대추정하고 있는 것으로 보인다.[30]

주변지역에 엄청난 환경문제를 유발하고 있을 뿐만 아니라 개발과정에 참여한 기업들은 막대한 개발이익을 얻었다. 김정규, 「지역개발과정에서 독점자본의 토지투기에 관한 사례연구: 대산 임해공업단지 형성과정을 중심으로」, ≪경제와사회≫ 제7호, 1990, 102-130쪽 참조.

29) 1960~70년대 용수개발과 이에 의한 수질오염문제에 관하여, 김세권, 「산업공해의 대책과 전망」, 송병락, 『한국의 국토, 도시, 환경』, 한국개발연구원, 1979, 313-347쪽 참조.

30) 다음 <부표 2> 참조. 이 표에 의하면, 1994년에는 용수 수요량에 비해 공급량이 더 많아서 부족현상이 없었으며, 2001년까지는 새로운 시설의 건설이

물론 그동안 용수수요량이 급증한 것은 사실이며, 이에 부응하기 위한 용수 개발을 위해 하천수 이용 증대와 다목적 댐건설의 확대가 지속적으로 이루어졌다. 그러나 이러한 용수수요 증대 및 용도 변화와 이를 충족시키기 위한 용수공급의 증대 및 공급원의 변화는 수질을 오염시키는 근본 원인이 된다. 용수수요량의 증가는 결국 그만큼 많은 산업폐수 및 생활폐수의 증가로 이어지며, 증가된 용수공급량을 충족시키기 위한 시설들의 확충은 하천을 인위적으로 통제하도록 함으로써, 하천의 자연적 자정능력을 급속히 저하시킨다. 특히 용수공급의 확대를 위한 대규모 댐건설은 인공적으로 조성된 호소의 부영양화를 초래하여 수질을 저하시키며 호소 주변지역의 기후를 변화시킴으로써 주변 생태계에 커다란 영향을 미치게 된다. 뿐만 아니라 이에 의한 하천통제는 기존 하천의 유량과 유속을 현저히 감소시키고 급증한 산업폐수 및 생활폐수를 하천에 배출하도록 함으로써 수질오염을 가속화시킨다.

용수수요 및 공급 증대와 이에 따른 환경문제의 심화와 더불어, 에너지소비량의 급증과 이를 충족시키기 위한 에너지공급량의 증대 및 공급의 유형변화는 심각한 환경문제의 원인이 된다. 연간 총에너지소

없다고 할지라도 물부족 현상이 나타나지 않을 것으로 예상하고 있다. 그러나 그 이후에는 많은 새로운 댐들의 건설에 의해서만 물부족 현상을 유발하지 않을 것으로 예상했지만, 이 보고서 역시 향후 용수 수요량의 증가율을 과대 추정한 것으로 보인다.

<부표 2> 장기 용수수급 구상(1994~2011)

(단위: 백만 톤/년)

구분	1994	2001	2006	2011	비고
용수수요량	29,901	33,640	34,991	37,015	
용수공급량	32,219	34,289	34,541	34,655	
과부족량	2,318	650	-450	-1,997	
신규자원 개발계획	—	702 (702) <3개댐>	4,224 (3,524) <16개댐>	5,271 (1,045) <9개댐>	누계개발량 (단계별 개발량) <28개댐>
개발후 과부족량	2,318	1,352	3,776	3,274	
예비율	7	4	11	9	

자료: 국무총리 행정조정실, 「물관리 종합대책(안)」, 1996; 윤용남, 「수자원의 효율적 관리」, 류상열 외, 『국토 21세기』, 나남출판, 251쪽 재인용.

<표 3> 유형별 용수공급 및 수요 증감 추이

(단위: 천만 m^3)

연도	용수수요					용수공급				과부족
	총수요	생활	공업	농업	유지	총공급	하천수	지하수	댐	
1980	1,688	230	72	1,081	305	1,750	1,282	136	331	62
1989	2,940	510	260	1,280	890	2,760	1,750	160	850	-180
1991*	3,170	567	291	1,348	971	3,024	1,830	174	1,020	-153
1994	3,014	621	258	1,488	648	3,246	1,722	257	1,267	232
2001*	3,366	744	387	1,503	733	3,507	1,709	271	1,526	141**
2011*	3,667	871	454	1,515	827	3,993	1,695	291	2,007	326**

주: * 계획량임.
　　** 댐의 추가건설을 전제로 한 것임.
자료: 1991년까지는 국토개발연구원,『제2차 국토종합개발계획의 추진실적평가』, 1990,
　　79쪽에서 재구성. 1994년 이후는 국토개발연구원,『21세기 선진국토를 향한 정책과
　　제』, 1998, 641쪽.

비량은 국민총생산의 증가추세와 발맞추어 1970년에 비해 1990년 4.7
배 증가했고, 1990년대에는 더욱 급증하여 1997년에는 8.9배에 달하
게 되었다. 이러한 에너지소비량의 증가는 한편으로 에너지의 해외의
존도를 급속히 상승시켰다(<표 4> 참조). 즉 이 기간 에너지수입량은
18.3배 증가했으며, 이에 따라 총에너지 수급에서 해외의존도는 1970
년 47.5%에서 1990년 87.9%, 1997년 97.5%로 급상승했다. 또 다른
한편 에너지수급에서 가장 중요한 비중을 차지하는 전력소비 및 생산
에 있어 주요한 문제가 유발된다. 즉 연간 전력소비량은 1970년 이후
1990년까지 11.7배 폭증했으며, 다시 1990년에 들어와서 더욱 증가하
여 1997년에는 23.4배에 이르게 되었다. 이러한 증가는 전체 전력소비
량의 60% 정도를 차지하는 제조업의 성장에 주로 기인하고, 1980년대
중반부터는 주거용 및 서비스용의 소비량도 대폭 증가하여 사회 전반
적인 전력 과소비현상을 드러내고 있다(<표 4> 참조).

이와 같은 전력소비량의 엄청난 증가에 대처하기 위한 전력생산 증
대는 주요한 환경문제를 유발하게 된다. 1970년 이후 1997년에 이르
기까지 화력발전에 의한 전력생산량은 17.8배나 증가하였으며, 이로

<표 4> 에너지원별 소비 및 수입의존도

(단위: 천 톤, %)

연도	총에너지 소비량	석탄류	석유류	수력	원자력	액화 천연가스	신탄 기타	수입 의존도
1970	19,678 (9,347)	5,829 (53)	9,293	305	-	-	4,251	47.5
1980	43,911 (32,289)	13,199 (4,590)	26,830	496	869	-	2,517	73.5
1990	93,192 (81,894)	24,385 (15,474)	50,175	1,590	11,841	2,630	797	87.9
1997	174,962 (170,620)	34,799 (33,153)	103,404	1,351	19,272	14,792	1,344	97.5

주: ( )은 수입량이며, 석유류, 원자력, 액화천연가스는 전량 수입에 의존함.
자료: 통계청, 「주요경제지표」, 해당년도.

<표 5> 유형별 전력생산 및 판매량 증가 추이

(단위: 억 kWh)

연도	전력생산				전력판매			
	총발전량	수력	화력	원자력	총판매량	산업용	가정용	서비스
1970	91.7	12.2	79.5	—	77.4	49.8	8.0	9.1
(%)	(100.0)	(13.3)	(86.7)	(0.0)	(100.0)	(64.3)	(10.3)	(11.8)
1980	372.4	19.8	317.8	34.8	327.3	220.5	53.2	33.3
(%)	(100.0)	(5.3)	(85.3)	(9.3)	(100.0)	(67.4)	(16.3)	(10.2)
1990	1,076.7	63.6	484.2	528.9	943.8	592.5	177.4	174.0
(%)	(100.0)	(5.9)	(45.0)	(49.1)	(100.0)	(62.8)	(18.8)	(18.4)
1997	2,244.5	54.0	1,419.6	770.9	2,007.8	1,163.8	325.2	518.9
(%)	(100.0)	(2.4)	(63.2)	(34.3)	(100.0)	(58.0)	(16.2)	(25.8)

자료: 통계청, 「주요경제지표」, 해당년도.

인해 석탄·석유류의 화석연료 사용과 관련된 대기오염문제를 가중시켰다. 1980년대에는 전력개발 유형에 있어 국가정책의 주요 변화가 나타나서, 전국 해안 여러 곳에 원자력발전소가 건설되고, 이에 따라 전체 전력생산에서 원자력발전이 차지하는 비중은 1990년 약 50%에 이르게 되었다(1990년대에 들어와서 원자력에 의한 절대 발전량은 증가했지만, 그 비중은 상당히 감소했다). 이러한 원자력발전은 화석연료의 사용에 의한 온실효과 등의 대기오염 완화와 단위당 전력생산비용 절감, 급증하는 에너지소비에 대한 효율적 대처를 목적으로 한다. 그러나 실제 원자력발전은 건설비용 및 노후시설의 철거비용까지 감안한다면 그 경제성이 의문시될 뿐만 아니라 화석연료의 사용시보다도 훨씬 심각한 핵폐기물 처리 및 발전소의 안전문제 등을 야기한다.

그동안의 국토개발정책은 이와 같은 용지, 용수 및 에너지 개발을 기반으로 대단위 공단 건설과 대규모 도시개발을 추진해왔다. 1960년대 대도시 내부에 소규모의 경공업단지 건설과 수입대체산업 육성을 위한 울산공단 조성을 시발로, 1970년대 이후 중화학공업화의 전개과정에서 포항, 온산, 울산, 창원, 광양, 여천, 구미 등에 대규모 공단들이 개발되었다. 이러한 개발정책에 의해 조성된 공업단지 면적은 1971년 $102km^2$에서 1989년 $401km^2$, 1995년에는 $576km^2$로 확대되고, 포항에서 여천에 이르는 동남임해지역은 수도권지역과 더불어 한국 산업화의 양극을 이루면서 전국의 총량적 경제성장을 선도했다. 또한 1980년대 중반 이후 공단개발은 서해안지역의 간척사업과 해안 매립을 토대로 대불공단, 아산, 시화지구 등으로 확산되었다. 국가는 엄청난 재정투자를 통해 대규모 공단지역들을 조성하고 입주업체들에게 금융지원, 세제혜택 등을 부여함으로써, 사적 자본은 생산비를 절감시키고 집적 이익을 통해 엄청난 이윤 창출기회를 확보할 수 있었다.

그러나 이러한 공단지역들은 지역주민들의 고용기회와 지역 생산성의 증가를 가져다주긴 했으나, 공단들에서 유출되는 다양한 산업폐기물들로 인해 대기, 수질, 토양 등의 극심한 오염을 유발하였고, 이러한 오염물질들은 그 지역은 물론 외곽지역으로까지 확산되었다. 특히 중화학공업단지에서 배출되는 폐수와 폐기가스 등은 유해성이 강한 중금속과 화학물질들을 함유하고, 온산의 공해병과 같은 치명적 환경질환을 유발하였으며, 이로 인해 지역주민들의 대규모 집단이주를 초래하였다. 뿐만 아니라 급속하게 조성된 지방 공단들은 폐수처리시설 등 공해방지시설들을 제대로 갖추지 못한 채, 악성폐수를 그대로 방류함으로써 공단 주변의 주요 하천을 대부분 100ppm 이상의 극심한 수준으로 오염시키고, 인근 해양을 거의 완전히 죽은 바다로 만들게 되었다.

이러한 공단개발 등을 통한 급속한 경제성장과 맞물려 진행된 도시화는 1966년 읍급 이상 도시수 123개, 도시인구 1,243만 명(도시화율 42.6%)에서 1989년 도시수 252개, 도시인구 3,586만 명(도시화율 81.8%)을 달성했으며, 1997년에는 도시수 275개가 되었고 도시화율도 90%를 상회하게 되었다. 국가는 이러한 급속한 도시화에 대처하기 위해 국토공간의 균형개발에 의한 인구분산정책보다는 우선 시급한 도시개발정책을 중점적으로 수행했다. 도시개발정책에서 주요한 주택개발정책은 과밀한 도시인구의 주거문제를 해결하기 위해 우선 녹지를 전환시켜 택지를 조성한다. 이로 인해 서울의 경우 1981년 전체 도시면적의 31%인 187.8km^{2}를 차지했던 산림면적은 1988년에는 162.4km^2 (26.8%)로 줄어들었고, 1996년 말에는 160km^{2}로 줄어들었다. 이러한 사실은 도시의 자연환경이 점점 심각하게 파괴되고 생태계의 자정능력이 급속히 상실되었다는 점뿐만 아니라 시민들이 일상생활 속에서는 자연환경을 향유하기 매우 어렵게 되었음을 의미한다(서울 시민 1인당 산림면적은 1972년 31.7m^{2}에서 1996년에는 14.7m^{2}로 절반 이하 감소되었다). 또한 도심 재개발, 신시가지 개발, 신도시 건설 등을 통한 대형 고층건물들의 엄청난 확대는 냉·난방시설을 위한 전력소비량을 급증시키고, 난방용 연료의 연소과정에서 오염물질들을 대량 배출하도록 했다. 또한 도시의 차량보급률 증가는 대기오염을 가속화시키고 인체에 심각한 피해를 주는 광화학스모그현상을 유발한다. 이러한 대기오염으로 인해 전국의 대도시에서 내리는 산성비는 정상적인 빗물에 비해 산도가 최고 20배에 달하는 강산성을 띠고 있어 식물의 성장을 저해하고 토양을 급속히 산성화시킨다. 또한 도시의 대기오염은 이산화탄소에 의한 온실효과를 유발함으로써 주변지역보다 기온이 5~7도 정도 높게 나타나는 이른바 열섬현상을 야기하고 도시지역의 식물들을 이상 발육시키기도 했다.

국가는 이러한 도시지역의 중점육성정책과는 달리 농촌지역에 대해

서는 저곡가정책 등을 통해 저발전적 퇴행을 강요하기도 했다. 이로 인
한 농촌의 상대적 빈곤을 어느 정도 만회하기 위해, 농촌지역 주민들은
농약과 화학비료를 과다하게 사용하여 생산량을 증대기키고자 했으
며,31) 이러한 과정에서 농지의 유기물함유량 감소, 산성도 증가, 병충
해에 대한 저항능력 약화, 토양의 침식과 황폐화 등을 유발하여, 농촌
지역의 환경파괴를 급속히 진전시켰다.

5. 국가 환경정책의 유의성과 한계 및 대안적 환경정책

이러한 도시 및 지역개발정책의 수행과정에서 국가는 급속한 자본축
적을 지속시키기 위한 자연자원의 생산, 배분 및 물적 토대의 개발, 형
성을 어느 정도 성공적으로 지원했겠지만, 다른 한편으로 환경문제를
유발, 심화시킴에 따라 피해지역 주민들의 치열한 반대운동과 시민사
회 일반에서의 광범위한 환경운동에 직면하게 된다. 이에 대해 (최소한
명목적으로) 대응해야 할 필요성을 인식한 국가는 1980년대 이후부터
점차적으로 환경전담 행정기구를 확대개편하고, 환경 관련예산을 확충
하기 시작했으며, 일련의 환경 관련법들을 제정하여 환경문제에 대한
일정한 통제·관리정책을 시행하게 된다.

환경문제에 대한 국가의 관심증대와 이를 반영하는 환경정책의 확대
는 비록 시민사회 구성원들의 요구에 의해 불가피하게 이루어진 것이
기 때문에 일정한 범위 내에 한정되겠지만, 국가의 환경정책은 바로 이

---

31) 우리나라 농약시장은 1987년 3,980억 원, 1990년 4,907억 원이었으며, 그
이후 크게 증가하여 1994년에는 7,143억 원로 성장했고, 2000년에는 10,664
억 원에 달하여 1990년의 2배 이상으로 팽창할 것으로 추정된다. 농약 및 화
학비료의 과다사용과 이로 인한 환경파괴는 물론 단순히 농민들의 생계유지
활동에 내재된 문제성에 기인하는 것이 아니라, 이러한 과다사용를 촉진시키
는 농약 및 화학비료의 과다생산의 문제와 연관된다. 옥인숙, 「화학비료산업
에 대한 국가개입」, 한국산업사회연구회 편, 『오늘의 한국자본주의와 국가』,
한길사, 1988, 257-293쪽 참조.

러한 요구를 진정하게 반영한다는 전제하에서 몇 가지 유의성을 가진
다.

첫째, 오늘날 환경문제의 누적적 발생과 확산은 그동안 국가 주도적
으로 추진되어온 급속한 경제성장과정에 기인하며, 따라서 국가는 이
러한 경제성장과정에 재개입하여 이를 적절히 통제함으로써 환경문제
를 근본적으로 해소 또는 완화시킬 수 있는 역할을 수행할 수 있다. 둘
째, 국가는 자신의 존립이유로서 물질적 부와 축적을 위한 경제성장뿐
만 아니라 이의 정당한 배분을 통한 국민생활수준의 개선과 경제성장
과정에서 발생하는 제반 문제들을 해결할 수 있을 때만 그 정당성을
가지며, 따라서 국가는 환경문제의 해결과 예방을 위한 실질적 정책을
수행함으로써 국민들의 자연, 생활환경을 개선시키고 그 자신의 정당
성을 획득할 수 있다. 셋째, 최근 환경문제는 더 이상 개별적이고 국지
적인 현상이 아니라 전국토적으로 발생하고 있기 때문에 국가정책적
차원에서 총괄적인 대응방안이 마련될 경우 보다 효율적으로 해결될
수 있다.

국가에 의해 수행될 수 있는 이러한 환경정책의 유의성에도 불구하
고, 그동안 우리사회에서 시행된 환경정책들은 환경문제의 진정한 해
결보다는 주로 자본축적과 정치권력의 유지, 강화를 위한 수단이라는
성격을 더 강하게 담고 있었다. 이러한 사실은 국가재정에서 환경 관련
예산이 차지하는 비중과 이의 증감 추이 및 부처별 사용 내역에서 우
선 확인될 수 있다(<표 6> 참조).

1970년 보사부의 외청으로 환경청이 확대되고, 1981년 환경보전법
이 개정되어 환경관련 예산의 확충과 환경행정의 체계화를 정책적으로
시행한 이후, 국민총생산에 대해서 뿐만 아니라 정부총예산에 대한 환
경관련예산의 비율은 점차적으로 확대되는 추세를 보였다. 그러나 이
러한 추세에도 불구하고 1980년대의 환경관련 예산은 국민총생산의
0.1% 정도였고, 정부총예산에서 차지하는 비중도 1% 내외였다. 뿐만
아니라 환경행정의 제도적 정비를 도모하고자 했음에도 불구하고, 환

<표 6> 환경관련 예산 증감 추이

(단위: 억 원)

연도	국민총생산 (A)	정부총예산 (B)	환경부문예산 (C)	환경부예산 (D)	환경예산비율		
					(C/A)	(C/B)	(D/C)
1982	507,246	95,781	285	208	0.056	0.298	72.98
1986	839,758	138,005	1,017	433	0.121	0.737	42.58
1990	1,714,881	274,367	2,524	902	0.147	0.920	35.74
1994	2,876,351	432,500	11,232	4,716	0.402	2.597	41.99
1998	4,118,577	1,110,323	27,300	11,131	0.663	2.459	40.77

주: 1998년 국민총생산은 추정치임.
자료: 환경부, 『한국환경연감』, 해당년도; 1998년 자료는 환경부, 『환경백서』, 1998.

경청이 직접 집행할 수 있는 예산범위는 1982년 이후 지속적으로 줄어들었다. 이러한 사실은 1980년대의 국가의 환경정책은 재정적으로 뒷받침되지 않았으며, 또한 환경청(당시)을 중심으로 체계화되지도 않은 상태였음을 의미한다.

1990년대에 들어와서 정부의 환경부문 예산은 대폭 증가하여 국민총생산 대비 1994년 0.40%, 1998년 0.66%로 늘어났고, 정부총예산에서 차지하는 비중은 대체로 2.5% 수준을 유지하게 되었다. 1990년대 환경부문 예산의 급증은 1980년대 악화되었던 환경문제를 개선시켰다기보다는, 일정한 수준에서 더 이상 악화되지 않도록 하는 효과를 가져다주었다고 하겠다.

그동안 환경정책이 임기응변적이고 미봉책에 불과했다는 사실은 환경관련 법들의 시행과정에서도 여실히 드러나고 있다. 1981년 개정된 환경보전법에 의해 배출부과금제도와 환경영향평가제도가 규정되게 되었지만, 이의 시행과정은 오히려 환경을 파괴·오염시키는 기업들의 생산행위나 개발행위를 제도적으로 뒷받침해주는 데 이용되었다. 기업들의 생산과정에서 발생하는 오염물질들의 무분별한 배출을 억제하고 공해방지시설에 대한 투자를 유도하기 위한 공해배출부과금제도는 공해방지시설의 건설과 가동에 훨씬 못미치는 벌과금 부과로 공해배출업체들의 환경오염 행위를 정당화시켜 주었다.

또한 도시 및 지역개발과정에서 발생할 수 있는 환경문제를 '사전에' 방지하거나 완화하여 환경보전과 지역주민들의 권익보호를 목적으로 하는 환경영향평가제도는 피해예상지역 주민들의 의사가 반영될 수 있는 통로를 거의 차단하고 있을 뿐만 아니라, 개발행위를 '사후에' 형식적으로 합법화시켜 주는 역할을 하고 있다. 다행히 1982년 환경영향평가제도가 도입된 이후 다양한 도시 및 지역개발사업들에 대한 협의실적은 점점 증가했다.[32]

그러나 단지 일부 개발사업들만이 관리를 완료했을 뿐이고, 대부분의 개발사업들은 계속 관리대상으로 남아 있다. 이러한 관리대상사업들의 누적적 증가는 관리를 담당해야 할 환경처의 인적, 물적 재원부족으로 실효성이 없을 뿐만 아니라, 개발을 이미 시행한 후에 사후적으로 발생한 환경문제의 개선을 요구함으로써 개발을 실제 승인한 것에 불과하게 된다.

환경문제에 대한 정부의 통제 미비는 환경오염 피해진정 및 피해보상 건수의 급증으로 나타났다. 1990년까지 매년 대체로 1,000건 정도의 환경피해 진정이 있었다. 그러나 1995년 피해진정 건수는 2배나 증가하였으며, 가장 건수가 많은 소음·진동·착취부문뿐만 아니라 대기오염 및 토양·기타 부문에서도 피해진정이 크게 늘어났음을 볼 수 있다. 그러나 이러한 환경피해에 대한 보상 건수는 오히려 다소 감소하는 추세를 보이고 있으며, 완결에 비해 미결 건수는 적지만, 금액면에서는 훨씬 크게 나타나고 있다. 물론 환경피해에 대한 보상은 국가뿐만 아니라 관련 기업에게도 책임이 있겠지만, 후자의 경우라고 할지라도 정부

---

32) 환경영향평가 협의 실적은 1985년 이전 132건으로 에너지개발(전원개발 포함)부문이 57건으로 가장 많았다. 그 후 실적 건수는 계속 증가하여 1990년 212건에 달하게 되었으며, 이 당시에는 도시개발(택지개발 포함) 44건, 에너지개발 36건, 체육시설 45건 등이었다.1990년대에 들어와서 실적 건수는 1992년 127건, 1993년 149건, 1994년 115건으로 감소하는 추세를 보였으며 1995년에는 다시 증가하여 161건이 되었다. 1995년의 경우 도시개발 27건, 산업입지 및 공업단지 조성 20건, 에너지개발 22건, 도로건설 42건 등이었다.

<표 7> 환경오염 피해진정 및 보상현황

연도	피해진정						피해보상				
	계	대기	수질	소음 진동 악취	토양 기타	미결	총 건수	완결		미결	
								건수	금액 (억원)	건수	금액 (억원)
1980	1,117	266	211	490	150	15	51	38	5.6	13	28.1
1985	1,106	185	136	716	69	7	29	22	122.0	7	83.2
1990	1,033	126	151	644	112	1	26	22	512.8	4	3,722.8
1995	2,061	399	207	1,188	267	10	21	19	109.3	2	507.7

자료: 환경부, 『한국환경연감』, 해당년도.

는 기업으로 하여금 환경피해를 입은 사람들에게 보상하도록 일정한 압력을 행사할 수 있을 것이다. 그러나 이와 같이 환경피해 보상 건수가 감소하고 완결에 비해 미결의 금액이 훨씬 크다는 점은 국가가 이 문제에 큰 관심을 가지지 않았음을 나타낸다고 하겠다.

국가의 환경정책이 환경문제의 해결이 아니라 오히려 기업들의 이윤극대화를 위한 생산활동과 새로운 이윤추구 위한 개발행위를 뒷받침하고 있는 것은 앞서 논의한 바와 같은 자본주의 국가의 기본적 성격, 특히 한국 국가의 특성에 기인한다. 그러나 이러한 상태로 환경문제가 방치된다면 시민들은 자신의 생활터전을 상실하고 파괴·오염된 환경 속에서 불안해하거나 고통을 받게되고 심지어 생존 자체를 위협받게 된다. 뿐만 아니라 환경문제가 악화된다면, 기업들이나 국가는 스스로 자신의 기반을 와해시켜 기존의 경제·정치체계를 더 이상 지속시킬 수 없게 될 것이다. 왜냐하면 기업들의 생산활동은 지속적 자원이용을 필요로 하지만, 무분별한 자원개발과 환경파괴는 앞으로의 생산활동을 불가능하게 할 것이기 때문이다. 또한 국가는 자본의 이해관계를 대변하고 이를 관철시키기 위해 환경문제를 도외시한다면, 결국 지속적 경제성장을 위한 합리적 자원이용·개발계획을 점점 어렵게 할 뿐만 아니라, 환경문제로 핍박받게 되는 국민들의 강력한 저항으로 인해 스스로 자신의 지지기반을 상실하게 될 것이다. 이러한 점에서 환경문제의 심화는 우리사회에 자연환경 자체의 파괴·오염에 의한 단순한 생태적 위기가 아니라 인간의 생존적 위기와 동시에 체제유지의 위기를 가져올 것이다.

따라서 국가는 이러한 위기에 대처하기 위해 보다 실질적으로 환경문제 해결에 앞장서야 할 것이다. 물론 자본주의 국가에 의한 환경정책의 강화는 그 유의성에도 불구하고 국가의 성격이 기본적으로 자본주의 생산양식에 의해 규정된다는 점, 즉 자본축적과정에 일차적으로 종속된다는 점에서 한계를 가진다. 예로, 환경규제의 강화 또는 환경부문에의 투자 증대는 환경문제의 해결 그 자체보다는 암묵적 또는 명시적으로 환경산업과 환경기술의 발달을 가져올 수 있다. 그러나 여기서 환경산업과 환경기술의 발달이 진정 환경문제의 해결 이어지기 위해서, 이들이 자본가에 의해 통제될 것이 아니라 국민 다수의 입장에서 문제해결에 기여할 수 있어야 할 것이다.

6. 맺음말

자본주의 사회에서 국가가 환경문제를 개선하기 위한 실질적 정책들은 사회적 권력관계에서 시민사회 구성원들의 힘이 강화되고 이를 바탕으로 국가에게 이를 요구할 수 있을 때만 입안·시행될 수 있다.

이러한 점을 전제로 첫째, 국가는 '성장만을 위한 성장'전략을 완화시키고 자본축적만을 뒷받침하는 개발정책들을 포기해야 할 것이며, 국민들의 생활수준을 실질적으로 향상시킬 수 있는 복지정책과 환경정책을 시행해야 한다. 환경문제 해결을 위한 국가의 대안적 정책에 있어, 단기적으로 국가는 기존의 환경통제정책들을 실질적으로 강화시키고 실효성있는 정책들을 새롭게 개발, 시행함으로써, 기업들로 하여금 환경문제에 대한 인식을 제고시키고 공해방지시설에 대한 투자를 증대시킬 수 있도록 유도해야 한다. 또한 국가는 보다 장기적 경제개발계획과 자원개발전략을 수립하여, 기존의 에너지과소비·공해다발형 산업구조를 탈피하기 위한 산업구조조정정책, 그리고 원전에 의존하는 에너지 대책보다 안전한 대체에너지 개발정책 등을 제시해야 한다.

둘째, 국가는 다른 분야의 재정을 절감하고 환경관련 예산을 대폭 확충함으로써, 환경개선시설의 조성과 환경기술 개발에 투자를 확대해야 한다. 환경문제를 해결하기 위한 이러한 투자의 효과는 단기적 경제성장이나 이윤추구에 직접적으로 나타나지 않겠지만, 보다 장기적으로 자원고갈 또는 환경오염을 저지·예방함으로써 결과적으로 건전한 경제성장과 실질적 생활수준 향상에 지대한 공헌을 할 것이다.

셋째, 국가는 지역주민들의 정당한 요구를 반영하여 이에 따라 개발정책 또는 환경정책을 수립·시행해야 한다. 국가(중앙정부 및 지방정부 양자 모두)는 우선 환경문제에 더 많은 관심을 가지는 한편 시장경제에 의해 결코 이 문제가 해결될 수 없음을 깨닫고 환경영역에서의 신자유주의적 전략을 포기해야 할 것이다. 또한 국가는 정확한 사태파악과 올바른 문제인식을 통해 이루어진 공동체적 합의, 특히 지역주민들의 요구를 토대로 문제 해결을 위한 정책들을 수립해야 한다.

제3장

한국 환경운동의 전개과정과 전망*

1. 머리말

환경운동은 흔히 가시적으로 드러나는 여러 가지 자연환경의 파괴 및 오염과 이로 인한 피해에 대처하기 위해 우발적으로 발생하는 것처럼 보이지만, 이러한 환경문제가 발생하는 경제·정치적 배경과 밀접한 관련성을 가지고 전개된다.[1] 물론 특정한 경제·정치적 배경하에서 이루어지는 환경운동이라고 할지라도 모두 동일한 형태를 띠는 것이 아니라, 상이한 운동주체들과 그들이 추구하는 상이한 목적 혹은 선택하는 상이한 전략에 따라 다양한 양상들로 나타난다. 그러나 여러 가지 유형으로 구분될 수 있는 이러한 환경운동들 중에서 어떠한 유형이 보

---

* 이 논문은 ≪실천문학≫ 제28호, 1992, 302-331쪽에 게재된 바 있다.
1) 이 글의 초안은 「한국 환경운동의 전개과정과 전망」이라는 제목으로 『우리의 환경, 우리 손으로』, 유엔환경개발회의 자료집(1992)에 게재되었으며, 부분적으로 수정·보완되어 ≪실천문학≫(1992, 겨울호)에 재게재되었다. 그 이후 한국의 환경운동에 관한 많은 논의들이 있었지만, 이 글은 기본적인 틀을 변화시키지 않고 그 이후 전개되었던 환경운동(특히 1990년대 중반 이후)을 첨부하는 정도로 수정한 것이다.

다 탁월한가 또는 어떠한 유형들의 복합으로서 환경운동이 전개되는가는 환경운동의 내적 발전 및 확산과정뿐만 아니라 환경문제를 유발하고 환경운동의 발생을 외적으로 조건짓는 경제·정치적 사회구조의 변화에 의해 좌우된다. 이러한 관점은 앞으로 환경운동을 전망하고 그 과제를 설정함에 있어서도 적용될 수 있을 것이다.

한국사회에서 급속한 자본주의화가 추진된 이후, 특히 1980년대 말부터 환경문제로 인한 직·간접적 피해가 빈번하게 발생하고 보다 넓은 지역으로 확산됨에 따라, 이에 대한 관심도 보다 일반화되고 이를 해결하고자 하는 노력들도 다양한 주체들에 의해 다양한 목적과 전략에 따라 이루어지게 되었다.

1990년대 전반 정부는 국내·외적으로 형성되는 여러 가지 계기들(낙동강 페놀오염사태와 같은 국내 공해사건들과 이에 대응하기 위한 환경운동들 또는 리우유엔환경개발회의와 여기서 체결된 협약 등)을 통해 환경문제의 심각성을 (재)인식하고 보다 적극적으로 환경정책을 수행하고자 했으며, 심지어 환경파괴 및 오염의 주원인자라고 할 수 있는 기업들도 환경문제에 대한 자신의 관심을 여러 가지 방법들(예를 들면, 무공해상품 광고나 환경캠페인 등)을 동원하여 알리고자 했다. 이와 더불어 환경파괴·오염으로 인해 일상생활에서 발생하는 피해들에 대해 관심을 가지고, 이에 대처하고자 하는 환경운동은 보다 다양한 집단들을 참여시키고, 보다 폭넓은 관심주제들을 이슈화시킬 수 있게 되었다. 이제 환경운동은 특정 계층이나 계급의 이해관계를 능가하는 '시민(사회)운동'으로서의 확고한 위치를 차지할 정도로 발달하게 되었다.[2]

---

2) 이 글은 한국에서 '시민사회'의 형성과 이에 근거한 '시민운동'의 가능성을 인정한다. 시민사회의 형성과 시민운동의 가능성에 대한 비판적 견해에 관해 김세균, 「'시민사회론'의 이데올로기적 함의 비판」, ≪이론≫ 제2호, 1992, 104-135쪽 참조. 그러나 이 글에서 시민운동은 흔히 논의되는 것처럼 '중간층운동' 또는 '프티부르주아운동'이 아니라, 현단계 자본축적과정에 상응하는 계급성을 담지하는 운동으로 인식된다. 시민운동을 중간층운동으로 보는 시

시민운동으로서 환경운동의 발달은 비역사적인 과정이 아니라, 운동의 전개과정과 이를 조건짓는 경제·정치적 사회구조의 변화에 이미 내재된 것이라고 할 수 있다.[3] 즉 최근 한국사회에서 자본은 대량생산·대량소비 (이른바 포드주의) 경제체제를 구축하고, 자신의 지배영역을 생산영역으로부터 소비와 재생산의 영역으로 확대시키면서, 일상생활의 모든 활동들을 점점 더 자신의 지배하에 두게 되었다. 이러한 자본의 지배영역 확대는 특히 환경문제에서 주요한 결과를 초래했다. 즉 생산영역과 생활영역 양자 모두에서 환경파괴와 오염 그리고 이로 인한 피해가 급증하였고, 이에 대응하고자 하는 환경운동은 열악한 작업환경에 처해 있는 생산노동자들뿐만 아니라 일상생활에서 직·간접적 피해를 입게 된 일반 시민들을 중심으로 활발하게 전개되었다. 이러한 점에서 시민운동으로서 환경운동은 자본에 의해 점점 더 폭넓고 치밀하게 지배받게 된 일상생활 속의 다양한 계층들이 서로 연대한 반(反)자본운동으로서 의미를 가진다고 할 수 있다.

그러나 최근 한국사회에서도 그 조짐을 보이고 있는 바와 같이, 환경운동이 시민운동으로 점차 확산되고 시민사회 내에서 보다 공식적으로 인정받고 제도화됨에 따라, 한편으로 다양한 운동조직들과 다양한 주제, 전략 및 수단들이 동원될 수 있게 되었지만, 또 다른 한편으로 환경운동은 반자본운동이라는 본연의 목적이나 의미를 상실할 가능성 또는 이를 희석·변질시킬 우려를 낳고 있다.[4] 즉 다양한 환경운동단체들

각에 대한 비판으로, 유팔무, 「현대사회 변혁운동의 성격: 서독의 환경, 평화운동을 중심으로」, 《문학과 사회》 가을호, 1989; 박상철, 「환경운동과 변혁운동」, 《사상문예운동》 가을호, 1991, 118-129쪽; 백욱인, 「한국사회 시민운동(론) 비판」, 《경제와사회》 제12호, 1991, 58-83쪽 참조.

3) 우리나라 환경운동의 발전과정에 관해 이득연, 「전문 환경운동의 전개 현황과 과제」, 《현상과 인식》 겨울호, 1992, 33-57쪽; 구도완, 「환경운동과 녹색정치」, 《경제와사회》 25호(봄호), 1995, 80-103쪽; 구도완, 「한국의 새로운 환경운동」, 《한국사회학》 29집(여름호), 1995, 347-371쪽; 정수복, 「환경과 사회: 환경정책과 환경운동」, 이필렬 외, 『교양환경론』, 따님, 1995, 249-286쪽 등 참조.

과 이들에 의해 수행되는 실천운동들은 추구하는 특정 목적이나 전략
에 따라 배타적 또는 경쟁적 관계를 드러내어 연대를 어렵게 하고 있
으며, 때로 저항·반대해야 할 대상과 타협하거나 이에 포섭되는 경향
을 보이고 있다. 심지어 최근 환경운동들은 문제발생의 직·간접적 원
인자들이라고 할 수 있는 재벌기업들 또는 공해산업들과 암묵적으로
연계되거나, 또는 이들의 환경파괴·오염행위를 묵인하고 심지어 이들
의 이해관계를 뒷받침해주는 정부기관들에 의해 포섭되기도 한다. 이
들은 환경문제의 발생원인을 은폐하거나 환경운동이 자신들에게 적대
적 관계를 가지지 않도록 운동과정을 지원 또는 개입하기도 하며, 때로
여러 가지 환경관련활동들을 직접 전개하고 있다. 그렇지 않는 경우라
고 할지라도, 어떤 유형의 환경운동들은 환경문제가 발생하는 경제·정
치적 배경을 과학적으로 인식하지 못하고 문제를 지나치게 낭만적으로
인식하거나 또는 관념적으로 추상화시킴으로써 환경운동의 진정한 의
미나 목적을 모호하게 만드는 경향을 드러내고 있다.[5]

현실 환경운동에 있어서 이러한 난점들과 더불어, 이론적 수준에서
환경운동의 목적이나 실천전략을 규정하고 이를 분석하고자 하는 환경
담론의 최근 동향은 상황을 더욱 혼란스럽게 만들고 있다. 이는 부분적
으로 한국사회에서 환경운동에 관한 이론적 논의가 시작된 것이 최근
이고, 그 수준도 절대적 또는 상대적으로 (외국의 논의들과 비교해서,
또는 국내 다른 부문의 사회운동들에 관한 논의들과 비교해서) 아직 초
보적인 상태이기 때문이라고 할 수 있다. 그러나 이러한 상황에서 최근

---

4) 서구 환경운동에서 이러한 (의사)환경개량주의적 입장은 환경운동이 활발히
전개되고 있었던 1970년대부터 일부 나타나기 시작했으며, 이에 대한 비판들
은 새로운 환경(운동)론(예로, 사회생태학, 생태사회주의 또는 생태맑스주의
등)이 발달할 수 있는 계기를 마련했다. 문순홍, 『생태위기와 녹색의 대안』,
나라사랑, 1992, 특히 제2장 참조.

5) 한국사회에서 특히 이러한 경향 중에서 대표적인 것으로 이른바 '생명운동'과
직·간접적으로 관련된 여러 환경운동들을 들 수 있을 것이다. 이의 문제점에
관해 고창택, 「생명운동의 철학적 해명: 총체적 비판을 위하여」, 한국공간환
경연구회 편, ≪공간과사회≫ 제2호, 1992, 260-323쪽 참조.

도입되고 있는 서구 선진 자본주의 사회들의 여러 가지 환경운동론들 (이른바 신사회운동론 및 시민사회론, 담화이론, 그리고 위험사회론, 성찰적 근대화론 등)은 한국사회에서 환경운동의 성격에 관한 규명과 그 전망에 대한 예측을 더욱 어렵게 하고 있다.[6]

이 글은 한국의 환경운동이 처해 있는 이러한 상황을 분석하고 그 전망을 제시하기 위한 예비적 논의로서 서술된 것이다. 이 글은 ① 환경운동의 발생배경으로서 우리나라 경제의 발전과정, 즉 자본주의화 과정을 우선 간략히 고찰하고, ② 이러한 배경에서 전개된 환경운동을 유형화하여 그 특성들을 시기별로 분석할 것이며, ③ 앞으로 전개될 환경운동이 진정한 의미를 담지하기 위해 필요한 운동의 성격을 시론적으로 규정해보고자 한다.

2. 환경운동의 발생 배경

한국사회는 1960년대 이후 국가주도적인 자본주의화 과정을 본격적으로 추진하면서, 상대적으로 급속한 경제성장을 달성하고 물질적으로 어느 정도 풍부한 생활을 영위할 수 있게 되었다. 그러나 기술과 자본 및 자원의 부족 상태에서 출발한 한국의 자본주의화 과정은 한편으로 저렴한 노동력의 이용과 또 다른 한편으로 자원의 고갈 및 환경의 오

---

6) 이에 관해서는 김용창, 「한국에서 새로운 사회운동의 올바른 논의를 위하여」, ≪사상문예운동≫ 가을호, 1991, 98-117쪽 참조. 또한 최종욱·권용혁, 「새로운 사회운동에 대한 이론적 설명담론」, 최종욱 외, 『현대의 위기와 새로운 사회운동』, 문원, 1995, 33-103쪽 참조. 그러나 보다 최근 미국에서 주로 전개되고 있는 '환경정의운동'은 또 다른 측면에서 매우 중요한 의의를 가지고 있다고 하겠다. R. Bullard(ed.), *Unequal Protection: Environmental Justice and Communities of Color*, San Francisco: Sierra Club Books, 1994; A. Szasz, *Ecopopulism: Toxic Waste and the Movement for Environmental Justice*, Minneapolis: Univ. of Minnesota Press, 1994; Harvey, *Justice, Nature and the Geography of Difference*, Oxford: Blackwell, 1996 등 참조.

염을 대가로 요구했다.[7] 새로운 산업들의 입지 확충을 위한 대규모 지역개발은 기존 지역주민들의 생활터전을 상실하도록 했으며, 밤낮으로 가동되는 공장의 생산공정은 그 주변지역에 유해한 물질들을 방출하여 누적·확산되도록 했다. 농촌의 상대적 빈곤과 농산물의 상품화는 농약과 화학비료의 남용을 촉발했고, 도시에 과밀한 인구는 엄청난 생활폐기물들을 배출했다. 새로운 상품 판매를 위해 대중매체를 통해 전달되는 광고는 사람들의 의식을 마비시키고 과소비를 재촉했으며, 전국 도처에 개발된 골프장과 대규모 위락시설 등의 레저산업은 자연을 상품화시키고 경관을 파괴, 오염시켰다.

과도한 경제성장과 지역개발로 인한 환경의 파괴와 오염은 물론 자본주의화 과정을 걷고 있는 모든 나라들에서 일반적으로 나타난다. 즉 자본주의적 경제발전은 이윤극대화를 추구하는 기업들의 무분별한 자원 남용과 비용극소화를 위한 공해방지시설에의 투자 기피를 전제로 했으며, 이로 인해 불가피하게 자연자원의 파괴·고갈과 환경공해의 누적·확산을 초래했다. 이러한 환경문제의 발생은 단순히 개별 행위자들로서 기업가들의 문제로 국한되는 것은 아니다. 자본주의적 경제체계는 체제의 지속적인 유지·발전을 위해 더 많은 상품의 생산과 이에 따른 더 많은 생산자원의 이용 및 더 많은 생활자원의 소비를 요청했으며, 이로 인해 앞으로 점점 더 많은 자원의 고갈과 황폐화를 요구하고 있다. 달리 말해서 자본축적과정에 내포된 모순을 잠정적으로 해결하기 위해 생존·생활환경의 상품화가 더욱 촉진되고 자연환경과 사회생활은 이윤추구의 대상으로 전락하게 됨에 따라, 자원고갈과 환경오염

---

7) 자본주의 사회 일반 및 한국의 자본주의화 과정에서 야기되는 환경문제 (이에 따른 환경운동) 발생의 정치경제적 배경에 관한 필자의 논의로는 최병두, 『한국의 공간과 환경』, 한길사, 1991, 296-337쪽; 최병두, 「인간-환경관계와 사회체계」, ≪현대예술비평≫ 가을호, 1991, 35-62쪽; 최병두, 「국토개발정책과 자원, 환경문제」, ≪현대사회≫ 가을·겨울호, 1991, 12-35쪽; 최병두, 「자본주의 사회와 환경문제」, 한국공간환경연구회 편, 『한국공간환경의 재인식』, 한울, 1992, 293-322쪽 참조.

<그림 1> 환경위기와 환경운동의 발생 배경

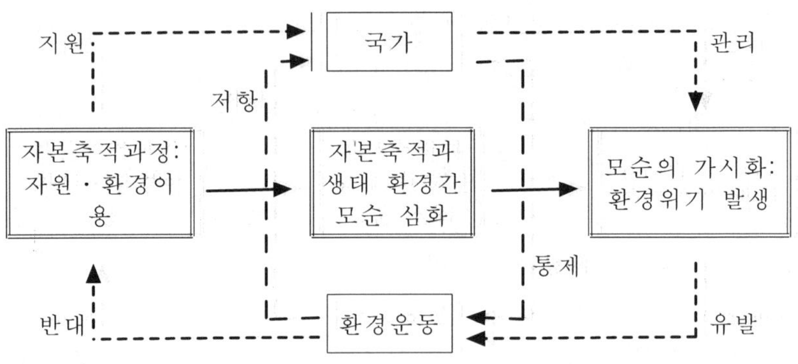

은 가속화되고 이로 인한 피해는 누적적으로 확산되게 되었다. 자본주의의 환경위기는 바로 이러한 자본축적과 생태환경 간의 모순이 심화되고 이것이 가시화된 결과로 발생한 것이다(<그림 1> 참조).

자본의 입장을 대변하고 그 이해관계를 실현시키고자 하는 자본주의 국가는 경제성장과정을 우선적으로 지원하고, 상품의 생산과 유통에 필요한 공단조성과 도로·철도·항만·용수 및 전력시설 등의 사회간접시설들의 확충을 위한 개발을 담당한다. 국가의 이러한 개발정책은 총량적 경제성장과 지역주민들의 수혜적 효과만을 강조한 채 그 효율성을 증대시키기 위해 중앙집중적으로 관료화되었고, 기업들과 마찬가지로 개발 주변지역 주민들의 생존권을 무시한 채 환경파괴와 오염을 촉진시켰다. 물론 이러한 경제성장과 개발과정에서 환경문제가 가시화되어 추가적 자원의 공급이 어렵게 되거나, 또는 지역주민들의 반발로 정치권력이 위협받게 되면, 국가는 환경문제에 일정한 관심을 표명하고 부분적으로 환경관리정책을 수행하게 된다. 그러나 환경정책은 대부분 자본축적 및 국가체제의 유지·강화에 역기능하는 환경문제에 한해 적용되었으며, 자연환경 그 자체의 보전이나 지역주민들의 삶의 질 향상을 위한 환경개선과는 거리가 아주 멀었다.

이러한 상황에서 직접적인 피해지역의 주민들이나 도시의 시민들이 자신의 생존권을 보호하고 광범위하게 확산되는 환경공해로부터 벗어나기 위해 자구적 노력을 추진하는 것은 당연한 것이다. 환경운동은 그 목적에 있어 우선 가시적으로 드러난 재산적·신체적 피해에 대한 국지적 보상운동과 지역사회의 환경을 지키기 위한 산발적 방어운동으로 시발했다. 그러나 점점 누적되고 광범위하게 확산되는 환경문제에 상응하여, 환경운동은 점점 빈번하고 광범위하게 발생하고 조직화된다. 또한 환경운동의 주체들은 환경문제 발생원인 규명에 관심을 가지고, 과도한 경제성장과 개발로 인해 점점 파괴되어가는 생존·생활환경을 보호하기 위해 이를 유발하는 경제·정치체제에 대한 저항운동을 발전시키게 된다. 물론 환경운동은 때로 이러한 목적 외에도 자연환경 자체의 보호와 생활공동체의 회복을 지향하는 경우도 있지만, 이러한 운동 지향 역시 과도한 경제성장과 이에 따른 지나친 자원이용이나 환경개발에 있어서는 소극적인 태도를 취하는 것을 볼 수 있다. 이와 같이 환경운동이 조직화되고 확산되면, 개별 조직체들 간의 연대 및 타부문운동과의 연대가 모색되기도 하지만, 다른 한편으로는 지향하는 목표의 가시적 차별성으로 인해 연대의 이완현상이 나타나기도 한다.

한국에서 환경운동은 자본주의화 과정에서 형성되는 일반적 경제·정치구조를 배경으로 하지만, 자본축적과정 및 국가의 특수성으로 인해 다른 나라들과는 다른 특정한 성격과 변화 과정을 겪었다. 한국의 자본주의화 과정은 극히 빈약한 물적 조건들, 즉 열악한 자본과 기술 및 한정된 자원으로 인해 이들의 해외의존도가 극히 높았으며, 또한 상대적으로 매우 억압적 성격을 가진 국가에 의해 주도적으로 추진되었다. 이에 따라 한국의 자본축적과정은 파시즘적 국가의 지원하에 부족한 자본, 기술, 자원을 해외에서 수입하여 국내의 저렴한 노동력과 결합시켜 가공·조립된 상품을 생산하고 이를 다시 해외시장에 판매하는 수출주도적 경제성장으로 특징지을 수 있다. 물론 이 과정에서 한국의

<표 1> 한국 환경운동 발생의 경제·정치적 배경

구분 시기	1960년대~ 1970년대	1980년대	1980년대 말~ 1990년대 중반	1990년대 중반~ 현재
경제: 산업구조	자본주의화 시발과 경공업에서 중화학공업으로의 전환	자원에너지 다소비·공해다발형 중화학공업의 성숙	중화학공업에서 첨단산업으로의 산업구조 조정 추진	산업구조조정의 지연과 이로 인한 위기의 발생
국가정책 통치체제	경제성장 우선 정책, 억압적 국가통치체제 유지	경제성장우선 정책, 억압적 통치체제에서 유화적 통치로 전환	경제성장정책과 부분적 환경정책, 유화적 통치의 세련 (억압의 은폐)	경제회복우선 정책, 지방자치제의 본격화와 시민사회운동의 제도화
생활양식 시민의식	생계유지 우선 생활, 시민의식의 미형성 또는 잠재	생계유지생활 부분적 충족, 시민의식 형성 및 표출	조장된 과시적 소비생활, 시민의식의 조직화 및 다양화	소득 및 생활수준의 상대적 격차 증대와 시민의식의 이완·탈조직화

산업구조는 세계 분업체계의 재편에 상응하여 경공업에서 중화학공업으로 전환되고, 최근에는 첨단산업으로의 구조조정을 시도하고 있다. 이 과정에서 국내총생산 및 국제무역의 규모가 엄청나게 팽창했으며, 자본 및 생산설비의 집적과 집중이 이루어지면서 독점자본은 점점 강화되었지만, 공해산업들이 집중적으로 이식되는 반면 공해방지시설에 대한 투자는 아주 미진했고, 그 비용이나 이에 따른 피해는 거의 전적으로 사회화되는 경향이 있었다(<표 1> 참조).

이와 같은 한국의 경제성장과 산업구조의 고도화 과정은 환경문제를 불가피하게 동반할 수밖에 없었다. 급속한 경제성장을 위한 대규모 개발과정은 그만큼 급격하게 지역주민들의 생활터전을 파괴했으며, 총량적 경제성장전략은 환경파괴와 오염이 어떠한 손실을 초래할지라도 감수하도록 했다. 이러한 경제성장을 위한 지역개발로 피해를 보는 지역주민들에 대한 보상은 매우 저조했으며, 환경파괴에 대해 기업들에 부과되는 벌금은 공해방지시설에 대한 투자에 비해 극히 적었다. 특히 1970년대 한국의 중화학공업화로의 전환은 사실 선진 자본주의 국가들이 경제적 침체에 직면하여 첨단산업으로 전환하는 과정에서 상대적으로 노후화된 자원소모형·공해다발형 생산시설들을 이른바 신흥공업국으로 이전시킨 결과라고 할 수 있다. 이로 인해 산업구조의 고도화를 압축적으로 추진한 한국의 중화학공업화는 선진 자본주의 국가들과 수직적 계열관계를 형성하고, 자국에서는 엄청난 공해방지시설의 투자를 필요로 하는 다국적기업들의 공해산업을 수입하여 이를 육성하고자 했다. 이 과정에서 한국의 환경공해는 양적·질적으로 급속하게 확대, 누적되고 전국적으로 확산되었다.

이러한 환경문제의 심화는 한국 국가의 특수성과도 밀접하게 연관된다. 경제성장과 반공을 지배이데올로기로 부각시키면서 등장한 군사정권은 국가의 모든 정책 구상과 재정 투입을 자본주의적 경제발전에 집중시킨 반면, 국민들의 생활수준 향상을 위한 복지정책에 대해서는 극히 소홀히 했다. 특히 민족분단과 첨예화된 남북대립은 제국주의의 핵기지화에 대한 명분을 제공했을 뿐만 아니라, 정당성을 획득하지 못한 정치권력에는 안보를 이유로 국민들에 대한 억압적 통치를 강요하였다. 이로 인해 총량적 경제성장 과정에서 소외된 기층 민중들의 불만과 저항이 잠재적으로 고조되었지만, 국가는 이들의 요구를 충족시키기보다는 경찰과 군대 등의 강압적 통치기구들을 강화시키고 이를 동원하여 그 요구들을 묵살, 무산시키고자 했다. 이는 곧 저임금노동으로 인해 발생하는 노동운동뿐만 아니라 도시주민들의 열악한 생활로 인해 발생하는 주거운동, 참교육운동 등의 도시사회운동, 그리고 환경의 파괴 및 오염으로 인해 발생하는 환경운동을 억압하는 결과를 가져왔다.[8] 이러한 국가의 통치 양상은 1980년대 중반 이후 국민들의 강력한 민주화운동으로 유화적 통치체제로 전환되었다. 그러나 1990년대에 들어와서도 여전히 억압적 통치체제가 은폐된 상태로 계속 유지되면

---

8) 1980년대 지역 및 도시사회운동에 관한 분석 및 사례연구들로서 이득연, 「1980년대 도시사회운동의 전개와 특성」, 《사회학연구》 제4호, 1986, 159-191쪽; 정근식·조성윤, 「80년대 지역문제와 주민운동」, 한국사회학회 편, 『한국사회의 비판적 인식』, 나남, 1990; 숭실대학교 기독교사회연구소, 『도시, 주민, 지역운동』, 한울, 1990 참조.

서, 가시적으로 유화적 통치양식은 보다 세련화되고, 때로 그 본성을 극히 모호하게 하고 있다.

1990년대 중반 이후 지방자치제가 본격화되면서, 지방자치단체들은 지역환경문제를 고려하고 지역주민들의 요구를 반영하는 환경정책을 수립, 시행할 수 있는 권한을 부분적으로 부여받게 되었고, 이에 따라 지역단위의 정치가 활성될 수 있는 최소한의 조건이 마련되었다. 그러나 실제 지방자치단체들은 지역의 환경문제 해소보다는 지역경제에 더 많은 관심을 가지고 경쟁적으로 지역개발을 촉진하는 경향이 보였다. 이러한 상황에서 지역에 기반을 둔 환경운동단체들의 결성이 활발하게 이루어졌고, 때로 보다 전위적인 실천방식들이 도입되기도 했다.

그러나 이와 같은 가시적 경향에도 불구하고, 환경운동은 외형적 성과 위주의 전략들을 추구하면서도 실천적 활동의 반복으로 인해 내면적으로는 침체되는 경향을 보이게 되었다. 특히 지방자치제의 본격적 실시와 선거를 통한 정권교체는 시민사회단체들에 대한 지지를 얻어내기 위하여 이들을 제도권 안으로 포섭하고자 했다. 이러한 중앙 및 지방정부의 전략은 시민사회단체들의 제도화를 통해 정책적 의사결정과정에 일정하게 참여시키고자 하는 의도를 전제로 하고 있지만, 이면적으로는 정부 역할의 최소화와 시장 논리에의 복귀를 통해 국민을 통치하고자 하는 이른바 신자유주의 통치체제에 기초한 것이라고 할 수 있다.

3. 환경운동의 유형과 전개과정

1) 환경운동의 유형

환경운동이란 자본축적과 생태환경 간 모순의 심화로 인해 야기되는 환경위기를 인식하고 이를 극복하기 위한 사회운동이다. 이러한 점에서 환경운동 또는 녹색운동은 "자연환경과 인간사회 간의 적대적인 대립관계와 환경위기(모순)를 극복하고자 하는 합목적적인 실천활동," 또는 "생태위기를 인지한 민중들이 중심이 된 집단적 행위의 공동체적 표현이며, 이 집단행위는 문제의 원인을 기존의 사회구조·이론·세계관에서 찾고 이것의 근본적인 변화 속에서 해결방안을 찾으며, 이의 대안적 상응물을 제공받고자 하는 사회운동"으로 정의되기도 한다.[9] 즉 환경운동은 자본주의적 또는 경제·정치적 배경하에서 발생하는 환경문제 또는 위기를 인식하고, 이의 극복을 위해 적극적인 관심을 가진 주체들이 일정한 전략과 방법을 통해 이를 해결하고 보다 바람직한 자연적·사회적 상황을 실현시키고자 하는 실천적 활동이라고 할 수 있다.

환경운동의 이러한 개념 정의는 운동이 발생하게 되는 배경으로서 정치·경제적 구조와 그에 내재된 모순을 강조하지만, 구조적 모순의 심화가 바로 환경위기를 발생시키며, 환경위기가 환경운동을 야기한다는 뜻은 아니다. 사회경제체계와 생태환경체계 간의 구조적 모순 심화가 현실적인 환경위기를 유발하기 위한 어떤 시·공간적 조건이 전제될 것이며, 또한 행위주체가 이러한 환경위기의 발생을 인지하고 실천적 환경운동을 전개하기 위해서는 일정한 집단적 (계급적) 의식의 형성에 의해 매개되어야 할 것이다.[10] 이러한 점에서, 실제 운동이 전개되는 행위의 차원에서는 운동의 주체, 관심대상의 문제인식, 동원되는 운동 방법 또는 전략, 운동의 조직 및 활동범위와 연대의 특성, 그리고 실현시키고자 하는 목표 등에 따라서 다양하게 범주화될 수 있을 것이다.[11]

---

9) 박상철, 앞의 글, 1991, 127쪽 및 문순홍, 앞의 글, 1992, 272쪽.

10) 환경운동이 발생하는 조건에 관한 논의로서 이시재, 「환경문제, 환경운동 그리고 민주주의」, 한국공간환경연구회 편, 『한국공간환경의 재인식』, 한울, 1992, 323-345쪽 참조. 그러나 이 논문은 "환경운동에 있어서 계급적인 귀속보다는 행위선택이라는 자율성이 더욱 중요하다고"(334쪽) 지나치게 강조하고 있다. 또한 환경운동의 조직과 그 전개과정에서 '의미구성'의 중요성을 강조하는 이득연, 「주민환경운동의 전개과정과 의미구성: 반핵발전운동을 중심으로」(미간행), 1992 참조.

11) 1990년대 초반 우리나라 환경운동단체들의 현황에 관해, 경실련 환경개발센터, 『환경을 지키는 한국의 민간단체』, 조선일보사, 1993 참조.

<표 2> 한국 환경운동의 유형

구분	유형 1	유형 2				유형 3	유형 4
		2-1	2-2	2-3	2-4		
일반특성	지역주민 운동	반공해 운동	환경(사회) 운동	생활공동 체 운동	자연보호 운동	일반시민 운동	전문연구 자운동
운동주체	직접피해 지역주민	환경문제에 보다 전문적인 관심을 가지는 일반시민				관심가진 일반시민	환경관련 전문연구 자
관심대상 환 경문제	생존생활 환경피해	민중의 공해피해	환경문제 일반의 사 회적 영향	자연·사 회환경 파괴	자연환경 파괴, 오염	다양함 (부수적)	문제실태, 원인, 대안
운동방법 또는 전략	진정, 농 성, 시위	지원, 항의, 교육	다양한 참 여·계몽	소비생활 자제, 개선	자연보호 활동	다양한 생활실천	연구, 자료, 강연지원
운동조직 활 동범위 연대특성	일회적, 국지적, 수동· 적극적	지속적, 비국지적, 능동· 적극적	지속적, 전국적, 능동· 적극적	지속적, 국지적, 능동· 소극적	지속적, 비국지적 (다양함)	(부수적) (다양함) (다양함)	지속적, 비국지적, 능동· 적극적
운동목적	생존권 보장	공해추방 사회변화	환경문제 의 해결	생활공동 체 회복	자연보호	(다양함, 부수적)	실태·원인 분석, 지원
한국 운동단체 사례	다양한 지역주민 운동단체	공해추방 운동연합, 반핵평화 운동연합 등	환경운동 연합, 녹색 연합 등	한살림	자연보호 운동협의 회 등	전국적으 로 다양 (종교단 체 등)	환경과 공 해연구회 등

　　이러한 점들을 고려하여 그동안 한국사회에서 발생한 환경운동의 유
형들을 범주화하면 <표 2>와 같다.[12] 그러나 이러한 유형화는 환경
운동이 드러내는 외형적 특성에 따른 분류라고 할 수 있으며 다소 복
잡하고 나열적이다. 이러한 유형분류에서 특히 환경문제에 대한 직접
적 관심에서 발생한 전문적 환경운동들은 그 운동의 성향이 사회적 또
는 생태적인가, 그리고 운동의 활동범위가 국지적 또는 비국지적인가
에 따라 <표 3>과 같이 보다 간단하게 범주화될 수 있다.[13]

---

12) 그외 환경운동의 유형과 이와 관련된 관점들에 관한 논의로서 김근배, 「한국
　　사회에서 환경운동의 현황과 과제」, ≪경제와사회≫ 제12호, 1991, 84-101쪽;
　　이상헌, 「한국 환경운동의 이데올로기와 주체에 관한 연구」, 서울대학교 환경
　　대학원 석사논문, 1993 등 참조

<표 3> 전문적 환경운동의 유형

활동범위 및 운동성향	사회적	생태적
국지적	지역주민운동	생활공동체운동
비국지적	반공해운동	자연보호운동

한국에서 가장 우선적으로 발생하여 현재까지도 지속되고 있는 환경운동의 유형은 공단주변지역이나 대도시에서 환경파괴와 오염으로 인해 직접 피해를 입은 지역주민들이 이에 대한 피해보상과 생존 및 생활대책을 요구하는 자연발생적이고 국지적 운동이었다. 이러한 자구적 지역환경운동은 직접 자신의 생계와 생명의 피해 당사자들이 주체가 된 운동이었기 때문에, 이들은 관련기관에의 진정이나 호소뿐만 아니라 도로점거 등의 격렬한 집단적 시위와 농성을 통해 자신의 상태와 요구를 표현하고 이를 실현시키고자 했다.

초기 단계에서 이 유형의 운동은 비조직적이고 일회적이었으며, 사회적 여론의 지지나 직접적인 외부 지원 없이 고립, 분산적으로 이루어졌다. 그러나 피해지역의 주민들은 공해의 피해가 지속적이고 장기적임을 인식하게 되고 또한 기업이나 국가의 조치가 극히 미온적이고 불만족스러움에 따라, 보다 체계화된 조직체를 구성하고 외부 환경운동단체 또는 사회운동단체들의 지원이나 연대하에 운동을 전개시켰으며, 운동의 목적도 단순한 재산상의 피해보상에서 건강상의 피해보상 및 이주대책 요구, 나아가 공해유발시설의 입지 반대 또는 철거 요구로 전환했다.

환경오염과 공해의 피해가 보다 광범위하게 확산되고 사회적으로 주요한 현안으로 대두됨에 따라, 직접 피해보상을 요구하는 지역주민운동과는 상이한 유형의 환경운동이 발달하게 되었다. 이러한 환경운동

---

13) 또한 환경운동의 성향과 더불어 지향하는 목적이나 이념에 따라 보수적인가 개혁적인가에 따라 유형화될 수도 있다. 이러한 유형화는 흔히 현대 환경론을 보수적/개혁적으로 구분하는 논의에서 원용될 수 있을 것이다. 이에 관해, 데이비드 페퍼, 『현대환경론』(이명우 외 역), 한길사, 1989 참조

은 직접적 피해 당사자들의 주민운동이라기보다는 환경문제와 이의 해결에 보다 적극적인 관심을 가지는 일반 시민들로 구성된 조직적인 환경운동단체를 중심으로 전개되었다. 그러나 이러한 유형에 포함되는 시민환경운동이라고 할지라도, 환경문제의 인식관점과 운동방법 및 전략 그리고 추구하는 목적에 따라 세부적으로 상이한 유형의 환경운동들이 있다.

'반공해운동'이라고 칭할 수 있는 환경운동은 환경오염과 공해로 인한 피해가 사회공간적으로 가장 힘이 없는 기층민중들에게 집중적으로 전가된다는 사실을 강조하고, 이러한 문제가 한국사회의 파행적 자본주의화과정 또는 경제·정치적 구조에 내재된 어떤 모순에 기인하여 구조적으로 발생한다고 이해한다. 이에 따라 반공해운동은 직접 피해를 당한 지역주민들의 환경운동을 적극적으로 지원하고, 환경문제의 실태와 원인을 사회구조적으로 파악하여 이를 여론화시키기 위해 다양한 공개 행사와 교육을 실시하며, 다른 부문의 사회운동들과 적극 연대하여 암묵적 또는 명시적으로 반공해(반핵)운동을 통한 사회변혁운동을 추구하고 있다.

이와는 달리, '생활공동체운동'이라고 칭할 수 있는 환경운동은 자연생태계의 파괴와 더불어 생활공동체가 해체되어가고 있다는 점을 우려하는 시민들을 중심으로 전개되었다. 이러한 환경운동은 유기농법으로 생산된 무공해식품 등을 도시 소비자와 직거래함으로써 공해식품을 추방하고 환경파괴를 줄일 뿐만 아니라 나아가 생활공동체를 회복시키고자 한다.

또한 '자연보호운동'이라고 할 수 있는 환경운동은 자연환경의 파괴와 오염 그 자체에 우선적인 관심을 가지고, 시민단체를 조직하여 그 실태를 파악하고 이를 개선하기 위해 자연보호캠페인 등의 활동을 하고 있다. 그외에도 기존의 시민운동단체들이나 종교단체들도, 환경문제가 점점 심각해지고 사회적으로 여론화됨에 따라, 조직 내에 환경관련 분야를 신설하고 일상생활 속에서 실천할 수 있는 다양한 방법들을 통해 문제에 대처하고자 한다.

끝으로 또 다른 유형의 환경운동으로 '전문연구자운동'을 들 수 있다. 환경문제를 전문적으로 연구하는 학자들 중심의 이 운동은 환경문제의 실태와 원인 규명, 그 자체에 우선적인 관심을 가지며, 이를 위한 환경오염의 실태 및 피해현황을 파악하는 연구활동을 수행하고, 또한 환경의식의 고양과 다른 유형의 환경운동 지원을 위해 환경교육, 강연회 개최, 연구자료의 제공 등의 사업을 추진하고 있다.

2) 환경운동의 전개과정

다양한 유형으로 전개되고 있는 환경운동의 특성을 어떻게 규정할 것인가의 문제, 또는 특정 시기에 이러한 유형의 환경운동들 중에서 어떠한 유형이 보다 탁월한가의 문제는 환경운동 그 자체의 발전과정뿐만 아니라 그것이 발생하게 되는 경제·정치적 배경의 변화에 관한 분석을 전제로 한다.[14] 그동안 우리사회에서 이루어진 다양한 환경운동의 전개과정은 운동 발생의 경제·정치적 배경의 변화와 이에 대응하는 운동의 탁월한 유형에 따라 <표 4>와 같이 시기별로 구분될 수 있으며,[15] 그 구체적 내용은 다음과 같이 서술된다.[16]

---

14) 환경운동의 발생과 그 배경에 관한 구체적 서술 또는 논의로서, 한국공해문제 연구소, 『한국의 공해지도』, 일월서각, 1986; 박현옥, 「한국의 공업도시와 환경운동」, 《사회학연구》 제4호, 1986, 192-221쪽; 한국기독교사회문제연구소, 『온산의 공해실태와 주민운동』, 민중사, 1987; 환경과공해연구소, 앞의글, 1991; 권해수, 「한국의 환경운동연구: 사례분석을 중심으로」, 《현대사회》 가을·겨울호, 1991 등 참조.

15) 우리나라 환경운동에 관한 논의들에서 그 시기별 구분은 다양하다. 이 글에서 구분은 한국사회의 자본주의화 과정에서 형성된 정치·경제적 배경(특히 산업구조와 이의 지역적 특성)의 전환시기와 관련되며, 환경과공해연구회, 『공해문제와 공해대책』, 한길사, 1991, 265-278쪽에서의 시기구분과 대체로 유사하다. 이시재, 앞의 글, 1992에서는 1987년 6월 이전, 1987년 6월 이후에서 1991년 페놀사태 이전까지, 1991년 페놀사태 이후로 시기구분하고, 각각 생활방어형 환경운동, 시민운동으로서 환경운동의 태동, 이의 제기형 환경운동

<표 4> 한국 환경운동의 전개과정

시기 / 구분	1960년대~ 1970년대	1980년대	1980년대 말~ 1990년대 중반	1990년대 중반~ 현재
특성	자구적 운동 등장	운동의 조직화	운동의 다양화	운동의 제도화
운동의 유형과 지역	공단 주변지역 피해주민들의 자구적이고 국지적인 운동	주민환경운동 강화와 도시지역 확산 및 반공해운동의 발달	주민환경운동의 확대와 다양한 운동유형들 등장 및 전국적 확산	기존 유형들에 따른 환경운동의 안정화와 전국적 확산이 거의 완료됨
운동의 목적과 방법	재산상의 피해보상과 생존권보장을 요구하는 진정, 시위, 농성 등	이주대책요구, 공해유발시설 반대, 주민운동지원, 실태조사, 반공해 행상 및 교육	피해보상, 공해추방, 생활공동체 회복, 자연보호 등 목표 혼재 및 상이한 방법들의 동원	전국적으로 계몽적인 환경운동과 지역단위의 환경 및 주민보호운동
운동의 조직과 연대	초기고립 분산적, 점점 조직화되고 외부단체들과 연대	주민환경운동의 조직화, 반공해운동과 타부문운동 간 연대 형성	다양한 운동조직체들의 형성 및 경쟁적 활동과 동시에 연대	운동조직의 제도화 및 타기관들(예, 언론)과의 연대활동 활성화

(1) 자구적 지역주민운동의 등장: 1960~70년대

한국의 환경운동은 이미 앞서 언급한 바와 같이 1960년대 이후 본격화된 자본주의화 과정과 상응한다. 1960년대 초반 국가 주도적으로 시발된 경제개발과정은 노동력이 풍부한 서울, 부산 등 대도시에는 경공업을, 자원과 상품의 수출입이 용이한 울산 등에는 수입대체산업을 육

으로 특징짓고 있다. 그외 우리나라 환경운동의 시대구분에 관해 이득연, 앞의 글, 1992; 정수복, 앞의 글, 1995 등 참조.

16) 한국 환경운동에 관한 논의로서 앞에서 인용한 문헌들 외에, YMCA와 같은 기존 시민운동단체들 또는 여성단체들이 인식하는 환경운동에 관해 김영수, 「환경보전 시민운동」, ≪도시사회≫ 창간호, 1991, 154-171쪽; 한명숙, 「환경과 여성」, 유엔환경개발회의 자료집, 『우리의 환경 우리 손으로』, 1992, 211-225쪽 참조. 또한 전문적 환경운동단체들에서 (재)인식하는 환경운동에 관해 장재연, 「환경운동의 질적인 전환의 모색」, 환경공해연구회, ≪환경과 공해≫ 제16호, 1991; 이수훈, 「위기의 국제정세와 위기의 운동: 환경운동의 열려진 공간」, 공해추방운동연합, ≪생존과 평화≫ 제17호, 1992, 32-33쪽 참조. 또한 보다 최근 사회학적 측면에서 환경운동에 관한 종합적 연구로서 제시된, 구도완, 『한국 환경운동의 사회학』, 문학과 지성사, 1996; 이득연, 『환경운동의 사회학』, 민영사, 1998 참조.

성시켰다.

1970년대 들어 국가는 해외 차관자본과 공해다발형 생산시설의 도입에 의존하여 중화학공업화를 선언하고, 기존의 공업지역을 확충할 뿐만 아니라 이와 연계성이 높은 포항, 온산, 창원, 마산, 여천, 광양 등 동남임해지역들에 대규모 중화학공단을 집중적으로 조성했다. 기업들은 설비투자와 상품생산에 급급하여 공해방지시설에 대한 투자를 완전히 무시했으며, 총량적 경제성장을 추구하는 국가는 이러한 문제를 묵인 또는 조장했다. 이로 인해 대도시의 환경은 점점 악화되기 시작했고, 대규모 공단이 조성되고 유해물질들을 배출하는 생산공정이 가동되는 공업지역의 환경은 급속히 파괴, 오염되었으며, 주변지역의 주민들은 자신의 생계를 유지했던 농경지나 어장의 파괴 및 오염으로 인해 물질적, 신체적 피해를 입게 되었다.

1966년 5월 부산 감천화력발전소 주변주민들이 제기한 매연 분쟁은 환경오염문제에 대한 국내 최초의 사건으로 기록된다. 수입대체산업의 전진기지이며 그 이후 중화학공업의 중심지 역할을 담당한 울산에서 1960년대 말부터 알루미늄, 비료, 정유공장 등이 본격 가동되자, 주변지역 농작물의 생산량이 급격히 감소하는 등 심각한 피해가 나타나기 시작했다. 지역주민들은 이러한 피해가 공장가동에 따른 공해에 기인한 것으로 판단하고 공단에 몰려가 피해보상을 요구했다. 그러나 공장 측은 그 피해의 원인이 불확실하다는 이유로 보상을 거부하다가, 1년 후 실제 예상수확량보다 훨씬 적은 액수(20% 정도)의 금전적 보상을 했다. 그 이후 울산지역 주민들은 공단의 피해가 반복, 누적적으로 발생한다는 사실을 확인하고, 1971년 지역유지들을 중심으로 대책위원회를 조직하여 정당한 피해보상을 받기 위해 관련기관에 진정하거나 공단과 직접 협상하는 방식으로 운동을 전개했다.

울산에 인접한 온산지역에도 1977년 대규모 화학공단이 조성되면서, 그 주변지역에 심각한 공해를 유발하게 되었다. 이 지역의 환경운동은 울산지역의 운동 경험을 토대로 기존의 전통적 지역공동체조직(어촌계)을 중심으로 전개되었으며, 보다 과학적인 증거제시와 피해액 산출 및 지도자의 보다 적극적 역할 수행으로 울산에 비해 많은 피해보상액 (그러나 요구된 보상액의 50% 정도)을 받아낼 수 있었다.

여천, 광양지역의 경우 1969년 호남정유공장이 가동되기 시작한 이 래 조성된 중화학공단은 주변지역의 대기를 극심하게 오염시켰을 뿐만 아니라 인접한 광양만을 폐수와 폐유로 황폐화시키고, 어패류의 몰살 등으로 지역주민들의 생계터전을 파괴했다. 이에 따라 지역주민들은 1972년 이래 피해보상과 이주대책을 요구하는 운동을 지속적으로 전 개했으며, 1978년 보다 조직적인 대책위원회를 결성하여 피해조사와 보상에 대한 관련기관의 소극적 반응에 대처하고자 했다.

이러한 환경운동의 주요 사례들에서 알 수 있는 바와 같이, 한국에 서 1960년 후반 이후 시작되어 1970년대에 걸쳐 발생한 환경운동은 특히 공업도시 주변지역의 주민들이 공단조성과 공해발생으로 인해 기 본적인 생존권이 박탈당하게 됨에 따라 자연발생적으로 전개되었다. 이 당시 경제적 배경으로 볼 때, 경제개발과정이 시작되었지만 아직 미 성숙단계였고 따라서 공해물질의 배출은 상대적으로 적었다, 또한 공 단건설 등을 통한 지역개발이 주민들에게 수혜적인 것으로 간주됨에 따라 국지적으로 발생하는 공해는 감수할 수밖에 없는 것으로 인식되 었다. 또한 억압적 통치체제를 구축하고 있었던 국가권력은 공해에 관 한 문제제기조차 사회·경제적 발전을 저해하는 반체제적 운동으로 몰 아붙이고 억압했다.17) 그리고 아직 전반적 시민의식이 형성되지 아니 한 상황에서 국지적으로 발생하는 공해의 피해는 해당지역주민들의 자 구적 환경운동에 대한 전국민적인 지지여론을 형성하지 못했다. 공해 로 인한 피해지역 주민들 역시 환경문제에 대한 인식수준이 아주 낮았

---

17) 자연환경의 파괴와 환경공해가 점점 심각해짐에 따라, 정부는 1975년 환경 문제에 관한 국내 최초의 조직적 민간단체인 '한국환경보호협의회'의 발족을 지원했으며, 이에 연이어 '환경교육회,' '한국녹색회' 등 자연보호운동단체들 이 형성되었다. 그러나 이 단체들은 피해받는 민중들의 구체적 삶보다는 정부 관련 기관과의 연계하에 자연보호운동 캠페인을 벌이는 정도였다.

으며, 체계적인 운동조직을 갖추지 못하고 주로 지역유지들을 중심으로 일회적 피해보상운동에 국한했다. 물론 1970년대 후반부터 운동의 경험의 축적되면서 지역환경운동은 어느 정도의 공식적 조직체계를 갖추기 시작했지만, 운동의 목표는 여전히 재산상의 피해보상을 요구하는 수준에 머물렀고, 국지적으로 고립된 채 환경운동의 내적 연대 및 노동운동이나 도시사회운동과의 연대가 전혀 형성되지 않았다.

(2) 조직적 환경운동의 발달: 1980년대

1980년대 한국경제는 산업구조의 재정비를 통해 중화학공업을 보다 강화시키면서, 부족한 자본을 조달하기 위해 다국적기업들의 직접투자를 유치하고, 1970년대 개발했던 대규모 지역공단들을 정비하여 가동률을 높이고자 했다. 이에 따라 국민총생산은 급속히 증가하게 되었고, 이에 상응하여 용수 및 에너지의 소비량 또한 급속히 증가되었지만, 공해방지시설에 대한 투자는 거의 이루어지지 않아 자원고갈과 환경공해는 누적적으로 확산되었다. 1980년 광주민주화항쟁을 폭력적으로 억압하면서 등장한 초기 군사정권은 생활권개발계획 등 복지정책을 이데올로기적으로 강조했지만, 정당성을 확보하지 못한 채 강압적 공권력에 의존하여 자신의 권력을 유지하고자 했다. 기존의 통치체계를 계승한 1980년대 후반의 정권은 민주화에 대한 대국민적 약속으로 가시적으로나마 유화적 통치체제를 구축하고 노동조합의 합법성 인정과 노동운동의 제도화를 추진했으며, 전반적 시민의식의 변화는 다양한 생활영역에서 국민의 권리의식을 고양시켜 도시재개발에 대한 도시지역 주민들의 빈번하고 치열한 저항운동 등을 가능하게 했다.

1980년대 전반 한국의 환경운동은 광주민주화항쟁의 강압적 저지에 따른 2~3년간의 충격으로부터 벗어나 재활성화되기 시작한 민주·민중운동의 한 부문운동으로서 새로운 발전의 계기를 맞게 된다. 즉 공해가 점점 누적, 확산됨에 따라 지역별 환경운동도 점점 치열해지고 전국적으로 확대되었을 뿐만 아니라, 이러한 국지적 환경운동을 지원하고 반공해의식의 함양을 위하여 선도적이고 조직적인 반공해운동단체들이 결성되었다.

1982년 인간답고 건강한 삶을 되찾기 위해 환경문제에 관심을 가지는 성직자들과 사회활동가들이 참여하여 설립한 '한국공해문제연구소'는 "공해에 대한 민중의 인식을 구체적이고 구조적으로 파악할 수 있도록 돕고 피해주민들 스스로 공해를 추방할 수 있는 역량과 행동을 지원"하고자 했다. 또한 공해문제가 점차 심각한 양상으로 확대됨에 따라 학생운동 내 소모임이나 연구회들이 생기고 1984년 말 이 소그룹의 대표들이 참여하는 '반공해운동협의회'가 결성되었고(1987년 '공해추방운동청년협의회'로 개편됨), 1986년에는 환경문제에 대해 보다 적극적 관심을 가지는 여성주부회원들을 중심으로 '공해반대시민운동협의회'가 창립되었다. 이 두 단체들(활동의 중복을 피하고 조직내부 재정문제를 해결하기 위해 1988년 '공해추방운동연합'으로 통합됨)은 공단지역에서 치열하게 전개되고 있는 지역환경운동의 지원뿐만 아니라 상대적으로 소홀했던 도시지역의 공해문제를 부각시킴으로써 일상생활과 직결된 환경운동의 필요성을 제고시키고 전반적인 반공해의식을 고취시키고자 했다.

이 시기 지역환경운동은 울산, 온산, 여천지역 등 중화학공단 주변지역에서 1970년대 말 본격적으로 결성된 주민조직들에 기반을 두고, 재산상의 피해보상뿐만 아니라 건강상의 피해보상 및 이주대책을 요구하는 보다 적극적이고 조직적인 운동으로 발전했다. 온산화학공단 주변지역의 공해병 발생과 이에 대한 이주대책을 요구했던 투쟁은 이 시기 대표적인 지역환경운동으로서, 지역주민운동과 반공해운동단체들 간의 연대가 형성된 첫 사례였다. 온산지역주민들은 1970년대 후반 이후 지속적인 피해보상운동으로 일정한 성과를 얻었지만, 1983년부터 어업권의 완전 소멸로 생존권을 박탈당했을 뿐만 아니라 신경통 및 각종 피부병으로 고통을 받았으며, 이러한 문제를 해소하기 위해 '이주촉진협의회'를 구성하고 도로점거 및 농성, 언론에의 강력한 호소 등을 통해 자신의 의사를 표현하고자 했다. 반공해단체들은 이러한 지역주민들의 환경운동을 지원하고 사회여론화시키기 위해 노력했지만, 정부는 언론을 통제하고 학계의 조사에 제재를 가하면서 공해병을 부인하고 지역주민들의 요구를 묵살했다. 1985년 이 지역에서 '온산병'이라고 불리는 질병이 집단적으로 발생하고 심각한 사회적 물의를 일으키게 됨에 따라, 정부는 이 지역에 역학조사를 실시하고 온산병을 공해병으로 규정하는 대신, 환경요인을 인정하여, 구체적 이주계획을 마련하기에 이르렀다. 이 운동 이후에도 온산지역은 여전히 심각한 환경문제로 고통을 받고 있지만,[18] 이 운동은 공해에 대한 전국민의 관심을 환기시키고 반공해운동이 확산될 수 있는 주요 계기가 되었다.

　1980년대 중반 이후 환경운동은 기존의 동남임해공업지역으로부터 서해안지역으로 해안매립과 간척사업 등에 의한 개발이 확대됨에 따라 이들 지역에서도 피해보상 요구를 중심으로 환경운동이 확산되는 한편, 공단주변의 농어촌지역으로부터 생활환경이 점점 심각하게 나타나기 시작한 도시지역으로 확산되기 시작했다. 즉 공장폐수 배출에 의한 상수원 오염, 공장의 유독가스나 분진, 항공기의 소음 등으로 인한 생활환경의 악화로 신체상에 심각한 피해를 받게 됨에 따라, 도시지역 주민들도 농어촌지역 주민들과 유사하게 자신들의 피해에 대한 대책을 요구하는 환경운동을 자발적으로 전개하게 되었다. 이러한 도시지역 주민환경운동의 주요 사례로서, 1983년 목포시민들의 영산강보존운동, 1985년 동두천지역 상수원의 오염심화에 대한 주민운동, 1987년 구로공단 주변 주민들의 운동, 1987~88년 상봉동 연탄공장부근 주민들의 운동, 신정동의 항공기 소음공해에 대한 운동 등이 발생했다.

　도시지역 주민들의 환경운동은 국지적으로 발생하는 공해에 대한 피

---

18) 그 이후 1986년 이주에 따른 보상협상이 제대로 이루어지지 않음에 따라, 지역주민들은 다시 격렬한 시위를 했으며, 정부는 경찰력을 동원하여 이를 억압적으로 제지시키고자 했다. 그 직후 환경단체, 재야단체 및 종교단체 등 13개 단체들이 참여한 울산·온산공해이주대책특별위원회의 구성은 상대적으로 침체된 분위기 속에서 주민들의 요구를 적극적으로 관철시키지는 못했다.

해보상 및 대책을 요구했다는 점에서 지방공단주변의 주민환경운동과 유사했다. 그러나 지방공단지역의 주민운동과는 달리, 대도시지역 주민들은 대기 및 식수오염 등으로 인한 건강상의 피해에 대한 대책을 요구하며, 기존의 시민운동단체들과 연대하여 대책위원회를 결성했다. 또한 반공해운동단체들이나 학계, 의학계, 법조계 등의 전문 조직들과 직접 연대 또는 지원을 받으면서 운동을 전개시킴으로써 보다 포괄적인 시민환경운동으로 발전할 수 있는 발판을 만들었다.

이와 같이, 지방의 대규모 중화학공단들이 본격적으로 가동됨에 따라 주변지역의 공해가 심화되고 보다 광범위한 지역으로, 나아가 전국적으로 확산되는 상황에서, 1980년대의 환경운동은 정치적으로 극히 억압적인 통치체제에도 불구하고(또는 그로 인해), 반공해의식이 강화되고 선도적 반공해운동단체들이 결성되게 되었으며, 보다 조직화되고 연대를 형성한 지역주민들의 환경운동은 공단주변지역뿐만 아니라 대도시지역으로 확산되었다. 선도적 반공해운동단체들은 공해가 발생하는 경제·정치체제의 구조적 배경에 대해 관심을 가지기 시작했고, 공해로 인한 피해를 민중적 관점에서 인식하고자 했다. 이에 따라 환경운동은 다른 부문 운동들과 더불어 사회변혁운동의 일부로 발전할 수 있는 계기를 마련했다. 또한 공단주변지역과 도시지역으로 확산된 환경운동은 다른 운동단체들과의 연대 또는 사회적 지원에 기반을 두고 보다 조직적인 활동을 통해 단순한 재산상의 피해뿐만 아니라 건강상의 피해보상 및 이에 대한 대책을 주장하게 되었다.

그러나 이 시기 환경운동은 이러한 발전에도 불구하고, 선도적 반공해운동단체들은 공해발생의 원인 규명을 위한 전문적 연구 역량을 갖추지 못했고, 또한 지역단위에서 반공해운동단체들이 아직 결성되지 않았기 때문에 전국적 연대·조직망을 형성하지 못했다. 그리고 지역주민들의 운동도 여전히 피해 발생 이후 이에 대한 보상과 대책을 요구하는 정도였고, 공단의 이전이나 철거를 요구하는 적극적 반대운동으로 나아가지는 않았다.

(3) 환경운동의 다양화와 확산: 1980년대 말에서 1990년대 중반

1980년대 말 한국경제는 다시 침체국면을 맞게 됨에 따라, 그동안 주로 해외 수출에 의존해오던 상품생산은 내수의 확충을 도모하게 되었으며, 다른 한편으로 첨단산업으로의 구조조정을 필요로 하게 되었다. 이러한 상황에서 한국경제에서 독점자본은 여전히 경제적 지배력을 강화시켜 나갔으며, 해외 다국적기업의 국내 투자개방 압력이 커지고, 또한 국제적 환경규제의 영향으로 이에 대처하기 위한 경제적 부담을 안게 되었다.

1987년 민주화에 대한 국민적 약속으로 집권하게 된 당시 정권은 사회 전반에서 억압적 통제를 줄이고 가시적으로 유화적인 정책을 시행하는 것처럼 보였지만, 실제 정권는 국민들의 여론을 반영하는 민주적 정책을 수행하기보다는 자신의 권력 유지를 위해 보다 교활한 통치체제를 구사하고자 했다. 이 과정에서 정부는 부분적으로 환경정책에 대한 관심을 증대시키고, 환경관련 행정부처의 개편, 확대와 몇 가지 주요한 환경관리정책을 강화(예를 들면, 환경영향평가제) 또는 신설(예를 들면, 환경개선비용부담금제)하고자 했다. 그러나 국가는 여전히 공해관련 자료들의 공개를 기피하고 환경정책들을 비밀리에 입안하여 일방적으로 시행하고자 했으며, 지역주민들의 환경운동을 '지역이기주의'로 몰아부치고, '모든 사람들이 가해자이며 피해자이다'라는 왜곡된 환경의식을 홍보·조장하고자 했다. 그럼에도 불구하고 국가는 누적적으로 증대하는 폐기물의 처리를 위해 시설의 확충을 필요로 하게 되었지만, 환경의식이 고양된 지역주민들의 반대로 인해 더 이상의 폐기물처리(매립)장 건설이 어려운 상황에 처하게 되었다.

이러한 상황하에서, 1990년대 전반부에 전개되었던 환경운동은 환경의식의 전국민적 확산과 운동유형 및 목적의 다양화로 특징지어진다. 우선 지역적 공해 피해사례들이 보다 빈번하게 발생됨에 따라, 이에 대응하기 위한 지역주민 중심의 환경운동도 보다 빈번하고 격렬한 양상을 띠게 되었다.[19) 이 당시 유해물질 배출공장의 가동 또는 입지에 반대하여 발생한 지역주민들의 운동에는 ① 다국적기업과의 합작회사인 동양화학 TDI 공장에서 유해가스를 유출하여 주민들에게 심각한 피해를 입힘에 따라, 공장 철거를 요구하는 지역주민들의 서명운동, 국회청원 및 집단적 시위, ② 국가가 다국적기업 듀퐁의 현지공장으로서 이산화타티늄공장 건설을 허가하고 이 공장의 건설과 이로 인한 주변지역의 공해가 예상됨에 따라, 울산, 온산지역 주민들과 환경단체들이 전개한 공장건설반대운동, ③ 독점재벌의 계열회사인 구미 두산전자의 유독성 물질 페놀의 무단방출과 이로 인한 낙동강 식수 오염으로 직접 피해를 입은 주민들이나 낙동강을 식수원으로 하는 대구, 부산지역 주민들 및 환경단체들의 항의시위 및 상품불매운동, ④ 대구 염색공단에서 불법 방출된 악성 폐수로 인한 낙동강의 오염에 대한 부산, 대구지역 환경단체들의 항의 등이 포함된다.

이러한 운동들은 공해 유발원인이 다국적기업 및 국내 독점재벌들의 이윤추구와 공해방지시설에 대한 투자기피에 있음을 확인하도록 했으며, 지역주민들의 환경의식을 고조시키고 지역단위의 반공해운동단체들이 결성될 수 있도록 했다. 또한 노동운동의 제도화로 활성화된 노조의 활동은 원진레이온 사태에서처럼 열악한 작업환경으로 인해 발생하는 직업병에 대해 관심을 고조시키고 이에 대한 해결책을 기업에 요구하는 한편, 대구 염색공단사태의 발단에서처럼 노조가 기업의 폐기물 불법방류 등을 폭로함으로써 공해문제를 노동운동의 주요 이슈로 제기하도록 했다.

지역주민들이 중심이 된 자발적 환경운동은 또한 산업시설의 확충과 대재벌의 이해관계를 우선 반영하고자 한 국가의 개발정책과 지역주민들의 의사를 무시한 채 일방적으로 제시된 공해관련시설의 입지정책에 대한 반대운동을 포함한다. 즉 서해안지역의 개발이 확대됨에 따라 해안 매립과 간척사업으로 인해 피해를 입게 된 지역주민들의 항의와 피

---

19) 이 시기 주민환경운동의 성격에 관하여, 이득연, 「주민환경운동: 동향과 과제」, 환경연구회 편, 『환경논의의 쟁점들』, 나라사랑, 1994, 215-242쪽 참조.

해 보상요구가 빈번하게 발생했으며, 특히 지역개발이라는 명분하에환경파괴를 전제로 개발업자들의 이해관계를 보장하고자 한 제주도개발특별법의 제정에 대한 지역주민들의 반대운동은 주요 사례라고 할 수 있다.

국가의 다양한 공해관련시설들의 조성에 대한 피해 보상요구 또는 입지 반대운동의 대표적 사례로서, ① 특정유해 산업폐기물 처리를 위해 조성된 환경관리공단 화성사업소에서의 폐수 유출로 인한 지역주민들의 시위와 농성, ② 산업쓰레기매립장 건설이 예정된 부산 해운대지역 주민들이 이에 반대하여 벌인 도로점거 등 집단시위, ③ 핵폐기물처분장 건설을 기습적으로 발표했다가 1만 명이 넘는 주민들의 격렬한 시위로 계획이 철회된 안면도 사태, ④ 원전의 추가건설과 더불어 핵폐기물처리장 건설후보지 선정을 둘러싸고 후보대상지역 주민들의 반대운동 등이 있다. 이러한 운동들과 더불어, 지방정부의 재정확충과 골프의 대중화라는 명분하에 남발된 골프장 허가와 이의 건설로 인해 피해를 입게 된 지역주민들의 골프장허가반대운동은 지역주민 중심의 환경운동 영역을 확대시켰다.

이와 같이 다양한 공해 피해사례와 전국적 확산 및 환경운동의 빈번한 발생으로 인해 직접 피해를 입은 지역주민들뿐만 아니라 공기, 식수, 식품 등의 오염으로 공해 피해에 점점 노출되게 된 일반 시민들도 환경문제에 대한 관심이 높아지게 되었다. 이에 따라 다양한 목적과 전략을 가진 환경운동조직들이 결성되게 되었다. 1980년대부터 지속적으로 활동해온 선도적 반공해운동단체들은 1988년 '공해추방운동연합'으로 통합되었고, 그 이후 다시 '환경운동연합'으로 개편되면서 조직역량과 활동영역을 확대시키게 되었으며, 다양한 공개행사 및 환경교육, 피해지역주민들의 환경운동 지원, 지역단위에서 조직된 많은 반공해운동단체들과의 연대 등을 통해 한국환경운동의 지도적 위치를 확보하게 되었다. 이와 더불어 1990년대에 들어와서 '배달환경회의'[이후 '(배달)녹색연합'으로 바뀜] 및 '경제정의실천연합' 산하의 '환경개발센터'

가 전국적 조직망을 구축하면서 다양한 계몽활동과 정책참여 활동을 전개하게 되었다.

그 외에도 1980년대 후반에서 1990년대 전반부에 다양한 환경운동단체들이 결성되었다. 예로, 서구사회에서는 이미 본격화되었던 환경운동의 정당화를 위하여, 1989년 우리나라에서도 '대한녹색당(가칭)' 창당준비위원회가 결성되기도 했다. 또한 농업의 급속한 쇠퇴와 농산물의 오염 및 농산물개발정책에 대비하여, '한살림' 운동과 같이 농촌에 기반을 둔 농민운동과 연대하여 도시의 소비자들과 무공해식품의 직거래를 추진하고 이를 통한 생활공동체 회복을 추구하는 새로운 양식의 환경운동이 활성화되었다. 그리고 점점 심각해지는 환경파괴와 공해문제에 대해 시민들의 관심이 고조됨에 따라, 자연환경의 보전이나 일상생활에서 환경오염 행위의 자제를 추구하는 환경운동이 기존의 환경운동단체 또는 다양한 시민운동단체 내 신설된 환경분야에 기반을 두고 시민운동의 일환으로 일반화되게 되었다.

생활 속의 직접적 실천을 목적으로 한 다양한 환경운동 및 조직형성과 더불어, 공해 실태와 이의 원인 규명 및 해결방안을 모색하는 한편 서구적 물질문명의 논리에 반대하고 생태(녹색)의식을 계몽하기 위한 전문적 환경연구자들의 적극적 활동('환경과공해연구회' 또는 '녹색평론'의 발간활동 등)들이 등장하여, 피해지역 주민들의 환경운동 및 다른 환경단체들의 지원 또는 일반 시민들의 환경의식 고양을 도모하게 되었다.

이 시기 한국의 환경운동은 1992년 6월 브라질의 리우에서 개최된 유엔환경개발회의의 민간환경단체모임에 환경전문가 및 활동가 40여 명을 참여시킬 정도로 성장했다. 또한 그 이후에도 주요 환경운동단체들은 시민운동 차원의 전문적 환경(정책)연구소 설립을 계획하고 해외 환경운동단체들과도 보다 긴밀한 관계를 도모하면서 그 역량을 확대시켜나갔다. 그러나 다양한 환경운동조직의 결성과 개별 환경운동단체의 조직 확대는 운동역량의 강화라기보다는 재정조달 및 운동이념의 혼란과 같이 조직의 비대화로 인한 여러 가지 문제들을 야기시켰다. 특히 재정확보를 위한 재벌기업과의 관계 형성 또는 정책대안 제시라는 명분으로 정부기관과의 유대는 한편으로 환경운동의 확대를 위해 필요하겠지만, 이로 인해 환경운동의 진정한 성격이 왜곡·변질될 우려를 자아내기도 했다.

사실 환경운동과 관련하여 기업들과 국가가 환경문제에 대해 가지는 관심이 진정 문제 해결을 위한 것인지 아니면 단지 그들 자신의 장기적 이해관계를 도모하기 위한 것인지에 대해서는 의문시된다. 뿐만 아니라 다양한 목적과 전략들을 가진 여러 가지 유형의 환경운동단체들의 혼재는 환경의식과 실천을 포괄적으로 확대시키는 데는 기여했을지 모르지만, 때로 지나치게 낭만적이거나 관념적인 환경의식을 고취시킴으로써 환경운동의 진정한 의미와 목적을 모호하게 하거나, 심지어 상호 경쟁적 관계에서 전략상의 차이를 드러내고, 당면한 환경문제에 대응하기 위해 필요한 실질적 연대를 어렵게 하기도 했다.

(4) 환경운동의 제도화와 안정적 침체: 1990년대 중반 이후

1990년대 중반에 들어서면서 정부는 신경제계획 및 경제의 세계화 전략 등을 추진하면서 여전히 경제성장에 우선적인 관심을 두었으며, 이에 따라 우리나라 경제는 외형적으로 상당히 높은 경제성장률을 지속시켰다. 그러나 이러한 경제성장은 재벌중심의 독점경제의 지속과 더불어 무분별한 외채 도입에 의한 중복투자 등 매우 비효율적이고 파행적인 전략들에 의존한 것이었다.

특히 1995년 지방자치제가 본격화되면서, 지방정부는 지역 환경여건을 고려하여 지역주민들의 여론을 반영한 지역정책들을 수행할 것이라는 기대와는 달리, 부족한 지방재정의 확충 또는 지역경제의 활성화를 명분으로 역외자본을 끌어들이기 위해 무분별한 지역개발정책들을 촉진시키고자 했다. 이에 따라 지방정부는 상대적으로 환경관리정책에 대해 무관심하거나 심지어 환경을 파괴, 오염시킬 수 있는 정책들을 추진했으며, 이러한 지역개발정책은 중앙정부의 환경관리정책과 갈등을 일으키거나 또는 인접한 지방정부 또는 주민들의 반대에 부딪히기도 했다.

이러한 환경갈등의 대표적 사례로서, 대구시가 추진하고 있는 위천공단계획을 들 수 있다. 1990년대 초 염색 및 섬유산업단지로 추진되었던 이 계획은 지자체가 본격화되기 이전에 이미 부산 및 경남지역의 반대에 부딪혀서 지연되었던 것으로, 1995년 지자체 선거과정에서 공약사업으로 제시되면서 국가공단계획으로 확대되었다.[20] 부산 및 경남지역 주민들은 낙동강 중류지역인 대구지역에 대규모 공단이 조성될 경우 그 하류지역에 위치한 자신들에게 직·간접적으로 큰 피해 미칠 것을 우려하여 이 계획에 대해 적극적으로 반대하게 되었으며, 결국 정치적 문제로 확대되어 1998년 말 현재에도 해결되지 않고 있다. 이미 페놀오염사태와 낙동강 식수오염 재발사건을 경험한 부산, 경남지역은 위천공단에 어떠한 업종이 입주하더라도 식수원 오염은 불가피하기 때문에 공단조성계획은 백지화되어야 한다고 주장하는 반면, 대구시는 낙동강 오염의 주원인인 금호강 오염문제를 통제하기 위해 많은 투자를 함에 따라 오염도가 크게 개선되었으며 또한 위천공단에 입주할 업종이 첨단산업으로서 저공해산업이라는 점을 강조하고 있다.

위천공단계획을 둘러싼 이러한 사례 외에도 많은 환경갈등들이 발생했다.[21] 예로, 1995년의 군포와 김포 주민들 간 수도권 매립지 주민대책위원회를 둘러싸고 전개되었던 쓰레기분쟁은 본격적인 지방자치 실시 이후 최초의 지방자치단체 간 환경분쟁이었으며, 특히 관련집단들 간에 복합적인 분쟁의 양상을 보였다. 또한 강원도 춘천시와 홍천군 간에도 쓰레기 매립장 건설을 둘러싸고 환경분쟁을 겪었으며, 서울시와

---

20) 영남지역 환경운동연합, 「낙동강 보존과 위천공단 조성문제」, 공동토론회 자료집, 1995; 최병두, 「위천공단조성계획과 대구지역의 경제와 환경」, 『김우관 교수 회갑논문집』, 1996, 214-242쪽; 최병두, 「경제-환경적 모순과 갈등의 사회공간적 전이」, ≪공간과사회≫ 제7호, 1996, 12-58쪽 등 참조

21) 한국지방행정연구원, 「지방자치시대의 갈등사례」, 1996 등 참조

경기도 간에는 팔당상수원의 수질보전을 위한 상수원보호구역 확대 지정을 둘러싸고 분쟁이 계속되었다. 이러한 갈등에 봉착하여, 1990년대 초반의 상황과는 달리, 정부는 이러한 환경갈등을 더 이상 님비현상으로 통제하지 못하고, 일정한 중재하에서의 타협이나 피해가 예상되는 지역에 대한 지원을 모색하게 되었다.

그 외에도 1995년 이후 가야산 국립공원 안에 조성될 것으로 허가받은 해인골프장 건설 반대를 위해 대구, 경북지역 35개 사회단체가 연대하여 운동을 전개했으며, 울산 등지에서는 원자력발전소 추가건설계획에 대한 주민들의 반대운동이 있었다. 또한 1997년에는 환경전문단체를 포함하여 많은 시민운동단체들이 쓰레기줄이기운동에 동참했으며, 시화호 오염사태에 대한 전국 환경운동단체들의 강력한 지적과 대만 핵폐기물 북한 이송에 대한 반대운동 등이 전개되었다. 보다 최근에는 남한강 상류지역인 동강유역의 댐건설계획에 대한 저지운동이 전개되고 있다.

이와 같이 다양한 사안들에 대한 환경운동단체들의 활동은 사안들에 대한 적절한 대처를 통해 환경문제를 해결할 수 있도록 했을 뿐만 아니라, 운동단체 자체의 영향력 확대를 가져왔다. 또한 이러한 상황에서, 지역단위의 소규모 주민환경운동단체들도 그 수가 점점 증가하면서 전국적으로 확충되어갔다. 환경운동은 새로운 환경운동단체들을 형성하기보다는, 이미 상당한 영향력을 확보하게 된 기존 환경운동단체들을 중심으로 이루어졌다. 이들은 시민들의 환경의식 고양 및 환경관련 정책 비판 등 기존의 활동방식을 지속적으로 유지하면서, 간헐적으로 환경 이벤트 또는 해프닝 성격의 행사를 통해 자신들의 입장을 드러내기도 했다.

이제 전국적 규모의 환경운동단체들은 상당한 규모의 회원들을 확보하게 되었을 뿐만 아니라 환경문제에 민감한 재벌이나 환경관련 기업들 및 환경정책의 입안 및 시행을 담당하는 관료와 정치가들에게도 보다 큰 영향력을 행사할 수 있게 되었다. 이 과정에서 이 단체들은 자체

내 연구기능을 확충하여, 환경관련 사업들을 수행할 수 있게 되었으며, 이러한 환경사업들의 수행은 그 결과에 따라 정책대안의 제시나 시민들의 환경의식 고양에 기여하고자 했을 뿐만 아니라, 환경단체의 재정 확충에 주요한 근원이 되었다. 또한 언론도 환경운동단체들과 매우 호의적인 관계를 유지하면서, 환경운동단체의 비판적 성명이나 계몽적 활동들을 보다 빈번하게 기사화하였으며, 때로 특정 사안에 따라 환경운동을 공동으로 주최하거나 후원하기도 했다.

이러한 과정에서 일부 환경운동단체들을 포함하여 여러 시민운동단체들은 특정한 정치적 지향을 드러내거나 또는 정치권력의 주요한 포섭 대상이 되게 되었다. 이러한 상황은 1990년대 전반 이른바 문민정부라고 불렸던 김영삼 정권의 출범에서부터 나타나기 시작했다. 처음에는 시민운동단체들의 몇몇 지도자 또는 명망가를 중심으로 정치권력에 참여하기 시작했으며, 그 이후에는 시민운동단체들에 대한 직·간접적 지원이 이루어졌고, 이를 위해 시민단체지원기금이 마련되기도 했다. 물론 이러한 시민단체들에 대한 지원은 기존의 관변단체들에 대한 지원에 비해서는 매우 적을 뿐만 아니라 제도적 통제나 공식적 및 비공식적 대가성 요구도 적은 편이라고 할 수 있다. 실제 정부의 이러한 직·간접적 지원을 통해, 환경운동을 포함한 여러 시민사회운동들은 실질적으로 상당한 영향력을 행사하면서 활동의 일정한 목적을 달성할 수 있게 되었다. 또한 사회운동 활동가들은 최소한 생계를 유지할 수 있는 전업 상근자로서 자신의 역할에 상당히 안정적으로 종사할 수 있게 되었다.

그러나 다른 한편으로 이러한 환경운동, 나아가 시민사회운동 일반의 제도화는 (환경)운동단체들로 하여금 환경문제에 대응하는 자발적 활동보다는 수동적으로 주어지는 프로젝트성 사업에 더 많은 관심을 가지도록 유도했다. 이에 따라 환경운동단체의 상근인력은 확대된 반면 확충된 내부 역량의 상당부분은 이러한 사업을 수행하는 데 투입되었다. 이러한 사업들은 그 성격상 대체로 정부의 입장을 암묵적으로 따르거나 또는 이를 홍보하는 연구나 주민대상 활동들을 요구하기 때문에, 사회환경적 문제들과 관련하여 정부에 대한 비판적 기능을 약화시키는 경향이 있다. 또한 이러한 사업들을 수행하는 과정에서 환경운동 단체들의 활동은 어떤 새로운 행위를 추구하기보다는, 일상적으로 수행하는 일과들의 반복으로 상례화하게 되었다. 이렇듯 시민사회운동이 제도권내로 포섭되면서, 정부는 사회운동단체들의 등록과 이 관리를 제도화하고자 했으며, 나아가 직접 시민사회운동을 주도하고자 의도를 드러내기도 했다. 그러나 이러한 의도는 환경운동을 포함하여 다양한 시민사회운동을 활성화시키기보다는 오히려 그 순수한 목적을 훼손시키고 따라서 바람직한 발전을 저해하는 경향을 보일 것으로 우려된다.

4. 환경운동의 전망과 과제

환경운동은 흔히 공해와 관련된 특정 사건의 발생으로 인해 직·간접적으로 피해를 당하는 지역주민들이나 시민들의 자구적 노력에 바탕을 둔다. 그러나 한 사회에서 환경운동이 발전하게 되면, 이러한 사건들이 단순히 우발적으로 이루어지는 것이 아니라 그 사회의 경제·정치적, 사회적 배경하에서 구조적으로 발생한다는 사실을 깨닫게 된다. 사실 자본주의 경제·정치체제의 특성은 우리들로 하여금 이제까지 그러했을 뿐만 아니라 앞으로도 환경문제가 지속적으로 발생할 것임을 인식하도록 한다. 왜냐하면, 자연환경이 가용자원을 부담할 수 있는 능력이나 오염물질을 자정할 수 있는 능력은 일정하게 한정되어 있지만, 자본주의 경제체제는 가치증식을 위해 지속적인 확대재생산을 필요로 하고, 이에 따라 더 많은 자원의 이용과 더 많은 오염물질의 배출을 가져오기 때문이다. 즉 그동안 자본주의 사회에서 추진된 과도한 경제성장과 개발과정은 인간적인 삶을 목적으로 한 것이라기보다는 축적 그 자체를 목적으로 하는 자본축적 메커니즘에 의해 추동되었다.

특히 포드주의적 축적체제, 즉 대량생산과 대량소비양식을 구축한 오늘날 자본주의 경제메커니즘은 생산영역뿐만 아니라 생활영역에까지도 침투하여 자원의 무분별한 남용과 공해의 누적적 확산을 초래했으며, 기존의 경제체제에 커다란 변화가 없는 한 이러한 상황은 지속되고 더욱 악화될 것으로 보인다. 특히 세계경제에서 주변부적 성격을 가졌던 한국은 자본과 기술 및 자원이 극히 열악한 상황에서 국가 주도적으로 중화학공업화를 추진하였다. 이 과정에서 총량적 경제성장에 기여할 수 있는 산업이라면, 환경파괴와 공해로 인한 피해가 어떠하든지 간에, 이를 유치하고 육성하고자 했다. 그러나 그 결과로 얻게 되는 이윤은 다국적 기업과 독점자본에 의해 전유되는 반면, 그로 인한 환경파괴와 공해의 피해는 특정 지역주민들과 사회적으로 가장 허약한 계층들에게 집중적으로 전가되었으며, 앞으로도 그러할 것이라고 예상된다.

물론 선진 자본주의 사회에서 경험된 바와 같이, 한국사회에서도 첨단산업으로의 구조조정을 통해 고부가가치의 창출과 더불어 소재의 극소화 및 신소재의 개발 그리고 극소전자체계에 의해 통제되는 생산공정의 합리화를 통해 원료 및 에너지의 낭비를 줄일 수도 있을 것이다. 그러나 실제 한국사회에서 산업구조의 재편은 과학기술의 개발을 위한 연구개발부문에의 투자를 기피하는 독점자본에 의해 지연되고 있으며, 실제 첨단산업이 부분적으로 도입된다고 할지라도 기존 산업에 의해 발생하는 환경문제는 여전히 잔존할 것이다.

이러한 상황에서 국가는 환경문제로 인한 경제·정치체제의 역기능 효과들(예를 들면, 국제적 환경규제의 영향, 환경운동의 확대로 인한 지지기반의 상실 등)을 감소시키기 위해 공해에 대한 통제를 어느 정도 강화시키고 환경산업을 육성시키고자 할 것이다. 그러나 자본축적을 우선으로 하는 국가의 환경관리정책은 일정한 한계를 가질 수밖에 없으며, 국가와 독점자본에 의해 추진되는 환경산업의 발달은 환경문제 해결 그 자체를 목적으로 하기보다는 국민들의 세금으로 마련된 재정을 이용하여 새로운 이윤창출 기회를 마련하는 데 목적을 두고 있는 것처럼 보인다. 결국 자본주의적 경제·정치체제는 더욱 광범위하게 사회생활 전반에 침투하여 자연 및 사회환경을 예속, 파괴시키게 될 것이다.

그동안 한국의 환경운동은 위에서 살펴본 바와 같이 공해의 누적적 심화와 전국적 확산에 상응하여 양적으로 확대되고 조직면에서도 강화·발전되어왔다. 지역주민들 중심의 지역환경운동은 피해보상에서 나아가 공해의 근원에 대한 반대운동으로 발전했으며, 환경운동단체들의 전국적 결성되어 이들간의 연대를 강화시키고 있다. 그 외에도 다양한 시민운동단체들과 환경연구자모임들이 환경문제에 대한 관심을 고조시키고 직접적으로 실천활동에 참여하거나 또는 연구 및 교육을 통해 환경의식을 고양시키고 대안적 환경정책을 제시하고자 했다. 이러한 환경운동의 결과로, 기업과 국가는 환경문제에 보다 많은 관심을 가지고 최소한 가시적으로 이에 대한 통제 노력과 투자를 증대시키고 있다. 또한 환경운동의 활성화는 전국적으로 다양한 환경운동단체들의 결성을 통해 이루어졌으며, 환경문제에 대한 지속적 관심과 시민의 입장에서 환경문제에 대한 감독과 통제의 가능성을 열어놓았다.

환경문제가 재벌기업이나 국가에 의해 해결될 것이라고 기대하기는 어렵다. 따라서, 점점 심화되고 있는 환경문제로 인해 피해를 입고 있는 시민들이 보다 적극적으로 환경운동에 참여하여 실질적인 해결책을 강구하는 것이 무엇보다도 중요하다. 물론 시민사회에서도 자본주의적 생산관계가 점점 더 확장되면서, 일상생활의 모든 것이 자본의 이윤영역으로 전환되고 대중매체를 통한 광고 등으로 과소비가 더욱 만연하게 될 것이다. 또한 관료주의적 국가 통치체제는 보다 교묘하게 가장된 채 시민사회에 점점 더 깊게 침투하면서, 사회생활의 모든 영역이 국가의 통제하에 들어가고 대중매체를 통한 이데올로기적 홍보로 물상화된 생활이 더욱 조장될 것이다. 특히 이러한 상황에서 공해로 인한 생태적·사회적 위기가 점점 심화됨에도 불구하고, 시민들의 환경의식은 개인주의적으로 오히려 왜곡되어, 공해의 피해에 대한 개인적 회피와 보다 힘없는 계층으로의 전가를 초래하게 될 우려가 있다. 또한 이러한 문제를 해결하기 위한 환경운동은 자본과 국가의 보다 치밀한 전략으로 저지, 무산될 수 있을 뿐만 아니라, 환경운동의 다양화와 제도화는 환경운동의 진정한 의미를 모호하게 하고, 환경운동 내부의 분열 또는 조직의 이완을 초래할 수도 있을 것이다.

이러한 논의에 따르면, 앞으로 우리사회에서 환경문제는 지속적으로 발생 또는 더욱 악화될 수 있으며, 따라서 이를 해결하기 위한 사회적 노력으로 보다 철저한 환경운동이 요구된다고 할 수 있다. 즉 환경문제를 실질적으로 해결하고 인간다운 삶을 보장하는 사회체제의 건설과 자연환경의 회복을 추구하는 환경운동은 그 주체의 성격과 목적을 보다 객관적으로 규명하고 이를 실현시킬 수 있는 전략과 방법을 보다 과학적으로 모색할 수 있어야 할 것이다. 이러한 점에서, 앞으로 한국의 환경운동을 위해 전제되는 몇 가지 주요 과제들이 다음과 같이 설정될 수 있다. 이러한 과제들의 설정은 최근 국내 환경운동의 다양화와 이에 따라 그 성격이 점점 모호 또는 왜곡, 변질되어가는 상황을 극복하기 위한 것이며, 동시에 서구 자본주의사회에서 1980년대 이후새롭게 제기되고 있는 이른바 신사회운동론의 문제점을 암묵적으로 지적하기 위한 것이다.[22]

---

22) 신사회운동(론)은 환경운동 외에도 서구사회에서 새롭게 제기되고 있는 여러 가지 운동들, 예로 여성운동, 평화운동, 공동체운동 등을 포함한다. 신사회운동에 관한 논의로서, 앞에서 인용된 문헌들 참조. 특히 문순홍, 앞의 글, 1992, 276-278쪽에서는 환경(녹색)운동과 신사회운동 간의 차별성이 강조되고 있다. 그외 신사회운동에 관한 국내 논의들로서 양현아, 「새로운 사회운동의 전개와 논리」, 서울대 사회학과 석사논문, 1991; 김호기, 「포스트맑스주의와 신사회운동」, ≪경제와사회≫ 제14호, 1992 등 참조. 신사회운동론의 여러 경향에 관해서 B. A. Fields, "In defence of political economy and system analysis: a critique of prevailing theoretical approach to the new social movement," in C. Nelson and L. Grossberg(eds.), *Marxism and the Interpretation of Culture*, London: Macmillan, 1988; 벨덴 필즈, 「신사회운동론의 여러 경향과 비판」, ≪사회와사상≫ 가을호, 1991, 103-129쪽; A. Scott, *Ideology and the New Social*

첫째, 환경운동은 전통적 의미의 계급운동은 아니지만, 반(反)자본운동으로서 계급적 성격을 내포하는 사회운동이다. 전통적으로 계급운동은 생산수단을 소유하지 않고 그 자신의 노동력을 판매하는 노동계급에 의해 생산영역에서 발생하는 투쟁으로 인식된다. 그러나 오늘날 이러한 계급관계에 직접 기초한 노동운동은 기존 사회체제 내로 내면화됨(즉 국가간에 다소간의 차이는 있겠지만, 제도적으로 보장됨)에 따라 계급운동은 더 이상의 의미를 상실했다고 주장된다. 또는 자본주의적 경제·정치메커니즘이 생산영역에서뿐만 아니라 일상생활의 모든 영역으로 확대됨에 따라, 이에 저항하는 운동은 통계급적(cross-class), 비계급적 또는 더 나아가 순수한 계급운동으로 간주된다. 특히 환경운동은 공해로 인한 피해가 전지구적으로 미치며 어떤 누구도 이로부터 면제될 수 없다는 점에서 시민사회 전반에 걸쳐 그 성원들이 전개하는 광범위한 중간계급운동에 속하는 것으로 인식된다.

그러나 환경운동이 계급운동인지에 관한 논의에 있어, 계급운동을 생산영역에서 노동자계급에 의해 주도되는 동질적 계급투쟁이라고 인식하는 신화적 개념에 얽매일 필요는 없을 것이다. 즉 환경운동에 관한 논의는 사회·공간적으로 다양한 집단들에 의해 다양한 목적과 전략을 통해 전개되는 투쟁을 단순히 경제구조 내부로 환원시키지 않더라도 새로운 계급적 저항형태로 이해되고, 고무될 수 있다.23) 달리 말해서 환경운동이 계급적 성격을 내포한 사회운동이라는 점은 첫째, 환경문제가 기본적으로 자연환경 요소들을 매개로 해서 전달된다고 할지라도 그 발생원인은 축적 자체를 위한 자본축적과정과 이를 뒷받침하는 국가정책상의 문제이며 둘째, 이러한 환경문제로 인해 입게 되는 피해는

Movements, London: Unwin Hyman, 1990 참조.

23) L. Wilde, "Class analysis and the politics of new social Movements," _Capital and Class_, no.42, 1990; 로렌스 와일드, 「신사회운동과 계급정치」, ≪사회와사상≫ 가을호, 130-154쪽 참조. 또한 이러한 점에서 환경운동과 노동운동 간의 결합 또는 연대가 강조된다. 유승무, 「한국 노동자계급 생활권의 환경문제」, ≪동향과전망≫ 봄호, 1992 참조.

결국 사회·공간적으로 가장 취약한 기층민중들에게 전가된다는 사실에 바탕을 둔다. 특히 한국사회에서 환경운동에 내포된 계급적 성격은 환경문제가 제국주의적 경제·정치 지배에 의해 직·간접적으로 규정되어 가중된다는 점에서 더욱 강조된다.

둘째, 환경운동은 자구적이고 방어적인 운동에서 출발하지만, 문제의 근원을 해결하기 위한 사회변혁을 지향한다. 환경문제는 자본축적 과정에 내재된 모순을 잠재적으로 해결하기 위해 자연환경 및 사회생활이 이에 점점 더 예속된 결과로서 발생하고, 자본의 이해관계를 반영하는 관료주의적 국가정책에 의해 가중되며, 바로 이러한 환경문제는 환경운동을 유발시키는 핵심적 요인이라고 일반적으로 인식된다. 오늘날 발생하는 다양한 사회공간적 문제들은 자본주의적 경제·정치체계의 작동메커니즘이 일상생활에 침투하여 이를 식민화시킴에 따라 발생한 것으로, 환경운동을 포함하여 다양한 사회운동들은 이러한 문제들로 인해 발생하는 피해와 억압으로부터 생존, 생활환경을 보호하고 일상생활에서 자율성의 영역을 확대시키기 위한 자구적이고 방어적인 운동이라고 흔히 규정된다. 이러한 점에서 환경운동은, 자본주의적 경제·정치체계의 식민화로 인해 자연환경의 파괴와 공해로 인한 피해가 확산되고 있으나 국가가 이를 방조 또는 조장함에 따라, 자연보호 또는 공동체 회복을 위해 시민이 주축이 되어 펼치는 시민생활운동이라고 할 수도 있다.

그러나 이러한 자구적이고 방어적인 환경운동의 목표 실현이 자연환경과 일상생활을 점점 더 강력하게 예속시킬 뿐만 아니라 이러한 예속으로부터 벗어나기 위한 투쟁을 보다 교묘하게 통제하고자 하는 경제·정치체제에 대한 투쟁없이 가능할 것인가라는 의문이 제기된다. 즉 생존 및 생활의 자율성 확대를 위한 투쟁은 또한 동시에 이를 식민화시키는 자본주의적 경제·정치체계의 변혁을 명시적으로 또는 암묵적으로 함의할 수 있다. 이러한 점은 공동체 회복이나 자연환경 보호를 명시적 목표로 설정한 환경운동에 있어서도 적용될 수 있다. 즉 이러한 환경운동이 직면한 문제들로서 공동체의 파괴나 자연환경의 오염을 극복하기 위한 노력이 진정하게 실현된다면, 이러한 노력은 사실 자본주의적 경제·정치체계의 작동메커니즘에 비록 간접적이라고 할지라도 변화를 초래할 수 있기 때문이다. 이윤추구의 자본축적메커니즘과 관료주의적 국가권력이 생활환경에 광범위하게 침투하게 됨에 따라 유발되는 환경문제를 해소하기 위해, 환경운동은 단순히 이러한 침투에 대한 방어적 자세로 머물러 있기보다는 문제를 유발하는 근본적 원인의 과학적 규명과 이를 실질적으로 해결하기 위한 보다 적극적 실천을 통해 사회변혁을 지향하는 운동으로 나아가야 할 것이다.

셋째, 환경운동은 사회공간적으로 전지구적 (전체적인) 것과 국지적인 (부분적인) 것을 결합시켜야 할 것이며, 이를 위해 다양한 연대를 강화시켜야 할 것이다. 오늘날 환경문제는 전지구적으로 드러나는 온실효과나 오존층의 파괴와 같은 현상들뿐만 아니라 국지적으로 발생한 공해의 누적적 확산으로 인해 전국적으로, 나아가 국제적으로 발생한다는 점에서, 환경운동은 보다 거시적이고 전체적인 환경문제를 고려해야 한다고 인식된다. 그러나 또한 환경문제는 개별지역의 특정한 개발이나 공해관련시설들의 입지로 인해 그 피해가 일정지역에 집중적으로 전가된다는 점에서, 환경운동은 사회공간적으로 특정한 환경문제에 우선적으로 관심을 가져야 한다고 주장된다. 이와 같이 국지적이며 동시에 전지구적으로 다양한 차원에서 다양한 피해를 초래하는 환경문제를 해결하기 위해, 환경운동은 특정지역에 집중적으로 전가되는 환경문제에 대한 관심과 더불어 그 지평을 전체적인 것으로 확대시켜나감으로써, 국지적으로 발생하는 피해지역 주민들의 환경운동과 보다 광범위한 영역에서 발생하는 환경문제들에 대처하기 위한 일반 시민들의 환경운동들을 결합시켜야 할 것이다.

사회공간적으로 전체적인 것과 국지적인 것을 결합시키려는 노력은 물론 다양한 차원에서 발생하는 개별 환경운동의 의의와 효과를 부정하는 것이 아니다. 그러나 다양한 차원에서 다양한 목적을 가진 환경운동들이 고립, 분산적으로 추진된다면, 이들은 서로 자신의 목적을 우선적으로 실현시키기 위해 상호 배타적으로 운동을 전개시키게 될 것이고, 비록 이러한 과정에서 일부 운동이 부분적 성공을 거둘 수 있을지 모르지만, 이는 결국 다른 운동의 실패로 자신의 성공을 실현시키는 것에 불과하다. 따라서 다양한 환경운동의 주체들은 자신이 해결하고자 하는 문제들이 비록 상이한 차원에서 상이한 양상으로 발생할지라도 동일한 경제·정치체제의 구조적 원인에 의해 야기된다는 사실을 인식함으로써 국지적 저항과 전지구적 관심을 결합시킬 수 있다. 또한 상호 간의 연대를 통해서만이 자신이 우선적으로 관심을 가지는 문제도 해결할 수 있다는 점을 깨달아야 한다. 여기서 다양한 환경운동들 간의 연대는 단지 연대 그 자체를 목적으로 하기보다는, 연대를 통해 특정한 환경문제들을 해결함으로써 궁극적으로 상호 공통적으로 지향하는 바람직한 자연적·사회적 상황을 실현시키게 될 것이다. 또한 동시에 이러한 연대는 환경운동에만 국한되는 것이 아니라, 자본주의적 경제·정치체제의 침투로 인해 억압과 피해를 당하는 모든 영역과 차원에서 발생하는 사회운동들과 연대함으로써 그 목적을 실현시킬 수 있게 된다.

넷째, 환경운동은 문제해결을 위한 실천적 행동과 이를 가능하게 하는 의식의 고양을 위해 가능한 모든 방법들을 동원할 수 있으며, 단순한 압력단체 이상의 정치성을 띠어야 한다. 생활환경상의 물리적 (재산 및 건강) 피해를 해소하기 위해 전개되는 환경운동은 피해에 대한 보상이나 오염원의 입지 반대에 대한 실천적 활동으로서 집단적 진정, 협상, 시위, 농성 등과 같은 다양한 방법을 동원할 수 있다. 다른 한편으로 경제·정치체제의 침투로 인한 사회생활의 상품화와 이에 따른 환경의식의 마비에 관심을 가지고 이를 전환시키고자 하는 환경운동은 사회생활 및 자연환경과의 관계에서 소외되고 물상화된 의식을 개선하기 위해 환경교육이나 실천의식을 고양시키기 위한 강연, 실천의 시범 등의 방법을 이용할 수 있다. 물론 환경문제를 해결하기 위한 실천적 행동과 환경의식의 고양은 분리되어 이루어지는 것이 아니라, 실천적 행동은 환경의식의 고양을 필요로 하며 환경의식은 실천적 행동을 통해서만 실현된다는 점에서 상호 결합되어야 한다.

위와 같은 방법의 환경운동은 자신의 이해관계를 실현시키기 위해 정부의 의사결정과정에 일정한 압력을 행사하고자 하는 압력단체의 활동이나 정치권력의 장악을 목적으로 하는 정당활동과는 구분될 뿐만 아니라, 이러한 활동을 능가하는 정치성을 함의한다. 환경운동이 어느 정도의 정치성을 띠는가는 운동의 주체 설정과 목적 및 전략에 따라 차이가 있다. 경제·정치체계의 생활환경 침투를 억제 또는 퇴치하기 위해 공해기업의 폐기물 배출을 감시하거나, 정부의 환경정책에 참여하여 정책 입안과 이의 시행을 요구, 감독하고자 하는 환경운동은 분명 정치적이라고 할 수 있다. 이러한 운동과는 달리 생활공동체운동이나 자연보호운동은 명시적 또는 암묵적으로 보다 바람직한 자연과 사회의 실현을 위한 새로운 정치적 가치의 실천을 목적으로 한다는 점에서 정치성을 함의한다. 나아가 시민사회에서 조직, 전개되는 모든 환경운동은 자본주의적 경제·정치체제의 압박과 피해로부터 벗어나 민주적 의사결정 영역을 확대시키고 환경문제를 해결하기 위한 자율적 실천을 강조한다는 점에서 새로운 정치의식을 고양시키게 될 것이다.

다섯째, 환경운동은 미래의 사회·환경적 이상(비전)과 이의 실현을 위한 실천을 뒷받침할 수 있는 규범적 이념으로서 '사회-환경정의(socio-environmental justice)'의 개념이 제시될 수 있다. 환경정의는 "인간의 필요에 부응하고, 삶의 질-경제적 평등, 보건의료, 주거, 인권, 종의 보전 및 민주주의-을 향상시키며 자원을 지속가능하게 사용하는 방향으로의 사회적 전환"과 관련되는 것으로 정의된다.[24] 이러한 환경정의의 개념은 1980년대 후반 이후 특히 미국에서 국지적 환경 및 생활공동체운동을 전개해온 실천적 활동가들로부터 제기된 것이다. 특히 환

---

24) R. Hofrichter, "Introduction," in R. Hofrichter(ed.), *Toxic Struggles: The Theory and Practice of Environmnetal Justice*, Philadelphia: New Society Publishers, 1993, p.3.

경정의운동은 인종적, 계급적, 성적 차별성에 의한 생태환경의 불평등에 초점을 두고, 문제 해결을 위한 상호 존중과 힘의 강화를 추구한다.25)

환경운동은 파괴·오염된 자연환경을 보전 또는 회복하고자 생태적 성격과 자본 및 정치권력의 억압적 지배로부터 벗어나고자 하는 사회적 성격을 동시에 함의한다. 이러한 두 가지 성격은 서로 무관한 독립적인 것이 아니라, 인간 자신을 매개로 한 자연과 사회 간의 관계 속에서 동시적으로 이루어진다. 즉 그동안 근대 산업사회는 자연에 대한 파괴·오염(즉 자연의 지배)과 경제·정치적 지배라는 상호 연관된 관계 속에서 악순환을 되풀이해왔다. 따라서 앞으로 사회는 이러한 관계를 변화시킬 수 있는 새로운 자연과 사회 관계의 설정을 필요로 하며, 사회-환경정의의 개념은 바로 이러한 관계 구축을 위해 필요한 이념과 실천을 마련해줄 것으로 기대된다.

---

25) 이러한 점에서 하비는 "한편으로 힘의 강화와 인격적 자기존중의 추구, 다른 한편으로 환경주의적 목적의 결합은 환경정의를 위한 운동이 매우 독특한 방법으로 생태적 정의의 목적과 사회적 정의의 목적을 엮어냄을 의미한다"고 해석했다. D. Harvey, op. cit., 1996, p.391.

제2부

개발과 환경 간의 갈등

제4장

위천공단 조성계획과 대구의 경제와 환경*

1. 서론

  잘 알려진 바와 같이, 대구시가 낙동강 유역에 조성할 계획을 세우고 있는 위천(국가)공단을 둘러싸고 심각한 사회적·공간적 갈등이 야기되고 있다. 대구시는 침체된 지역경제의 활성화와 나아가 첨단산업도시로의 발전을 위해 낙동강 유역에 추가적으로 대규모 공단을 조성하고자 하는 한편, 이로 인해 유발될 수자원의 고갈과 수질오염을 우려한 낙동강 하류의 부산·경남지역 주민들과 지방자치단체들은 이를 강력하게 반대하고 나섰다. 특히 국가공단 지정을 둘러싼 지역간 마찰과 분쟁이 지방자치제의 본격적 시행과 더불어 정치적 문제와 민감하게 결합됨에 따라, 국가공단으로서의 지정 승인을 계속 미루어져 왔고, 이로 인해 그동안 중앙정부 내 관련부처들 간, 중앙정부와 지방자치단체 간, 지방자치단체들 간, 그리고 지방자치단체와 지역시민들 간에 다차원적 갈등이 초래되었다. 현재 갈등은 어느 정도 소진된 상태이지만,

---

* 이 논문은 『해암 김우관 교수 회갑기념 논문집』, 1996, 214-242쪽에 게재된 바 있다.

앞으로 어떤 계기가 주어질 경우 폭발적으로 재연될 수 있는 가능성을 재하고 있는 상태이다.

위천공단 조성계획과 이를 둘러싼 갈등은 지역개발 및 환경보존과 관련하여 우리나라에서 빈번하게 야기되고 있는 문제들 가운데 가장 심각하면서도 전형적인 것으로 간주될 수 있다. 특히 지방자치제가 본격적으로 시행된 이후, 지방의 각 자치단체들이 경쟁적으로 지역개발을 촉진하고, 지역 환경문제에 대해 보다 민감한 반응을 보임에 따라, 앞으로 이와 유사한 사태들이 보다 빈번하게 발생할 것으로 예상된다. 따라서 위천공단 조성계획과 관련된 문제들의 발생배경과 해결(또는 종결)방안은 이 문제와 직·간접적으로 관련된 주체들(자치단체와 지역 주민들뿐만 아니라 중앙정부와 지역의 기업들)의 입장이나 이해관계와 직결될 뿐 만 아니라 앞으로 유사한 사건들에 대한 준거가 된다는 점에서 연구자들의 큰 관심을 끌고 있다.[1]

특히 이러한 갈등 속에서 연구자들은 어떤 한 집단의 입장이나 이해관계에서 벗어나서, 위천공단 조성계획을 둘러싸고 전개된 사회·공간적 갈등의 유발요인들과 그 전개과정에 대한 분석 및 이를 해소할 수 있는 방안들에 대해 고찰해보아야 할 것이며,[2] 이에 앞서 지방자치단

---

1) 그동안 도시개발과정에서 발생한 사회공간적 갈등에 관한 연구들로서, 정근식, 「주민운동의 구조와 역학에 관한 비교연구」, 서울대 박사학위논문, 1991; 서울시정개발연구원, 「서울의 발전에 따른 사회균형연구」, 1995; 한국지방행정연구원, 「지방자치시대의 갈등사례」, 1996; 권영길, 「환경문제에 대한 지방정부의 갈등관리」, 광운대 박사학위논문, 1996; 한국토지공사, 「도심재개발사업의 갈등요인 분석과 해소방안」, 1997; 유해운·권영길·오창택, 『환경갈등과 님비이론』, 선학사, 1997 등 참조.

2) 위천공단과 직접 관련된 논의로서, 박광국, 「위천공단 조성의 딜레마: 지역개발과 환경보전의 논리」, 《대구·경북지역동향》 제40호, 1995, 7-14쪽; 영남지역 환경운동연합, 「낙동강 수질과 위천공단 조성문제」(낙동강 위천국가공단 조성에 대한 영남지역 공동토론회 자료집에 게재된 논문들); 강용진, 「환경정치와 지역협력: 위천공단과 낙동강 수질보전에 관하여」, 《여의도정책논단》 겨울호, 1996; 한국정치학회 자료집, 「환경과 정치: 낙동강 위천공단문제의 해결방안 모색」, 1998 등 참조.

체들이 추진하고자 하는 지역개발의 필요성 또는 타당성에 대해서도 객관적이고 합리적으로 분석할 수 있어야 할 것이다. 이러한 점에서, 이 연구는 위천공단 조성계획과 관련된 지역경제의 모순적 배경과 사회공간적 갈등의 전개과정에 대한 연구에 앞서 현 단계 대구시의 경제와 환경을 보다 면밀히 분석하여 공단 조성계획의 타당성을 살펴보고자 한다. 이를 위해 이 글은 우선 대구시가 제시한 위천공단 조성계획 및 예상효과에 대해 간략히 소개한 다음, 이를 지역경제적 측면과 지역환경적 측면에서 재검토하여 내재된 문제점들을 살펴보고, 끝으로 이러한 문제점들을 해소할 수 있는 방안들을 간략히 제시하고자 한다.

2. 위천공단 조성계획과 예상효과

대구지역과 부산·경남지역 간에 심각한 갈등 양상을 드러내고 있는 위천공단 조성계획은 1980년대 말부터 거론되기 시작했으며 그 이후 중앙정부와의 조정과정을 통해 여러 차례에 걸쳐 수정되어 왔지만, 실제 완전한 의사결정과 이의 실행은 계속 지연되어 왔다. 이러한 상태에서 특히 1995년 지방자치제의 본격적 시행에 따라 구성된 민선시장체제의 대구시는 선거공약에서 제시한 위천공단의 국가공단 지정승인을 얻기 위해 본격적인 계획을 추진하게 되었다. 그러나 대구시의 발표가 있은 후 위천공단 조성을 둘러싼 지역간 갈등관계는 증폭되어 매우 첨예하게 드러나게 되었고, 그 이후에도 이에 대한 결정은 계속 유보된 상태로 미루어지게 되었다. 이러한 정치적·지역적 갈등의 전개과정에 관한 분석에 앞서, 우선 대구시의 위천공단계획 내용과 이에 내포된 문제점들을 지역경제개발적 측면과 지역환경적 측면에서 살펴볼 필요가 있다.

1995년 6월 대구시가 그동안 진행되어 왔던 위천공단계획을 대폭 수정하여 중앙정부에 국가공단 지정승인을 신청하면서, 구상·제시한 공단 조성목적과 개발개요 및 예상효과를 요약하면 다음과 같다.

먼저, 대구시가 위천국가공단을 조성하고자 하는 가장 기본적인 목적은 침체된 지역경제의 활성화에 있으며, 이는 다시 세 가지 내용으로 세분된다. 첫째, 대구시는 위천국가공단 조성을 통해 침체된 대구의 지역경제를 회생시키고자 한다. 1993년 기준으로 대구지역의 총생산액은 10조 4천억 원으로, 전국의 3.9%를 차지하고 있으며, 1인당 GRP는 464만 7천 원으로 전국 평균 607만 2천 원의 75% 수준으로 전국 15개 시·도 가운데 최하위에 위치해 있다. 또한 이러한 경제침체로 인해 지역의 어음부도율이 전국 평균의 4~5배 상회하고 있을 뿐만 아니라, 지역의 전체 제조업체들 가운데 99.3%가 중소기업으로 구성되어 있기 때문에, 산업기반이 취약하고 특히 소비성 서비스부문만 성장한 상태에서 생산자 서비스업부문의 금융·연구·정보 등 핵심중추관리기능이 미약한 실정이다. 이러한 지역경제의 문제점을 해소하기 위해, 대구시는 위천국가공단의 지정과 개발이 필요하다고 강조했다.

둘째, 대구시는 전국적으로 최악의 극심한 공업용지 부족난을 겪고 있으며, 위천공단 조성은 이러한 공업용지의 부족을 해소하기 위해 필요하다. 대구지역에는 성서, 달성공단 등 이미 조성된 6개 공단이 있지만, 이들은 모두 입주업체들의 선수금으로 시가 직접 조성한 것이고, 전국 11개 시·도에 25개 국가공단들이 조성되어 있지만 대구에는 전무한 상태이다. 또한 대구지역의 기존 공단들은 모두 소규모로, 6개 공단들의 면적을 합치더라도 총면적은 480만 평에 불과하여, 구미국가공단 530만 평보다도 규모가 적어서 지역 내 7,119개 업체 중 30% 정도만 수용하고 있는 실정이다. 위천국가공단의 지정·조성은 대구시의 공업용지를 확충할 뿐만 아니라, 국가의 정책적인 제도적·재정적 지원을 통해 지역 경제성장에 필요한 공장들을 유치할 수 있다.

셋째, 앞으로 대구시가 경쟁력 있는 선진 산업도시로 도약하기 위하여, 필요한 물적 기반을 구축하기 위해 위천공단 조성이 필요하다. 대구지역의 산업은 섬유공업에 편중되어 있으며 특히 영세중소기업체들을 중심으로 운영되고 있기 때문에 매우 취약한 구조를 가지고 있다. 위천국가공단 조성은 이러한 지역산업의 취약성을 극복하고 21세기를 대비한 과학기술단지를 건설하고 이와 관련된 업종과 부대시설들을 유치 또는 육성함으로써 대구시의 산업구조를 고도화하고, 나아가 선진적인 경제거점도시로의 발전을 꾀할 수 있다.

이러한 목적을 실현시키기 위하여, 대구시는 1995~2000년 간 대구광역시로 편입된 달성군 논공면 위천, 상리, 하리, 금포리 일원에 220만 평(727만㎡)규모로 공단을 개발한다는 구상을 제시했다. 대구시의 초기 구상에 의하면, 이러한 위천공단은 대구권 산업구조 개편 및 지역경제력을 주도할 수 있는 모도시 의존형 신산업단지의 성격을 가지며, 첨단산업을 효율적으로 유치하기 위한 경제성 있는 산업단지로서, 산업·주거·서비스 기능이 조화된 복합형태의 산업공간으로 개발될 예정이다. 이 산업단지에 유치하고자 하는 업종은 기본적으로 저공해 첨단기술산업으로, 구체적으로 자동차(완성차) 제조 및 핵심부품산업 등 지역산업의 성장에 기여도가 높은 업종들, 즉 마이크로 일렉트로닉스(Micro-electronics: 반도체, 정보통신, 음향기기), 메커트로닉스(Mecha-tronics: NC공작기계, 로봇, 유공압기기) 등 국제경쟁력이 높은 고부가가치 및 기술집약적 산업, 그리고 기타 생명·유전공학, 항공산업 등 21세기 미래산업을 선도할 업종들로 구상되었다.

총 220만 평에 달하는 위천공단 내 토지이용계획은 <표 1a>과 같다. 공장용지가 130만 평으로 전체 공단면적의 60%를 차지하며, 그외 공공용지 51만 평, 주거용지 17만 평, 지원시설용지 12만 평, 상업용지 10만 평으로 계획되었다. 이 중 공장용지는 다시 입주업체의 유형별로 4개 단지로 구분된다. 완성차 및 핵심부품을 생산하는 자동차산업단지 60만 평을 대대적으로 조성하고, 반도체 및 정보산업이 입지할 전자단지 30만 평에는 국내 대기업 1~2개 업체를, 공작기계 등을 생산하는 기계단지는 30만 평 규모로 지역 내 중소기업 300~500개 업체를, 그리고 기타 산업단지 10만 평에는 생명·유전공학, 항공산업 등과 관련

<표 1a> 위천공단의 토지이용계획

(단위: 만 평)

| 구분 | 총계 | 공장용지 | | | | | 지원시설용지 | 주거용지 | 상업용지 | 공공용지 |
		합계	자동차 산업단지	전자단지	기계단지	기타 산업단지				
면적	220	130	60	30	30	10	12	17	10	51
비고	–	–	완성차 및 핵심부품공장(대기업 1~2개 업체)	반도체, 정보산업(대기업 1~2개 업체)	공작기계 등(중소기업 300~500개업체)	생명, 유전공학, 항공산업(20개 업체)	–	–	–	–

<표 1b> 위천공단의 토지이용계획 수정안

(단위: 만 평)

| 구분 | 총계 | 공업용지 | | | | | 지원시설용지 | 주거용지 | 상업용지 | 공공용지 | | |
| | | 합계 | 자동차 산업단지 | 기술집약 산업단지 | | 미래 선도 산업단지 | | | | 합계 | 도로 주차 | 공원 녹지 |
				전자	기계							
면적	304.3	181.8	60	45	30	45	11.4	14.3	4.6	92.2	47.5	32.1
비고	–	–	운수장비(자동차 제조 및 관련 핵심부품)	마이크로 일렉트로닉스(반도체,정보통신 등)	메커트로닉스(NC공작기계,로봇 등)	생명·유전공학, 항공산업 및 신소재	–	–	–	–	–	–

된 20개 업체를 각각 유치할 구상을 세웠다.

이러한 위천국가공단 조성을 통해 대구시가 얻고자 하는 기대효과는 다음과 같다. 첫째, 위천공단이 본격적으로 가동되면 공단의 생산액은 5조 원 이상(1993년 기준 대구지역 총생산액의 48% 해당)에 달할 것이며, 이에 따라 2000년대에는 지역 1인당 GRP가 전국 평균 수준보다 다소 높아지고 지방재정 및 지역경제가 전반적으로 활성화됨으로써 지역경제력이 크게 증대할 것으로 예상된다. 둘째, 위천공단의 고용효과는 공단 내 고용인력 3만 명, 부품 등 관련업체 고용증가 4만 명으로 총 7만 명(1995년 대구의 제조업 종업원 수 17만 9천 명의 39%)에 달할 것으로 기대되기 때문에, 지역주민들의 취업기회가 대폭 확대될 것이다. 셋째, 대단위 산업입지 개발을 통해 과학기술산업을 육성하고, 관련 사회간접시설들을 건설하여 산업기반을 확충하고, 또한 지역의 산업구조를 섬유편중의 단선산업구조에서 기술집약적 고부가가치산업으로 개편(특히 기계, 전자산업의 구성비가 38%에서 45%로 증가할 것으로 기대됨) 할 수 있을 것이다. 넷째, 위천공단의 조성으로 산업시설의 현대화, 자동화가 촉진되고, 지속적인 기술개발로 지역중소기업이 육성될 수 있다. 특히 사양산업의 중소기업들의 업종전환을 유도하고 신규 창업을 활성화시키며, 지역 자동차부품 등 중소기업체들의 부가가치 생산을 향상시키고, 대기업과 중소기업 간 계열화 관계의 개선을 촉진시킬 수 있을 것으로 기대된다.

이와 같은 대구지역의 경제현황과 관련된 위천공단 조성계획은 국가공단 지정승인 신청 이후에도 공단 조성과 관련된 용역연구과정에서 공단면적이 약 300만 평 규모로 늘어나게 되었다(<표 1b> 참조). 이 수정안에 따르면, 기존의 공단계획지역에 인접해 있는 농업진흥지역(126.4만 평)을 포함시킴에 따라 규모가 크게 늘어난 것이다. 이 농업진흥지역을 포함시키는 것은 이곳이 저지대 상습침수구역이고 달성군의 대구시 편입으로 농지로서 보전가치를 상실했을 뿐만 아니라 공단 조성규모의 확대를 통해 토지생산원가를 감소시키기 위해서이다. 공단 조성규모가 확대됨에 따라, 기술집약적 전자단지와 미래선도산업단지가 확대되어 공업용지 총면적이 130만 평에서 약 182만 평으로 50만 평 이상 확대되고, 공공용지도 51만 평에서 92만 평으로 대폭 확충되는 것으로 계획되었다.

이와 같은 공단 조성규모의 확대와 더불어, 공단 내 외국인 투자촉진특정지구의 개설계획, 공단 조성에 따른 환경오염대책, 그리고 첨단산업단지 육성에 필요한 여건조성대책과 위천공단을 다른 공단들 및 지역들과의 연계시키는 계획이 고려되었다.[3] 외국인투자촉진지구의 개설은 외국인의 투자에 대해 정부 승인 절차 면제, 자유로운 토지취득, 해외금융조달 자유화, 공장설립의 자유 등 획기적인 혜택을 제공함으로써, 외국의 첨단기술과 자본을 적극적으로 도입하여 대구경제를 활성화시키고자 하는 최우선적 전략으로 제시되고 있다. 첨단산업단지 육성에 필요한 여건조성 대책은 매우 피상적인 수준이긴 하지만, 위천 국가공단 조성의 필요성을 시민들에게 홍보·인식하도록 하기 위한 민·관·학의 합동추진기구의 결성, 환경기술연구개발센터, 센서산업단지 등의 건설과 연구개발 관련시설의 유치, 공단운영과 관련된 국내외 인력이 생활할 수 있는 주거단지와 교육 및 생활편의 시설의 유치 등을 포함하고 있다.[4]

위천공단을 중심으로 한 다른 공단들 및 지역들과의 연계를 위해서는, 우선 산업기술연구 복합타운의 조성이 계획되고 있다. 위천공단 주변지역 일대에 조성할 계획인 이 복합타운은 면적 약 40만 평, 인구 10만 명 정도의 규모로, 기술개발에 필요한 고급인력을 지원하는 기반도시의 성격을 가지도록 되어 있다. 그리고 위천공단을 중심으로 현재 추진중에 있는 공단들을 연결하여 자동차산업단지 벨트조성계획이 제시되고 있다. 이 계획은 대구지역에 삼성상용차공장 및 쌍용자동차공장의 유치를 계기로 성서-달성-구지-현풍을 연결하여 벨트화하고, 나아가 이지역들을 포항-울산과 연결하기 위한 수송체계를 확충한다는 내용을 포함하고 있다.

---

3) 대구경제활성화기획단, 「대구경제활성화계획」, 1995; 대구광역시 의회, 「위천 국가산업단지조성추진특별위원회 활동결과보고서」, 1998 등 참조. 또한 대구 시의 공식적 입장은 아니라고 할지라도, 이정인, 「위천국가공단 조성에 따른 낙동강 수질개선대책」, 영남지역 환경운동연합 편, 앞의 글, 1995. 3-21쪽 참조

4) 이에 따라 예상되는 재원은 총 약 1조 2,419억 원으로, 이 가운데 중앙정부(국가) 부담이 2,954억 원(조사설계비, 고속도로연결도로, 국도우회 및 확장, 오폐수처리장, 용수공급시설 등), 도로공사부담이 221억 원(고속도로 확장 및 IC 1개소 건설)이며, 나머지는 9,244억 원(전체의 74.4%)은 사업시행자들로부터 민간자본을 유치하는 것으로 계획되었다.

한편 위천공단 조성으로 인한 낙동강 수질오염의 심화를 이유로, 낙동강 하류지역의 부산 및 경남 주민들과 자치단체들이 공단 조성에 대해 적극 반대입장을 표명함에 따라, 대구시는 환경오염에 대한 대책으로 낙동강수질보존대책과 공단관련 수질보호대책을 제시하였다. 낙동강수질대책은 기본적으로 중앙정부에서 추진하는 사업들로, 낙동강 상류 및 하류의 수질을 I~II급수화하고, 낙동강의 주오염원인 금호강은 II~III급수화하기 위해 1997년까지 총 1조 7,867억 원을 투입하여 하수종말처리시설 28개소 신설 및 7개소를 증설하는 한편 환경기초시설 신규 153개소, 증설 24개소 등을 건설할 계획이다. 또한 금호강의 유지용수 공급을 위해 임하댐에서 영천댐까지 도수로를 조기에 완공할 계획을 가지고 있다. 또한 위천공단과 관련하여, 공해업체의 입주를 배제하고 공단 내 최첨단 폐수처리시스템을 도입할 것이며, 계획대로 위천공단이 조성된다고 해도 낙동강 수질이 II급수가 되는 1997년 이후에나 완료될 뿐 아니라 공단이 완성·가동되면 낙동강 유역 폐수업체들을 단계적으로 이전하거나 첨단업종으로 전환을 유도할 것임을 강조하고 있다.

3. 위천공단과 지역경제개발

대구시가 위천국가공단 지정승인을 신청하면서, 긍정적인 기대효과에 대해서는 과도할 정도로 강조하고 있음에도 불구하고 이에 내재된 문제점들에 대해서는 별로 지적하지 않고 있다. 그러나 실제 위천공단 조성을 둘러싸고 많은 논란과 심각한 갈등이 야기되고 있다는 점에서, 위천공단 조성과 관련된 문제점(또는 의문점)들을 보다 치밀하게 살펴볼 필요가 있다. 특히 대구시는 위천국가공단 조성의 필요성을 대구지역의 경제침체와 이를 회복하기 위한 공업용지 부족 등을 이유로 제시하고 있지만, 지역경제개발의 측면에서 보더라도 위천공단 조성계획은 여러 가지 문제점들을 안고 있다. 우리는 이러한 문제점들을 ① 대구지역 경제의 침체원인, ② 공업용지 및 공단개발의 특성, ③ 자동차산업의 전망과 입지, ④ 첨단산업단지 개발 등과 관련된 분석을 통해 확인해볼 수 있다.

1) 지역경제의 침체원인

위천공단 조성계획은 우선 대구 지역경제의 침체원인에 대한 종합적인 진단 없이 졸속하게 제시되었다는 점에 문제가 있다. 즉 위천공단 조성계획은 5년 이상 장기간에 걸쳐 논의되어 왔지만, 1995년 대구시가 국가공단지정을 신청하면서 대폭 수정·제시한 위천공단 조성계획은 대구시의 경제침체에 대한 전반적인 원인 분석이나 이에 대처하기 위한 종합적이고 장기적인 경제개발계획 없이 구상되었다는 점이다. 이러한 점에서 위천국가공단 조성계획은 민선 자치단체장의 임명 이후 선거공약으로 제시한 사항을 추진한다는 명분에서 비롯되었다는 비판을 받았다. 또한 장기종합계획이 아니기 때문에, 위천국가공단이 조성되면 지역경제가 금방 회복될 수 있는 것처럼 과잉 홍보를 하고 있는 것처럼 보인다. 물론 대구시가 위천공단 조성의 이유로 제시하고 있는 바와 같이, 대구지역의 경제가 1980년대 이후 심각한 침체국면에 빠져 있는 것은 사실이다. 그러나 이것은 단지 대구시에 한정된 것이라기보다는 영남지역의 전반적인 상황 및 오늘날 대도시들이 가지는 일반적인 상황이라는 점이다.

<표 2>에서 볼 수 있는 바와 같이 영남지역의 제조업 부가가치 생산이 전국에서 차지하는 비중은 1960년대 이후 지속적으로 성장하다가 1983년을 기점으로 다시 감소하게 되었다. 특히 1980년대 국가경제는 산업구조조정과정에서 그동안 취약했던 부품생산 중소기업들을 집중 육성하여 대기업의 주력산업을 지원하도록 했으며, 연구개발능력의 향상과 공장자동화의 촉진을 위한 투자를 증가했다.[5] 이에 따라

<표 2> 지역별 제조업 부가가치 구성비 변화

(단위: 백억 원, %)

연도	전국 (금액)	수도권			영남권				그외 지역			
		합계	서울	경기	합계	부산	경북 (대구)	경남	합계	충청 남북	전라 남북	강원 제주
1963	6.2	45.3	35.8	9.5	32.1	15.5	12.9	3.6	22.6	9.1	11.0	2.5
1968	30.1	44.5	33.2	11.3	35.7	14.9	8.2	12.6	19.8	9.4	7.5	2.9
1973	134.9	45.8	30.5	15.3	38.3	15.5	11.5	11.3	15.9	5.0	8.9	2.1
1978	819.2	46.1	20.0	22.5	38.8	11.6	10.6(5.3)	21.5	15.1	5.9	6.8	1.2
1983	2,091.1	43.0	16.6	26.4	40.3	9.9	13.1(4.5)	17.3	16.8	7.4	8.0	1.3
1988	4,834.2	46.0	13.2	32.9	37.9	7.6	13.6(4.2)	16.8	16.1	7.0	7.4	1.7
1992	9,725.6	42.8	9.9	32.9	36.8	6.1	12.4(3.5)	18.3	20.3	8.9	9.2	2.2
1995	15,944.8	44.5	8.6	35.9	34.2	5.0	11.7(3.8)	17.5	21.4	10.9	8.9	1.6

자료: 경제기획원, 『광공업센서스』 및 통계청, 『광공업통계조사보고서』, 해당년도.

1980년대 제조II는 급증하게 되었지만, 그 대부분이 수도권에 집중적으로 입지했다.[6] 즉 전국 제조업체 중에서 수도권의 비중은 1983년 52.4%, 1988년 58.1%로 급증하게 되었고, 1970년대 말 다소 줄어들었던 부가가치 생산액의 비중도 다시 늘어나게 되었다.

반면 영남지역의 사II의 비중은 계속 줄어들고, 부가가치 생산의 비중도 1980년대 초 다소 늘어났지만 후반부에는 다시 줄어들게 되었다. 그외 지역에서는 상대적으로 증가한 중화학부문에 기초하여 부가가치 생산 비중이 다소 증가했고, 특히 1980년대 후반 이후 급속한 증가 추세를 보이고 있다. 이러한 추세는 수도권 및 부산·경남지역에서 표준화된 중화학공업들이 서해안쪽으로 이전해가면서 그 비중이 상대적으로 줄어들었기 때문이라고 할 수 있다.[7]

---

5) 이에 관해서는 김견, 「1980년대 한국자본주의와 산업구조조정」, ≪사회경제 평론≫ 제3권, 1991, 9-63쪽; 김덕현, 「한국의 경제발전과 공간구조의 변화」, 서울대 박사학위논문, 1992 등 참조.

6) 박삼옥, 「수도권 제조업 구조변화와 산업구조 조정방향」, ≪지리학논총≫ 제 21호, 1993, 1-16쪽; 최병두, 「산업구조조정과 지역불균등발전: 1980년대」, ≪대한지리학회지≫ 제29권 2호, 1994, 137-165쪽 등 참조.

7) 조형제, 「산업구조조정과 지역별 산업구조의 변화」, 한국사회학회 편, 『국제 화시대의 한국사회와 지방화』, 나남, 1994, 205-235쪽; 최병두, 앞의 글,

영남지역의 이러한 경제침체현상은 대구뿐만 아니라 부산에서도 심각하게 나타나고 있다. 즉 대구지역의 제조업부가가치 생산이 전국에서 차지하는 비중은 1978년 5.3%에서 1992년 3.5%로 1.8% 감소했으며 그 이후 다소 증가하는 추세를 보이지만, 부산지역의 제조업 부가가치생산이 전국에서 차지하는 비중은 1978년 11.6%에서 1992년 6.1%로 5.5% 감소했고 1995년에는 더욱 감소하여 5.0%가 되었다는 점에서 대구보다 그 감소율이 더욱 심각하다.[8] 이와 같이 대도시지역들에서의 제조업 쇠퇴는 그동안 대도시들에 인구 및 산업의 지나친 집중·집적으로 지가상승, 교통혼잡, 오염유발 등 여러 가지 도시문제들(즉 집적의 불이익)이 발생하게 되었고, 이로 인해 대도시 내에 입지해 있었던 제조업들이 도시 외곽으로 이전하는 경향에 기인한 것이라고 할 수 있다.

이러한 점에서, 최근 대구지역의 경제 침체는 단지 대구지역에 한정된 것이 아니며, 대도시 내부 집적의 불이익으로 인한 탈제조업화 추세와 더불어 지역 불균등발전에 따른 입지변동에 의해 야기된 영남지역의 전반적 현상이라고 할 수 있다. 따라서 대구지역의 경제 회복은 대구시를 포함한 영남지역 전반의 경제활성화대책을 전제로 하고 있으며, 특히 대도시로서 대구시는 단순히 기존 제조업의 입지 확충이 아니라 전반적이고 종합적인 산업재구조화정책, 특히 첨단기술산업 및 (생산자)서비스산업으로의 전환에 관한 치밀한 대책이 필요하다. 이에 기초하여 대구지역 전체 산업의 재구조화(그리고 토지이용 재편)계획을 수립한 후, 위천공단 조성의 필요성과 면적 규모 및 입주업체에 관한 면밀한 검토 후 이에 대한 합리적 대책을 제시해야 할 것이다.

1994; 최병두, 「영남지역 발전의 전망과 과제: 1. 발전과정과 삶의 질」, ≪한국지역지리학회지≫ 창간호, 1995, 23-43쪽 등 참조.
8) 부산지역의 이와 같은 경제변동에 관한 연구로는 김석준, 「경제변동에 대한 지역사회의 계급적 대응: 1980년대 부산지역을 중심으로」, 서울대 박사학위 논문, 1992 등 참조.

2) 공업용지 및 공단개발

위천공단 조성계획은 또한 대구시의 전반적인 토지이용계획에 대한 검토없이 졸속적으로 제시된 것처럼 보인다. 앞서 언급한 바와 같이, 오늘날 대도시들이 탈제조업화하는 추세임에도 불구하고, 대도시 내에 대규모 제조업공단을 새롭게 조성할 필요가 있는가에 대한 의문이 제기될 수 있다. 이러한 의문을 제외하더라도, 대구시가 위천공단 조성을 필요로 하는 이유로 공업용지의 부족을 들고 있지만, 이는 적절한 이유가 되지 못한다. 왜냐하면 그동안 대도시들의 발전과정에서 기존의 도시 내 토지는 거의 대부분 이용된 상태이며, 따라서 새로운 대규모 공단을 조성할 만한 토지가 부족한 것은 당연하기 때문이다. 달리 말해서 이러한 토지부족난은 대구시에 한정된 문제가 아니라 대도시들의 일반적 현상이라는 점이다.9) 뿐만 아니라 대구시에서 공장용지로 사용되고 있는 토지면적은 다른 대도시들의 경우에 비해 적은 것이 아니라 훨씬 넓다는 사실은 토지부족난이 적절한 이유가 되지 못하는 점을 뒷받침한다.

그동안 우리나라의 급속한 산업화·도시화과정은 대규모 공단들을 조성하기 위해 녹지 및 농지를 형질 변경함으로써 국토 전반의 토지이용에 커다란 변화를 초래했으며, 이러한 토지이용의 변화는 최근에도 급속하게 이루어지고 있다. <표 3>에서 알 수 있는 바와 같이, 1989년에서 1994년 사이 전답의 농경지는 443km^2 감소한 대신, 대지는 166km^2, 공장용지는 127.6km^{2}로 증가하여 5년 동안 대지는 8.7%, 공장용지는 무려 58.5%나 증가한 것으로 나타나고 있다. 이러한 토지이용의 변화에서, 대구의 경우는 5년 동안 대지 증가율이 6.5% 정도이지

---

9) 그러나 서구 대도시들에서도 이러한 토지부족난을 해소할 뿐만 아니라 토지 부문에의 투자를 통한 재원확보를 위해 토지개발이 적극 추진되는 경향이 있다. 이에 관해서는 P. Healy, S. Davoudi and S. Tavsanoglu(eds.), *Rebuilding the City: Property-led Urban Regeneration*, E&FN SPON, 1992 참조.

<표 3> 지역별 토지이용 변화

(단위: km^2)

지역	합계		전		답		임야		대지		공장용지	
	1989	1994	1989	1994	1989	1994	1989	1994	1989	1994	1989	1994
합계	99,263	99,394	8,862	8,522	12,696	12,593	65,655	65,665	1,910	2,076	218.10	345.70
서울	605	605	28.4	18.7	29.4	23.2	164.0	160.1	202.3	210.4	4.55	4.20
부산	526	531	17.4	18.2	77.5	75.5	226.7	217.6	75.3	81.9	8.04	9.69
대구	456	456	31.8	28.3	49.7	43.5	234.1	228.4	54.0	57.5	9.38	12.30
경북	19,443	19,451	1,429	1,394	1,998	1,979	14,081	14,050	234	248	32.39	49.58
경남	11,771	11,780	762	728	1,652	1,620	8,086	8,047	204	224	47.85	69.26

자료: 환경처, 『한국환경연감』, 1990, 1995.

만, 공장용지의 증가율은 서울과 부산보다도 훨씬 높은 31.1%를 보이고 있다. 뿐만 아니라 표에서 확인할 수 있는 바와 같이, 대구시의 면적(광역시로 확대되기 이전)은 서울 및 부산에 비해 좁음에도 불구하고, 공업용지의 면적은 이 도시들보다도 상대적으로 뿐만 아니라 절대적으로 더 넓게 차지하고 있다. 1994년 서울시와 부산시에서 공장용지가 차지하는 면적의 비율은 각각 0.69%, 1.82%인데 비해, 대구시의 경우는 2.70%나 된다. 이러한 점에서 대구시가 기존의 공장용지들을 재정비하고 이곳에 새로운 산업들을 유치할 수 있는 계획을 모색하지 않은 상태에서, 토지 부족난만을 강조하면서 위천국가공단 조성지정을 요청하는 것은 설득력이 약하다.

대구시에서 이러한 공장용지를 보다 집중적으로 이용할 수 있는 공단들은 상대적으로 소규모 지방공단들이며, 국가공단이 없다는 점은 사실이다(<표 4> 참조). 1994년 말 현재 전국에서 국가공단으로 지정된 공단의 수는 26개소로 총면적 264.9km^2(미개발 67.9km^2 포함)에 달한다. 이 가운데 1980년 이후 지정된 국가공단은 12개소이지만, 영남지역에 지정된 경우는 부산의 명지·녹산단지와 경남의 진해단지 2개소뿐이다. 따라서 1980년대 영남지역에 대한 사회간접시설 투자가 상대적으로 저조했다고 할 수 있다. 그러나 이와 같이 영남지역에 공단조

<표 4> 전국 국가공업단지 지정현황

지역	공단명	개발면적	지정일	지역	공단명	개발면적	지정일
합계	(26개소)	264.9(67.9)	—	전북	군장	23.4(20.5)	89. 8
서울	한국수출	3.7(—)	65. 4		여천	26.2(7.6)	74. 4
부산	명지·녹산	5.6(3.5)	89.10	전남	광양	26.0(0.6)	82. 6
대구	—	—	—		대불	9.6(—)	88. 7
인천	남동	9.6(0.04)	80. 9		포항	16.7(1.3)	75. 6
광주	광주첨단	2.0(0.6)	90. 7	경북	구미 1	10.4(—)	69. 3
대전	—	—	—		구미	5.8(—)	77. 4
경기	평동	0.7(0.2)	94.10		창원	23.8(0.7)	74. 4
	아산	16.4(10.3)	79.12		온산	16.4(3.0)	74. 4
강원	북평	2.9(0.9)	75.12		옥포	3.8(0.9)	74. 4
충북	보은	1.8(1.2)	87. 8	경남	죽도	2.1(0.3)	74. 4
충남	석문	10.9(10.9)	91.12		안정	1.5(1.5)	74. 4
	천안	0.8(0.8)	94.10		울산·미포	36.2(2.6)	75. 6
전북	이리	1.2(—)	70. 3		진해	0.8(0.5)	82. 8
	군산	6.7(—)	87. 8	제주	-	—	—

주: ( ) 안은 1994년 말 기준 미개발 면적.
자료: 환경부, 『환경통계연감』, 1995, 435쪽.

성이 저조했던 이유는 1970년대 이 지역에 대규모 공단들을 과잉지정
함으로써 공단 내부 하부시설들이 제대로 설비되지 못했고 또한 비관
련 업체들의 무분별한 입주를 초래하여, 이들에 대한 재정비가 요청되
었기 때문이라고 할 수 있다.[10] 뿐만 아니라 이러한 국가공단들을 포함
하여 1995년 현재 영남지역에는 총 38개의 공단들이 가동중에 있으며,
현재 조성중인 공단이 18개소이고 조성계획 단계에 있는 공단은 위천
공단을 포함하여 9개소에 달한다(<표 5> 참조).[11]

---

10) 1980년대 영남지역에 대규모 공단의 지정은 상대적으로 저조했다고 할지라
도, 소규모 농공단지의 지정과 개발은 상대적으로 매우 활발했다. 1984년 이
후 1989년 말까지 완료 또는 조성중인 농공단지 170개소 중에서 경남·북 지
역에 59개소가 배치되어 있다. 이러한 중소규모의 농공단지들을 많이 지정·
개발하게 된 것은 이 지역에 집중되어 있는 대기업들의 부품하청공장들의 입
지를 위한 것이라고 하겠다.

<표 5> 영남지역 공단조성 현황

지역	합계	가동중	조성중	조성계획	비고
합계	65	38	18	9	
대구	11	염색공단, 서대구공단, 대구3공단, 검단공단(1단지), 성서1공단, 성서2공단(1, 2단지), 달성공단(8개)	대구과학산업연구단지, 검단공단(2단지)(2개)	위천공단(1개)	(달성공단을 제외하고 모두 금호강 용수에 의존)
부산	6	사상공단, 신평장림공단, 신평장림협업공단(3개)	명지녹산(국가)공단, 부산과학산업연구단지(2개)	신호공단(1개)	서낙동강권에 용원주거단지, 명지주택단지, 가락위락단지 조성중
경북	24	구미1, 2, 3공단, 포항철강1, 2공단, 포항철강청림지구, 경주민예품단지, 경주용강공단, 현풍공단, 김천1공단, 왜관공단, 신령공단(13개)	다산주물공단, 진량공단, 구성공단, 옥성공단, 구지공단, 포항철강 3공단, 김천2공단(7개)	외촌공단, 낙동공단, 풍산공단, 구미4공단(4개)	전자, 섬유, 염색, 기계조립산업이 주종(포항지역공단들도낙동강의 용수에 의존)
경남	24	창원기계공단, 마산수출자유지역, 울산석유화학공단(1, 2단지), 울산미포공단, 온산공단, 양산공단, 진주상평공단, 죽도공단, 옥포공단, 마천주물공단, 안동공단, 중리공단, 지세포공단(14개)	진해공단, 칠서공단, 여곡공단, 안정공단, 어방공단, 웅상공단, 구룡공단(7개)	진사공단, 온산공단확장단지, 대합공단(3개)	대규모 중화학공업 및 소재, 기계산업이 주종

자료: 환경부, 『수환경정책자료집』, 1994; 이정인, 「위천국가공단조성에 따른 낙동강 수질개선대책」, 1995, 낙동강 위천국가공단조성에 대한 영남지역 공동토론회 자료집에서 재인용.

이와 같이 많은 공단들의 조성은 앞으로 공단 내부 하수시설의 완비와 철저한 공단 운영을 위한 막대한 투자를 요구하게 되며, 그렇지 않을 경우 공단들의 대부분이 낙동강 유역에 입지함으로써 이들로부터

---

11) 그러나 1996년 1월 발표된 부산발전연구원의 조사에 의하면, 낙동강 수계에는 현재 구미공단을 포함해 모두 20개 공단이 조성되어 가동중이고, 대구 구지공단 등 대구·경북지역에 4개 공단과 경남 함안의 칠서공단 등 5개 공단이 조성공사중이며, 또한 대구 위천공단을 포함하여 구미4공단, 안동국가공단, 영주장수공단 등 모두 23개 공장이 조성계획중인 것으로 집계되었다.

배출되는 폐수로 인해 낙동강의 수질이 크게 악화될 수 있다는 우려를 자아내고 있다.

이러한 점들에서 볼 때, 대구지역의 경제활성화 및 이를 위한 토지이용계획은 대기업들을 유치하기 위한 새로운 대규모 공단의 조성보다는, '유연적 전문화'를 추구할 수 있는 중소기업들을 중심으로 한 업종들의 활성화와 이들에 필요한 토지 공급을 위해 기존 공업용지와 공단들을 재구조화하는 것이 보다 유리할 것으로 추정된다. 물론 이러한 '유연적 전문화'는 특히 우리나라의 경우 대량생산체계와 공존하면서 상호보완적으로 발전하는 것으로 고찰되고 있지만, 이를 위해 대량생산을 위한 대기업 조립공장이 대도시 내에 입지할 필요는 없을 것이다.12)

3) 자동차산업의 발전 전망과 입지

위천국가공단계획은 이에 유치할 업종, 특히 가장 큰 비중을 차지할 자동차산업의 발달 전망과 지역 내 입지조건 및 이를 유치하기 위한 기존 계획들을 신중하게 고려하지 않은 것처럼 보인다. 사실 대구지역의 산업구조는 노동집약적 사양산업화된 섬유·의복산업이 주종을 이루고 있는 취약성을 가지고 있으며, 이는 지역경제 침체의 가장 주요한 원인이라고 할 수 있다. 즉 대구경제에서 섬유·의복산업은 1980년대 말에 이르기까지 전체 제조업 부가가치생산에 약 50% 정도를 차지하고 있었다(<표 6> 참조). 그외 음식류품업도 다소 큰 비중을 차지하고 있었지만 계속 감소하는 추세를 보이고 있다. 반면 조립금속·기계산업이 차지하는 비중은 1980년대 중반 이후 급속히 확대되어 1993~

---

12) 유연적 전문화의 개념에 기초한 새로운 지역개발정책의 유의성과 한계에 관해, 강현수·이재원, 「생산체제의 변화와 지역경제정책」, ≪현대사회≫ 제12권 2호, 1992 참조. 또한 유연적 전문화에 관한 일반적 논쟁점에 관해, 이덕안, 「유연적 전문화(flexible specialisation): 현대 산업사회의 새로운 패러다임?」, ≪지리학≫ 제28권 2호, 148-162쪽 등 참조.

<표 6> 대구지역 제조업의 업종별 부가가치 추이

(단위: 십억 원, %)

연도	합계	음·식료 품담배	섬유·의 복, 가죽	목재·종 이, 인쇄	석유·화 학, 고무	비금속 광물	제1차 금속	조립금 속, 기계	기타
1978	434.2	100.6	207.3	15.3	17.2	12.4	13.2	60.0	8.2
	(100.0)	(23.2)	(47.7)	(3.5)	(4.0)	(2.9)	(3.0)	(13.8)	(1.9)
1983	949.3	186.3	490.5	36.8	38.3	22.7	41.1	116.8	16.8
	(100.0)	(19.6)	(51.7)	(3.9)	(4.0)	(2.4)	(4.3)	(12.3)	(1.8)
1988	2,048.2	258.9	998.3	64.9	94.1	31.0	96.7	453.6	50.7
	(100.0)	(12.6)	(48.7)	(3.2)	(4.6)	(1.5)	(4.7)	(22.1)	(2.5)
1993	3,785.5	420.5	1,575.7	161.4	140.5	84.8	159.2	1,158.2	85.1
	(100.0)	(11.1)	(41.6)	(4.3)	(3.7)	(2.2)	(4.2)	(30.6)	(2.2)
1995	6029.9	254.2	2273.8	378.2	279.4	146.8	301.7	1,775.2	64.9
	(100.0)	(4.2)	(37.7)	(6.3)	(4.6)	(2.4)	(5.0)	(29.4)	(1.1)

자료: 경제기획원, 「광공업센서스」 및 통계청, 「광공업통계조사보고서」, 해당년도.

95년에는 전체 제조업 부가가치의 30% 정도를 차지하게 되었다.

이러한 산업구조의 변화로 볼 때, 대구지역의 산업은 1980년대 중반 이후 섬유·의복업 및 음식류품업이 상대적으로 쇠퇴하고, 조립금속·기계산업이 지역경제를 선도하는 주요 업종으로 성장하고 있다.[13] 그럼에도 불구하고 대구경제가 심각한 침체국면에 봉착하고 있는 것은 기본적으로 사양산업인 섬유·의복업 및 음식류업이 퇴출되고, 조립금속·기계산업이 지역경제에서 큰 비중을 차지하게 되었지만, 이 업종의 대구지역 부가가치 생산이 전국에서 차지하는 비중이 2%를 약간 넘을 정도로 적기 때문이라고 할 수 있다.[14] 따라서 조립금속업종, 특히 자

---

13) 1980년대 우리나라 제조업의 업종별 구성 변화에서 전반적인 특징은 경공업 부문에서 음식료품업 및 섬유의복업의 퇴조(1980년에서 1990년 사이 각각 16.6%에서 10.7%, 19.5%에서 11.9%로 감소), 모든 지역들에서 조립금속업의 급성장(21.8%에서 38.5%로 증가), 그외 업종들의 평균 성장이라고 할 수 있다. 최병두, 앞의 글, 1994, 참조.

14) 대구지역과 다소 유사하게, 부산의 1980년 지역핵심산업은 섬유의복(구성비 24.2%), 화학석유(34.8%), 조립금속업(15.2%)이었지만, 1990년 섬유의복, 화학석유업은 각각 17.6, 32.7%로 위축되고 조립금속업의 비중이 25.2%로 증가하여 부산지역의 경제성장을 주도한 것으로 나타난다. 그러나 이 업종이 전국에서 차지하는 비중은 1980년 7.7%에서 1990년 5.0%로 오히려 줄었다.

동차산업을 유치하는 것이 지역경제의 회복에 주요한 관건이 된다고
할 수도 있다.

대구지역 경제침체의 주요한 요인으로서 중소기업들에 의해 운영되
는 섬유산업 중심의 취약한 산업구조를 들 수 있지만, 이러한 섬유산업
을 어떻게 합리화시킬 것인가에 대한 구체적 대안이 제시되지 않고 있
다는 점에 문제가 있다. 기업들은 비록 자신의 업종이 다른 업종들에
비해 저부가가치 산업이라고 할지라도, 이윤추구를 목적으로 기업의
성격상 일단 투자한 생산설비에 대해서는 가능한 지속적으로 이윤을
얻고자 하는 관성을 가진다. 달리 말해서 섬유산업에 종사하는 기업가
들은 이윤율이 저하되고 사양화되고 있음에도 불구하고 여전히 기존의
산업에 집착하는 경향이 있다. 따라서 이러한 산업들에 대한 합리화계
획(예로, 실질적인 중소기업육성정책 등)이 보다 구체적으로 제시되지
않고서는 지역경제가 침체국면을 탈피하고 보다 고도화된 산업구조로
재편한다는 것이 용이하지 않을 것이다.

또한 섬유산업의 대안으로 대구경제가 자동차산업에 지나치게 중점
을 두고 있다는 점도 문제가 있다. 그동안 우리나라 자동차산업이 급속
히 성장했으며 앞으로 성장할 여지가 다소 있다고 할지라도, 과연 대구
지역에 대규모 자동차산업단지들을 새롭게 조성·입지하도록 하여 성공
적으로 육성할 수 있는가라는 의문이 제기된다는 점이다.[15] 우리나라
자동차산업은 1980년대 후반 이후 수출 호조와 내수시장의 급속한 확
충으로 급성장하는 산업으로 각광을 받고 있다. 그러나 우선 지적되어
야 할 점은 우리나라 자동차산업은 1980년대 후반 이후 급속하게 성장
했다고 할지라도, 대부분의 다른 선진국들에서는 비교적 정체되어 있

---

15) 대구경제활성화기획단이 제시한 '대구경제활성화계획'에서는 대구지역에 자
동차산업이 대대적으로 입지하기에 적합한 조건을 갖추고 있는가에 대해서는
거의 관심을 보이지 않고 있다. 자동차산업의 입지 및 관련 요소들에 관한 지
리학적 연구로는 이상석, 「한국 자동차산업의 생산조직 및 기술과 입지에 관
한 연구」, 전남대 박사학위논문, 1992; 조창연, 「한국 자동차 부품공업의 입지
변화」, 서울대 박사학위논문, 1993 등 참조

<표 7> 세계 주요 국가들의 자동차생산 추이

(단위: 천 대)

연도	세계	한국	일본	미국	독일	프랑스	스페인	캐나다	이탈리아	영국	소련
1975	32,895	37	6,937	8,650	3,172	3,290	812	1,424	1,455	1,639	1,966
1980	38,961	121	11,032	10,313	3,864	3,984	1,179	1,375	1,603	1,306	2,288
1985	44,369	361	12,263	11,359	4,442	3,082	1,377	1,931	1,562	1,308	2,336
1990	47,834	1,254	13,482	9,801	4,961	3,836	2,000	1,730	2,114	1,306	1,326
1991	46,057	1,436	13,231	8,813	5,003	3,654	2,050	1,680	1,869	1,549	-
1995	-	1,453	10,195	11,985	4,667	3,475	2,334	2,407	1,667	1,765	1,004

자료: 통계청, 「주요 해외 경제지표」, 1994, 374-375쪽; 1995년 자료는 한국자동차공업
협회, 「한국의 자동차산업」.

거나 다소 쇠퇴하는 경향을 보이고 있으며, 세계 자동차 생산량도 1990년 이후 정체상태에 머물러 있다는 사실이다(<표 7> 참조). 따라서 우리나라 자동차산업에서 그동안의 성장세가 앞으로도 과연 지속될 것인가의 여부는 첫째, 국제적 분업관계에서 어떻게 자율성을 확보할 수 있으며 둘째, 이를 위해 자동차 생산기술을 어떻게 고도화할 것이며 셋째, 또한 국제경쟁력을 강화시키기 위해 생산원가를 얼마나 절감시킬 수 있는가에 달려 있다고 하겠다.[16]

이러한 세 가지 요인들과 관련시켜 보면, 우리나라의 자동차산업의 지속적 성장가능성은 세번째 요인, 즉 생산원가의 절감에 좌우되며, 이는 결국 값싼 용지와 운송비 절감을 가능하게 하는 입지에 의해 결정된다고 할 수 있다. 달리 말해서 수출이 큰 비중을 차지하고 있는 우리나라 자동차산업이 항구에서 비교적 멀리 떨어져 있는 내륙에 입지할

---

16) 그동안 우리나라 자동차산업은 미국 및 일본과의 국제적 분업(또는 협력)관계 속에서 성장해왔다고 할 수 있으며, 이는 이 국가들의 자동차기업들에 대한 금융·기술적 예속성과 이윤실현에 있어 종속관계를 유지하는 타율적 분업관계라는 특성을 다분히 내포하고 있었다. 조형제, 「한국 자동차산업의 국제분업구조」, 한국산업사회연구회 편, 『한국자본주의와 자동차산업』, 풀빛, 1990, 90-156쪽 참조. 또한 한국 자동차산업의 기술수준에 관해, 이영희, 『포드주의와 포스트포드주의: 현대, 도요다, 볼보자동차공장 비교』, 한울, 1994 등 참조.

<표 8> 위천공단 인접지역의 공단 및 관련시설 조성 현황(1995년)

구분	가동중 또는 조성완료		조성 또는 계획중		
	달성공단	성서자동차산업단지(1단계)	성서자동차산업단지(2단계)	구지산업단지	산업기술연구복합타운
면적	124.4만 평	55.9만 평	48.1만 평	82만 평	약 40만 평
주요업종	섬유, 금속업종	자동차조립 및 부품산업	자동차관련부품산업과 관련 첨단산업	자동차조립 및 부품산업	기술개발 인력 지원 배후도시
조성비	9,895억 원	3,280억 원	2,496억 원	1,934억 원	－
비고	1982년 조성, 대구광역시 개편으로 편입	1992~95년 조성, 삼성상용차 공장 건립예정	위천공단과 연계 개발	쌍용자동차공장 건립	(한국과학기술원의 대구분원유치 계획)

경우, 이를 수출항구까지 운송하기 위한 물류비용이 상대적으로 더 많이 지출되어야 하고 이로 인해 국제적 가격경쟁력이 상대적으로 떨어진다면, 자동차생산업체들은 이러한 입지를 기피할 수밖에 없을 것이다. 대구지역은 생산된 자동차 수출을 위해 항구를 가지고 있는 마산이나 포항까지 고속산업도로를 확충한다고 할지라도, 내륙적 위치로 볼 때 자동차산업이 입지하기에 최적의 조건을 갖추고 있다고 하기는 어렵다.

뿐만 아니라 대구지역에는 위천공단을 제외하고도 새로운 자동차조립 및 부품생산단지들이 이미 결정되어 조성중에 있다는 점이다(<표 8> 참조). 물론 이러한 공단들과 체계적인 연계구조를 가지고 위천공단 내 자동차산업단지가 운영된다면 생산의 효율성을 제고시킬 수 있을 것이다. 그러나 비록 그렇다고 할지라도 지역경제가 몇 가지 주요한 특화산업이 없이 다른 지역들에서 이미 성숙단계에 있는 자동차산업에 편향된다면, 이 산업의 생산설비와 시장이 포화상태에 이르게 될 경우 지역간 경쟁이 치열해질 것이고, 상대적으로 경쟁력이 약한 위치에 있는 대구지역의 자동차산업은 상당한 어려움을 겪게 될 것이다. 또한 자동차산업이 대규모 재벌들에 의해 운영된다는 사실로 보면, 지역경제

가 관련재벌에 의해 좌우되고, 흔들리는 상황을 맞게 될 수도 있을 것이다.[17)

4) 첨단기술단지 건설의 필요성과 제약

위천공단에 자동차산업단지 외에 조성될 첨단기술단지는 대구 지역 경제의 회복과 선진산업도시로의 발전을 위해 필요한 것이라고 할지라도, 상황에서는 많은 제약요인들을 가지고 있다. 즉 위천공단을 첨단기술단지로 육성하고자 하는 계획을 뒷받침할 수 있는 지역여건이 아직 성숙되어 있지 않으며, 이러한 여건조성을 위한 계획도 아직 미진하다. 대구시는 위천공단을 첨단기술산업단지로 육성하고자 하지만, 공단을 조성한다고 해서 첨단기술산업들이 유치되는 것은 아니다.[18) 우선 첨단기술산업단지 또는 과학단지라는 측면에서 보면, 위천공단은 자동차산업단지를 제외하고도 지나치게 대규모라고 할 수 있다. 세계적으로 과학단지의 개발이 가장 활발한 미국의 경우 1991년 285개의 단지가 건설되어 있으며, 그 다음으로 영국 65개소, 프랑스 43개소, 캐나다 38개소, 일본 29개소, 호주 22개소 등으로 건설되어 있다.[19) 이러한 과학단지의 규모는 영국의 경우 과학단지의 평균면적은 9,928m^{2}이다.[20) 이

---

17) 최근 성서공단에 입지할 예정이었던 삼성상용차공장의 건설 포기가 알려짐에 따라 지역 기업들뿐만 아니라 지역시민들과 언론이 전반적으로 우려의 목소리를 내고 있는 것은 이러한 점을 뒷받침한다고 할 수 있다.

18) 첨단기술산업의 입지 조건과 지역경제에 미치는 영향에 관해서는 박삼옥, 「첨단기술산업 입지와 지역경제발전」, ≪지역연구≫ 제5권 2호, 1989, 1-19쪽; 소진광, 「공단개발의 파급효과 분석논리: 산업기술을 중심으로」, ≪토지연구≫ 11·12월호, 1995, 54-68쪽 등 참조.

19) H. Amirahmadi and G. Saff, "Science parks: a critical assessment," *Journal of Planning Literature*, vol.8, no.2, 1993, pp.107-123. 과학단지의 개념은 국가마다 다소 차이가 있다. 미국의 경우 생산기능이 입주하는 과학단지와 연구개발 기능이 주로 입주하는 연구단지를 구분하지만, 영국에서는 과학단지와 연구단지를 구분하지 않고 있다.

20) D. Massey et al., *High-Tech Fantasies: Science Parks in Society, Science and Space*,

러한 점에서 볼 때, 상대적으로 과학단지의 개발 경험이 미흡한 우리나라의 경우 이러한 단지의 개발은 비교적 소규모로 추진하는 것이 오히려 바람직하다고 하겠다.

또한 위천공단과 같이 대규모 과학단지에 첨단기술산업들을 유치하기 위해서는 지역 내 다기술인력을 배출할 수 있는 연구기관들과 이들을 뒷받침할 수 있는 생산자서비스업 및 정보통신시설들이 확충되어야 한다. 뿐만 아니라 단지를 포함한 도시 전체가 보다 안락한 주거 및 문화시설들을 갖추고 쾌적한 자연환경을 유지할 수 있어야 한다. 이러한 전제조건들에 대한 최소한의 고려 없이 첨단산업을 유치한다는 단순하고 피상적인 계획만으로는 대규모 공단개발이 성공하기 어렵거니와, 변형·왜곡될 수 있다. 이로 인해 위천공단을 조성하더라도 계획된 첨단산업들이 입주하기보다는 기존의 산업들이 이전 또는 단순 확대에 불과할 것이라는 우려를 자아내고 있다. 이러한 문제점을 보완하기 위해 대구시는 산업기술연구복합타운 조성계획과 더불어 지역 대학들이 주도하는 테크노파크 조성계획을 추진하고 있다. 그러나 이러한 계획이 효과를 발휘하기 위해서는 단지 자체가 조성되어야 할 뿐만 아니라 여기서 이루어진 기술들이 축적되어야 실제 이를 응용한 생산시설의 가동이 가능할 것이다.

위천공단 조성과 관련해 지적되어야 할 문제점 중의 또 하나는, 대구시는 대규모 공단 조성을 구상하고 있을 뿐, 이를 위한 재정계획을 적절하게 제시하지 않고 있다는 점이다. 지하철 건설 등으로 지방재정이 부족한 상황에서, 대규모 공단을 조성한다는 계획은 비록 국가공단

London: Routledge, 1992, p.54에 있는 다음 부표 참조.
<부표 1> 영국의 과학단지 규모 현황 (1990년)

지역	단지수	단지면적(m^2)	입주업체수	건축면적(m^2)	취업자수
남부	10	194,295(19,430)	370(37)	28,333	7,171(717)
북부	29	192,913(6,652)	642(22)	22,995	7,537(260)
합계	39	387,208(9,928)	1,012(26)	51,328	14,708(377)

주: ( )안은 평균임.

<표 9> 달성군 개발 방향에 대한 대구시민의 의견

구분	위천·달성·구지를 잇는 대규모 공업단지로 개발	산학연구단지로 개발	쾌적한 전원신도시로 개발	연구·산업·유통 기능과 주거교육 등 생활환경이 조화된 신도시	잘 모르겠다
일반시민	30.0	7.3	20.4	33.3	9.0
상공인	39.0	5.0	7.0	45.0	4.0
공무원	56.0	3.0	7.0	33.0	1.0

자료: 대구시·대구경제활성화기획단, 「대구경제활성화계획」, 1995, 53쪽.

으로 지정된다고 할지라도 결국 상당부분(국가공단 지정계획에 의하면 75%)을 개발과정 그 자체로부터 재원을 조달할 수밖에 없을 것이다. 이러한 재원조달방식은 위천공단이 조성될 경우 공단 및 그 주변지역의 토지가격을 급등시키고 부동산투기를 촉발할 가능성이 있다. 또한 대구시가 위천공단을 국가공단으로 지정받기 위해 중앙정부에 얽매이는 것도 이러한 지방재정의 부실에 기인한다.

또한 위천공단 조성계획을 수립하면서 대구시민들의 여론을 충분히 반영하지 못했을 뿐만 아니라 이의 구체적 내용에 대한 공개적 설명 또는 홍보도 매우 미흡했다. 예로, 대구시에서 실시한 한 설문조사에 의하면, 일반시민이나 심지어 상공인들 중에서도 대구광역시로 편입된 달성군을 대규모 공업단지로 개발하기보다는 쾌적한 전원도시나 연구·산업·유통기능과 주거교육 등 생활환경이 조화된 신도시로 개발하기를 원하는 사람들이 더 많은 것으로 나타나고 있다(<표 9> 참조). 대구시는 이 설문조사자료를 위천공단 조성의 필요성을 뒷받침하기 위한 자료로 제시하고 있지만, 공무원을 제외하고는 대규모 위천공단 조성에 대해 찬성하는 시민들의 비율이 그렇게 높지 않다고 하겠다.

끝으로, 이러한 위천공단 조성계획은 대구지역의 경제뿐만 아니라 인접한 경북·경남 및 부산지역 경제와 밀접한 관련성을 가지겠지만, 대구시는 이 지역의 지방자치단체나 기업들과 공단 조성과 관련된 협력관계를 구축하지 못했다. 최근 수도권으로의 불균등한 산업 재집중화 경향으로 경제가 침체되고 있는 지역은 단지 대구시에 국한되는 것이 아니라 영남지역의 전반적인 실정이다. 이러한 상황에서 영남지역에 보다 광역적인 개발계획이 필요함에도 불구하고, 대구시는 대구 지역경제가 인접지역의 경제와는 고립되어 있고 무관하게 발전할 수 있는 것처럼 독단적인 개발계획을 추진하고 있다.

4. 위천공단과 지역환경문제

위천공단 조성계획은 위에서 지적된 바와 같이 지역경제개발 측면에서도 많은 문제점들을 내포하고 있지만, 실제 가시적으로 갈등을 유발하고 있는 부분은 지역환경적 측면에 내재된 문제점들이다. 대구시는 위천공단 조성계획을 처음 제시하면서 단지 저공해산업들이 유치되는 첨단산업단지라는 이유만으로 환경문제에 대해서는 거의 고려하지 않았으며, 이로 인해 현재 심각한 반대에 봉착하게 되었다. 위천공단이 현재 발생하고 있는 갈등을 극복하고 중앙정부로부터 국가공단으로 지정받아서 실제 조성에 착수할 수 있는가의 여부는 거의 전적으로 지역환경정책 및 위천공단계획 내 환경관련부문계획에 달려 있다고 할 수 있다. 이에 따라 대구시는 위천공단 조성계획에 환경관련계획들을 보완적으로 포함시키기는 했지만 여전히 매우 미흡한 상태에 있을 뿐만 아니라 지역환경 전반에 대한 대구시와 지역기업들의 관심은 매우 미진한 상태이다.

첫째, 위천공단 조성뿐만 아니라 대구지역 전체 환경에 대해, 대구시는 문제가 심각하다는 사실을 무시하거나 또는 이러한 문제가 단기적으로 해소될 수 있다고 지나치게 낙관하고 있다는 점에 문제가 있다. 대구지역은 낙동강의 중류에 위치하고 또한 유지수가 매우 부족한 금호강이 도시를 통과하는 자연환경적 조건과 섬유·염색산업을 중심으로 한 산업구조의 취약성으로 인해 심각한 환경문제에 봉착해 있으며, 특

<표 10> 낙동강 및 금호강의 수질 현황

(단위: mg/l)

연도	낙동강												금호강					
	안동댐		왜관		달성		현풍		삼량진		구포		영천댐		아양교		강창교	
	B	C	B	C	B	C	B	C	B	C	B	C	B	C	B	C	B	C
1988	1.0	1.5	3.1	4.1	2.5	3.6	18.4	15.2	4.6	7.0	4.4	7.0	1.4	1.9	22.4	20.5	98.7	58.4
1989	0.8	1.4	1.9	2.5	1.7	3.4	13.1	11.8	3.9	5.9	3.7	5.9	1.0	2.0	6.6	8.7	47.5	41.3
1990	1.0	2.0	1.4	2.6	1.5	2.6	5.6	8.1	3.1	5.1	3.3	5.1	1.1	2.0	5.9	10.7	31.6	32.3
1991	1.1	2.5	1.5	3.0	1.8	3.3	5.8	8.9	3.9	6.6	3.7	6.5	0.9	2.2	8.7	13.3	29.3	29.9
1992	1.0	2.3	1.6	2.9	1.8	3.2	5.3	8.5	3.8	6.6	3.5	6.3	0.9	1.6	7.4	14.3	17.8	26.3
1993	0.9	2.5	1.6	4.0	1.9	4.0	4.0	7.4	3.4	5.3	3.9	6.5	0.8	1.7	5.4	10.2	12.9	19.8
1994	0.9	3.1	1.7	4.3	2.2	4.8	5.8	10.3	5.7	9.6	4.6	8.8	0.6	1.7	7.0	17.7	12.8	25.7
1995	1.2	3.3	2.8	5.8	2.9	6.1	5.8	10.3	5.9	10.3	4.7	8.9	0.7	1.7	7.8	18.3	8.7	20.7

주: B는 BOD, C는 COD임.
자료: 환경부, 『한국환경연감』, 각년도.

히 1991년 낙동강 페놀오염사태와 1994년 재발된 낙동강 식수오염사태를 겪으면서 환경오염에 대한 지역주민들의 우려를 자아내고 있다. 그럼에도 불구하고 대구시는 위천공단 조성계획에서 환경부문에 관해 1997년 낙동강의 수질이 I~II등급으로 개선될 것이라고 예상하고 있다.21) 물론 이러한 예상은 수질개선을 위한 상당한 재정투자와 환경기초시설들의 확충을 전제로 한 것이라고 할지라도, 지나치게 낙관적 또는 안이한 생각이라고 할 수 있다.

사실 <표 10>에서 알 수 있는 바와 같이, 낙동강의 수질은 금호강 유입지점을 중심으로 그 상류는 상대적으로 맑고 BOD II급수 기준을 어느 정도 충족시키고 있지만, 구미공단 이후 왜관이나 달성에서 이미 COD기준(현재 이 기준은 하천수질 측정기준에서 제외되어 있음)으로 보면 II급수 기준에 육박하거나 또는 이를 초과하고 있다. 금호강이 유입된 이후 낙동강은 COD 기준으로 III급수를 넘어서 IV 또는 V급수에

---

21) 실제 낙동강은 이 수준으로 수질이 개선되지 못했다. 예로, 금호강과 합류된 현풍의 경우 1996년 BOD 5.6ppm, COD 9.1ppm이었고, 1997년에는 BOD 5.1ppm, COD 8.8ppm으로, BOD기준으로도 겨우 3급수를 유지했다.

이르고 있다. 특히 금호강의 경우는 대구시내 공단지역을 흐르면서 공업용수로도 쓸 수 없을 정도로 극히 오염되어 낙동강에 유입됨으로써 낙동강 수질문제의 주범으로 지목되고 있다. 이러한 낙동강의 오염은 페놀사태가 발생했던 1991년을 기점으로 2~3년 정도는 정부, 기업, 주민들의 지대한 관심과 더불어 환경기초시설 등의 확충으로 다소 개선되는 기미를 보였다. 그러나 표에 기록된 바와 같이, 1993년 이후 낙동강은 전구간에서 서서히 다시 악화되고 있다. 이러한 상황에서 몇 년 내로 낙동강의 수질이 I~II급수로 획기적으로 개선될 것이라고 기대하기는 어려울 것이다. 즉 수질오염의 개선 정도가 이와 같이 답보상태에 있거나 오히려 악화되고 있다는 점은 낙동강 유역의 폐수배출업체들의 수를 줄이지 않고서는 더 이상 수질오염의 개선을 기대하기 어려운 한계상황에 도달한 것이라고 평가할 수 있을 것이다. 이와 같이 환경문제의 개선을 결코 낙관할 수 없음에도 불구하고, 민선자치단체장으로 구성된 이후의 대구시는 지역개발과 경제활성화에만 관심을 가지고, 환경문제에 대해서는 부차적인 문제로 인식하고 단지 의례적인 역할을 하는 정도에 머물러 있는 것으로 보인다.[22]

둘째, 대구지역의 기업들도 페놀사태 이후 환경문제에 대해 다소 경각심을 가지게 되었다고 하지만, 여전히 환경문제에 대한 관심은 형식적인 것에 불과한 것처럼 보이며, 이로 인해 공단 주변지역의 환경오염 문제는 점점 심화되는 경향을 보이고 있다.[23] 우선 영남지역에 밀집한 공단들의 폐수방류량을 살펴보면, 1994년 영남지역 공단들에서 방류되는 폐수량은 전국 폐수량의 64.2%를 차지하고 있다. 이와 같이 폐수배출량의 비율이 높은 것은 특히 포항 철강공단에서 발생하는 폐수에

---

22) 대구경제활성화방안에서 환경부문이 차지하는 비중은 매우 적으며, 그 내용도 극히 의례적인 것들로 채워져 있다.

23) 대구·경북지역의 공단주변 환경오염에 관해서는 최병두, 「공단주변의 환경오염 실태」, 「공단주변의 환경오염 대책」, 대구사회연구소 환경연구부 편, 『자치시대의 지역환경: 대구·경북지역 환경문제의 실태와 대책』, 한울, 1995, 96-128쪽 참조.

<표 11> 대구지역 공단들의 폐수배출 현황

연도	전국합계		대구소계		염색공단		서대구공단	
	업체	배출	업체	배출	업체	배출	업체	배출
1989	2,491 (100.0)	5,366 (100.0)	242 (9.7)	158.5 (2.95)	107 (4.30)	146.9 (2.74)	64 (2.57)	4.3 (0.08)
1991	3,227 (100.0)	5,968 (100.0)	350 (10.8)	163.9 (2.75)	121 (3.75)	147.0 (2.46)	82 (2.54)	4.8 (0.08)
1994	4,720 (100.0)	4,570 (100.0) / 1,221 (100.0)	962 (20.4)	152.4 (3.33) / 140.4 (11.5)	163 (3.5)	76.9 (1.7) / 72.4 (6.0)	165 (3.5)	15.8 (0.3) / 15.5 (1.3)

연도	제3공단		검단공단		성서공단		논공(달성)	
	업체	배출	업체	배출	업체	배출	업체	배출
1989	32 (1.28)	1.8 (0.03)	16 (0.64)	3.1 (0.06)	—	—	23 (0.92)	2.4 (0.04)
1991	97 (3.01)	4.6 (0.08)	11 (0.34)	1.5 (0.02)	—	—	39 (1.21)	6.0 (0.10)
1994	273 (5.8)	22.4 (0.5) / 18.9 (1.6)	10 (0.2)	0.9 (-) / 0.9 (0.1)	269 (5.7)	27.5 (0.6) / 26.5 (2.2)	82 (1.7)	8.9 (0.2) / 6.2 (0.5)

주: 1) 논공공단은 이 시기에 경북도에 소속되어 있었음.
　　2) 1994년의 자료에서 위 칸은 폐수발생량을, 아래 칸은 폐수방류량임.
자료: 환경부, 『한국환경연감』, 각년도.

대부분 기인하지만, 그외에도 대구 염색공단, 구미 수출산업공단, 울산 및 온산공단에서 발생하는 폐수도 상당한 양을 차지하고 있다. 대구지역의 공단에서 배출되는 폐수량이 전국에서 차지하는 비중은 1989년에서 1991년 사이 다소 줄었지만, 그 이후 1994년 배출량 자체는 다소 줄었다고 할지라도 전국 공단들의 폐수배출량 감소비율에 따라가지 못함으로 인해 전국 비중은 오히려 늘어나게 되었다(<표 11> 참조). 뿐만 아니라 발생한 폐수를 처리하여 하천에 방류하는 양은 전국의 11.5%를 차지하고 있다는 점에서 대구지역의 공단들에서 발생하는 폐수들은 상대적으로 재활용 또는 분해처리되기 어려운 것들이라고 할 수 있다.24) 대구지역 공단들의 폐수는 전적으로 금호강 또는 낙동강으로 배출된다.

<표 12> 주요 수계별 폐수배출시설 증감 추이

(단위: 개소, 천 m^3/일)

수계	1987		1991		1995		
	업체수	배출량	업체수	배출량	업체수	발생량	방류량
합계	8,148	4,603	14,715	8,108	25,299(100.0)	8,741(100.0)	2,375(100.0)
한강	2,524	332.5	3,865	516.1	5,957(23.5)	621(7.1)	356(15.0)
낙동강	1,798	282.7	3,010	507.8	5,006(19.8)	572(6.5)	418(17.6)
동해	312	3,353	652	3,596	754(3.0)	2,124(24.3)	536(22.6)
서해	929	183	2,095	910	3,458(13.7)	1,467(16.8)	271(11.4)
남해	1,169	165	1,993	1,920	3,358(13.3)	2,951(34.0)	288(12.1)

자료: 환경부, 『한국환경연감』, 각년도.

　<표 12>에 의하면, 대구지역 공단들뿐만 아니라 그외 낙동강 유역에 산재해 있는 폐수배출업체들의 수와 이들로부터 배출되는 폐수량은 1990년대에 들어와서도 급증하는 추세에 있다. 전국 폐수배출II는 1987년에서 1991년 사이 6,567개소(80.6%), 1991년에서 1995년 사이에는 1만 584개소(71.9%)가 증가했으며, 폐수배출량은 1991년까지 급증하다가 그 후 어느 정도 정체된 상태를 보이고 있다. 낙동강 수계에 입지한 폐수배출업체수의 증가율은 이 기간 동안 각각 67.4%, 66.3%로 증가하여 전국 평균보다는 낮았지만, 폐수배출량의 증가율은 전국 평균보다 오히려 높았다. 뿐만 아니라 1995년의 경우에서 알 수 있는 것처럼, 낙동강 수계에 입지한 폐수배출시설들은 한강의 경우와 비교하여 발생량은 적음에도 불구하고 방류량은 더 많은 것으로 기록되었다.25) 또한 동해로 폐수를 배출하는 II는 증가했지만 폐수배출량은 절

---

24) 특히 대구지역의 공단들 가운데 대구염색공단의 폐수발생량은 1992년 이후 절반 가량으로 대폭 감소했음에도 불구하고, 이 공단의 폐수방류량이 전국에서 차지하는 비중은 6.0%로 매우 높다. 1994년 전국에서 폐수방류량이 가장 많이 방류한 공단은 포항공단으로 전국의 14.4%를 차지했으며, 그 다음으로 울산석유화학공단(13.0%), 반월공단(9.0%), 구미공단(6.3%), 온산공단(6.3%), 염색공단, 여천공단(5.8%) 등으로 이어진다.

25) 다음 부표와 같이 한강에 비해 낙동강은 갈수기에 하수의 비율이 상대적으로 매우 높게 나타나며, 이로 인해 낙동강은 수질오염에 더욱 민감하다고 하겠다.

대적으로 감소한 반면, 남해로 폐수를 배출하는 업체수와 폐수배출량
은 이 기간 동안 크게 증가했다.

이러한 상황에서 낙동강 수계에 위치한 기업들은 대구·부산·경남·
경북을 막론하고 폐수배출량을 감소시키기 위해 더 많은 노력을 해야
할 것이다. 특히 앞으로 지역 기업들이 시민들의 쾌적한 환경요구에 부
응할 뿐만 아니라 세계적인 환경규제에 대처하여 국제 경쟁력을 강화
시키기 위해서도 환경부문에 대한 투자는 필수적이다. 그러나 그린라
운드에 대처하기 위한 대구지역 기업들의 의식과 투자는 매우 부진한
것으로 조사된 바 있다.[26) 지역 기업들이 자발적으로 환경투자를 확대
하거나 또는 공해산업들을 퇴출시키고 새로운 저공해산업으로 전환하
고자 하는 의지가 없다면, 위천공단의 조성이 불가능하며, 나아가 지역
환경문제의 개선 또한 어려울 뿐 아니라 기업들의 국제경쟁력도 상실
되게 될 것이다.

셋째, 위천공단이 비록 자동차산업과 그외 첨단기술산업단지로 조성
된다고 할지라도 이 공단의 조성이 환경파괴나 전혀 무관할 수는 없다.
우선 대규모 공단개발 자체는 이 지역의 토지이용을 변화시키고 자연
환경을 훼손시키게 된다. 위천공단이 조성될 지역의 대부분은 본래 경
작지역과 산림보전지역으로 이루어져 있었지만, 토지이용계획의 변경
으로 녹지지역(139만 7천 평)을 제외한 나머지 부분은 공업지역(97만

<부표 2> 한강과 낙동강의 하수량 비

(단위: 백만 톤/월, %)

구분	2월 갈수유량	연간 월평균 최소유량	생활·산업하폐수			갈수량 기준 하수 비율		
			1996	2001	2011	1996	2001	2011
한강	319	380	353	408	460	110.6	127.9	144.2
낙동강	108	265	141	161	183	130.5	149.1	169.4

자료: 최지용, 「물분쟁의 근원적 해소를 위한 물관리정책 개선방안」, 한국정치학회 편,
『환경과 정치』, 1998.

26) 대구상공회의소 조사부, 「그린라운드의 진전과 지역산업의 대응방안」, 조사
자료 94-27, 1994; 대구상공회의소, 「대구지역의 환경친화적 산업구조 정착을
위한 과제 조사보고」, 1997 등 참조

9천 평)과 주거지역(37만 평)으로 지정되었다. 이러한 용도변경만으로도 이 지역의 자연환경이 훼손되겠지만, 대구시가 구상하고 있는 공단 내 토지이용계획에서 공장용지가 130만 평으로 책정되어 있다는 점은 앞으로 공단이 조성될 경우 녹지지역도 잠식하겠다는 의도를 내포하고 있다.[27]

뿐만 아니라, 대구시는 위천국가공단에 저공해 첨단산업들을 유치하겠다고 하지만, 실제 계획된 내용을 보면 최근 우리나라의 기술수준으로 볼 때 상당히 표준화된 자동차제조 및 부품생산단지가 전체 공장용지의 약 70%를 차지하는 것으로 되어 있다. 그럼에도 불구하고 대구시는 반도체, 정보통신산업이나 생명·유전공학, 항공산업 등을 먼저 내세우면서 공단 전체가 이러한 첨단산업들로 구성되는 것처럼 홍보하고 있다. 그러나 자동차산업이 다른 업종들에 비해 수자원의 이용량과 폐수발생 및 방류량이 상대적으로 적은 것은 사실이며,[28] 첨단산업들의 경우는 더욱 그러하다고 할 수 있을 것이다. 그러나 자동차산업이라고 할지라도 폐수를 발생할 뿐만 아니라 발생한 폐수는 처리하기 어려운 난분해성 중금속함유 폐수라는 점에 문제가 있으며, 이로 인해 이 업종의 폐수량과 방류량에는 거의 차이가 없다는 점이 지적된다. 그외 첨단기술산업들의 경우도 새로운 오염물질을 배출할 수 있음은 대구시의 보고서에서도 지적되어 있다(<표 13a> 및 <표 13b> 참조).

넷째, 낙동강 수질오염이 심화됨에 따라, 정부는 막대한 예산을 투자

---

27) 수정계획에서는 녹지를 보전하기 위해 공단 규모를 확대시켜야 한다고 주장하고 있지만, 이러한 주장은 현실적으로 뿐만 아니라 논리적으로도 설득력을 가지기 어렵다. 오히려 "용지를 조성하고 기반시설 및 지원시설을 갖추는 단계에서부터 환경오염을 저감할 수 있도록 토지이용을 계획하고, 에너지 및 자원의 최소이용을 도모할 수 있도록 압축적(compact)으로 시설을 계획"해야 할 것이다. 최정석, 「생태지향적 공단개발: 산업생태적 관점의 응용」, ≪토지연구≫ 11·12월호, 1995, 71-91쪽 참조.

28) 다음 부표에서 알 수 있는 것처럼, 1994년 우리나라의 운수장비는 전업종 전체 업체들 가운데 35.6%나 차지함에도 불구하고, 이 업종에서 발생하는 배출량은 0.5%, 방류량은 1.4% 정도를 차지하고 있다.

하여 하수종말처리시설과 공단폐수종말처리시설 등 환경기초시설들을
조성하고자 했다. 이에 따라, 낙동강 수계에서도 1987년 금호강 유역에
서 25만 톤/일 용량의 달서천 하수종말처리시설 등 1996년 말 현재 모
두 11개소에 157.85만 톤/일의 처리용량을 갖춘 하수종말처리시설이
조성되었다(<표 14a> 참조). 이는 생활하수 발생량(1997년) 2,309천
톤의 68%를 처리할 수 있는 용량이다. 특히 낙동강 오염의 주범으로
흔히 지목되는 금호강 유역의 하수처리장 2개소가 가동된 후 금호강의
수질이 1988년 98.7ppm에서 1995년 10.8ppm으로 현저히 개선되었다.
그러나 문제는 질소와 인을 고려하지 않은 채 BOD 저감만을 위한 하
수처리장 처리방법을 도입함으로써 낙동강 하류의 수질은 하수처리장
건설 전보다 오히려 악화되었다는 주장이 제기되고 있다는 점이다.[29]
　뿐만 아니라 공단폐수처리장의 경우도 문제점을 안고 있다. 우리나
라에 많은 공단들이 조성되어 있음에도 불구하고 이 가운데 종말처리
시설을 갖춘 공단은 1995년 현재 25개소에 불과하며, 이 중 5개소가
낙동강 수계에 위치하여 총 16.9만 톤/일의 처리 용량을 갖추고 있다
(<표 14b> 참조).
　낙동강 수계에 입지한 공단들은 유사업종이 집단으로 입주, 가동하

<부표 3> 주요 업종별 폐수발생 및 방류량(1994년)

(단위: 천 m^3/일)

구분	업체수	발생량	방류량
합계	26,702	7,259	2,316
산업화학	479(1.8%)	385(5.3%)	265(11.5%)
1차금속	418(1.6%)	4,093(56.4%)	160(7.0%)
가공금속	2,930(11.0%)	418(5.8%)	190(8.2%)
식품	1,997(7.5%)	357(4.9%)	347(15.0%)
섬유	1,203(4.5%)	357(4.9%)	347(15.0%)
제지	249(0.9%)	735(10.0%)	365(15.8%)
비금속광	2,413(9.0%)	286(3.9%)	148(6.4%)
운수장비	9,496(35.6%)	33(0.5%)	32(1.4%)

자료: 환경부, 『한국환경연감』, 1995, 547쪽.
29) 송교욱, 「낙동강, 위천공단문제의 해결방안 모색」, 한국정치학회 편, 앞의 책
　　(자료집), 1998 참조.

<표 13a> 위천공단 오폐수 발생량 추정

구분	계	공장폐수					생활오수				
		계	자동차	M.E.	M.T.	기타	계	공장용지	상업용지	주거용지	기타
일최대급수량 (천 m³/일)	100.6	71.3	21.8	12.5	11.6	25.3	29.4	7.1	2.6	18.1	1.6
오폐수전환율+ 재사용율(%)	-	-	65	70	70	70	-	72	72	72	72
오폐수발생량 (천 m³/일)	69.9	48.8	14.2	8.7	8.2	17.7	21.1	5.1	1.9	13.1	1.0
오폐수+지하수유입 (천 m³/일)	76.9	53.7	15.6	9.6	9.0	19.5	23.3	5.9	2.0	14.3	1.1
계획시설용량 (천 m³/일)	80.0	55.0					25.0				

자료: 대구광역시, 「대구위천 국가산업단지 조성에 따른 낙동강 수질보전대책」, 1996.

<표 13b> 위천공단 유치업종의 폐수 특성

업종	면적	세부업종	폐수특성		비고
			일반	특정	
기계장비	60	자동차조립 및 관련부품		○	산계 및 도금폐수: 아연, 크롬, 동, 시안
메커트로닉스	45	의료, 광학, 과학측정, 제어장비 기계제조(전기제외), 전기 및 산업용 기계장보		○	유기화합물 산계, 중금속, 도금계 폐수
마이크로 일렉트로닉스	45	음향, 영상, 통신장비, 전자관 및 전자부품		○	세척, 피막 및 도금폐수
신소재	30	산업용화학물, 특수섬유, 비금속광물제조업		○	유기용제, 아민계, Acrylonitrile계, 아세톤
생명공학		의약품, 식료품	○	○	화학물질, 탄수화물, 단백질, 지방계 폐수
항공산업		항공기 및 부품		○	세척, 피막 및 도금폐수
주거단지	25	-		○	오수, 분뇨·정화조 폐수

자료: 대구시, 「대구위천국가산업단지 조성에 따른 낙동강 수질보전대책」, 1996,

도록 되어 있지만, 실제 여러 가지 업종들이 혼재되어 있다. 이로 인해 다양한 업종들로부터 성상이 상이한 폐수들이 발생하고 있으며 특히 난분해성 유해물질 배출공단의 폐수처리는 매우 어려움에도 불구하고, 현재 가동중인 공단 폐수처리시설은 생물학적 처리공법에 일관하고 있

<표 14a> 낙동강 수계에 가동중인 하수종말처리시설 현황

처리장명	처리방법	사업기간	시설용량 (천 톤/일)	방류 수역	수질 (BOD: ppm)		제거율 (%)	비고
					유입	방류		
구미	표준활성 오니법	81.1~87.6, 91.3~96.12	135 195	낙동강	45.2	14.8	67.3	
왜관	〃	89.12~92.12	20	〃	85.1	4.6	94.6	
영천	〃	91.11~94.3	25	〃	43.9	8.8	80.0	
달서천	〃	83.9~87, 87~94.8	250 150	금호강	165.4 223.8	16.8 16.8	89.8 92.5	생활하 수공단 폐수
북부	〃	92~96.4	60	낙동강	-	-	-	일부 가동
신천	〃	87~93	350	〃	79.7	21.0	73.7	
낙동강	〃	91~96.7	260	〃	-	-	-	일부 가동
거창	산화구법	92.8~94.12	10.5	황강	120.8	8.4	93.0	
진주	표준활성 오니법	89.9~94.8	110	남강	81.8	12.7	84.5	
창녕부곡	회전원판법	92.12~94.12	13	낙동강	39.3	6.6	83.2	
계(11개소)			1,578.5					

자료: 송교육, 「낙동강, 위천공단문제의 해결방안 모색」, 한국정치학회 편, 『환경과 정치』, 1998.

<표 14b> 낙동강 수계에 설치된 공단폐수종말처리시설 현황

처리장명	소재지	시설용량 (천 톤/일)	사업비 (억 원)	사업기간
전국(25개소)	-	499.17	2,167.4	-
낙동강수계(5개소)	-	168.77	651.6	-
대구 남천	경북 경산시 대정동	70.0	115.3	84~95
달성	대구 달성군 논공면	28.0	71.8	88~90
다산주물	경북 고령군 다산면	0.77	11.9	92~93
성서	대구 달성군 화원면	40.0	248.2	90~93
칠서	경남 함양군 칠서면	30.0	204.4	93~95

자료: 환경부, 『한국환경연감』,1996, 544쪽

다. 이로 인해 막대한 시설 투자에도 불구하고 실질적인 수질개선 효과를 얻지 못하고, 공단폐수종말처리 후 방류수가 다시 하수종말처리장

<그림 1> 낙동강 수계 물수지 모식도

주: 1) 단위는 CMS, ppm임
   2) 물수지량은 1994. 12. 28 실측치이며, 오염도는 BOD/COD으로 1994. 12월 수치임.
자료: 1) 물수지량: 부산시 상수도사업본부, 「위천공단 조성에 따른 낙동강수질개선보존에 대한 부산시 입장」, 1995; 영남지역환경운동연합, 앞의 글, 1995, 29쪽
   2) 오염도: 환경부, 『한국환경연감』, 1995.

으로 유입됨으로써 하수처리장을 2차 오염시킬 뿐만 아니라 시설용량의 부족을 초래하고 있다.

다섯째, 위천공단의 조성은 낙동강의 수자원 이용 및 수질오염에 상당한 영향을 미칠 수 있음에도 불구하고 대구시는 낙동강을 식수원으로 사용하는 인접지역들과 어떠한 협력관계를 구축할 계획을 세우지 않고 있다. 낙동강 수계의 물수지 모식도에 의하면(<그림 1> 참조), 안동·임하댐 이후 낙동강의 수자원은 대구·경북지역에서 123만 톤/일이 이용되고 있으며, 부산·경남지역에서는 이보다 2배 이상 많은 259.9만 톤/일이 이용되고 있다. 이로 인해 낙동강의 상류인 안동·임하댐에서 방류된 유량은 하류에 이르기까지 많은 지류들로부터 배 이상의 물을 유입받음에도 불구하고 낙동강이 바다로 유입되는 사하하구둑에서의 유량은 안동·임하댐에서 방류된 양보다도 겨우 34.8% 증가한 정도이다.[30] 이러한 사실로 볼 때, 대구·경북지역의 추가적 수자원이용

과 수질오염활동은 부산·경남지역에 매우 부정적인 영향을 미칠 것이다. 따라서 대구시를 포함한 관련 자치단체들은 낙동강 수질관리를 위해 광역환경협력체제를 구축할 필요가 있으며, 특히 위천공단 조성을 둘러싸고 지역간 갈등이 심각한 상황에서 더욱 그러하다고 하겠다.

5. 맺음말

대구시는 현재 지역경제의 침체와 지역환경의 악화로 심각한 위기를 맞고 있으며, 이러한 경제적·환경적 위기는 지역환경을 개선하면서도 지역경제를 활성화시켜야 한다는 이중적 과제를 요구하고 있다. 위천 국가공단의 조성은 이러한 위기상황에서 제시된 것이지만, 지역경제의 침체원인에 관한 면밀한 분석에 기초했는가, 그리고 지역환경의 개선 방안에 관한 적극적 관심을 기울였는가에 대해 상당한 의문을 가지도록 한다. 만약 위천공단 조성계획이 지역경제의 침체원인에 관한 치밀한 분석 없이 단지 선거공약으로 제시된 사항을 실현시키고자 하거나 또는 지역의 정치가, 상공인, 개발업자 등 기득권자들이 자신들의 이해관계를 추구하기 위한 어떤 졸속계획에 의해 추진되고 있다면, 이에 대한 전반적인 재검토가 이루어져야 할 것이다. 위천공단 조성계획에 대한 재검토는 대구지역 전체의 경제 활성화와 환경 개선에 관한 우선적 관심 속에서 마련된 지역사회 장기종합발전계획에 기초하여 개별공단 조성의 필요성과 그 규모 등의 세부계획을 합리적으로 수립·추진할 수 있도록 해야할 것이다.

이러한 재검토 과정에서, 위천공단 조성으로 인한 환경문제뿐만 아

---

30) 이러한 점에서, 영천댐 도수로 공사는 금호강의 유지용수를 다소 증가시켜준다고 할지라도 (특히 이렇게 확보된 영천댐 용수의 일부가 포항으로 추가 공급될 경우) 낙동강 본류의 유지수를 줄임으로써 낙동강의 오염을 전반적으로 악화시킬 수도 있을 것이다.

니라 그동안 악화된 지역환경문제 전반의 해결을 위해, 관련 자료들을 전면적으로 공개하고 지역시민들의 의견 수렴과 환경정책과정에의 참여를 유도할 필요가 있다.[31] 그동안 대구시는 위천공단 조성과 관련하여 지역시민들의 여론을 수렴하기보다는, 무시하거나 또는 국가공단지정이라는 목적을 세워두고 무조건 여론을 이끌어나가면서, 단지 필요할 경우에만 시민 또는 시민환경단체들을 동원하고자 했다. 예로, 위천공단 조성과 관련하여 인접지역 시민환경단체들의 반대가 치열해짐에 따라, 대구시는 지역내 환경단체들을 초청하여 공단 조성의 당위성을 설명하고자 함으로써 지역 시민들과 환경단체들로부터 어떤 불신을 초래하게 되었다. 이러한 문제점들을 재인식하면서, 대구지역 경제 및 환경 개선과 합리적 공단조성을 위한 방안들이 모색되어야 할 것이다.

대구시의 정책 수립 및 시행과 관련하여 첫째, 경제개발정책의 측면에서 대구시는 지역경제의 침체원인에 대한 종합적인 진단과 더불어 단지 경제적 측면뿐만 아니라 지역주민의 삶과 환경의 질에 관한 장기종합발전계획을 수립하고, 이에 기초하여 위천공단 조성관련계획을 제시해야 한다. 특히 대구시는 사양화되어가는 기존 섬유산업의 합리화 방안, 지역내 하청중소기업들의 자립성과 유연성을 제고시킬 수 있는 방안, 지역경제를 고도화시키기 위한 기술연구, 금융, 정보통신기능을 강화시킬 수 있는 방안 등을 제시해야 한다. 또한 대구시는 도시 내 기존의 공단 및 공업지역들을 재정비하여, 보다 집약적이고 효율적으로 이용할 수 있는 방안도 강구해야 할 것이다.[32]

둘째, 환경정책의 측면에서 대구시는 침체된 지역경제의 활성화계획

---

31) 예로, 대구시는 1996년 1월 공단조성 관련용역의 중간보고서 발표회를 비공개로 진행한 바 있다.

32) 대구시가 2015년을 목표년도로 하여 제시한 대구시 장기종합발전계획에는 위천국가공단 조성을 전제로 대구시내 산재한 공단들의 이전 및 용도전환 계획을 포함하고 있다. 이러한 계획은 매우 필요한 것이라고 할 수 있으며, 위천국가공단 지정 여부를 떠나서 보다 구체적으로 입안·추진될 수 있어야 할 것이다.

뿐 아니라 전국적으로도 가장 열악한 지역환경문제를 해소·완화할 수 있는 종합적·장기적 계획을 수립하고, 이를 시행해나가야 할 것이다. 대구시는 환경문제의 개선 없이는 지역경제를 회복할 수 없다는 기본적인 전제하에서, 환경문제가 개선될 것이라는 막연한 기대보다는 지역환경문제의 실태를 전반적으로 재조사하고, 특히 낙동강의 수질오염 개선을 위하여 전 수계에 걸쳐 오염원을 철저히 조사하여 환경문제를 개선하기 위한 환경기초시설의 확충방안과 이를 위한 재정확보대책을 마련해야 한다. 또한 지역환경문제의 근본적인 원인이라고 할 수 있는 공해산업들에 대해 단기적으로 환경오염을 유발하는 해당 기업들에 대한 철저한 통제방안들을 제시하고, 장기적으로 이러한 업체들을 저공해·고부가가치산업으로 업종 전환할 수 있도록 지원해나가야 할 것이다. 이러한 지역기업들의 환경투자 촉진과 지역산업구조의 재조정은 지역기업들의 국제경쟁력 강화를 위해서도 절실히 요청된다.

셋째, 위천공단 조성과 직접 관련하여, 대구시는 지역의 장기종합발전계획과 환경보전계획에 기초하여, 위천공단 조성계획을 재검토해보아야 할 것이다. 특히 ① 도시 내에 300만 평에 달하는 대규모 공단조성의 필요성, ② 국가적·세계적 차원에서의 자동차산업의 장기적 전망과, 수출에 크게 좌우되고 있는 우리나라 자동차산업의 지리적 입지 특성, 그리고 지역 내에서 앞서 추진되고 있는 자동차산업단지들의 조성현황 등과 관련하여 위천공단의 주업종으로서 자동차조립 및 부품생산업체들을 유치하고자 하는 계획의 타당성, ③ 첨단기술연구기능과 이를 지원하는 통신정보기능 및 관련인력의 배출 또는 유치 등에서 상대적으로 취약한 지역여건을 고려하여 첨단기술업종들의 유치에 대한 성공가능성, 그리고 무엇보다도 ④ 위천공단 조성을 둘러싸고 발생하고 있는 지역개발과 환경보전 간의 갈등을 해소할 수 있는 환경대책 등에 대해 면밀한 조사가 선행되어야 할 것이다.

넷째, 시민들과의 관계와 관련하여, 대구시는 지역개발계획과 지역환경계획 그리고 이에 기초한 개별적 사업들을 추진해나가기 위해 지역

시민들 및 시민단체들과 유기적 관계를 가져야 할 것이다. 대구시는 계획의 입안단계에서부터 시민들의 의견을 적극적으로 반영할 뿐만 아니라 이들이 직접 참여할 수 있는 방안들을 제도화해야 할 것이다. 또한 대구시는 공청회 등을 통해 계획들의 관련 자료들을 보다 적극적으로 공개함으로써 시민들이면 누구나 이에 관해 의견을 제시할 수 있도록 해야 할 것이다. 위천공단 조성계획을 둘러싸고 갈등이 표면화된 이후에도, 이러한 갈등을 지역시민들이나 관련 시민단체들에게 일방적으로 홍보함으로써 지지를 요구할 것이 아니라, 시민들간의 자유롭고 광범위한 토론과정을 통해 자발적인 참여가 이루어질 수 있도록 해야 한다.

제5장

경제-환경적 모순과 갈등의 사회공간적 전이*

인간은 생물학적인 필요에 의해서가 아니라 자연을 정복하기 위해 고안한 사회조직의 필요에 떠밀려서, 생명의 순환고리로부터 떨어져 나왔다. 부를 얻기 위한 수단은 자연을 다스리기 위한 수단과 갈등을 일으킨다(Commoner).

1. 서론

자본주의 경제의 발전은 지속적 자본축적을 위한 확대재생산을 전제로 한다. 확대재생산과정은 노동에 의해 창출되는 (잉여)가치의 증식과 자연에 의해 주어지는 소재규모의 확대과정이라고 할 수 있다. 자본주의 사회에서 이러한 확대재생산과정은 노동의 사회화와 그 생산물, 즉 잉여가치의 사적 전유라는 모순을 내재한다. 자본주의 사회에 내재된 이러한 구조적 모순은 노동과 자본간의 계급갈등이 전개되는 객관적 조건이라고 할 수 있다. 이러한 모순과 갈등은 자본주의 사회에서 가장

---

* 이 논문은 한국공간환경학회 편, ≪공간과사회≫ 제7호, 한울, 1996, 12-58쪽에 게재된 바 있다.

본질적이고 기본적인 것이며, 그외 모순들이나 갈등들은 부차적인 것으로 인식될 수 있다. 그러나 이러한 인식을 부정할 필요는 없다고 할지라도, 오늘날 우리사회에서 발생하고 있는 여러 가지 갈등들과 이를 객관적으로 조건짓는 모순들을 완전히 해석하기에는 어려운 어떤 이론적 공백을 가지고 있다. 특히 오늘날 빈번하게 발생하고 있는 환경적·지역적 갈등을 자본주의 사회의 기본모순과 계급갈등에 관한 정치·경제학적 이론틀에 입각하여 해석하기에는 여러 가지 어려운 점들이 있다.

환경적 갈등이나 지역적 갈등도 물론 자본주의 사회에 내재된 어떤 모순들을 객관적 조건으로 한다. 이러한 점에서 우선 모순과 갈등에 관한 정치·경제학적 이론틀을 환경적 또는 생태적 측면을 추가하여 재구성해볼 필요가 있다. 즉 자본주의 경제의 발전은 가치의 증식과정일 뿐만 아니라 소재규모의 확대과정이며, 특히 후자는 주어진 자연환경의 끊임없는 개발과 물적 자원의 소모 그리고 부수적으로 발생하는 폐기물들의 배출을 필요로 한다. 이러한 점에서, 지속적 확대재생산에 기초한 자본주의 경제발전은 일정한 부담능력을 가지는 생태계의 한계를 초월하는 모순적 경향을 내재하고 있다. 그 결과, 자본주의 사회에서 자연자원과 생태환경은 점점 더 심각하게 고갈·오염되는 문제현상들을 드러내게 되었으며, 이러한 자원·환경문제는 자연생태계 그 자체에 국한되는 것이 아니라 직·간접적으로 관련된 개인이나 집단들에게 자연자원의 이용을 제약하고 환경오염의 피해를 유발하게 되었다. 기존의 자본축적과정에서 발생한 이러한 자원·환경문제는 지속적 확대재생산과정에서 요구되는 추가적 소재자원의 투입과 오염물질의 배출을 점점 어렵게 함으로써 자본축적과정을 스스로 제어하는 모순을 안고 있다. 뿐만 아니라, 자원이용의 제약과 환경오염의 피해를 당하게 된 사람들은 이러한 문제현상을 둘러싸고 이해관계를 달리하는 사람들과 심각한 갈등관계를 유발하게 되었다.

또한 오늘날 우리사회는 계급적 갈등이나 환경적 갈등과는 다소 상이한 성격을 가지는 지역적 갈등이 흔히 발생하고 있다. 지역간 갈등은 전자의 갈등들이 전이된 것 또는 공간화된 것이라고 할 수 있지만, 그 이상의 어떤 특성을 지니기도 한다. 즉 '공간 그 자체'는 어떤 실체라고 할 수 없다고 할지라도, '지역'은 분명 어떤 사회적 실체이고 따라서 지역성에 근거한 지역적 갈등이 발생할 수 있다. 모든 사회적 행위가 그러한 것처럼 갈등행위도 시·공간적으로 발생하며, 또한 어떤 장소(또는 현장)를 무대로 하고 있다. 따라서 계급적 및 환경적 갈등은 공간성을 내포하고 있으며, 지역적 갈등으로 전이될 수 있는 가능성을 항상 내포하고 있다. 그러나 이러한 갈등들은 지역을 매개로 공간화되는 과정에서, 각 지역이 내적으로 가지는 자연적, 역사적, 사회경제적 조건들에 따라, 그리고 지역들 간의 외적 상호관계에 따라 또 다른 성격을 부여받을 수 있다. 즉 지역적 갈등은 공간적으로 전이되는 이러한 갈등들이 특정지역의 내적 특성과 지역들 간의 외적 관계에 따라 재구성되어 새로운 양상으로 드러난 것이라고 할 수 있다.

이러한 갈등들에 대한 분석은 이를 유발하는 객관적 조건으로서 사회구조적 모순에 관한 규명을 전제로 한다. 물론 모든 사회는 구조적 모순들을 내재하고 있지만, 이들이 항상 기계적으로 갈등을 유발하는 것은 아니다. 갈등은 특정한 문제현상과 이와 직·간접적으로 관련된 주체들의 이해관계 및 이를 실현시키기 위한 의도적 행위로 인해 동적으로 발생·진행·소멸되게 된다. 뿐만 아니라 이들의 의식이나 행위에 개입하여 영향을 미치는 이데올로기적 요소들은 각 주체들의 실질적 이해관계와는 (의식적 또는 무의식적으로) 상이한 집단들 간에 (명시적 또는 묵시적으로) 동맹관계를 구축하고 이들간에 어떤 갈등전선을 형성함으로써, 갈등의 전개과정을 매우 역동적이면서도 복잡하고 특이하게 만든다. 따라서 자본주의 사회에 내재된 모순들을 이론적으로 정형화할 수 있는 것과는 달리, 오늘날 우리사회에서 각기 상이한 양상으로 전개되고 있는 수많은 갈등들을 일반화하기란 거의 불가능하다. 그러나 이 점은 갈등이 객관적 조건이 주어지지 않은 진공상태에서, 즉 구조적 모순과는 무관한 상태에서 발생함을 의미하는 것은 결코 아니다.

이러한 점들에서 오늘날 우리사회에서 발생하는 다양한 갈등들에 대해 새로운 분석틀이 요구된다. 이 연구는 최근 영남지역에서 위천공단 조성계획을 둘러싸고 심각한 양상으로 전개된 갈등을 사례로 자본주의적 사회에서 경제와 환경 및 이들 간의 관계 속에 내재된 구조적 모순들을 규명하고, 이러한 구조적 모순을 조건으로 하여 전개되는 갈등의 국면(또는 전선)들이 각 주체들의 이해관계와 이데올로기의 작동에 따라 어떻게 전이되고 있는가를 고찰하고자 한다.[1] 이를 위해 이 연구는 ① 먼저 자본주의 (지역)사회의 경제-환경에 기본적으로 내재되어 있는 '경제적 모순' 및 이러한 모순이 확대 전환된 '환경적 모순'을 살펴보고,[2] ② 이러한 모순들의 객관적 조건하에서 갈등 주체들의 의식과 행위에 영향을 미치고 있는 이데올로기적 요소들의 성격을 고찰하며, ③ 나아가 각 주체들의 실질적 및 이데올로기적 인식 속에서 이루어진 연대(또는 연합)의 특성과 갈등의 사회공간적 전이과정을 분석하고, ④ 끝으로 자본주의 사회의 경제-환경적 모순들의 완화가능성과 사회공간적 갈등의 해소방안에 관해 논의해보고자 한다.

---

1) 이 글은 위천공단 조성계획 및 이와 관련된 갈등에 관한 일련의 논문들의 가운데 하나이다. 최초의 초안은 영남지역 환경운동연합이 주최한 '낙동강 보존과 위천공단 조성문제'에 관한 공동토론회(1995. 11. 24)에서 「위천공단 조성을 둘러싼 지역개발과 환경보전 간의 갈등」이라는 제목으로 발표되었다. 이 초안에 기초하여 이 논문을 포함하여 일련의 논문들, 즉 「지역개발과 환경보전 간의 갈등과 조화」(장보웅 교수 회갑논문집), 「위천공단 조성계획과 대구지역의 경제와 환경」(김우관 교수 회갑논문집), 「입지·환경·장소를 둘러싼 갈등과 삶의 질: 위천공단 조성계획을 둘러싼 갈등의 사례분석」(미간행) 등이 씌어졌다.

2) 우리사회에서 발생하는 다양한 형태의 갈등들에 관한 이해는 한편으로 갈등을 유발하는 원인 또는 객관적 조건으로서 사회구조적 모순에 대한 규명과 다른 한편으로 관련 행위자들의 주관적 의도나 이해관계 등에 관한 분석을 요청한다. 이 글은 갈등의 객관적 조건에 중점을 두고 고찰되었다. 그러나 후반부에서 갈등과정에 관한 논의들은 사회적 행위 차원에서 이루어진 것이라고 할 수 있다.

2. 자본주의 (지역)사회의 경제-환경적 모순

1) 자본주의 사회의 사회경제적 모순

대구시가 현재 추진하고 있는 위천공단 조성계획을 둘러싼 갈등은 침체된 지역경제의 활성화를 위한 대규모 공단조성과 이로 인해 발생할 우려가 있는 낙동강 수자원 고갈 및 수질오염이라는 문제현상을 둘러싸고 이와 관련된 집단들의 이해관계의 대립·상충으로 인해 발생한 것이라고 할 수 있다. 이러한 갈등은 이에 관여하는 행위자들(개인이나 집단들)의 의도나 이해관계와 같은 주관적 조건과 이를 유발하는 사회구조적 원인과 같은 객관적 조건의 동시작용으로 발생한다고 할 수 있다. 즉 한편으로 사회적 갈등이 표출되기 위해서는 일정한 객관적 조건으로서 사회구조적 문제성 또는 모순이 존재해야 한다. 사회구조적 모순은 갈등을 야기하는 어떤 문제현상의 발생과 이와 직·간접적으로 관련된 갈등 주체들(개인이나 집단들)의 이해관계를 규정한다. 따라서 갈등에 관한 연구는 이에 참여하는 주체들의 의도나 이해관계의 대립으로만 파악될 수 없고, 문제현상을 유발하는 사회적 조건들에 대한 해명을 필요로 한다. 그러나 객관적 조건으로 어떤 구조적 모순이 존재한다고 해서, 그 모순이 언제나 현재적 갈등을 유발하는 것은 아니다. 갈등이 현재화되기 위해서는 이에 개입하는 집단의 의식이나 이해관계의 상충 그리고 다양한 수단들을 동원한 대립적 상호행위 등이 있어야 한다. 이러한 주관적 측면(행위자의 차원)이 강조되는 이유는 특정 갈등 행위의 특성에 대한 이해와 더불어 갈등의 해소를 위한 실천의 중요성 때문이다.

갈등의 객관적 조건에 중점을 둘 경우, 사회적 갈등은 기존의 '모순'된 사회적 구조가 야기한 어떤 결과라고 할 수 있다. 여기서 모순이란 단순히 논리적 비일관성이나 상충을 의미하는 것이 아니며, 헤겔 철학에서 정형화된 변증법적 모순의 개념, 즉 모순은 모든 존재의 본질에 존재론적으로 고유한 운동성의 원칙, 즉 '부정의 부정'을 의미하는 것도 아니다. 만약 이렇게 정의할 때, 모순은 모든 사회의 보편적 속성으로 간주되어, 사회적 실천을 통해 해소 또는 지양되어야 할 대상이라고 주장될 수 없다. 모순은 특정 사회체계 내 구조적 속성들 간의 관계, '상호의존적이지만 또한 상호 부정적인 두 구조적 원리들의 존재'로 이해될 수 있다.[3] 이러한 정의에 의하면, 자본주의 사회는 그 사회의 구체적 현실을 통해 형성되고 또한 이를 통해 발현되는 근본적 모순과 그외 여러 가지 부차적 모순들을 내재하고 있다.[4] 특정 사회체계는 이러한 모순적 구조 속에서 발전·전환하게 된다. 뿐만 아니라 이러한 모순들은 그 사회 내에서 발생하는 여러 가지 형태의 갈등의 객관적 조건, 또는 이들을 유발하는 경향이 있는 '구조적 단층선'들이라고 할 수 있다.

이와 같이 한 사회체계 내에 구조적으로 내재되어 있는 모순은 그 구성원들간에 현재화된 갈등과는 구분된다. 즉 모순은 그것을 구성하는 속성들이나 원리들의 의도와는 관계없이 하나의 주어진 여건으로 작용하는 반면, 갈등은 이와 관련된 문제현상이나 구성원들의 의식적이고 의도적인 관계를 상정한다. 달리 말해서 한 사회의 발전과 더불어 그에 내재한 모순적 속성(또는 원리)들이 형성·발달하게 되면서, 그것이 다른 속성의 형성·발달을 부정하고 제어하는 정도, 즉 상호 부조응

---

3) A. Giddens, *Central Problems in Social Theory*, London: Macmillan, 1979, 제4장; A. Giddens, *A Contemporary Critique of Historical Materialism*, London: Macmillan, 1981, 『사적 유물론의 현대적 비판』(최병두 역), 나남, 1991, 285-292쪽 등 참조.

4) 특정 사회는 단지 하나의 모순만을 내재하고 있는 것이 아니라 여러 가지 모순들을 내재하고 있다. 이러한 모순들은 그 사회체계의 구성/변화에 가장 본질적인 모순, 즉 기본적 (또는 일차적) 모순과 이에 의해 파생되고 중복되는 부차적 모순들로 구분될 수 있다. 맑스의 이론에서 자본주의적 생산양식의 모순적 특성이 근본적으로 어디에 위치하는가에 대한 논쟁에 관해서는 G. Young, "The fundamental contradiction of capitalist production," *Philosophy and Public Affairs*, vol.5, 1976 참조.

성이 점차 심화되게 된다. 갈등은 이와 같은 모순적 속성들 간의 상호 부조응성이 첨예화, 활성화되어 특정한 문제현상들을 유발하게 되고, 이러한 문제현상들과 관련하여 행위자들이 자신의 이해관계뿐만 아니라 다른 행위자들과의 이해관계의 차이를 인식하고, 자신의 이해관계를 우선적으로 실현시키고자 함에 따라 발생한다. 물론 한 사회의 구조적 모순들의 형성·심화는 행위자의 의도된 결과가 아니라고 할지라도, 행위자들간 갈등의 의도적 및 비의도적 결과에 따라 더욱 심화되거나 완화될 수 있다.

갈등의 객관적 조건으로서 이러한 모순의 개념을 이용하여, 위천공단 조성계획을 둘러싸고 전개된 갈등의 객관적 조건으로서 어떤 구조적 모순을 고찰해볼 수 있다. 우선 위천공단 조성계획이 대구지역의 경제침체와 이의 활성화 전략에서 비롯된다는 점에서, 이를 유발하는 지역사회의 경제적 조건과 나아가 자본주의 사회의 경제적 모순을 고찰해볼 필요가 있다. 대구지역의 경제는 상대적으로 노동집약적이고 저부가가치산업이라고 할 수 있는 섬유산업에 기본적으로 의존하고 있다. 즉 대구지역 제조업의 부가가치생산에서 섬유·의복산업이 차지하는 비중은 1980년대까지 50% 내외를 차지하고 있었으며, 1990년대에 들어와서 다소 감소하였지만 1993년 41.6%를 차지할 정도로 여전히 매우 높게 나타나고 있다. 이러한 섬유산업은 급속히 고도화되고 있는 우리나라의 전반적 산업구조 속에서 점차 사양되었고, 이에 따라 대구지역의 경제는 심각한 침체국면에 빠지게 되었다.

대구시가 밝히고 있는 바와 같이, 위천공단 조성계획의 목적은 이러한 지역경제의 침체국면을 벗어나기 위하여 대단위 공단을 조성하고 새로운 산업들을 육성함으로써 산업구조를 고도화하기 위한 것이다. 그러나 대구지역경제의 침체와 위천공단 조성계획은 이와 같이 단순한 서술을 능가하여 구조적 문제성을 내포하고 있는 것으로 이해되어야 할 것이다. 즉 대구지역의 경제침체는 자본주의 경제에 내재된 어떤 모순의 표출이며, 공단 조성계획은 이러한 표출을 지연 또는 완화시키기 위한 의도적 전략이라고 볼 수 있다.

대구지역사회를 포함하여 자본주의 사회에서 발생하는 경제침체 및 이를 규정하는 모순은 '생산의 사회화'와 '생산결과의 사적 전유'라는 가장 기본적 모순에까지 환원될 수 있다. 자본주의 사회에서 노동은 더 이상 자신의 생존과 생활을 위해 직접 필요한 사용가치로서 재화를 생산하지 아니하며, 사회(공간)적으로 구성된 일정한 생산체계(협업과 분업으로 구성된) 속에 편성되어 교환가치로서 판매될 상품을 생산하고 그 대가로 일정한 임금을 얻게 된다. 이러한 노동의 사회화 또는 생산의 사회화는 자본주의 사회의 생산력을 비약적으로 발전시키고, 잉여가치의 생산을 무한히 증대시킬 수 있는 가능성을 확보해주었다. 특히 기계제 공업의 발달과 함께 작업의 주체가 점차 기계로 대체되고, 인간의 노동이 보조적 지위로 전락하면서, 사회적 생산력의 규모는 급속히 확대되었다. 기업들은 이러한 사회적 생산력의 확대에 기초하여 초과이윤을 획득하기 위하여 자본을 산업간 및 지역간에 차별적으로 투입하고, 치열한 경쟁관계 속에서 자본의 사회공간적 집중과 거대화를 촉진시켜왔다. 이러한 생산 및 노동의 사회화와 자본에 의한 사회적 부의 집중은 일정하게 상호 조응하면서 자본주의 경제 발전의 원동력이 되었을 뿐만 아니라 동시에 상호 부정하는 모순적 관계로 자본주의 경제 발전을 제어하고 새로운 사회경제체제로의 전환을 요구하고 있다.

자본주의적 경제발전은 이러한 모순의 심화과정이라고 할 수 있다. 즉 사회적 생산력의 발전은 개별기업의 생산을 조직화·대규모화하는 동시에 초과이윤을 획득하려는 자본의 경쟁을 격화시키고, 사회 전체 생산의 무정부성을 증대시켰다. 즉 사회적 생산력의 발전과정에서, 생산설비 등 고정자본에 대한 투자 증대로 고도화된 자본의 유기적 구성은 이윤율 저하를 가져왔고, 자본간의 무정부적 경쟁은 소비에 비해 지나치게 증대된 생산으로 자본뿐 아니라 노동의 재생산 조건을 교란시키게 된다. 이러한 상황이 심화되면, 자본주의 경제는 폭발적인 공황 또는 격심한 침체국면에 봉착하게 되고, 투자된 자본들은 강제적으로 감가되게 된다.5) 또한 이러한 공황 또는 경제침체 과정에서 노동자들은 실질임금의 인하와 실업(즉 노동력의 감가)으로 생활에 심각한 위협을 받게 되고 자본가들과 적대적 갈등관계를 드러내게 된다. 특히 공황 또는 경제침체 과정에서 발생하는 자본 및 노동력의 급격한 감가는 '장소특정적'이라는 점이 지적될 수 있다.6) 왜냐하면 감가에 가장 민감한 고정자본은 특정한 입지적 조건에 고착되어 있으며, 또한 노동력의 지리적 이동은 (가변)자본의 이동성에 비해 훨씬 둔감하기 때문이다. 그러나 이러한 상황이 자본주의 사회의 붕괴와 새로운 사회로의 전환으로 이어지는 것은 아니다. 자본주의 경제는 주기적으로 발생하는 공황이라는 강력한 수단에 의한 폭력적 감가를 통해 재생산조건들을 조정하게 된다. 공황이 아니라고 할지라도 계기적으로 발생하는 경제침체는 이러한 상황을 극복하기 위한 자본의 재구조화 전략들에 의해 해소되기도 한다.

현재 당면한 대구지역의 심각한 경제침체는 바로 이러한 자본주의 사회의 경제적 모순이 표출된 것이라고 할 수 있다. 대구지역에 전통적으로 발달해온 섬유산업은 그동안 생산설비에 대한 투자를 확대시키면서 다른 지역 또는 다른 산업들에 비해 상대적으로 높은 초과이윤을 얻을 수 있었고, 이에 따라 대구지역의 경제는 다른 지역들에 비해 높은 성장률을 기록하면서 호황을 누릴 수 있었다. 그러나 무정부적 경쟁 속에서 이루어진 고정자본에 대한 투자 증대는 섬유산업의 이윤율을 저하시켰고, 대부분의 섬유업체들로 하여금 하청관계에 종속되도록 했으며, 제품의 과잉생산으로 국내외 시장의 한계에 봉착하게 되었다. 이러한 상황에서 섬유산업에 투입된 자본은 생산시설의 노후화와 상품재고의 증대 등으로 급속하게 감가되었고, 섬유산업에 종사하는 노동력

---

5) 주기적 공황을 유발하는 자본축적과정의 메커니즘과 특히 '감가'의 개념을 위해서는 D. Harvey, *The Limits to Capital*, London: Blackwell, 1982, 『자본의 한계』(최병두 역), 한울, 1995, 제7장 참조.

6) "어떠한 이유에서든지 간에 발생한 감가는 항상 일정 장소에 특정적이며, 항상 입지마다 특이한 것이다." D. Harvey(최병두 역), 앞의 책, 1995, 497쪽.

역시 기계제에 의해 탈숙련화되면서 실질임금의 상대적 인하뿐만 아니라 실업과 불완전고용으로 감가되었고, 상대적으로 높은 노동강도로 인해 기피된 부분은 외국인노동자들에 의해 대체되기도 했다. 이러한 과정을 통해 대구지역의 섬유산업은 급속히 사양화되면서, 업체들의 폐업 또는 타지역으로의 이전이 증대되는 한편 기존에 형성된 생산설비들은 특정 입지에 고착되어 새로운 산업의 발달을 위한 장애요인으로 작용하게 되었다.

대구지역의 경제침체는 지역경제에 내재된 이러한 자본주의적 경제 모순이 첨예하게 표출된 것이라고 할 수 있다. 또한 대구시가 계획하고 있는 위천공단 조성계획은 이러한 경제적 모순으로 발생하고 있는 지역경제의 위기를 극복하기 위한 전략적 방안이라고 할 수 있다. 이러한 점은 대구시가 위천공단 조성의 필요성을 강조하기 위해 제시한 세 가지 목적, 즉 침체된 지역경제의 활성화, 극심한 토지 부족난의 해소, 선진적 산업구조로의 재편이라는 목적들에서 확인된다. 위천공단 조성계획은 섬유산업분야에서 고정설비의 상대적 과잉과 노후화, 하청제의 확산(역으로, 자본의 독점력 증대)에 의한 생산의 비효율성, 국내외 수출시장의 한계 등으로 인해 초래된 경제침체를 해소하고, 입지고착적 설비자본에 대한 과잉투자로 인해 고정자본의 감가 위기를 회피하기 위하여, 그리고 대대적인 입지조성을 통해 새로운 이윤창출의 기회를 확보하기 위한 것이라고 할 수 있다. 이와 같은 경제재활성화 또는 산업재구조화전략은 자본주의적 지역경제에 내재된 모순을 완화시키기 위해 불가피한 것이라고 할 수 있다. 그러나 대구시의 위천공단 조성계획은 300만 평이 넘는 대규모 공단 조성에 의한 자본의 유기적 구성도 심화와 더불어 언젠가 발생할 심각한 장소특정적 감가의 위험, 또한 독점대기업을 중심으로 한 지역경제구조의 재편을 구상하고 있다는 점에서 장기적으로 그 모순을 극복하기보다는 오히려 심화시킬 것으로 보인다.

2) 사회생태적 모순으로의 확대 전환

위천공단 조성계획을 둘러싸고 전개되고 있는 갈등은 물론 대구지역의 경제침체와 이를 유발하는 사회경제적 모순에만 기인하는 것이 아니다. 이 갈등은 단순히 지역의 사회경제적 측면에 국한된 것이 아니라 사회생태적 측면도 내포하고 있다는 점에서 그 이상의 어떤 구조적 문제성을 함의하고 있다. 즉 위천공단 조성계획에서 표출된 갈등은 경제개발과 생태환경 간에 내재되어 있는 모순적 구조에 의해 조건지어져 있다고 하겠다. 이러한 추론은 자본주의 경제발전에 내재된 생산의 사회화와 그 생산물의 사적 전유라는 모순과 이로 인해 파생되는 여러 가지 부차적 모순들을 부정하는 것이 아니라, 사회경제부문을 능가하는 자본주의 사회-환경의 총체적 구조 속에 어떤 고차적 모순이 내포되어 있음을 의미한다. 이러한 모순이 자본주의체제에 특정하게 내재되어 있는지 아니면 체제초월적인지, 또는 자본주의 사회발전의 특정 국면에 한정된 것인지 아니면 전체 과정 속에 본질적으로 내재되어 있는 것인지의 문제는 아직 의문으로 남아 있지만, 우선 이 모순이 어떻게 정형화될 수 있는가를 살펴볼 필요가 있다.

자본주의 사회에 특정한 노동의 사회화는 자본의 축적 또는 가치증식, 즉 사회적 생산력의 발전에 있어 그 원동력이다. 그러나 사회적 부의 원천은 노동만이 아니라 자연도 포함된다.[7] 즉 인간 노동은 자연을

---

7) 노동과 자연 그리고 이와 관련된 가치와 사용가치에 관한 맑스의 주장은 상당한 혼돈을 야기하고 있다. 맑스에 의하면, 한편으로 자연적 물질은 인간노동이 첨가되는 과정을 통해서만 가치를 획득하는 것으로 인식된다. 즉 "인간노동이 대상으로 선정하고 있는 순수한 자연물질은 노동이 가해지지 않는 한 가치를 가지지 않는다"(Gru, p.366). 이러한 점에서 맑스의 정치경제학이 가지는 생태학적 유의성을 부정하지 않으면서도, "노동가치론의 사용으로부터 야기된 무의식적인 결과가 맑스에게 가치원천으로서의 자연을 무시하도록" 했다고 해석되기도 한다. 레드클리프트, 『발전과 환경위기』(강현수 외 역), 1993, 제1장 참조. 그러나 다른 한편 맑스는 사용가치, 즉 소재적 부의 원천이 노동 그리고 자연이라는 사실을 인정하고 있다. 즉 "노동은 모든 부의 원천이

개조 또는 변형시킴으로써 자신의 생존에 유용한 자원을 생산하게 되며, 여기서 자연은 인간 노동의 대상일 뿐만 아니라 유용물(즉 사용가치)의 근원이 된다. 이러한 점에서 자연은 사회적 생산의 외적 조건이라고 할 수 있다. 특히 자본주의 사회에서 이러한 노동과 자연은 특정한 성격을 가지게 된다. 즉 노동이 자신을 위해 유용물을 생산하는 것이 아니라 자본축적을 위해 생산하는 것처럼, 자연은 생산자 자신의 생존을 위해 유용물로 변형되는 것이 아니라 자본축적을 위해 전용된다. 달리 말해서 자연은 인간 노동의 필요가 아니라 사회적 필요, 즉 자본의 목적에 맞추어 개조되었고 그 결과로 얻어진 잉여가치는 자본에 의해 전유되고 있다. 이러한 점에서 자본주의적 생산력의 발전 기초가 되는 생산의 사회화는 노동의 사회화뿐만 아니라 자연의 사회화 (또는 자연의 자본화)를 전제로 한다.[8]

이와 같이 자본주의는 보다 합리적인 노동의 사회화뿐만 아니라 보다 효율적인 자연의 사회화를 통해 생산된 잉여가치의 전유를 통해 발전해왔지만, 자본주의의 사회적 생산력을 발전시켜온 노동의 사회화가 그러한 것처럼 자연의 사회화도 그 생산결과의 사적 전유와 모순적 관계를 가진다. 뿐만 아니라 자본주의 사회가 자연환경과의 관계에서 내

아니다. 자연도 노동과 마찬가지로 … 사용가치의 원천이다"(「고타강령 비판」). 이러한 맑스의 주장간에는 어떤 불일치가 있는 것은 물론 아니다. 왜냐하면 맑스에게 있어 '가치'와 '사용가치'의 개념은 구분되기 때문이다. 즉 소재적 부(즉 사용가치)는 자연으로부터 직접적으로 혹은 초역사적으로 주어지는 것인 반면, 가치는 물질적 부가 [자본주의의] 특수한 조건들 아래서 발생하는 경제적 형식이다. R. Grundmann, *Marxism and Ecology*, Oxford Univ., 1991, 『마르크스주의와 생태학』(박만준·박준건 역), 동녘, 1994, 126쪽 등 참조. 그러나 맑스는 변증법적 통일체의 두 구성요소로서 자연과 노동에 관한 고찰에서 노동가치에 거의 모든 관심을 집중시키고 다른 한 부분인 자연으로부터 어떻게 소재가치가 박탈되는가는 모호한 상태로 남겨둔 것은 사실이다. 이러한 점에서 맑스이론의 생태학적 재구성은 노동과 자연 간의 관계와 더불어 자본주의에서 특정하게 추상화된 가치와 물질적 소재로서의 사용가치간 관계에 대한 재검토를 포함할 것이다.

8) 이러한 점에서, 생산의 사회화과정과 공해문제의 발생에 관해서는 都留重人, 『공해의 정치경제학』(이필렬·조홍섭 역), 풀빛, 1983, 제3장 참조.

재하고 있는 사회생태적 모순은 생산력과 생산관계 간에 내재되어 있는 사회경제적 모순 이상의 어떤 성격을 가진다. 즉 사회생태적 모순은 자본주의 사회경제의 내적 모순이 생태환경과의 외적 모순으로 전환·확대된 것이며, 사회경제를 능가하여 생태환경을 포괄하는 총체적 관계 속에서 형성·심화된다는 점에서 보다 근본적인 모순이라고 할 수 있다.

위에서 논의한 바와 같이, 자본주의 사회에서 자연은 사회적 부(소재적 사용가치)의 원천일 뿐만 아니라 사회화된 노동을 통해 (잉여)가치 창출을 가능하게 하는 모판이 된다.9) 이를 통해 생산·교환되는 상품은 분화된 사용가치, 교환가치 그리고 가치를 동시에 체화하게 된다.10) 그러나 자본은 교환가치로서 상품의 시장교환을 통한 이윤의 획득, 즉 확대재생산을 통한 (잉여)가치의 지속적 전유를 추구하는 반면, 그들의 사용가치(소재적 부)와 그 근원(자연)에 대해서는 특별한 관심을 가지지 않는다. 이로 인해 사회화된 자연, 즉 사회적 유용물들은 자본의 잉여가치 전유의 대상으로 점점 더 큰 기능을 하게 된 반면, 노동의 재생산을 위한 사용가치로서의 기능을 점차 상실하게 되었다. 이와 같이 자연의 사회화에 따른 결과로, 자본주의적 생산관계에 심각한 갈등이 유발되게 된다.

게다가 자연의 사회화로 인한 자본주의적 모순은 이와 같은 생산력

---

9) 그러나 여기서, 자본의 경제적 모순이 생태적 모순으로 전환·확대되는 과정에 대한 이론화는 물론 자연이 마치 그 자체로서 가치를 가지는 것처럼 물화시켜서는 안 될 것이다. 즉 자연 그 자체는 사용가치를 가지지만 노동에 의하지 아니하고는 가치를 가지지 않으며, 단지 노동의 가치 창출을 위한 소재로서 작용할 뿐이다.

10) 자본주의 사회에서 노동자들은 자연의 변형을 통해 자신의 필요를 위한 사용가치라기보다 타인들의 필요를 위한 사용가치, 즉 사회적 사용가치를 생산하게 된다. 이러한 사용가치를 가지는 노동의 생산물들은 교환을 통해 그 자체의 다양한 존재형태들과는 구분되는 하나의 동질적 사회적 지위, 즉 가치를 가지게 된다. 이러한 과정을 통해 노동과 자연은 점증적으로 사회화되게 되며, 자연의 개조를 통해 획득된 유용물은 사용가치와 가치로 분화되게 된다. D. Harvey(최병두 역), 앞의 책, 1995, 제1장 참조.

과 생산관계간 모순을 능가한다. 즉 무정부적 경쟁을 통한 자본의 잉여가치 전유는 자연의 점점 더 많은 부분들을 사회화시키지만 자연의 사회화에는 일정한 한계가 있다. 사회적 유용물을 생산하기 위한 인간의 변형을 수용할 수 있는 자연의 수용능력은 과학기술의 발달과 더불어 상대적으로 확대되어 왔지만, 궁극적으로 절대적 한계를 가진다. 특히 자연의 수용능력은 장소적으로 제약된다는 점에서, 국지적 생태계가 가지는 절대적 한계는 보다 특정적으로 한정된다. 이로 인해, 자연의 수용능력은 자본에 의해 재생산되지 않는 절대적 한계 이상의 사회화(자본화)과정을 거부하고, 나아가 자본주의 사회의 사회적 생산력 발전에 근본적인 제약으로 작용하게 된다. 즉 사회적 생산력은 자본들간의 무정부적 경쟁과 자본과 노동 간의 갈등뿐만 아니라 풍요로움을 잃어가는 자연조건에 의해 제약된다.[11] 여기서 자본주의적 생산성을 규정하는 사회적 조건과 자연적 조건 간에 대립관계가 형성된다. 자본들의 무정부적 경쟁에 의한 사회적 생산력의 증대는 무한정한 것처럼 보이는 자연의 과잉착취를 초래한다. 뿐만 아니라 노동력의 착취로 인한 자본노동 간의 생산관계에 있어서의 갈등은 말 못하는 자연의 착취로 전가되고, 이로 인해 자본주의 사회에서 자원은 급속히 고갈되고 환경은 가속적으로 오염된다. 그러나 수용능력에 절대적 한계를 가지는 자연은 무한정하게 착취될 수 없으며, 그 한계를 초과하여 착취된 자연은 말 못하는 상태로 침묵을 지키고 있는 것만은 아니다. 생산의 외적 조건으로 작동하는 자연의 퇴락은 다시 자본의 무정부적 경쟁에 의한 경제위기를 촉진시키고, 자본과 노동 간의 갈등을 심화시킨다. 자본주의 사회에서 생산력과 생산관계 간의 모순은 생산력과 생산관계 그리고

---

11) "여러 산업부문에서의 생산력 발전이 … 종종 상반된 방향으로 진행되게 되는 것은 경쟁의 무정부성과 부르주아적 생산양식의 특유성에서만 생겨나는 것이 아니다. 노동의 생산성은 사회적 조건에 근거한 생산성이 증가하는 것과 반비례로 종종 점점 풍요로움을 잃어가는 자연조건에도 묶여 있다. 따라서 이 여러 부문에서 상반되는 운동이 벌어져 여기에서는 진보가, 저기에서는 퇴보가 나타난다."

이들을 제약하는 생산조건들간의 모순으로 확대 전환하게 된다.[12]

위천공단 조성계획을 둘러싼 갈등의 객관적 조건은 이러한 사회생태적 모순에서 연유된 것으로 이해할 수 있다. 물론 대구지역의 경제-환경을 규정하는 사회경제적 및 생태환경적 조건에 내재되어 있는 이와 같은 모순은 그동안 지역사회의 발전과정을 통해 심화되어왔다고 할지라도, 어떤 계기로 인해 갈등을 유발시킨다. 현재 대구지역의 경제와 환경은 갈등이 발생할 수 있는 이중적 계기를 노정시키고 있다. 즉 한편으로 섬유산업을 중심으로 한 지역경제의 확대재생산 과정이 일정한 위기에 봉착하게 되었으며, 다른 한편으로 그동안 심화되어온 토지 및 수자원의 고갈과 환경오염이 자연제약적 한계에 도달하게 됨에, 대구지역사회는 경제적 위기와 동시에 환경적 위기를 드러내게 되었다.

뿐만 아니라 이러한 상황에서, 대구지역의 경제적 한계(즉 섬유산업의 사양화과정에서 발생하고 있는 업체들간의 과잉경쟁과 시장의 한계, 하청제에 의한 자본에 의한 자본의 착취에 있어서의 한계, 실질임금의 하락과 실업 및 불완전고용으로 나타난 노동의 착취에서의 한계 등)는 위기에 처한 자연환경에 대해 추가적 개발(자연의 착취)을 요구하고 있다. 그러나 그동안 지역 생산력의 증대과정에서 대구지역의 토지 및 수자원의 부족은 이미 한계상황에 이르렀고, 수질 및 대기오염 등 지역환경의 오염은 전국적으로 가장 심각할 정도로 악화되었다. 이러한 상황에서, 지역경제는 지역환경에 대해 추가적 부담을 요구하지만, 지역환경의 수용능력은 이미 절대적 한계에 달하여 더 이상 이러한 요구를 수용하기 어려운 상황에 처해 있다.

대구지역의 경제침체와 환경위기는 이와 같이 사회경제적 모순과 사

---

12) 자본주의의 사회적 생산력 발전을 위한 외적 자연의 사회화 (또는 자본화) 과정은 자기파괴적 형태로 스스로 자신에 대해 장벽이나 제약이 되는 과정이며, 이 과정에서 자본은 그 자신의 사회적 환경적 조건들을 손상시킴으로써 자신의 비용과 희생을 증가시키고, 따라서 잉여가치를 전유하는 자신의 능력에 스스로 위험을 가하게 된다. J. O'Conner, 「자본주의, 자연, 사회주의: 이론적 서설」(이강원 역), 《공간과사회》 제3호, 1993, 33-62쪽 참조

회생태적 모순이 상호 관련적으로 심화, 표출된 것이라고 할 수 있으며, 또한 위천공단 조성계획은 이러한 위기현상들을 해소하기 위한 의도에서 구상된 것이라고 할 수 있다. 그러나 이러한 공단 조성계획은 사회경제적 모순에 의해 규정되는 경제침체의 문제만을 우선적으로 고려함으로써, 이 모순에 의해 확대·전환된 사회생태적 모순에 의해 규정되는 환경위기를 간과할 뿐만 아니라 공단 조성에 따른 개발로 인해 수자원 고갈과 수질오염을 악화시킴으로써 환경위기를 더욱 심화시킬 우려를 낳게 되었다. 이러한 상황에서 위천공단 조성계획을 둘러싸고 발생하고 있는 갈등은 사회경제적 모순에 의해 발현되는 자본가와 노동자들 간의 '계급적 갈등' 및 사회생태적 모순에 의해 발현되는 경제적 수혜집단과 환경적 피해집단 간의 '환경적 갈등'이라는 이중적 성격이 잠재되어 있다. 그러나 위천공단 조성계획을 둘러싸고 발생한 갈등은 가시적으로 지역적 갈등의 양상을 드러내고 있다. 즉 위천공단 조성계획은 지역사회 내적으로 계급적·환경적 갈등을 야기하고 있는 것이 아니라, 개발을 추진하고자 하는 지역과 그 개발로 인한 환경피해를 우려하는 지역간의 '지역적 갈등'으로 표면화되고 있다. 위천공단 조성계획을 둘러싼 갈등이 이와 같이 지역적 갈등의 양상을 보이는 것은 계급적·환경적 갈등이 어떤 이데올로기적 요인들의 작동에 의해 사회공간적으로 전이된 것이라고 할 수 있다.

3. 경제-환경적 갈등의 표출과 이데올로기

1) 갈등의 표출과 이데올로기의 역할

한 (지역)사회의 발전 또는 변화는 모순적 구조들간의 역동적 관계를 통해 이루어지며, 그 과정에서 형성·심화된 구조적 모순들은 갈등을 유발할 수 있는 가능성을 항상 가지고 있다. 이와 같이 잠재된 갈등은 이해관계를 달리하는 다양한 주체들의 형성과 그들간에 형성된 다변적 갈등전선들을 통해 표면화된다. 그러나 표면화된 갈등현상들에 대한 가시적 고찰만으로 그 갈등의 문제성이 완전히 이해될 수 없다. 왜냐하면, 모든 표면적 현상들의 이면에는 가시화되지 않은 부분들이 있는 것처럼, 표면화된 갈등현상들 또한 드러나지 아니한 부분들을 그 이면에 내재하고 있기 때문이다.

이와 같이 어떤 유형의 갈등이 잠재되어 있음에도 불구하고 이것이 표면화되지 않는 것은 갈등과 직·간접적으로 관련된 행위 주체들의 의식과 행위가 구조적 조건들에 포괄적으로 규정된다고 할지라도 이데올로기적으로 조작되기 때문이다. 즉 일련의 갈등과정에서 이러한 이데올로기의 작동으로 어떤 유형의 갈등은 표면화되지만, 다른 유형의 갈등은 전이된 다른 유형의 갈등을 표면화시키면서 그 이면에 잠재될 수도 있기 때문이다. 이러한 점에서 특정 갈등은 표출된 갈등의 양상뿐만 아니라 그 이면에서 작동하고 있는 이데올로기 및 숨겨진 갈등을 고려하여 재구성될 수 있다. 이러한 점에서 우선 경제-환경을 둘러싼 갈등에 내재되어 있거나 또는 그 과정에서 작동하는 이데올로기(또는 이데올로기적 요소 또는 측면들)를 고찰해볼 필요가 있다.[13]

이데올로기란 구체적으로 체험된 현실로부터 괴리된 의식이나 체계적으로 왜곡된 지식을 의미한다. 즉 이데올로기는 실제 상황에 대한 구체적 경험의 산물이 아닐지라도 그 자체로서 '거짓'은 아니지만, 행위자들이 시·공간적 맥락 속에서 처해진 체험을 통해 획득한 의식, 즉 맥락적 또는 상황(situated) 의식과는 구분되는 허구적인 것 또는 비합리적인 것이라고 할 수 있다. 이러한 이데올로기의 작동에 따라 갈등에 참여하는 주체들은 문제현상과 이와 관련된 자신의 이해관계를 왜곡되게 해석하거나 또는 가치나 목표를 자신이 처해 있는 상황과는 다르게 설정할 수 있다. 뿐만 아니라 이데올로기의 본질은 허위적 의식이나 왜

---

13) '갈등과 이데올로기의 상호 침투'에 관한 논의로는 박재환, 『사회갈등과 이데올로기』, 나남, 1992, 특히 제7장 참조.

곡된 목표, 비합리적 가치 설정과 같은 인식론적 문제에만 국한되는 것은 아니다. 달리 말해서 갈등과정에 작동하는 이데올로기와 관련하여 보다 중요한 점은 그것이 암묵적으로 전제하는 갈등주체들의 이해관계와 관련된다는 사실이다.[14]

현실에 대한 왜곡은 아무런 근거 없이 이루어지는 것이 아니라 현실을 이해하고 파악하는 인식 주체들의 관심과 물질적 이해관계에 의해 끊임없이 규정된다. 즉 특정 갈등과정에서 작동하는 이데올로기의 특성은 갈등주체들이 개별적으로 가지는 의식과 행위에서도 확인될 수 있지만, 특히 대립적 갈등 국면들에서 이들이 자신의 이해관계를 실현시키기 위해 제시하는 주장이나 요구들에서 보다 분명하게 드러나게 된다. 물론 이 점은 갈등과정에서 각 주체들의 주장이나 요구가 모두 허위적이라는 점을 의미하는 것은 결코 아니며, 구체적 현실에 대한 왜곡된 지식이라는 이데올로기의 측면은 궁극적으로 그 이데올로기가 관련되는 특정 이해관계의 맥락에서 설명될 수 있음을 지적하기 위한 것이다. 이러한 점에서 이데올로기는 특정한 사회집단의 이해관계를 유지시키기 위한 경험적 혹은 평가적 신념체계라고 할 수 있다. 이러한 점에서 갈등과정에서 작동하는 이데올로기는 특정 갈등주체(개인이나 집단)에 의해 의도적으로 만들어질 수도 있지만, 대부분은 사회 일반에서 통용되는, 즉 어떤 가치를 가지고 있어 신뢰할 수 있는 기존의 의식이나 지식이 원용된 것이다.

이와 같은 성격을 가진 이데올로기(또는 이데올로기적 요소)들은 갈등에 참여하는 각 주체들의 의식이나 주장에서, 그리고 갈등이 전개되는 각 국면이나 전선들에서 부단히 작용하고 있다. 이데올로기는 사회 일반에서 언제나 작동하고 있지만, 일련의 갈등과정에서 이의 작동이

---

14) 이러한 점에서 특정하게 허구적 또는 왜곡된 의식이나 지식으로서 '이데올로기'가 존재하는 경우와 어떠한 의식이나 지식이든지 이것이 '이데올로기적 요소'로서 특정한 이해관계를 실현시키기 위해 동원되는 경우가 구분되기도 한다. 이 글에서는 후자의 개념으로 이데올로기라는 용어를 사용한다.

강조되는 것은 다음과 같이 몇 가지 서로 관련된 이유들에 기인한다.

첫째, 특정 갈등주체는 문제현상에 대한 자신의 인식이나 주장 또는 요구의 정당성을 확보하기 위해 이데올로기를 동원·작동시키고자 한다. 갈등은 특정 문제현상이 정당한 것으로 받아들여지지 않을 때 배태되기 시작하며, 이러한 상황에서 해당 주체들은 이데올로기를 통해 자신들의 판단 또는 요구나 주장이 합리적이고 정당하다는 것을 강조하게 된다. 이데올로기는 갈등 발생의 원인이 되는 문제현상의 해석을 둘러싸고 각종 쟁점의 구성과 성립에 밀접하게 관계하며, 또한 궁극적 가치나 목표의 설정, 또는 이를 실현시키기 위한 수단 선택과 그 전망에 대한 예측에도 반영된다. 즉 이데올로기는 특정 갈등집단이 그들의 박탈된 객관적 상황을 보다 투철하게 인식하고, 그 상황이 더 이상 감내할 수 없다고 생각하도록 함으로써, 그들이 주장하는 요구와 권리가 다른 주체들의 이해관계와 비교하여 부차적인 것이 아니라 더욱 중요하고 본질적인 것이라고 의식하도록 만들고, 나아가 자기 집단이 설정한 목표나 선택한 수단을 포기할 수 없도록 한다.

둘째, 갈등의 전개과정에서 이데올로기는 어떤 집단 안에서 연대의식을 강화시키고 이에 따라 집단일체감을 확립함으로써 집단간의 경계를 분명하게 해준다. 이데올로기는 주체들 간의 상호작용에서 각 주체들의 이해관계의 차이를 확인시켜 주며, 나아가 그 차이를 더욱 강화시키기도 한다. 갈등주체들은 동원된 이데올로기를 통해 자신의 집단 경계를 보다 분명하게 하고 나아가 자기 집단의식을 선명하게 부각시키고자 한다. 또한 이데올로기는 공통된 이해관계를 가진 특정한 사회구성원들이 하나의 통일된 주체로서 갈등에 동원되게 한다. 대립적 집단의 구분이 갈등의 출발이라고 하면, 갈등의 각 주체들은 먼저 그 내적으로 '우리' 집단(또는 지역)으로 응집되어야 한다. 이러한 집단의식과 응집력의 형성과정에서, 이데올로기는 다소간에 상이한 이해관계를 가지는 구성원들에게도 작용하여 갈등과정에 참여하도록 하거나 최소한 묵시적 동조를 통해 지지를 하는 것처럼 보이도록 한다.

셋째, 이데올로기는 특정 주체의 이해관계를 정당화시키고 실현시키기 위해 잠재된 갈등 요인들을 은폐하거나 또는 갈등 국면을 전이시키기 위해 동원되기도 한다. 즉 특정 주체는 자신의 이해관계에 유리하도록 이데올로기를 동원하여, 다른 주체들이 자신의 이해관계를 혼돈 또는 왜곡되게 인식하도록 할 수 있다. 이러한 혼돈과 왜곡으로 인해, 이데올로기의 영향을 받은 특정 주체는 자신의 이해관계를 의식하지 못하여, 이해관계가 다른 주체들을 동일한 것으로 인식하거나 또는 이해관계가 같은 주체들을 다른 것으로 인식하는 오류를 범하게 된다. 특히 이러한 상황에서 각 주체들은 실질적으로 이해관계의 차이가 있음에도 불구하고, 상호간 갈등적 긴장이나 대립의 필요성을 인식하지 못하거나 또는 갈등이 표면화되지 않은 상태로 유보되도록 한다.15) 뿐만 아니라 이들은 이해관계의 이질성보다는 동질성을 더 강조하면서 상호간의 갈등을 다른 주체들에게 전이시키거나 또는 서로 연합하여 또 다른 주체들과의 갈등 전선을 형성하기도 한다.

넷째, 이데올로기는 궁극적으로 기존의 사회적 힘관계를 유지·확대시키고자 하는 지배계급의 의도와 밀착된다는 점이 강조될 수 있다. 이데올로기는 대등한 힘관계에 있는 갈등주체들간의 관계에서도 작동하지만, 불균등한 권력을 가진 주체들간에 보다 용이하게 작용할 수 있다. 이 점은 갈등주체의 이해관계를 정당화시키고 집단의식과 응집력을 강화시키기 위해 동원되며 나아가 특정 갈등이 억제되거나 또는 사회공간적으로 전이되도록 한다는 점에서 이데올로기의 역할과 밀접하게 관련되며 그들만의 또 다른 특성을 가지기도 한다. 즉 모든 지식은

---

15) 이러한 점에서, 갈등은 행위자들(개인이나 집단들)간의 (잠재적) 이해관계의 대립과 이들간의 실질적 투쟁으로 구분되기도 한다. 이들 간을 구분하는 주요 이유는, 이해관계의 대립은 이에 내포된 자들간의 충돌과 같이 실제화된 것이라기보다는 행위자들의 사회적 관계 속에 잠재되어 있을 수 있고, 다른 한편 이들이 자신의 이해관계를 내적 혼돈이나 외적 조작에 의해 잘못 파악하고 그들과 동일한 이해관계를 가진 자들과 다툴 수도 있기 때문이다. A. Giddens (최병두 역), 앞의 책, 1991, 288쪽 등 참조

이데올로기적이며 이는 지배·피지배의 권력관계를 전제로 한다.16) 지
배계급은 각종의 이데올로기적 수단과 장치를 통해 자신의 정당성을
주장하면서 자기 기득권을 수호하려고 하는 한편, 피지배계급의 허위
의식을 조장함으로써 계급갈등이 첨예화되는 것을 방지하려고 한다.
이러한 점에서 상호행위로서 갈등의 전개과정은 사회(공간)적 힘관계
를 전제로 하며, 여기에 계급의식과 이데올로기의 중요성이 부각된다.

2) 경제-환경적 갈등에 작동하는 이데올로기:
   경제주의, 환경주의, 지역주의

위천공단 조성계획을 둘러싸고 발생하는 갈등과정은, 이와 직·간접
적으로 관련된 주체들이 매우 다양하며 또한 그들간에 형성된 전선들
이 복합적인 만큼, 이 과정에서 작동하고 있는 이데올로기적 요소들도
매우 다양하고 복합적인 것처럼 보인다. 또한 특정 주체들의 경우, 상
반된 이데올로기들이 동시적으로 영향을 미침으로써 그들의 입장이나
이해관계를 이중적이거나 모호하게 만들기도 한다.

위천공단 조성계획과 관련된 갈등의 전개과정에서 가장 기본적이면
서도 중요한 영향력을 미치고 있는 이데올로기로서 경제(우선)주의, 환
경주의, 지역주의 등 세 가지 유형을 찾아볼 수 있다.17) 이들은 물론

---

16) 이러한 점은 대표적으로 푸코(Foucault)의 '권력·지식'의 개념에 함의되어 있
   다.
17) 위천공단 조성계획을 둘러싼 갈등관계에서 작동하고 있는 이데올로기로서,
   그외로 '기술주의'를 들 수 있다. 기술주의는 과학기술의 발달, 특히 첨단기술
   산업은 지역산업을 고도화시킬 수 있을 뿐만 아니라 지역환경문제의 개선을
   가져다줄 것이라는 의식과 관련된다. 과학기술의 개발과 이의 경제적 및 환경
   적 측면에의 응용은 한편으로 이러한 효과를 가져다줄 수 있다고 할지라도,
   이러한 효과를 가져다줄 수 있는 실질적 조건들에 대한 구체적 계획 없이 이
   에 대한 지나친 강조는 기술주의의 이데올로기에 빠지는 것이다. 이 글에서는
   이러한 이데올로기의 작동은 경제-환경적 모순과 갈등에서 중요한 의미를 가
   지지만, 위천공단 조성계획을 둘러싼 갈등의 사례에서는 경제주의 이데올로
   기에 내포되어 함께 작동하고 있다는 점에서 분리하지 않았다.

그 자체로서 결코 거짓이거나 허위적이지는 않지만, 갈등의 특정 주체나 국면과 관련하여 이데올로기적으로 작동하고 있다. 즉 이들은 특정 주체의 이해관계를 정당화시키기 위하여, 갈등주체의 집단의식과 응집력을 강화시키기 위하여, 또한 갈등이 사회공간적으로 전이되도록 하기 위하여, 그리고 궁극적으로 사회적 지배계급의 이해관계를 실현시킬 수 있도록 동원되었다는 점에서 위천공단 조성계획을 둘러싼 갈등과정은 이데올로기적으로 작동하고 있다고 하겠다.

'경제주의'(또는 산업주의)라고 칭할 수 있는 어떤 이데올로기는 경제성장 또는 산업의 고도화가 (지역)사회의 발전에 최우선되며, 모든 문제들의 해결에 전제조건이 된다는 의식을 가지도록 한다. 자본주의 사회에서 이러한 이데올로기는 국가(또는 지역)의 총량적 부의 축적을 위해 모든 국민들을 동원했으며, 이렇게 축적된 사회적 부의 불평등한 배분을 감내하도록 강요하고 있다. 이러한 이데올로기는 경제가 성장하기만 하면, 지역사회의 복지는 향상될 수 있으며, 심지어 지역의 자원고갈과 환경오염도 해결할 수 있다는 주장을 제시하도록 한다. 그동안 우리사회에서 (반공 이데올로기와 더불어) 경제주의 이데올로기는 모든 국민들의 의식과 행위를 규제하는 최고의 가치로 신봉되었고, 상이한 이해관계를 가지는 주체들간의 갈등을 무마·통제하기 위한 강력한 수단으로 동원되었다. 그러나 이러한 이데올로기를 통해 강조되는 경제성장(또는 생산력의 발전)의 중요성 그 자체는 결코 무시될 수 없다고 할지라도, 이는 자본주의 사회에서 지배계급의 이해관계를 실현시키기 위한 전제이며, 또한 이 계급의 특정한 이해관계가 마치 지역사회 전체의 보편적 이해관계인 것처럼 인식되도록 하는 데 기여했다.

위천공단 조성계획을 둘러싸고 발생한 갈등에서 대구지역의 주장이나 요구에서 가장 핵심을 이루는 것은 바로 이러한 경제주의 이데올로기이다. 이 지역의 자본가들뿐만 아니라 지방정부와 의회 그리고 지역 정치가와 언론들은 한결같이 위천공단의 조성은 지역경제의 회복을 위해 절대적이라고 주장한다. 이들의 주장에 의하면, 위천공단의 조성은 침체된 지역경제의 활성화뿐만 아니라 지역사회의 복지 향상과 지역환경문제의 개선을 가져다줄 것으로 기대된다. 또한 이 이데올로기는 위천공단 조성과 관련하여 중앙정부의 경제·개발담당부처들로 하여금 환경관리담당부처의 반대를 완화시키거나, 대구지역 시민들 가운데 환경문제의 심각성을 인식하는 시민들이나 시민단체들의 반대를 무마하거나, 또는 수자원 고갈·오염을 우려하는 부산·경남지역의 반대에 대항할 수 있는 권한이나 의식, 주장을 강화시켜주기도 한다.

그러나 지역경제성장의 중요성 그 자체는 부정될 수 없다고 할지라도, 이러한 경제주의 이데올로기는 위천공단 조성과 관련된 여러 가지 문제들을 해소할 수 있는 합리적인 대책 마련을 가로막고 있다. 뿐만 아니라 이 이데올로기는 위천공단이라는 지역개발과 이를 통한 지역경제의 회복이 자본가계급에 특정한 이해관계를 우선적으로 실현시켜 줄 것이라는 사실을 숨겨두고 있으며, 공단 조성계획을 추진 또는 지지하는 지역사회의 여러 주체들이 이의 실현을 통해 자신들의 이해관계, 즉 지역내 정치적 기반의 확보나 영향력의 강화를 추구하고 있다는 점 또한 은폐할 수 있도록 한다.

'환경주의'(또는 생태주의)라고 칭할 수 있는 이데올로기는 현재 자원고갈과 환경오염이 심각하며 이러한 자원·환경문제의 우선적 해결이 (지역)주민들의 생활을 위해 필수적이라는 의식을 가지도록 한다. 뿐만 아니라 이 이데올로기는 현재와 같은 상태로 자원·환경문제가 심화될 경우, 멀지 않는 장래에 경제성장은 파탄에 이를 것이며, 나아가 지구 환경이 파멸의 위기에 처하고 인류의 종말이 올 것이라는 불안을 가져다주고 있다. 또한 환경주의 이데올로기는 환경문제의 이러한 부정적 측면과 정반대로, 환경이라는 용어가 하나뿐인 생명, 건강한 녹색, 숭고한 자연의 순리, 만물의 절대적 근원 등의 개념으로 치환되면서 자유나 민주, 평등과 같은 보편적 가치나 윤리로 승화되도록 했다. 이러한 환경주의 이데올로기는 최근 우리나라뿐만 아니라 전지구적으로 자원·환경문제가 심화됨에 따라 새롭게 형성되고 광범위하게 신뢰되고 있는 신념체계라고 할 수 있다. 이러한 환경주의는 그 자체로 결코 부정될 수 없으며 구체적 현실을 일정하게 반영하고 있다고 할지라도, 자원·환경문제 그 자체의 해결이 아니라 때로 다른 목적으로 전용되고 있다는 점에서 이데올로기적으로 작동하고 있다고 할 수 있다. 이러한 환경주의 이데올로기는 자본가들의 상품홍보를 위해 조작되고 있는 녹색광고, 정치가들이 선거과정에서 자신의 지지를 호소하기 위한 환경이미지 홍보 등의 사례에서 확인될 수 있다.

이러한 환경주의 이데올로기는 위천공단 조성계획에 대한 부산·경남지역의 반대 주장들에 다분히 내포되어 있을 뿐 아니라 그 지역 지방정부와 의회 및 지역정치가 그리고 지역언론들의 주장이나 요구에 보다 강하게 반영되어 있는 것으로 보인다. 낙동강 수자원 확보 및 수질오염 개선에 대한 이들의 요구는 분명 그 자체로서 중요한 가치를 가진다고 할 수 있다. 그러나 이들이 이러한 반대 주장을 통해 수자원 확보와 지역 내 공단 우선 건설을 필요로 하는 지역자본의 입장을 암묵적으로 반영하고 환경문제에 대한 지역시민들의 불만을 대변하여 자신의 지역적 정치기반을 확보하고자 한다면, 이들의 위천공단 조성 반대요구는 어떤 이데올로기적 요소를 함의하고 있다고 하겠다. 뿐만 아니라 실제 다른 이념을 가지고 조직된 어떤 시민단체가 이러한 반대운동과정에 참여하여 자신들의 이해관계(혹은 영향력)를 확대시키려 한다면, 이러한 환경주의는 분명히 이데올로기적이라고 할 수 있다. 이와 같이 환경주의가 위천공단 조성계획을 둘러싼 갈등과정에서 이데올로기로서 작용하고 있다는 사실은 이 지역의 지방정부가 위천공단 조성계획에 대해서는 적극적으로 반대하면서, 지역 내에서 환경문제를 유발할 수 있는 대규모 지역개발을 추진하고 있다는 점에서 확인될 수 있다.

지역주의는 한 지역 내에 거주하고 있는 주민들로 하여금 동일지역 내 자연환경과 역사 및 경제·정치적 조건을 공유하기 때문에 공통된 이해관계를 가지고 있다는 의식을 가지도록 한다. 뿐만 아니라 지역주의는 지역 내 주민들로 하여금 이러한 의식하에서 일정한 지역정체성을 가지고 응집될 수 있도록 한다. 이러한 지역정체성과 응집력에 기초한 지역주의는 자연적 조건과 역사적 전통을 전제로 한다는 점에서 결코 허위적이라고 할 수 없으며, 또한 지역사회의 공동체적 발전의 원동력이 될 수도 있다는 점에서 무의미한 것이 아니다. 그러나 이데올로기로서의 지역주의는 상이한 이해관계를 가지는 지역 내 구성원들로 하여금 그 이질성을 무시 또는 유보하도록 할 뿐만 아니라, 자신의 지역은 다른 지역과는 상이한 이해관계를 가지고 있다고 인식하도록 하고, 나아가 지역정체성과 응집력을 바탕으로 다른 지역과 대립적 갈등관계에 빠지도록 한다. 뿐만 아니라 이러한 지역주의 이데올로기는 동일지역에 살고 있다는 매우 피상적이지만 또한 원초적인 사실에 의존하여 다른 지역들과 적대적 감정을 가지도록 함으로써, 지역간 갈등을 매우 비합리적인 상황으로 빠뜨리기도 한다.

  위천공단 조성계획을 둘러싸고 대구·경북 및 부산·경남지역에서 각각 작동하고 있는 이러한 지역주의는 상호 대립적인 이데올로기로서 경제주의와 환경주의와 결합하여 갈등의 다양한 주체들에게 영향을 미치고 있다. 위천공단 조성계획을 강력히 추진 또는 지지하는 대구지역의 주장들은 경제주의 및 지역주의가 결합된 이데올로기를 내포하고 있음으로써, 지역 내에서 경제침체 및 환경문제로 인해 고통받고 있는 사회적 계층이나 집단들의 이해관계의 상이성을 무시하고 이들의 불만을 무마할 수 있도록 할 뿐만 아니라, 이들로 하여금 위천공단 조성계획에 암묵적 또는 명시적으로 동의하도록 하고 나아가 이를 반대하는 부산지역과의 갈등관계에 일정하게 참여하도록 한다. 반대로, 위천공단 조성계획을 반대하는 부산지역의 주장들은 환경주의 및 지역주의가 결합된 어떤 이데올로기를 반영함으로써, 위천공단 조성으로 인해 지역 내에서 발생할 수자원 고갈과 수질오염에 대한 불안감을 조성할 뿐만 아니라 지역 내에서 추진되고 있는 각종 개발사업들로 인한 환경문제의 발생가능성에 대한 우려를 여론화시키고 있다.

이와 같이 지역주의 이데올로기는 그 자체로서 또는 다른 유형의 이데올로기와 결합하여, 지역 내 다양한 이해관계를 가지는 각 주체들 간에 형성될 수 있는 갈등을 무마시킬 뿐만 아니라 이를 표면화시킴으로써 위천공단 조성계획을 둘러싼 갈등을 보다 첨예하고 감정적인 것으로 만들고 있다.

4. 갈등의 사회공간적 전이

갈등 주체들이 가지는 이해관계의 차이는 이 과정에서 작동하는 이데올로기의 작동으로 인해 더욱 강화되거나 또는 약화되기도 한다. 이러한 이데올로기의 작동은 잠재된 갈등을 억제하기도 하고 반대로 심각하게 표출되도록 하며, 나아가 특정한 주체들간의 갈등전선이 다른 갈등전선으로 전이되도록 한다. 이러한 과정은 갈등 주체들의 특정한 연합과 갈등의 전이에 따른 이의 재편을 전제로 한다. 갈등 주체들의 연합과 이의 재편은 물론 자신이 처해 있는 사회공간적 위치에서 체험된 의식과 이해관계에 기초한다. 그러나 이러한 의식과 이해관계는 이미 지적한 바와 같이 이데올로기의 작동에 자유로울 수 없으며, 특히 특정 갈등이 진행되고 있는 상황에서는 더욱 민감하게 반응함으로써 보다 쉽게 영향을 받을 수 있다. 따라서 이러한 이데올로기의 작동을 전제로 갈등의 사회공간적 전이와 주체들의 연합과 재편을 고찰해봄으로써 갈등의 전개과정을 재구성해볼 수 있다.

위천공단 조성계획을 둘러싼 갈등의 사례에서 보면, (지역)사회에서 경제-환경과 관련하여 발생할 수 있는 갈등은 계급적 갈등 → 환경적 갈등 → 지역적 갈등이라는 3단계를 통해 사회공간적으로 전이되고 있다(<그림 1> 참조). 각 유형의 갈등들은 상이한 주체들 간의 대립적 전선 형성으로 나타나지만, 이러한 갈등들의 전이과정에서 이들은 자신의 이해관계와 이에 영향을 미치는 이데올로기로 인해 연합·재편되

<그림 1> 개발과 환경을 둘러싼 갈등의 사회공간적 전이

계급적 갈등 (지역개발을 요구하는 자본축적과정에서 발생)	⇒	환경적 갈등 (지역개발로 인한 자원·환경문제로 인해 발생)	⇒	지역적 갈등 (자원·환경문제의 공간적 전가로 인해 발생)
자본축적(이윤)을 추구하는 자본가계급		실질적 및 명목적 수혜집단(계층)		자원고갈·환경오염의 전이집단(지역)
자본축적과정에서 착취되는 노동계급		환경파괴·오염의 피해집단(계층)		자원고갈·환경오염의 피전이집단(지역)

고 있다. 이러한 갈등 전이의 결과는 위천공단 조성계획에서 가장 심각하게 나타난 바와 같이 지역적 갈등으로 귀착된다. 이 점은 지역적 갈등이 가장 중요하다는 것을 의미하는 것은 아니며, 오히려 가장 비본질적이고 부차적인 갈등임을 보여 주는 것이라고 할 수 있다. 그러나 지역적 갈등 자체는 결코 무시될 수 없다. 왜냐하면 지역적 갈등은 이로 전이된 계급적·환경적 갈등의 성격을 함의 또는 반영하고 있을 뿐만 아니라,[18] 갈등의 최종단계에서 전이되어 발생하는 이 유형의 갈등은 실제 가장 치열하여 전체 사회에 가장 큰 타격을 줌과 동시에 사회공간적 변화를 추동할 수도 있기 때문이다.[19]

1) 계급적 갈등과 노-자 연대

자본주의 사회에서 사회적 생산력의 향상과 이에 조응하지 못하는 생산관계의 모순은 자본·노동자 간 계급갈등으로 외현화한다.[20] 그러

---

18) 이러한 점에서, 모든 사회적 갈등이 언제나 새로운 주체에 의해서 야기되고 주도되는 것은 아니다. 오히려 어떤 의미에서는 갈등 주체는 실제 내용상 커다란 변화가 없고, 그 외양만 다르게 나타나는 경우도 허다하다.

19) 이 점은 하비의 『자본의 한계』로부터 어떤 시사점을 얻은 것이다. 그는 여기서 자본주의 사회의 위기(또는 공황)을 3단계로 구분하고 과잉축적에 의한 공황이 지리적 측면에서의 공황으로 전이된다는 점을 강조하고 있다.

20) 이러한 점에서 M. Godelier, "Structure and contradiction in 'Capital'," in R. Blackburn(ed.), *Ideology in Social Science*, Fontan, 1972 참조. 그는 자본주의 사

나 자본주의 경제체제에서 생산력과 생산관계가 모순된다고 해도 그것이 반드시 자본가와 노동자 간의 갈등을 유발시키는 것은 아니다. 즉 모순은 갈등이 발생할 수 있는 하나의 객관적 조건으로 작용하지만, 노동자와 자본가의 갈등을 기계적으로 야기시키는 것은 아니다. 자본주의 사회에서 계급갈등은 노동자와 자본가의 의도적인 사회적 실천을 통해 발생한다. 자본주의 사회에서 이와 같은 노동과 자본 간의 기본적 갈등이 발생하는 것은 앞서 논의한 바와 같이 자본축적과정에 내재되어 있는 구조적 모순, 즉 생산의 사회화와 생산결과의 사적 전유에 기인한다. 즉 생산의 사회화과정이 확대될수록 노동은 더 많이 착취되며, 이를 통해 생산된 잉여가치는 독점자본으로 더욱 집중되게 된다. 이러한 점에서, 자본주의 사회에서 자본과 노동 간의 갈등은 생산력과 생산관계의 모순이 형성한 주단층선을 따라 발생하는 계급갈등을 의미한다.

그러나 자본주의 사회에서 형성된 자본가와 노동자들 간의 계급관계는 갈등관계인 동시에 이익의 의존관계라는 점을 지적할 수 있다. 노동자는 자신의 생계 유지를 위해 수입을 보장받을 수 있는 일자리를 필요로 하며, 자본가는 (잉여)가치 창출과 그 실현을 위하여 노동력과 유효수요를 필요로 한다. 뿐만 아니라 자본주의의 모순적 재생산과정은 그 속에서 살아가는 모든 사람들, 즉 노동자들뿐만 아니라 자본가들에게도 긴장과 압박을 가져다준다는 점도 지적될 수 있다.

자본가계급 측면에서, 이러한 압박은 그 자체에 의해 창출된 이윤들의 점진적 저하경향과 이로 인한 자본(분파)들 간의 첨예한 경쟁 그리고 자본주의 경제의 주기적 경기변동 때문에 지속적 확대재생산 과정

회에서의 모순에 관해 맑스가 『자본론』에서 기술한 내용들 중에는 2가지 유형, 즉 특정 구조의 내부적 모순인 자본과 임노동과의 모순적 관계, 그리고 두 구조간의 모순으로 사적 소유와 사회화된 생산간의 모순이 있음을 지적했다. 그는 이들간을 구분하여, 자본주의적 모순이 사적 소유와 사회화된 생산에서 찾아진다면, 자본주의에서의 사회적 갈등은 자본과 임노동 간의 대립에서 나타난다고 주장했다.

을 유지하기 어려운 점이 있다. 노동계급의 측면에서 이러한 압박은 자본의 축적과정에서 요구되는 노동강도의 강화 및 장시간 노동 그리고 경제의 침체기에 심화되는 제약들, 노동자들간의 과잉경쟁, 실업이나 불완전고용 등과 관련된다. 이와 같이 자본주의 사회에서 자본가와 노동자는 현실적으로 상호 이익의 의존관계이며 또한 압박과 고통을 공유하는 주체라는 사실에 근거하고 있지만, 이러한 사실이 이들간의 계급갈등을 무마·완화하고 나아가 자본가계급이 노동계급을 지속적으로 착취하기 위해 동원된다면 이는 이데올로기적이다.

여기서 또한 지적될 수 있는 것은 이와 같이 부분적으로 현실에 기초하며 또 부분적으로는 이데올로기의 영향으로 노동과 자본이 일정한 연대를 형성할 수 있다는 점이다. 이러한 노-자 연대는 지역경제가 극히 침체된 상황에서 국지적 범위 내에서 보다 용이하게 이루어질 수 있다. 즉 지역경제가 위기에 처한 상황에서, 노동자들은 자신의 생존 영위에 필요한 새로운 고용 및 소득기회를 확보하기 위해 자본과 일정한 동맹관계를 형성할 수 있다. 특히 이러한 자본과 노동 간의 타협은 장소특정적 감가가 촉진되는 지역에서 국지적으로 발생할 수 있다.[21]

이러한 지역동맹에 참여하는 자본은 주로 부동적 투자에 얽매어 있는 자본분파들(예로, 기존의 투자로 고정자본을 가지고 있는 기업가, 토지 및 부동산소유자, 개발업자와 건설회사, 그리고 지방정부)로서 이들은 국지화된 감가의 위협을 회피하면서 임금과 노동조건들에 대한 타협을 통해 국지시장에서 임금재의 유효수요를 증대시키고자 한다. 또한 노동의 특정 분파들 역시 동맹의 대의로서 공동체촉진주의(boosterism)를 명분으로 자신의 고용보장과 임금확보를 위해 동맹에 참여하게 된다. 동맹은 물론 내·외적으로 와해의 위협을 받게 되지만, 최소한 국지적이며 일시적으로는 감가를 회피할 수 있는 공간적 조정(spatial fix)을 위해, 기존 산업들의 입지조정과 새로운 산업들의 개발·조성을

---

21) D. Harvey(최병두 역), 앞의 책, 1995, 551쪽 참조.

통해 침체된 지역경제를 회복시키기 위해 공동으로 대처할 수 있도록 한다.

위천공단 조성계획을 둘러싸고 발생한 갈등과정에서 노동과 자본 간의 계급갈등적 측면은 표출되지 않고 있다. 대구지역의 경제가 자본주의적 경제체제에 의해 영위·발전되고 있는 한, 자본주의 사회의 기본적 계급갈등인 노·자 갈등이 존재한다. 그러나 대구경제의 극심한 침체상황에서 자본가들은 새로운 공단조성의 필요성을 강하게 요구할 뿐만 아니라 노동자들도 새로운 취업 및 소득기회를 필요하게 되었다. 이와 같이 대구지역의 자본가와 노동자들은 위천공단 조성이라는 공동의 필요성을 전제로 이들간에 일정한 (명시적이지 아니하더라도 묵시적인) 연대가 형성되었기 때문에, 실제 상황에서 계급적 갈등의 양상은 나타나지 않는 것이라고 할 수 있다. 다른 한편, 위천공단 조성개발이 다른 문제현상, 즉 낙동강 수자원 고갈과 수질오염이라는 문제를 유발하지 않으며 또한 이로 인한 환경적 및 지역적 갈등이 발생하지 않았다면, 위천공단 조성을 둘러싸고 생성되는 지역사회의 부의 분배문제를 둘러싸고 노·자 갈등이 유발될 수 있는 가능성도 있었을 것이다. 그러나 실제 이러한 계급갈등은 경제침체 국면에서 잠재되게 되었을 뿐만 아니라, 이들간의 묵시적 연대는 계급적 갈등이 다른 유형의 갈등, 즉 환경적 갈등으로 전이되도록 했다. 물론 이러한 노-자 연대에 따른 계급갈등의 잠재화와 다른 갈등 유형으로의 전이는 노동 및 자본가계급 양자 모두의 현실적 자기 이해관계에 기초하지만 또한 동시에 경제주의라는 이데올로기에 의해 강력하게 통제된 결과라고 할 수 있다.

2) 환경적 갈등으로의 전이와 성장/친환경연합

자본주의 사회에 내재된 생산력과 생산관계간의 모순은 앞서 지적한 바와 같이 생태환경적 측면이 고려에 따라 생산력 및 생산관계와 그리고 생산조건 간의 모순으로 확대 전환되는 경향이 있다. 이러한 사회생태적 모순은 한편으로 생산력과 생산관계의 조응에 따른 지속적 자본축적과 관련된 자들과 이로 인한 생산조건의 퇴락과 관련된 자들 간, 즉 노·자간의 암묵적 합의를 전제로 한 개발로 경제적 혜택을 얻을 수 있는 집단과 이러한 개발로 인한 자연생태계의 파괴·오염으로 직·간접적 피해를 입는 집단 간에 일정한 갈등이 유발될 수 있는 조건이 된다. 이러한 점에서, 경제와 환경을 둘러싼 환경적 갈등은 자본주의 (지역)사회에 내재된 객관적 조건의 표출이지만, 또한 동시에 노동과 자본 간의 계급적 갈등이 전이된 것이라고 할 수 있다.[22] 즉 생산력과 생산관계의 조응이 급격히 요구되는 경제침체 국면에서 자본가들은 노동자에 대한 착취가 어려워지면, 착취의 대상을 생산조건으로서의 자연환경으로 이전하게 된다.[23] 물론 이로 인한 생산조건의 퇴락은 생산력과 생산관계 간의 관계를 구조적으로 재규정하게 되며, 이러한 상황은 자본주의의 사회경제적 모순을 더욱 악화시킬 수 있다.

이러한 상황에서, 추가적으로 이루어지는 개발과 이로 인해 발생하는 자원고갈과 환경문제는 단순히 노·자간의 암묵적 합의와 연대만을 전제로 하는 것이 아니라, 한편으로 지역개발로 인해 보다 명시적으로 혜택을 보는 집단들의 연대와 다른 한편으로 자원·환경문제로 인해 피해를 보는 집단들의 연대를 형성하게 된다.[24] 지역개발과 이에 따른 경제성장으로 이익을 얻을 수 있는 집단들로 구성된 이른바 '성장연합'

---

22) 이러한 갈등은 환경적 이해관계에서 손실을 입게 된 자들과 경제적 이해관계에서 이익을 얻게 된 자들 간의 관계에서 발생한 것이라고 할 수 있다. 여기서 환경적 이해관계는 경제적 이해관계를 부분적으로 내포하고 있지만, 모든 환경적 이해관계가 경제적 이해관계로 환원될 수 있는 것은 아니다.

23) 이 점은 고용의 창출 또는 소득의 증대라는 점으로 정당화된다. R. Hudson and P. Weaver, "In search of employment creation via environmental valorisation," *Environment and Planning*, 29, 1997, pp.1647-1661.

24) 성장연합 및 반성장 또는 친환경연합의 개념과 그 형성 배경에 관한 논의를 위해, J. R. Logan and H. L. Molotch, *Urban Fortunes: The Political Economy of Place*, Univ. of California, 1987; R. K. Vogel and B. E. Swanson, "The growth machine versus the antigrowth coalition: the battle for our communities," *Urban Affairs*, vol.25(1), 1989 등 참조.

은 지역의 기업체, 건설업체, 금융업자, 토지소유자, 지방정부의 관료, 지역정치가 그외 지역의 지배계급의 이익을 대변하는 언론기관이나 전문가들로 구성된다.25) 이들은 지역 내 다양한 개발을 통해 직접적으로 경제적 이익을 얻을 수 있을 뿐만 아니라 일정한 지배블록을 형성함으로써 정치적 권력을 향유하고자 한다. 이들은 지역개발과 경제성장이 지역사회의 부를 증대시키고 이를 통해 지역구성원들 전체에 이익을 가져다준다는 점을 홍보한다. 이들은 지역개발을 촉진하기 위해 지방정부의 의사결정에 직접 참여하거나 또는 강력한 영향력을 행사는 한편 경제주의적 이데올로기에 기초하여 지역사회에서 발생하는 여러 가지 갈등들을 조정·통제하고자 한다.

그러나 이들이 추구하는 지역개발과 경제성장이 지역사회의 부의 증대를 가져온다고 할지라도 이러한 지역사회의 부는 실제 불균등하게 배분될 뿐만 아니라 개발의 부정적 효과로 인해 지역사회에 여러 가지 문제들, 예를 들면 지가상승, 교통혼잡, 특히 자원·환경문제 등이 초래될 수 있다. 이러한 부정적 효과로 인해 지역개발을 촉진시키고자 하는 산업주의 이데올로기는 점차 신뢰를 상실하게 되고, 지역시민들은 이러한 지역개발과 경제성장을 거부하는 반성장(또는 친환경)연합을 구성하게 된다.26) 이들은 지역개발이 모두에게 혜택을 주는 것이 아니라 소수의 지배엘리트들에게만 이익을 준다는 의혹을 가지고, 지역개발에

---

25) 지역 노동자계급은 이러한 연합들 어느 쪽에도 명시적으로 참여하지 않는다. 이들은 지역개발에 대해 묵시적으로 동의한다는 점에서 자본과 암묵적 합의를 하지만 성장연합에는 참여하지 않으며 실제 다른 구성원들에 의해 배제된다. 뿐만 아니라 이들은 반성장(친환경)연합에도 참여하기 어렵다. 왜냐하면 이들은 지역개발에 대해 부분적으로 공감하고 있으며, 또한 반성장연합은 경제생산부문이 아니라 사회복지 및 환경부문과 관련된 이슈들을 중심으로 구성되기 때문이다.

26) 물론 이러한 친환경연합이 이데올로기로부터 완전히 자유로운 것은 아니다. 즉 이 연합을 구성하는 어떤 주체가 자신의 다른 이해관계를 실현시키기 위해 이에 가입하여 환경주의의 중요성을 위선적으로 강조한다면, 이러한 연합 역시 환경주의 이데올로기에 부분적으로 기초해 있다고 할 수 있다.

따른 여러 가지 사회환경적 문제들로 인해 고통을 받게 된다는 사실을 인지하게 되면, 성장연합에 대항하는 어떤 연합을 구성하게 된다. 지역시민들과 지역사회의 각 부문별 시민단체들로 구성된 이러한 반성장·친환경연합은 성장연합과의 갈등관계 속에서, 사회복지 및 환경문제의 중요성을 강조하고 이를 실현시키기 위하여 지방정부에 일정한 압력을 행사하거나 직접적으로 다양한 활동 프로그램을 개발하여 이를 실천하게 된다.

위천공단 조성을 둘러싸고 전개되는 갈등과정에서 개발로 인해 이익을 얻을 수 있는 집단들과 이로 인한 사회환경적 문제로 인해 피해를 입게 된 집단들, 그리고 이들의 연합들 즉 성장연합과 반성장·친환경연합 간의 갈등 역시 명시적으로 드러나지 않고 있다. 물론 대구·경북지역에서 공단조성을 추진 또는 지지하는 집단들의 연합을 성장연합이라고 하고, 부산·경남지역에서 공단조성을 반대 또는 축소를 요구하는 집단들의 연합을 반성장·친환경연합이라고 간주할 수도 있으며, 특히 이들은 성장연합과 친환경연합의 공간적 변형이라고 할 수도 있다. 그러나 이러한 연합들의 구성은 개념상 한 지역 내에서 사회적 집단들의 분화를 전제로 하고 있다. 또한 대구·경북지역에서 공단 조성을 추진·지지하는 집단들의 연합은 분명 성장연합이라고 할 수 있지만, 부산·경남지역 집단들의 연합을 진정한 의미의 친환경연합이라고 보기 어렵다는 점에서 의사적(擬似的)이라고 할 수 있다.

여기서 문제는 대구지역 내에 진정한 의미의 친환경연합이 왜 구축되지 않았는가, 그리고 이들과 지역성장연합 간에 어떤 가시적 갈등이 왜 발생하지 않았는가라는 의문을 갖게 된다. 대구지역의 다양한 자본분파들과 토지소유자들 및 지방정부의 관료와 지방의회의 의원들, 지역정치가들 그리고 이들을 지지하는 언론과 전문가들 간에는 이해관계의 완전한 상호일치를 전제로 상당히 명시적인 성장연합이 구축되어 있다고 할 수 있다. 그럼에도 불구하고 이들에 대항할 수 있는 친환경연합이 지역 내에 구축되지 않은 이유는 지역경제의 침체가 실질적으

로 지역주민들의 생활과 의식에 영향을 미치고 있거나, 위천공단 개발
이 아직 계획단계에 있기 때문에 환경문제의 심각성이 지역 내에서는
가시적으로 피해를 유발하지 않았기 때문이거나, 성장연합의 세력과
이데올로기적 공세가 절대적으로 매우 크기 때문이라고 할 수 있다. 물
론 대구지역 내 친환경연합이 구축되지 못한 것은 이러한 이유들이 복
합적으로 작용하고 있다고 할 수 있지만, 보다 근본적인 문제는 대구시
민사회의 미성숙과 이로 인한 절대적 역량의 부족에 기인한다고 할 수
있다. 그러나 또 다른 중요한 이유는 지역내 환경적 갈등이 표출·심화
되기도 전에 지역적 갈등으로 전이되었으며, 이 과정에서 지역시민들
은 이러한 갈등의 전이에 대해 묵시적으로 동조했기 때문이다.

3) 지리적 갈등으로의 전이와 범지역적 연합

  인간의 모든 사회적 행위와 마찬가지로 갈등행위도 시·공간적 차원
을 가진다. 모든 사회적 갈등은 그 발생→진행→종결 과정에서 시간적
요소들을 가지면서 일정한 지속기간 동안 이루어진다. 또한 모든 사회
적 갈등은 일정한 공간적 장소에서 이루어진다. 작게는 이웃간 다툼에
서부터 국가간의 전쟁에 이르기까지 모든 갈등은 일정한 무대를 갖는
다. 갈등 집단간의 충돌은 그들간의 이해관계가 첨예하게 상충되어 나
타나는 '현장'에서 일어나게 마련이다. 갈등이 이와 같이 공간적 차원
을 가짐에 있어 두 가지 유형이 있다.[27] 하나는 모든 갈등은 장소, 무

---

27) 그외에도 갈등의 지리적 확산은 공간적 측면을 가질 수 있다. 즉 한 지역에
   서 갈등은 다른 지역으로 확산되어, 동일한 또는 비슷한 종류의 갈등을 유발
   할 수 있다. 또한 이와는 달리, 특정한 갈등이 지리적으로 고립되어 있음으로
   써 사회적 관심을 끌지 못하는 경우에도, 갈등의 공간성이 작동하고 있다고
   하겠다. 후자의 사례로, D. Harvey, "Class relations, social Justice and the
   politics of difference," in M. Keith and S. Pile(eds.), *Place and the Politics of
   Identity*, London: Routledge, 1993, pp.41-66. 이 논문에 대한 평론으로 임서
   환, 「데이비드 하비: 포스트모던 담론과 계급정치학의 수사」, ≪공간과사회≫
   제5호, 1995 참조.

대, 현장이라는 공간상에서 이루어진다는 점이다. 즉 모든 갈등은 진공 속에서 발생하는 것이 아니라, 구체적 장소에서 야기된다(예로, 한 기업체내의 노·자간 분규도 노동자들의 작업현장에서 발단되어 바로 그 현장에서 농성을 벌이거나 기업주의 본부를 점거하는 양상으로 발전한다). 다른 한 유형은 갈등이 어떤 공간상에서 이루어질 뿐만 아니라 갈등 주체들이 각각 일정한 지역을 배경으로 형성되는 경우이다. 즉 지역에 기반을 둔 특정한 의식이나 이해관계들간의 사회공간적 차이로 인해, '지역적' 갈등이 발생할 수 있다.

이와 같은 지역적 갈등은 지역사회의 어떤 구조적 모순의 공간성으로 인해 발생한 것이라고 할 수 있다. 그러나 문제는, 구조적 모순은 개념상 그 사회체계에 내재된 추상적 속성들간의 모순을 의미하며, 따라서 '비공간적'이라는 점이다. 만약 공간 그 자체가 어떤 속성들과 이들 간에 본질적으로 조응할 수 없는 어떤 모순을 내재하고 있다고 간주하는 것은 공간을 물신화시키는 것이다. 따라서 지역적 갈등은 사회구조적 모순들이 발현되는 사회공간적 단층선을 따라 형성된다고 할지라도, 그 자체로서 특정하게 '공간적' 모순을 객관적 조건으로 하는 것은 아니다. 이러한 점에서 지역적 갈등은 사회-환경의 구조적 모순들에 의해 규정되는 계급적 갈등이나 환경적 갈등이 지역적 갈등으로 전이된 것이라고 할 수 있다. 그러나 지역적 갈등은 이 이상의 어떤 의미를 가진다. 즉 지역적 갈등을 유발하는 구조적 모순이 '공간성'을 내재하는 것은 모순과 갈등 속에서 유지·발전·변화해가고 있는 모든 특정 사회들과 그 사회의 구성원들(개인이든 집단이든 간에)이 일정한 지역을 점유하고 이를 배경으로 형성된 의식이나 가치, 목표를 가지고 생산 및 생활 활동을 영위한다는 사실에 기인한다.

한 지역의 구성원들은 그들이 살고 있는 지역에 대해 특정한 의미, 즉 지역정체성을 가진다.[28] 지역정체성은 지역 내적으로 이루어지는

---

28) 지역 또는 장소의 정체성 및 이와 관련된 정치에 관한 다양한 논의들로서, M. Keith and S. Pile(eds.), op. cit., 1993에 게재된 여러 논문들 참조.

경험과 생활을 통해 형성되는 동일성(또는 소속감) 및 지역 외적으로 다른 지역과 구분하여 분리된 개체로 인식하는 개별성(또는 차별성) 양자를 모두 내포한다. 지역내재적 정체성은 모든 인간의 생활과 모든 사회의 구성에 근원적이다. 이러한 지역정체성은 타지역과의 상호작용을 통해 외연적 성격을 형성하게 된다. 지역간의 상호작용은 각 지역의 구성원들로 하여금 자신의 지역에 대한 소속의식을 고양시키며, 나아가 각 지역의 경계와 그 경계 내에서의 집단의식을 확립하도록 한다. 특히 갈등과정에서 첨예화된 지역 소속의식은 자기 지역 성원들을 동지로 규정하고 동시에 상대 지역의 성원들을 적으로 배척하게 된다. 달리 말해서 지역적 갈등은 해당 지역의 내·외적 특성에 따라 여러 가지 사회적 갈등들을 공간적으로 재편한 것이라고 할 수 있다.

나아가 지역적 갈등은 각 지역 성원들의 지역정체성에 기초하여 형성된 범지역적 연합 또는 연대들 간의 대립이라고 할 수 있다. 특히 특정 갈등을 유발하는 문제현상이 각각의 지역에 상이한 이해관계를 가지는 것으로 인식될 때, 각각의 지역에 '범지역적' 연대의 형성은 촉진되게 된다. 그러나 비록 사회공간적 집단의 소속감과 개체성으로 이루어진 지역정체성이 모든 사회에 자연적인 것이라고 할지라도, 갈등과정에서 이러한 지역정체성이 지나치게 강조되면 이는 지역주의라는 이데올로기로 변질되게 된다. 이러한 상황에서, 범지역적 연대는 ① 다른 지역의 성원들이 가지는 지역정체성을 무시 또는 부정하게 될 뿐만 아니라, ② 지역내 성원들간에 가지는 이해관계의 차이를 간과 또는 평가절하하는 경향이 있으며, ③ 궁극적으로 지역내 성원들로 하여금 지역지배집단의 이해관계를 위해 동원되도록 한다.

위천공단 조성계획을 둘러싸고 발생한 갈등관계에서 가장 명시적이고 치열하게 나타난 갈등의 유형은 바로 이러한 지역적 갈등이다. 대구지역의 거의 모든 성원들은 위천공단 조성을 명시적 또는 묵시적으로 찬성하고 이를 실현시키기 위해 동원되고 있으며, 반면 부산지역의 거의 모든 성원들은 그 반대되는 현상을 보이고 있다. 이러한 점에서 이

지역들 각각에는 일종의 범지역적 연대가 형성되었고, 위천공단 조성계획을 둘러싸고 갈등관계를 심화시키고 있다고 할 수 있다. 이러한 범지역적 연대는 각각의 지역에 고유한 지역정체성에 근저를 두고 있다면, 그 자체로서 부정될 수 없을 뿐만 아니라 오히려 지역발전을 위한 원동력이 될 수 있다. 그러나 위천공단 조성계획에서 각 지역에 구축된 이러한 연대는 지역정체성이라기보다는 이데올로기적 지역주의에 영향을 받고 있을 뿐만 아니라, 위천공단 조성과 관련된 문제현상의 특성에서 기인하는 경제주의 및 환경주의라는 이데올로기와 결합되어 있다.

범지역적 연대는 위천공단 조성계획을 둘러싸고 발생한 갈등을 고조시키면서 그 합리적 해소방안의 모색을 어렵게 할 뿐만 아니라 각 지역 내 성원들간에 존재하는 이해관계의 차이를 무시하고 이로 인해 각 지역 내에서 발생할 수 있는 계급적 갈등이나 환경적 갈등을 무마시키고 있다. 대구지역의 경우, 다른 지역들에 비해 지역 내 경제구조의 취약성으로 인해 노동자들은 생산현장에서 더 큰 고통을 받고 있으며, 환경오염의 심화로 인해 지역시민들은 일상생활에서 큰 어려움을 겪고 있다. 그럼에도 불구하고 이들은 범지역적 연대의 틀에 묶여 자신의 실질적 이해관계에 대한 요구나 주장을 하지 못하고 있다. 부산지역의 경우는 이와는 달리 시민운동단체들이 다소 큰 목소리를 내고 있으며, 지방정부와 지역정치가들에 대해서도 일정한 압력을 행사하고 있는 것으로 보인다. 그러나 범지역적 연대로 인한 지역간 갈등전선 형성은 지역경계를 넘어서 형성될 수 있는 사회계급·계층적 연대, 즉 지역을 가로지르는 노동계급의 연대, 또는 친환경집단들간의 연대를 어렵게 하고 있다. 또한 각 지역 내 범지역적 연대의 형성은 성원들간 이해관계의 차이와 잠재적 갈등이 무시·무마되도록 함으로써 지역내 자본가계급이나 정치적 지배집단의 이해관계 또는 이데올로기 실현을 위하여 이들을 동원하기도 한다.

5. 경제-환경적 모순의 완화와 갈등의 해소

1) 경제-환경적 모순의 완화가능성

위천공단 조성계획을 둘러싸고 발생한 갈등이 대구지역의 사회-환경 구조에 내재된 사회경제적 및 사회생태적 모순들을 배경으로 하고 있다는 점에 공감한다고 할지라도, 우리는 이와 관련된 어떤 의문에 봉착할 수 있다. 즉 대구지역에서 이러한 모순들이 비록 심각한 갈등을 유발하고 있다고 할지라도, 공단조성을 위해 면밀하게 계획된—즉 사회경제적으로 합리적일 뿐만 아니라 사회생태적으로 합리적인—어떤 정책 수행을 통해 이러한 모순들이 어느 정도 해소 또는 완화될 수 있는가에 대한 의문이 제기될 수 있다. 모든 사회-환경은 그 발전과정에서 모순적 요소들을 형성하고 이들간의 모순적 관계를 심화시켜간다. 달리 말해서 모든 사회-환경은 그 내재적 모순을 안고 있으며, 이 모순적 요소들의 변증법을 통해 역동적으로 발전해간다. 그러나 이러한 모순적 발전과정이 인간 주체를 배제한 채 사회-환경구조에 내재된 어떤 자율적 법칙에 의해 전적으로 추동되는 것은 아니다. 즉 특정 사회-환경에 내재된 모순적 요소들은 인간 행위자들의 의도된 결과가 아니라고 할지라도, 이러한 요소들에 내포된 문제성들은 이를 인지하는 행위자들의 '성찰적' 행위를 통해 해소·완화될 수 있다. 그러나 여기서 강조되어야 할 점은 인간 주체의 행위들은 비록 그것이 사회환경적 모순들을 완화시키기 위해 의도된 것이라고 할지라도 비의도적 결과로 인해 모순들을 더욱 심화시킬 수도 있다는 사실이다.

자본주의 (지역)사회의 발전에 내재된 사회경제적 모순, 즉 노동의 사회화와 잉여가치의 사적 전유 간의 모순, 그리고 이 모순이 확대 전환된 사회생태적 모순, 즉 사회적 생산력의 발전과 이를 제어하는 자연제약적 조건(즉 자연의 사회화와 그 수용능력의 한계) 간의 모순을 완화시킬 수 있는 방안들로서 세 가지 유형, 즉 환경기술의 발달을 통한

<그림 2> 자본주의 (지역)사회의 사회-환경적 모순들과 완화방안

생산조건 자연의 사회화/ 수용능력의 한계	⇔	생산력 노동·생산의 사회화	⇔	생산관계 잉여가치의 사적 전유
↑		↑		↑
자연의 사회화 과정 개선: 환경기술의 발달을 통한 자연의 상대적 수용능력 증대		생산의 사회화 과정 개선: 생산체제의 재구조화를 통한 사회적 생산성 증대		생산의 사회적 관계 개선: 소유관계 및 통제체계의 재편을 통한 필요 충족 향상

자연의 상대적 수용능력의 확대, 생산체계의 재구조화를 통한 사회적 생산성의 증대, 그리고 소유관계 및 통제체계의 재편을 통한 인간의 필요 충족(소재 이용)의 향상을 고려해볼 수 있다(<그림 2> 참조). 이들은 각각 자본주의 사회의 사회경제적 및 사회생태적 모순들을 형성·심화시키는 모순적 요소들을 교정할 수 있는 방안이라고 할 수 있다.

 그 첫째 방안은 과학기술의 발달을 통해 생산의 자연제약적 조건을 확대시키는 것이다. 장소특정적 자연환경은 분명 절대적으로 한정된 부존 자원을 가지며, 파괴·오염되었을 경우 원상태를 회복할 수 있는 자정능력에도 절대적 한계를 가진다. 그러나 이와 같은 자연의 부담능력 및 자정능력은 절대적으로 한정되어 있다고 할지라도, 절대적으로 주어진 범위 내에서 자연이 가지는 상대적 한계는 역사적으로 형성된 사회의 자연변형능력, 즉 과학기술에 따라 가변적이다. 자연의 구성과 그 변화과정에 대한 과학기술의 발달은 자연을 가능한 손상시키지 않으면서 인간이 필요한 유용자원을 채취하고 불필요한 폐기물을 처리할 수 있는 '잠재적' 능력을 확대시켜왔다. 특히 자연의 채취·가공방법의 고도화, 보다 (경제적으로 뿐만 아니라 생태적으로) 효율적인 대체자원의 개발, 각종 폐기물들의 처리 기법의 발달 등, 환경관련 기술들의 발달은 인간에 의한 자연의 수용능력을 상대적으로 확대시킬 수 있다. 한 사회에서 경제발전에 따른 자연환경에의 부담 정도는 자연이 가지는 이러한 상대적 한계 내에서 이루어질 경우 환경위기를 초래하지 않는다. 달리 말해서 오늘날 자본주의 사회에서의 환경위기는 자연이 부담할 수 있는 절대적 한계라기보다 현 상태의 과학기술이 가지고 있는 어떤 특성으로 인해 유발된 상대적 한계의 초월로 인해 발생한 것이라고 할 수 있다.

자본주의 사회의 환경위기와 관련된 과학기술의 특성으로 다음과 같은 것들이 지적될 수 있다.[29] ① 우선 자본주의적 과학기술의 발달은 (의도적이든 비의도적이든지 간에) 생태적으로 비합리적인 방향으로 발전해왔다. 석탄·석유 및 화석연료 나아가 원자력에 이르는 에너지 과학기술, 자연상태에서는 합성·분해될 수 없는 물질을 만들어내는 화학 및 화공학, 인공적 돌연변이를 촉진시키는 유전공학 등은 생태적으로 비합리적인 과학기술의 대표적인 것들이라고 할 수 있다.[30] 이로 인해 자본주의 사회에서 과학기술의 발달과 이를 응용한 환경문제의 통제가능성은 극히 의문시되고 있다. ② 또한 자본주의 사회에서 발달한 과학기술의 일부는 비록 생태합리적이라고 할지라도 그 효과는 생태비합리적인 과학기술의 발달로 인해 상쇄될 뿐만 아니라, 자본주의 사회에서 사회적 생산력 발전은 이러한 과학기술의 발달에 따라 확대된 자연의 상대적 한계를 초월하는 결과를 초래했다. 즉 오늘날 환경관련 과학기술이 상당히 발전하여 생태계의 수용능력을 상대적으로 엄청나게

---

29) 이에 대한 시사점으로, 「1861~1863년 초고」 참조. "모든 발견은 보다 진전된 발명이나 또는 새롭고 보다 훌륭한 생산 방식들을 위한 토대가 된다. 오로지 자본주의 생산양식만이 과학의 역할을 생산의 직접적인 과정에 두며, 다른 한편으로 생산의 발달은 이론에 따라 자연을 정복하기 위한 수단을 제공한다. … 자본은 과학을 창조하는 것이 아니라 오히려 과학을 이용하고 또 그것을 생산과정에 작용한다. 이와 보조를 같이하면서 직접적인 노동으로부터 과학 (생산에 응용된 과학)의 분리가 진행된다."

30) 이러한 과학기술의 발달은 흔히 생태계를 교란시키는 체제초월적 원인으로 간주되어 비판되기도 한다. 그러나 과학기술 전반이 부정될 수 없으며, 또한 이로 인해 체제초월적인 원인으로 비난되어서는 안 될 것이다. 특히 맑스의 기술개념과 생태학과의 관계를 위해서는 R. Grundman(박만준 외 역), 앞의 책, 1994 참조. 그러나 다른 한편으로 이러한 주장들이 기술중심주의적 환경론을 지지하는 것은 결코 아니라는 점이 강조되어야 할 것이다.

증대시켰다고 할지라도, 자본주의적 경제발전은 자연생태계에의 부담능력의 개선 속도를 능가하고 있다. ③ 이와 같이 환경관련 과학기술의 발달이 경제발전의 속도에 따라가지 못하는 이유는 이러한 과학기술의 발달이 자본에 의해 통제되고 있기 때문이다.[31] 즉 환경과학기술부문에 대한 자본의 투자와 개발은 환경문제의 해소 그 자체를 목적으로 하는 것이 아니라, 환경문제가 자신의 축적을 제어하는 정도에 따라 사후적으로 이루어지는 것이 일반적이다.

두번째 방안은 생산의 사회화과정을 보다 합리화시키는 것, 즉 생산체계를 재구조화하는 것이다. 그동안 자본주의 경제의 발전은 더 많은 자원을 소모하고 더 많은 폐기물을 배출하면서, 점점 더 대규모화된 생산체계를 통해 보다 많은 이윤을 얻는 방식으로 진행되어왔다. 특히 이러한 자본주의적 경제발전은 인간에 의해 직접 이용되는 소비재를 생산하기 위하여 필요한 생산수단의 생산을 지속적으로 확대시켜왔다. 이러한 생산수단의 생산은 임금압박을 증대시키는 노동력을 기계로 대체함으로써 급속한 생산성 향상을 가져왔지만, 소비재로는 사용될 수 없는 것들의 생산에 치중하다 보니, 경제의 본래 목적에 해당되는 소비재 생산의 규모보다 훨씬 큰 비중을 차지하게 되었다. 이러한 생산수단의 생산부문(즉 제1부문)의 분화·확대는 소비재 생산부문(제2부문)의 증가에 비해 훨씬 가속적으로 발전함으로써 부문간 불균형으로 인한 경제적 위기를 초래할 뿐만 아니라, 제1부문의 소재적 규모의 확대는 자원 소모량과 폐기물 배출량을 급속히 증대시킴으로써 생태적 위기를 초래했다.

자원소모·오염배출량의 절대적 확대, 특히 생산수단 생산부문의 소재규모 확대를 통한 '외연적' 확대재생산방식은 1960년대 이전까지 서

---

31) 생산의 사회적 성격의 확대 그리고 이러한 성격의 확대를 뒷받침한 기술진보에 관해서는 都留重人, 앞의 책, 1983 참조. 그는 "자본주의 사회에서 과학발달＝산업발달의 한 가지 특징은 사적 자본에 의한 과학의 포섭이다"라고 주장한다.

구 자본주의 경제발전의 근저였으며, 그 결과로 심각한 경제적 및 생태적 위기를 경험하게 되었다. 1970년대 이후 서구 자본주의는 이러한 이중적 위기를 극복하기 위하여 극소전자기술의 발달에 기초하여 소재규모와 생산체계를 합리화시키고 기존 제조업중심으로부터 탈피하기 위한 경제재구조화과정을 추진하였고, 그 결과 자국 내에서 경제적 위기를 극복하고 환경에 부담을 덜어주는 상당한 성과를 얻을 수 있었다. 이와 같은 생산수단 생산부문(즉 중공업부문)의 급진적 근대화는 에너지, 물, 토지 등의 자연자원의 이용과 오염물질의 배출과 관련되었던 연계를 차단시킬 수 있는 '탈연계화'의 잠재력을 가지고 경제적·생태적으로 사회의 질적 발전을 추구할 수 있는 잠재력을 가진다.

그러나 문제는 이러한 생산체계의 재구조화를 추구한다고 할지라도, 경제성장률이 재구조화의 효과를 능가하거나, 또는 경제성장과 자연소비 간의 연계고리가 해체되지 않는 상태에서 생산체계를 단지 부분적으로만 재구조화할 경우, 환경부담은 감소하지 않을 것이고, 그 부담의 정도는 일시적으로 정체된다고 할지라도 다시 증가하게 될 것이다.[32] 달리 말해서 생산체계의 재구조화 그 자체는 논리적으로 자연환경에 대한 부담을 감소시킨다고 할지라도, 현실적으로 경제위기에 우선적으로 관심을 가지는 자본에 의해 추동되었고, 따라서 자원·환경문제는 일시적으로 완화된 것처럼 보일지라도 단지 잠재된 상태에서 다시 재등장할 가능성을 안고 있다.

세번째 방안은 생산의 사회적 관계의 개선, 즉 자연자원을 포함한 사회적 부의 배분 및 생산수단 그리고 과학기술에 대한 소유와 통제체

---

32) 이에 관해, M. Jaenicke, 「서구산업사회의 생태정치적 근대화」, 문순홍 편역, 『지속가능한 사회를 향한 생태전략』, 나라사랑, 217-233쪽 참조. 그에 의하면, "그러나 생태적으로 유익한 근대화라고 할지라도, 높은 산업성장률을 통해 [그 효과가] 실질적으로 중화된다면, 장기적 차원에서 환경부담은 감소되지 않는다." 뿐만 아니라 [일본의 사례에서처럼] "만일 산업성장과 자연소비 간 연계고리가 해체되지 않는다면, 환경부담곡선은 재상승 국면으로 발전할 것이다."

제를 재편하여 소재이용에 대한 개인의 필요 충족을 향상시키는 것이다. 자본주의 사회 또는 근대 산업사회의 사회생태적 모순과 관련하여, 이 부문에 대한 대안적 방안으로서 흔히 개인 생활을 위한 소비재의 절약, 즉 사회적 복지의 축소, 나아가 금욕주의적 생활이 제시되기도 한다. 그러나 이러한 방안으로 자본주의 사회-환경에 내재된 모순들이 해소되는 것은 결코 아니며, 가소비적인 자원이용은 분명히 근절되어야 하지만 인간생활을 위한 절대적 및 상대적 필요의 결여는 오히려 생활의 궁핍화로 자연환경의 착취를 가속화시킬 수도 있다.

역으로 자연의 상대적 한계를 확대시킬 수 있는 과학기술의 발달, 생산체계에서 자연자원의 소모 절약과 오염물질 배출의 저감을 위한 재구조화는 자본주의 사회의 사회생태적 모순을 완화시키는 데 필요한 조건이라고 할지라도 충분하지는 않다. 생태합리적 과학기술의 발달과 생산체계의 재구조화가 이루어진다고 할지라도, 현실적으로 자본축적의 메커니즘에 의해 추동되는 사회적 생산력의 발전은 경제 내적인 과잉축적의 위기를 유발할 뿐만 아니라 자연의 상대적 한계를 위협할 가능성을 내재하고 있다. 따라서 자본주의 사회-환경에 내재된 모순들을 완화하기 위해, 자본축적의 메커니즘을 통제할 수 있는 사회적 관계의 개선이 요구된다.

사회적 관계 개선을 위해 우선 소유관계의 재편에 주목할 필요가 있다. 자본에 의한 과학기술 및 생산수단의 소유와 통제는 이들이 자본축적과 조응할 때만 생태합리적으로 발달하도록 하며, 자연 및 노동을 초과 착취할 수 있는 여지가 있다면 언제든지 이에 대한 관심으로부터 이반하여 이를 포기하고자 할 것이다. 따라서 이들에 대한 새로운 소유 및 통제양식에 어떤 변화가 요청된다. 이를 위해 일단 과학기술을 포함하여 생산수단에 대한 공동점유하의 개인적 소유가 제안될 수 있다.[33]

---

33) 이러한 제안에 관해서는 황태연, 『환경정치학과 현대정치사상』, 나남, 1992 참조. 여기서 그는 '개인적 소유'를 '사적 소유'와 명확히 구분한다. 즉 개인적 소유는 소유권자들간의 상호 연대적 협업 속의 자기 노동에 기초한 개인적 소

이러한 제안은 공동점유하에서 사회적 생산력의 발전을 위한 생산의 사회화를 유지하면서 생산수단(및 생활수단)의 개인적 소유를 통해 이를 절약하고 검소하게 이용할 수 있는 자기 책임성을 가지고 나아가 사회 및 자연으로부터의 소외를 극복할 수 있음을 의미한다. 이러한 소유관계의 재편은 이들에 대한 통제(또는 조정)체계를 동반함으로써 노동의 사회화과정에 대해 영향을 미칠 수 있다. 자본주의 사회는 엄청나게 세분화·분절된 노동의 사회공간적 분업을 전제하며, 이는 지배-소외관계를 심화시킨다. 이와 같은 관계를 극복하기 위하여 사회공간적 분업의 범위와 정도는 생산수단과 생활수단의 공동점유에 기초하여 설정되며, 시장과 계획이 혼합된 조정체계하에서 통제될 수 있을 것이다. 여기서 시장은 자본축적의 메커니즘에 의해 추동되는 것이 아니라 생산과 소비의 원활한 통합을 위해 작동되며, 계획은 사회-환경적 발전에 따라 형성된 사회적 유용자원들이 각 주체의 필요에 기초하여 사회공간적으로 배분되도록 할 것이다.[34]

자본주의 (지역)사회에 내재된 사회-생태적 모순들의 완화가능성에 관한 여러 가지 방안들을 고려하여, 위천공단 조성계획에서 제시된 구상 및 이 계획과 관련된 갈등에 함의된 모순들의 완화가능성을 검토해 볼 수 있다. 위천공단 조성계획은 대구시의 관계자들이 주장하는 바와 같이 대구지역의 수자원의 고갈과 심화된 수질오염으로 인한 자연제약적 조건을 완화할 수 있거나 최소한 더 이상 악화시키지 않을 가능성을 가진다. 그러나 이러한 가능성은 위천공단 자체에서 소모될 수자원을 최소화하고 배출될 폐수를 고도 정화처리하는 정도로는 큰 의미를

유 이익과 책임성을 본질로 하는 데 반하여, 사적 소유는 그 소유권의 권원(權源)이 자기 노동이든 절취이든을 불문하고 상호간의 투쟁적 수탈을 본질로 한다.

34) 이상헌, 「환경의 정치경제학에서 환경의 사회경제학으로」, 공간환경연구회 편, ≪공간환경≫ 통권 47호, 1994 참조. 노동의 '사회적' 분업(경제적 분업이 아니라)은 개념상 이미 사회적 필요에 기초한 사회공간적 분업을 전제로 한다.

가질 수 없다. 대구지역의 환경은 이미 최소한의 수자원이용이나 오염물질의 배출에도 민감하게 반응할 정도로 한계상황에 도달해 있다. 따라서 환경기술의 고도화를 통한 지역환경문제의 통제가능성은 지역사회-환경 전반에 걸쳐 수자원 이용방식 및 수질오염 처리방식에서의 혁신적 변화를 전제로 할 때만 유의할 것이다.

또한 위천공단 조성계획에서 구상된 바와 같이 자동차산업을 중심으로 한 대구지역 산업의 재구조화는 지역사회의 생산체계를 경제적으로뿐만 아니라 생태적으로도 합리화시킬 가능성을 내포하고 있다. 따라서 치밀한 계획하에서 첨단기술중심의 중소기업들을 중심으로 한 소규모 공단조성을 통해 산업구조를 개선해 나간다면, 이러한 가능성이 부분적으로 실현될 수도 있을 것이다. 그러나 새롭게 육성될 산업들이 과다한 자원이용 및 오염배출과 여전히 연계되어 있거나, 생태적 합리화의 효과가 이를 초과하는 지역경제성장의 속도에 의해 상쇄되거나 생태적으로 비합리적인 기존의 산업들이 정리되지 않은 상태에서 추가적으로 새로운 대규모 공단이 조성된다면, 지역사회-환경에 내재된 모순들의 완화가능성은 실현되기 어려울 것이다. 특히 대구시는 위천공단 조성을 독점대기업중심으로 대규모화하고자 한다는 점에서 이러한 우려를 자아내고 있으며, 나아가 이러한 대규모 생산설비에의 투자는 지역자본의 유기적 구성도를 높임으로써 장기적으로 심각한 이윤율 저하와 특정 경제침체 국면에서의 급격한 감가를 초래할 가능성을 내포하고 있다.

끝으로 위에서 제시된 생산의 사회적 관계 개선방안은 현실적으로 가장 실현되기 어려운 부분이다. 그러나 대구시는 최소한 새롭게 건설할 공단의 운영에 있어 보다 경제민주적이며 생태합리적으로 실현가능한 방안(예로, 개인적인 지분소유권자들의 공동점유식 연대에 기초한 협동조합적 중소기업들)을 모색해볼 수 있을 것이다. 물론 비록 민선자치단체장에 의해 주도되는 지방정부라고 할지라도, 이러한 사회적 관계의 개선을 위한 노력을 기대하기는 어려울 것이다. 이에 대한 요구는 결국 지역 시민사회에서 형성된 경제적·생태적 필요를 가지는 시민들과 이에 기초하여 활동하는 시민환경단체들의 적극적인 실천에 의해서만 점진적으로 실현가능할 것이다. 즉 (지역)사회-환경의 발전과정에서 형성·심화된 사회경제적, 사회생태적 모순들은 지역시민들에 의해 의도적으로 만들어진 것이 아니라고 할지라도, 지역시민들은 이러한 모순들을 어느 정도 완화시키고 지역사회-환경을 개선시킬 수 있는 능력을 가지며, 이러한 능력은 자신이 살아가야 할 지역사회-환경에 대한 새로운 책임을 부과한다.

2) 경제-환경을 둘러싼 갈등의 해소 방안

한 (지역)사회체제에 내재된 모순들은 비록 갈등적 양상으로 표출되지 않는다고 할지라도, 그 사회체제가 소멸되거나 완전히 새로운 사회체제로 전환되지 않는 한 언제나 존재한다. 그러나 그 사회에서 발생한 특정한 갈등은 아무리 치열하게 전개된다고 할지라도 언젠가는 가라앉고 종결되게 된다. 일정 시간이 경과함에 따라 갈등은 이에 참여한 주체들 모두에게 최선의 방식으로 해결되거나 또는 특정 주체에게 일방적으로 유리 혹은 불리하도록 종결되기도 하며, 때로는 일시적인 미봉책으로 잠재된 상태로 가라앉게 된다. 그러나 특정 갈등의 종결이나 침잠은 결코 자동적으로 주어지는 것이 아니라, 갈등 주체들 또는 제3의 중재자들의 행위 결과로서 이루어진다. 따라서 지역사회에 발생한 갈등을 해결하기 위한 합리적인 방안과 이를 시행하고자 하는 적극적인 노력이 요청된다. 달리 말해서 갈등 주체들의 의지와 실천에 따라, 특정한 갈등은 지역사회에 엄청난 혼란을 초래할 뿐 발전을 지연·저해하거나, 또는 반대로 장기적으로 지역발전을 위한 새로운 계기로 작용하기도 한다.

지역사회의 경제-환경적 모순들을 객관적 조건으로 하여 발생하는 특정한 사회공간적 갈등들은 단기적으로 지역사회의 혼란과 특정 지역의 발전을 저해하는 요소로서 작동할 수 있다. 즉 지역사회에서 발생하는 갈등이 그대로 방치된 채 어떤 한 집단이나 지역의 이해관계가 일방적으로 관철되거나 또는 어떤 이데올로기적 조작에 의해 비합리적으로 첨예화된다면, 이러한 갈등은 사회발전을 추구하기 위한 주체들의 실천적 힘을 소진시키고 사회는 매우 혼란스러운 상태에 빠져 퇴행하게 될 것이다. 특히 갈등과정에 작동하는 이데올로기는 각 주체들의 구체적 체험을 통해 형성된 의식과 실질적 이해관계에 대한 인식을 왜곡 또는 모호하게 함으로써, 사회공간적 갈등을 야기시키는 문제현상에 대한 올바른 이해와 이에 기초한 합리적 문제해결 방안의 모색을 어렵게 할 수 있다.

그러나 한 (지역)사회의 발전이 구조적으로 내재된 모순들을 통해 발전·전환하는 것과 마찬가지로, 이로 인해 발생하는 갈등들도 장기적으로 지역사회의 발전적 변화를 가져올 수 있는 계기가 될 수 있다. 즉 지역사회의 갈등들이 각 지역들 및 이들을 포괄하는 사회 전체의 발전에 부정적 의미만을 가지는 것은 아니다. 갈등과정에서 이루어지는 다양한 주장과 요구들에 대한 합리적 판단이 공개적인 자료와 담론에 근거하여 치밀하게 이루어질 수 있다면, 그 갈등과정에서 작동하는 이데올로기적 요소들이 제거될 수 있을 것이다. 나아가 위천공단 조성계획을 둘러싼 갈등을 포함하여 우리 (지역)사회의 모든 갈등은 현재 우리가 당면하고 있는 문제현상들이 어떻게 해석되어야 할 것이며, 이러한 문제현상을 해소하기 위해 어떠한 가치와 목표가 설정되고 어떠한 수단이 선택되어야 할 것인가를 면밀하게 재검토할 수 있는 기회를 제공해줄 것이다. 이러한 점에서 위천공단 조성계획을 둘러싸고 발생하는 갈등의 해소방안을 제시해볼 수 있을 것이다.

첫째, 지역사회의 경제-환경문제를 둘러싸고 발생하는 갈등의 해소를 위해 우선 갈등을 유발하는 외적 원인 또는 객관적 조건으로서 그 사회에 내재된 어떤 구조적 모순들에 대한 정확한 인식과 이에 기초한 새로운 가치체계의 정립 및 이러한 가치를 실현시키고자 하는 능동적 실천이 요청된다. 물론 개념적으로 뿐만 아니라 실제적으로 구조적 모순들은 주체들의 의도된 결과로서 형성·심화된 것이 아니며, 또한 주체들의 의식과 행위양식을 의식적 및 무의식적으로 규정하고 있다. 그러나 인간 합리성의 역사적 발전은 이러한 모순관계에 대한 과학적 인식과 이를 교정하고자 하는 새로운 가치체계 및 대안적 실천을 가능하게 한다. 달리 말해서 갈등적 행위를 포함하여 모든 사회적 행위에서, 인간 주체(개인이든 집단이든)는 주어진 외적 조건에 대해 피동적으로 반응하는 것이 아니라 자신의 의지를 가지고 능동적으로 대처하고자 한다. 물론 이러한 실천은 지역사회에 내재된 경제 - 환경적 모순의 완화를 통해 기존의 체제를 유지하고자 하는 것이 아니라 그 모순의 완화를 통해 새로운 지역사회로의 전환을 위한 것이다.

이러한 점에서, 앞에서 위천공단 조성계획을 구상하고 있는 대구지역의 경제-환경적 모순의 완화가능성에 관한 논의는 그 의미를 가질 것이다. 이와 같이 모순을 완화시키고자 하는 방안들은 물론 새로운 가치관의 형성을 전제로 한다. 새로운 가치관의 정립은 인간의 의식과 행위가 단순히 기존의 모순적 사회구조에 의해 지배되는 것이 아니라, 사회발전을 위한 모순적 구조의 해소를 지향하도록 한다는 점에 의미를 가진다. 새로운 가치관의 필요성은 비록 기존의 가치관이 전혀 무의미한 것이 아니라고 할지라도 이에 기초한 행위들의 비의도적 결과로 기존의 구조적 모순을 심화시켰을 뿐만 아니라 이러한 구조적 모순을 완화시키기 위한 실천에 이데올로기적 장애로 작동하고 있기 때문이다. 위천공단 조성계획을 둘러싸고 발생하고 있는 갈등에서 영향을 미치고 있는 경제주의·생태주의·지역주의 등은 그 자체로서는 부정될 수 없는 어떤 가치관이라고 할지라도, 이러한 가치관들은 어떤 이데올로기로서 작동하고 있다. 새로운 가치관의 정립은 지역사회에 내재해 있는 모순들에 대한 과학적 인식과 이러한 인식에 기초하여 기존의 가치관들이 가지는 이데올로기적 측면들의 제거 및 새로운 종합적 재구성을 통해 이루어질 수 있을 것이다.

둘째, 갈등을 유발하는 문제현상들에 대한 올바른 해석과 이와 관련된 지역사회의 가치 및 목표 그리고 이를 실현시키기 위한 수단의 선택 등을 위하여 공개적이고 절차적으로 정당한 '공론의 장'이 마련되어야 한다.[35] 갈등을 야기하는 문제현상들과 이들을 해소하기 위한 모든 정책들에 관한 자료들은 완전히 공개되어야 하며, 시민들이 평등하게 참여할 수 있는 다양한 토론의 장을 통해 논의되어야 한다. 뿐만 아니라 지역사회의 경제-환경적 모순에 대한 인식이 과학적으로 이루어지고, 이에 기초하여 새로운 가치관의 전형이 마련되었다고 할지라도, 이들은 공론의 장을 통해 모든 시민들, 특히 갈등과정에 참여하는 다양한 주체들간에 합의를 필요로 한다. 또한 이러한 사회적 가치를 실현시킬 수 있는 수단이나 방법의 선택, 그리고 이들의 효과와 전망에 있어서도 치열한 논의와 그 결과로 얻어진 어떤 합의가 있어야 한다. 갈등은 이러한 것들에 대한 각 주체들의 인식의 차이에서 발생한다. 공론의 장은 이에 참여하여 주체들간의 의사소통을 통해 갈등과 관련된 여러 가지 쟁점들이 논의되고 갈등을 유발하는 인식의 차이가 해소될 수 있도록 한다.

의사소통을 위한 공론의 장은 물론 각 주체들이 평등하게 참여하고 이들간의 논의가 이데올로기적으로 왜곡되지 않음을 보장할 수 있어야 한다. 이러한 점에서 이상적인 공론의 장은 현실적으로 존재하기 어렵다. 그러나 공론의 장은 주어지는 것이 아니라 만들어가는 것이라는 점에서, 갈등의 주체들은 이러한 장을 능동적으로 만들어갈 필요가 있다. 공론의 장에서 이루어지는 논쟁은 이에 작용하는 이데올로기적 요소들을 불식시키고 각 주체들로 하여금 자신의 실질적 이해관계가 무엇인가를 인식할 수 있도록 할 것이며, 특정 권력을 행사하고자 하는 어떤

---

35) 여기서 '공론의 장'의 개념은 하버마스(Habermas)의 비판이론에서 차용된 것이다. 그러나 그의 이론은 사회체계에 내재된 구조적 모순 자체의 해결 또는 완화에 대해서는 아무런 논의를 하고 있지 않다는 점에서 문제점을 안고 있다.

주체의 숨겨진 의도가 무엇인가를 밝힐 수 있도록 할 것이다. 나아가 이러한 공론의 장을 통한 의사소통은 갈등을 야기하는 문제현상의 해결을 위해 필요한 공동의 실천을 유도함으로써, 특정한 갈등의 해소와 더불어 지역사회의 구조적 모순을 완화하고 새로운 발전을 추동시키는 원동력이 될 수 있다.

위천공단 조성계획과 관련된 갈등의 전개과정에서 가장 문제가 되는 점은 바로 이러한 공론의 장을 만들어나가고자 하는 주체들의 노력이 부족하고, 또한 부분적으로 마련된 공개토론회나 협의과정이 특정한 힘을 가진 주체에 의해 일방적으로 주도되거나 또는 이데올로기의 동원으로 왜곡되었다는 사실이다. 이러한 문제점을 제거하기 위해서도 공론의 장이 보다 적극적으로 마련되어야 할 것이다. 갈등의 해소를 위한 공론의 장은 갈등 주체들의 의견수렴을 위한 혁신, 새로운 가치관으로의 전환, 그리고 합의로부터 도출되는 진정한 (민주적) 힘의 구축, 그리고 이들에 기초하여 이데올로기와 불평등한 권력관계의 청산과 특정한 갈등의 해소뿐만 아니라 구조적 모순을 완화시키고자 하는 실천을 가능하게 한다.

셋째, 갈등의 해결이 지역사회를 위한 진정한 발전 계기가 되기 위해서는, 참여하는 각 주체들의 실질적 이해관계에 대한 자기 성찰적 인식과 이에 기초한 동맹과 연대가 요청된다. 각 주체들의 실질적 이해관계의 차이에 따라 발생하는 갈등은 (지역)사회 발전을 위한 실질적 계기가 될 수 있다. 그러나 만약 각 주체들이 자신의 이해관계를 제대로 인식하지 못하고 이데올로기의 작동으로 혼동된 상태에서 특정 (지배)권력의 이해관계를 실현시키기 위해 조작적으로 동원된다면, 이로 인해 발생한 갈등은 지역사회에 혼란만 초래할 뿐이다. 비록 갈등이 종결 또는 침잠하게 된다고 할지라도 문제현상의 근본 원인인 구조적 모순들을 결코 완화시킬 수 없을 것이고, 오히려 기존의 지배관계를 유지·강화시키는 데 기여하게 될 것이다. 따라서 갈등의 각 주체들은 자신의 실질적 이해관계가 무엇인지를 올바로 인식하고, 동질적 이해관계를 가지는 다른 주체들과 일정한 동맹이나 연대관계를 형성하고 갈등을 해결하고자 노력해야 할 것이다.

갈등과 관련된 각 주체들의 이해관계는 자신의 삶을 통해 체험적으로 형성될 때 실질적인 의미를 가지게 된다. 물론 각 주체들의 일상적인 삶과 이를 통해 형성된 이해관계가 이를 규정하는 구조적 모순들에 대한 인식을 항상 전제로 하는 것은 아니다. 따라서 각 주체들은 자신의 삶을 규정하는 의식적 혹은 무의식적으로 규정하는 구조적 모순들에 대해 자기반성적 성찰을 필요로 한다. 물론 이해관계에 대한 이러한 체험적 및 성찰적 의식은 공론의 장을 통해 합의됨으로써 개인적 차원에서 사회적 차원으로 확대될 수 있다. 자본주의 사회에서 이러한 일상적 체험과 자기 성찰을 통해 형성된 이해관계는 기본적으로 계급적 이해관계 또는 계급의식의 성격을 가지지만, 사회경제적 모순뿐만 아니라 사회생태적 모순에 대한 성찰을 전제로 할 때, 이러한 이해관계는 좁은 의미의 계급적 이해관계를 능가할 수 있다.[36] 이는 사회경제적 계급관계가 오늘날 더 이상 무의미하기 때문이 아니라, 사회생태적 계급(또는 계층)관계로 확대 전환하게 되었기 때문이다. 즉 사회생태적 모순을 전제로 형성된 새로운 계급관계는 생산수단뿐만 아니라 생활수단의 소유관계, 특히 자원고갈과 환경오염의 대처할 수 있는 능력의 차이에 기초한다.

위천공단 조성을 둘러싸고 발생한 갈등이 궁극적으로 (지역)사회의 발전에 어떻게 기여할 수 있는가의 문제는 이에 참여하는 주체들이 자신의 실질적 이해관계를 어떻게 인식하고 이를 실현시키기 위한 연대

---

36) 이러한 점에서 '계급의 이해[관계]'에서 '삶의 이해[관계]'로, 계급적 정치에서 '개인적 정치(personal politics)'로의 전환을 요구하는 바로(Bahro)의 주장은 어떤 유의성을 가진다. 여기서 삶 또는 개인적이라는 말은 각 개인의 의식과 행위가 이에 영향을 미치는 이데올로기적 층위와 양립할 수 있음을 의미한다. 이런 관점은 구조적 모순의 산물로서 객관적 계급 이해가 가장 중요하다고 보는 대부분의 맑스주의자들의 사고와는 근본적으로 다르다. 그러나 그의 주장에서 삶의 이해는 비록 계급이해와는 다르다고 할지라도, 이 역시 어떤 구조적 모순(즉 사회생태적 모순)에 의해 규정된다는 점을 간과하고 있다.

를 형성하는가에 달려 있다고 하겠다. 계급적·환경적 갈등이 지역적 갈등으로 전이하는 과정에서 극히 왜곡되게 된 각 주체들의 이해관계는 각 주체들의 자기반성적 성찰을 요구하고 있다. 이러한 성찰은 구조적 모순에 대한 어떤 추상적 이론이 아니라고 할지라도, 경제침체로 인한 실질소득의 상대적 감소나 이에 따른 경제적 삶의 고통이 (지역사회 내) 모든 사람들에게 똑같이 부담되는 것이 아니며, 환경위기로 인한 생존 위협의 절박성이나 이의 회피능력이 모든 사람들에게 똑같이 부여되는 것은 아니라는 체험적 사실에서부터 도출될 수 있다. 이러한 경제-환경적 조건하에서 실질적 이해관계의 동질성과 이질성에 기초한 연대나 동맹은 지역 내적으로 형성될 수도 있지만 지역의 물리적 경계를 가로질러서 형성될 수도 있다. 따라서 위천공단 조성과 관련된 갈등을 단지 지역적 갈등으로만 인식하고 지역간의 갈등전선 구축에 참여하는 것은 지역사회의 진정한 발전에 기여하기 어렵다.

넷째, 갈등의 장기화로 갈등 주체들이 자신의 힘을 소진시키고 지역사회가 지속적으로 혼란의 상태로 빠지는 것을 막기 위해서, 그리고 주체들의 실질적 이해관계를 실현시켜주고 구조적 모순을 완화시키는 방향으로 해소될 수 있도록 하기 위하여, 각 주체들간의 이해관계의 치열한 조정이 필요하다. 갈등과정에 흔히 동원되는 협상과 중재는 주체들간의 이해관계 조정이라는 점에서 중요성을 가진다. 협상은 갈등 주체들간 직접적인 논의를 통해 일정한 형태의 합의에 도달하고자 한다는 점, 특히 물리적 힘과 강압에 의한 갈등의 해결이 아니라 대화와 설득을 통해 갈등을 종결시키고자 한다는 점에서 의미를 가진다. 또한 제3자의 중재 노력도 갈등 주체들이 주장이나 요구에 상응하도록 쌍방이 수용할 수 있는 대안의 제시로 갈등의 해결을 유도한다는 점에서 중요한 방식이라고 할 수 있다. 그러나 갈등을 조정하기 위해 제도적으로 마련된 협상절차나 중재제도들은 흔히 기존의 권력관계로부터 독립적이지 못하다. 협상에 참여하는 대표들은 결국 갈등 주체들 일반의 이해관계이라기보다는 갈등과 직·간접적으로 관련된 지배집단의 입장을 대변하게 된다. 중재는 흔히 합리적 대안의 제시로 갈등을 종결짓기보다는 대부분 정치적 지배집단의 최종의사결정에 좌우되거나 이의 영향력을 받게 된다.

따라서 갈등 주체들의 이해관계 조정은 위에서 제시한 바와 같이 갈등 주체들이 누구나 동등한 자격으로 자발적으로 참여할 수 있는 공론의 장을 통해 이루어져야 한다. 이러한 이해관계의 조정에서 중요한 점은 그 과정에서 각 주체들이 자신의 이해관계를 실현시키기 위해 이에 따른 부담이나 피해를 제3자에게 전가시켜서는 안 된다는 점이다. 특히 경제-환경적 모순으로 인해 발생하는 갈등에서, 주체들간 이해관계의 조정은 그 부담을 그들의 이해관계와는 무관한 것처럼 보이는 생태환경에 전가시킬 수 있다.[37] 그러나 이러한 생태환경으로의 부담 전가는 결국 사회생태적 모순을 심화시키면서 새로운 갈등을 초래하게 될 것이다. 이러한 점에서 갈등의 해소를 위한 조정은 이와 직·간접적으로 관련된 주체들의 이해관계의 내적 조정을 의미한다. 이러한 조정은 각 주체들이 이데올로기에 의존하지 않고 자신의 이해관계가 실질적으로 얼마나 중요한 의미를 가지며 보편적인가를 밝힘으로 가능해진다. 이해관계의 보편성은 공론의 장을 통한 논쟁과정과 나아가 이 이해관계를 실현시키고자 하는 실천과정을 통해서만 검증될 수 있을 것이다.

---

[37] 위천공단 조성계획과 관련된 분쟁의 조정에서, 청주호의 물을 끌어 낙동강의 수자원공급을 늘이고 수질오염을 완화하고자 하는 안은 이러한 맥락에서 제시된 것이라고 할 수 있다. 그러나 이 방안은 갈등에 직접 참여한 주체들의 이해관계를 모두 만족시킬 수 있다고 할지라도, 합리적인 해결책이 될 수 없다. 즉 이 방안은 국지적 자연환경의 절대적 한계를 회피할 수 있도록 하지만, 결국 자연환경의 전국적 한계에 보다 근접시킬 뿐만 아니라 갈등을 전이시키는 것에 불과하다.

제6장

환경갈등의 역동성과 대안적 환경정치

1. 서론

그동안 우리사회에서 급속하게 진행되어온 자본주의적 발전과정은 한편으로 그 내적 문제성으로 인해 상당한 경제적 침체국면을 겪게 되었으며, 다른 한편으로 심각한 자원고갈과 환경오염문제로 위기에 처하게 되었다. 특히 이러한 이중적 위기 상황에서 파생되는 갈등들이 점점 빈번하고 보다 첨예하게 노정됨에 따라, 경제적 입장에서 추가적 개발이 필요함에도 불구하고 환경적 측면에서는 더 이상의 개발이 불가능한 딜레마 상황에 처하게 되었다. 이러한 갈등은 단순히 이와 관련된 주체들간의 문제라기보다는 이를 유발하는 사회구조의 문제라고 할 수 있다. 따라서 이러한 갈등의 성격 규명은 이의 발생 원인으로서 자본주의 사회에 내재된 어떤 모순에 대한 이해를 전제로 한다. 그러나 사회구조적 모순이 어떤 기계적 메커니즘에 따라 특정 갈등의 유형이나 강도를 결정하는 것은 아니다. 달리 말해서 특정 갈등은 이와 관련된 행위 주체들의 의식적 대응방식이나 이해관계의 상호 대립의 국면에 따라 상이한 유형과 전개과정을 드러낸다. 따라서 자원·환경문제를 둘러싸고 발생하는 갈등에 관한 연구는 자본주의적 경제-환경적 모순을 배경으로 발생하는 갈등이 행위 주체들의 전략과 힘관계에 따라 어떻게 전개되는가를 분석해볼 필요가 있다.

사실 갈등은 사회구조적 모순으로 인해 발생하는 사회공간적 대립관계가 어떤 조정이나 해결책을 찾지 못할 때 발생한다. 특히 환경갈등은 자연생태로부터 자원의 사회공간적 배분에 있어서의 불평등 또는 환경오염의 피해에 있어서의 계층적 또는 지역적 차별성 등이 관련된 주체들간에 정당성을 갖지 못하기 때문에 유발된다.[1] 따라서 환경적 갈등은 자연생태계에서의 자원고갈이나 환경오염이라는 생태적 문제와 특정 집단이나 지역의 자원 부족이나 환경 피해라는 사회적 문제가 서로 결합한 상태에서, 이를 통제할 정치적 수단이 없기 때문에 발생한 것이라고 할 수 있다. 물론 이러한 갈등은 자연적으로 소멸되기보다는 이를 해결하고자 하는 정치적 과정에 의해 해소되게 된다. 즉 이러한 갈등관계는 기존의 배분원칙이나 메커니즘을 다양한 방법들을 동원하여 정당화시키고자 한다는 점에서, 그 자체로서 정치적 성격을 내포하고 있을 뿐만 아니라, 이의 통제는 정치적 해결과정을 요구하게 된다. 따라서 이러한 갈등의 전개과정 분석과 그 해소를 위한 대안 제시는 그 갈등이 어떠한 정치적 과정에 따라 전개되며 또한 대안적 정치과정은 어떠해야 할 것인가에 관한 논의를 요구한다.

이 글에서는 자원·환경문제를 둘러싼 갈등이 어떠한 다면적 대립관계 속에서 전개되고 있으며, 또한 이에 관련된 행위 주체들이 자신의 이해관계를 어떻게 실현시키고자 하는가를 분석하기 위해, 대구시의 위천공단 조성계획을 둘러싸고 1990년대 전반에 걸쳐 심각하게 전개되고 있는 사회공간적 갈등을 사례연구의 대상으로 설정하고자 한다. 이 사례에서 드러나고 있는 갈등은 한편으로 침체국면에 봉착한 대구경제의 회생을 위한 대규모 국가공단의 개발과 다른 한편으로 그동안

---

1) J. Martinez-Alier, "Political ecology, distributional conflicts, and economic incommensurability," *New Left Review*, 211, 1995, pp.70-88.

누적적으로 심화되어온 낙동강 수자원 고갈과 수질오염이라는 이중적 (모순적) 관계 속에서 발생한 것이며, 또한 그 갈등의 전개는 매우 복잡하고 중층적 양상을 보여주고 있다. 그리고 이 문제를 둘러싼 갈등은 정치적인 과정으로 전개되고 있으며, 그 해소방안 역시 어떤 새로운 정치적 과정을 요청하고 있다. 물론 이 사례의 분석은 오늘날 우리사회에서 환경문제를 둘러싸고 발생하고 있는 모든 유형의 갈등을 일반화시킬 수 있는 것이 아니라고 할지라도, 이에 내포된 문제성들을 매우 전형적으로 규명해볼 수 있는 준거가 될 수 있을 것이다.[2]

이러한 점에서, 이 글은 대구시 위천공단 조성계획과 관련된 문제현상들을 사례로 분석하여, 생태적 문제와 사회적 문제가 복합된 상황에서 사회공간적으로 발생하는 갈등의 전개과정과 이에 함의된 행위주체들의 이해관계를 연구해보고자 한다.[3] 이를 위해 이 글은 ① 우선 위천공단 조성계획과 관련하여 가시적으로 드러나고 있는 갈등의 전개과정을 서술하고, ② 이러한 갈등의 전개과정에서 드러나는 갈등의 전선 (또는 국면), 그리고 이에 개입한 행위주체들의 이해관계를 보다 심층적으로 규명하고, ③ 갈등관계를 해소하기 위한 정책 대안과 대안적 환

---

2) 위천공단 조성계획과 이로 인해 발생한 갈등에 관한 연구들로, 영남지역 환경운동연합, 「낙동강 조성과 위천공단 조성문제」(자료집), 1995; 강용진, 「환경정치와 지역협력: 위천공단과 낙동강수질보전에 관하여」, ≪여의도정책논단≫ 겨울호, 1996; 윤근섭·송정기, 「수자원 이용에 따른 지역이해의 구조에 관한 연구」, ≪한국사회학≫ 제31집 1997; 박기묵, 「하천의 상하류지역간 물분쟁 해결 모형: 부산시와 대구시의 분쟁을 중심으로」, ≪한국행정학보≫ 제31권 제4호, 1997; 한국정치학회 편, 「환경과 정치: 낙동강, 위천공단문제의 해결방안 모색」(자료집), 1998 등 참조. 또한 환경갈등 일반에 관한 분석으로, 이창우, 「환경문제 해결을 위한 지역공동체 회복」, 녹색연합, 『96 한국환경보고서』, 1996, 19-42쪽; 유해운·권영길·오창택, 『환경갈등과 님비이론』, 선학사, 1998 등 참조.

3) 이 논문은 필자의 위천공단 조성계획에 관한 일련의 연구들 가운데 하나로 제시된 것이다. 앞선 연구로, 최병두, 「위천공단 조성계획과 대구지역의 경제와 환경」, 『해암 김우관 교수 회갑기념 논문집』, 1995, 214-242쪽; 최병두, 「경제-환경적 모순과 갈등의 사회공간적 전이」, ≪공간과사회≫ 7호, 12-58쪽 등 참조

경정치의 주요 과제들을 설정해보고자 한다.

2. 위천공단계획을 둘러싼 갈등의 전개과정

위천공단 조성에 관한 논의의 시발은 1980년대 말로 거슬러 올라간다(<표 1> 참조). 즉 1980년대 후반 우리나라의 환경문제가 심각해짐에 따라, 정부의 환경정책이 점차 강화되었고, 특히 이에 따른 환경규제는 폐수 배출에 민감한 염색업체들에게 상당한 압박을 가하게 되었다. 이에 따라 대구 및 주변 경북지역에서 비산염색공단 밖에 산재한 180개 업체 사업주들은 1989년 9월 염색협업공단추진위원회를 구성하여 염색공단의 자체 개발을 추진하면서 경북도에 이를 제안하게 되었다. 경북도는 이러한 제안에 따라 1990년 달성군 위천리 일원을 공업개발장려지구로 지정해줄 것을 건의하였고, 1990년 12월 동지역(276만 5천 평)은 국토이용계획이 변경되어 도시지역으로 전환되게 되었다.[4] 경북도는 동년 건설부에 지방공단지정 승인을 신청하게 되었으며, 이 당시 신청한 위천지방공단의 규모는 104만 8천 평(공단 90만 1천 평, 배후 주거지역 14만 7천 평), 오·폐수배출량 16만 톤/일(이 중 폐수 15만 5천 톤/일)이었다.

1991년 낙동강 페놀오염사태와 더불어 염색공단 폐수 무단배출사건이 발생하여 사회적으로 물의를 일으킴에 따라, 정부의 환경규제정책은 보다 강화되게 되었다. 이러한 배경하에서 중앙정부는 경북도의 위

---

4) 이에 따른 관련지역 토지용도 변화는 다음 부표 참조.

<부표 1> 위천공단계획 지역의 토지이용계획 변경에 따른 용도 변화

(단위: 만 평)

변경 전(농림지역)				변경 후(도시지역)			
취락 지역	경작 지역	산림 보전	개발 녹지	주거 지역	상업 지역	공업 지역	녹지 지역
18.5	158.9	94.4	4.7	37.0	1.9	97.7	39.7

<표 1> 위천공단관련 주요 추진상황 일지

단계	일자	주요 추진상황	관련 주체들
초기 갈등 단계	~ 90.12	· 비산염색공단 외에 산재한 염색업주들이 염색협업 공단추진위 구성, 자체 염색공단 개발을 위해 달성 군 위천리 일원 공업개발장려지구지정 건의, 경북 도는 해당지역 토지이용계획 변경 결정하고 공단 계획 구상	염색협업공단추진위 원회를 구성한 지역 기업들→경북도
	91.12	· 위천지방공업단지 지정승인 신청(총면적 104.8만 평, 총배출량 16만 톤/일, 주요유치업종 섬유·염색 ·의복 등)	경북도→건설부
	92.4 ~ 93.1	· 위천공단 조성과 관련된 중앙관련기관들 간 협의, 상공부, 건설부, 환경처뿐만 아니라 청와대비서실 까지 참여하는 수차례 협의과정에서 이견조정 실 패, 공단조성계획을 재검토하여 부지규모를 축소 하기로 결정(부지규모 104.8만 평→35만 평→9만 평)	상공부와 환경처 간 의 대립, 청와대 비서 실의 조정 노력, 상공 부→건설부→경북도 에 공단축소 요구
갈등 표출 단계	93.1 ~4	· 부산시 및 경남도 낙동강수질보호를 위해 공단조 성중단 또는 임해지역 조성 건의하고, 부산시의회 는 경북도에 공단조성반대 및 낙동강수질개선 촉 구	부산시, 경남도→ 중앙정부 및 경북도
	93.2 ~7	· 염색단지추진위, 견직물공업협동조합 등은 염색 단지축소계획 수용불가 및 공단조기조성을 경북도 에 건의, 경북도는 관련업계 건의서와 공단지정 승인신청서 축소하여 건설부에 제출(공단규모 35 →9만 평, 입주업체 213→99개소, 폐수배출량16 →2.62만 톤/일)	지역관련기업들→ 경북도→건설·상공 부
	93.10 ~12	· 건설부는 공단지정승인신청 재보완(부산, 경남과 합의후 제출) 요구	건설부→경북도, (경북도↔부산·경남)
	94.1 ~2	· 부산시, 경남도는 위천공단지정계획 철회 요구	부산·경남→중앙정 부
	94.3 ~9	· 위천공단관련기관회의에서 사전 환경영향조사 실 시를 경북도에 요구, 경북도는 환경영향평가 용역 계약	중앙정부내 갈등, 중 앙정부→경북도
	95.3	· 행정구역개편으로 관련업무이관으로 대구시가 공 단조성계획을 맡게 됨	경북도에서 대구시 로 업무 이관
	95.4	· 위천공단 조성 관련 부산지역 시민(단체)공청회	부산시, 지역시민단 체→중앙정부, 대구 시

천공단 지정승인 신청 이후 이 안의 처리를 위해 여러 차례 관련회의
를 가지고 이를 논의하여 해당지자체(1995년 3월 이전에는 경북도, 그

<표 1> 계속

단계	일자	주요 추진상황	관련 주체들
갈등 심화 단계	95.6	· 민선자치단체장의 주도하에 대구시는 기존 계획을 대폭 수정하여 위천국가공단지정 승인 요청 (공단 면적 220만평, 유치업종 자동차 및 첨단기술산업); 중앙정부는 지방공단으로 개발 권유	대구시→건설교통부 건교부→대구시
	95.7	· 부산,경남지역 시민단체 위천국가공단지정 반대	부산·경남지역시민 단체→중앙정부　,대 구시
	96.7 ~8	· 대구시 위천국가공단지정 재건의, 대구시의회 공 단지정 촉구 결의; 재건의에 대한 회신 (개발계획과 수질오염방지대책 제출 요구)	대구시→중앙정부 건교부→대구시
	95.9	· 부산시, 부산시의회, 부산·경남시민단체 위천공단 조성 반대결의·방문	부산·경남, 지역시민 단체→중앙정부,　대 구시
	95.9	· 대구지역 시민단체 공단관련 설명회, 간담회, 달성 군의회 공단조성 촉구	대구시가 일부 시민 단체에 설명
	95.10	· 영남지역 위천공단관련 공동토론희(부산 및 대구)	대구·부산시 및 관련 시민단체들간 토론
	96.11 ~ 96.1	· 공단조성용역계약 체결, 중간용역보고서 비공개 발표(운수장비,전자·첨단산업 중심, 약300만평 규 모)	대구시
	96.1 ~4	· 4.11. 총선을 앞두고 위천공단 조성 정치쟁점화	중앙정부↔지자체, 대구↔부산·경남도
갈등 (재) 조정 단계	96.3	· 위천공단 개발계획 완료, 국가공단지정 요청	대구시→건교부
	96.3 ~4	· 건교부 낙동강수질평가단 구성하여 그 결과에 따 라 지정여부 결정 계획, 평가단 내부 의견 대립	중앙정부 조정 내부 갈등
	96.4 ~5	· 건교부 수질자문위원 및 환경부 수질영향 검토 의견발표: 공단조성으로 수질악화될 것이라는 소 수의견, 낙동강 전반 수질오염 대책 필요성으로 의견 종합, 이에 따라 공단규모 축소 의견 제시	중앙정부내 전문가 들 의견에 기초한 부 분적, 잠정적 합의
	96.6	· 공단입지심의위, 공단조성여부와 규모 최종결정 예정 · 환경부장관, 위천공단 5가지 부대조건을 전제로 공단지정 가능성 시사	중앙정부
	96.7	· 신한국당 영남권 4개 시,도지부장 공동기자 간담 회에서 부산·경남정치권이 공단지정의 전제조건 으로 낙동강유역 종합개발계획을 제시, 현상태 위 천공단 조성 사실상 반대.	대구·경북정치권↔ 부산·경남정치권
	96.8	· 부산시,경남도의회 공동으로 '부산,경남 낙동강중 상류지역 공단조성저지 대책협의회' 구성.	부산시, 경남도의회

<표 1> 계속

단계	일자	주요 추진상황	관련 주체들
갈등 (재) 조정 단계	96.8	· 정부-신한국당은 낙동강,금호강 수질 개선후 공단 지정할 방침임을 발표, '선 수질개선, 후 건설'의 정부방침으로 사실상 결정이 유보됨	중앙정부
	96.8 말~ 9초	· 정부의 위천공단 지정유보에 대해, 전문가 및 언론, 지역노동계의 반발, 대구시의회 공단지정을 위한 시민운동확산 대책 강구, 일부 시민단체들 이에 참여. 대구-부산출신 국회의원들 간담회, 시·군의원들의 공단지정 요구 결의, 대구상의 공단조속지정 청와대에 탄원, 시의회·상의·기초의회 및 기타 사회단체대표들로 위천시민대책위 구성	대구시 정치가, 기업인, 일부 노조 및 시민단체→중앙정부
	96.9	· 신한국당 대표 위천공단 지정과 관련하여 '연말까지 양자택일의 방법이 아닌 종합적 대책을 마련하겠다'고 공언 · 대구시 두류공원에서 위천공단 조기지정 궐기대회에 노총대구지부와 직장별 노종원, 국회의원, 기업인, 지체장애인 등을 포함한 시민들 3만여 명 참가 추정	대구시→중앙정부
갈등 소진 단계 (?)	96.12	· 정부는 304만 평에서 220만 평으로 축소하여 위천단지 연내 지정 방침임을 언급	중앙정부
	97.5	· 대구시장 위천공단을 국가공단이 아니라 지방공단 개발검토	대구시 지방자치단체
	97.5 ~8	· 대구지역에서 공단 조기지정을 위한 간헐적 궐기대회 및 건의	대구시→중앙정부
	98.8 ~ 10	· 정권교체 후, 위천공단 지정을 위한 건교부, 환경부 등 관계부처와 대구, 부산 등 지방자치단체, 그리고 민간환경단체들이 모두 참여하는 '위천공단대책위원회' 구성, 그 이후 2차에 걸친 위천공단대책위 개최, 실질적 결론 없음	중앙정부+ 관련지역 지자체와 시민단체
	99.1	· 국민회의 정책위의장 대구에서 위천단지 조기지정 방침을 언급하자, '낙동강살리기 위천공단 결사저지 부산총궐기본부' 등 부산지역 관련단체들의 반대, 궐기대회	중앙정부→부산시

이후 대구시)에게 수정·보완을 지시하였고, 또한 이들 지자체는 이에 따라 수차례 보완·수정안을 제출하였다. 일차적으로, 1992년 4월 집중적으로 개최되었던 위천공단 관련회의들을 통해 공단 조성계획은 일단 유보되었다. 일단 위천지방공단 지정승인이 유보됨에 따라, 1992년 5

월 이후 경북도는 수차례에 걸쳐 관련자료를 제출하면서 공단지정을 재요청하게 되었고, 중앙정부는 이러한 요청에 대한 대책을 다시 논의·강구하였지만, 부처들간의 이견 조정 실패로 공단 조성계획은 또다시 유보되게 되었다.

이와 같이 기존에 제출한 위천공단 조성안이 두 차례에 걸쳐 유보됨에 따라, 1992년 12월 위천공단 관련정책협의 및 1993년 1월 위천공단 염색단지 관련회의에 따라 상공부는 수정계획을 작성하여 지방공단 지정 변경승인 신청할 것을 건설부에 요청했으며, 건설부는 경북도에 위천공단 조성계획 재검토 건의서를 송부했다. 이 시점에서 중앙정부의 입장과 경북도 및 관련업체들 간의 입장 대립뿐만 아니라 경북도와 부산시, 경남도 간의 갈등관계가 사회적으로 표면화되기 시작했고, 중앙정부는 이러한 갈등 속에서 이들간의 합의를 요청하게 되었다. 경북도는 위천공단의 축소가 불가피함을 인식하고, 단지규모(35만 평→9만 평), 입주업체(214개 업체→99개 업체), 폐수배출량(16만 톤/일→2만 6천 톤/일)을 대폭 축소하는 신청서를 건설부에 제출했다. 그러나 1993년 10월 건설부는 위천공단 지정승인신청을 재보완하여 부산시 및 경남도와 합의 후 제출할 것을 요청했다. 1994년에 들어서면서 위천공단 조성계획을 둘러싸고 경북도와 부산시 및 경남도 간의 갈등관계는 점차 확대되었고, 중앙정부는 이러한 갈등의 해소를 위해 합의를 종용하였지만 이로 인해 갈등은 더욱 증폭되었다. 1995년 3월 1일 행정구역 개편에 따라 경북도의 업무가 대구시로 이관된 이후에도, 부산시와 마산시 및 부산지역 환경시민단체들은 위천공단 조성계획의 재검토(중단 또는 낙동강유역 밖으로 이전 등)을 요구했다.

이러한 상황에서, 1995년 6월 민선 자차단체장의 주도하에 대구시는 침체위기에 처한 대구경제를 활성화시키기 위해 기존의 위천공단 조성계획을 대대적으로 수정하여 건교부에 국가공단으로 지정해줄 것을 건의하였다. 이 수정안에 의하면, 대구시는 침체된 지역경제의 활성화, 전국 최악의 극심한 공업용지 부족의 해소, 그리고 경쟁력 있는 선진 산업도시로의 도약을 위해 위천국가공단 조성이 불가피하다고 주장하고, 당초 유치업종인 섬유, 염색업종을 전면 백지화하고 대신 자동차, 전자, 기계 및 기타 첨단산업을 유치하기 위해 공단규모를 220만 평으로 대폭 확대시킨다는 계획을 제시했다.[5] 그러나 이러한 신청에 대해 건교부는 대구시의 이러한 위천국가공단 조성계획안에 대해 지방공단으로 개발하도록 권유했다. 그러나 1995년 7월 대구시는 위천국가공단 지정을 건교부, 재경원, 환경부, 농산부 등에 재건의했으며, 대구시의회는 위천국가공단 지정 촉구를 결의하기에 이르렀다.

이와 같이 변경된 위천공단 조성계획에 대해, 1995년 7월 이후 부산시 상수도수질감시위원회, 시민환경단체, 부산시장, 부산발전연구원 등 부산지역 공공기관 및 민간단체들의 공단조성 유보 또는 반대 요구가 빈번하게 제기되었고, 부산시의회 의원 및 이 지역 시민단체들은 위천공단 조성 반대항의를 위해 대구지역을 방문하기도 했다. 1995년 8월 말 대구시의 재건의에 대하여, 건교부는 국가공단 지정의 필요성을 인정하며 구체적 개발계획과 수질오염 방지대책을 제출할 것을 요구하는 회신을 보냈다. 이러한 상황에서, 대구시는 1995년 9월 대구지역 환경단체들과의 간담회, 지역경제단체 및 환경단체와의 설명회, 종교(환경)단체들과의 간담회 등을 연이어 개최하고 위천공단 조성의 필요성을 홍보했고, 달성군의회는 위천공단 조성 촉구를 건의했다. 반면, 1995년 9월 부산시는 위천공단 조성 관련 3대원칙(염색·섬유·도금업종 입주배제, 낙동강 1-2급수 달성까지 유보, 가동중인 폐수공장 단계적 이전)을 제시했고, 연이어 부산시의회의 공단반대 건의 및 시민단체의 반대 서명운동, 울산시, 창원시의회 및 지역시민단체의 반대건의 등이 제시되었다.[6]

---

5) 자동차산업단지 60만 평, 전자단지 30만 평, 기계단지 30만 평, 기타 산업단지 10만 평 등 공장용지 총 130만 평, 그리고 주거용지 17만 평, 상업용지 10만 평, 공공용지 51만 평, 지원시설용지 12만 평으로 구성됨.

6) 또한 영남지역 환경관련단체들은 위천공단 조성과 관련하여 입장을 토론하기 위해, 1995년 10월 부산에서 그리고 11월에는 대구에서 영남지역 공동토론회

다른 한편, 1995년 9월 한국엔지니어링협회는 위천공단 조성 용역사업 발주계획에 대한 심의 신청을 했으며, 11월 대구시는 대아종합기술공사와 용역계약을 체결하고, 1996년 1월 중간용역보고서를 비공개로 발표하였다. 이 보고서에 의하면, 유치업종은 운수장비 및 전자, 첨단산업을 중심으로 하고, 그 면적을 약 300만 평 규모로 확대하여, 총 9천억 원의 예산을 투입, 1단계로 1996년까지 산업단지 지정, 기본 및 실시설계를 마치고, 2단계인 1997년에서 2001년까지 용지매입과 단지 조성, 분양 및 입주를 마무리하는 것으로 계획되었다. 대구시는 이 용역결과에 근거하여 위천공단개발계획을 완료하고 건교부에 국가공단 지정을 재차 요청했다. 그러나 중간용역보고서가 발표되자, 부산시의 관련 연구소는 이를 검토하여 적극적인 반대의견을 제시하였고, 시민 단체들은 위천공단 조성 반대를 위한 대책위원회를 본격적으로 발족, 활동을 시작하였다. 특히 1996년 4월 11일 국회의원 총선을 앞두고 위천공단 조성계획은 치열한 정치적 쟁점으로 비화되었고, 대구 및 부산·경남지역 정치가들은 이에 대한 적극 유치와 적극 반대라는 상반된 입장을 표명하게 되었다. 이러한 상황에서 중앙정부와 중앙 차원의 정치가들은 이러한 정치적 쟁점에 대해 양면적이거나 극히 모호한 태도를 보였으며, 공식적으로는 낙동강수질평가단을 구성하여 그 결과에 따라 지정 여부를 결정하기로 하고 이를 대구시에 통보함으로써, 결국 총선 이후로 결정이 미루어지게 되었다.

1996년 4월 총선 이후 낙동강 수질평가자문단 회의에서 구성원들간에 공단 조성 여부에 대해 찬·반이 대립되는 의견이 제시되었다. 이러한 의견들에 대해 대구시는 위천공단 조성이 그 자체로는 낙동강 수질오염에 영향을 미치지 않는 것으로 해석한 반면, 중앙정부는 공단부지를 축소하는 것이 바람직하다는 결론을 유도하고자 했다. 이러한 상이한 해석 속에서 7월에 개최 예정인 공업입지심의위원회(재경원장관 주

를 개최했지만, 어떤 결론을 도출하지는 못했다.

최)에서 위천공단 조성 여부와 그 규모가 최종적으로 결정될 것으로 추정되었다. 특히 1996년 6월 말 환경부장관이 위천공단의 다섯 가지 부대조건(위천공단방류수 수질 BOD 10ppm 이하, 기존 공단들에 더 이상 공장 입주 불허, 부산·경남 및 대구·경북주민이 참여하는 수질감시기구 구성으로 공단 조성과정의 심사, 감독 등)을 전제로 공단지정 가능성을 시사했다. 그러나 7월 말 신한국당의 영남권 4개 시·도지부장 공동기자간담회에서 부산·경남 정치가들은 공단지정의 전제조건으로 낙동강 유역 종합개발계획을 제시함으로써 현 상태에서의 위천공단 조성을 사실상 반대했다.

이러한 상황 속에서 1996년 7월 말 대구시가 작성한 '낙동강수질보전대책'에 대한 건설교통부의 수질전문가 자문내용과 환경부의 수질영향분석자문단의 최종 검토의견이 발표되었지만, 긍정적 견해와 부정적 견해를 동시에 나열하는 정도였고 아무런 결론을 제시하지는 못했다. 그러나 공단 지정과 관련된 의사결정이 임박한 것처럼 보이게 되자, 부산시·경남도의회는 공동으로 낙동강 상류지역에 공단조성을 반대하기 위한 '부산·경남 낙동강 중상류지역 공단조성저지 대책협의회'를 구성했다. 그리고 1996년 8월 말 정부와 신한국당은 당정협의회에서 5천억 원을 투입하여 낙동강과 금호강 수질을 개선한 후 공단으로 지정할 방침임을 발표함으로써, '선 수질개선, 후 건설'의 정부방침으로 사실상 공단지정 결정을 유보했다.

이로 인해 1996년 8월 말부터 9월 초 사이, 대구지역 정치가 및 전문가 그리고 언론은 정부의 위천공단 지정 유보에 대해 대대적인 반대의견을 표출했으며, 대구시 의회는 공단 지정을 위한 시민운동 확산대책을 강구했고, 일부 노동계와 시민단체들이 이에 참여했다. 그리고 대구·부산 출신 국회의원들의 간담회, 시·군의원들의 공단지정 요구 결의, 대구상의 공단조속 지정 청와대에 탄원, 시의회·상의·기초의회 및 기타 사회단체 대표들로 위천시민대책위 구성 등이 연이어졌다. 이와 같은 요구에 대해, 신한국당 대표가 위천공단 지정과 관련하여 "연말까지 양자택일의 방법이 아닌 종합적 대책을 마련하겠다"고 공언했지만, 크게 무게가 실리지 않았고, 9월 하순 대구시 두류공원에서 노총 대구지부와 직장별 노조원, 국회의원, 기업인, 지체장애인 등을 포함한 시민들 3만여 명이 참가한 위천공단 조기지정 궐기대회가 있었다.

정부의 지정유보 방침에 대한 대구지역의 대대적인 반대에도 불구하고, 1996년 12월 말 정부는 위천공단을 304만 평에서 220만 평으로 축소하여 연내 지정방침임을 언급하는 정도였고, 1997년 5월 대구시장은 위천공단을 국가공단이 아니라 지방공단으로 개발하는 것을 검토하고 있음을 암시했다. 이 이후 1997년 5월부터 8월경까지 대구지역에서는 간헐적으로 위천공단 조기지정을 위한 궐기대회 및 건의가 있었지만, 실질적인 반응을 얻지 못했다. 단지 대통령선거 전에 각 당의 선거공약으로 논의되기는 했지만, 어떠한 형태로든 확정적인 공약으로 제시되지 못했다. 1998년 8월 김대중 대통령으로 정권이 교체된 후, 위천공단 지정을 위한 건교부, 환경부 등 관계부처와 대구, 부산 등 지방자치단체, 그리고 민간환경단체들이 함께 참여하는 '위천공단대책위원회'가 구성되었고, 9~10월에 걸쳐 두 차례의 회의가 개최되었지만 실질적 결론을 내리지 못하고 또 한 해를 넘겼다.

정권의 교체 후 다소 활기를 보이는 것처럼 보였던 위천공단 조성관련 논의들은 결국 아무런 의사결정 없이 계속 지연됨으로써 스스로를 소진시키고 있다. 물론 아직도 대구지역에서는 공단 지정요구를 포기하지 않았고, 부산·경남지역에서도 여전히 이를 적극 저지하고자 한다. 예로, 1999년 1월에 국민회의 정책위 의장이 대구에서 위천단지 조기지정 방침을 언급하자, '낙동강살리기 위천공단 결사저지 부산총궐기본부' 등 부산지역 관련단체들이 강력한 반대를 재현하는 궐기대회가 있었다. 그동안 오랜 과정 속에서 양 지역 간 대립이 극도로 첨예화된 상황에서 중앙정치권은 어떠한 의사결정을 하더라도 정치적 부담을 안게 됨에 따라, 앞으로 아주 특별한 계기가 없는 한 위천공단 조성과 관련된 의사결정은 계속 유보될 수밖에 없을 것으로 보인다.

이상과 같이, 위천공단 조성계획과 관련하여 그동안 전개되어온 갈등의 원인과 전개과정 및 그 정치적 과정의 양상과 대안에 대해서는 아래에서 자세하게 논의하겠지만, 일단 여기서는 위에서 서술된 갈등의 가시적 전개과정을 몇 단계로 구분하여 특징을 살펴볼 수 있다. 즉 위천공단 조성계획을 둘러싼 갈등의 전개과정을 그 시발에서부터 현재까지 이르는 추진과정을 단계별로 구분해보면, 대체로 5단계로 구분해볼 수 있다.[7]

제1단계는 1989년 말 지역 관련기업들이 염색협업공단추진위원회를 구성하였고 경북도가 이 공단 조성을 구상하여 중앙정부에 지정을 신청하고, 그 이후 중앙정부 차원에서 이에 관한 협의와 검토 후 경북도에 축소를 요청한 1993년 1월까지로, 갈등의 사전조정단계 또는 갈등의 잠재기라고 할 수 있다. 이 단계에서 중앙정부 내에서는 관련부처간에 다소 갈등이 있었지만, 공단 조성규모를 축소하기로 부처 조정이 이루어지고 이를 해당 자치단체에 통보한 시기이다.

제2단계는 1993년 1월 이후 공단 조성 관련기업들이 중앙정부의 축소계획에 대해 반대하고, 다른 한편으로 조성예정지역에 인접한 부산시와 경남도가 이의 조성계획에 대해 반대하여 갈등이 표출된 단계이다. 이 단계에서 대구시는 중앙정부가 요구하는 대로 공단 조성계획을

---

7) 낙동강 수자원 이용과 수질오염문제를 둘러싸고 환경갈등이 발생할 수 있는 요인은 위천공단 조성계획이 제시되기 이전에도 이미 잠재되어 있었다고 할 수 있다. 예로, 낙동강 중상류지역에 위치한 대규모 구미공단은 그 하류지역의 주민들에 이미 상당한 영향을 미치고 있었겠지만, 심각한 가시적 갈등을 유발하지는 않았다. 이러한 점에서, 흔히 구분하는 바와 같이, 낙동강 수자원 이용과 수질오염 문제를 둘러싼 갈등은 위천공단 조성계획 제시 이전의 잠재적 상태와 그 이후의 가시적 상태를 포괄하는 것으로 이해할 필요가 있다. 그러나 이 글에서는 그 이전의 상태에 대해서는 분석하지 않았다. 잠재적 갈등과 명시적 갈등의 차이와 환경갈등의 단계적 상승(초기적 갈등→잠재적 갈등→인식적 갈등→명백한 갈등)에 관해서는, 유해운 외, 앞의 책, 1997, 제1편 3장 참조. 또한 J. M. Trolldalen, *International Environmental Conflict Resolution: The Role of The United Nations*, Washington D.C.: NIDR(National Institute for Dispute Resolution), 1992, pp.8-12 참조.

축소하여 재신청하였고, 중앙정부와 대구시는 사전 환경영향조사를 통해 갈등을 조정하고자 했지만, 이러한 잠정적 갈등 조정방안이 행정구역 개편으로 관련업무가 이관됨에 따라 실현되지 못했다.

제3단계는 1995년 6월 이후 민선자치단체장으로 구성된 대구시가 기존계획을 대폭 수정하여 중앙정부에 위천국가공단 지정승인을 요청하면서부터 갈등이 심화된 시기이다. 특히 이 시기에는 대구시가 공단개발계획에 관한 용역을 발주하고 계획을 구체화시킴에 따라, 대구시와 부산시·경남도 간에 지역적 갈등이 첨예하게 드러나고, 해당지역 시민단체들로 갈등이 확산되었다. 뿐만 아니라 국회의원선거에 직면하여 공단 조성계획이 정치쟁점화되면서, 갈등이 폭발적으로 증폭되었지만, 이에 대한 결정은 총선 이후로 미루어졌다.

제4단계는 대구시가 위천공단개발계획을 완료하여 국가공단 지정을 재신청하면서, 중앙정부가 이에 대한 해결방안으로 낙동강수질평가단을 구성하고 그 결과에 기초하여 지정 여부와 규모를 결정하기로 하고 중앙정부는 조건부로 공단지정 가능성을 시사하지만, 결국 '선 수질개선, 후 공단조성'의 방침으로 사실상 결정이 유보된 시기로, 갈등의 재조정단계라고 할 수 있다. 이에 따라 대구지역에서는 정치가, 전문가, 언론뿐만 아니라 노동계와 시민단체들까지 참여하여 다양한 방법으로 공단의 조기지정을 촉구하지만, 실질적인 반응을 얻지 못했다.

제5단계는 의사결정의 계속적인 유보로 갈등이 지루하게 이어지면서 점차 소진되어가는 시기라고 할 수 있다. 아직 어떠한 형태로도 최종 결정이 나지 않았기 때문에, 중앙정부에서도 여전히 큰 부담을 안고 있으며, 양 지역에서도 각자의 입장을 계속 견지하고 있다. 그러나 갈등관계에 빠져 있는 양 지역 주체들의 입장을 완전히 충족시킬 수 있는 대안이 제시될 것이라고 기대하기는 어려운 상황이며, 결국 '결정유보'라는 결정으로 갈등이 소진되기만을 기다리고 있는 시기라고 하겠다.

3. 위천공단 조성계획을 둘러싼 갈등 분석

1) 갈등 전선의 유형

갈등은 한 주체의 일방적인 이해관계의 표출이 아니라 이해관계들의 상호관련성과 그 차이로 인해 발생한다.[8] 즉 갈등은 일방적인 행위로 발생하는 것이 아니고 한 주체와 다른 주체(들)간의 동적인 상호관계 속에서 야기된다. 따라서 아무런 사회(공간)적 관계를 전제하지 않은 갈등은 존재하지 않는다. 물론 갈등은 관련 주체들간 쌍방의 동시적 행위로 발생하기보다는, 어떤 한 주체가 자신의 이해관계를 실현시키기 위해 의도적, 계획적으로 문제현상을 유발시킴에 따라 시발된다. 그러나 한 주체의 이해관계의 표현이 다른 주체들과 관련이 없으며 영향을 미치지 않는다면 갈등은 발생하지 않을 것이다. 달리 말해서 갈등은 자신의 이해관계를 실현시키고자 하는 한 주체의 의도와 이의 실행이 다른 주체들에게 직·간접적 피해를 유발하거나 또는 유발할 것이라고 우려되는 상황에서, 이들은 상호 긴장, 대립적 주장이나 요구 등을 통해 갈등 국면에 돌입하게 된다. 그러면 각 주체들간에 '갈등 전선'이 형성되게 된다.

이해관계가 상호 대립하는 주체들간에 형성되는 갈등의 개별 국면으로서 '갈등 전선'은 각 주체들의 이해관계가 다원적이고 복잡한 만큼, 다변적이고 중층적이다. 한 주체의 이해관계는 다양한 측면에서 다른 주체들의 이해관계와 차이를 가질 수 있으며, 또한 갈등에 참여하는 주

---

8) 갈등 일반에 관한 전통적 이론에 관해, K. E. Boulding, *Conflict and Defense: A General Theory*, New York: Harper and Row, 1957; K. E. Boulding, "A pure theory of conflict applied to organization," in R. L. Kahn and K. E. Boulding (eds.), *Power and Conflict in Organizations*, New York: Books, 1964; L. A. Coser, 『갈등의 사회적 기능』(박재환 역), 한길사, 1980 등 참조. 또한 갈등이론에 관한 일반적 고찰 및 이에 기초한 한국 상황에 관한 일반 연구로는 박재환, 『사회갈등과 이데올로기』, 나남, 1992; 송복, 『한국사회의 갈등구조』, 현대문학, 1992 등 참조.

체들은 사회적으로 뿐만 아니라 공간적으로 다양한 위치를 점하고 있다.9) 또한 갈등이 야기되는 문제현상의 복합적 특성에 따라 다양한 주체들이 참여하게 된다. 갈등의 대립 전선은 이와 같이 주체들의 사회공간적 위치의 다양성, 그들의 이해관계의 다변성, 그리고 문제현상의 복합성에 따라 다변적, 중층적, 복합적으로 형성될 뿐만 아니라, 일련의 갈등이 전개되는 과정에서 전선은 역동적으로 강화 또는 약화될 수 있으며, 한 갈등전선은 다른 갈등전선으로 전환되기도 한다. 한 전선의 강화와 약화는 그 전선에 개입된 갈등 주체들의 이해관계와의 관련성, 그들의 전선 구축능력(예를 들면, 정치적 지위나 권한 또는 사회적 동원능력), 중재·조정과정의 효과에 좌우된다. 갈등 전선의 전환은 갈등에 참여하는 주체들에 의해 의도적, 계획적으로 이루어지거나, 또는 문제현상의 확산과정에서 비의도적으로 이루어지기도 한다.

이와 같은 갈등 전선의 발달에 관한 개념적 고찰은 위천공단 조성계획에서 전형적으로 나타나고 있다. 즉 위천공단 조성계획과 직·간접적으로 관련된 갈등 주체들은 매우 다양하고 복합적이며, 따라서 이들로 형성된 갈등의 전선들은 매우 다변적이고 중층적이며, 복합적이고, 또한 역동적으로 전환되었다. 위천공단 조성계획을 둘러싸고 전개된 갈등의 전선들은 다음과 같이 최소한 네 가지 유형으로 구분된다. 즉 ① 중앙정부의 경제성장과 지역개발을 담당하는 부처(특히 상공부와 건설교통부) 그리고 환경보전을 담당하는 부처(환경부) 간의 관계에서 형성된 갈등, ② 공단조성에 대해 승인 및 지원 권한을 가지는 중앙정부와 지역경제 개발을 위해 공단 조성을 추진하고자 하는 지방자치단체와의 관계에서 형성된 갈등, ③ 공단 조성을 강행하고자 하는 지역과 공단 조성으로 인해 유발될 환경문제를 우려하는 인접지역들 간의 관계에서

---

9) 지역간(또는 공간적) 갈등은 사회적 갈등이 공간적으로 전이하거나 또는 공간(또는 입지)문제 그 자체에 의해 발생할 수 있다. 최병두, 앞의 글, 1996 참조. 그리고 입지와 관련하여 발생한 여러 가지 유형의 갈등들에 관해서는 R. W. Lake(ed.), *Resolving Locational Conflict*, Rutgers Univ. Press, 1987 참조.

형성된 갈등, ④ 그리고 이러한 지방자치단체들과 해당 지역 주민들 간의 관계에서 형성된 갈등 등이다.

첫째 유형은 중앙정부 차원에서 한편으로 경제·개발을 담당하는 상공부와 건설(교통)부 그리고 다른 한편에서 환경관리·보전을 담당하는 환경부 간에 형성된 갈등전선이다. 과거 경제성장 및 국토개발을 최우선으로 한 정책의 추진과정에서는 환경부의 위상이 상대적으로 매우 열악했고 그 권한도 약했지만, 이러한 정책추진의 결과로 환경문제가 심화되고 또한 관련지역 주민들의 심각한 불만과 반발이 초래되고 이로 인해 기존의 경제·개발우선정책이 더 이상 추진되기 어렵게 됨에 따라, 이 부처들간의 권한 및 역할조정이 불가피하게 되었다. 그러나 그동안 몇 번의 정권교체에도 불구하고 정부와 특히 관련부처들은 경제성장우선전략을 기본적으로 유지했다. 이러한 상황에서 부처들간의 의견대립은 빈번하게 발생했다. 이러한 부처간의 견해 차이는 대구시가 제시한 위천공단 조성계획에 대한 각각의 해석이 서로 달랐다는 점에서 분명히 드러나고 있다(<표 2> 참조). 이러한 상황에서, 중앙정치권력의 핵심(청와대)이 직접 개입하여 이들간의 의견을 조정하고자 하지만, 의견 조정이 어려울 뿐만 아니라 관련된 지역들의 상이한 입장에 대한 정확한 평가를 하지 못함에 따라, 중앙정부는 이에 대한 어떤 결정을 유보한 채 갈등을 지방정부에게 전가하였다. 이로 인해 중앙정부는 공단 조성을 추진하는 대구시뿐만 아니라 이를 반대하는 부산시, 경남도로부터 비난의 대상이 되었고, 오히려 이들간의 갈등관계를 유발·증폭시키는 결과를 초래했다.

이와 같이 중앙정부의 결정 유보와 책임 전가라는 우유부단한 태도는 지역주민들의 지지를 전제로 한 국회의원 선거과정에서 보다 노골적으로 나타났다. 당시 집권여당(신한국당이든 국민회의든)은 한편으로 대구·경북지역의 여론을 의식하여 국가공단 지정이 마치 내부결정이 된 것처럼 발표를 했고, 다른 한편으로 부산·경남지역의 여론을 의식하여 아직 아무런 결정이 이루어지지 않은 것으로 발표했다. 또한 중

<표 2> 대구시 '낙동강수질보전대책'에 대한 건교·환경부 자문단의 검토 의견

긍정적 의견	부정적 의견
1. 저공해업종을 유치하고 배출수를 3차고도 정수처리함(건교, 환경 공동)	1. 낙동강 하류가 취수한계에 도달(건교)
2. 3공단 이전후 부지를 주거지역 등 친환경 시설로 용도변(건교, 환경 공동)	2. 낙동강과 금호강의 수질이 2급수 이상 으로 개선된 후에야 공단조성 거론(건교)
3. 첨단폐수처리공법의 적용가능성과 휘발 성 유기화합물 제거에 효과(건교)	3. 위천공단 예정지인 고령지점 오염도 가 4~5급수로 심각(건교)
4. 유해물질 모니터링시스템 도입(건교)	4. 갈수기에 안정적 수질과 수량확보 곤 란(건교)
5. 바람직한 방향의 수질보전대책(건교)	5. 공단조성으로 오염물질 부하 증가는 낙동강을 완전히 희생시킴 (환경)
6. 오폐수 고도처리, 중수도시설 도입, 자동 감시경보체계 운영, 및 금호강 유지수 확보 (환경)	6. 오폐수를 10ppm으로 처리할 때 입주 업체들의 재원 및 운영비 과중(건교, 환 경 공동)
7. 낙동강 및 금호강의 수질 개선으로 환경기 준에 근접(환경)	7. 실증되지 않은 고도처리공정과 방류 수 수질 목표의 신빙성 및 투자확실성 에 의문(건교, 환경 공동)
8. 공단조성으로 인한 낙동강 오염물질 부하 증가가 미미함(환경)	

자료: ≪매일신문≫ 1996. 7 .25

앙정부는 공단 조성을 둘러싼 갈등이 심각한 양상으로 드러난 이후에
야 낙동강수질평가단을 구성하고 공단 지정 여부를 결정할 것을 제안·
추진하고 있다. 그러나 위천공단 조성과 관련된 갈등이 정치적이고 감
정적인 차원에까지 확대된 상황에서, 평가단들은 합리적 결정을 전혀
내리지 못하고 긍정적 측면과 부정적 측면을 나열하는 정도였다. 결국
중앙정부와 중앙정치권력의 우유부단하고 양면적인 태도는 위천공단
조성을 둘러싼 갈등을 더욱 증폭시켰으며, 이에 대한 일차적 책임이 있
다고 하겠다.

둘째 유형은 중앙정부와 지방정부 간에 형성된 갈등 전선이다. 우선
경북도가 지역염색관련기업들의 이해관계를 반영하고 대구시가 지역
경제 전반의 상황을 고려하여 위천공단개발계획을 수립하였으나, 국토
개발과 환경보전에 대한 기본적인 권한과 책임을 가진 중앙정부가 이
러한 지방정부의 지역개발정책을 통제하는 과정에서 갈등관계가 발생
했다. 이러한 갈등 전선은 기본적으로 경제개발과 환경보전을 동시에

고려해야 되는 한 지방정부의 입장 차이에서 지역기업 또는 지역경제만을 우선적으로 고려한 채 지역적 또는 광역적 차원에서의 환경문제에 대해서는 적절한 대책을 제시하지 못한 지방정부의 입장 차이에서 발생한 것이다. 이러한 상황에서 기존의 지방공단 규모로 위천공단을 구상했던 경북도가 중앙정부의 요구대로 공단 규모를 축소하기로 했지만, 지방자치제의 시행과 더불어 지자제 선거를 통해 임명된 민선자치단체장을 중심으로 한 대구시가 이 계획을 대폭 수정하여 국가공단지정을 신청함에 따라 갈등은 더욱 심화·확산되기에 이르렀다.

대구시의 위천국가공단 조성계획은 지역경제가 침체된 상황에서 이를 활성화시키기 위한 방안으로 제시된 것이긴 하지만, 다른 한편으로 보면 선거운동과정에서 제시한 공약을 시행하겠다는 의욕으로 지역경제 및 지역환경 전반에 대한 종합적이고 장기적인 계획 없이 이를 중앙정부에 요구함에 따라, 중앙정부와의 갈등을 증폭시키게 되었다. 또한 이러한 상황에서 중앙정치의 지역 대표자를 선출하는 국회의원선거나 대통령선거에 즈음하여, 전국적인 차원에서 지지 기반을 획득하고자 하는 중앙정치권력과 지역의 이해관계를 반영시키고자 하는 지역정치가, 기업인, 여타 지방정치대표자 간의 의견대립이 야기될 수밖에 없었다. 즉 지역의 유권자들의 여론을 의식한 각 지역출신 정치가들은 중앙정부 및 중앙정치권력에 대해 각 지역의 입장에서 위천공단 조성에 관한 의견을 제시하게 되었고, 이로 인해 대구 및 부산·경남지역의 정치가들은 각자의 입장에서 중앙정부와 마찰을 유발했으며, 이러한 상황에서 중앙정부 차원에서의 공단 조성 관련 결정은 합리적 해결방안을 찾지 못한 채 지연되었다.

셋째 유형은 지방정부들과 이들 각각 입장을 지지하는 지역시민들과 지역언론들 간에 형성된 갈등 전선으로, 위천공단 조성계획을 둘러싸고 외형적으로 가장 첨예하고 실제적으로 나타난 갈등이다. 이 유형의 갈등은 지역경제의 활성화를 명분으로 공단조성을 강행하고자 하는 대구시와 이로 인한 환경오염을 우려한 부산시 및 경남도 간에 발생한 것으로, 경제성장과 환경보전 간의 갈등이 지역간 갈등으로 '공간화'한 것이다.[10] 즉 이 갈등 전선은 환경오염은 국지적 발생원을 가지지만 이의 공간적 확산으로 인접 지역에도 심각한 영향을 미친다는 사실을 반영한다. 또한 이 갈등은 중앙정부가 자신의 권한과 책임하에서 위천공단 조성과 관련된 의사결정을 명확히 하지 못하고, 지방정부에 전가하게 됨에 따라 발생한 것이기도 하다.

뿐만 아니라 위천공단 조성을 처음 구상한 경북도가 이러한 환경문제에 대한 고려없이 염색단지로서 공단조성을 추진했고, 그 이후 대구시가 비교적 저공해산업들을 유치한 첨단산업단지로 계획을 수정했지만, 낙동강 하류지역에 위치해 있는 부산시와 경남도의 지방자치단체와 지역시민들은 기존에 경북도가 추진해왔던 염색공단 조성에 대한 우려의 연장선상에서 이에 반대했다. 갈등의 초기단계에서, 부산시와 경남도는 위천공단 내 염색, 도금, 섬유 등 공해업체의 입주 배제, 낙동강 수질 1~2급수 회복시까지 공단조성 유보, 낙동강 유역에 가동중인 폐수공장의 단계적 이전 등을 요청하고 했지만, 대구시의 위천국가공단 조성계획은 이러한 환경문제에 대해서는 별로 고려하지 않은 채 일방적으로 발표되었다. 이로 인해 갈등이 심화·확산된 이후에야, 대구시는 이러한 요구들을 반영하여 중앙정부의 지원과 지방재정의 동원을 통해 위천공단 조성과 직·간접적으로 관련된 낙동강 수질오염개선 대책을 제시했지만, 지역주민들의 반대 여론에 부담을 가지는 부산시와 경남도를 완전히 설득시키지 못한 채 위천국가공단 조성을 완전히 철회하거나 또는 낙동강 유역 밖에 조성할 것을 강력히 요구하는 반대에 봉착하게 되었다.

이러한 지방자치단체간의 갈등은 중앙정부 차원의 중재과정 또는 광역협의체를 통한 상호 조정과정을 통해 해결될 여지가 있었지만, 이 과

---

10) '갈등의 공간화'라는 개념에 대해 J. Murdoch and T. Marsden, "The spatialization of politics: local and national actor-spaces in environmental conflict," *Transaction in Institute of British Geography*, 20(3), 1995, pp.368-380.

<표 3> 위천공단관련 대구,부산시민의 견해

(단위: %)

설문내용	대구시민	부산시민
1. 완벽한 폐수정화처리와 위천공단 조성 병행 추진이 가능	94	57.4
2. 폐수처리와 환경관리를 위해 대구지역 공장들의 집단화 필요	96	62.4
3. ① 대구경제가 어렵다	92	—
② 경제위기 극복을 위해 위천공단 조성이 필수적	72	—
4. ① 부산지역 상수도 및 수질상태가 나쁘다	—	88.8
② 위천공단 조성이 부산지역 수질오염을 심화시킬 것이다	—	85.8
5. 수돗물을 식수로 사용한다	74.4	40.2
6. 위천공단 지정이 표류하는 원인		
① 대통령과 정치권의 지역 편중 때문	64	—
② 대구와 부산 간 지역 감정 때문	17.8	—
③ 수질오염 때문	—	87.6

자료: 대구 온조사연구소, ≪매일신문≫ 1996. 9. 4.

정에 지역주민들과 지역언론들이 적극적으로 개입하여 대립적 여론을 형성하게 됨에 따라, 이들간의 갈등은 더욱 증폭되게 되었다(<표 3> 참조). 부산시와 경남도의 경우, 환경문제로 인해 입게 될 피해를 우려한 지역시민단체들, 특히 환경관련 단체들은 자발적으로 위천공단 조성을 반대하는 시민여론을 조성하고, 시민(단체)협의체를 구성하여 부산시로 하여금 강력한 반대의사를 표명하도록 압력을 행사했고, 대구시를 직접 항의방문하기도 했다. 또한 지역언론과 정치가들은 이러한 대립적 여론을 자극하여 더욱 고취시켰다. 대구시의 경우 일부 지역시민단체들은 위천공단 조성계획에 대해 긍정적인 여론을 조성하고자 했지만, 부산·경남지역만큼 적극적이지는 않았다. 그러나 대구지역의 정치가들 및 언론과 일부 전문연구자들은 부산·경남지역 경우 못지 않게 위천공단 조성의 필요성을 홍보하고, 이의 추진을 위해 지역여론을 고무시키고자 했다.

넷째 유형은 지방정부와 지역주민들 간에 형성된 갈등 전선이다. 일반적으로 개발·환경문제를 둘러싸고 발생하는 갈등들에서 이 전선은 가장 중요한 의미를 가지며 실제 매우 빈번하고 강력하게 형성되지만, 위천공단 조성계획을 둘러싸고 형성된 갈등의 전선들 가운데 이 전선은 가장 약한 상태이다. 즉 개발을 촉진하고자 하는 지방정부와 이로 인해 피해를 입게 된 지역주민들 간에 형성되는 갈등 전선은 최근 우리나라의 사회적 가치와 정책목표에 있어 경제성장에서 환경보전으로의 점진적 이행을 반영한 것이다. 그러나 위천공단 조성계획을 둘러싸고 발생한 갈등의 경우, 사회공간적으로 중층적이고 다변적인 갈등 전선들이 형성되면서, 각 지역내 강력한 지배연합의 형성과 이데올로기의 작동으로 지방정부와 지역주민들 간의 갈등 전선이 약화되었기 때문이라고 할 수 있다.

즉 대구지역의 경우 침체된 지역경제의 활성화를 명분으로 위천공단 조성을 추진 또는 지지하는 집단들, 즉 섬유·염색업체, 자동차(부품)업체, 건설업체, 금융업체 등 다양한 자본분파들과 토지소유자, 지방정부의 관료 및 지역정치가들 그리고 지역언론과 일부 전문가들 간에 일종의 성장연합이 구축되었고 이들은 지역개발의 정당성을 광범위하고 적극적인 방법으로 홍보했다. 이에 대해 지역의 시민들은 취업·소득기획의 확대 및 침체된 지역경제의 회복을 명분으로 한 위천공단 조성에 부분적으로 긍정적인 반응을 보였고, 지역의 환경단체들 또한 적극적인 반대의사를 표시하지 못했다.

반면 부산시와 경남도의 경우, 위천공단 조성에 따른 환경피해에 대한 우려로 지방정부와 지역시민들은 다같이 위천공단 조성에 반대하는 입장을 적극적으로 개진하였다. 특히 부산지역 시민(환경)단체들은 공단 조성으로 인한 수자원고갈·오염을 우려하여 이에 반대하는 시민여론을 폭넓게 조성하였고, 이 지역의 언론들은 이를 강력하게 지원하여 대구시와 중앙정부에 적극적인 반대운동을 전개했다. 이와 같이 이 지역의 지방정부와 언론, 시민단체들은 일정한 친환경연합체를 형성했다고 할 수 있다. 따라서 지역시민들은 부산시의 미온적 반대에 대해 부분적으로 불만을 토로하기는 했지만, 지방정부와 지역시민들 간에 어떤 갈등전선이 형성되지 않았다.

2) 갈등 주체의 형성

위천공단 조성계획을 둘러싸고 전개되었던 갈등과정은 분명 대구지역, 영남지역 나아가 우리나라 국토 전체의 사회·환경에 내재된 구조적 모순을 배경으로 하고 있다고 하겠다. 그러나 자본주의 (지역)사회에 내재된 모순들은 갈등이 발생할 수 있는 객관적 조건으로 작용하지만, 모순이 갈등을 기계적 메커니즘에 따라 자동적으로 야기시키는 것은 아니다. 달리 말해서 특정한 갈등은 객관적 모순을 배경으로 행위주체들(즉 갈등에의 참여자들 또는 직·간접적 관련자들)의 의도적인 사회공간적 상호행위를 통해 발생한다.11) 이러한 점에서, 갈등은 첫째, 이에 의도적으로 참여하는 또는 이와 직·간접적으로 관련된 행위자들, 즉 갈등의 주체들(개인 또는 집단들)이 형성되어야 한다. 둘째, 갈등은 어떤 한 주체에 의해서 발생하는 것이 아니라 이와 이해관계의 차이를 가지는 또 다른 주체들이 형성되어, 이들간에 이루어지는 대립적 상호행위를 통해 발생하고 전개된다. 셋째, 갈등 주체들의 상이한 이해관계 인식과 이에 의한 갈등적 상호관계에의 동원은 이데올로기적으로 조작될 수 있다. 넷째, 갈등은 이와 같은 주체들의 형성, 이들간의 상호작용, 그리고 이데올로기의 작동을 통해 매우 역동적으로 전개된다. 따라서 자본주의 (지역)사회에 내재된 모순들은 일정하게 정형화될 수 있지만, 갈등은 어떤 일반적 형태로 정형화되기 어렵고, 특정 사례에 따라 특정한 형태와 전개과정을 가진다고 하겠다.

우선 갈등 주체의 형성 측면에서 보면, 비록 갈등이 발생할 수 있는 객관적 조건들이 성숙된다고 할지라도, 갈등 주체의 실제적 행위가 없

---

11) "다른 상대자나 상대자들의 저항에 대해 자기 자신의 의지를 관철하기 위하여 어떤 행위자가 의도적으로 행동하는 한, 그 사회적 관계는 갈등이라고 불릴 수 있다." L. A. Coser(박재환 역), 앞의 책, 1980 참조.

는 한 갈등은 현재화되지 않는다. 즉 객관적 조건들이 특정 행위자들에게 의식적 또는 무의식적으로 어떤 긴장이나 불만 또는 압박을 가하는 상황을 만들어내게 되면, 이에 상응하는 일정한 의도적 (계획적) 행위가 이루어진다. 이러한 상황에 대한 인식과 이에 대한 행위는 (지역)사회 구성원들 (일부 또는 전부) 사이에 일정한 공감을 얻게 됨에 따라 사회적 의미를 가지게 되고 집단적 연대 또는 응집력을 형성하게 된다. 그러나 이러한 사회적 집단은 공통의 이해관계, 보다 구체적으로 그 상황에 대한 인식, 목적(가치)의 설정, 수단의 선택, 그리고 전망에 대한 해석에 있어서의 공통성뿐만 아니라 이러한 이해관계를 실현시키기 위한 행위양식에 있어서의 공통성이 이루어질 때 보다 완전하게 된다.[12) 이러한 집단적 공통성은 이들과는 차별적인 이해관계와 행위양식을 가지는 집단들을 형성하게 되고, 특히 한 집단의 행위가 다른 집단에게 실질적인 및 의식적인 박탈 또는 직·간접적 피해(또는 그 가능성)를 유발하게 되면, 집단들간의 갈등관계가 형성되게 된다.

이러한 갈등 주체의 형성과 관련하여 몇 가지 특징으로, 우선 갈등의 주체는 주어진 구조적 모순들에 대한 인식의 차이, 기존 제도들 속에서 주어진 역할의 차이, 그리고 갈등의 전개과정에 내포된 이해관계의 차이 등 다양한 계기에 따라 형성된다. 그리고 어떤 주체들은 갈등과정의 전면에 등장하여 자신의 입장을 직접적으로 주장 또는 요구하

---

12) 이러한 점에서 다렌도르프는 즉자적 계급과 대자적 계급 간 맑스주의적 개념 구분을 원용하여, 잠재적 이해관계로 형성된 '의사(擬似)'집단의 개념을 제시한다. 그에 의하면, 공통된 이해관계가 객관적으로 주어져 있고 이로 인해 성원들이 공통의 소속의식을 가질 때, 집단이 형성될 수 있다. 그러나 이는 집단 형성의 최소한 요건에 불과하다. 왜냐하면 객관적으로 공통된 이해관계의 존재만으로 갈등의 주체가 자동적으로 형성되는 것은 아니다. 즉 공통의 이해관계뿐만 아니라 공통의 행위양식이 갖추어질 때 비로소 완전한 갈등집단들이 형성되게 된다. 이러한 점에서, 의사집단이란 즉자적 계급과 같은 존재에 머물 뿐이고 투쟁의 주체가 되는 대자적 계급으로 발전하지 못한 상태에 있는 집단을 의미한다. R. Dahrendort, "Toward a theory of social conflict," in W. Wallce, *Sociological Theory*, Chicago: Aldine, 1969; 다렌도르프, 「사회갈등이론의 모색」, 박영신 편역, 『갈등의 사회학』, 까치.

기도 하고, 또 다른 주체들은 갈등의 표면에 나서기보다는 숨겨진 상태에서 갈등의 전개과정을 자신의 이해관계에 보다 유리하도록 조정하고, 그 결과에 따른 성과를 기대하기도 한다. 또한 이와 같이 드러난 또는 숨겨진 갈등 주체들 간의 관계는 단순히 이원적 대립관계에 국한되는 것이 아니라, 다변적이고 복합적이며, 따라서 갈등은 다차원적이고 중층적으로 전개된다. 그리고 이러한 갈등의 전개과정에서 각 주체들의 구체적 이해관계는 갈등 당사자들의 작용·반작용, 또는 제3의 개입을 통해 재조정될 수 있으며, 이로 인해 갈등 주체들은 갈등 국면들에서의 이해관계의 변화에 따라 이합집산할 수 있다.

이와 같은 갈등 주체들의 형성계기의 다양성, 행위양상의 차별성, 주체들간 관계의 다원성, 그리고 국면적 재구성으로 인해, 자본주의 (지역)사회에서 발생하는 갈등의 주체들은 단순히 자본과 노동이라는 계급적 주체들로 정형화되기 어렵다. 특히 갈등의 특정 국면에서 형성된 대립적 주체들은 자신의 이해관계에 대한 인식의 혼돈, 사회적 힘관계에 있어 우월성, 이데올로기적 조작을 통해, 특정 주체의 일방적 의도 또는 그주체들 간의 명시적·묵시적 합의를 통해, 다른 주체들을 등장시켜서 이들에게 갈등을 사회공간적으로 이전시키기도 한다. 그러나 이러한 이유에도 불구하고 (또한 이로 인해), 갈등의 주체들은 궁극적으로 자본주의적 지역사회-환경의 모순적 단층선 또는 자본주의적 계급성에 따라 정리되는 경향이 있다.

위천공단 조성계획이 처음 거론된 이후 약 10년에 걸쳐 전개된 갈등과정에 직·간접적으로 참여한 주체들은 다음과 같이 열거될 수 있다. 우선 중앙정부 차원에서 보면, 경제성장과 지역개발(승인 및 지원)을 담당하는 부처(상공부와 건설교통부), 환경관리 및 통제를 담당하는 부처(환경부) 그리고 이들과 일정한 연계를 가지고 부처간 관계를 조정하는 정치적 의사결정집단(즉 청와대), 그리고 이들간의 관계를 조정·심의하거나 자문역할을 담당하는 위원회들(공단입지심의위원회, 낙동강 수질평가단 등)을 찾아0볼 수 있다. 이들 가운데 상공부와 건교부 및

환경처는 경북도가 위천지방공단 조성지정을 요청한 초기단계에서부
터 갈등의 한 주체로 등장했으며, 청와대는 갈등의 전반부에서는 이 부
처들간의 갈등조정을 조정하는 최고의사결정자의 명분으로 개입하였
지만, 또한 정치적 지배권력집단이라는 점에서 갈등의 후반부에는 지
역적 지지기반을 유지하기 위해 각 지역의 요구로 인해 갈등의 와중에
휘말리게 되었다. 공단입지심의위원회의 경우는 정치적 권력유지가 아
니라 합리적 정책결정과정에서 부처간 이견의 조정자로서 등장했으며,
낙동강수질평가단 및 위천공단대책위원회 등은 갈등이 고조된 이후 과
학적 자료에 근거하거나 또는 개별적으로 소속된 지역의 이해관계를
대변하여 합리적으로 갈등을 조정할 필요에 따라 구성되었다.[13]

대구·경북지역 내 또는 이 지역과 일정한 관계를 가지는 갈등 주체
들로서는, 우선 지역기업 또는 자본가들, 예로 염색·섬유업체, 자동차
업체, 건설업체, 그리고 부동산업자(토지소유자) 등을 들 수 있다. 이들
가운데 염색·섬유업체들는 갈등을 유발한 가장 시발적 주체이지만, 이
들은 대구시의 위천공단 조성계획의 확대 수정과정에서 자신의 직접적
이해관계가 상대적 소멸되면서 갈등과정에서 빠지게 되었다. 반면 자
동차업체 및 건설업체, 부동산업자 등은 위천(국가)공단 조성계획의 확
대 수정으로 엄청난 이익을 얻을 수 있는 집단들이지만, 갈등의 표면에
나서기보다는 그 이면에서 갈등의 결과로 얻을 수 있는 어떤 이익을
기대하고 있는 집단이다. 이러한 자본가집단들은 분파들간에 다소 이
해관계의 차이가 있지만 지역경제의 전반적 활성화와 이를 통한 새로
운 이윤창출기회의 획득이라는 점에서 이들의 연합체, 즉 대구상공회
의소 등을 통해 위천공단 조성계획을 강력히 지지하고 있다.

경북도와 대구시는 다차원적 갈등과정의 전면(각각 전반부 및 후반

---

13) 그외 중앙(전국)차원에서 형성된 환경운동단체들은 위천공단 조성계획에 대
해 일정한 수준에서 반대 입장을 표명하고 있다. 그러나 이들의 반대 입장은
갈등의 전개과정에 거의 영향력을 미치지 못하고 있다. 환경운동연합, 「위천
공단 문제해결을 위한 정책제안」, 1997, http://kfem.or.kr 참조

부)에 나서서 위천공단 조성계획의 구상·추진자로서 강력하고 명시적인 역할을 하고 있으며, 광역 및 기초(특히 경산군)지방의회도 이러한 지방정부의 계획추진을 강력히 지원하고 있다. 또한 이 지역에 지지기반을 가지거나 이를 구축하고자 하는 정치가들도 특히 총선과정을 전후하여 이 계획의 추진을 강력히 지원하고 있다. 한편 대구·경북지역 주민들은 서명 또는 공청회 참여, 설문조사에서의 의견 제시 등을 통해 지방정부의 이러한 계획과정에 대해 지지하면서 갈등과정에 일정하게 참여하고 있지만, 이들의 참여는 능동적이라기보다는 대체로 수동적인 입장을 보이고 있다. 반면 지역사회의 여론을 주도하는 이데올로기로서 개인 또는 기관들, 대표적으로 대구시의 계획을 지지하는 전문가집단이나 특히 언론들은 매우 적극적으로 계획의 정당성을 홍보하기 위해 노력하고 있다. 그러나 지역사회의 여론에 또 다른 방법으로 영향력을 미칠 수 있는 지역시민단체들은 대체로 침묵을 지키고 있는 상황이다.

부산시와 경남지역에서 자본가들은 위천공단 조성계획과 관련된 갈등의 전개과정에서 일단 전혀 관계가 없는 것처럼 보인다. 그러나 이들은 대체로 계획에 대해 반대/지지의 이중적 입장을 가지며 또한 명시적으로 자신들의 입장을 표현하기 어려운 위치에 있는 것처럼 보인다. 부산시와 경남도 및 일부 기초자치단체(울산, 창원 등) 및 지방의회들은 갈등이 표면화되면서 그 전면에서 위천공단 조성을 적극적으로 반대하는 입장을 표명하고 있다. 이 지역의 일반 시민들 역시 상당한 반대를 하고 있는 것처럼 보이지만, 능동적이라기보다는 대체로 수동적인 입장을 가지고 있다. 이 지역에서 공단 조성계획에 가장 반대하는 집단은 지역사회의 여론을 주도하는 언론과 지역시민단체들이며, 이들은 다양한 방법들을 동원하여 대구시 및 중앙정부에 공단 조성 반대운동을 펼치고 있으며, 또한 지방정부에 대해 보다 적극적으로 나서서 반대압력을 행사하도록 요청하고 있다. 그외 이 지역의 전문가집단들과 지역정치가 집단들도 반대의사를 분명히 밝히고 있다.

3) 갈등 주체들의 이해관계

갈등의 주체들이 형성되고 그 과정에 일정하게 참여하는 이유는 갈등을 유발하는 문제현상에 대해 단순히 찬성/반대의 입장을 표명하기 위한 것이라기보다는 그 문제현상과 이를 둘러싸고 야기되는 갈등이 자신의 이해관계와 직·간접적으로 관련되어 있기 때문이다. 뿐만 아니라 갈등의 발생 및 전개과정에서 각 주체들의 이해관계는 절대적인 것이 아니라 다른 주체들의 이해관계와 일정한 관련성을 가지고 있으며 또한 그들간에 서로 차이가 있기 때문이다. 물론 모든 이해관계의 차이가 반드시 갈등으로 표출된다고 볼 수는 없으며, 대부분 잠재된 상태로 지속되기도 한다. 갈등은 일정 집단 내부에 어떤 이해관계에 대한 공유의식이 형성되고 또한 다른 집단과를 인식하게 됨에 따라 야기된다. 그러나 갈등이 표출되는 것은 각 주체들간 이질적인 이해관계가 상대 집단에게 어떤 영향을 미치기 (또는 미칠 것이라고 우려되기) 때문에, 그리고 구체적인 문제를 둘러싸고 직·간접적 관련 주체들간의 차이가 조정되지 못했기 때문이라고 할 수 있다. 이러한 점에서 갈등은 잠재적 갈등과 '현시적' 갈등으로 구분될 수 있으며, 현시적 갈등은 이해관계의 차이 및 이의 조정 불가능으로 인해 의식의 상호긴장, 적대적 관계의 형성, 대립·상충적 행위, 직접적인 마찰과 충돌 등으로 나타난다.

갈등 주체들의 이해관계 형성에 내포된 몇 가지 특성들은 다음과 같다.

첫째, 우선 각 주체들의 이해관계는 기본적으로 주어진 (지역)사회-환경구조하에서 이루어진 사회공간적 체험과 이에 따라 형성된 관심(또는 필요나 욕구)에서 비롯되며, 자본주의 사회에서 가장 기본적인 관심은 경제적(즉 물질적, 화폐적)인 것이지만, 갈등에 참여하는 각 주체들의 이해관계는 정치적, 사회문0화적이거나 특히 생태적인 관심에 기초할 수 있다.

둘째, 갈등은 그외 각 주체들이 가지는 욕망, 가치, 관점, 동기, 지식

등의 주관적 요인들 및 사회적 지위, 역할, 조직 내 임무, 권리 등의 제도적 요인 등에 의해 형성되기도 한다. 그러나 어떠한 경우라고 할지라도 갈등이 표면화되는 것은 각 주체의 이해관계들간 차이가 있으며 또한 이들이 상호 관련되어 있기 때문이다.

셋째, 이와 같이 각 주체들의 기본적인 관심과 그외 주관적 및 제도적 요인들에 의해 형성된 이해관계는 이데올로기적 요인들에 의해 허위적으로 형성되거나 촉진 또는 억압되어 왜곡될 수 있으며, 나아가 갈등의 발생과 진행과정에서 그 자체로서 이데올로기적 요인으로 작동할 수 있다.

넷째, 한 주체의 이해관계는 다른 주체들의 이해관계와 일정한 관련성을 가진다. 주체들 간의 이해관계가 정(正)의 관련성을 가질 경우, 한 주체가 다른 주체의 이해관계를 대변하거나 이들간에 상호 연합·동맹관계가 형성되기도 한다. 주체들간의 이해관계가 부(負)의 관련성을 가질 경우, 이들간에는 이해관계의 차이로 인해 대립·적대관계가 형성된다.

다섯째, 갈등은 관련 주체들의 이해관계의 의도적 표현 또는 그 차이에 기인되는 불만의 단순한 표출에서 나아가 대립되는 각 주체들이 자신의 이해관계를 실현시키기 위하여 가능한 모든 수단들을 동원(성명서, 서명, 시위·항의방문, 로비 등등)하여 실행하는 행동과 이를 통해 얻게 된 효과 및 조정과정에 따라 역동적으로 전개된다.

여섯째, 갈등을 유발하는 요인들은 이해관계와 그 차이의 형성에 중요한 영향을 미칠 뿐만 아니라 이로 인한 갈등의 발생과 진행과정에서 변화·조정되기도 하며, 그 차이는 갈등이 전개되는 대립과정에서 더욱 명확해지거나 또는 조정·해소되기도 한다. 즉 특정 문제현상을 둘러싸고 형성되는 이해관계의 차이와 관련성은 고정된 것이 아니라 갈등의 역동적 진행과정에서 가변적으로 변할 수 있다.

갈등을 표면화시키는 이해관계의 차이는 관련된 문제현상 그 자체에 대한 인식의 차이, 그에 함의된 목표나 가치의 차이, 동원되는 수단과 이에 따른 전망의 차이 등으로 나타난다. 이들에 있어서 차이는 물론 서로 연계되어 있지만, 분석적으로 분리되어 고찰될 수도 있다. ① 문제현상 그 자체(예로 자원고갈이나 환경오염 등)의 인식에 있어서 차이는 객관적 사실에 근거를 두고 있지만, 그 심각성의 정도에 대한 판단 또는 이로 인한 피해에 대한 우려는 (상호)주관적이다. ② 목표나 가치의 차이는 문제현상 그 자체에 내재되어 있을 수 있지만 또한 문제현상을 인식하는 각 주체들이 추구하는 목표나 가치의 차이에도 기인한다. 상호 양립할 수 없는 목표 또는 상호 용납될 수 없는 가치를 추구하는 주체들은 목표 설정 그 자체뿐만 아니라 문제현상의 인식이나 목표를 실현시키기 위한 수단의 선택에 있어서도 차이를 나타내게 된다. 이러한 차이로 인해, 갈등과정에서 각 주체들은 어떻게 해서든 자기의 목표를 달성하려고 하는데 반해, 상대방은 이를 끊임없이 저지할 뿐만 아니라 오히려 자기가 바라는 대로 그 목표를 추구하려 한다. ③ 갈등은 추구하는 목적이나 목표의 차이에서만 일어나는 것이 아니라, 동일한 목표나 가치를 가진다고 할지라도 그 수단이나 방법 및 절차의 차이로 인해 발생한다. 또한 갈등은 어떤 수단이나 방법이 문제현상에 내포된 목표 또는 각 주체들이 추구하는 목적이나 가치를 실현시킬 수 있는 전망의 차이에 의해서도 야기된다.[14] 이러한 문제현상 자체에 대한 인식, 이와 관련된 목적이나 가치 추구, 수단과 방법의 선택 및 이에 따른 전망 등에 있어서의 차이는 각각 중요한 의미를 가지지만, 결국 각 주체들의 이해관계의 차이로 수렴된다.

위천공단 조성을 둘러싸고 발생한 갈등에 있어 관련된 각 주체들의

---

14) 갈등의 표출은 단순히 현실의 객관적 인식에 의해서만 현재화되는 것이 아니라 갈등의 결과에 대한 긍정적인 전망과 연결될 경우에야 비로소 현실적으로 이루어질 수 있다. "사회적 갈등은 현재의 모순과 질곡 속에서 배태되지만 그 표출은 미래의 전망 속에서 결정된다." 여기서 '갈등 그 자체의 결과로 각 주체들이 얻을 수 있는 이해관계에 대한 전망의 차이'는 '목표 실현을 위한 수단 및 방법의 선택에 따른 전망의 차이'와는 구분되지만, 결국 같은 의미를 가진다.

<표 4> 위천공단 조성계획을 둘러싼 갈등의 주체들과 그 이해관계

갈등의 주체		입장 1	입장 2	입장 3	입장 4	입장 5	이해관계 및 입장의 준거
중앙 (정부) 차원	경제·개발부처 (상공·건교부)		○				부처의 권한·영향력 확보, 장기·계획적 총량 경제성장과 국토개발
	환경관리부처 (환경부)				○		부처의 권한·영향력 확보, 장기·계획적 환경관리·개선 및 보호
	지배적 정치기구 (청와대)			○			총자본을 대변한 경제성장, 장기적 사회발전과 국민의식을 고려한 환경보호, 지역간 갈등 중재 및 자신의 정치적 지지기반 유지
	관련 심의·자문 기구 / 공단입지 심의위			○			장기·계획적 공단개발(계획의 합리성)
	관련 심의·자문 기구 / 낙동강 수질평가단			○			수질관리·보호(객관적 자료에 대한 평가)
	관련 심의·자문 기구 / 위천공단 대책위			○			개별적으로 소속된 지역의 이해관계 대변
	시민운동단체 (예: 환경연합)				○		환경 개선 및 보호
대구·경북 지역	지역자본가 및 그 연합체	○					(단기적) 이윤(비용절감) 추구, 지역경제의 활성화
	지방정부 및 의회	○					지역경제 성장을 통한 지역자본의 입장 대변 및 지역적 지지기반 확보
	지역정치가	○					지역적 지지기반 확보 및 지역 자본의 대변
	지역시민 일반		○				소득증대 기회, 잠재적 환경의식
	지역언론기관 및 전문가집단	○					지역지배집단(기업·지방정부)의 입장 대변
	시민단체			○			지역환경 개선과 보호, 그러나 지역경제 활성화 필요성을 명시적·암묵적으로 인정
부산 경남 지역	지역자본가			○			수자원고갈·오염으로 추가 공단건설의 제약, 그러나 공단조성반대운동의 확산 우려
	지방정부 및 의회					○	환경오염전가·비용부담 우려, 이에 따른 시민 불만과 이로 인한 지지기반 상실
	지역정치가					○	수자원고갈·오염에 대한 시민 불만으로 인한 지지기반의 상실
	지역시민 일반				○		지역환경오염·피해 우려
	지역언론기관 및 전문가집단					○	환경오염 우려 및 지역시민 입장 부분적 반영과 지배집단의 입장을 암묵적 대변
	지역시민 운동단체					○	지역환경오염·피해 우려

주: 각 주체들의 입장에서, 1: 적극적 찬성·지지, 2: 소극적 찬성·지지, 3: 입장의 이중성·침묵·유보, 4: 소극적 반대, 5: 적극적 반대

이해관계는 <표 4>와 같이 요약될 수 있다. 우선 중앙(정부) 차원에서의 경제·개발담당부처와 환경관련 부처는 행정조직상의 임무와 역할에 따라 위천공단 조성에 대해 차별적인 입장을 가지고 있다. 즉 이 부처들간의 갈등은 집단구성원의 이해관계가 아니라 제도적으로 주어진 입장의 차이에서 발생한 것이다. 그러나 그 갈등의 이면에는 각 부처의 권한과 영향력을 상호 대립적으로 확보하고자 한다는 점에서 특정한 집단적 이해관계에 기초하고 있다고 할 수 있다.

최고의사결정기구이며 중앙의 정치지배집단의 핵심이라고 할 수 있는 청와대(비서실)는 자본의 입장을 대변하는 경제성장과 장기적 사회발전과 국민일반을 의식한 환경보호를 동시에 반영해야 하는 이중적 역할을 담당하고 있다. 또한 갈등이 발생한 상황에서 이를 조정하여 최종 결정을 내려야 하지만, 정치적 지지기반의 유지를 자신의 이해관계로 하고 있기 때문에 대립하고 있는 갈등 주체들 중 어떤 한 입장을 대변하기가 어렵게 된다. 위천공단 조성과 관련된 중앙의 심의·자문기구들인 공단입지심의위원회나 낙동강수질평가단 및 위천공단대책위원회의 경우, 기구들 자체 내에 특정한 이해관계 없이 각각 공단 조성계획의 합리성과 객관적 수질자료에 대한 과학적 평가를 통해 갈등을 중재하는 입장에 있다.

그러나 이 기구들은 각 부처의 실무책임자들로 구성되거나 또는 부분적으로 대구 및 부산지역에서 추천한 위원들로 구성되어 있기 때문에, 실제 개별 구성원들 가운데 일부는 특정한 이해관계를 가지거나 이를 반영하고자 한다. 전국적 차원에서의 시민운동단체, 특히 환경운동단체의 경우는 환경개선 및 보호라는 생태적 관심을 우선하고 있으며, 이에 따라 갈등과정에 직·간접적으로 개입하여 자신의 관심을 실현시키고 한다.

대구·경북지역의 자본가들과 그들의 연합체는 지역경제성장을 명분으로 단기적 이윤추구나 비용절감이라는 경제적 이해관계를 최우선으로 하고 있다. 이 지역의 지방정부나 의회 및 정치가들은 침체된 지역

경제의 활성화를 명분으로 하지만 지역자본의 입장을 암묵적으로 대변하고자 할 뿐만 아니라 지역내 자신의 정치적 지지기반을 확보·유지를 자신의 이해관계로 가지고 있다. 이러한 점은 위천국가공단 조성계획의 관철이 이 지역의 단체장 선거나 총선과정에서 주요한 공약사업으로 제시되었다는 점에서도 분명히 나타난다. 지역의 언론기관들은 자신의 이해관계를 가지기보다는 지역내 자본과 지방정부 및 정치가들을 구성원으로 하는 지배집단의 입장을 대변하고 있다. 그러나 이러한 지역언론기관의 역할 역시 잠재적으로는 이를 통해 자신의 영향력을 확보하고자 한다. 지역 내 일부 연구자들로 구성된 전문가집단은 객관적 지식에 기초하여 위천공단 조성에 대한 자신의 입장을 견지하지만, 부분적으로는 지역지배집단의 이해관계를 대변해줌으로써 자신의 개인적 이해관계를 확대시키고자 한다. 대구·경북지역 주민들의 입장은 다소 이중적이다. 왜냐하면 이들은 위천공단 조성을 통해 취업 및 소득기회의 증대라는 경제적 이해관계와 잠재된 상태이긴 하지만 지역환경문제의 심각성과 이에 대한 개선의 필요성을 인식하고 있기 때문이다. 지역 내 시민단체들도 다소 애매모호한 태도를 보이고 있다. 이들은 지역환경 개선 및 보호를 중요한 가치로 가지고 있지만, 침체된 지역경제의 활성화 필요성을 부정하기 어려운 상황에 처해 있다.

부산·경남지역의 경우, 지역자본가들은 이윤추구 및 비용절감이라는 분명한 자신의 경제적 이해관계를 가지고 있다. 그러나 이러한 명확한 이해관계에도 불구하고, 위천공단 조성을 둘러싼 갈등과정에서는 어떤 딜레마 속에서 침묵을 지키고 있다. 왜냐하면 이들은 위천공단 조성을 지지할 경우 이의 조성으로 인한 수자원 고갈과 수질오염은 자신의 지역 내에 추가적 공단조성을 제약할 것이며, 반면 위천공단 조성을 반대할 경우 공단 조성 반대운동의 지역적 확산 역시 지역 내 추가공단 조성을 불가능하게 할 것이기 때문이다. 이 지역의 지방정부 및 의회는 명시적으로 환경피해의 전가와 비용부담에 대한 우려에서 공단조성을 반대하지만, 부분적으로 수자원 고갈 및 오염으로 인한 지역시민들의 불만과 이로 인한 자신의 지지기반 상실을 염려하고 있다. 이 지역의 정치가들 역시 환경 악화로 인해 시민들이 불만이 고조될 경우 지역적 지지기반이 상실될 것을 우려하고 있다. 또한 언론기관은 공단조성으로 인한 지역 수자원 고갈과 오염을 우려하여 적극적으로 반대하고 있지만, 실제 이러한 반대는 부분적으로 자신의 영향을 확대시킬 뿐만 아니라 지역시민들의 입장이라기보다는 특히 정치적 지배집단들의 이해관계를 반영하기 위한 것이라고 할 수 있다. 지역의 일반시민들은 위천공단 조성으로 인한 낙동강 수자원의 고갈과 수질오염을 우려하며, 지역시민운동단체들 역시 이러한 시민들의 우려를 대변하고자 했다.

4. 갈등관계의 해소와 대안적 환경정치

1) 갈등해소를 위한 조정의 가능성

위천공단 조성계획에 대해 중앙정부가 아직 완전한 의사결정을 하지 않은 채 계속 유보하고 있음에 따라, 이를 둘러싸고 전개되었던 갈등관계는 현재 소강상태에 있으며, 갈등에 직·간접적으로 관련되었던 주체들의 관심도 상당히 소진된 상태이다. 앞으로도 이 계획에 대한 분명한 의사결정이 이루어질 것으로 기대하기는 어렵다. 왜냐하면, 어떠한 결정이라도 갈등관계를 재차 심화시키면서 어느 한편의 이해관계의 실현은 다른 한편의 이해관계를 훼손시킬 것으로 우려되기 때문이다. 그러나 의사결정을 유보함으로써 갈등관계를 소진시키는 것이 능사는 아니다. 이러한 상황이 지속될 경우, 결국 중앙정부는 합리적인 해결방안을 찾지 못하고, 중재 또는 협상력을 상실한 채 해당 지역들 모두로부터 비난을 받으면서, 지역개발과 환경보전에 관한 정책들을 원활하게 입안·수행하기 어렵게 될 것이다. 또한 지방정부는 이러한 중앙정부에 의해 통제되기를 거부하면서 전국적 차원에서 국토개발과 환경보전이 조화를 이루고 지역들간의 균형이 이루어지는 정책 보다는 각 지역의 이해관계를 우선하는 방향으로 정책을 추진해나갈 것이다. 그리고 각 지역의 지방정부들은 이러한 상황에서 상호 갈등관계를 심화시키고, 지역발전과 환경보전을 위해 필요한 광역적 협상이 불가능한 상황에 도달하여 극단적인 경쟁관계에 빠질 수도 있다. 또한 각 지역의 주민들은 지역개발과 환경보전 간의 관계에 대한 판단에 혼란을 초래할 뿐만 아니라, 합리적으로 해결되기 어려운 감정적 지역 대립을 벗어날 수 없게 될 것이다.

이러한 점에서, 그동안 위천공단 조성계획을 둘러싼 갈등의 전개과정에서 협상이 이루어질 수 있었던 가능성을 우선 확인해보고, 왜 그러한 중재협상이 이루어지지 않았던가에 대해 살펴볼 필요가 있다. 어떤 갈등이 발생했을 때 갈등에 참여했던 행위 주체들간에 또는 이들을 중재 또는 조정하는 제3자에 의해 갈등이 해소 또는 진정될 수 있을 것이다. 협상이 이해관계를 달리 하는 상대방(개인이나 집단)간 직접적인 접촉을 통해 상호간의 일정한 양보와 이해로써 갈등을 해소하는 것이라면, 중재나 조정은 중립적인 제3자의 지시적 결정 또는 협력적 상호절충을 통해 갈등을 해소하는 것이라고 할 수 있다. 지시적 개입에 의한 중재가 갈등을 가시적으로 해소할 수도 있겠지만, 이러한 개입은 강압적 또는 권위적 상위기관이 존재할 때만 가능하다는 점에서 중앙정부와 지방정부 간에 갈등이 발생했을 때는 적용되기 어렵다. 협상이나 조정은 직·간접적 방식으로 갈등의 당사자들이 대등한 관계에서 상호 이해관계를 일정하게 양보함으로써 갈등을 해소하게 된다.[15]

---

15) 이러한 점에서 협상론적 관점에서 사회공간적 갈등을 해소할 수 있을 것이라는 논의가 제시되고 있지만, 문제는 중앙정부와 지방정부 간 또는 지방정부들간의 어떤 협상에 의해 위천공단문제가 해결되기는 어려운 국면에 이미 들어왔다는 점이다. 협상론적 관점에서 분쟁조정에 관한 연구로는 권원용, 「도시계획분야에 있어서 협상론의 도입을 위한 시론적 고찰」, ≪국토계획≫ 제28권 4호, 1993, 5-20쪽; 이달곤, 「환경갈등관리: 입지정책 사례를 중심으로」, 서울대 행정대학원 편, ≪행정논총≫ 제31권 1호, 1993, 232-255쪽; 이만형, 「협상이론과 도시개발」, 대한국토·도시계획학회 편, ≪도시정보≫ 제12권 3

<표 5> 위천공단 조성계획을 둘러싼 갈등의 전개과정과 단계별 조정가능성

구분	(가시적) 갈등전단계	국면 1 초기단계	국면 2 표출단계	국면 3 심화단계	국면 4 재조정단계	국면 5 소진단계
갈등 강도와 조정 가능성	갈등잠재	사전조정	협상조정	조정거부	양자택일적 조정	종합적 조정
참여 주체	(잠재적)	가1, 가2, 나1	가, 나1, 나2	가, 나, 다	가, 나, 다	(점차소진)
갈등 전선	(비가시적)	A, B1	A, B, C	A, B, C, D	A, B, C, D	(소강상태)

주: 참여주체: 가: 중앙정부(가1: 개발관련부처, 가2: 환경관련부처)
　　　　　나: 지방정부(나1: 대구경북, 나2: 부산경남)
　　　　　다: 지역시민사회(다1: 대구경북, 다2: 부산경남)
　　갈등전선: A: 중앙정부내 부처들 간
　　　　　B: 중앙정부와 지방정부 간(B1: 중앙정부와 대구경북지자체 간, B2: 중앙
　　　　　　정부와 부산경남지자체 간)
　　　　　C: 지방정부들 간
　　　　　D: 지역(지방정부＋시민사회)들 간

　위천공단 조성계획을 둘러싼 갈등의 전개과정에서, 각 단계별로 이러한 협상이나 조정의 가능성에 대해 살펴볼 수 있다(<표 5> 참조).
　우선 그 초기단계에 어느 정도 사전조정될 수 있는 가능성이 있었다. 즉 중앙정부 내 부처들 간의 의견조정으로 당시 관련 지자체였던 경북도가 1992년 말에 공단 축소를 위한 수정안을 제시했었다. 그러나 이

호, 1993, 2-9쪽; J. W. Blackburn, "Theoretical dimensions of environmental mediation," in M. A. Rahim(ed.), *Theory and Research in Conflict Management*, New York: Praeger, 1990, pp.151-169; D. G. Pruit & P. J. Carnevale, *Negotiation in Social Conflict*, London: Open Univ. Press, 1993 등 참조.

러한 축소조정안에 대해 중앙정부가 적절하게 의사결정을 하지 못하고 지방정부들간의 관계로 이전시킴으로써 갈등이 표면화되게 되었다.

갈등이 표출한 단계에서도 1994년 경북도가 시행하고자 했던 것처럼, 철저한 환경영향평가를 실시하고 그 결과에 따라 중앙정부와 부산·경남도와 협상을 하여 적정 공단규모와 적절한 환경관리시설들을 설치하고자 했다면, 갈등은 해소될 수 있을 것으로 추정된다. 그러나 이 가능성은 행정구역 개편으로 계획의 주체가 대구시로 넘어오면서 무산되게 되었다.

갈등심화단계에서는 중앙정부와 지방정부 간, 그리고 지방정부 상호 간에 협상이나 조정을 거부하고, 각 지방정부는 자기 지역의 언론과 전문가는 물론이고 일반시민들과 사회단체들을 동원하여 자신의 입장을 실현시키고자 했다. 이로 인해 갈등은 점차 상승되고, 이에 다시 부담을 느낀 중앙정부는 다시 개입하여 갈등을 해소하고자 했다. 갈등이 고조된 상태에서 의사결정은 원칙적으로 양자택일적 조정일 수밖에 없었고, 이에 정치적 딜레마에 빠진 중앙정부는 결국 아무런 의사결정을 하지 못했다. 그 이후 갈등의 주체들이 모두 지친 상황에서 새로운 정권이 문제를 종합적 조정방식으로 해결하고자 했지만, 이러한 시도 역시 아무런 결론을 내지 못했다.

이와 같이 갈등의 강도가 상승해가는 단계별로 나름대로 (최소한 가시적으로) 갈등을 해소시킬 수 있는 조정의 가능성이 있었음에도 불구하고 제대로 시행될 수 없었던 것은 우리나라에서 갈등에 개입된 행위주체들이 지나친 경쟁관계 속에서 자신의 이해관계를 양보하지 않았으며 또한 상대방의 양보를 얻어낼 수 있는 협상능력이 없었기 때문이라고 할 수 있다. 그러나 이러한 협상이나 조정이 불가능했음은 단지 행위주체들의 능력 부족에 기인한다기보다는 그만큼 우리나라의 경제-환경적 모순(또는 문제점)이 심각했기 때문이라고 할 수 있다. 달리 말해서 그동안 갈등관계의 심화와 협상의 불가능성은 기본적으로 위천국가공단 조성계획 자체에 내포되어 있는 문제점들에 기인한다. 이러한 문제점들은 그동안 급속한 자본주의적 산업화와 도시화과정에서 심화되어온 사회구조적 모순의 결과라고 할 수 있으며, 또한 단지 대구시만의 문제가 아니라 중앙정부 및 인접한 지역들이 공유하는 문제라고 할 수 있다. 따라서 위천공단 조성계획 자체 내에 내재된 문제점들과 관련하여 발생하고 있는 다양한 유형의 갈등관계를 해소하기 위해, 앞으로 보다 합리적인 정책의 수립과 지속적인 협상과정이 필요하며, 또한 보다 장기적으로 볼 때 우리사회가 가지는 구조적 모순을 해결하기 위해 노력할 필요가 있다.

이러한 노력을 위해 문제 해결의 대안적 방향에 대한 최소한의 합의가 이루어져야 할 것이며, 이러한 점에서 우선 '지속가능한 발전'의 개념이 제시될 수 있다. 그러나 이 개념 역시 누구를 또는 무엇을 위한 지속가능성인가, 어떻게 지속가능성을 실현시켜나갈 것인가라는 문제에 봉착하여 일정한 한계를 가지고 있다. 결국 위천공단 조성계획을 둘러싼 갈등을 포함하여 우리사회의 모든 사회-환경적 갈등은 지역주민들의 자발적인 실천과 진정한 정치에 의해서만 해결될 수 있을 것이다. 이러한 점에서, 우리는 지속가능한 발전의 개념에 기초한 갈등관계의 해소 방안 및 사회-환경적 갈등을 해소하기 위한 대안적 정치에 관해 논의해볼 수 있다.

2) 지속가능한 발전과 갈등관계의 해소

지역개발과 환경보전 간의 조화를 강조하고 이에 따라 개발/환경문제를 둘러싸고 발생하는 갈등의 해소를 위해 기반이 될 수 있는 대표적 개념으로서 '환경적으로 건전하고 지속가능한 개발(ESSD)'을 들 수 있다. 잘 알려진 바와 같이, 이 개념은 1992년 리우유엔환경회의에서 채택된 이후 전세계적으로 미래의 새로운 발전전략을 위한 이념적 지주가 되고 있다. 특히 이 개념에 입각한 21세기 지구환경실천강령(의제 21)과 더불어 이를 지역적 차원에 적용시키고자 하는 지역환경실천강령(local agenda 21)은 각 지방정부가 지역개발과 환경보전을 위해 강구해야 할 정책적 시사점을 제시하는 모델이 되었다. 나아가, 이 개념은 지역개발과 환경보전의 조화, 즉 경제성장도 이루면서 환경도 보전한다는 다소 모호한 의미를 가지는 것으로 알려지고 있지만, 이 보다 훨씬 더 규범적인 내용을 담고 있다. 즉 이 개념을 처음으로 정립한 것으로 알려진 '환경 및 발전에 관한 세계위원회(WCED)'의 「브룬트란트 보고서」에 의하면, '지속가능한 개발'이란 "미래세대가 그들의 필요를 충족시킬 능력을 저해하지 않으면서 현 세대가 필요를 충족시키는 것"이라고 정의하고 있다.[16] 따라서 이 개념은 경제성장과 환경보전 간의 조화뿐만 아니라 세대간 그리고 계층간, 지역간, 국가간 형평성을 내포하고 있다. 달리 말해서 이 개념은 한 세대 또는 계층, 지역, 국가가 다른 세대 또는 계층, 지역, 국가의 이익(또는 복지)수준을 저해할 때 이를 어떻게 해결해야 할 것인가에 대한 해답을 함축하고 있다.[17]

이러한 내용을 그림으로 설명하면 다음과 같다(<그림 1> 참조). 그림에서 E(x)는 한 지역(또는 세대, 계층, 국가)이 환경이용(지역개발)을 통해 향유할 수 있는 기대이익을, E(y)는 다른 지역이 환경이용(환경보전)을 통해 얻을 수 있는 기대이익을 나타낸다. 그리고 x점과 y점은 각각의 지역이 다른 지역의 기대이익을 완전히 무시한 채 환경이용을 통해 얻을 수 있는 최대수준을 나타내며, 이 두 점들을 잇는 곡선은 한정된 환경용량에서 각 지역이 달성할 수 있는 최대의 기대이익들의 조합을 연결한 것[즉 효용변경(utility frontier)]이다. 따라서 이 효용변경의 안에 있는 점들에서 환경이용은 기대이익이 최대한 달성되지 않은 상

---

16) WCED, *Our Common Future*, Oxford: Oxford Univ. Press, 1987 p.43.

17) 이정전, 「지속가능발전의 개념과 시장의 원리」 및 「시장기구와 지속가능발전」, 『지속가능한 사회와 환경』, 박영사, 1995, 제1장 및 제2장 참조. 또한 이러한 개념을 응용하여 위천공단 조성과 관련된 갈등을 논의한, 박광국, 「위천공단조성의 딜레마: 지역개발과 환경보전의 논리」, ≪대구·경북 지역동향≫ 제40호, 1996, 7-14쪽; W. M. Lafferty, "The politics of sustainable development: global norms for national implementation," *Ecological Politics*, 5(2), 1996, pp.185-208 참조

<그림 1> 지속가능한 발전과 지역 간 갈등

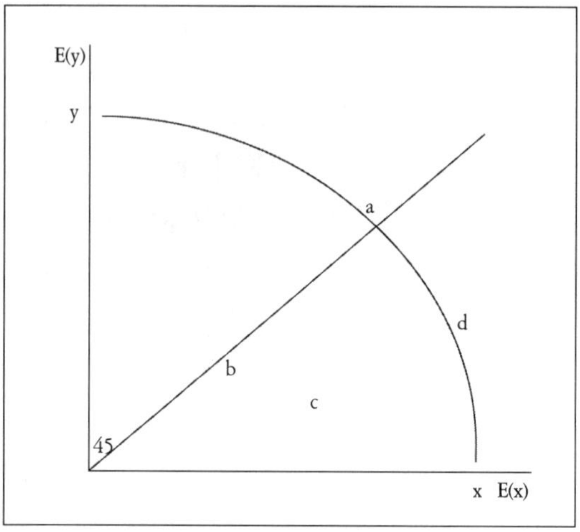

태를 나타내지만, 선 밖에 있는 점에서 환경이용은 정상적 상황에서는 불가능하거나 또는 지역간 갈등을 유발하게 된다. 특히 45 대각선의 위쪽에 있는 점들(특히 점a)은 두 지역의 기대이익이 같게 되며, 브룬트란트 보고서가 정의한 지속가능한 발전의 이념에 부합한 상태라고 할 수 있다. 따라서 예로 점 b나 점 c, d는 한 지역의 기대이익을 위해서 다른 지역의 기대이익을 희생시킨 상태, 즉 '지속불가능한 발전'의 상태라고 할 수 있다. 따라서 한 지역의 환경이용정책은 점 b나 점 c에서 점 d로 나아가는 것이 아니라 점 a로 나아갈 수 있도록 노력해야 한다.

그동안 우리나라의 환경정책뿐만 아니라 국토 및 지역개발계획에서도 항상 '경제성장과 환경보전의 조화'를 강조해왔다. 그러나 이러한 강조는 일반적으로 단순한 수사에 불과했었고, 실제 경제성장에 편향된 정책이 이루어져왔고, 이로 인해 환경문제는 계속 악화되었다. 이러한 상황에서, '지속가능한 발전'이라는 개념은 최근 우리나라에서도 널리 논의되고 있으며, 지역개발과 환경보전 간의 갈등을 해소하기 위한 개념적 원리로서 응용되고 있다. 그러나 문제는 ① 지역개발과 경제성장은 가시적 지표로 측정가능한 반면, 환경보전의 경우 이를 구체적으로 측정할 수 있는 지표가 제대로 마련되어 되어 있지 않기 때문에, 갈등하는 두 측면을 비교하기가 쉽지 않다. 뿐만 아니라 ② 이 개념은 때로 지역개발 또는 경제성장을 우선하는 기존의 사고 속에서 단지 부차적으로 환경을 어떻게 이용할 것인가를 고려하는 것으로 왜곡되기도 한다. 또한 ③ 이 개념은 환경이용의 효율성 측면만을 강조하고 이에 내포되어 있는 세대간, 지역간, 계층간 형평성의 의미는 거의 무시되고 왔으며 ④특히 이 개념을 실현시키기 위한 구체적 과제로서 '(지역)의제 21'을 국가적 차원에서 뿐만 아니라 지역적 차원에서도 마련해야 함에도 불구하고 각 지방정부 차원에서 이에 대한 관심과 실천 노력은 아직 선언적 차원에 머물러 있다.[18]

　이러한 문제점들을 전제로, 일단 지속가능한 발전의 개념에 입각하여 위천공단 조성계획을 둘러싼 갈등과정이 해소될 수 있도록, 이 과정에 참여한 각 주체들의 입장을 재구성할 필요가 있다. 첫째, 대구시는 현재 심각한 지역환경문제의 해결뿐 아니라 침체한 지역경제의 지속적 발전을 위해 새로운 대규모 공단개발을 지양해야 할 것이다. 대신 도심 부근에 입지한 기존의 공단들을 경제적 및 공간적으로 재구조화하면서, 필요할 경우 현재 실현가능한 범위 내에서 단계적으로 신규 공단들을 조성해나가야 할 것이다. 또한 특정한 자본분파나 자신의 지지기반 기존의 확보를 우선하는 정책들보다는 장기적 발전계획하에서 지역경제와 도시공간을 환경친화적으로 재편해나가야 한다. 대구지역의 지방정부와 일반시민들, 특히 지역의 정치가, 기업가, 전문지식인 이른바

---

18) 최근 지방자치단체들은 '지역의제 21'에 입각하여 지역별 환경지침과 실천계획을 수립하기 위해 노력하고 있으며, 특히 서울과 대전 등 대도시들의 지방의회에서 지방환경조례들이 제정되고 있다. 그러나 이러한 노력들이 실질적인 환경정책에 반영되기보다는 아직 선언적인 의미를 가지는 정도이다.

지역엘리트집단 또는 지역여론의 주도층은 그동안의 지역경제성장이
왜 현재와 같은 침체국면에 빠졌으며, 지역환경문제를 노정시킴으로써
추가적인 지역개발을 가로막고 있는가에 대해 이해할 수 있어야 한다.
'지속가능한 발전'의 개념에 입각하면, 결국 과거 대구지역의 개발이
현재의 개발을 가로막고 있다고 할 수 있으며, 이러한 사실을 무시하고
대규모 개발만을 강조할 경우 미래의 개발은 더욱 불가능해질 것이다.

　둘째, 중앙정부는 과거와 같이 총량적 경제성장우선정책과 이를 뒷
받침하기 위한 과도한 국토개발정책이 더 이상 유지되기 어렵다는 사
실을 직시하고, 경제개발과 환경보전이 조화를 이루는 지속가능한 발
전방향으로 정책의 기조를 전환해나가야 할 것이다. 환경문제의 해결
없이는 더 이상의 경제성장이 불가능할 것이라는 점에서, 광역적으로
이용되고 있는 낙동강의 수질을 개선할 수 있는 투자 지원을 해야 한
다. 이러한 기조에 근거하여 지역개발과 환경보전 간에 발생하는 갈등
을 미연에 방지할 수 있어야 하며, 또한 갈등이 잠재되어 있는 지방정
부의 요구에 대해 보다 합리적이고 명확한 평가를 제시함으로써, 갈등
의 초기 단계에서 문제를 해결할 수 있어야 한다. 특히 중앙정부는 국
토개발과 환경보전을 위한 전반적인 권한과 더불어 책임을 가진다는
사실을 인식하고, 갈등이 내재된 사업들에 대한 평가를 지연·유보한
채 문제를 지방정부에 전가해서는 안 될 것이며, 또한 지방정부들 간에
발생한 갈등에 대해서도 보다 합리적이고 실효성 있는 중재기준과 제
도를 마련하여 시행해야 할 것이다.

　셋째, 대구시와 인접한 지역의 지방정부들은 영남지역 경제활성화
및 환경보전을 위한 광역적 발전계획을 수립해야 할 것이며, 이에 기초
하여 각 지역의 경제 및 환경정책을 시행해나가야 할 것이다.[19] 이러한

---

19) '낙동강수질개선을 위한 4개 시도 광역행정협의회'가 있지만, 실제 유명무실
　해졌을 뿐만 아니라 폐지론까지 대두되고 있다. 이는 관련 시도들이 지역 내
　낙동강 유역에 공단조성사업을 일방적으로 결정, 추진하고 있을 뿐만 아니라
　협의회를 이끌고 나갈 환경부가 이에 대해 미온적 태도를 취하고 있기 때문이
　라고 분석된다(≪국제신문≫ 1996. 1. 11).

지역간 협조체계의 구축 위에서, 대구시는 위천공단을 첨단기술산업단지로 조성할 필요가 있다는 점을 보다 합리적이고 설득력 있게 제시할 수 있어야 하며, 이러한 단지의 조성이 대구지역의 경제뿐만 아니라 영남지역 전체의 발전에 기여할 수 있음을 보여줄 수 있어야 할 것이다. 또한 일단 문제가 표면화되었을 때, 인접지역의 지방정부들이 공단 조성에 대해 반대를 하더라도 보다 합리적인 근거와 대안의 제시로 갈등을 해소하기 위해 노력해야 할 것이며, 대구시는 위천공단 조성과 관련하여 발생할 수 있는 문제점들을 인정하고, 상호 입장을 형평성 있게 반영할 수 있는 협상을 적극적이고 지속적으로 추진해나가야 할 것이다. 즉 위천공단 조성계획과 관련된 갈등의 해소를 위해, 어느 한편의 이해관계의 실현이 다른 한편의 이해관계를 훼손시키는 것이 아니라, 서로 양보된 상태에서 상호의 이해관계를 실현시키기 위해 노력해야 한다.

넷째, 각 지역의 정치가들과 언론 및 그외 지역 엘리트집단들은 보다 객관적이고 합리적인 관점에서 경제개발과 환경보전에 관한 각 지방정부의 정책들의 문제점들을 분석하고, 대안을 제시할 수 있어야 한다. 달리 말해서 각 지역의 이해관계만을 우선하여 특정한 정책들을 일방적으로 지지하게 될 때, 지역간 상호충돌은 불가피할 것이며, 결국 어떠한 결정도 얻지 못한 채 인접지역에 영향을 미칠 수 있는 그 어떤 정책들도 수행하기 어려워질 것이다. 이러한 문제점을 인식하고 각 지역 엘리트집단들은 위천공단 조성과 관련된 문제의 근원을 합리적으로 분석하고 이에 근거하여 갈등을 해소하기 위한 중재자적 역할을 수행할 수 있어야 할 것이다. 또한 각 지역 내에서도 이러한 지역 엘리트집단들은 자신의 기득권을 유지·확대하기 위해, 특정 정책을 지지 또는 반대하도록 지역주민들의 여론을 조성해서는 안 될 것이며, 보다 객관적이고 장기적 관점에서 지방정부의 정책 방향을 제시할 수 있어야 한다.

다섯째, 각 지역주민들은 배타적이고 경쟁적인 입장에서 인접지역의 정책을 비판·거부하기보다는 상호 협력하여 각 지역의 경제와 환경뿐만 아니라 지역들 전체의 경제와 환경이 발전해나갈 수 있는 대안에 근거하여, 공생적이고 균형된 지역발전이 이루어질 수 있도록 노력해야 할 것이다. 위천공단 조성계획뿐만 아니라 앞으로 이 지역에서 또다시 발생할 수 있는 개발-환경문제들과 관련하여 각 지역의 시민단체들이 동참하는 광역시민단체협의회를 구성하고, 영남지역 전체의 대안적 경제발전방향과 구체적인 방안, 그리고 광역적 환경문제의 분석 및 해결을 위한 방안들을 제시하고, 각 지역의 지방정부가 이를 실행해나가도록 영향력을 행사할 수 있어야 할 것이다. 위천공단 조성과 관련된 갈등은 사실 중앙정부의 일방적인 결정이나 지방정부들간의 어떤 양해에 의해 해결되기보다는 지역 주민들의 민주적인 합의과정을 통해서 그 대안적 방안을 제시할 수 있을 때 가장 원만하게 해결될 것이다.[20]

3) 갈등관계의 해소를 위한 대안적 정치

환경문제는 분명히 사회제도와 경제적 관계에 뿌리를 둔 구조적인 문제로서 정치적인 문제이자 동시에 분배적 결과를 가져오는 문제임에도 불구하고, 지금까지 자연생태계에 관한 문제인 것처럼 탈정치화되고 신비화되었다. 위천공단 조성계획을 둘러싸고 전개되었던 갈등과정의 분석은 환경문제를 둘러싼 갈등의 전개과정 자체가 어떤 정치적 과

---

20) 지속가능한 발전이란 무엇보다도 공동체적 민주주의에 근거를 둔다. 이에 관한 연구로는 W. Achterberg, "Can liberal democracy survive the environmental crisis? Sustainability, liberal neutrality and overlapping consensus," in A. Dobson and P. Lucardie(eds.), *The Politics of Nature*, London and New York: Routledge, 1993; Timothy O'Riordan, "Democracy and the sustainability transition," in W. M. Lafferty and J. Meadowcroft(eds.), *Democracy and the Environment*, Brookfield: Deward Elgar; J. Barry, "Sustainability, political judgement and citizenship: connecting green politics and democracy," B. Doherty and M. de Geus(eds.), *Democracy and Green Political Thought*, London and New York: Routledge, 1996, pp.115-131 등 참조

정임을 알 수 있도록 한다. 그러나 이 점은 "환경위기를 막기 위해서는 정치적 대응이 필요하고, 이러한 대응은 불가피하게 … 경제적으로 어떤 이에게는 이익을, 또 다른 이에게는 손해를 가져오게 된다. 이 때문에 환경위기는 정치적 문제임에도 불구하고, 아무도 이를 정치적 문제로 간주하지 않았다"[21]는 점을 인정하는 것은 아니다. 실제 갈등과정에 개입되어 있는 양 집단은 상대집단이 객관적으로 어떤 특정 집단의 현실적 박탈의 원인적 존재이며, 나아가 그 특정 집단이 현재 추구하는 목표와 상충되는 입장을 고집하고 있다고 단정하기 쉽다. 이러한 상황에서 갈등의 해결은 오직 상대집단의 양보에 의해 결정된다고 인식하게 된다. 그러나 사회-환경적 갈등에 개입된 집단들간의 대립관계는 갈등을 더욱 심화시키기도 하겠지만, 이것이 갈등의 발생원인 자체는 아니라고 할 수 있다. 사회-환경적 갈등은 집단들간 이해관계의 대립을 전제로 하지만, 이러한 이해관계의 대립은 그 자체로서 주어진 것이 아니라 어떤 사회적 배경 속에서 형성된 것이다. 따라서 갈등 해소를 위한 실천 역시 이해관계의 대립을 완화시키기 위한 전략과 더불어 사회적 제도의 개선방향으로 나아가야 한다.

이러한 점에서 첫째, 자연환경과 사회발전의 정합성(compatibility)을 지향하는 생태적 근대화가 전제되어야 한다. '생태적 근대화'라는 공식은 1982년 베를린 하원에서 전개되었던 한 논쟁에 의거한다. 당시 논쟁에서 야당 환경담당 대변인은 집권 여당에게 네 가지 부문, 즉 산업, 에너지, 교통, 건축 부문의 생태적 근대화를 제안하였다. 이 제안의 요점은 이 부문에서 고용효과적인 혁신, 그리고 생태적으로 의미있는 합리화 혁신―이 형식은 노동, 에너지, 자원 사용의 요소에 부담을 적게 주는 방식―이 촉진되어야만 한다는 것이었다. 이러한 제안은 기존의 근대화이론을 재정향화하고 새로운 정의를 가능하게 할 수 있는 '합의적인 공식'을 추구하였다. 즉 기존의 근대화과정은 노동, 에너지, 자원

---

21) 레드클리프트, 『발전과 환경위기』(강현수 외 역), 한울, 1993, 14쪽.

의 투입(공급)을 중심으로 한 생산주의적 발전방식에 의존했으며, 이로 인해 환경에 부담을 줄 수밖에 없는 경제구조를 확대시켜왔다. 또한 기존의 정치적 근대화가 본질적으로 위기에 의해 조건화된 사후적 반응양식이라면, 생태적 근대화는 이러한 사후반응적 정치양식에서 벗어나 사전적으로 위기를 발견할 수 있는 능력을 함양하여 새로운 탈출구를 찾고자 하는 것이다. 이러한 생태(경제적 및 정치적) 근대화의 추진은 사회적 위기 해결을 위한 새로운 방식의 의미있는 제도화라는 점에서 여전히 '근대화'과정이지만, 근대화의 패러다임 변화를 추구한다.[22)

생태적 근대화의 개념은 사회-환경적 갈등의 해결을 위한 노력에도 적용된다. 생태적 근대화는 산업사회의 구조변화뿐만 아니라 정치적 행위체계의 근대화 또는 환경정치적 위기관리능력의 고도화를 의미한다. 위천공단 조성계획을 둘러싸고 발생한 갈등에 대해 중앙정부가 보여주고 있는 조정장치의 한계는 이 갈등의 해결을 위한 지향점으로써 이러한 근대화 패러다임의 변화를 요청하고 있다. 달리 말해서, 갈등의 발생과 심화는 이해관계를 달리하는 것처럼 보이는 갈등 주체들을 조정할 수 없는 제도적 경직성에 기인한다. 군사독재정권하에서 수십 년 동안 경제성장 중심으로 성장해온 우리나라의 정치구조는 계층적, 지역적 갈등을 전혀 해결할 수 없는 심각한 '제도적 경화증'에 봉착해 있다. 이러한 점에서 제도적 규제완화와 중앙집중적 정치권력의 개입 축소가 필요하지만, 이러한 점이 물론 생태적 근대화를 위한 국가 역할의 방기로 이어져서는 안 될 것이다. 사회-환경적 갈등은 문제발생 이후 사후적으로 대처하고자 하는 정책이 아니라 문제발생의 가능성을 인식할 수 있는 도움증후군의 의미를 가진다. 이러한 증후군이 없다면, 동

---

22) 물론 이러한 생태적 근대화에 대해서도 논란이 있을 수 있다. "만일 이 해결 방안이 혁신적이고 장기적 측면에서 생산적인 것으로 판명된다면, 이는 '근대화'를 의미한다. 그러므로 논쟁은 위기가 잠재화될 것인가, 아니면 인과론적으로 해결될 것인가를 둘러싸고 일어난다." M. Jaenicke, 「서구 산업사회의 생태정치적 근대화」, 문순홍 편역, 「지속가능한 사회를 향한 생태전략」, 나라사랑, 1995, 228쪽.

구의 환경문제처럼, 우리나라의 환경문제도 지속적으로 은폐되어 있다가 어느날 파국적 환경위기를 드러내게 될 것이다. 문제는 이러한 증후군이 노정되었을 때 이에 보다 실효성 있게 대처하는 것이다. 즉 제도적 경화증의 극복은 모든 시민들에게 의사표현의 자유 보장, 의견수렴을 위한 혁신, 합의도출 능력의 함양, 목표 전환의 유연성 증대, 탈중심적 전사회적 조정 등과 같은 생태적 민주주의에 의해서만 가능하다.

둘째, 계급정치에서 삶의 정치로 전환할 필요가 있다. 이러한 전환의 필요성은 현대 (탈산업)사회에서 계급이 별로 중요하지 않게 되었음을 주장하는 것이 아니다. 오늘날 우리사회는 여전히 자본주의 경제메커니즘에 의해 운영되고 있으며, 이에 따라 노동자는 여전히 자본주의적 가치창출의 주체이자 착취의 대상이 되고 있다. 그러나 문제는 이러한 노동계급이 계급적 협상의 제도화에 따라 자신의 역할을 점차 인식하지 못하게 되었다는 점이다. 즉 노동계급이 여전히 존재하지만, 자신의 계급적 이해관계에 대한 인식이 여러 가지 이유로 인해 왜곡되거나 약화되고 있다. 위천공단 조성계획을 둘러싸고 전개되었던 갈등과정에서도 이러한 점이 두드러지게 나타나고 있다. 즉 대구지역의 경우 위천공단 조성계획이 지역의 자본가들과 정치가들을 중심으로 추진되고 있음에도 불구하고 일부 노동자들은 자신의 취업 및 소득 확보를 전제로 이를 지지하고 있다. 이러한 계급연합은 자본주의 사회에서 가장 핵심적 갈등관계라고 할 수 있는 자본가와 노동자 간의 갈등관계 대신 공단의 입지와 환경문제의 발생장소를 둘러싼 지역간 갈등으로 치환되었다.

이러한 상황에서 자본과 노동 간의 갈등이 중요한 만큼, 입지나 환경을 둘러싼 갈등 역시 중요하게 되었다. 그러나 여기서 다시 지적되어야 할 점은 공단의 입지나 환경오염을 둘러싼 갈등이 사회(계층)적 차원이 사라지고 공간(지역)적 차원만을 전제로 하고 있는 것은 결코 아니라는 점이다. 사회적 차원이 무시된 공간적 차원에서의 갈등 분석은 공간이 마치 그 자체로 존재하는 것처럼 간주하는 공간물신론에 빠지게 된다.[23] 달리 말해서, 경제적 고통이 한 지역 내 모든 사람들에게 똑같이 공유되는 것이 아니라 결국 노동자를 포함한 저소득계층에게 집중되는 것처럼, 환경위기로 의한 생존의 위협 또한 물리적 및 사회적으로 가장 약한 집단들에게 전가되게 된다. 계급의 정치에서 삶의 정치로의 전환은 이와 같이 생산영역뿐만 아니라 제반 생활영역에서 발생하는 사회공간적 약자들을 위한 것이라고 하겠다.

셋째, 환경정의를 위한 정치가 요구된다. '지속가능한 발전'의 개념은 또한 자원 및 소득의 계층간 및 지역간 배분의 형평성을 함의한다. 앞서 이미 지적한 바와 같이, 이 개념에 명시적으로 규정된 세대간 형평성은 한 국가 안의 계층간 형평성 및 지역간 (한 국가 내 지역간, 국제사회에서의 국가간) 형평성을 내포한 포괄적 의미를 가진다. 지속가능한 발전의 개념이 계층간 및 지역간 형평성을 강조하는 배경에는 형평성 자체가 하나의 중요한 사회규범적 가치이기도 하지만, 또한 계층간·지역간 불균등이 자원고갈과 환경오염을 가속화시키는 중요한 요인이라는 문제인식을 전제로 한다.[24] 즉 자원·환경문제를 해소 또는 완화시키고 앞으로 지속가능한 발전을 위해서는, 자원 및 소득 배분의 계층간·지역간 불평등이 우선 해소 또는 완화되어야 할 것이다. 이와 같이 환경보전과 더불어 사회공간적 평등(또는 사회정의)을 동시에 함의하기 위한 개념으로 '환경정의'라는 이념과 이를 실현시키기 위한 구

---

23) 이 점은 공간적 요인을 완전히 무시하고자 하는 것은 아니다. 예로, "환경비용의 이전(과 이로 인한 갈등의 발생)은 공간·시간적 차원에서의, 그리고 결정수준에서의 원인과 결과가 서로 다르기 때문에 발생한다. 공간적 거리요인은 환경파괴 영향을 지리적으로 재분배하는 결과를 야기한다"는 점이 지적될 수 있다. H. Opschoor and J. van der Straaten, "Sustainable development: an institutional approach," *Ecological Economics*, 7, 1993, pp.203-222; 문순홍 편역, 앞의 책, 1995, 137쪽.

24) 이와 같이 지속가능한 발전의 이념은 환경문제를 빈곤이나 빈부격차(즉 자원이용과 소득배분의 계층적, 지역적 불평등)와 연결시킴으로써 문제의 본질을 더 근원적으로 파악하고 있다는 점이 특기할 만하다. 이정전, 앞의 글, 1995 참조. '환경정의'에 관한 논의로는 토다 키요시, 『환경정의를 위하여』(김원식 역), 창작과 비평사, 1996 참조.

체적 방안들이 모색될 수 있다. 특히 이러한 점에서, 그동안 우리사회에서 추진되어온 총량적 경제성장은 특정 지역(그리고 계층)을 집중적으로 활성화시킴으로써, 지역간 불균등을 심화시켰고, 이러한 성장과정에서 소외된 지역들은 환경에 어떠한 영향을 미친다고 할지라도 지역개발을 추진하고자 하는 경향이 생겼다. 이러한 점들에서 지역간(계층간) 불균등 발전이 해소·완화될 수 있어야 할 것이며, 환경보전을 최대한 고려하여 이에 따른 효과를 계층간·지역간에 균형 있게 배분한다면 지역개발로 인한 갈등은 현저히 줄어들 것이다.

이러한 사회·환경적 정의와 지역 균형 발전이 이루어지기 위해 지역정치질서의 재편과 지역민주주의의 활성화가 필수적으로 요구된다. 지역개발이 그 지역 내 주민들에게 직·간접적으로 혜택을 주며 지역 전반의 경제를 성장시킨다고 할지라도, 사실 대부분의 지역개발에 따라 보다 많은 이익을 얻게 되는 집단은 이와 관련된 특정 기업들이나 토지소유자, 정치가들 또는 일부 기득권계층이라고 할 수 있다. 이들에 의해 주도되는 지역개발의 이데올로기를 막아내고 지역개발의 효과가 지역주민들의 복지수준 향상과 지역의 환경 보호에 미칠 수 있도록, 지역의 각종 정책들의 계획단계에서부터 지역시민들의 참여가 제도적으로 보장되어야 하고, 또한 지역시민운동이 보다 활성화되어야 할 것이다. 지역시민사회에 기초한 친환경적 시민연합세력은 기득계층 중심의 기존 지역정치에서 힘관계를 균형있게 재편시킴으로써, 지역 내에서 발생하는 갈등을 해소 또는 중재하는 역할을 할 수 있을 뿐만 아니라 지역간에 발생하는 갈등에 대해서도 지역적 시민연합들 간의 연계와 정보교류 및 합의를 통해 해결해나갈 수 있을 것이다.

5. 맺음말

우리사회에서 발생하는 다양한 갈등들은 관련된 주체들의 입장이나 이해관계가 서로 대립·상충되는 문제현상을 둘러싸고 발생한다고 할 수 있다. 이 글에서 우리는 위천공단 조성계획을 둘러싸고 전개되었던 사회-공간-환경적 갈등문제를 이러한 측면에서 분석하고자 했다. 그러나 이러한 문제현상들은 단순히 행위자들의 차원에서 유발되는 것이 아니라 문제가 발생하는 사회공간에 내재된 어떤 구조적 모순이 가시적으로 드러난 것이라고 할 수 있다. 즉 특정 사회공간적 갈등은 이와 관련된 행위자들의 입장이나 이해관계의 차이라는 행위적 조건과 그 문제현상들을 규정하는 사회공간적 모순이라는 구조적 조건하에서 발생하고 전개된다. 따라서 갈등에 관한 연구 및 이의 해소를 위한 대안 제시는 갈등관계에 휩싸여 있는 주체들의 다양한 입장들과 이해관계를 분석할 수 있어야 할 뿐만 아니라 그 갈등을 유발하는 원인으로서 사회공간적 모순을 규명할 수 있어야 한다.

오늘날 우리사회에서 지역개발과 환경보전을 둘러싸고 발생하는 대부분의 갈등은 기본적으로 자본주의적 산업화와 이를 뒷받침하는 지역개발의 생태적 비합리성에 기인한다. 즉 자본주의적 산업화를 위한 지역개발과 경제성장은 환경의 자연제약적 조건, 즉 생태계의 주어진 수용능력을 벗어나서 무분별하게 진행되는 경향이 있다. 달리 말해서 자본주의를 규정하는 자본의 축적과정은 끊임없는 가치증식을 위해 지속적인 확대 재생산을 요구하기 때문에, 이 과정은 생산의 자연제약적 한계를 무시하고 진행하게 된다. 자본주의 사회에서 개발과 환경을 둘러싸고 발생하는 갈등은 바로 이러한 자본주의 사회의 지속적 확대 재생산과정과 주어진 환경의 자연적 한계 간의 모순에 기인한다. 이에 따라 자본주의적 경제의 확대 재생산은 환경파괴와 오염의 거시적 원인이라고 주장될 수 있다.

그러나 다른 한편으로, 환경문제를 둘러싼 사회공간적 갈등이 이러한 경제-환경적 모순에 의해 규정된다고 할지라도, 갈등에 참여하는 행위 주체들의 특성과 이들의 이해관계 그리고 이들간에 이루어지는 대립에 의해 형성되는 갈등의 전선 등에 관한 면밀한 분석이 필요하다.

사실 환경갈등을 포함한 모든 사회공간적 갈등은 이를 규정하는 사회-환경관계에 내재된 모순의 해소에 의해서만 궁극적으로 해결될 수 있지만, 특정한 환경갈등의 해소 방안은 이 갈등에 개입된 주체들의 특성과 이해관계 그리고 이들간에 형성된 갈등 전선의 분석에 기초한 협상전략이나 중재노력에 의해 최소한 외형적으로 진정될 수 있기 때문이다. 물론 우리사회에서 빈번하게 발생하고 있는 환경갈등에 대한 이러한 접근방법은 분명 문제를 완전히 해결하는 것이 아니라 단순히 지연시키는 것이라고 비판될 수 있다. 하지만 이러한 접근방법이라고 할지라도 어떤 의미를 가질 수 있을 것이다. 즉, 우리는 합의가능한 어떤 근본적 원칙을 적용하여 가시적으로 드러난 갈등을 우선 해결하면서, 나아가 이러한 원칙의 개념적 정형화와 이의 실천적 적용을 위한 대안적 환경정치를 전개함으로써 가시적 갈등뿐만 아니라 이러한 갈등의 잠재적 요소들까지 해소하고 정의로운 공동체적 사회-환경을 건설해나가야 할 것이다.

제3부

환경불평등과 환경정의

제7장

환경문제의 사회공간적 불평등*

1. 머리말

일반적으로 환경문제는 모든 개인들에게, 나아가 사회의 모든 활동 주체들(개인뿐만 아니라 기업이나 정부)에게 피해와 고통을 주는 것으로 인식되고 있다. 자원고갈과 환경오염은 부유한 계층(또는 지역)의 사람이든 가난한 계층(또는 지역)의 사람이든지 간에 부정적 영향을 미친다고 할 수 있다. 이러한 자원·환경문제는 또한 기업의 생산활동과 정부의 역할수행에도 큰 지장을 준다. 즉 자원·환경문제가 심각해질수록, 기업은 원자재의 부족이나 가격상승으로 생산활동을 위축시키게 될 것이고, 더 이상 오염물질을 배출하기 어렵게 되거나 오염물질의 배출에 대한 비용을 더 많이 부담해야 한다. 또한 자원부족과 환경오염은 정부가 수행하는 공단이나 택지조성, 용수나 전력개발 등 사회간접시설의 건설을 점점 어렵게 하는 한편, 더 많은 환경기초시설의 조성과 이를 위해 더 많은 재정투입을 요구하게 된다. 만약 정부가 이러한 역

---

* 이 논문은 한국도시연구소 편, ≪도시연구≫ 창간호, 1995, 29-74쪽에 게재된 바 있다.

할을 제대로 수행하지 못하면, 일반 국민들은 정부를 운영하는 정치권력에 대해 지지를 철회하게 된다. 이와 같이 환경문제가 미치는 영향의 보편성은 흔히 문제 그 자체의 고유한 속성인 것처럼 논의되고 있다. 그 예로, 환경문제에 관한 한 '모든 사람이 가해자이고 또한 그 피해자이다'라는 식의 구호가 흔히 인정되고 있다.

그러나 실제 환경문제가 모든 계층이나 모든 지역의 사람들, 그리고 모든 활동 주체들에게 동일한 영향을 미치는 것은 결코 아니다. 자원과 환경은 그 자체로서 이미 지리적으로 불균등하게 분포해 있으며, 또한 문제해결을 위한 다양한 시설이나 수단들도 사회공간적으로 불평등하게 보유되거나 분포될 수밖에 없다. 또한 환경오염은 공간적으로 점점 확산되어간다고 할지라도, 그 발생원은 국지적이며, 따라서 발생원에 가까울수록 더 큰 영향을 미친다는 점은 자명하다. 환경문제는 이와 같이 지리적으로 뿐만 아니라, 사회경제적으로도 차별적이다. 유용자원에 대한 접근 또는 환경문제에 대한 대응은 주체들의 사회경제적 능력에 따라 다양하며 상이하다. 예로, 흔히 우리 주변에서 볼 수 있는 것처럼 오염된 수돗물이 공급되거나 또는 깨끗한 물 공급이 부족할 경우, 부유층의 사람들은 정수기를 사용하거나 지하수를 파거나 생수를 사서 수돗물을 대신한다. 또한 사회경제적으로 힘을 가진 집단들이 거주하는 지역은 오염시설의 입지에 대해 보다 강력하게 반대할 수 있을 것이며, 설령 입지한다고 할지라도 그곳에 거주하는 사람들은 다른 지역으로 이주할 수 있는 여력을 가진다.

환경문제에 대해 기업이나 정부는 보다 큰 부담을 느끼겠지만, 그 대처능력은 개인에 비해 보다 복잡하고 강력하다. 기업의 생산활동은 집적의 이익을 얻기 위해 일정 지역에 대규모 공장시설을 조성함으로써, 주변지역 주민들에게 집중적으로 환경피해를 유발하게 된다. 뿐만 아니라 기업은 생산을 위한 자원이 부족할 경우 생활에서 소비되는 자원을 줄이도록 다양한 방법들(대부분 국가를 통해 암묵적으로 이루어지지만)을 강구할 수 있다. 또한 기업은 자원부족과 환경오염을 역이용하여, 새로운 이윤창출의 기회를 마련할 수 있다. 기업은 부족한 자원들(예로 농산물, 석유, 원자재 등)을 새롭게 개발하거나 해외에서 수입하여 유통·판매하는 과정에서 많은 이윤을 얻을 수 있으며, 또한 환경오염을 빌미로 다양한 유형의 환경산업들(예로 생수산업)을 촉진시킬 수도 있다. 이러한 기업활동들은 환경문제의 불평등을 더욱 심화시키는 경향이 있다.

자원·환경문제에 대한 정부의 입장은 물론 기업과는 다소 다르다. 환경문제의 사회공간적 불평등을 포함하여 모든 사회환경적 문제의 발생과 심화는 그 자체로서 정치권력에게는 부정적이다. 따라서 정부는 자신이 가지는 강력한 행정력을 동원하여 환경문제와 이로 인한 사회경제적 문제의 심화를 지연시키고자 한다. 그러나 이 과정에서 정부는 환경문제의 불평등을 더욱 심화시킬 수 있다. 예로, 정부는 경제성장에 필요한 자원을 확보하기 위해, 산업용과 주거용 전기요금의 차별화와 같은 가격차별정책을 시행하거나 또는 환경기초시설의 조성에 필요한 환경세를 신설할 수 있다. 그러나 환경문제의 심화에 대한 정부의 대응전략은 흔히 개인들에게 환경문제의 차별적 영향을 증폭시킨다. 깨끗한 수돗물을 공급한다는 명분으로 그 사용료를 인상하거나 석유의 사용량을 줄이기 위해 자동차용 휘발유의 가격을 인상하게 되면, 부유한 사람에게는 크게 영향을 미치지 않지만 가난한 사람들에게는 상당한 영향을 미치게 된다. 결국 자원과 환경에 대한 기업의 상품화전략 또는 정부의 가격화전략은 이에 대처능력을 가지지 못한 계층들을 배제시킨다.

환경문제는 이와 같이 각 활동 주체들에게 분명 차별적 영향을 미친다. 즉 자원고갈과 환경오염은 이에 대처능력이 약한 빈곤계층이나 지역에게 더 큰 피해와 부담을 안겨주며, 부유계층이나 지역(그리고 기업과 정부)은 점점 심각하게 다가오는 환경문제에 대해 상당한 대처능력을 발휘할 수 있다. 그러나 이러한 차별화의 심화과정에서 상대적으로 능력을 가진 계층이나 지역은 당면한 환경문제를 일시적으로 회피 또는 완화시킬 수 있겠지만, 이로 인해 환경문제는 점점 악화되게 되고 궁극적으로 어느 누구도 회피할 수 없는 상황에 도달하게 될 것이다. 따라서 환경문제에 관한 연구는 이러한 불평등의 현상을 파악하고 그 원인들을 분석하기 위해 더 큰 관심을 가져야 하며, 환경문제의 해결방안(정책)들은 이러한 불평등을 해소하기 위해 더 많은 노력을 기울여야 할 것이다. 만약 환경문제를 부분적으로 회피 또는 완화시키기 위해 그 차별성을 오히려 증폭시킨다면, 결국 자원고갈과 환경오염은 더욱 심화되어 결국 모든 계층, 모든 지역, 모든 활동 주체들의 생존과 생활 및 존립 기반을 저하시키고 더 이상 자신을 유지할 수 없는 파멸의 상황으로 이끌게 될 것이다.

그동안 환경문제에 관한 연구는 주로 문제의 전반적 실태 파악에 집중되어 있었으며, 환경오염에 의한 피해의 사회공간적 차별성이나 환경자원의 제공, 환경문제 및 통제를 위한 시설이나 수단들의 불평등한 보유·이용에 대해서는 거의 관심이 주어지지 않았다.[1] 그리고 이러한 환경시설이나 수단의 배분에 관한 연구라고 할지라도 대부분 최적배분이라는 측면에서 고찰되었으며, 이의 계층적·지역적 차별성에 관한 연구 및 특히 이의 불평등한 배분을 유발하는 구조적 배경이나 메커니즘에 관한 연구는 소홀했었다.[2] 이러한 문제 인식 속에서, 우리는 이 글

---

1) 그러나 환경문제의 사회공간적 불평등에 관한 연구로서, 이정전, 「소득분배의 측면에서 본 환경문제」, ≪환경논총≫ 제23호, 1988, 32-64쪽; 이정전, 『녹색 경제학』, 한길사, 제9장 「소득분배의 문제와 환경문제」, 1994, 387-421쪽 수정 재수록: 서우석, 「환경오염에 의한 사회경제적 요소의 차별화 현상에 관한 연구」, 서울대 석사학위논문, 1991; 양장일, 「서울의 지역별 대기오염도와 소득분포간의 상관관계에 관한 연구」, 서울대 석사학위논문, 1992; 고재경·이정전, 「환경의식과 환경오염 회피비용에 대한 소득계층별 분석」, ≪환경정책≫ 제5권 2호, 1997, 215-232쪽 등 참조.

2) 이러한 점은 외국의 연구들에서도 문제점으로 지적된다. 환경불평등에 대한 외국의 경험적 연구사례들로서, Robert D. Bullard(ed.), *Unequal Protection: Environmental Justice and Communities of Color*, San Francisco: Sierra Club Book, 1994; Laura Westra and Peter S. Wenz(eds.), *Faces of Environmental Racism*, Rowman and Littlefield, 1995; Robert D. Bullard(ed.), *Confronting Environ-*

에서 ① 우선 환경문제의 사회공간적 불평등이 나타나는 양상들을 유형화하여, ② 그 구체적 사례들을 객관적 자료 및 시민들의 인지 자료들에 근거하여 살펴보고, ③ 이러한 불평등이 유발되는 자연지리적 및 사회구조적 배경을 개념적으로 추론하여 보다 세부적으로 분석해볼 것이며, ④ 끝으로 환경문제의 불평등을 해소 또는 완화시킬 수 있는 대안적 방안들을 경제적(기업), 정책적(정부), 사회문화적(시민) 측면에서 제시해보고자 한다.

2. 환경문제의 불평등에 관한 유형 분석

1) 환경과 관련된 편익과 비용

환경 그 자체는 인간의 산물이 아니라 자연에 의해 주어진 것이며, 모든 인간은 이러한 환경을 벗어나서 생존할 수 없다. 인간은 자신을 둘러싸고 있는 환경으로부터 유용한 자원을 얻음으로써 일상생활을 유지할 수 있으며, 또한 자신들의 사회를 발전시키게 된다. 환경은 이와 같이 개인의 생존과 사회의 발전을 위해 절대적으로 필요한 '편익'을 제공한다. 따라서 환경으로부터 얻게 되는 편익은 특정 계층이나 지역에 속하는 사람들에 의해 배타적으로 소유되거나 한정적으로 향유될 수 없다. 왜냐하면 환경은 본래 자연으로부터 주어진 것이고, 모든 사람들에 의해 공유되고, 또한 어떠한 사람들이라도 자신의 생존을 위해 최소한의 기본 양과 질을 필요로 하기 때문이다.

물론 인간은 이러한 편익을 추구하는 과정 또는 그 편익을 향유한 결과로서, 유용한 자원을 소비하고 끊임없이 그 부산물들을 외부 환경

---

mental Racisim: Voices from the Grassroots, Boston: South End Press; David E. Camacho(ed.), *Environmental Injustices, Poltical Struggles: Race, Class and the Environment*, Durham: Duke Univ. Press, 1998 등 참조.

에 배출함으로써 '비용'을 발생시킨다. 자원의 이용과정에서 자연환경이 점차 파괴되고 또한 절대적으로 한정된 부존량이 점차 줄어들게 된다. 또한 자원의 가공 및 소비과정에서 배출된 오염물질들은 점차 환경의 자정능력을 초과하여 환경을 오염시키고 자연생태계를 파괴시키게 되었다. 이러한 자원고갈과 환경오염은 인간생활에 직·간접적으로 여러 가지 피해를 미칠 뿐만 아니라 원상회복을 위해 엄청난 비용을 요구한다. 이와 같이 인간생활은 자연환경으로부터 편익을 향유한 대가로 어떤 형태로든 항상 그 비용을 지불해야 한다.

오늘날 시민생활에서 환경과 관련하여 얻게 되는 편익과 비용을 그 발생 유형별로 살펴보면, <그림 1>과 같이 나타낼 수 있다. 그림에서처럼, 환경과 관련하여 얻는 편익은 ① 자연으로부터 직접적으로 얻는 (물질적 및 심미적) 편익, ② 자연자원(생수나 정수기와 같은 환경오염 통제 또는 대체수단 포함)을 가공생산하는 기업으로부터 얻는 편익, ③ 공공재로서 국가의 공공시설로부터 얻는 편익, ④ 환경오염 통제를 위한 국가의 공공시설로부터 받는 편익 등이 있다.

반면 환경과 관련하여 지불하는 비용에는 ① 상품으로 자원을 이용한 대가로 지불하는 비용(상품가격비용), ② 공공재로서 자원을 이용하거나 또는 환경오염통제시설을 이용한 대가로 지불하는 비용(수수료나 세금 등), ③ 오염물질의 배출 비용(공공처리시설에 배출하거나 또는 자연환경으로 배출하는 비용), ④ 환경오염으로 인한 직·간접적 피해비용, 그외 ⑤ 정부가 공공재로서 자원을 생산하기 위해 투입하거나 오염통제시설을 조성하기 위해 투자하는 비용 등이 포함된다.

이와 같이 자원이용 및 환경오염과 관련된 다양한 유형의 편익과 비용의 발생에서, 오늘날 현대(도시)사회는 몇 가지 주요한 특징을 보이고 있다. 첫째, 인간이 환경으로부터 편익을 얻는 방법과 그에 상응하는 대가로 비용을 지불하는 방법은 역사적으로 변화한다. 과거 사람들은 이러한 편익을 대부분 자연으로부터 직접 얻었으며, 그에 대해 거의 아무런 대가(즉 비용)도 지불하지 않았다. 그러나 오늘날 사람들, 특히

<그림 1> 자원이용과 환경오염을 둘러싼 편익과 비용의 발생

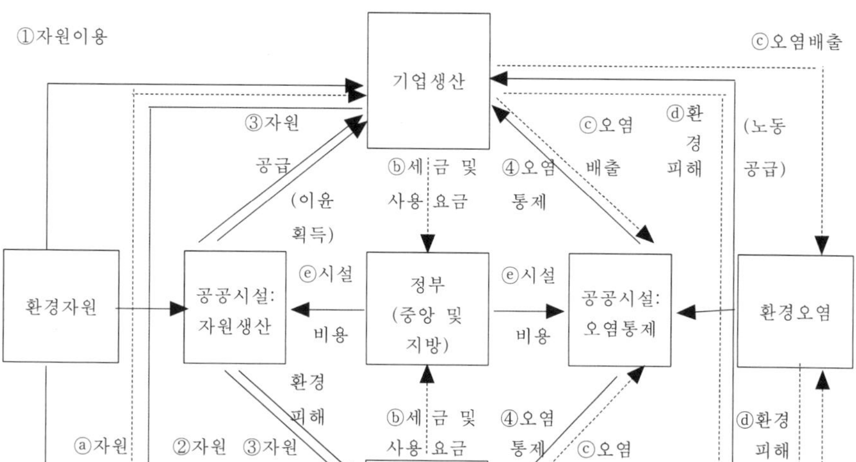

범례: —— 편익, ……… 비용

자연환경으로부터 격리된 도시인들은 자신의 생활에 필요한 많은 자원들(예로, 난방에 필요한 연탄이나 석유 등)을 사적 기업이나 또는 공적 시설을 통해 가공된 상품의 형태로 공급받고 있다. 즉 자연자원이 점차 희소해지고, 가공을 통해 보다 효율적인 상태로 전화시킬 수 있는 기술이 발달하게 됨에 따라, 사기업들은 인간생활에 유용한 자원들을 점차 상품화시키고, 시장메커니즘을 통해 이를 공급하게 되었다. 또 다른 일부 자원들(예로, 수돗물이나 전기 등)은 자연자원이 내재하는 여러 가지 특성들, 특히 공공재적 성격으로 인해 국가가 이러한 자원의 가공에 참여하여 공공시설을 통해 이를 생산하고 국민들에게 공급하게 되었다. 이러한 자원 공급방식의 변화로 인해, 오늘날 도시인들에게 있어, 자연환경으로부터 직접 얻는 편익의 부분은 점점 줄어들게 되었고, 대신 자연자원을 상품 또는 공공재로서 가공생산하는 기업이나 정부(공공시설)를 통해 얻는 부분이 점점 늘어나게 되었으며, 이에 상응하여 그 대가로 지불해야 하는 가격비용이나 사용료(수수료 및 이와 직·간접적으로 관련된 세금)도 점점 늘어나게 되었다.

둘째, 환경오염물질들의 처리 방법과 이를 위해 비용을 지불하는 방법도 변화했다. 과거 사람들은 자원의 생산이나 소비과정에서 발생하는 환경오염물질들을 외부 자연환경에 그대로 배출했으며, 이에 대해 아무런 비용도 지불하지 않았다. 또한 자연환경은 이러한 오염물질들을 자신의 능력범위 내에서 자정 또는 재생시킴으로써 인간생활에 별다른 피해를 미치거나 비용을 요구하지 않았다. 그러나 오늘날 환경오염물질들이 자연환경의 자정능력을 훨씬 초과하여 배출되는 상황에서, 환경오염물질들은 외부 환경에 배출되기 전에 일정하게 인위적으로 통제 또는 관리될 필요가 생기게 되었다. 만약 환경오염물질이 인위적인 통제나 관리과정을 거치지 아니하고 외부 환경에 그대로 배출될 경우, 이로 인해 오염된 자연환경은 인간생활에 직·간접적으로 엄청난 피해를 미치게 된다. 반면 이러한 피해를 막기 위한 환경오염물질의 통제 및 관리과정은 이에 상응하는 비용을 요구하게 되었다.

셋째, 자연자원을 가공·생산하는 시설(원자력발전소)이나 또는 환경오염물질을 통제·관리하는 시설들(예로, 쓰레기매립장이나 소각장) 자체가 새로운 부차적 환경오염원이 되었다. 즉 사람들은 이러한 시설들을 통해 자원의 효율성을 증대시키거나 환경오염을 적절하게 통제할 수 있는 편익을 얻게 되었지만, 또한 동시에 이러한 시설들 자체가 오염물질들을 유발하여 주변환경을 오염시키고 주민들에게 직·간접적인 피해를 입히고 있다. 이에 따라, 이러한 시설들의 입지가 예정된 지역의 주민들은 이에 대해 다양한 반대운동을 전개하게 된다. 자원부족과 환경오염의 문제가 점점 심화됨에 따라, 인간은 이를 극복하기 위한 다양한 수단들을 고안하고 시설들을 구축하기 위해 많은 비용들을 투입해왔다. 이에 따라 사람들은 자원의 부족이나 오염의 피해를 막아주는 수단이나 시설들을 통해 또 다른 유형의 어떤 편익을 얻을 수 있게 되었지만, 그 대가로 지불하는 비용이 점차 증가하게 되었고, 자원가공시설이나 오염통제시설이 새로운 환경문제를 유발하는 경우가 늘어나게 되었다.

넷째, 오늘날 도시정부의 환경정책은 자원이용이나 환경오염과 관련된 편익과 비용을 적절하게 배분 또는 통제함으로써 자원·환경문제를 해결하고자 하는 경향을 가지게 되었다. 예로, 정부는 어떤 자원의 부족으로 인해 문제가 발생할 경우 이 자원의 이용비용(즉 가격이나 사용료)을 인상시킴으로써 자원의 소모를 통제할 수 있게 되었으며, 환경오염물질의 배출로 문제가 발생할 경우 이의 처리비용을 인상하여 부가함으로써 오염물질의 배출을 통제할 수 있게 되었다. 또한 정부는 자원생산시설이나 환경오염 통제시설의 조성과 운영에 필요한 투자재원이 부족할 경우, 이를 사기업들에 민영화시킴으로써 자신의 역할을 위임할 수 있게 되었다. 사기업에 의한 편익공급은 가공된 자원이나 환경오염통제수단의 상품화와 더불어 이러한 시설의 조성과 운영과정에서 일정한 이윤 발생이 보장될 때만 가능하며, 이로 인해 사용자 입장에서 그 비용이 점차 증가하는 경향이 생겼다.

2) 환경과 관련된 편익과 비용의 분석

인간생활이 환경과 관련하여 얻게 되는 편익과 비용은 앞에서 지적된 바와 같이 다양한 유형으로 나타난다. 환경과 관련된 이러한 편익과 비용을 분석하기 위해, 신고전경제학에 기초한 경제개발정책이나 공공투자계획에서 흔히 사용되는 비용-편익분석(cost-benefit analysis)의 개념을 비판적으로 원용해볼 수 있다. 이 분석방법은 사회·경제적 비용과 편익을 포함하여 다양한 경제적 활동이나 공공의 지원을 받는 계획에 포괄된 내용을 평가하기 위해 전통적으로 사용되고 있다.[3] 이 분석방법은 어떤 경제적 활동이나 공공사업으로 얻게 되는 사회경제적 편익과 이로 인해 발생하는 비용을 비교하여, 편익을 극대화시키면서 비용을 극소화시키거나 또는 총편익에서 총비용을 뺀 순편익을 최대화시킬 수 있도록 활동 또는 사업의 규모나 입지를 결정하기 위한 것이다. 자원·환경문제의 분석에 이 방법을 개념적으로 도입함으로써,[4] 우리는 특정 사업과 관련하여 어떠한 편익과 비용이 발생할 수 있는가를 확인할 수 있으며, 이를 통해 이 사업의 수행 여부나 사업의 규모 및 입지에 대한 결정을 할 수 있을 것이다.

그러나 그동안 이 방법을 도입한 분석들에 대한 평가에서, 이 분석방법은 비용과 편익의 범위를 포괄적으로 규정하기 어려우며(예로, 비용과 편익이 발생하는 시기가 다름), 또한 비용과 편익을 분석하기 위해 어떤 계량적 기준(주로 화폐단위)을 사용함으로써 계량화될 수 없는(즉 비화폐적) 편익이나 비용을 분석에서 제외하며(예로, 공항건설로 인해 초래되는 항공기소음공해와 같은 비화폐적 비용을 어떻게 산정할 것인가의 문제), 그리고 비용과 편익의 효과에 대한 사회계층적 상이성을 반영하기 어렵다(예로, 수돗물 정화시설의 건설이 수돗물을 이용할 수밖에 없는 빈곤한 시민들이 느끼는 가령 1억 원의 편익과 생수를 사먹을 수 있는 경제력을 가진 부유한 시민들이 느끼는 1억 원의 편익을 같은 것으로 생각할 수 없다는 점)는 점 등에서 문제가 있는 것으로 지적되고 있다. 이러한 점에서 네일(O'Neill)은 경제적 비용-편익분석과 사회적 비용-편익분석을 구분하고자 한다.

(경제적) 비용-편익분석은 단지 총합의 '효율성' 원리들만을 채택한다.

---

3) Richard. Layard, *Cost-Benefit Analysis,* London: Penguin, 1972; E. J. Mishan, *Cost-Benefit Analysis: An Informal Introduction*, London: Allen & Unwin, 1976; Tevfik F. Nas, *Cost-Benefit Analysis: Theory and Application*, Sage Publications, 1996 등 참조.

4) 환경변화 또는 환경정책의 분석을 위한 비용-편익분석의 활용에 대해서는 Per-Olov Johansson, *Cost-Benefit Analysis of Environmental Change*, Cambridge Univ. Press, 1993; Nick Hanley and Clive L. Spash, *Cost-Benefit Analysis and the Environment*, Edward Elgar Publication, 1995 등 참조.

… 그러나 (사회적) 비용-편익분석은 효율성의 검정을 통과한 프로젝트에 대한 어떤 추가적인 분배적 제약을 부과하거나 또는 상이한 사회집단들의 편익과 비용들에 상이한 비중들을 둠으로써 비특권적 집단에게 주어지는 편익이 특권적 집단의 것에 비해 더 무거운 가중치를 가지게 된다.[5]

이러한 비용-편익분석이 가지는 문제점들을 확인하면서, 이 연구에는 특히 '사회적' 측면에서의 편익-비용분석방법에 함의된 개념을 비판적으로 도입하는 것은 다음과 같은 몇 가지 이유에 근거한다.

첫째, 자원·환경문제와 관련된 편익과 비용의 분석은 총계적 방법 (즉 총편익-총비용)으로 이루어질 수 없으며, 편익의 향유자와 비용의 부담자를 보다 명확히 구분하고 이들이 각각 어떠한 편익을 얻거나 또는 어떠한 비용을 지불하는가를 규명할 수 있어야 한다. 왜냐하면 모든 사회적 활동에서도 그러하지만, 특히 자원이용 및 오염통제와 관련된 편익과 비용은 편익을 우선적으로 향유하는 집단(계층 또는 지역)과 비용을 집중적으로(또는 불합리하게) 전가받게 되는 집단이 서로 다르기 때문이다. 즉 문제에 관한 분석은 편익과 비용이 계층적(또는 지역적)으로 어떻게 차별적하여 배분되는가를 고찰해야 한다.[6]

둘째, 자원·환경문제와 관련된 편익과 비용의 분석은 편익을 얻거나 비용을 지불하는 다양한 유형의 방법들 중에서 관련 주체들, 즉 개별 시민들 또는 기업이나 중앙정부가 어떤 유형을 택하고 있으며, 그 결과가 어떻게 될 것인지를 확인할 수 있어야 한다. 즉 문제와 관련된 주체들은 일반적으로 더 많은 편익을 얻고자 하지만, 가능한 비용을 줄이고자 한다. 특히 이 과정에서, 각 주체들은 사회적 편익에 무임승차하거나 또는 편익을 독점적으로 향유할 수 있는 방법을 강구하고자 할 것

---

5) John O'Neill, *Ecology, Policy and Politics: Human Well-Being and the Natural World*, London and New York: Routledge, 1993, p.45.

6) E. T. Loehman et al., "Distributional analysis of regional benefits and cost of air quality control," *Journal of Environmental Economics and Management*, vol.6, 1979, pp.223-243: H. D. Robinson, "Who pays for industrial pollution abatement," *Review of Economics and Statics*, vol.LXVII, 1985, pp.702-706.

이며, 또한 화폐적 비용을 지불하기보다는 이를 사회적으로 전가하거나 또는 비화폐적인 것으로 인식되는 자연환경으로 전가하는 방법을 모색할 수 있다.[7] 그러나 이러한 방법의 선택은 결국 편익을 감소시키고, 더 큰 비용을 지불하도록 할 것이다.

셋째, 자원·환경문제와 관련된 편익과 비용의 분석은 편익과 비용의 차별적 배분 또는 향유와 불평등한 비용지불 방식이 선택되게 된 배경에 관한 설명이 제시되어야 한다. 이러한 문제는 단순히 가시적으로 드러난 양상이나 관련 주체들의 외형적인 행태에 관한 분석만으로는 정확하게 이해될 수 없을 것이며, 차별적 배분을 규정하는 메커니즘에 대한 분석을 통해서 완전하게 설명될 수 있어야 한다. 또한 환경문제에 관한 '사회적' 비용-편익분석은 특정 환경문제를 둘러싼 의사결정이 단순히 효율성의 증대뿐만 아니라 비용부담과 편익 향유의 사회적 정당성이 주어지는 배경이나 원리에 관해서도 설명할 수 있어야 한다. 즉 비용-편익분석은 단지 특정한 의사결정과정에 대한 분석을 능가하여 의사결정이 이루어지는 사회적 배경과 의사결정과정에 적용되는 어떤 규범적 원리에 관한 설명을 필요로 한다.[8]

끝으로, 자원·환경문제와 관련된 편익과 비용의 분석은 이러한 문제들을 해결할 수 있는 대안을 제시할 수 있어야 한다. 사실 편익-비용분석의 개념은 기본적으로 환경문제의 해결원칙으로 흔히 제시되는 '오염자부담원칙' 또는 '수혜자부담원칙'과 어떤 유사성을 가지고 있다. 즉 자원환경으로부터 더 많은 편익을 얻은 사람은 그만큼 더 많은 비

---

7) 환경문제와 관련하여 공공적 비용부담과 사적 수혜 간의 관계에 관해서는 Michael S. Greve and Fred L. Smith(eds.), *Environmental Politics: Public Costs, Private Rewards*, New York: Praeger, 1992 참조.

8) 이러한 점에서 비용-편익분석은 흔히 경제적 및 사회적으로 정당한 의사결정을 위한 준거를 제공하는 것처럼 이용된다. 달리 말해서, 비용-편익분석은 물론 그 자체로서 분배적 정의의 이론이라고 할 수 없지만, 실제 어떤 입장(즉 공리주의적 입장)에서의 정의의 원리를 내포하고 있다. 이러한 관점에서 비용-편익분석에 관한 의의와 한계에 관해서는 Peter S. Wenz, *Environmental Justice*, State University of New York Press, 1989, ch.10 참조.

용을 지불해야만 한다. 그러나 이러한 원칙에 덧붙여서, 우리는 '환경생존권' 또는 '환경평등권'과 관련하여, 인간의 생존과 생활을 위해 최소한의 기본적 편익은 보장되어야 하며, 이에 따라 발생하는 비용에 대해 모든 사람들은 그 부담을 져야 하고 만약 부담능력이 없을 때 사회적으로 이에 대한 지원이 있어야 할 것이다.

3) 환경문제의 사회공간적 불평등의 유형

이러한 논점들에 기초한 자원·환경문제의 편익과 비용분석에서, 우선 그 사회공간적 불평등이 드러나는 양상을 확인하기 위해, 그 유형을 적절하게 구분할 필요가 있다. 이러한 유형화를 위해, 환경자원의 이용과정과 환경오염의 통제과정에서 나타나는 편익과 비용을 구분해볼 수 있다. 이와 관련하여, 이정전 교수는 자원·환경문제의 불평등을 분석하기 위해, 환경오염의 효과와 환경개선의 효과를 구분한 바 있으며, 토다 키요시(戶田淸)은 편익의 향유(정적 효과)와 비용의 부담(부적 효과)를 구분한 바 있다.9) 우리는 이에 기초하여, 편익향유와 비용부담을 환경자원의 이용과정과 환경문제의 통제과정과 상호 교차시켜 네 가지 유형으로 그 불평등의 양상을 일단 확인해볼 수 있을 것이다(<표 1> 참조).

첫째 유형으로, 정적(正的) 효과를 가지는 환경자원의 이용과정 또는 이의 공급(시설)이 사회공간적으로 불균등하게 제공됨으로써, 이를 통해 얻을 수 있는 편익이 불평등하게 향유될 수 있다. 즉 이용가능한 환경자원이 지리적으로 불균등하게 (자연적으로 또는 인위적인 조성과정에서) 분포하거나 이를 이용하기 위한 자원의 확보나 이에 대한 접근이 어떤 요인(들)로 인해 제약되게 될 때, 비록 모든 사람들이 동일하게 환

---

9) 이정전, 「소득분배의 측면에서 본 환경문제」, ≪환경논총≫ 제23호, 1988, 32-64쪽; 戶田淸, 『環境的 公正を 求めて』, 新曜社, 1994; 토다 키요시, 『환경정의를 위하여』(김원식 역), 창작과 비평사, 1996.

<표 1> 환경문제 불평등의 유형

구분	환경자원의 이용과정	환경문제의 통제과정
편익의 향유 [정적(正的) 효과]	이용(또는 공급)의 불균등	통제시설 및 수단의 불평등
비용의 부담 [부적(負的) 효과]	환경오염 피해의 차별성	통제비용 부담의 불합리성

경자원을 필요로 한다고 할지라도 동일하게 이용하지 못한다. 환경자원의 이용 또는 이에 대한 접근은 자원의 희소성, 불균등한 분포, 배타적 소유, 대가의 지불능력 정도 등 여러 가지 이유들로 인해 제한된다.

둘째 유형으로, 환경문제를 유발하는 시설이나 수단들이 사회공간적으로 불균등하게 부적 효과를 유발하거나 또는 전반적인 환경문제라고 할지라도 이에 대응할 수 있는 능력이 상이하기 때문에, 이로 인해 발생하는 피해가 차별적으로 전가될 수 있다. 즉 환경자원을 개발 또는 이용하는 과정에서 발생하는 대규모 환경파괴나 다양한 오염물질들을 배출하는 시설들의 입지, 또는 전반적인 환경오염의 심화는 계층적·지역적으로 차별적인 피해를 입힌다. 환경오염으로 인한 직·간접적 피해는 문제발생의 국지성, 이의 수용능력(예로, 신체적 조건) 또는 회피(또는 대응)능력의 차이로 인해 차별화된다.

셋째 유형으로, 환경문제를 통제할 수 있는 시설이나 수단들이 사회공간적으로 혹은 차별적으로 분포 또는 소유됨으로써, 이를 통해 얻게 되는 편익이 불평등하게 향유될 수 있다. 즉 기업이나 정부가 제공하는 환경오염 통제시설이나 수단들은 사회공간적으로 불균등하게 입지 또는 제공되는 경향이 있으며, 그 편익은 지역적 또는 계층적으로 차별화될 수 있다. 이러한 문제는 환경오염 통제 또는 처리시설이나 수단의 부족, 불균등한 입지, 불평등한 소유 등으로 인해 발생한다.

넷째 유형으로, 환경문제의 통제에 필요한 시설이나 수단들에 소요되는 비용이 부담능력에 비해 불합리하게 할당됨으로써, 불평등이 조장·심화될 수 있다. 즉 통제비용의 부담(화폐적 부담뿐만 아니라 개인적 또는 집단적 노력)은 비록 이용량에 따라 비례하여 부가된다고 할지라도, 편익의 향유 정도나 부담능력을 고려하여 누진적으로 부가되지 않을 수 있다. 이러한 문제의 발생은 불합리한 비용부담정책이나 환경재의 상품화 및 민영화전략 등에 기인한다.

이러한 환경문제의 사회공간적 불평등의 유형은 분석적으로 구분된 것이지만, 현실에서 유형별로 분리되어 발생하기보다는 서로 혼합되어 동시적으로 또는 순차적으로 연계되어 발생할 수 있으며, 따라서 불평등으로 인한 희생은 증폭될 수 있다. 즉 자원·환경문제의 불평등은 빈곤계층에 속하는 사람들에게 환경자원의 이용 → 환경피해의 발생 → 통제수단의 제공 → 통제비용의 부담 과정에서 차별성이 사회공간적으로 악순환되도록 하는 반면, 상대적으로 부유한 계층에 속하는 사람들은 이 과정의 어떤 한 단계에서 설령 불평등이 발생한다고 할지라도 다른 단계에서 이를 만회할 수 있는 기회를 가질 수 있다. 우리는 우선 우리 사회에서 드러나고 있는 환경문제의 불평등을 편익의 불균등한 배분과 비용의 차별적 부담으로 구분하여, 현상적으로 발생하는 다양한 사례들을 객관적 통계자료에 기초하여 살펴보고자 한다. 또한 우리는 또한 이러한 객관적 상황들이 자신이 속한 사회공간적 특성에 따라 어떻게 상이하게 인식되는가를 살펴볼 것이다.

3. 환경문제 불평등의 사회공간적 양상

1) 편익의 불균등한 배분

인간생활에 필요한 대부분의 주요 환경자원들, 예로 물, 공기, 흙 등은 자연적으로 주어진 것이라고 할지라도, 이들은 자연상태에서 이미 불균등하게 분포되어 있다. 뿐만 아니라, 이들에 대한 수요가 증가하고 또한 이들이 점점 오염됨에 따라, 이들을 필요한 지역으로 공급하는 시설들 또는 통제하기 위한 수단들이 인공적으로 조성·개발되게 되었다. 그러나 이러한 시설이나 수단들은 사회공간적으로 불균등하게 분포하며, 이들로부터 얻게 되는 편익은 사회공간적으로 차별화될 수 있다. 특히 환경자원의 공급 또는 통제를 위한 시설이나 수단들은 규모나 양적으로 대단위이며, 이를 통해 투입되는 비용이 엄청나고, 또한 많은 사람들에게 편익을 제공하기 때문에, 대부분 개인적으로 마련될 수 없으며 국가의 재정투자를 통해 조성되기도 한다. 그러나 이와 같이 공공투자를 통해 조성된 시설이나 수단들이라고 할지라도, 국가의 재정 부족 등으로 인해 양적으로 부족할 뿐만 아니라 여러 가지 이유들로 인해 모든 계층이나 지역의 사람들에게 균등하게 제공되거나 이용되지 않는다. 이에 관한 대표적 사례들로써, 에너지자원의 소비 및 상·하수도의 보급 및 처리시설을 통해 얻게 되는 편익을 고려해볼 수 있다.

에너지자원의 이용 유형을 살펴보면, 우리나라는 무연탄의 소비량이 감소하는 대신, 석유제품과 전력에너지의 소비량이 급속히 증가하는 추세를 보이고 있다.[10] 이와 같은 에너지자원의 소비유형의 변화는 지리적으로 차별적이다. 서울의 경우, 민수용 무연탄의 사용량은 아직 전국적으로 가장 많지만, 전국 사용량에서 차지하는 비중은 1991년 32.0%에서 1996년 23.1%로 줄어들었다(<표 2> 참조). 1996년 가정용 및 서비스업용으로 판매되는 전력량 중에서 서울이 차지하는 비중은 각각 25.1%, 33.9%로, 특히 서비스업용으로 소비되는 전력량이 다른 지역들에 비해 상대적으로 많음을 알 수 있다. 이에 따라 서울에서 1인당 가정용 전력사용량은 0.74kWh로 가장 많고, 다른 대도시들(광주는 다소 낮음)과 경기도 및 경남에서는 0.65~0.68kWh이며, 그외 도단위 지역에서는 대체로 0.60kWh 이하로 나타났다. 1인당 전력사용

---

10) 1990년대 들어와서만 보더라도, 우리나라의 전국 민수용 무연탄의 소비량은 1991년 1500만 M/T에서 1996년 196만 M/T로 급격히 줄었다. 반면 석유제품의 소비량은 이 기간(5년) 동안 42,466만 Bbl에서 72,106만 Bbl로 69.8% 증가했으며, 전력판매량에서 가정용은 19,482Gwh에서 30,642Gwh로 57.3%, 서비스업용은 16,278Gwh에서 39,109Gwh로 140.3% 증가했다.

<표 2> 지역별 에너지 이용 현황(1996)

(단위: 만 M/T, 백만 Bbl, 백 Gwh, kWh)

구분	무연탄	석유제품	전력		
			가정용	1인당	서비스
전국	196.0	580.0	306.0	0.66	391.0
서울	45.3	87.6	76.9	0.74	132.6
부산	10.8	47.6	26.2	0.68	29.4
대구	9.1	22.4	17.1	0.69	19.2
인천	5.4	39.5	16.3	0.68	17.2
광주	8.8	10.3	8.2	0.63	9.6
대전	5.7	10.6	8.9	0.69	10.8
경기	17.8	93.7	54.9	0.67	66.3
강원	20.3	23.2	9.3	0.61	12.2
충북	9.7	19.3	8.7	0.60	9.3
충남	10.5	24.2	10.1	0.54	11.6
전북	11.6	26.7	11.8	0.59	11.8
전남	9.7	36.5	12.3	0.57	12.0
경북	21.6	39.2	16.3	0.58	16.7
경남	8.7	92.1	26.2	0.65	27.2
제주	1.0	7.1	3.2	0.61	5.2

주: 지역별로 지나치게 큰 차이를 보이고 있는 곳은 제외했음.
자료: 통계청, 『지역통계연보』, 1997, 152-154쪽.

량이 가장 낮은 충남은 0.54kWh로, 서울의 73% 정도에 불과하다.

　에너지 자원의 공급 또는 소비에 있어 지리적 불균등과 마찬가지로, 상·하수도의 보급률로 살펴본 편익의 수준은 대도시들, 특히 서울에서 매우 높게 나타난다(<표 3> 참조). 1996년 서울의 상·하수도보급률은 100%라고 할 수 있으며, 1인당 1일 상수도사용량은 477 ℓ 로서 사용량이 가장 적은 충남지역의 323 ℓ 와 비교하면 1.48배에 달한다. 또한 하수도의 보급률은 전국 평균 75.6%이지만 서울은 99.7%로 하수도시설이 거의 완벽하게 조성되어 있다고 하겠다. 서울 및 대구를 제외하면, 대도시지역이라고 할지라도 하수도 보급률은 높지만 처리구역으로 보면 50%정도이고, 도지역의 경우는 처리구역의 비율은 더 떨어진다. 수세식 화장실의 보급률은 전국 73.3%로, 서울이 96.5%로 가장 높고, 대구, 인천, 광주 등 대도시지역이 90%를 상회하고 있지만 부산 81.2

<표 3> 지역별 상하수도 보급 및 처리 현황(1996)

(단위: %, 만 톤/일, ℓ/일, %)

구분	상수도			하수도		
	보급률	급수량	1인당	보급률	처리구역	수세식
전국	83.6	1588	409	75.6	52.6	73.3
서울	99.9	499	477	99.7	81.0	96.5
부산	97.7	154	406	76.0	46.0	81.2
대구	98.4	109	446	90.0	90.0	90.0
인천	95.3	109	476	95.7	54.7	90.8
광주	93.1	37	308	96.1	59.0	96.2
대전	93.7	53	432	92.9	50.4	68.0
경기	83.6	245	358	67.2	65.3	71.5
강원	76.2	43	371	60.5	21.1	45.6
충북	64.9	35	366	57.4	57.5	46.6
충남	45.0	27	323	41.1	19.6	48.2
전북	67.2	55	409	56.7	33.9	51.2
전남	49.8	39	363	41.2	3.6	33.4
경북	62.3	69	394	50.1	18.8	41.9
경남	72.1	96	330	71.1	19.5	70.3
제주	100.0	18	343	82.9	50.3	67.3

주: 전남의 처리구역의 비율은 잘못된 것으로 보임.
자료: 통계청, 『지역통계연보』, 1997, 187-188쪽.

%, 대전 68.0%를 보이고 있으며, 경기와 경남이 70%대이고, 그외 도 지역들은 40~50%정도이다. 이러한 점에서 보면, 대도시지역 주민들, 특히 서울 시민들은 정부 재정으로 제공되는 상·하수도시설로 더 많은 편익(수돗물이 그 이외의 식수와 비교하여 어느 정도 오염되었는지의 문제는 제쳐놓고라도)을 얻고 있으며, 상대적으로 위생적인 생활을 하고 있다고 하겠다.

이와 같이 환경자원 제공의 지리적 차별성은 전국적 규모뿐만 아니라 도시공간 내부에서도 확인된다. 서울의 경우 편리하고 청정한 연료라고 할 수 있는 도시가스의 사용가구는 지리적으로 매우 불균등하게 분포되어 있다.[11] 1992년 서울시 도시가스 보급률은 26.7%로 상당히

---

11) 서울시는 일반주택의 청정연료 사용을 확대하기 위하여 연탄소비량을 1990년 6,792만 톤에서 1998년까지 6,622톤이 감소된 170톤(1990년 대비 감소율

<표 4> 서울시 구별 도시가스 사용가구 현황(1992년)

(단위: 천 가구, %)

구분	전체	종로	중	용산	성동	동대문	중랑	성북	도봉	노원	은평
사용가구수 (주택)	904.2	4.9	4.8	19.3	39.3	22.0	18.9	9.3	57.7	89.9	21.3
전체가구수 대비율	26.7	6.5	8.0	16.1	16.1	26.4	13.8	5.7	25.1	51.7	13.9

구분	서대문	마포	양천	강서	구로	영등포	동작	관악	서초	강남	송파	강동
사용가구수 (주택)	20.9	48.3	66.2	49.8	44.6	35.4	32.3	27.3	65.0	94.5	83.4	49.1
전체가구수 대비율	17.1	34.6	43.9	37.7	19.4	24.9	24.0	15.1	51.4	57.1	40.0	29.8

자료: 한국도시행정연구소, 『전국통계연감』(상), 1994, 169쪽에서 작성.

낮은 수준이었다. 이 당시 도시가스 보급들 지리적 분표를 보면, 상대적으로 중상위계층의 밀집지역이라고 할 수 있는 강남구에서 도시가스 사용가구의 비중이 가장 높게 나타나는 반면, 도심이나 상대적으로 노후화된 주택들로 이루어진 종로·중·성북구 등에서 도시가스 사용가구의 비중은 매우 낮았다(<표 4> 참조).

다른 예로서, 1996년 현재 서울 시민들에게 공급되는 수돗물은 광암정수장 등 9개소에서 정수된 것으로, 각 정수장은 잠실수중보 상류(444만 톤/일) 또는 팔당댐(175만 톤/일)의 물을 수원으로 하며, 이 물들만을 취수하거나 또는 이들을 섞어서 정수한 후 각 가정에 공급하고 있다. 이에 따라 금천, 동작, 관악, 서초, 강남, 송파, 강동구 등 8개구 111개동 지역은 광암정수장에서 상대적으로 맑은 팔당댐 물만을 원수로 하여 정수한 수돗물을 공급받고 있다. 반면, 그외 지역들은 암사, 구의, 뚝도정수장에서 상대적으로 더 오염된 잠실수중보의 물만을 정수한 수돗물을 공급받거나 또는 보광동, 노량진, 선유, 영등포, 신월정수장에

97.5%)으로 줄여나갈 계획이며, 도시가스보급률을 1994년 56.4%에서 1998년까지 79.8%로 늘릴 계획이라고 명시하고 있다. 서울특별시, 『서울의 환경: 환경백서』, 1998, 75쪽.

<표 5> 서울시 정수장별 시설용량 및 급수현황(1996)

(단위: 만 톤/일, 만 명)

| 정수장 | 시설 용량 | 사용량 | | 급수구역 | 급수인구 |
		팔당	잠실		
합계	619	175	444	25개구 530개동	1,046
광암	100	100	–	금천, 동작, 관악, 서초, 강남, 송파, 강동 (8개구 111개동)	186
암사	132	–	132	성동, 동대문, 중랑, 성북, 노원, 양천, 구로, 영등포, 동작, 관악, 강남, 서초, 강동, 광진 (14개구 176개동)	246
구의	113	–	113	성동, 동대문, 성북, 도봉, 노원, 중랑, 강북, 광진 (8개구 123개동)	228
뚝도	100	–	100	종로, 중구, 용산, 성동, 서대문, 마포, 성북 (7개구 115개동)	91
보광동	32	–	32	종로, 중구, 은평, 용산, 서대문, 마포 (6개구 49개동)	47
노량진	30	16	14	동작, 관악, 영등포 (3개구 37개동)	40
선유	40	20	20	서대문, 마포, 영등포, 구로, 금천 (5개구 27개동)	34
영등포	60	27	33	서대문, 마포, 구로, 은평, 양천, 강서 (6개구 76개동)	148
신월	12	12	–	양천, 강서 (2개구 17개동)	26

자료: 서울특별시, 『서울의 환경: 환경백서』, 1997, 220쪽.

서 팔당댐물과 잠실수중보 물을 섞어서 정수한 수돗물을 공급받고 있다(<표 5> 참조).

환경자원의 공급에 있어 이러한 지리적 차별성은 사회계층적 차별성을 간접적으로 (사회계층의 사회공간적 분화를 통해) 반영한다고 할 수 있다.[12] 뿐만 아니라, 환경자원의 공급(이용과 접근)은 직접적으로 사회계층적 차별성을 내재한다. 왜냐하면 대부분의 환경자원들은 자연적으로 주어진다고 할지라도, 정부나 (공)기업들이 이러한 자원들을 이용

---

12) 특히 환경문제의 공간적 불균등은 주거지분화를 통해 계층적 불균등을 반영하고 또한 심화시킨다고 할 수 있다. 환경문제의 차별성과 관련하여 소득계층별 주거분화를 강조하는 논의로서, 서우석, 앞의 글, 1991 참조

에 적합하도록 생산 또는 통제하는 과정에 투입하는 비용은 그 이용자들에게 일정한 (특히 화폐적) 대가를 지불하도록 요구하기 때문이다. 물론 환경자원의 이용과 이에 따른 편익의 향유는 화폐적 대가지불을 요구하지만, 공공적인 측면에서 이러한 차별성을 줄이기 위한 (최소한 형식적인) 방안들이 적용되고 있다는 사실을 고려할 필요가 있다. 예로, 전기요금이나 수도요금처럼 대부분의 환경자원들에 대한 대가 지불은 '공공요금'으로 규정되어, 정부의 관련법률 등에 의해 사회적 목적을 달성하도록 책정된다. 즉 공공적으로 제공되는 환경자원의 요금체계는 정부나 기업이 관련사업들을 지속적으로 유지하는 한편, 사용자들이 필요한 환경자원을 효율적으로 이용하도록 할 뿐만 아니라 계층간의 소득재분배를 통해 비용배분의 공평성과 소득분배의 형평성을 도모하도록 누진적으로 책정된다. 그러나 공공요금이 누진율로 설정되어 있다고 할지라도, 기본요금의 인상 등을 통해 저소득층의 환경자원 사용량은 심각하게 제한될 수 있으며, 구체적 내용에 있어서도 어떤 문제성을 내포할 수 있다. 이러한 점들을 현행 전기요금 및 수도요금 체계에서 살펴볼 수 있다.

우리나라의 전기요금은 1990년 이후에만도 다섯 차례 이상(1991년 6월 평균 4.9%, 1992년 2월 평균 6.0%, 1995년 4.2%, 1997년 7월 5.7%, 1998년 1월 6.5% 등) 인상되었으며, 그 결과 현재 적용되고 있는 주택용 전기요금체계는 <표 6>의 A와 같다. 이러한 주택용 전기요금체계는 물론 사용량에 따라 누진적으로 적용되는 것으로 책정되어 있다. 그러나 문제는 그동안 전기요금이 인상되면서 이 누진율이 점진적으로 완화되거나 또는 기본요금의 인상률이 사용량의 인상률보다 훨씬 높게 책정됨으로써 실제 누진율 완화효과를 가져왔다는 점이다. 예로, 1992년 2월 인상시에도 월 50kWh 이하 사용하는 저소득가구(전체 수용가의 12.2%, 155만 가구)의 요금은 인상되지 않은 반면 다소비(즉 고소득)가구일수록 그 누진정도가 상대적으로 증대되었지만, 이러한 인상률의 내용에서 기본요금의 인상률은 26.6%로, 사용량에 따른

<표 6> 전기요금 현황

A. 우리나라 주택용 전기요금 현황 (1998년)

구분(kWh)	50까지	51~100	101~200	201~300	301~400	401~500	500 이상
기본요금 (호당)		390	850	1,500	2,990	4,820	8,560
전력량요금 (원/kWh)	34.50	81.70	122.90	177.70	256.70	289.80	456.70

자료: 한국전력공사(http://www.kepco.co.kr/cyber/cyber3.html).

B. 국가별 전기요금 현황(1998년)

[단위: 페니(영국)]

국가	일본동경	포르투갈	독일	이탈리아	스페인	아일랜드	영국	벨기에	칠레	호주	뉴질랜드	한국	미국	캐나다	스웨덴	노르웨이	남아공
요금	9.68	7.58	7.18	6.80	6.46	6.17	5.90	5.77	5.46	5.42	4.89	4.35	3.26	3.08	2.64	1.68	1.39
한국 = 100	223	174	165	156	149	142	136	133	126	125	112	100	75	71	61	39	32

자료: 영국전기협회(EA), 「국별 전기요금 현황자료」, ≪중앙일보≫ 1998. 4. 28.

인상률은 4.9%에 비해 훨씬 높게 책정되었다. 또한 1997년 7월의 인상에서, 전체적으로 평균 5.7% 인상되었지만 기본요금(100kWh 이하 기준)은 338원에서 370원으로 9.5% 인상되었다.[13)]

전기요금률을 용도별로 보면, 1997년 7월 주택용은 kWh당 88.96원에서 94.15원으로, 산업용은 48.69원에서 51.57원으로 인상되었고, 다시 1998년 1월 주택용은 100.94원으로, 산업용은 54.86원으로 인상되었다. 이러한 인상과정에서 주택용의 전기요금은 산업용에 비해 1.83

---

13) 전기요금과 관련된 정부측의 왜곡된 입장은 한전사장(장영식)의 1998년 6월 기자간담회에서 극단적으로 표현되었다. 그는 "전력소비가 많을수록 요금이 누진 적용되는 현행 주택용 전기요금 구조는 시장원리에 맞지 않는다"고 주장하고, 전기를 많이 쓰는 가정의 부담을 줄이도록 전기요금제도를 개편하겠다고 했다(≪중앙일보≫ 1998. 6. 11). 그러나 그는 최근(99년 4월) 청와대의 종용에 의해 사표를 제출했다.

배 정도 비싼 것으로 계속 유지되었으며, 이는 1992년 인상 당시 1.75 배보다 다소 높아진 것이다. 이러한 차이는 다른 선진국들에서도 찾아 볼 수 있지만, 우리나라와 경제수준이 비슷한 대만과 비교하면 상대적 으로 그 차이가 매우 크다고 할 수 있다. 뿐만 아니라 선진국들의 1인 당 GNP 수준과 비교해볼 때, 주택용 전기요금은 상대적으로 높게 책 정되어 있다.14)

우리나라 전기요금을 전체적으로 다른 국가들과 비교하면, 상대적으 로 싼 편이다(<표 6>의 B 참조). 즉 일본은 2.23배, 독일은 1.65배, 영 국은 1.36배 정도 비싼 반면, 미국은 우리나라 전기요금의 75%인 것으 로 조사되었다. 이와 같이 우리나라 전기요금이 비교적 싼 것은 우리나 라에서 원자력 발전비율이 총발전량의 34%로 다른 나라에 비해 비교 적 높기 때문인 것으로 풀이된다. 그러나 이와 같이 선진국들에 비해 전기요금이 싸다고 해서, 전기요금을 인상하는 것이 전력소비를 억제 시키는 방편이 될 수는 없을 것이다.15)

우리나라의 상수도는 한국수자원공사가 관리하는 광역상수도와 지 방자치단체에서 관리하는 지방상수도로 이원화되어 있으며, 이에 따라 그 요금체계도 지자체별로 상이하게 구성되어 있다. 즉 <표 7>에서

---

14) 아래 부표 참조.

<부표 1> 국별 전기사용의 용도별 요금 현황(1992년)

구분	한국	미국	일본	독일	프랑스	대만
주택용(A)	82.36	66.02	176.87	112.95	88.82	72.84
산업용(B)	46.32	39.52	113.65	62.41	58.75	60.09
A/B	177.8	167.1	155.6	181.0	151.2	121.2

자료: 한국전력공사, ≪한전≫ 2월호, 1994, 28-30쪽 참조.

15) 정부는 1997년 8월 전기요금을 인상하면서, 앞으로 5~10년 안에 단계적으 로 50% 정도 인상하여 선진국 수준으로 요금을 끌어올릴 방침이다. 그러나 "고효율 제품개발이나 절전시스템이 갖춰져 있지 않은 상태에서 요금인상으 로 전력소비를 억제하겠다는 것은 전력 독점공급권자의 횡포"이며, "전기는 소비가 비탄력적인 품목으로 가격을 인상하면 일시적으로 소비가 주춤할지 몰 라도 장기적으로 효과는 기대할 수 없다"는 반박이 제기되었다(≪동아일보≫ 1997. 7. 6).

<표 7> 지역별 수도요금 현황(1996년)

구분	연간생산량 (억 톤)	연간부과량 (억 톤)	부과액 (백억 원)	유수율 (%)	평균단가 (원/톤)	기본 (원/11톤)	30톤 기준 톤당요금
전국	58.4	41.3	127.0	70.8	307	1,576	221
서울	18.3	11.8	34.3	64.7	291	1,200	173
부산	5.6	3.8	13.5	68.3	353	1,700	303
대구	4.0	3.1	9.4	76.5	310	1,600	230
인천	4.0	2.8	8.5	70.4	299	1,300	173
광주	1.4	1.0	3.8	74.5	377	2,000	267
대전	1.9	1.3	4.0	69.1	304	1,400	197
경기	9.0	7.3	20.3	81.7	278	1,372	197
강원	1.6	1.1	3.9	69.9	355	1,597	222
충북	1.3	1.0	3.1	78.1	317	1,400	177
충남	1.0	0.8	2.5	75.9	330	1,710	217
전북	1.9	1.3	4.2	69.0	313	1,533	176
전남	1.4	0.9	3.4	63.0	386	2,006	258
경북	2.5	1.9	5.4	74.2	288	1,240	196
경남	3.8	2.7	8.4	71.4	306	1,768	224
제주	0.7	0.4	1.9	66.2	447	1,788	308

주: 1) 유수율(%) = (연간 부과량 ÷ 연간 생산량) × 100
   2) 평균단가(원/톤) = (부과액 ÷ 연간 부과량) × 100
   3) 30톤 기준 톤당 요금 = (기준요금 + 초과(11~20톤) × 20) ÷ 30
자료: 한국수자원공사, 1999. 4, http://www.kowaco.or.kr/stat/stat323.html.

알 수 있는 바와 같이, 상수도의 전국 평균 단가는 307원/톤이지만, 지역별로 큰 차이를 보이고 있다. 평균단가가 가장 낮은 지역은 경기도로 톤당 278원이며, 서울은 291원으로 상대적으로 낮은 편에 속한다. 반면, 평균단가가 가장 높은 지역은 제주도로 447원, 그 다음으로 높은 지역은 전남 386원이다. 이 지역에서의 평균단가는 경기도에 비해, 각각 약 1.6배 및 1.4배 높다. 뿐만 아니라 자원이용의 효율성 측면에서, 상수도 생산량에 대한 요금 부과량의 비율이 전국 평균 70% 정도이며, 특히 평균단가가 가장 높은 전남지역과 더불어 평균단가가 상대적으로 낮은 서울에서도 그 비율이 60%대에 머물러 있다는 점에서 문제가 된다고 하겠다.

이러한 상수도의 요금체계는 업종별로 볼 때, 전기요금체계와는 달리 가정용이 영업용에 비해 매우 낮게 책정되어 있으며, 선진국들과 비교해볼 때도 우리나라의 상수도 요금은 상당히 싼 편이라고 할 수 있다. 즉 수자원공사의 조사에 의하면, 1998년 우리나라 서울의 수도요금(톤당 291원)은 영국 런던(1,091원), 일본 동경(2,114원), 프랑스 파리(1,313원), 스위스 취리히(3,185원), 호주 시드니(1,083원)에 비해 1/4에서 1/10 수준인 것으로 파악되고 있다. 그러나 상수도요금이 상대적으로 싸기 때문에, 요금을 인상해서 물의 사용량을 절제하도록 해야 한다는 주장이나 정책[16]은 바람직하지 않다고 할 수 있다. 왜냐하면, 물은 인간의 생존과 생활에 필수적이며, 따라서 최소한의 물은 공공적으로 보장되어야 하기 때문이다.[17] 특히 수돗물과 같은 필수품의 경우는 일시적인 가격통제로 절제가 된다고 할지라도, 결국은 기본량의 사용량이 불가피하다는 점이 경험적으로나 이론적으로 지적되고 있다.[18]

또 다른 문제는 최근 수돗물이 점점 오염되고 식수사용에 대한 불신이 만연해짐에 따라, 정수기를 사용하여 수돗물을 정화해서 먹거나 또는 지하수나 약수를 떠서 먹게 되었고, 생수를 사서 먹는 경우도 급속히 증가하게 되었다는 점이다. 특히 생수시판이 법적으로 허용되고 본

---

16) 서울시는 1998년 11월 원가의 76.8% 수준인 수돗물값을 2002년까지 현실화하기 위해 1999년 3월 기본요금을 26.6%, 사용요금 13.2% 등 평균 14.9% 인상하기로 결정했다. 특히 가정용 인상률이 15.7%로 가장 높은 데다 이중에서도 월 11m^3 사용은 35.7%, 20m^{3}는 25.5%가 인상되어 서울시 전체가구의 35.6%를 차지하는 11m^3~20m^{3}사용 서민가구의 인상폭이 지나치게 높다는 지적을 받고 있다. 뿐만 아니라 서울시는 2000년 14.9%, 2001년 및 2002년 각 15.0% 등 연차적인 인상을 예고하고 있으며, 1999년 하반기에는 각 가정에 수질개선부담금을 부과할 예정이다.

17) 이러한 점에서, 현재 수도요금은 (최소한 명목상) 생산원가보다 낮게 책정되어 있다. 즉 1997년 한국수자원공사가 관장하는 광역상수도의 생산원가는 146.33원이며 실제 사용자에게 부과되는 요금은 95.85원으로 원가회수율이 65.5%로 나타났다. 또한 지방자치단체가 1996년 관장하는 지방상수도의 경우 생산원가는 397원이고 실제 요금은 307원으로 원가회수율은 77.3%인 것으로 파악되고 있다.

18) 박성제, 「용수수급체계의 구조와 정책방향」, ≪국토정보≫ 11월호, 1994 등 참조.

격화됨에 따라, 식수에 대한 사회계층적 차별성이 증폭되게 되었다.[19] 즉 수돗물에 대한 불신 등으로 인해 엄청나게 판매되고 있는 생수가격은 수도요금에 비하여 거의 1,000~2,500배나 비싸게 거래되고 있다.[20] 산술적으로 계산하면, 생수를 이용하는 비율이 0.1%만 되어도 생수 구입비용과 수도요금에 지불하는 비용이 같다고 할 수 있다.

이와 같이 환경자원들은 자연적으로 주어진 것이라고 할지라도 이를 (생산)공급 또는 통제하기 위한 중간과정에서 필요한 시설들에 투입되는 비용에 대해 (비록 공공적으로 투입되었다고 할지라도), 정부나 (공)기업들은 사용자들에게 그 화폐적 대가를 지불하도록 요구한다. 물론 이러한 환경자원의 요금은 비용배분의 공평성이나 자원이용의 형평성 등을 고려하여 책정된다고 할지라도, 환경자원의 사용량은 화폐지불능력에 따라 차별적일 수밖에 없으며, 특히 이러한 환경자원이 상품화될 경우, 그 차별성은 엄청나게 증대된다고 하겠다.

그리고 전기료나 수도료와 같이 환경자원의 사용요금이 그 자체로서 어느 정도 누진적으로 되어 있다고 할지라도, 각 가계의 총지출액에서 이러한 요금이 차지하는 비중과 비교하면 현행 누진제에 따른 소득재분배효과는 거의 없다고 할 수 있다. 달리 말해서, 환경자원 요금체계의 누진성은 저소득계층에게는 거의 도움이 되지 않는 반면, 고소득계층에게는 소비통제라는 효과를 거의 가져오지 않는다. 왜냐하면 저소

---

19) 한 조사에 의하면, 소득계층별 정수기 보유 및 생수구입 현황은 <부표 2>와 같다.

〈부표 2〉 소득계층별 환경재 보유 현황(1994년)

구분	정수기			생수 구입		
	150만 원 이하	150~200 만 원	200만 원 이상	150만 원 이하	150~200 만 원	200만 원 이상
보유·이용률(%)	7.5	5.3	12.3	6.9	10.4	11.5

자료: 중앙일보 시장조사팀 조사자료(《중앙일보》 1994. 11. 18 참조).

20) 수자원공사가 생산한 수돗물 1톤의 판매가격(96원)은 콜라 1병(0.6리터, 730원)의 13.2%, 주스 1병(1.5리터, 3,430원)의 2.8%, 그리고 생수 1통(18.9리터, 5,000원)의 1.9%에 불과한 것으로 추정된다.

<표 8> 연간소득 계층별 가구당 월평균 지출내역(1996)

(단위: 만 원)

가계수지 / 연간소득	구성원(%)	연간소득	월평균 가계지출	광열수도	구성비
평균	100.0	2577	153.6	6.53	4.3
800 미만	4.7	546	60.7	5.20	8.6
800~1100	5.5	951	86.1	5.59	6.5
1100~1400	7.5	1257	107.4	6.08	5.7
1400~1700	10.2	1546	111.2	6.30	5.7
1700~2000	11.5	1848	118.5	6.26	5.3
2000~2300	10.6	2140	135.1	6.30	4.7
2300~2600	11.0	2441	149.8	6.43	4.3
2600~2900	8.2	2743	159.2	6.29	4.0
2900~3200	6.8	3036	176.1	7.00	4.0
3200~3500	4.9	3341	194.9	6.78	3.5
3500~4000	6.6	3718	205.8	7.05	3.4
4000~4500	4.1	4213	234.4	7.26	3.1
4500~5000	2.8	4748	259.4	7.95	3.1
5000~5500	1.7	5220	258.3	7.97	3.1
5550 이상	4.0	7686	323.9	8.72	2.7

자료: 통계청, 『가구소비실태조사보고서』, 2권, 1996.

득계층에게는 비록 매우 낮은 요금이라도 큰 부담이 되지만, 고소득계층에게는 다소 높다고 할지라도 거의 부담이 되지 않기 때문이다.

<표 8>에서 확인될 수 있는 바와 같이 도시가계에서 수도료, 전기료, 연료비 등 환경자원의 사용에 따라 실제 지출하는 비용이 가계총소비지출에서 차지하는 비중은 계층별로 완전한 역관계를 보인다. 즉 1996년 연간소득 계층별 가구당 월평균 지출에서, 최하위 소득계층인 연간소득 800만 원 미만 가구의 월평균 광열수도료는 5만2천원으로, 이는 월평균 가계지출에서 8.6%를 차지한다. 이처럼 광열수도료는 가구당 소득 증대에 따라 점진적으로 증가하지만, 가계지출에서 차지하는 비중은 계속 감소하여, 최상위 소득계층인 연간소득 5,555만 원 이상 가구의 월평균 광열수도료는 8만7천원으로 전체 가계지출의 2.7%에 불과하게 된다. 이러한 사실은 현재의 자원이용에 대한 요금체계가 소득재분배효과에 거의 기여하지 못할 뿐만 아니라, 환경자원의 요금

인상은 (비록 어느 정도 누진성을 고려할지라도) 저소득계층에게 엄청 난 부담을 안겨주게 된다.[21]

환경자원의 제공(이용 또는 접근)에서 사회공간적 차별성은 이상에 서 제시된 자료들과 논의 외에도, 여러 가지 다른 측면들에서도 지적될 수 있다. 예로, 쾌적한 환경과 수려한 자연경관을 가지고 있는 지역(토 지)들 중 점점 더 많은 부분들이 고소득계층들에 의해 주거 및 유흥·오 락시설(콘도, 골프장 등)로 소유·개발되고 배타적으로 이용됨에 따라, 저소득계층들은 이에 대한 접근과 이용이 제한되게 된다. 또한 자동차 보유는 그 보급률이 점점 증가하고 있다고 할지라도 여전히 사회계층 적으로 차별적이기 때문에, 저소득계층은 상대적으로 열악하고 환경오 염에 더 많이 노출될 수 있는 버스나 지하철 등 대중교통수단을 이용 한다. 그외에도 전국적으로 볼 때, 환경오염방지 시설업체, 환경영향평 가 대행기관 등 환경문제 통제와 관련된 기관들은 대부분은 서울에 집 중되어 있다는 사실도 환경문제의 불평등을 드러내는 주요한 지표라고 할 수 있다.

2) 비용의 불평등한 부담

환경문제는 자원 및 오염 통제수단의 제공 또는 보유에 따른 편익의 차별성뿐만 아니라 환경오염으로 인한 피해의 차별적 전가나 환경오염 통제수단의 제공을 위한 비용의 불합리한 부담이라는 점에서도 불균등 성을 내포하고 있다. 환경문제로 인한 피해나 비용부담의 불평등과 관 련하여, 우선 폐수, 폐가스, 소음, 폐기물 등 환경오염물질들의 배출량

---

21) 이러한 점과 관련하여, 환경자원 공급 시설이 불균등하게 분포함으로써, 이 를 이용하기 위해 계층적으로 차별적인 추가 요금이 부가될 수 있다. 예로, 저 소득계층의 환경자원 이용은 이들이 주거 입지의 특성으로 인해 더 많은 제약 을 받거나 추가적인 비용을 지출해야 한다. 비탈진 고지대의 저소득층지역에 서는 가압장치의 부족이나 노관의 부식 등으로 수도물 공급이 자주 중단되기 도 하며, 연탄 배달료를 연탄값보다도 더 비싸게 지불해야 하는 실정이다.

<표 9> 지역별 오염물질 배출 현황(1996년)

구분	폐수 시설	대기(천 톤/연)			소음 시설	폐기물			
		시설	SO$_2$량	NOx량		일반 (톤/일)	1인 (kg/일)	산업	
								일반	지정
전국	27,807	24,301	1,500	1,258	25,686	49,925	1.08	125.4	1,912.0
서울	3,363	841	27.1	111.4	881	13,685	1.31	11.3	59.4
부산	1,579	1,200	178.6	87.1	1,178	4,311	1.11	4.5	101.0
대구	938	597	19.5	37.7	1,650	2,652	1.07	3.2	158.9
인천	1,700	1,648	60.0	81.2	2,350	2,147	0.90	4.4	218.2
광주	627	494	4.9	17.0	469	1,461	1.12	0.5	5.8
대전	767	506	9.0	17.3	605	1,325	1.02	1.6	14.7
경기	5,425	4,890	155.1	167.1	6,795	8,023	0.98	9.4	325.9
강원	1,393	1,395	97.5	79.8	672	1,727	1.13	2.7	7.9
충북	1,432	1,617	50.5	50.6	1,613	1,822	1.25	5.0	43.7
충남	1,925	,2,029	190.8	83.8	1,840.	1,930	1.03	7.2	72.9
전북	1,792	1,361	59.1	44.1	860	1,895	0.95	3.9	31.4
전남	1,661	1,691	206.4	162.7	1,070	2,028	0.93	26.8	93.5
경북	2,021	2,214	159.0	159.9	2,688	2,247	0.08	31.1	332.9
경남	2,728	3,531	274.0	146.3	2,889	4,130	1.03	13.2	445.8
제주	456	287	8.6	10.9	126	542	1.04	0.5	0.3

주: 1) 지방환경청에서 관할하는 (공단 내) 대기(6,928개소) 및 수질(5,599개소) 배출시설
  들은 제외됨
  2) 산업폐기물에서 일반폐기물의 단위는 천 톤/일이며, 지정폐기물은 천 톤/연임.
자료: 통계청, 『지역통계연보』, 1997.

또는 배출시설들이 지리적으로 차별적이라는 점이 지적될 수 있다.

전국적으로 볼 때, 오염배출시설이나 배출량(일반폐기물의 경우를 제외하고)은 대규모 공단들이 입지해 있는 동남임해지역이나 경기도지역에 대체로 밀집되어 있다고 할 수 있으며, 서울의 경우는 상대적으로 적다고 할 수 있다(<표 9> 참조). 즉 산업시설들의 불균등한 입지에 따라, 서울시민들은 생산과정에서 발생하는 환경문제로부터 상대적으로 적은 피해를 본다고 할 수 있다. 뿐만 아니라, 생산과정에서 오염물질배출 시설들의 불균등한 분포 외에도 환경문제를 유발하는 자원개발시설들(댐, 발전소 등)이나 오염물질을 통제·처리하지만 이로 인해 주변지역에 환경오염을 유발하는 시설들(매립장, 소각시설 등)의 불균등한 분포도 환경문제의 차별성을 야기하지만, 서울은 이러한 시설들로

<표 10> 주요 도시별 대기오염도 변화(SO$_2$)

(단위: ppm)

연도	서울	부산	대구	인천	수원	성남	춘천
1990	0.051	0.036	0.041	0.044	0.039	0.041	-
1993	0.023	0.028	0.035	0.021	0.029	0.034	0.024
1996	0.013	0.022	0.023	0.012	0.023	0.012	0.010
청주	충주	대전	전주	익산	광주	구미	울산
0.016	0.035	0.029	0.022	-	0.017	0.035	0.031
0.024	0.021	0.020	0.016	0.021	0.014	0.025	0.030
0.012	0.010	0.015	0.010	0.012	0.008	0.014	0.022

자료: 통계청, 『지역통계연보』, 1997, 302쪽.

부터 상대적으로 적은 피해를 입고 있다고 할 수 있다. 1인당 폐기물 발생량에 있어서, 서울은 1.31kg으로 전국에서 가장 많은 양이며, 1인당 발생량이 가장 적은 경북의 0.8kg에 비해 1.6배나 많다는 점에서 폐기물의 발생으로 인한 피해는 다른 시·도들에 비해 더 높다고 할 수 있다.

또한 서울은 대기오염물질의 배출량은 적다고 할지라도, 대기의 오염 정도에 있어서는 1990년 초까지 도지역은 물론이고 다른 대도시들에 비해서도 훨씬 높은 수치를 보였다. 이는 산업에 의한 발생량이 비록 적다고 할지라도 난방 및 수송차량 등의 대기오염원들이 집중되어 있기 때문이라고 하겠다(<표 10> 참조). 1990년대에 들어와서 서울을 포함하여 우리나라의 대기오염은 전국적으로 상당히 개선되었다고 할 수 있다. 그러나 부산, 대구, 울산 등의 대도시지역들이나 수원과 같은 대도시 주변지역에서는 아직 다소 높게 나타난다. 이는 개선의 정도 역시 지역별로 차등적임을 말해준다. 뿐만 아니라 서울의 대기오염이 상당히 개선되었다고 할지라도, 그 정도는 서울시내에서도 지점별로 불균등하다(<표 11> 참조). 1995년 연간 평균 아황산가스 농도의 경우, 준공업지구인 영등포구 문래동지역이 0.024ppm으로 가장 높고 그 외에도 도심 상업지역인 중구 광화문지역, 그리고 주거지역인 면목동, 길음동, 쌍문동지역이 높게 나타났다. 반면 녹지지역들을 제외하면 고

<표 11> 서울시내 측정지점별 대기오염 현황(1995년)

(단위: ppm)

구분 (용도)		평균	중구 광화문 (상업)	중랑구 면목동 (주거)	동대문 신설동 (주거)	은평구 불광동 (주거)	마포구 마포 (주거)	영등포 문래동 (준공업)	관악구 관악산 (녹지)	강남구 대치동 (주거)	송파구 잠실동 (주거)
SO_2	평균	0.017	0.021	0.020	0.019	0.013	0.020	0.024	0.012	0.018	0.019
	최고	0.086	0.086	0.058	0.074	0.044	0.067	0.064	0.044	0.058	0.051
NO_2	평균	0.032	0.039	0.025	0.038	0.027	0.035	0.027	0.021	0.022	0.037
	최고	0.204	0.146	0.081	0.133	0.158	0.111	0.198	0.142	0.099	0.154

성북구 길음동 (주거)	용산구 한남동 (주거)	성동구 구의동 (녹지)	성동구 성수동 (상업)	도봉구 쌍문동 (주거)	서대문 남가좌 (주거)	구로구 구로동 (공업)	구로구 오류동 (준공업)	서초구 반포동 (주거)	강서구 화곡동 (주거)	송파구 방이동 (녹지)
0.024	0.014	0.013	0.017	0.022	0.017	0.018	0.014	0.014	0.014	0.010
0.080	0.046	0.036	0.048	0.072	0.053	0.072	0.042	0.039	0.052	0.035
0.022	0.030	0.032	0.038	0.036	0.034	0.026	0.030	0.033	0.051	0.034
0.106	0.103	0.144	0.121	0.154	0.134	0.120	0.134	0.110	0.204	0.132

자료: 환경부, 『환경통계연감』, 1996.

급 주거지역이라고 할 수 있는 용산구 한남동, 서초구 반포동, 강서구 화곡동 등이 낮게 나타났으며, 1990년대 초까지만 해도 오염도가 가장 심했던 구로공단지역이 다소 낮아졌고, 특히 준공업지역인 구로구 오류동의 오염도가 상대적으로 매우 개선되었다는 점이 특이하다고 하겠다.[22] 이산화질소에 의한 대기오염 정도는 주거지역인 강서구 화곡동에서 0.051ppm으로 가장 높게 나타났으며, 광화문과 성수동의 상업지역, 동대문 신설동 주거지역에서 높게 나타나고, 녹지지역과 대치동 주거지역에서 가장 낮게 나타났다.

이와 같은 환경오염의 공간적 차별성은 사회계층적 차별성을 상당히 반영한 것으로 조사분석되었다. 즉 <표 12>에서 보듯이, 지역별 소득 (1인당 자동차세로 산정됨)수준과 아황산가스의 오염도는 거의 완전한 반비례관계(-0.9의 상관관계)를 나타내고 있다. 이러한 대기오염의 정

---

22) 서울시 대기오염 개선의 지역적 차별성에 관해서는 조규탁, 「서울시 대기오염도의 시공간적 변화요인에 관한 연구」, 서울대 석사학위논문 1993 참조.

<표 12> 서울의 지역별 사회경제적 특성과 대기오염도(1990년)

지역	1인당 자동차세 (천 원)	지가 (천 원/m^3)	주택유형 (%)		대기오염도					
			단독	아파트	SO_2 (ppb)	CO (ppm)	NO_2 (ppb)	TSP ($\mu g/m^3$)	O_3 (ppb)	연평균 PSI
면목동	13	915	52.3	33.0	102.4	2.02	16.32	106.4	—	—
신설동	30	1,945	85.6	0.0	82.4	3.24	23.67		—	73.2
길음동	9	865	92.7	1.2	132.0	4.72	33.22	123.8	8.06	92.5
문래동	33	1,394	24.9	73.7	99.7	—	—	160.6	8.34	—
대치동	56	2,726	0.1	95.3	67.2	3.36	20.81	100.6	12.39	65.9
한남동	24	1,139	57.9	23.5	—	3.59	34.09	193.5	15.12	81.0
성수동	29	1,110	31.1	47.1	111.6	3.54	43.41	211.2	10.54	122.1
쌍문동	14	705	54.8	33.3	118.1	4.42	21.28	168.7	9.42	94.7
남가좌	9	1,011	76.2	7.6	124.4	5.90	23.90	168.6	10.96	93.4
구로동	11	1,029	53.9	36.8	136.2	4.80	24.24	175.2	19.13	121.6
반포동	50	1,903	0.0	98.7	63.4	3.17	31.52	139.2	—	78.0
방이동	34	1,435	28.1	21.1	73.2	2.84	31.64	148.0	22.70	85.7
소득(자동차세)과 오염도의 상관관계					-0.9	0.50	0.14	-0.41	0.13	-0.56

주: 오염도 SO_2, CO는 1, 2, 11, 12월 평균; NO_2, TSP는 연평균; O_3는 5,6월 평균.
자료: 양장일, 「서울의 지역별 대기오염도와 소득분포 간의 상관관계에 관한 연구」, 서울대 환경대학원 석사논문, 1992.

도는 또한 해당 지역의 지가 및 주택유형과도 상당한 관계가 있는 것으로 분석된다. 대표적으로, 대치동과 반포동의 경우 소득수준이 가장 높은 반면, 아황산가스에 의한 오염도는 가장 낮게 나타났으며, 이와 관련하여 지가는 아주 높고 주택유형에서 아파트가 전체의 95% 이상을 차지하고 있다. 반면 면목동, 길음동, 쌍문동, 남가좌동, 구로동 등은 아황산가스에 의한 대기오염 정도가 가장 나쁜 지역들이며, 이와 관련하여 소득수준과 지가가 가장 낮은 지역들로 주택유형에서 단독주택의 비율이 상대적으로 높은 지역들이다.

환경오염의 사회공간적 차별성은 더욱 좁은 지역 내에서도 확인될 수 있다. 즉 오염물질을 유발하는 시설의 입지지점 주변에서 환경오염은 상대적으로 미세한 거리의 차이에 따라서도 차별적으로 나타나며, 이와 관련하여 사회경제적 특성들이 달리 나타나고 있다. 이러한 사실

<표 13> 오염원(연탄공장의 석탄분진발생)에서 거리별 사회환경적 특성의 차이

거리 특성구분	50m	100m	300m	500m	500m 이상
석탄분진(농도: mg/m)	1,345	9,904	5,204	2,460	2,300
소득(월평균가계총계)	312,500	307,248	413,333	425,714	511,250
지가	190만 원	190만 원	192만 원	200만 원	254만 원
직접적 인접성 비용	22,849	19,853	24,362	25,783	30,492
환경오염 인지도	62.5%	71.0%	78.3%	86.1%	57.1%
질병발생수(상봉동)	진폐: 0 기타: 6	진폐: 1 기타: 28	진폐: 3 기타: 24	진폐: 1 기타: 21	진폐: 1 기타: 4

주: 분진농도는 풍속 2.5m/sec, 높이 15m 지점의 추정치임.
자료: 서우석, 「환경오염에 의한 사회경제적 요소의 차별화 현상에 관한 연구」, 서울대
    환경대학원 석사논문, 1991, 57쪽.

은 <표 13>에서 제시된 바와 같은 사례연구에서 잘 드러나고 있다.
즉 점(點)적 오염원이라고 할 수 있는 연탄공장(이문3동, 석관1동)에서
발생하는 석탄분진은 100m 정도 떨어진 지점에서 가장 높고, 거리에
따라 점점 줄어드는 것으로 추정된다. 이와 같이 거리에 따라 차별적인
석탄분진의 영향은 거리에 따른 사회환경적 특성의 차이를 야기하고
있다. 즉 100m지점에 위치한 가구의 월평균 총가계소득은 30만 원 정
도로 가장 낮게 나타나며, 자가 또한 가장 낮다. 즉 환경오염의 정도는
소득계층과 지가와 역관계를 보인다. 그러나 인접성비용과 환경오염의
인지도에 있어서는 다소 상이한 관계를 보이고 있다. 질병치료비, 세탁
비, 청소비, 전기료, 수도료 등을 포함한 직접적 인접성비용은 100m
지점에서 가장 낮게 나타나고 있다. 이러한 사실은 이 지점에서 석탄분
진의 농도 및 이와 관련된 질병 발생수가 가장 높지만,[23] 반면 소득수
준이 가장 낮아서 환경오염으로 인한 피해에 직접적으로 비용을 지불
하기 어렵거나 또는 환경오염에 대한 가치를 작게 부여하기 때문인 것

---

23) 대기오염의 악화와 만성호흡기질환의 증가의 관련성에 관한 국립환경연구원
   (환경보건연구부 강인구 외)의 실증적 연구결과에 따르면, 다음의 <부표 3>
   과 같이 이들간에 밀접한 관계가 있는 것으로 밝혀졌다. 강인구 외, 「대기오염
   유발 만성호흡기계 질환의 발생예측기법 개발에 관한 연구」, ≪국립환경연구
   원보≫ 제15권, 1993, 17-24쪽 참조.

으로 추정된다. 사례조사 연구에서 나타난 바와 같이, 환경오염의 인지도는 500m지점에서 가장 높게 나타나고 있다.

이와 같이 소득계층별 또는 이를 반영한 지역별 환경오염과 그 피해의 차별성과 더불어 강조되어야 할 점으로, 저소득계층은 일상생활에서 뿐만 아니라 소득을 얻기 위한 작업장의 열악한 환경에 의해서도 심각한 피해를 입게 된다는 점이다. 뿐만 아니라, 저소득계층은 지하철 이용과 같은 일상생활의 여러 가지 다른 상황에서 심각한 환경오염을 경험하고 이로 인한 피해를 입고 있다.[24] 이상에서 대기오염을 중심으로 살펴본 환경오염 피해의 사회공간적 차별성은 다른 유형의 환경오염들에도 유추될 수 있을 것이다.

환경문제의 사회공간적 불평등은 이와 같이 환경오염에 따른 피해의 차별성뿐만 아니라 발생한 환경문제의 처리·통제비용의 불합리한 (비록 절대적으로 불평등한 것은 아니라고 할지라도) 배분에 의해서 증폭될 수 있다. 예를 들어, 1994년 서울시에서 구별 상주인구 1인당 일반쓰레기의 처리(발생)량은 중구와 종로구 등 도심(상업활동은 가장 활발하지만, 상주인구밀도가 낮아서 야간에 인구공동화현상을 나타내는 지역)에서 가장 많고, 그외 인구밀집지역인 영등포구와 (상대적으로 고소득층 밀집지역이라고 할 수 있는) 강남구, 송파구 등에서 높게 나타난다(<표 14> 참조). 이에 따라 상주인구 1인당 1일 부담해야 할 비용은 중구, 종로구에서 가장 높았지만, 상주인구밀도가 높은 강남구나 송파구에서는 다른 지역들에 비해 그렇게 높지 않았다. 그러나 지역주민

<부표 3> 만성호흡기질환에 의한 입원율과 대기오염도

구분	부산 사하구	울산 남구	서울 종로구	충북 청주시
입원율(10만 명당)	213	120	114	87
먼지농도(mg/m^3)	183	117	129	69
대기오염지표	3.2	2.6	3.4	1.7

자료: ≪한겨레≫ 1994. 8. 10.

24) 지하철역 내 공기의 중금속 오염에 관해, 김윤식·김신도, 「서울시 지하철역 내 대기오염물질에 대한 조사연구」, ≪한국위생학회지≫ 1994 참조.

<표 14> 서울시 구별 상주인구 1인당 지역청소비용 현황(1994년)

구분	전체	종로	중	용산	성동	동대문	중랑	성북	도봉	노원
1인당 처리량(kg/일)	1.23	2.01	3.52	1.35	1.22	1.40	0.91	1.09	0.87	0.85
1kg당처리비용(원/kg)	37.1	35.8	29.9	37.9	39.6	40.6	49.5	45.7	44.4	37.1
1kg당 수수료(원/kg)	19.1	17.2	25.3	20.8	14.7	12.5	13.7	12.5	16.3	19.9

은평	서대문	마포	양천	강서	구로	영등포	동작	관악	서초	강남	송파	강동
0.80	1.07	1.04	0.80	1.05	0.95	1.51	0.99	0.86	1.17	1.31	1.43	0.85
44.1	40.7	39.9	36.9	36.9	42.0	31.8	39.7	43.7	29.9	28.0	30.1	42.1
20.0	17.6	18.3	20.9	18.8	20.0	16.7	13.9	13.9	38.7	21.2	14.6	20.5

자료: 서울특별시 청소사업본부, 『일반폐기물 단계별 처리비용 및 환경미화원적정 과업량』, 1994, 144쪽.

들이 이러한 처리비용의 부담에서 실제 지출하는 수수료는 다소 상이한 공간적 분포를 보였다. 즉 1994년까지 (즉 쓰레기종량제가 실시되기 이전) 수수료 부담체계는 가구당 발생량에 비례한 것이 아니라, 건물크기와 재산세액에 따라 책정되어 있기 때문에, 고소득층이 중심을 이루는 서초구와 강남구의 가구들이 쓰레기처리 수수료를 비교적 많이 납부했다. 즉 수수료 부담이 가장 낮은 중랑구의 가구에 비해 서초구의 가구는 3.75배 높은 수수료를 부담했다. 이러한 점은 각 가계의 부담능력과 관련시켜 평가될 수 있다. 즉 (앞에서 지적한 광열수도요금 지불의 경우와 마찬가지로) 가계의 총지출에서 쓰레기처리 수수료가 차지하는 비중이 매우 낮기 때문에, 고소득층 가구당 쓰레기처리 수수료는 가계에 큰 부담이 되지 않는 반면 저소득층의 경우는 상대적으로 상당한 부담이 될 것이다.

이러한 쓰레기처리 수수료체계는 1995년 이후 시행된 종량제로 인해 소득계층별 차별성을 확연하게 드러내게 되었다. 쓰레기 발생량을 총량적으로 줄인다는 전략에 따라 (시범)실시되고 있는 종량제는 수수료를 가구별 소득이나 부담능력과는 무관하게 발생량에 따라 부가되게 되었다. 수수료체계의 변화는 저소득계층에서 부담 증가율이 매우 높

<표 15> 종량제 실시 전후의 수수료 변화

A. 소득계층에 따른 변화 (시범지역 전체)

연간 총수입	시행 전 수수료	시행 후 수수료	증감액	증감률
1,000만 원 미만	2602.7	3311.1	708.4	27.2
1,000~1,500만 원	2921.4	3647.8	726.4	24.9
1,500~2,000만 원	2731.7	3492.5	760.8	27.9
2,000~2,500만 원	3951.0	3685.6	-265.3	-6.7
2,500만 원 이상	5309.8	5074.4	-235.4	-4.4

주: 1,000~1,500만 원 소득계층과 1,500~2,000만 원 소득계층의 수수료 수치가 바뀐 것 같음.

B. 지역별 변화와 가계부담 정도

(단위: 원/가구, %)

지역별	수수료 변화				가계부담 정도			
	시행 전	시행 후	증감액	증감률	상당 부담	조금 부담	전혀 안됨	생각 안함
대도시	4,687.8	5,838.7	1,150.9	24.6	9.3	36.6	23.7	30.4
중소도시	3,955.2	4,533.7	578.5	14.6	12.0	43.1	23.2	21.7
농촌지역	2,717.6	2,717.6	1,395.7	51.4	8.9	49.5	19.9	21.8

자료: 종량제시범사업민간평가단 2차 설문조사.

은 반면, 실제 부담능력이 있는 고소득계층에게는 오히려 감소효과를 가져오는 결과를 보였다. <표 15>의 A는 1995년 쓰레기종량제가 시범실시되었던 지역들의 가구들을 대상으로 조사한 자료로서, 실시 전후 수수료의 계층별 부담은 소득역진적 특성을 심각하게 나타내었다. 즉 쓰레기종량제의 실시로 인해 연간수입 2,000만 원 이하의 가계에서 월 평균 700원 이상을 더 부담하게 된 반면, 그 이상의 가계에서는 수수료가 월 평균 250원 정도 절대적으로 줄어들게 되었다. 또한 종량제의 실시는 지역별로도 차별적인 영향을 미쳤다. <표 15>의 B에서 확인되는 바와 같이, 대도시의 영세서민들과 농촌지역 주민의 수수료 부담이 다른 계층이나 지역에 비해 더 증가했다.[25] 이와 같이 부담능력을

---

25) 특히 시범실시 당시 종량제의 비용부담체계는 지역별로 불균등하게 설정되었다. 즉 대도시는 당시 수수료체계를 그대로 적용(즉 기본봉투는 무료로 배

고려하지 않고 단지 총량적으로 환경문제를 통제하고자 하는 정책들은 사회계층적 차별성을 더욱 조장한다고 할 수 있다.

3) 환경문제 인식에서의 상이성

환경문제의 불평등은 이와 같은 객관적 실측이나 조사자료를 통해 확인될 수 있을 뿐만 아니라, 어떤 계층이나 지역에 속하는 사람들의 주관적 인식에도 반영되어 나타날 것으로 추정된다. 그러나 외적 환경문제의 정도는 사람들의 내적 인식에 동일한 모습으로 반영되는 것은 아니다(앞서 연탄공장 주변의 석탄분진에 의한 오염 정도에 관한 인식조사 사례에서 확인된 바와 같이). 왜냐하면 객관적 현상들에 대한 인간의 인식은 자신이 처해 있는 사회공간적 특성, 예로 소득수준이나 이해관계 및 개인적 또는 집단적 동기들에 따라 상이할 수 있기 때문이다. 즉 저소득계층(지역)은 객관적으로 환경문제가 심각하더라도 이에 대한 주관적 민감성은 상대적으로 낮을 것이며, 반면 고소득계층(지역)은 객관적 심각성이 낮다고 할지라도 주관적 민감성은 상대적으로 높을 것으로 추정된다(<표 16> 참조). 이로 인해 환경문제의 심각성에 대해 겉으로 표현되는 인식도는 양 계층에서 모두 높거나, 또는 서로 상쇄되어 중간계층에서 오히려 높게 나타날 수도 있다.

그러나 환경오염에 대한 민감성이 저소득계층(지역)주민들에게 낮게 나타나는 것은 결코 절대적인 것이 아니라 상대적이라고 할 수 있다. 즉 실제 이들이 환경오염문제를 덜 느끼기 때문이라기보다 생활과정에서 다른 문제(즉 실업이나 빈곤 그 자체의 문제)에 더 많은 고통을 받

부하고 추가봉투만 종량제 도입)했지만, 농촌지역의 경우는 기본봉투부터 종량제를 적용 실시했다. 또한 각 지방자치단체들이 조례로 정한 쓰레기봉투의 값도 지역별로 상이했다. 가정용 추가봉투와 사업장용 봉투(20리터 기준)의 경우, 대구는 110원, 서울은 190원인 반면 전북 옥구군은 350원, 충북 영동군 340원, 전북 김제시는 270원 등이며, 가장 비싼 곳은 가장 싼 곳의 3.2배에 달했다.

<표 16> 환경문제 인식에서의 특성

구분	환경문제에 대한 객관적 심각성	환경문제에 대한 주관적 민감성
저소득계층(지역)	높음	낮음
고소득계층(지역)	낮음	높음

고 있기 때문이라고 할 수 있다. 실제 사례연구에서, 저소득계층들은 환경오염이 심각한 것을 알면서도 여러 가지 다른 이유들(대표적으로 집값이 싸기 때문)로 인해 이 오염된 지역으로 이주해오거나 또는 이 지역을 벗어나지 못하고 있다.[26]

이와 같이 환경문제의 심각성에 대한 인식도의 상이성은 그 나름대로 주요한 의미를 가지고 환경문제의 불평등에 관한 분석에서 고려되어야 할 것이다(또한 이러한 인식의 상이성은 해결방안에 대한 요구나 자신의 실천에 있어서의 상이성을 유발하게 된다). 이를 위해 우리는 조사자료의 면밀한 고찰을 통해, 객관적 현상으로 드러나는 환경문제의 사회공간적 불평등이 해당 계층이나 지역 주민들의 인식에 어떻게 상이하게 반영되는가에 관해 규명할 수 있어야 할 것이다.

환경문제의 인식에서의 상이성은 우선 서울시 구별 주민들이 자기가 살고 있는 거주지역의 환경오염에 대한 심각성의 인식 정도에 관한 자료 분석을 통해 확인될 수 있다(<표 17> 참조). 앞의 <표 11>에서

---

26) 서우석, 앞의 글, 1991, 51쪽 참조. 이러한 점에서, 실제로 구로공단에서 일하는 한 노동자의 이야기는 아주 시사적이다. "구로지역이 다른 서울지역보다 환경오염의 정도가 심하다는 것은 이미 알고 있었고, 노동자들도 그런 이야기를 하면서 이사하고 싶다는 말을 한다. 그러나 그것은 말뿐이다. 곧 잊어버린다. 돈도 없고 바쁘다 보니까…." 이세영, 「노동자가 처해 있는 환경오염실태와 환경운동의 주체」, ≪환경과 생명≫ 겨울호, 1994에서 인용. 이러한 점은 서양의 환경불평등 사례와 일치한다. 예로, "가난한 흑인들은 환경적 재해에 노출된다. 왜냐하면, 가난하기 때문에 그들은 이미 오염된 지역이지만 땅값이 싼 지역으로으로 이전하기 때문이다." Howard McCurdy, "Africville: environmental racisim," in Laura Westra and Peter S. Wenz(eds.), *Faces of Environmental Racism*, Rowman and Littlefield, 1995 참조

<표 17> 서울시 구별 주거지역의 환경오염에 대한 평가**

구분	전체	종로	중	용산	성동	동대문	중랑	성북	도봉	노원
대기오염 심각성	3.05	2.95	3.17	2.75	3.27	3.09	3.04	3.96	2.57	2.64
수돗물 식수 적합성	1.93	1.86	1.94	1.82	2.05	1.80	1.84	1.86	1.60	1.92
생활쓰레기 심각성	3.84	4.21	4.05	3.60	3.72	3.69	3.80	3.60	3.86	3.58
생활소음 심각성	4.00	3.91	4.11	4.25	3.94	3.95	3.46	3.80	4.01	3.96

은평	서대문	마포	양천	강서	구로	영등포	동작	관악	서초	강남	송파	강동
2.78	2.86	3.09	3.10	3.07	3.94	3.48	2.74	2.92	3.16	2.79	3.09	3.06
1.84	1.69	1.90	1.06*	1.60	2.09	2.23	1.97	1.96	2.25	2.14	2.09	1.77
4.00	3.75	3.78	3.80	3.71	4.06	3.81	3.87	3.90	3.66	4.04	4.01	3.93
3.86	3.90	3.90	4.15	4.14	4.25	3.95	3.94	4.20	3.75	4.04	4.01	4.12

주: 1) **평가 점수는 '전혀 그렇지 않다'=1, '그렇지 않은 편이다'=2, '보통이다'=3,
'그런 편이다'=4, '매우 그렇다'=5점을 부가하여 응답자들의 점수를 평균한 수치.
  2) *는 수치 표기에서 잘못된 것으로 판단됨.
자료: 인텔리서치, 『서울시민의 환경문제 인식과 행태에 관한 여론조사』, 1993.

제시된 객관적 실측자료(1995년)에서 대기오염은 아황산가스의 경우 영등포구 문래동, 성북구 길음동, 도봉구 쌍문동 등에서, 이산화질소의 경우 중구 광화문, 송파구 잠실동, 성동구 성수동, 강서구 화곡동 등에서 보다 심각한 것으로 나타났다. 이에 따라 중구, 성동구, 구로구 주민들은 대기오염의 심각성을 보다 강하게 느낀다고 할 수 있다. 그러나 대기오염물질의 농도가 상대적으로 낮은 서초구 주민들이 그 심각성을 높게 인식하고 있다는 점은 이 지역이 고소득층 밀집지역으로 환경오염에 대해 상대적으로 민감하기 때문이라고 할 수 있다.

　이와 같은 대기오염의 심각성에 대한 평가는 지역별보다는 소득계층별로 더 큰 차별성을 나타내었다. <표 18>의 A에서 알 수 있는 바와 같이, 주거지역 대기오염의 심각성에 대한 인식에서 저소득계층일수록 보다 심각하게 느끼는 것으로 조사되었다. 즉 대기오염이 전혀 심각하지 않거나 그렇게 심각하지 않다고 인식하는 사람들의 비율이 최저계층에서 22.0%에 불과한 반면 최고계층에서 44.5%에 이르고, 그 반대로 심각한 편이거나 또는 매우 심각하다고 인식하는 사람들의 비율은

<표 18> 서울시 환경문제에 대한 소득계층별 인식

(단위: %, 점수)

A. 주거지역의 대기오염 심각성

소득계층	전혀 그렇지 않다	그렇지 않은 편이다	보통 이다	그런 편이다	매우 그렇다	평가 점수 평균
전체	4.0	31.4	30.0	23.9	10.7	3.05
80만 원 이하	4.2	17.8	38.1	25.4	14.4	3.27
80~120만 원	3.2	34.4	23.9	27.7	10.9	3.08
120~160만 원	3.8	30.5	34.6	20.7	10.5	3.03
160~200만 원	4.7	30.6	27.6	25.9	11.2	3.08
200만 원 이상	5.5	39.0	28.1	19.2	8.2	2.85

B. 수돗물 식수이용의 적합성

소득계층	전혀 그렇지 않다	그렇지 않은 편이다	보통 이다	그런 편이다	매우 그렇다	평가 점수 평균
전체	37.6	40.0	14.4	6.8	1.1	1.93
80만 원 이하	34.7	40.7	19.5	3.4	1.7	1.96
80~120만 원	40.0	34.4	16.8	7.7	1.1	1.95
120~160만 원	31.9	45.2	14.8	6.5	1.5	2.00
160~200만 원	34.7	45.9	10.6	8.2	0.6	1.94
200만 원 이상	49.3	34.9	7.5	7.5	0.7	1.75

C. 생활쓰레기의 환경오염 유발

소득계층	전혀 그렇지 않다	그렇지 않은 편이다	보통 이다	그런 편이다	매우 그렇다	평가 점수 평균
전체	0.9	8.5	17.0	53.0	20.1	3.84
80만 원 이하	1.7	12.7	12.7	49.2	23.7	3.80
80~120만 원	0.7	8.8	17.5	51.6	21.1	3.85
120~160만 원	1.5	6.4	17.7	52.5	21.9	3.86
160~200만 원	0.6	8.2	20.6	54.7	15.9	3.77
200만 원 이상	0.0	8.2	13.0	57.5	21.2	3.91

D. 생활소음의 심각성

소득계층	전혀 그렇지 않다	그렇지 않은 편이다	보통 이다	그런 편이다	매우 그렇다	평가 점수 평균
전체	2.0	7.2	9.1	52.1	29.6	4.00
80만 원 이하	2.5	7.6	10.2	51.7	28.0	3.94
80~120만 원	2.5	6.0	6.7	55.1	29.8	4.03
120~160만 원	1.1	6.8	8.3	52.3	31.6	4.06
160~200만 원	2.4	8.8	12.9	47.1	28.8	3.91
200만 원 이상	2.1	8.2	8.9	52.7	28.1	3.96

주: 무응답자와 기타의 경우(사례수 중에서 1명)는 제외함.
자료: 인텔리서치, 『서울시민의 환경문제 인식과 행태에 관한 여론조사』, 1993.

최저계층에서 39.9%에 이르는 반면 최고계층에서는 27.4% 정도로 나타났다. 수돗물의 식수적합성에 대한 평가는 대기오염의 심각성에 대한 인식과는 다른 양상을 보였다(<표 18>의 B 참조).

이에 대한 평가는 전반적으로 부정적이며 지역별 편차는 상대적으로 적은 편인데 성동, 구로, 서초, 강남구에서 상대적으로 부정적 인식이 약한 반면 도봉, 서대문, 강서, 강동구에서 부정적 인식이 보다 강하게 나타나고 있다. 이 지역들은 잠실수중보 상류를 원수로 하는 지역(성동구), 팔당댐을 원수로 하는 지역(강동구), 이들을 혼합한 물을 원수로 하는 지역(구로구), 이들 각각을 부분적으로 달리 공급받는 지역들(서초, 강남, 서대문, 도봉구)이 혼재되어 있음에도 인식의 상이성을 드러낸다는 점은 객관적 사실보다는 주민들의 사회경제적 특성에 따라 더 많이 좌우되기 때문이라고 할 수 있다.[27] 즉 <표 18>의 B에서 제시된 자료에서와 같이, 수돗물 식수이용에 대한 적합성 인식은 소득이 낮은 계층에서 높은 계층으로 갈수록 대체로 더 부정적인 것으로 나타났다.

그외 생활쓰레기와 생활소음은 전반적인 아주 심각하게 인식되고 있지만, 특히 생활쓰레기의 심각성은 종로, 중구, 은평, 강남, 송파구에서, 생활소음의 심각성은 용산구, 양천구, 강서구, 구로구, 강남구, 송파구, 강동구에서 상대적으로 높게 나타나고 있다(<표 18>의 C, D 참조). 이러한 인식의 양상은 실제 환경문제가 심각한 경우와 환경문제에 대해 민감하기 때문에 심각하게 인식하게 되는 경우로 양분해볼 수 있을 것이다. 이로 인해 실제 환경문제가 심각한 저소득층지역(예, 구로구)과 환경문제에 대해 민감한 고소득층지역(예, 강남구)에서 모두 심각성이 높게 나타났다. 그러나 이를 계층별로 합산해볼 때, 인식의 양상은 다르게 나타날 수도 있다. 즉 생활쓰레기의 경우, 최저소득계층에서 '매우 그렇다'고 인식하는 주민의 비율이 가장 높은 반면, 평가점수 평균은 대체로 소득계층에 따라 높아지고 있다. 이와는 달리, 생활소음의 경우 최저소득계층과 최고소득계층 양극에서 '매우 그렇다'고 인식하는 주민의 비율이 상대적으로 낮고 평가점수 평균도 양극에서 상대적으로 낮게 나타나는 반면, 중간계층들에서 상대적으로 높은 점수를 보였다.

이와 같이 환경문제에 대한 인식도는 객관적 심각성을 정확히 반영하지 않을 뿐만 아니라, 주관적 민감성의 사회경제적 특성에 따라 상쇄된 효과를 보이기도 한다. 그러나 전반적으로 환경문제에 대한 인식도에서 나타나는 상이성은 환경문제의 사회공간적 불평등을 반영한다고

---

27) 물론 수돗물의 식수이용 적합성은 사용자들에게 최종적으로 도달되는 수도꼭지의 수질에 대한 정확한 조사에 기초해야 할 것이다. 왜냐하면, 일반적으로 수도관의 부식과 오염상태는 매우 불량한 상태라고 알려져 있으며, 이러한 불량상태는 매설시기별, 지역별로 차별적이기 때문이다.

<표 19> 환경오염으로 인한 거주지역 변경 의사

(단위: 명, %)

구분	전체	80만 원 이하	80~120 만 원	120~160 만 원	160~200 만 원	200만 원 이상
사례 합계	1,000	118	285	266	170	146
있다	54.9	58.5	58.6	57.1	51.2	46.6
없다	45.0	40.7	41.4	42.9	48.8	53.4

주: 무응답(15명)와 기타(1명)의 경우는 제외함.
자료: 인텔리서치, 『서울시민의 환경문제 인식과 행태에 관한 여론조사』, 1993.

할 수 있다. 이러한 점은 환경오염으로 인한 거주지역 변경의사에서 여실히 드러나고 있다. 즉 <표 19>에서 제시된 바와 같이, "'환경오염이 심각하다'는 이유로 거주지역을 서울 이외의 지역으로 옮길 생각을 해보신 적이 있습니까?"라는 설문에서, 이주의사를 가진 경우와 그렇지 않은 경우의 비율은 소득계층과 분명히 반비례되는 경향을 나타내었다.

4. 환경문제 불평등의 구조적 배경

환경문제의 심각성 그리고 이의 사회공간적 불평등은 가시적으로 (객관적 현상 또는 주관적 인식으로 표현되는) 드러나는 문제라고 할 수 있다. 이러한 문제현상의 규명도 중요하지만, 우리가 보다 관심을 기울여야 할 점은 이러한 불평등이 왜 유발되는가, 즉 환경문제의 불평등을 유발하는 구조적 배경을 밝혀내야 한다는 점이다. 이를 위해 우리는 환경문제에 고유하게 자연지리적으로 내재된 불평등과 경제적, 정치적, 사회문화적으로 유도된 불평등의 구조적 배경을 해명해야 한다.[28] 아래에서 논의될 환경문제의 사회공간적 불평등의 구조적 배경

---

28) 환경문제 발생의 구조적 배경에 관해서는 최병두, 『한국의 공간과 환경』, 한길사, 1991, 제4부 참조.

<그림 2> 환경문제 불평등의 구조적 배경

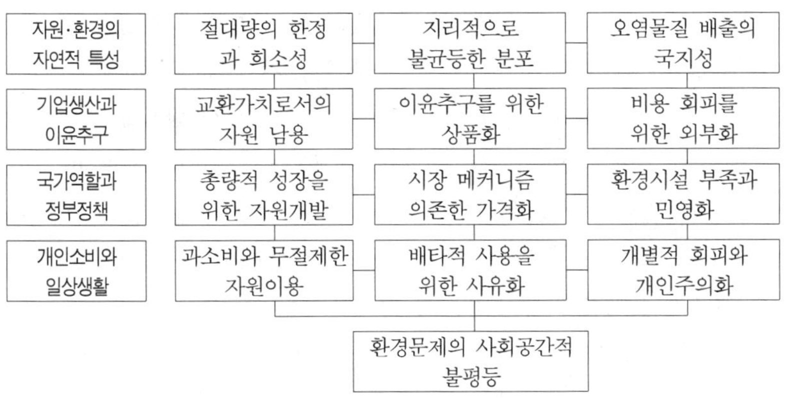

을 요약하면, <그림 2>와 같이 나타낼 수 있다.

1) 자연지리적으로 내재된 불평등

우선 우리는 환경자원 그 자체 또는 환경문제의 주어진 속성이 이러한 차별성을 유발할 수 있음을 확인할 수 있다. 첫째, 환경자원은 절대적 및 상대적으로 한정되어 있다. 환경의 구성요소들, 예로 물, 공기, 흙 등은 무한한 것처럼 보이지만 분명 절대적으로 한정된 양으로 존재하며, 특히 인간생활의 향상과 사회경제의 발전에 따라 유용한 자원에 대한 수요가 급증함에 따라 한정량의 상대적 희소성은 증대된다. 이와 같은 환경자원의 희소성은 보편적 환경문제를 함의하고 있으며, 따라서 환경문제의 불평등을 유발하는 직접적 원인이 아니라고 할지라도, 소유와 이용의 경쟁을 촉발함으로써 불평등을 조장하는 속성을 내재하고 있다. 마찬가지로 환경통제시설이나 수단들은 아무리 많이 공급된다고 할지라도 일정한 한계를 가지며, 이의 부족은 사회공간적으로 차별적인 소유와 이용을 가져오게 된다.

둘째, 환경자원 또는 환경용량은 지리적으로 불균등하게 분포한다.

인간생활에 쾌적한 환경이나 유용한 자원들은 이미 자연지리적으로 불
균등하게 주어져 있다. 지리적으로 불균등하게 분포되어 있는 지형이
나 토양의 조건, 기후와 강수량, 동식물의 종류, 그외 생산에 소요되는
원료나 생활에 필요한 자원 등은 인간생활이나 사회 발전에 차별적으
로 영향을 미칠 뿐만 아니라, 발생한 환경문제의 지리적 이동이나 확
산, 환경문제의 회복을 위한 자정능력의 차별성을 만들어낸다. 이러한
점에서 자원고갈과 환경오염의 문제는 궁극적으로 보편화된다고 할지
라도, 그 이전까지는 국지적 또는 장소특정적이다.

셋째, 대부분의 환경문제들은 점(點)적 또는 국지적으로 발생한다.
환경문제는 선(線), 면(面)의 규모로 발생할 수 있으며, 또한 일단 발생
한 문제는 보다 넓은 지역으로 확산되는 경향이 있고 특히 오존층의
파괴나 기후온난화현상과 같이 전지구적으로 발생하는 환경문제도 있
다. 그러나 지리적으로 확산되거나 또는 지구적 규모로 발생하는 환경
문제들은 확산 또는 발생과정에서 문제가 어느 정도 완화되거나 또는
상대적으로 완만하게 진행되며, 그 피해도 간접적이고 점증적이다. 반
면 대형 환경사건들에서 확인된 바와 같이, 국지적 환경문제는 매우 강
력하며 급속하게 (때로 폭발적으로) 진행되고, 그 주변지역 주민들에게
직접적이고 엄청난 피해를 미칠 수 있다. 또한 환경문제를 통제하기 위
해 인공적(공공적)으로 조성되는 시설들도 상대적으로 좁은 지역에서
만 그 효과를 발휘할 수 있는 한계를 가진다.29)

이와 같이 환경자원의 양적 및 지리적 특성과 문제발생의 국지적 속
성은 불균등성을 내재하고 있다고 할지라도, 이는 환경문제의 사회공
간적 불평등성을 모두 설명해주지 않는다. 왜냐하면, 이러한 환경문제

---

29) 이러한 점에서, 환경재는 기본적으로 공공재적 성격을 가지지만, 엄밀히 말
해 어떤 공간적 범위 내에서 우선적으로 영향을 미친다는 점에서 '국지적' 공
공재라고 불린다. 환경재를 포함하여 국지적 공공재의 불평등분배효과에 관
한 연구로는 박문옥 외, 「환경재와 지방공공재의 불평등한 분배효과에 관한
실증연구: 서울시의 생활환경과 도시공공서비스를 중심으로」, ≪국토계획≫
제25권 2호, 1990.

의 불평등성은 경제·정치적, 사회·문화적 요인들에 의해 더욱 증폭될 수 있으며, 또한 이에 대한 대응능력은 사회공간적으로 차별적이기 때문이다. 즉 환경자원의 절대적 한정 또는 부족은 이에 의존한 경제성장 과정에서 부적절한 개발과 무분별한 남용으로 인해 더욱 가속화될 수 있으며, 독점적 소유와 배타적 이용 또는 기업이나 정부가 문제를 통제하기 위해 도입하는 여러 가지 전략들로 인해 상대적 희소성이 더욱 심화될 수 있다. 또한 환경문제는 환경자원 그 자체의 지리적 불균등이라기보다 이를 이용 또는 통제하는 인공적 시설들의 불균등 분포에 더 많이 기인하며, 지리적으로 불균등하게 발생하는 환경문제들에 대한 대응능력은 사회계층적으로 차별적이다.

만약 환경문제의 불평등이 자연지리적으로 주어진 것이라면, 이 문제는 사회구조적 조건들을 초월하여 어떠한 역사시대나 사회체제를 초월하여 발생할 것이다. 그러나 환경문제의 불평등은 역사적으로, 사회체제적으로 상이하게 나타나고 있다. 즉 이러한 사회구조적으로 유발된 환경문제의 불평등은 물론 역사적으로 각 시대마다 나타나는 현상이지만, 특히 현대 산업사회 또는 자본주의 사회에서 특정적이다. 자본주의 사회에서 환경자원은 그 당시의 사회기술적 조건에 따라 분명 상대적으로 부족했을 것이고, 전쟁이나 침략 또는 식민지 지배 등을 통해 수탈됨에 따라, 사회공간적으로 차별적으로 이용되었을 것이다. 또한 확보된 환경자원에의 접근 또는 이의 배분은 정치적 지배권력이나 사회문화적(예로, 종교적) 신분이나 권위에 의해 제한·통제되었을 것이다. 그러나 그 당시 환경자원의 절대적 가용량은 오늘날처럼 희소하지 않았을 것이며, 환경문제도 오늘날처럼 심각하게 발생하지도 않았을 것이다. 따라서 산업사회에서 환경문제의 불평등은 오늘날과는 상이한 배경에서 발생했겠지만, 그 정도도 상대적으로 미약했을 것이고 이를 회피할 수 있는 방안들의 모색도 개인의 자율성에 따라 비교적 용이했을 것이다. 이러한 점에서, 우리는 환경문제의 불평등성을 심화시키는 현대 사회의 경제적, 정치적, 사회문화적 배경을 보다 철저하게 고찰해보아야 할 것이다.

2) 경제적으로 유도된 불평등

오늘날 환경문제, 특히 불평등의 문제는 산업사회 또는 자본주의사회에 내재된 메커니즘에 의해 발생한다. 우선 경제적 측면에서, 첫째, 고도의 기술과 조직적 생산공정을 통한 기업들의 대규모 생산은 엄청난 양의 환경자원을 소모함으로서 이의 희소성을 점점 가중시키고 있다. 이렇게 심화된 환경자원의 상대적 희소성은 소유와 이용에 대한 경쟁과 독점을 유발하고, 이에 따라 경쟁적 독점에서 제외된 계층이나 지역이 발생하게 된다. 특히 기업들의 생산과정은 인간생활에 직접적으로 필요한 사용가치로서 환경자원을 이용하는 것이 아니라 더 많은 이윤을 남기기 위한 교환가치로서 이용한다. 더 많은 이윤, 즉 교환가치를 위한 기업의 생산활동은 절대적으로 한정된 환경자원을 마치 무제한적인 것처럼 남용할 뿐만 아니라, 생산물이 누구에 의해 소비·이용되는가에 대해서는 무관심하다.

둘째, 기업의 이윤추구활동은 과거 자유재 또는 공공재로 이용되었던 환경자원들을 상품화시킴으로서 이에 대한 이용과 접근을 차별적으로 통제하게 되었다. 대부분의 환경구성요소들, 예를 들면 물이나 공기는 대가를 지불하지 않더라도 누구나 자유롭게 이용할 수 있으며, 한 사람의 이용이 다른 사람의 이용에 영향을 미치지 않는 재화라고 할 수 있다. 그러나 환경문제가 점점 심화됨에 따라, 이러한 재화들의 저질화(오염)와 희소화가 유발되었고, 기업들은 이를 계기로 이러한 재화들을 상품화시킴으로서 새로운 이윤 창출기회를 확보하고자 한다. 뿐만 아니라, 기업들은 오염된 환경을 통제하기 위한 제반시설이나 기술 또는 수단들을 개발하여 상품으로 생산하는 환경산업을 촉진시키고 있다. 환경산업의 발달은 어떤 의미에서 환경문제의 통제에 기여한다고 할지라도, 상품화된 환경재 또는 관련재화들은 사회계층적으로 차별화되게 마련이다.

셋째, 기업의 생산활동은 지리적으로 불균등하게 분포하며, 이에 따른 오염물질의 배출도 불균등하게 유발된다. 기업은 사회공간적 분업을 통해 더 많은 이윤을 얻고자 하며, 특히 공장을 가능한 값싼 노동과 용지, 용수, 전력, 기타 사회간접시설 등을 이용할 수 있는 지역에 입지시키고자 함으로써, 환경자원의 이용에서 사회공간적 차별성을 유발한다. 뿐만 아니라, 기업의 이윤추구활동은 비용을 가능한 부담하려 하지 않기 때문에, 생산과정에서 발생하는 오염물질들의 통제비용을 스스로 지불하기보다 사회적으로 전가시키고자 한다. 이러한 기업 부담의 회피로 인한 비용의 외부화는 환경문제의 불평등을 유발하는 조건이 된다.

기업의 생산활동에 의해 직접적으로 유발되는 환경문제의 사회공간적 불균등에 덧붙여, 이러한 생산을 통한 사회적 부의 불평등한 배분은 환경문제의 불평등을 유발하는 주요한 조건으로서 강조되어야 할 것이다. 자본주의 사회에서 사람들이 환경자원의 상대적 희소성 증대, 환경비용의 사회적 전가, 그리고 환경재의 상품화에 대응할 수 있는 능력은 기본적으로 자신의 화폐지불능력, 즉 소득에 좌우된다. 소득의 불평등한 배분은 그 자체로서 중요한 사회적 문제일 뿐만 아니라, 점점 악화되는 환경문제에 대한 대처능력의 차별화라는 점에서도 중요한 문제가 된다. 소득배분의 차별성과 환경문제의 불평등에서 어떤 측면이 더 강조될 것인가의 문제는 사회적 및 환경적 조건에 따라 상이하겠지만, 이들간에 밀접한 관계가 있는 것은 확실하다.

<그림 3>에서 각 요소들은 최소한 외형적으로 어떤 인과적 관계를 가지지 않는다고 할 수 있다(물론, 자본주의적 경제-환경구조를 심층적으로 분석해보면, 분명 긴밀한 인과관계를 가짐을 알 수 있다). 경제성장의 정도는 소득배분의 차별성을 필연적으로 가져오는 것이 아니며, 환경자원의 파괴오염을 필수적으로 동반하는 것도 아니다. 선진국의 사례에서 이를 부분적으로 확인해볼 수 있을 것이다.

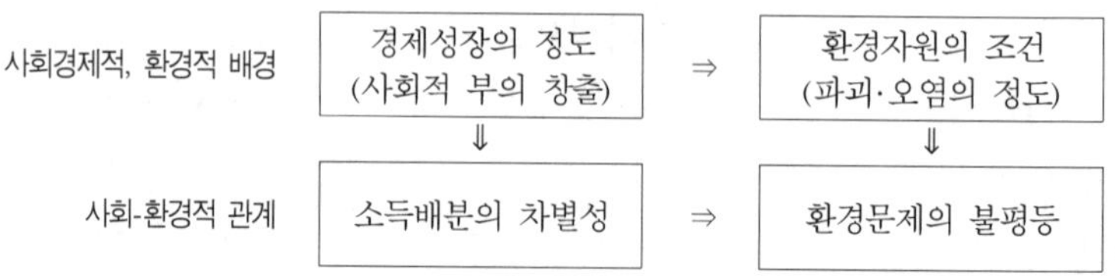

<그림 3> 경제문제와 환경문제와의 관계

마찬가지로 환경자원의 파괴·오염이 경제성장의 정도와 필연적인 관계를 가지는 것이 아니며, 또한 이로 인한 피해나 부담이 필수적으로 차별화되어야 하는 것도 아니라고 할 수 있다. 그러나 환경문제가 악화된 상황에서 소득이 차별적으로 분배되었다면, 환경문제의 사회공간적 불평등은 필연적으로 유발된다. 왜냐하면, 자본주의 사회에서 희소화된 환경자원에 대한 접근이나 악화된 환경문제에 대한 통제는 필수적으로 화폐적 대가나 비용을 요구하기 때문이다. 물론 이러한 관계고리에 어떤 외적 요인이 작용할 수 있다. 즉 소득배분의 차별성과 환경문제의 불평등 간의 누진적 관계는 국가가 어떠한 역할과 정책을 수행하는가에 따라 완화될 수 있다. 그러나 국가정책이 경제성장에만 최우선의 관심을 둘 경우, 사회구조적 차원에서 환경자원문제를 더욱 악화시킬 뿐만 아니라 사회적 관계의 차원에서 소득배분과 환경문제의 불평등을 오히려 심화시킬 수도 있다.

3) 정치·정책적으로 유도된 불평등

그동안 우리나라 정부의 역할과 정책은 환경문제의 사회공간적 불평등을 촉진시키는 경향이 있었다. 우리는 이를 여러 가지 측면에서 살펴볼 수 있다. 첫째, 정부는 그동안 총량적 경제성장을 뒷받침하기 위한 정책으로 일관했으며, 환경자원의 고갈이나 오염문제에 큰 관심을 기울이지 않았다. 이에 따라 발생·심화된 환경문제는 문제의 사회공간적 차별성을 유발할 수 있는 배경이 되었다. 특히 정부는 집적의 이익을

최대화하기 위해 특정 지역에 대한 과도한 개발을 추진하는 한편 공해
산업들에 대해 극히 미흡한 규제정책을 시행함으로써, 환경파괴와 오
염문제의 지리적 차별성을 조장하고 기업들의 환경비용의 사회화를 묵
과해왔다. 또한 그동안 정치권력은 때로 자신의 지지기반 확보에 우선
적으로 유리한 지역(또는 역으로 사회공간적 저항이 가장 적은 지역)을
선정하여 환경자원을 개발하거나 환경통제시설(예, 폐기물처리시설 등)
을 입지시키고자 했다. 이러한 과정에서 정부는 경제성장을 최우선으
로 추진하면서 '성장을 위한 성장'을 어느 정도 달성했다고 할지라도,
국민들에 대한 소득배분정책이나 사회환경정책에 대해서는 거의 관심
을 두지 않았다. 이로 인해 개별 국민들의 복지수준은 상대적으로 낮은
수준에 머물러 있을 뿐만 아니라 계층적 소득배분과 환경문제에 대한
대처능력의 차별성을 시정할 수 없었다.

　둘째, 정부는 한편으로 환경문제가 점점 심화되고 다른 한편으로 이
의 해결에 필요한 재정부족으로 인해, 법적 규제정책이나 환경기초시
설의 제공 등 직접적 개입전략을 상대적으로 줄이면서, 문제를 통제하
기 위한 전략으로 시장메커니즘을 이용하거나 또는 이러한 환경재의
공급을 민영화하고자 한다.[30] 즉 정부는 환경자원의 가격 인상을 통해
소비를 줄이거나 또는 환경오염권리에 가격을 부여함으로써 배출량을
줄이고자 한다. 또한 정부는 최근 사회간접시설의 개발과 더불어 환경
재의 조성·공급을 위해 민간자본을 유치하고, 그 대가로 일정한 이윤
을 보장하고자 한다. 이와 같이 시장메커니즘을 통한 가격화전략은 자
본주의 사회에서 환경문제의 완화를 위해 기본적으로 적용될 수 있는
방안들이며 이에 따라 환경문제가 어느 정도 통제된다고 할지라도, 시
장능력이 있는 계층들에게는 실질적인 효과를 기대하기 어려운 반면,
능력이 없는 계층들에게는 생활에 필요한 환경자원의 이용이나 오염물

---

30) 시장메커니즘을 활용한 환경정책에 관해, 日引聰 「市場メカニズム活用型 環
　　境政策」, ≪都市問題≫ 제82권 11호, 1991, 15-26쪽, 김선희, 「시장메커니즘
　　을 활용한 환경정책」, ≪국토정보≫ 1월호, 1992의 번역 등 참조

질의 배출까지도 불가능하게 한다. 즉 가격화전략의 사회적 효과는 환경자원의 이용에 있어 사회계층적 차별성을 확대시키거나 또는 오염물질의 불가피한 배출까지도 차별적으로 억제시킴으로써 환경문제의 불평등을 조장하게 된다. 민간자본을 동원한 환경재의 확충·공급전략 역시 환경재의 상품화와 가격화를 동반함으로써, 환경문제의 불평등을 심화시키게 될 것이다.

셋째, 그동안 정부는 경제성장을 위한 총력적 지원과 기타 문제(예, 국방비의 과잉 부담 등)들로 인해, 매우 편향되고 취약한 재정구조를 운영해왔다. 이러한 상황에서 우리나라 정부는 선진국들에서 볼 수 있었던 재정적자의 위기를 맞지 않았다고 할지라도, 이는 오히려 소득재분배정책이나 국민복지개선정책을 거의 시행하지 않았기 때문이라고 할 수 있다. 특히 환경문제를 통제할 수 있는 시설들의 제공은 절대적으로 부족했으며, 부족한 환경기초시설들은 사회공간적으로 불균등하게 분포 또는 배분될 수밖에 없었다. 정부는 취약한 재정과 환경기초시설의 부족을 해소하기 위한 재원조달로써 환경세를 새롭게 신설하거나 또는 기타 제도적 장치들을 마련하여 환경처리비용을 개인부담으로 전가시키고자 한다. 그러나 선진국들과는 달리 화폐소득이 상대적으로 낮은 수준이고 특히 불평등한 배분 등으로 부담능력이 차별화되어 있는 상황에서, 이러한 세제나 제도들의 불합리한 적용은 총체적 환경문제를 어느 정도 완화시킬 수 있을지는 모르지만, 환경문제의 사회계층적 차별성을 증폭시키게 될 것이다.

4) 사회문화적으로 유도된 불평등

이와 같이 환경문제의 불평등은 기업의 활동이나 정부의 역할에서 그 조건이 주어지거나 또는 증폭되게 되지만, 개인들에게 아무런 책임이 없는 것은 결코 아니다. 즉 환경문제의 불평등은 개인의 과시적 소비 및 일상생활에 있어서의 문제성이나 환경문제에 대처하고자 하는 노력에 있어서 부적절성으로 인해 더욱 가중되는 경향이 있다. 이러한 점에서 사회문화적으로 유도된 환경문제의 불평등을 보다 구체적으로 살펴볼 수 있다. 첫째, 개인의 무절제한 소비생활이나 무분별한 파괴행위는 환경자원을 고갈시키고, 환경오염을 가중시키는 주요한 요인이 된다. 이러한 행위들은 환경문제의 차별성과 무관한 것처럼 보이지만, 실제 중요한 문제를 유발한다. 모든 사람들이 환경자원의 이용을 절제하고 오염물질의 배출을 위해 노력한다면, 환경문제의 차별성은 (최소한 가시적으로) 노출되지 않을 것이다. 그러나 화폐능력을 가진 부유한 계층들이 과시적으로 환경자원을 소비하고, 이로 인해 더 많은 오염물질들을 배출하게 되고 또한 배출할 수 있는 권리를 화폐로 구매한다면, 환경문제의 사회계층적 불평등은 노골적으로 드러나게 된다.

둘째, 환경자원의 희소성이 증대하고 환경오염문제가 심화됨에 따라, 개인들은 이를 독점적으로 소유하고 배타적으로 이용하고자 하는 경향이 생겨났다. 과거 자연환경은 누구에게나 개방, 이용될 수 있었지만, 오늘날 자본주의 사회에서 사적 소유제가 보장된 상황에서는 더 이상 그러하지 않다. 화폐나 권력 등 능력을 가진 계층들은 보다 쾌적한 자연경관이나 환경요소들을 사적으로 소유 또는 점유하고, 다른 계층의 이용을 배타적으로 통제하고자 한다. 과거에도 환경자원들은 부족했겠지만, 이웃들과 나누어 씀으로써 문제가 완화 또는 해소될 수 있었다. 그러나 오늘날 환경자원의 부족문제는 사적 소유와 이용을 통해 오히려 확대되고 있으며, 심지어 이러한 사유화는 환경자원(예, 토지)의 가격인상과 결부되면서 투기적으로 확대되고 있다. 환경자원의 사유화는 그 자체로서 환경자원의 불평등을 조장할 뿐만 아니라 이의 상대적 희소성을 더욱 증대시킴으로써 불평등을 더욱 증폭시키게 되었다.

셋째, 또한 개인들은 차별적으로 전가되고 있는 환경문제에 대해 공동으로 대응하기보다는 개인적으로 적당하게 회피하고자 한다. 경제적 및 시간적으로 여유를 가진 사람들은 환경피해에 대해 가능한 대가를 지불하고 통제수단(예, 정수기)이나 대체재(시판생수)를 구입하거나 자

체적으로(약수 또는 지하수 획득) 조달할 수 있다. 뿐만 아니라, 국지적
자원고갈이나 환경오염의 심화로 불편이나 피해를 입게 되면, 부유한
사람들은 공동으로 대처하기보다는 이러한 불편이나 피해가 미약한 지
역으로 이주할 수 있을 것이다. 이러한 개인주의적 행위는 그 자체로서
환경문제의 불평등을 노출시킬 뿐만 아니라, 공동으로 대응하면 해결
가능할 수 있는 문제들도 그대로 방치함으로써 환경문제를 총체적으로
더욱 악화시키게 된다.

5. 환경문제 불평등의 대안적 해결방안

1) 해결을 위한 기본입장의 설정

이상에서 고찰된 환경문제 불평등의 가시적 양상과 구조적 배경은
사회공간적 갈등을 유발하고 나아가 환경문제를 전반적으로 더욱 악화
시킬 수 있다. 환경자원으로 얻게 되는 편익이나 환경문제로 인해 받게
되는 부담의 차별화는 계층적으로 또는 지역적으로 박탈감이나 위화감
또는 소외감을 조성하게 된다. 특히 환경자원의 제공이나 환경문제의
통제는 기본적으로 공공적 성격을 내포하고 있다는 점에서 이러한 감
정은 더욱 심각하게 유발될 수 있다. 환경문제의 사회공간적 불평등으
로 인해 야기되는 이러한 감정은 당연히 편익에 대한 요구 또는 부담
에 대한 반대를 위해 사회공간적 운동을 전개하게 된다. 이러한 환경운
동은 불평등의 해소라는 점에서 정당하며 실제 문제해결에 많은 기여
를 하고 있다고 할지라도, 사회공간적 갈등을 드러내는 것임이 틀림없
다. 우리는 이러한 환경문제의 사회공간적 불평등과 이로 인해 유발될
수 있는 사회공간적 갈등의 가능성에 대해 심각하게 우려하고 이에 대
한 해결방안들을 모색해야 할 것이다. 그러나 그 해결방안의 모색은 단
순히 가시적으로 드러난 불평등의 (일시적) 해소방안뿐만 아니라 구조

적으로 불평등을 유발하는 원인들을 밝혀서 이를 근원적으로 해결할 수 있는 (장기적) 방안들도 모색할 수 있어야 할 것이다.

구조적인 측면에서 볼 때, 환경문제의 불평등은 자연지리적으로 내재되어 있을 뿐만 아니라 사회구조적으로 증폭 또는 유도된 것이며, 현대 산업사회 또는 자본주의사회에서 특이하게 심화된 것이다. 특히 환경문제의 사회공간적 불평등은 전체 문제를 완화시키기 위해 그 문제를 특정 계층이나 지역에 집중적으로 전가시킴으로써 유발·심화된 것이라고 할 수 있다. 그러나 이러한 과정은 전반적 환경문제의 위기를 단지 지연시킬 뿐이고 오히려 문제를 악화시킬 수도 있으며, 궁극적으로 모든 계층이나 지역의 사람들에게 보편화되게 된다. 고소득계층들은 자신의 화폐지불이나 자산능력에 따라 더 많은 환경자원을 이용하거나 환경피해로부터 도피할 수 있을지 모르지만, 이로 인해 환경문제는 더욱 심화되고 결국 더 이상 화폐나 자산능력으로도 회피할 수 없는 한계에 봉착할 수 있다. 기업이나 정부 또한 자신이 부담 또는 책임져야 할 일들을 사회공간적으로 차별적으로 전가시키거나 이를 묵과함으로써 문제를 일시적으로 회피 또는 무마시킬 수 있을지 모르지만, 문제가 심화되면 이러한 전략은 더 이상 환경자원을 공급받지 못하거나, 오염물질을 배출할 수 없는 한계 또는 사회공간적 갈등 심화로 인해 더 이상 정치적 기반을 확보할 수 없는 한계에 봉착하게 될 것이다.

이러한 사회공간적 갈등의 심화와 경제·정치적 한계에 봉착하기 전에 환경문제의 불평등을 해결하기 위해 몇 가지 기본적인 입장이 설정되고, 이에 기초하여 구체적인 해결방안들이 개발·시행되어야 할 것이다. 우선 환경문제의 사회공간적 불평등을 해결하기 위한 몇 가지 원칙들이 다음과 같이 천명될 수 있다.

첫째, 환경문제의 사회공간적 불평등으로 인해 피해를 입고 있는 주민들에게 적합한 보상이나 구제방안들이 마련되어야 한다. 특히 환경문제로 인한 차별적 피해는 사회적 비용이 특정 지역이나 계층에 속하는 사람들에게 집중적으로 전가됨에 따라 발생한 것이기 때문에, 피해에 대한 철저한 조사와 보상 또는 실행가능한 구제대책이 제시되어야 한다.

둘째, 환경문제의 사회공간적 불평등을 조장하거나 이를 심화시킬 수 있는 전략이나 정책은 억제되어야 한다. 현재 매우 부족한 환경자원의 공급 또는 점점 심화되고 있는 환경문제의 통제를 위한 시설이나 제도들은 대폭 확충·개발되어야 하겠지만, 이러한 시설이나 제도들이 단지 총량적 효율성이나 행정편의주의 또는 단순한 시장(즉 자본주의적)합리성에 우선적 관심을 두고 조성·시행될 경우, 환경문제의 사회공간적 불평등은 더욱 확대될 것이다.

셋째, 환경문제의 불평등을 극복하기 위해, 이를 유발하는 메커니즘의 개선을 위한 방안들과 더불어 환경문제 그 자체를 완화 또는 해결할 수 있는 방안들이 모색되어야 한다. 환경문제의 심화는 비록 불평등하지 않다고 할지라도 전반적인 피해를 유발하게 될 뿐만 아니라, 심화된 환경문제를 회피하기 위한 경쟁이 치열해지면서 불평등을 심화시키는 경향이 있기 때문이다.

넷째, 환경문제의 불평등을 해소하기 위한 노력은 소득이나 자산소유 또는 사회정치적 힘의 배분의 차별성을 시정하기 위한 노력과 병행되어야 한다. 왜냐하면 이러한 경제·정치적 능력의 불평등은 환경문제의 불평등을 초래하거나 증폭시키는 주요한 요인들이기 때문이다.

다섯째, 환경문제의 불평등과 이를 초래하는 경제·정치적 능력의 불평등을 시정하기 위해 총량적 성장과 개발 또는 이를 조장하는 도구적 이성이나 물질문명이 아니라 인간의 삶의 질과 이를 위한 환경 그리고 이를 실현시키기 위한 보편적 가치로서 공동체의식과 사회정의가 강조되어야 한다.

환경문제의 불평등을 해결하기 위한 이러한 기본적 원칙들이 합의된다면, 우리는 이들에 근거하여 사회의 각 측면 또는 사회활동을 수행하는 각 주체들의 입장에서 시행되어야 할 구체적 방안들을 제시할 수 있을 것이다.

2) 경제적 측면에서의 방안

환경문제 불평등의 해소뿐만 아니라 전반적 환경문제의 완화 또는 해결은 우선 경제적인 측면에서 고려되어야 한다. 왜냐하면 현대 사회에서 환경문제의 발생·심화는 직·간접적으로 산업화(또는 이윤추구)전략에 기인하기 때문이다. 물론 사회적 부의 증가는 국민소득수준을 전반적으로 높여줄 수 있을지는 모르지만, 소득이 불평등하게 분배되는 상황에서 총량적 경제성장은 단지 '성장을 위한 성장'에 불과할 것이다. 뿐만 아니라 저소득계층이 환경보전을 무시하고 경제성장을 원하는 것도 결코 아니다.

<표 20>에서 확인될 수 있는 바와 같이, 경제성장보다도 환경보전이 우선되어야 한다고 인식하는 사람들의 비중은 저소득층일수록 더 높게 나타나고 있다. 경제성장과 환경문제 간의 관련성에 관해 이러한 소득계층별 상이성은 경제-환경문제의 불평등을 여실히 반영한다고 할 수 있다. 즉 이러한 자료는, 고소득계층일수록 경제성장을 통한 물질적 혜택을 더 많이 받게 되고, 환경문제가 비록 악화된다고 할지라도 이를 회피할 수 있는 능력이 있지만, 반면 저소득계층일수록 경제성장에 따른 물질적 혜택은 받을 수 없는 반면 환경보전을 통해 차별적 피해를 받지 않기를 바라고 있는 것으로 해석될 수 있다.

이러한 사실을 반영하여, 경제분야에서 환경문제의 불평등을 해소하기 위한 대안적 방안들은 다음과 같이 제시될 수 있다.

첫째, 기업들은 자신의 이윤을 목적으로 공공적으로 사용해야 할 환경자원들을 무분별하게 개발하고 배타적으로 소유하는 전략을 포기해야 한다. 기업들은 생산부문에서 환경자원의 소모와 오염물질의 배출로 환경문제를 악화시킬 뿐만 아니라, 대형음식점이나 호텔, 콘도와 같은 음식·숙박시설이나 스키장, 골프장 등의 대형 유흥, 오락시설들과 같은 비생산부문의 개발을 위해 자연환경을 파괴할 뿐만 아니라 대규모 토지를 독점적으로 소유, 이용함으로써, 모든 사람들이 공평하게 접

<표 20> 경제성장과 환경문제와의 관련성에 관한 인식

소득계층	사례 합계	경제성장 우선	환경보전 우선	경제환경 병행	경제환경 무관	기타
전체	1,000	2.0	19.6	76.8	1.3	0.3
80만 원 이하	118	5.1	26.3	65.3	2.5	0.8
80~120만 원	285	1.4	21.4	75.8	1.4	0.0
120~160만 원	266	0.4	17.7	80.5	1.1	0.4
160~200만 원	170	1.8	18.2	78.8	1.3	0.0
200만 원 이상	146	4.1	15.8	78.8	0.7	0.7

주: 무응답의 경우는 표에서 제외함.
자료: 인텔리서치, 『서울시민의 환경문제 인식과 행태에 관한 여론조사』, 1993.

근·이용할 수 있는 환경자원을 점점 감소시키고 있다. 그외에도 기업들은 환경문제의 불평등을 해결하기 위해 직접적으로 다양한 노력을 할 수 있는데 특히 열악한 작업환경을 개선함으로써 생산현장에서 노동자들이 입게 되는 산업재해들을 줄여야 할 것이며, 또한 공단 주변지역의 환경파괴·오염으로 인해 지역주민들이 입게 되는 피해에 대해 적정한 보상을 해주어야 할 것이다.

둘째, 기업들은 환경문제를 유발하는 상품의 생산과 소비촉진을 억제해야 하며, 특히 환경문제의 불평등을 유발하는 환경재의 상품화를 신중하게 고려하고 가능한 억제해야 한다. 기업은 환경문제를 심화시키는 일회용품이나 합성세제 또는 에너지 비효율적인 대형 가전제품이나 자동차 등을 생산하고 다양한 수단(광고, 과잉포장 등)을 동원하여 (고소득층을 중심으로) 이들의 과잉소비를 유도함으로써 사회계층적 차별을 유도하게 된다. 뿐만 아니라 수돗물을 대신하는 생수와 같은 상품은 기업에게 새로운 이윤획득 기회를 제공하겠지만, 이로 인해 환경문제의 불평등은 더욱 심화될 수 있다. 생수는 환경재의 상품화로 인한 문제의 전형적인 사례이다.

셋째, 기업들은 환경문제의 차별을 유발하는 환경비용의 외부화를 억제하고 자신의 부담으로 내부화해야 한다. 그동안 기업들은 급속한 경제성장을 위해 환경자원을 무분별하게 개발·소모해왔으며, 환경오염물질들을 제대로 처리하지 못하고 그 비용을 사회에 전가시킴으로써 환경문제를 심화시켜왔다. 특히 기업은 집적의 이익을 얻기 위해 특정 지역에 집중되는 경향이 있었으며, 이에 따라 공단주변 주민들에게 심각한 환경피해를 입혔다. 이제 기업들은 이러한 환경비용을 스스로 내부화시킴으로서 환경문제의 사회공간적 차별성을 완화시킬 수 있도록 해야 할 것이다. 기업들이 (이윤율을 낮추어서) 자신의 부담으로 환경오염 방지시설들을 확충하고, 환경오염을 통제할 수 있는 생산공정이나 기술 개발을 위해 노력할 경우에만 환경문제의 불평등은 완화·극복될 수 있을 것이다.

넷째, 기업들은 환경문제의 불평등을 조장하는 소득배분의 불평등을 바로잡기 위해 노력해야 한다. 현대 산업사회에서 소득 재분배정책은 국가가 담당하고 있지만, 기업의 임금지불 단계에서 이미 유발된 극심한 불평등은 어떠한 소득 재분배정책도 실효성을 갖지 못하게 한다. 따라서 기업의 임금체계 개선은 소득의 불평등한 배분뿐만 아니라 나아가 환경문제의 불평등을 바로잡는 데 크게 기여해야 할 것이다. 예를 들어, 기업은 주거비용과 마찬가지로 환경비용을 임금산정에 감안하여 일상 생활에서 노동자들이 입게 되는 환경피해를 보상해 줌으로써, 환경문제의 불평등을 해소하면서 다른 한편으로 노동력의 재생산이 원활히 이루어질 수 있도록 할 수 있다.

3) 정치·정책적 측면에서의 방안

환경문제 심화는 경제부문에서 그 원인을 찾아 볼 수 있지만, 문제의 특성 즉 환경자원의 공공성과 환경피해의 공해적 성격으로 인해 문제해결의 방안 제시와 시행은 정부의 역할이 된다. 특히 환경문제의 불평등은 국가정책이 추구해야 할 평등이나 복지라는 사회 규범에 위배될 뿐만 아니라 사회공간적 불만과 갈등으로 정치권력에 대한 저항이 일어날 수 있다는 점에서 정부에 큰 책임이 있다고 할 수 있다. 그러나 그동안 정부는 총량적 경제성장정책을 추구하면서 환경문제의 관리정책에 대해서는 거의 관심을 두지 않았고, 특히 자원배분의 효율성만을 강조하면서 공평성에 관해서는 거의 무시해왔다. 이로 인해 정부의 환경정책은 국민들로부터 많은 불신을 받았었다. 이러한 상황에서 정부는 환경문제 전반, 특히 그 불평등을 해소하기 위해 여러 가지 유형들의 환경정책을 수행할 수 있을 것이다.

그러나 정부가 수행할 수 있는 정책의 유형들은 사회계층별로 서로 다르게 인식되며, 실제로도 차별적인 효과를 가져올 수 있다. <표 21>에서 보는 바와 같이 정부가 환경문제 해결을 위해 가장 시급하게 수행해야 할 과제에 대한 설문에서, 응답자들은 전체적으로 대국민 홍보강화에 가장 큰 비중을 두고 있다. 하지만 소득 계층별로 상당한 차이를 드러내고 있다. 즉 소득이 높을수록 규제정책을, 소득이 낮을수록 국가재정 확보를, 그리고 중간계층에서는 대국민 홍보강화 정책을 선호하는 것으로 나타난다. 그러나 정부가 어떤 정책을 수행하기 위해 국민에게 부담을 지우고자 할 때, 이에 대한 사회 계층적 반응은 또 다르게 나타난다. 예를 들어 국가가 환경보전에 소요되는 예산을 확보하기 위해 환경세를 신설하고자 할 때, 부담능력을 가지고 있는 고소득 계층일수록 이를 기꺼이 부담하고자 하지만, 부담능력이 없는 저소득 계층일수록 대체로 환경세를 내기보다는 규제정책이나 민간운동의 활성화를 요구하게 된다. 이러한 점에서, 정부는 어떤 환경정책을 국민이 바라고 있으며, 또한 특정 정책이 실제 시행될 경우 국민에게 어떤 영향을 끼치고 그들이 어떤 반응을 나타낼 것인가에 대해 보다 신중하게 고려해야 할 것이다.

정부의 환경정책에 대한 사회계층적 상이성을 반영하면서, 국가가 환경문제의 불평등을 해소·완화하기 위해 수행해야 할 방안들은 다음과 같이 제시될 수 있다.

첫째, 정부는 환경자원의 불평등한 공급이나 환경문제의 차별적 피해에 대해 직접 보조금 또는 보상금을 지불하고 이에 대한 대책을 수

<표 21> 정부의 환경정책에 대한 인식

소득계층	정부의 최우선 수행과제			환경세의 부담		
	각종 규제 법안시행	대국민 홍보강화	환경보전 예산확보	기꺼이 부담	과세 없이 정부 규제로 가능	민간운동 활성화로 불필요
전체	31.8	41.1	25.6	38.8	45.8	17.8
80만 원 이하	29.7	39.0	30.5	30.5	45.8	17.8
80-120만 원	30.9	41.1	26.3	41.1	43.5	15.1
120-160만 원	29.7	44.4	24.4	38.7	47.4	13.5
160-200만 원	35.3	41.8	21.2	37.6	47.6	14.1
200만 원 이상	34.2	36.3	27.4	43.8	43.2	12.3

주: 전체 사례(1000명)에서 무응답(15명)과 기타(각각 16명, 11명)의 경우는 제외함.
자료: 인텔리서치, 『서울시민의 환경문제 인식과 행태에 관한 여론조사』, 1993.

립해야 한다. 예를 들면, 수돗물이나 난방용 연료(특히 연탄)를 공급받기 위해 고지대에 살고 있는 저소득층이 추가로 부담해야 하는 비용이나 불편에 대해 보조금을 지불하고 이를 해소할 수 있는 적정한 시설이나 수단들이 강구되어야 한다. 또한 공단이나 발전소, 폐기물 매립장 등 공해유발시설 주변지역의 주민들이 입게 되는 피해를 철저히 조사하고 이에 대해 충분한 보상을 해주어야 한다. 만약 이러한 대책들이 이루어지지 않을 경우, 저소득계층은 점점 가중되는 부담과 고통으로 인해 사회에 적대감을 가지게 될 것이다. 또한 환경피해를 집중적으로 전가받게 된 지역주민들의 반발로 공해를 유발하지만 사회적으로 불가피하게 요구되는 시설들의 새로운 입지가 불가능하게 될 것이다.

둘째, 정부는 환경자원의 제공 또는 환경문제의 통제를 위한 제도나 시설들을 사회공간적 형평성을 고려하여 시행 또는 조성해야 하며, 부차적인 차별화가 유발되지 않도록 신중히 계획·실행해야 한다. 환경자원은 때로 (지지기반을 확보하기 위한 정치적 이유 등으로) 불평등하게 제공되며, 환경문제의 통제를 위한 제도들은 흔히 환경보존이 어느 정도 이루어져 있는 곳(따라서 이미 고소득계층이 거주하고 있는 곳)

에 우선 시행되기도 한다. 그렇지 않다고 할지라도 특정 지역에 편익 시설들이 입지(예를 들면 보다 깨끗한 수돗물 공급시설)하거나 또는 쾌적한 환경을 유지하도록 하는 제도들(예를 들면 환경보전을 위한 지구 설정이나 환경기준 강화)이 시행될 경우, 이 지역에 경쟁능력을 가진 고소득계층이 밀집하게 되고 반면 저소득계층은 밀려나게 된다.[31] 이러한 점에서 정부의 환경정책은 사회공간적 형평성을 철저히 고려하고, 불평등 조장 또는 부차적 효과의 발생을 막기 위한 제도적 장치를 마련해야 할 것이다.

셋째, 정부는 환경문제 불평등을 유발하는 무분별한 (또는 효율성만을 강조한) 개발계획이나 공해시설의 입지정책을 바로잡고, 나아가 불평등을 유발하는 환경문제의 근원적 해결을 위해 노력해야 한다. 그동안 국토개발계획과 구체적 입지정책들은 총량적 경제성장을 위한 효율성 극대화라는 면에서 이루어졌지만, 이러한 국가정책은 특정 지역의 환경오염을 심화시킴으로써 오히려 (집적의) 불경제를 유발하게 되었다. 이러한 개발전략들이 시정되지 않을 경우 환경문제의 불평등은 점점 심화될 것이고, 이에 따른 불경제로 인해 사회경제적 손실을 초래하게 될 것이다. 또한 불가피하게 공해시설들이 조성되어야 할 경우, 그 입지 선정은 사회공간적 형평성이 충분히 고려될 때만 시행될수 있을 것이다. 나아가 자원·에너지 과소비형 산업의 개선과 환경파

---

31) 일반적으로 환경오염이 악화된 지역의 개선을 위한 노력에 비해 환경오염이 덜 된 지역을 보전하고자 하는 노력이 상대적으로 적은 비용을 요구하기 때문에, 전자의 정책에 비해 후자의 정책이 선호될 수 있다. 그러나 이러한 정책은 환경문제의 사회공간적 불균등을 더욱 심화시킬 수 있다. 다른 한편, 악화된 환경문제를 개선하고자 하는 정책은 저소득계층에게 오히려 부정적 효과를 유발할 수 있다. 예를 들어, 일정 지역 내 환경이 개선되면 이와 관련하여 토지나 주택가격이 상승하게 되고, 이에 따라 지대나 임대료도 같이 상승하는 경향이 있다. 이러한 상황이 유발되면, 저소득층은 상승한 주거비를 지불할 수 없게 됨에 따라, 다른 곳으로 이주할 수밖에 없게 된다(R. Ridker & J. Henning, "The determinants of residential property values with special reference to air pollution," *Review of Economics and Statics*, vol. XLIX, 1967, pp.246-257; 서우석, 앞의 글, 1991).

괴·오염에 민감한 시설조성 억제를 위해, 보다 근원적인 산업구조 조정과 대체 에너지 개발 등이 필요하다.

넷째, 정부는 환경문제의 불평등을 바로잡기 위한 규제제도뿐만 아니라 절대적으로 부족한 환경재 공급을 위해 국가재정을 마련해야 하며, 그 재원은 부담능력이 있는 계층에게 보다 누진 적용한다. 어떠한 환경규제 제도라 할지라도 저소득계층에 비해 고소득계층은 이러한 규제를 벗어날 수 있는 능력을 더 많이 가지고 있기 때문에, 환경문제의 불평등을 바로잡기 어렵다. 따라서 이 문제를 해결하기 위해 환경자원의 제공이나 환경문제 통제를 위한 시설들이 보다 확충되어야 한다. 이를 위해 필요한 재정은 국가예산 구조의 재편(국방비의 감축 등) 또는 (환경세와 같이 새로운 목적세의 신설보다) 기존 조세의 누진율 강화를 통해 마련될 수 있다. 사실 상대적으로 고소득계층일수록 더 많은 환경자원을 이용하고 이에 따른 편익을 향유하며, 그 과정에서 오염물질들을 배출함으로써 더 많은 사회적 비용을 유발하는 경향이 있다. 따라서 환경문제의 해결을 위한 부담은 이중적으로 누진적이야 할 것이다.

다섯째, 정부는 환경자원 공급이나 환경문제 통제에 필요한 시설들을 민영화시키거나 또는 가격화정책을 통해 환경재의 공급과 수요를 통제하려는 전략을 원칙적으로 배제해야 하며, 이의 시행이 불가피할 경우 소득개선정책이 병행되어야 한다. 환경문제가 심화되고 이를 통제하기 위한 정부의 재정부담이 가중됨에 따라, 정부는 관련시설들을 민영화시키고자 하지만, 이는 공공적으로 제공·이용되어야 할 환경자원을 이윤추구를 위한 대상으로 전환시키는 것이다. 이렇게 될 때, 생존과 생활에 필수적인 환경자원은 상품화되고 가격에 의해 통제되게 된다. 그러나 환경재의 가격을 인상시킴으로써 소비를 통제하고자 하는 정책은 화폐능력을 가진 계층에게는 거의 효과를 가질 수 없는 반면, 생활을 위해 필수적임에도 불구하고 이를 구입할 수 없는 계층에게는 심각한 고통을 주게된다. 국가의 기본 역할은 모든 국민이 자신의 생활에 필요한 (환경)자원을 저렴한 가격에 이용할 수 있도록 하는 것이다. 만약 이러한 정책이 불가피하다면, 우선 소득의 불평등을 개선하고자 하는 정책이 전제되어야 한다.

4) 사회문화적 측면에서의 방안

환경문제의 불평등을 완화·해소하기 위한 노력은 문제발생의 주요 원인자인 기업이나 문제해결의 기본적 책임을 지고 있는 정부에 의해 추진되어야 하겠지만, 국민들도 일상생활에서 적극적 방안들을 개발하고 실현시키기 위해 노력해야 할 것이다. 현실에서 환경문제 전반 특히 불평등 해결을 위한 노력은 기업이나 정부에 의해 이루어지기보다는 일반 국민 특히 민간환경단체나 시민단체들의 요구와 실천에 더 많이 의존하고 있으며, 또는 그렇다고 인식되고 있다. <표 22>을 보면, 서울 시민들 중 환경문제 해결을 위해 가장 노력하는 집단으로 정부(부설연구소 포함)와 기업체(학계 포함)를 지적하는 경우는 10%에도 못 미치고 있으며, 민간 환경단체나 종교·시민단체 및 언론의 노력이 강조되고 있음을 알 수 있다. 특히 민간 환경·시민단체의 노력은 저소득층일수록 높게 나타나고 있다. 또한 일반 국민 개개인의 노력은 상대적으로 아주 낮은 것으로 스스로 평가되고 있다. 개인적인 노력 부족에 대한 이러한 평가는 소득계층별로 큰 차이를 보이지 않지만, 최저 소득계층에서 가장 낮게 나타나고 있다. 그러나 실제 구체적 사례, 곧 일회용품 사용자제에 관한 평가에서처럼 저소득 계층일수록 환경실천에 좀더 적극적이라고 할 수 있다.

이러한 점들을 고려할 때, 사회문화적 측면에서 환경문제의 불평등을 해소하기 위한 노력은 아주 주요한 의미를 가진다고 할 수 있으며, 다음과 같은 몇 가지 방안들이 제시될 수 있을 것이다.

첫째, 환경자원의 과잉 또는 과시적 소비가 근절되어야 하며, 특히 이를 위한 독점적 소유와 배타적 이용은 억제되어야 한다. 상대적으로

<표 22> 환경문제 해결의 주요 주체와 일상생활에서의 환경실천

소득계층	문제해결을 위해 가장 노력하는 집단							일회용품 사용 자제				
	정부 관공서 연구소	언론 부문	기업체, 학계	민간 환경 단체	종교 시민 단체	일반 국민	기타	전혀 그렇지 않다	그렇지 않은 편이다	보통 이다	그런 편이다	매우 그렇다
전　　체	8.6	21.6	1.0	44.9	16.3	6.6	0.7	4.6	12.2	23.3	43.1	16.8
80만원 이하	13.7	16.2	0.9	46.2	17.1	4.3	1.7	4.2	8.5	21.2	44.1	22.0
80-120만원	7.0	24.2	1.1	46.0	11.9	9.5	0.4	4.9	11.9	24.2	43.9	15.1
120-160만원	9.0	20.3	0.4	46.6	17.7	5.3	0.8	4.9	16.2	19.9	42.9	16.2
160-200만원	10.6	18.2	0.6	41.8	21.8	6.5	0.6	2.9	8.2	26.5	46.5	15.9
200만원 이상	6.2	27.4	2.7	41.1	15.8	6.2	0.7	5.5	11.6	24.0	39.7	19.2

주: 무응답의 경우는 표에서 제외함.
자료: 인텔리서치, 『서울시민의 환경문제 인식과 행태에 관한 여론조사』, 1993.

부담능력을 가진 고소득계층을 중심으로 이루어지고 있는 환경자원의 과소비로 인해 자원의 낭비와 이에 따른 오염물질의 과잉배출이 유발될 뿐만 아니라, 그 자체로서 사회계층적 위화감을 조성하고 또한 저소득계층이 이용할 수 있는 자원의 부족을 초래하게 된다. 뿐만 아니라 점점 희소해진 환경자원이나 환경오염 회피 또는 쾌적한 환경 확보를 위하여 고소득계층이 이러한 자원이나 토지를 선점·독점하게 되면, 저소득계층이 이용할 수 있는 환경자원은 점점 줄어들게 된다.

둘째, 환경문제에 더 많은 관심을 가지고 이에 관한 지식이나 정보를 얻기 위해 노력해야 한다. 저소득계층일수록 환경문제로 인한 피해를 더 많이 받게 되지만, 자신의 생계와 생활에서 여유가 없기 때문에 이에 대한 관심을 가지기 어렵다. 그러나 환경문제가 점점 심화될 경우, 환경문제의 불평등으로 인한 신체적 피해(환경질환)나 경제적 손실(생계터전의 상실이나 비용지출의 증가)은 점점 커져서, 소득의 불평등으로 입게 되는 고통을 능가하게 된다. 이러한 문제를 극복하기 위해 우선 환경문제에 관한 지식이나 정보를 얻기 위해 더 많은 노력을 해야 할 것이다(저소득계층일수록 학력이 낮고 이러한 지식이나 정보에 접근할 수 있는 기회가 차단되어 있겠지만).

셋째, 자발적인 환경단체를 조직하거나 민간 환경단체에 보다 적극적으로 참여하여 환경문제의 불평등 및 문제 전반에 대한 해결을 위해 노력해야 한다. 환경자원의 불평등한 공급을 바로잡고 환경문제의 차별적 전가를 막아내기 위해 해당지역(계층) 주민들은 자발적인 조직체를 구성하거나 기존 시민환경단체들에 참여하고, 문제를 극복하기 위한 다양한 노력(부족한 자원의 제공, 공해시설의 입지반대 또는 이에 상응하는 보조금이나 보상금, 그외 적절한 대책의 요구 등)을 할 수 있어야 한다. 개인적인 차원이 아니라 사회적으로 발생하는 환경문제의 불평등을 바로잡을 수 있도록 요구하는 노력은 결코 계층·지역이기주의라고 치부되어서는 안 될 것이다.

넷째, 환경문제의 불평등을 극복하기 위해, 환경문제를 근본적으로 해결하고자 하는 실천적 노력과, 이를 뒷받침하는 공동체 의식과 사회정의감 그리고 환경의식이 고양되어야 한다. 환경자원을 아껴 쓰는 절제된 생활과 나누어 쓰는 공동체적 생활습관은 환경문제의 불평등을 해소하면서 전반적 환경문제를 해결하는 기본이다. 또한 환경문제 불평등이 유발될 때 이로 인해 피해를 보게 된 계층이나 지역주민들뿐만 아니라 전체 국민이 이에 공동으로 대응하여 해결하고자 하는 사회정의가 필요하다.[32] 이러한 사회공간적 규범과 더불어 환경에 대한 존엄성과 생명윤리가 고양되어야 할 것이다.

6. 맺음말

이상에서 논의한 바와 같이 다양한 유형으로 발생할 수 있는 환경문제의 사회계층적 불평등은 그 자체로서 주요한 사회공간적 문제일 뿐만 아니라 이로 인해 여러 가지 문제를 파생시킨다. 만약 보다 중요

---

[32] 주택이나 공공재의 입지와 같은 토지이용이 각 집단의 실질소득에 차별적으로 미치는 분배효과 및 사회적 불균등과 공간적 불균등의 상호 관련성에 관해 논의하면서 사회정의를 강조하는 문헌으로 D. Harvey, 『사회정의와 도시』, 최병두 역, 1973, 종로서적 참조.

한 이유로 해서 자원·환경문제의 사회계층적 불평등에 대해 민감하게 반응할 수 없는 계층(예를 들어, 생존을 위한 쌀의 구입이 난방을 위한 연탄 구입보다 절대적으로 더 중요하게 인식되는 최하위계층)의 경우, 생활을 위한 기본자원의 부족에도 불구하고 이를 감수할 수밖에 없을 것이다. 그러나 이러한 계층을 제외한 중·하위계층의 주민들은 이러한 불평등에 대해 보다 민감하게 반응할 것이다. 예를 들면, 환경오염의 직접적 피해로 신체적 또는 재산상의 손실을 입거나 또는 여타 형태로 비용을 지불해야 하는 계층(또는 지역)의 주민들은 여러 가지 방법을 동원하여 이에 적극적으로 반대하는 운동을 전개할 것이다. 또는 이러한 운동을 전개하지 않는다고 할지라도, 환경문제의 불평등으로 불이익을 받게되는 계층이나 지역 주민들은 편익의 증대 또는 비용의 완화를 요구하게 될 것이고, 이러한 요구가 관철되지 않을 경우 사회계층적 위화감으로 정치권력에 대한 지지를 철회하거나 또는 여타 방법들을 동원하여 중앙 및 지방정부에 정치·정책적으로 영향을 미치게 될 것이다.

환경문제의 사회공간적 불평등 및 이와 관련된 문제 양상들의 갈등적 표출은 앞으로 사회정치적 여건들의 변화로 인해 더욱 심화될 것이다. 몇 가지 주요한 여건들의 변화를 살펴보면 다음과 같다. 첫째, 시민들의 전반적인 소득수준 향상으로 물질적 소비의 증대 및 쾌적한 환경에 대한 욕구 증대 등 환경과 관련된 편익을 더 많이 추구할 것으로 예상된다. 소득계층별 격차가 완화되지 않는 상황에서 이러한 편익 추구가 증대할 경우, 자원이용과 환경오염에 대한 통제수단의 이용에 있어 사회계층적 불평등이 심화될 것이다. 둘째, 자원 공급과 환경오염 통제에 대한 정부의 역할이 상대적으로 줄어들면서 이에 대한 민간자본의 참여가 확대되고 있기 때문에, 이로 인한 환경자원의 상품화와 환경오염의 통제를 위한 가격화(즉 환경문제의 해결을 위해 시장메커니즘에의 의존성 증대)전략이 보다 광범위하게 적용될 것이다. 이러한 상황에서 환경재 시장에 접근하는 데 사회계층별·불평등이 증폭될 것이 예상된다. 셋째, 지방자치제의 본격적 시행과 더불어 풀뿌리 민주주의의 확산으로 지역주민들의 요구에 대한 통제가 과거처럼 그렇게 용이하지 않을 것이다. 환경문제의 불평등으로 인해 고통을 받는 계층이나 지역주민들은 보다 적극적으로 자신들의 불만과 위화감을 표출하게 될 것이며, 지방정부는 이러한 문제 양상의 표출을 더 이상 지역이기주의 등의 명분으로 무마하기 어려울 것이다. 넷째, 시민사회의 전반적 성숙으로 인간생활의 기본권으로서 환경(평등)권에 대한 보장 요구가 일반화될 것이다. 또한 이에 기초하여 환경과 관련된 단체의 결성 및 활동이 앞으로 더욱 활발해질 것으로 기대되며, 지방정부의 정책결정에 주요한 영향을 미칠 것으로 예상된다.

환경문제를 둘러싸고 발생하는 사회계층적 불평등과 이로 인한 갈등의 표출은 다른 문제들(예를 들면, 소득격차나 주거의 불평등 등)에 비해 아직 심각하지 않다. 하지만 현재로서는 도시의 사회공간적 응집력 유지에 결정적인 영향을 미치지 않는다고 할지라도 이를 해결하고자 하는 적절한 정책적 노력 없이 그대로 방치하여 문제가 심화될 경우 지역 사회의 안정을 심각하게 저해할 수 있으며, 정부에 대한 요구와 저항이 더욱 치열해질 것이다. 이러한 문제를 사전에 해소하기 위해 환경평등권 실현을 위한 정부의 노력이 절실히 요청된다. 환경자원 배분 및 오염비용 할당에 관한 정책은 저소득계층에게 필수적 자원을 제공하여 기본적인 생활을 가능하도록 하고, 나아가 사회공간적 소외감이나 정치적 위화감을 해소시켜주어야 한다. 반면 상대적으로 고소득계층의 자원이용 낭비나 과도한 오염물질 배출은 효과적으로 방지하도록 하여 전반적인 자원·환경문제 해결과 사회정치의 균형발전을 추구할 수 있어야 할 것이다.

제8장

환경불평등과 대안적 환경정책

1. 서론

환경문제는 흔히 자연경관의 훼손이나 동식물의 소멸과 자연생태계의 파괴 등과 같은 자연 그 자체의 문제, 또는 자원의 총량적 부족이나 고갈의 문제 내지 지역 전반의 환경오염문제 등으로 인식되고 있다. 또한 그동안 정부는 이러한 문제들을 통제·관리하기 위해 국가 또는 지역사회 전체의 차원에서 접근하는 정책들이나 해결방안들을 제시·시행해왔다. 환경문제에 대한 이러한 자연환경적 인식이나 총량적 접근 및 이에 근거한 환경정책은 당면한 환경문제의 해결 또는 완화에 어느 정도 기여했을 것이다.

그러나 이러한 인식이나 접근은 환경문제에 대응할 수 있는 개별 시민들의 능력이 상이하다는 점을 간과하고 있으며, 심지어 총량적 해결방안들이 때로 특정 계층의 시민들에게는 오히려 문제를 더욱 심화시킬 수 있다는 사실을 무시하고 있다. 이러한 인식과 접근에 대한 반성으로, 환경문제는 단순히 자연환경적 문제이거나 총량적으로 해결될 수 있는 것이 아니라, 사회정치적 문제이며 사회계층적으로 적합한 대안적 해결 방안들을 요청하는 것임을 이해하는 것이 중요하다.

사실 자본주의적 산업화와 도시화가 진척됨에 따라, 과거 무상으로 이루어졌던 자연자원의 이용이나 오염물질들의 배출은 이제 어떤 형태로든 이에 상응하는 대가를 요구하고 있다. 특히 국가와 기업의 개입을 통한 자원의 공급과 환경오염의 통제는 편익과 비용을 경제·정치적 메커니즘에 따라 개인들에게 배분하게 되었다. 그러나 이러한 메커니즘은 계층별 및 지역별 능력에 따라 편익과 비용을 불평등하고 차별적으로 배분하는 경향을 내포하고 있다.

능력이 있는 계층이나 지역은 환경자원의 이용에서 더 많은 편익을 얻으며 환경오염의 통제에서 보다 적은 비용을 지불하고자 한다. 반면 능력이 없는 계층이나 지역은 이와 반대되는 상황에 빠지게 된다. 즉 상대적으로 하위계층 또는 빈곤지역의 주민들은 생존과 생활에 기본적인 자원조차 부족한 상황에서 환경오염에 더 많이 노출되고, 보다 능력 있는 상위계층 또는 부유층 주민들에 의한 자원 이용이나 오염물질의 배출로 인해 더 많은 피해를 입고 있다. 만약 자신의 경제·정치적 능력의 부족으로 인해 어떤 계층이나 지역의 시민들이 생존과 생활에 필수적인 환경자원들을 확보할 수 없거나 환경오염으로 인해 더 많은 피해를 보게 된다면, 이들은 사회공간적으로 심각한 위화감과 소외감을 느끼게 되고, 자신의 불만과 요구를 표출하게 될 것이다.

그동안 환경문제에 관한 연구나 정책들은 주로 문제 일반에 관심을 두었고, 이에 내재된 사회공간적 불평등에 대해서는 상대적으로 간과 또는 무시해왔다. 오늘날 당면한 환경문제는 분명 도시사회 전반의 문제이지만, 그 속에서도 경제·정치적으로 능력이 없는 계층이나 지역에서 더 많은 문제를 유발하고 있다. 따라서 환경문제에 관한 연구와 정책들은 문제의 사회공간적 불평등에 대해 보다 많은 관심을 가져야 할 것이다.

환경문제의 사회공간적 불평등에 관한 연구와 대안적 정책의 모색은 한편으로 심각한 자원부족과 환경오염을 겪고 있는 일부 계층(또

는 지역)의 시민들에게 환경(생존)권을 보장해줌으로써 예상되는 사회
공간적 갈등을 사전에 예방하고, 다른 한편으로 지나치게 자원을 낭
비하거나 오염물질을 배출하는 계층이나 지역에 대해서는 이를 보다
강력하게 규제함으로써 당면한 환경문제를 전반적으로 완화시킬 수
있도록 해야 할 것이다. 즉 이러한 연구와 정책은 환경권리, 환경평등
또는 환경정의의 추구를 통해 사회정치적 갈등을 해소할 뿐만 아니라
자연환경적 문제를 해결할 수 있도록 하여, 사회-생태적으로 균형된
발전을 지속할 수 있도록 할 것이다.

　이러한 취지하에서, 이 연구는 첫째 환경불평등의 유형과 이를 해
소하기 위한 환경정치를 개념적으로 살펴보고, 둘째 이를 토대로 우
리나라에서 발생하고 있는 환경문제의 불평등 양상을 서울시내 주요
사례 지역들에 대한 심층조사를 통해 분석해보며, 셋째 이와 관련하
여 서울시의 환경정책을 환경불평등의 관점에서 검토하여, 기본이념
과 방향 및 구체적 수단들에서 그 대안을 모색해보고자 한다.[1]

2. 환경불평등의 개념적 재인식

　오늘날 심화되고 있는 환경문제는 인류 전체의 생존을 위협하는 전
인류적 문제이며, 지구상의 모든 지역들에서 발생하는 전세계적 문제,
즉 어떤 계층이나 지역의 주민들도 피하기 어려운 보편적 문제라고 할
수 있다. 지구온난화에 의한 해수면 변동이나 엘리뇨 현상, 오존층의 파
괴에 의한 자외선의 피해, 열대림의 축소와 토양 유실이나 사막화, 생물
종의 다양성 위기 등은 지구 전체에서 발생하는 문제이며, 이로 인한

　1) 이 글은 1995년 서울시정개발연구원 서울21세기연구센터에서 한국도시연구
　　소에 의뢰하여 진행한 「서울의 발전에 따른 사회 균형 연구」, 제6장 「서울
　　환경문제의 사회계층적 불평등」의 일부분을 수정·보완한 것이다. 당시 연구
　　에 함께 참여했던 구자인, 조은숙에게 감사한다.

부정적 영향은 지구상의 전체 인류에게 미치고 있다. 뿐만 아니라 체르노빌의 원자력발전소의 붕괴사고로 인한 방사능오염은 북반구 전체에 걸쳐 영향을 미쳤으며, 오늘날 점점 촉박하게 다가오고 있는 석유·석탄 등 화석연료의 고갈은 전 세계적으로 대처방안을 요구하고 있다. 이러한 사실들에서 조만간 환경위기가 닥칠 것이라는 위험의식은 오늘날 보편적으로 만연해 있으며, 이러한 점에서 현대사회는 흔히 위험사회로 특징지어지기도 한다.[2] 즉 오늘날 환경적 위험은 전지구적 범위로 나타나며, 비가시성과 불확실성으로 인해 지역이나 국가, 인종과 계급을 초월하여 무차별적으로 피해를 미치며, 따라서 근대적 계급사회는 생태적 위험사회로 전환되었다는 주장이 제시되고 있다.

이러한 전인류적·전지구적 환경위기 또는 환경적 위험의 보편적 인식은 그 나름대로 의미를 가진다. 환경문제들 가운데 어떤 측면들은 분명 개인이나 집단이 가지는 특성이나 능력과 무관하게 거시적이고 포괄적으로 영향을 미친다. 그러나 이러한 위험의 보편성에 관한 지나친 강조는 자원고갈이나 환경파괴의 위험에 직접 노출되어 있는 노약자들이나 저소득층 또는 소수 민족이나 후진국가들 등 한계 집단들에 미치는 차별적 영향을 소홀히 할 우려가 있다.[3]

실제 자원고갈이나 환경오염의 문제를 꼼꼼히 살펴보면, 이로 인한 피해는 개인이나 집단(계층이나 지역)에 따라 결코 동일하지 않다. 생물학적으로 또는 경제·정치적으로 힘을 가진 자(개인이나 집단)들은 그렇지 않은 자들에 비해 환경문제의 발생을 사전에 예방하거나 또는 문제가 발생하더라도 사후에 피해를 방어 또는 회피할 수 있는 능력

---

2) Ulrich Beck, 『위험사회: 새로운 근대성을 향하여』(홍성태 역), 새물결, 1997 참조.

3) Margarita Alario, *Environmental Destruction, Risk Exposure and Social Asymmetry: Case Studies of the Environmental Movement's Action*, New York and London: Univ. Press of America, 1995; Rodger C. Field, "Risk and justice: capitalist production and the environment," in Daniel Faber(ed.), *The Struggle for Ecological Democracy*, New York: Guilford, 1998, pp.81-103 참조.

을 가진다.[4] 즉 노약자나 어린이, 여성은 청장년의 남성들에 비해, 그리고 빈곤한 지역이나 계층의 사람들은 부유한 지역이나 계층의 사람들에 비해 자원 이용량은 적은 반면, 이에 대한 부담은 더 크게 느끼고, 또한 오염된 환경에 더 많이 노출되어 피해를 입게 된다. 자원·환경문제를 둘러싸고 발생하는 이와 같은 불평등은 문제 자체의 특성에 내재된 부분도 있지만, 대부분은 사회적으로 발생하거나 증폭되는 경향이 있다. 이러한 점에서 자원·환경문제와 관련하여 불평등이 드러나는 여러 가지 유형들을 제시하고, 이러한 환경불평등으로 인해 발생하는 환경정치 및 대안적 환경정책의 의의를 살펴보고자 한다.

1) 환경불평등의 유형

환경문제를 둘러싸고 발생하는 불평등은 여러 가지 유형으로 구분될 수 있다.[5] 우선 자원이용을 위한 접근 및 자원고갈이나 환경오염으로 인한 피해는 사회적으로 불평등한 양상을 드러낸다. 여기서 경험적으로 드러난 두 가지 주요한 측면은 계층적 불평등과 인종적 불평등이다. 부유한 사람들(개인이나 집단)은 가난한 사람들에 비해 보다 많은, 보다 편리한 자원을 이용할 수 있으며, 보다 쾌적한 주거환경이나 작업환경 속에서 활동할 수 있다. 또한 이들은 환경오염의 영향으로부터 자신을 방어하거나 회피할 수 있는 수단이나 능력을 더 많이 가진다. 물론 소득수준의 차이가 유용자원의 소비나 청정환경에의 접근과 완전 비례하지 않을 수도 있다. 농·어촌 지역의 주민들은 도시지역 주민들에 비해

---

4) Robert D. Bullard(ed.), *Unequal Protection: Environmental Justice and Communities of Color*, San Francisco: Sierra Club Book, 1994.

5) 환경불평등의 유형 구분에 관해서는 고재경, 「해외 환경정의 운동의 전개과정과 그 의미」, ≪환경과 생명≫ 겨울호, 1997, 56-69쪽; 정수복, 「환경정의와 녹색민주주의」, ≪환경과 생명≫ 겨울호, 1997, 70-81쪽 참조. 또한 David E. Cooper and Joy A. Palmer, *Just Environments: Intergenerational, International and Interspecies Issues*, London and New York: Routledge, 1995 등 참조.

소득수준은 낮지만, 보다 쾌적한 공기를 마시고 오염되지 않은 자연을
접할 수 있다. 그러나 이러한 경우라고 할지라도, 소득이 많고 시간적
여유가 있는 도시의 부유계층들은 농촌의 쾌적한 환경을 즐기기 위한
별장생활이나 여가활동을 할 수 있다. 이러한 점에서 환경적 불평등은
사회(경제·정치)적 불평등과 동일한 것으로 간주되어서는 안 된다고 할
지라도, 후자의 연장선상에 있다고 하겠다.

환경적 불평등이 드러나는 또 다른 주요한 측면은 인종적 차별성이
다. 이러한 인종적 차이에 근거한 환경적 불평등은 미국과 같은 다인
종국가에서 전형적으로 나타나고 있다.[6] 미국의 경우 소각장이나 매
립지와 같은 폐기물처분장 등 환경유해시설들이 유색인종이나 소수민
족 거주지역에서 집중적으로 조성되었다는 사실이 많은 연구들에서
지적되었다. 또한 소수 유색인종 집단들은 환경정책의 결정과정에서
도 배제됨으로써 환경피해에 더 많이 노출되어 있다는 사실이 밝혀졌
다. 심지어, 유해폐기물 매립지 오염정화를 위한 연방 정부의 재정 지
원인 슈퍼펀드(Super Fund) 법의 집행에서도 불평등이 나타나고 있으
며,[7] 예로, 백인지역의 오염자들에게 부과된 평균 벌금은 소수인종지
역에 부과된 평균벌금 보다 5배 이상 높을 정도로, 백인지역에서 환
경오염에 대한 규제가 소수인종지역에 비해 훨씬 강하게 적용되고 있
다. 이와 같이 인종은 계층에 관계없이 대기오염 분포, 유해폐기물처
리장의 입지, 방치된 유해환경시설들, 또는 어린이 납중독 등에 있어
차별을 받고 있으며,[8] 특정 인종집단에 대한 차별적 피해를 개념화하
기 위해 환경적 인종주의(environmental racism)라는 용어가 사용되기

---

6) Martin V. Melosi, "Equity, eco-racism and environmental history," *Environ-mental Histroy Review*, 19(3), 1995, pp.1-16.

7) Marianne Lavelle and Marcia Coyle, "Unequal protection: the racial divide in enviornmental law," *National Law Journal*, 21(September), S2-S12, 1992; Robert D. Bullard, "Enviornmental justice for all," in Robert D. Bullard(ed.), op. cit, 1994, pp.9-10 참조.

8) 다음의 부표 참조. 이 표는 어린이 납중독문제에서 소득별 차이도 중요하지만 인종이 소득보다도 더 중요한 요인으로 작용하고 있음을 보여주고 있다.

도 한다.9) 즉 미국의 경우에서처럼, 유색인들이 백인들에 비해 환경 재해에 더 많이 노출되어 있으며, 따라서 환경불평등과 관련하여 계층이라기보다는 인종이 더 큰 요인으로 작용하고 있다는 주장이 제기될 수 있다.10) 그러나 환경문제의 불평등과 관련하여 인종적 요인이 매우 중요하다고 할지라도, 이론적 추론이나 또는 실제 드러나는 양상에서 계층적 불평등과 항상 결합되어 있다고 하겠다.11)

이러한 사회적 불평등은 공간적 및 시간적 불평등으로 전환되기도 한다. 환경문제의 공간적 불평등은 자원에의 접근성이나 오염으로 인한 피해의 지리적 차별성을 의미하며, 환경문제의 시간적 불평등은 주로 현 세대와 미래 세대 간의 불평등을 의미한다. 이러한 시·공간적 불평등은 물론 사회적 불평등과 밀접하게 관련된다. 예로, 환경문제의 공간

<부표 1> 미국 도시 어린이의 납중독 비율

구분		소득		
		6,000달러 이하	6,000~15,000달러 이상	15,000달러 이상
인종	아프리카 미국인	68%	54%	38%
	백인	36%	23%	12%

주: 미국에서 100만 이상 도시에 살고 있는 0.5~5세 사이 어린이들 가운데 혈중 납 비중이 15μg/dl 이상 어린이의 비율.
자료: Agency for Toxic Substances and Disease Registry, *The Nature and Extent of Lead Poisoning in Children in the United States: A Report to Cogress*; quited in D. Bulloard Robert, 1994, "Environmental justice for all," in Robert D. Bullard (ed), *Unequal Protection*, San Francisco: Sierra Club, p.20.

9) Laura Westra and Peter S. Wenz, *Faces of Environmental Racism: Confronting Issues of Global Justice*, London: Rowman and Littlefield Publishers, 1995; Robert D. Bullard, *Confronting Environmental Racism: Voices from the Grassroots*, Boston: South End Press, 1995.

10) Paul Mohai and Bunyan Bryant, "Environmental racism: reviewing the evidence," in Bynyan Bryant and Paul Mohai(eds.), *Race and the Incidence of Envi- ronmental Hazards: A Time for Discourse*, Boulder, Colo.: Westview Press, 1992 등 참조.

11) Michael K. Heiman, "Race, waste and class: new perspectives on environmental justice," *Antipode*, 28(2), 1996, pp.111-121; Laura Pulido, "A critical review of the methodology of environmental racism research," *Antipode*, 28(2), 1996, pp.142-159. 또한 Susan L. Cutter, "Race, class and environmental justice," *Progress in Human Geography*, 19(1), 1995 참조.

적 불평등은 환경자원의 지리적 불균등 분포나 환경오염에 대한 자연지
리적 영향 등에 의해 발생할 뿐만 아니라, 계층, 인종, 성, 민족, 정치권
력 등 구조적이고 제도적인 요소로부터 발생한다. 과거 자연으로부터
주어졌던 자원들은 이제 점차 인공적으로 생산 또는 가공되어, 일정한
사용료를 전제로 각 소비자들에게 배분됨에 따라, 이러한 자원의 생산
또는 가공의 입지가 지리적으로 불균등하게 입지할 뿐만 아니라 자원에
의 접근 또는 이용은 소비자의 구매력(화폐력)에 따라 차별화된다. 또한
환경오염은 핵폐기물처분장, 소각장, 매립장 등의 건설과정에서 정부측
의 강행과 주민들의 결사적 반대 시위. 공단지역 주변이나 핵발전소 주
변, 폐기물 처리시설 주변 주민들이 받는 환경피해 등을 유발한다.[12] 이
와 같은 특정 시설들의 입지로 인한 지리적 불평등뿐만 아니라, 보다
일반적으로 현대 도시에서는 주거지분화로 인한 환경 질의 차별적 분포
가 일반화되어 있다.[13]

한 국가 내 지역들간 환경자원의 불평등한 이용이나 오염피해의 차
별적 전가와 마찬가지로, 국가들 간에도 이러한 불평등이 심각하게 나
타난다. 선진국의 1인당 소비는 개도국보다 곡물, 식량 등에서는 3배 이
상 높고, 자동차는 24배, 에너지 소비는 8배 정도 많은 것으로 추정된다.
반면 일부 후진국들에서는 많은 인구가 빈곤이나 기아 상황에 있으며,
이들의 수는 앞으로 더욱 증가할 것으로 예상되고 있다. 세계체제 내의
선진국과 후진국 간의 환경불평등은 기본적으로 소득수준의 차이, 즉
세계에서 상위 20%의 국가들이 전체 소득의 80% 이상을 차지하고 있
는 상황을 반영한다. 즉 한 사회 내 계층간, 지역간 환경불평등은 선진

---

12) 이러한 점에서 '지리적 형평(geographic equity)'이라는 개념이 제시된다. 지
리적 형평이란 "지역사회의 입지와 공간적 배열, 그리고 환경적 재해나 국지
적으로 원하지 않는 토지이용(LULUs: locally unwanted land uses), 예로 매
립장, 소각로, 쓰레기처리장, 납제련소, 정유공장 및 여타 유해시설들에의 근
접성"과 관련된다. Robert D. Bullard, "Decision Making," in Laura Westra
and Peter S. Wenz(eds.), op. cit., 1995, pp.6-8 참조.

13) Robert Bullard, "Residential segregation and urban quality of life," in
Bunyan Bryant(ed.), op. cit., 1995, pp.76-85.

국과 개발도상국 간의 환경불평등으로 확장된다. 선진국은 한 때 자국의 경제성장에 기반이 되었던 공해산업들을 개발도상국에 이전시키고 다양한 산업폐기물들을 후진국으로 수출함으로써 자국민과 환경을 보호하고자 한다. 빈곤한 후진국은 환경을 고려할 여유가 없으며, 경제성장을 최우선으로 하고 있는 개발도상국들은 어떠한 비화폐적 대가를 지불할지라도 개발사업을 촉진하고자 한다.[14] 선진국들은 지구적 차원의 환경위기에 대한 책임을 후진국들의 과다한 인구 증가와 무분별한 환경 파괴에 기인한 것으로 주장하지만, 현 세계체제 내에서 엄청나게 불평등한 부의 분배 체계가 개선되지 않는 한 지구적 환경위기와 환경불평등은 극복되기 어려울 것이다.

이와 같이 현세대 내에서 계층간 또는 지역간에 이루어지는 환경문제의 불평등은 미래세대의 환경 이용에 대해서 일정한 영향을 미치게 된다. 세대간 불평등에 대한 인식은 1980년대 후반 브룬트란트 보고서인 '우리 공동의 미래'에서 공식화되었고 1992년 리우 환경회의에서 '지속가능한 개발'이라는 개념으로 일반화된다. 즉 지속가능한 개발(또는 발전)은 현 세대의 개발이 자원 고갈이나 환경 파괴를 초래하여 미래 세대의 필요나 욕구의 충족에 영향을 미치지 않는 범위 내에서 이루어져야 함을 강조한다.[15] 여기서 환경윤리는 현 세대의 도덕적 의무를 넘어서 미래 세대의 권리를 보장하는 것으로 확장된다. 그러나 문제는 미

---

14) 이러한 개발사업들은 때로 선진국들에 의해 강제된 것이기도 하다. 예로, 1980~90년대에 들어서면서 제3세계 국가들에서 개발사업을 위해 외채를 도입하지만, 도입된 외채가 적절하게 배분되지 않고 오히려 채무위기를 심화시켰다. 이러한 상황에서 제3세계 일부 자원보유국들은 채무변제를 위한 외화 획득의 수단으로, 또는 통화가치의 평가절하와 더불어 더 많은 자원의 개발과 수출을 요구하는 국제통화기금(IMF)의 구조조정정책의 압력하에서, 자원을 과잉 개발하게 되었을 뿐만 아니라 선진국들에 대한 경제적 및 생태적 종속을 심화시켰다. R. Weissman, "Corporate plundering of Third-World resources," in R. Hofrichter and Lois Gibbs(eds.), *Toxic Struggles*, Philadelphia: New Soci- ety Publishers, 1993, pp.186-196.

15) 이정전, 「지속가능발전의 개념과 시장의 원리」, 『지속가능한 사회와 환경』, 박영사, 1995 참조.

래 세대의 환경 이용에 심각한 영향을 미칠 정도로 현 세대의 무분별한 개발을 촉진하도록 하는 원인이 무엇인가를 밝히는 것이다. 예로, 일부 넓은 영토를 가지고 있는 선진국들은 자국내 상당한 자원들을 매장하고 있음에도 불구하고, 이를 채굴하기보다는 보다 저렴하다는 이유로 제3세계 국가들의 자원 개발을 촉진하고 있다. 이러한 상황은 선진국의 미래세대는 환경 이용을 일정하게 보장받는 대신, 제3세계 국가의 미래세대들은 오히려 현 세대 선진국의 국민들의 환경 이용으로 인해 희생되게 된다. 이러한 점에서, 환경문제의 시간적 (세대간) 불평등은 사회적 및 공간적 불평등의 연장선상에서 이해된다.16)

환경불평등과 관련된 사회적 및 시공간적 요인들과 더불어 생물적 능력의 차이도 주된 요인이 된다. 여성에 비해 남성이, 어린이나 노인에 비해 청장년층이 일반적으로 보다 왕성한 생물적 능력을 가진다. 이러한 생물적 능력은 자원에의 접근성을 좌우하는 주요 요인들 가운데 하나일 뿐만 아니라 환경오염으로 인한 피해에 대해 상이한 방어 능력을 가지도록 한다. 대기오염물질이나 오존층의 파괴로 인한 방사능에의 노출 등에서 청장년층에 비해 어린이나 노인이 보다 민감하게 반응하게 된다. 이러한 생물적 요인도 사회적 및 시공간적 요인들과 일정한 관련성을 가진다. 남성이 여성에 비해 자원에의 접근 능력이 큰 것은 단순히 생물적 특성에 기인하기보다는 이러한 생물적 능력의 차이를 제도화하거나 또는 이를 용인하는 사회·정치적 힘관계에 더 크게 좌우된다. 즉 자원 이용의 제약이나 환경오염에 의한 피해는 생물적 약자와 사회적 약자에게 집중된다. 이러한 점에서, 환경불평등의 3가지 주요 근원으로 인종, 계급, 그리고 성이 흔히 지적되며, 여성이 환경불평등에 저항하는 주요 주체가 된다는 점이 강조된다.17)

---

16) 이러한 점에서, "지속가능발전의 이념을 구체화한 '의제 21'을 보면 이 세대간의 형평성은 한 나라 안에서의 계층간의 형평성과 국제사회에서 국가간의 형평성을 내포한 포괄적 의미의 형평성임을 알 수 있다." 이정전, 앞의 책, 1995, 14쪽.

17) 이러한 연구사례로, Celene Krauss, "Women and toxic waste protests: race,

인간의 종내에서 발생하는 생물적 강자와 약자 간의 환경불평등은 인간과 비인간 생물종 간의 관계로 확장된다. 생태계의 먹이사슬에서 인간은 다른 모든 동식물에 대한 최종 소비자 역할을 한다는 점에서, 그리고 인간에 비해 동식물은 이성을 가지지 않았으며 의사소통이 불가능하다는 점에서, 인간과 동식물 간 생물적 (즉 생태적) 불평등은 마치 당연한 것처럼 인식되었다. 그러나 최근 인간과 생물종 간의 불평등에 대한 인식은 도덕적 권리의 범위를 생물체로까지 확대해야 한다는 주장, 즉 내재적 가치를 갖는 동식물의 권리를 인정해야 한다는 주장으로 이어지고 있다.[18] 이러한 인식은 환경불평등의 문제를 단순히 인간 중심주의적 사회정치체계에 국한되지 아니하고, 생물종의 입장에서 어떠한 문제들을 유발하는가에 관한 관심으로 나아가도록 한다.

2) 환경불평등을 둘러싼 정치

자원고갈과 환경오염의 문제는 자원 이용의 제약 및 환경오염의 피해에 대한 사회적, 시·공간적 생물적 불평등을 유발한다. 환경불평등에 관한 여러 사례 연구들에서, 사회경제적으로 하위에 있는 계층, 정치적으로 배제되어 있는 유색인종, 생물적으로 약자인 여성이나 어린이와 노인들이 환경문제에 더 민감하다는 점이 밝혀졌다. 이러한 불평등의 가장 기본 원인이 하위계층인지, 유색인종인지, 또는 생물적 약자인지에 대해서는 다양한 해석이나 주장이 제시되고 있다. 그러나 환경불평등을 유발하는 기본 요인의 규명은 불명확하다고 할지라도,

---

class and gender as resources of resistance," *Qualitative Sociology*, 16(3), 1993, pp.247-262 등 참조.

18) David E. Cooper, "Other species and moral reason," in David E. Cooper and Joy A. Palmer(eds.), op. cit., 1995, pp.137-148; Wendy Donner, "Inherent value and moral standing in enivronmental change," in Fen Osler Hampson and Judith Reppy(eds.), *Earthy Goods: Environmental Change and Social Justice*, Cornell University, 1996, pp.52-74 등 참조.

명확한 것은 대부분의 환경불평등에는 사회적, 인종적 그리고 생물적 요인들이 복잡하게 상호 관련되어 있다는 점이다. 달리 말해서 환경 불평등은 단순히 생태환경의 문제일 뿐만 아니라, 빈곤, 인종차별, 성차별에 기인하며, 또한 실업, 도시빈민의 생활 및 주거환경의 질 저하 등 사회문제와 분리될 수 없는 문제이다.[19] 이러한 사회적 문제들은 환경문제의 불평등을 가져온다. 예로 저소득층은 빈곤과 취업기회의 부족으로, 환경적으로 유해한 사업이나 직장일지라도 자신의 지역 내에 유치하고자 하며, 가난한 후진국가들은 유해물질을 수입하는 대가로 일정한 화폐를 얻고자 한다. 뿐만 아니라, 환경문제의 공간적 불평등은 사회정치적 불평등의 결과이며 또한 원인이 된다. 예로, 도시재개발이나 고속도로 건설은 환경파괴의 문제를 초래할 뿐만 아니라, 생산과 투자에 관한 의사결정과정에 영향을 미치는 정치권력의 불평등을 함의한다. 또한 간척사업이나 공단건설에 따른 토지이용 형태의 변화는 그 자체가 환경문제인 동시에, 원주민과 개발업자 간 토지소유 관계를 전환시키는 사회경제적 불평등의 문제이다.

또한, 현재 사회에서 발생하는 인간과 인간 간의 불평등한 관계는 세대간 불평등을 초래할 뿐만 아니라 자연과 인간 간의 불평등을 나타내는 생태적 불평등의 문제로 발전한다. 따라서, 인간에 의한 자연의 지배를 의미하는 생태적 불평등은 또한 동시에 인간에 의한 인간의 지배를 의미한다. 이러한 점에서, 흔히 환경불평등을 해소하기 위해 인간중심주의에서 생태중심주의로 패러다임이 이동해야 한다는 주장이 제기되기도 한다.[20] 인간과 다른 생물종들 간의 생태적 평등을 강조하는 생태중심주의자들은 인간 사회의 보편적 권리를 동식물의 생태

---

19) Giovanna Di Chiro, "Nature as community: the convergence of environment and social justice," in William Cronon(ed.), *Uncommon Ground: Rethinking the Human Place in Nature*, New York: Norton, 1996, pp.298-320 참조

20) Robyn Eckersley, *Environmentalism and Political Theory: Toward an Ecocentric Approach*, State University of New York Press, 1992 참조.

계에까지 확장하여 동식물들에게도 환경권을 인정함으로써 환경불평등이 전반적으로 극복될 수 있다고 주장한다. 그러나 이러한 생태중심주의는 인간과 다른 동식물들 간의 생태적 불평등을 유발하는 사회적 불평등의 문제를 어떻게 해결할 수 있는가에 대해서는 아무런 답을 제시하지 못한다. 만약 인간에 의한 생태계의 과잉 착취가 인간들 간의 착취적 관계에서 비롯되었다면, 환경불평등을 해결하기 위해, 인간들 간의 사회적 관계를 재구성하기 위한 정치가 우선 필요하다고 하겠다.

이러한 점에서, 환경문제 특히 환경불평등을 둘러싸고 전개되고 있는 환경정치가 과연 새로운 것인가에 대한 의문이 제기될 수 있다. 많은 학자들은 최근 환경문제에 대한 관심 증대가 새로운 사회적 가치를 반영한 것이라고 주장한다. 환경불평등은 분명 과거에는 사회적으로 이슈화되지 않았던 문제이다. 그리고 환경불평등이 과거에는 미약했거나 또는 이에 대한 논의가 사회정치적으로 억압되어 있었다는 점에서, 과거와는 다른 새로운 상황에서 환경불평등의 문제가 이슈화되고 있다. 그러나 실제 자원이용을 위한 접근성에 있어서의 불균등이나 환경피해에 대한 방어능력의 차별성은 여전히 기존 사회메커니즘의 한계, 즉 사회적 부의 불평등 분배 및 정치권력의 불평등 할당구조의 연장선상에 있다고 하겠다. 달리 말해서, 과거에는 누구나 대가를 지불하지 않고 자유롭게 접근·이용할 수 있었던 환경자원이 이제는 배타적으로 소유되거나 또는 다른 재화와 마찬가지로 상품화됨에 따라, 그 희소가치 또는 교환가치에 상응하는 정치적 및 경제적 능력에 좌우되게 되었다. 환경자원의 독점적 소유나 상품화는 새로운 현상이라고 할지라도, 이를 유발하는 원인이나 과정은 결코 새로운 것이 아니라는 점이다. 따라서 환경불평등을 둘러싼 정치는 과거 전통적인 노동정치와는 다른 새로운 양상에 관심을 가지는 새로운 운동이라고 하겠지만, 환경정치의 대상은 전혀 새로운 어떤 원인이라기보다는 기존에 우리사회의 문제들을 유발했으며 최근 환경문제까지 확장된 어떤 경제·정치적 메커니즘, 즉 환경을 상품화시키고 희소화시키는 자본주의 메커니즘의 해소라고 할 수 있다.[21] 물론 이와 같은 환경불평등을 유발하는 메커니즘의 극복을 위해 보다 철저하고 치밀한 환경정치의 전략들이 마련되어야 할 것이다.

이러한 맥락에서, 최근 환경정치의 규범적 측면에서 몇 가지 주요한 개념들, 예로 환경권리, 환경평등, 환경정의 등이 제시되고 있다. 즉 환경불평등에 관한 경험적 연구는 흔히 환경권리, 환경평등, 환경정의 등 환경과 관련된 규범적 개념들 또는 철학적, 사회이론적 연구들과 밀접하게 관련된다. 환경권리란 인간이 이 지구상에서 생존·생활하기 위해 깨끗한 환경 속에서 필요한 자원을 향유할 수 있는 권리를 의미한다. 즉 환경권이란, 인간은 누구나 자신의 생존을 위해 평등하게 환경으로부터 편익을 누리고 이로 인한 침해(비용)를 받지 않을 권리를 가지고 있음을 천명한 이념이라고 할 수 있다.[22] 이와 같이 환경복지에 대한 시민들의 권리로서 환경권은 흔히 인간의 사회적 생존권이나 정치적 시민권을 보장하는 새로운 민주주의 기반으로 인식되며,[23] 나아가 이러한 범위를 넘어서 생태계의 동식물들에게까지 확

---

21) Daniel Faber, "The Poltical ecology of American capitalism," in Daniel Faber (ed), *The Struggle for Ecological Democracy*, New York and London: Guilford, 1998, pp.27-59 등 참조.

22) 이 이념은 1960년대 이후 선진국들을 중심으로 활발하게 논의되기 시작했으며, 특히 1972년 스톡홀름에서 개최된 UN인간환경회의에서 '인간환경선언'이 선포됨에 따라 이에 대한 국제적 인식이 높아지게 되었다. 서울시는 환경권(environmental rights)을 '인간이 건강하고 쾌적한 생활에 필요한 좋은 환경을 누릴 수 있는 권리'라고 정의하고 있다(서울시, 『서울의 환경』, 1994, 35쪽). 그러나 우리나라 헌법에도 설정되어 있는 이 이념이 실제 환경정책, 특히 서울시의 환경정책에 어느 정도 실효성 있게 반영되고 있는가는 의문스럽다. 환경정책적 측면에서 환경권을 강조한 연구로는 M .B. Mackay, "Environ- mental rights and the US system of protection: why the US Environmental Protection Agency is not a rights-based administrative agency," *Environment and Planning*, 26, 1994, pp.1761-1785.

23) Robyn Eckersley, "Enviornment rights and democracy," in Roger Keil et al. (eds.), *Poltical Ecology: Global and Local*, London and New York: Routledge, 1998, pp.353-376 등 참조.

장되기도 한다. 이러한 환경권리에 기초하여 환경평등(또는 형평) 및 환경정의가 강조될 수 있다.[24] 즉 환경평등은 특정한 계층, 인종, 지역, 세대, 생물·생태적 집단이 다른 계층, 인종, 지역, 세대, 집단(의 주민들)에 비해 자원 이용의 편익이나 환경오염의 피해에 차별을 받지 않아야 한다는 점을 강조한다. 나아가 환경정의의 개념은 이러한 환경평등이 가능하도록 하는 제도, 정책, 실천의 총체로서, 생존을 위해 요구되는 필요를 충족시키고 나아가 안전하고 생산적인 활동 속에서 자아를 실현시킬 수 있는 배경을 의미한다. 누구나 깨끗한 환경을 향유할 기본 권리를 가지고 있음에도 불구하고, 이러한 환경권리가 사회구조적 불평등에 의해 억압됨으로써, 환경오염 피해는 사회적 및 시·공간적으로 차별화되어 나타난다고 하겠다. 환경정의는 이러한 환경문제의 불평등을 극복하고 모든 사람이 깨끗한 공기를 마시고 위험이 없는 환경에서 일하면서 살 수 있도록, 즉 기본적 필요를 만족시키고 삶의 질을 보장할 수 있도록, 자원접근 능력과 피해 방어능력의 정의로운 배분을 의미한다.

환경정치는 환경불평등을 유발하는 궁극적 원인을 해소하기 위하여, 우선 이러한 환경권리, 환경평등, 환경정의 등의 개념을 구체적인 제도, 정책, 실천에 반영되도록 노력하는 것이라고 하겠다. 이를 위해 몇 가지 주요한 사항들이 강조될 수 있다.

첫째, 환경정책의 입안·시행 및 분석이 환경불평등의 문제가 추가되어야 한다. 그동안 환경정책은 환경문제에 대한 일반적 해결 방안 또는 수질, 대기, 토양오염 등 부문별 환경문제 해소 방안들을 모색했지만, 이러한 환경정책의 규범적 배경을 정립하지 못한 상태에서 환경문제의 사회적, 시·공간적, 생물·생태적 불균등에 대해서는 거의 관

---

24) Robert D. Bullard, op. cit., 1995, pp.3-28; Bunyan Bryant, "Introudction," in Bunyan Bryant(ed.), *Environmental Justice: Issues, Policies, and Solutions*, Washington D.C.: Island Press, 1995, pp.1-7. 브라이언트에 의하면, 환경평등이 대체로 법적 평등(예로, 환경법에 의한 평등한 보호)을 의미한다면, 환경정의는 법적 평등의 범위를 훨씬 능가하여 개인의 '최고의 잠재력' 실현까지 포괄하는 것으로 이해된다.

심을 가지지 않았다. 환경정책(또는 이에 관한 분석)은 의사결정과정
에서 뿐만 아니라 그 효과에 대한 전망이 정당성을 가지기 위하여 시
민들이 합의할 수 있는 규범적 권리나 윤리적 기반에 기초해야 한
다.25) 특히 환경정책에 관한 분석은 기존의 정책과정에 함의된 가치
와 이해관계가 어떻게 환경불평등을 야기시키게 되었는가, 또는 기존
의 사회적 관계에 내재된 정치적 힘이 어떻게 계층화되어 있는가를
비판적으로 해석하고, 이러한 불평등을 해소할 수 있는 방안들을 제
시할 수 있어야 할 것이다.

둘째, 환경불평등을 해소하기 위한 정책은 단순히 환경의 영역에만
분리된 문제가 아니라, 사회 전반에 걸쳐 상호 관련되어 있는 불평등
의 문제 일반을 확인하고 해소하기 위해 노력해야 한다.26) 과거 환경
문제에 대한 관심은 주로 환경보전이나 보호를 위한 정책으로 연결되
었다. 그러나 환경불평등은 계급, 인종, 성, 지역, 세대 등 다양한 범
주의 집단들간에 상호 혼합되어 있는 문제이다. 이러한 점에서, 환경
불평등을 해소하고자 하는 노력은 계급적, 인종적, 성적, 지역적 불평
등을 해소하기 위한 방안들을 모색해야 할 것이며, 보다 구체적으로
불량주거와 빈곤, 인종적 차별성, 보건의료 및 사회복지의 결여 등을
해소할 수 있는 다양한 정책들을 통해 실현되어야 할 것이다.

셋째, 환경불평등을 해소하기 위해, 무엇보다도 정치적 권력의 민주
적 배분과 민주적 참여가 보장되어야 한다.27) 환경불평등은 부와 권

---

25) Brian Doherty and Marius de Geus, *Democracy and Green Political Thought*,
  New York: Routledge, 1996 등 참조.
26) 환경정의의 개념이 적용될 수 있는 다양한 정책들에 관해, Bunyan Bryant,
  "Issues and potential policies and solutions for environmental justice: an
  overview," in Bunyan Bryant(ed.), op. cit., 1995, pp.8-34 참조.
27) 분배적 측면에서 환경불평등을 시정하고자 하는 노력은 환경편익과 비용
  부담의 시·공간적 분배라는 결과적 또는 실질적(substantive) 평등을 강조하
  는 한편, 절차적(procedural) 측면에서 환경불평등을 시정하고자 하는 노력은
  이와 같이 정책적 의사결정과정에 민주적 참여를 강조한다. 환경불평등을 해
  소하기 위한 정책은 양측면, 즉 실질적 측면과 절차적 측면 모두에서 가능한

력이 소수 집단의 손에 집중되어 있으며, 그외 대부분의 사람들은 그들의 삶에 영향을 미치는 주요 의사결정과정에서 배제되어 있기 때문에 야기된다고 하겠다. 따라서 사회적 부와 정치적 권력의 배분이 민주적으로 이루어져야 하며, 이를 위해 배분을 위한 의사결정과정에 시민들의 민주적 참여가 보장되고, 투명성이 보장되어야 한다. 예로, 불평등에 대한 정보, 이에 대한 평가를 위한 공청회, 불평등한 피해에 대한 보상과 피해자의 권리 회복 등이 실현되어야 한다. 이와 같이 환경정책은 분배 결과에 영향을 미치는 여러 가지 요인들에 대한 분석뿐 아니라 보다 중요하게는 환경(불)평등에 관한 의사결정과정, 즉 자원이용과 환경오염을 둘러싼 비용과 편익이 어떻게 분배되는가에 관한 결정에 대해서도 민주적 참여가 이루어져야 한다.

3. 환경불평등에 관한 심층 사례분석

1) 사례지역 개관과 특성 비교

환경불평등에 관한 구체적 연구는 이를 드러내는 현실의 객관적 자료 분석이나 주관적 의식에 관한 설문조사 분석을 통해 이루어질 수 있겠지만, 또한 유형별 사례들이 보다 전형적으로 나타나는 지역들을 선정하여 해당 지역의 사회·환경적 실태와 지역주민들을 대상으로 한 심층조사와 그 결과에 대한 분석을 통해 이루어질 수 있을 것이다. 이러한 심층분석은 문제의 발생 현장에 대한 구체적 실태 파악과 함께 지역주민들이 생각하는 환경불평등의 발생 배경을 추론하고, 나아가 이에 대한 지역주민들의 대응 방식을 살펴봄으로써 지역주민의 입장에서 문제 해결방안들을 모색해볼 수 있도록 한다는 점에서 장점을 가진다고 하겠다.

방안을 모색해야 할 것이다. Robyn Eckersley, op. cit., 1998, pp.367-370 참조.

이 연구에서는 <표 1>에 요약된 바와 같이, 관악구 신림7동, 구로구 신도림동, 노원구 상계동, 강남구 청담동 지역을 심층분석의 사례지역으로 선정하고,28) 이 지역의 실태조사와 주민 면담을 통해 환경문제의 사회공간적 불평등을 살펴보고자 했다. 이들 4개 지역주민들의 절대소득액은 상당한 차이를 보이고 있지만, 각 지역에서 발생하는 문제의 특성을 면밀히 살펴보면 이들은 모두 자원·환경문제와 관련된 계층적 또는 지역적 불평등성을 안고 있음을 확인할 수 있다. 예로, 강남구 청담동은 서울에서도 소득수준이 상대적으로 높은 지역이라고 하겠지만, 조사된 바와 같이 이 지역에서 발생한 문제는 최상위 계층의 토지소유자가 환경오염유발시설을 지역에 조성·운영하고자 하기 때문에 발생한 것이다. 이러한 점에서 환경문제의 불평등에 내재된 계층성은 절대적일 뿐 아니라 상대적이라고 할 수 있다.

이 연구에서 이와 같은 사례지역의 선정 및 분석 과정을 이해하기 위해 몇 가지 지적되어야 할 점은 다음과 같다. 첫째, 사례분석은 개별 지역에서 발생하는 환경문제의 상이한 내용들을 대상으로 했기 때문에, 동일한 항목이나 지표에 따라 비교되는 지역간 불평등이라기보다는 지역 내 계층적 불평등에 관심을 가진다. 그러나 이러한 개별 지역분석이라고 할지라도 환경불평 등의 관점에서 다른 지역들과 간접적으로 비교할 수 있을 것이다.29) 둘째, 각 지역에서 상대적 약자라고 할 수 있는 집단들이 가지는 힘은 동일하지 않지만, 여기서 발생하는 환경불평등은 경제적 및 정치적 힘의 차이에 기인한 것으로 이해될 수 있다. 즉 각 지역들에서 환경불평등은 더 큰 힘을 가진 집단의 강제적 요구나 사업 시행에 기인하였다. 셋째, 사례지역에서 각기 상이한 양상을 확인할 수 있는 것처럼 환경불평등으로 인한 갈등은 지역별로 상이한 양상을 보인다.

---

28) 이 연구의 사례지역 연구를 위한 심층조사는 1995년 5~6월경에 이루어졌으며, 따라서 조사결과에 관한 분석은 이 시기를 기준으로 서술되어 있다.

29) 이 연구에서 선정된 지역들 가운데 관악구 신림동과 구로구 신도림동은 대도시 내 주거지분화에서 저소득층 또는 노동자 주거지구으로 특화된 지역들로서, 도시 내 주거지분화과정에서 형성된 지역들이라고 할 수 있다.

<표 1> 사례지역 개관 및 문제의 특성

A. 사례지역 개관

사례 지역	지역의 계층성	문제 유형	발생 범위	발생 원인	주민들의 대응
관악구 신림7동 (난곡)	소득수준이 매우 낮은 하위계층(빈민)주거(단독주택) 밀집지역	자원이용 부족 및 비용의 과잉부담	지역 전체	절대적으로 매우 낮은 주민소득, 상대적으로 높은 자원 가격	문제를 거의 인지하지 못함(자원결핍, 비용부담을 당연한 것으로 받아들임)
구로구 신도림동	소득수준이 상대적으로 낮은 중간하위계층 주거 및 대·중소공장 혼재지역	공해공장들의 대기오염물질 배출로 인한 피해	지역내 상당히 넓게 퍼져 있음	기업들의 환경비용 외부화 및 상대적으로 낮은 소득 또는 열악한 취업기회	문제가 매우 오래되었지만 최근 지역대책모임 결성
노원구 상계동	소득수준이 도시평균 정도인 중간중위계층 주거밀집(아파트)지역	환경오염통제시설(소각장) 입지로 인한 피해	시설주변 지역에 비교적 넓게 나타남	지역주민들의 여론을 무시한 정부기관의 일방적 입지 선정	문제유발시부터 지역주민들의 적극적인 대응
강남구 청담동	소득수준이 상대적으로 높은 중·상위계층 주거지역	환경파괴오염시설(골프장) 건설·운영에 의한 피해	시설주변 지역에 다소 좁게 나타남	지역주민들의 의견을 무시한 개인의 오염유발 토지이용	문제유발시부터 지역주민들의 상대적으로 온건한 대응

B. 사례지역 문제의 특성

	소득	문제 정도	문제 범위	주민 인식	주민 대응	대응 대상
강남구 청담동 ⇒	높음	다소 약함	넓음	다소 약함	다소 강함	개인 사업자
노원구 상계동 ⇒		다소 심함		강함	강함	정부
구로구 신도림동 ⇒		심함		다소 강함	다소 강함	기업
관악구 신림동 ⇒	낮음	(평가 불능)	좁음	약함	약함	(없음)

차상위
계층

이러한 갈등관계에 관한 분석을 통해 지역 내 환경불평등이 어느 정도 심각하게 인식되고 있으며, 또한 어떠한 배경에서 이러한 환경불평등과 갈등이 발생하게 되었는가를 이해할 수 있다. 넷째, 이 연구에서 선정된 사례지역들은 모두 서울시내에 위치하며, 따라서 중앙정부의 정책뿐만 아니라 서울시의 정책에 영향을 받는다. 이러한 점에서 다음 절에서는 이러한 환경불평등을 해소하기 위한 정책으로 서울시의 환경정책을 분석할 것이다.

2) 빈민지역의 자원이용 불평등: 관악구 신림7동(난곡) 지역

관악구 신림7동(난곡)지역은 서울의 빈민지역으로 대표적인 곳이라고 할 수 있다. 이 지역은 우선 매우 열악한 주거환경을 보이고 있다. 신림7동은 2만 6천여 명의 주민이 3,529동의 주택에 살고 있는데, 이 중 허가건물은 797동에 불과하다. 15~45도나 되는 산비탈의 고지대에 8평 정도의 주택들이 밀집해 있으며, 각 주택에는 평균 2~3가구가 거주하고 있다. 골목길은 매우 좁고 비탈지며, 개별 가옥의 구조는 골목길에서 부엌을 거쳐서 또는 곧바로 방으로 들어가도록 되어 있는 경우가 많다. 많은 가구들이 비위생적인 재래식 화장실 또는 공동화장실(지역 내 수세식 8곳, 재래식 3곳)을 사용하고 있으며, 지역 전체로 볼 때 10가구당 변소 2개꼴로 배당되는 정도이다. 대부분의 가구는 연탄보일러 또는 연탄아궁이에 의존하여 난방을 하고 있으며, 겨울에는 춥기 때문에 전기장판을 이용하는 가구가 많았다. 연탄에 의존한 난방은 연탄을 시간 맞추어 갈아야 하는 불편이 있을 뿐만 아니라, 특히 주택 자체가 창문 등의 통풍시설을 충분히 갖추고 있지 못한데다 난방효과를 위한 통풍시설 등의 폐쇄로 겨울철 실내 공기의 오염도는 대단히 높을 것으로 추정된다. 또한 연탄의 가격은 고지대일수록 배달료를 더 받기 때문에, 평지에서 한 장에 270원 하는 연탄이 맨 꼭대기에 사는 주민의 경우 320원이 된다.

이 지역의 가구들은 대부분 냉장고, 세탁기, TV 등을 갖추고 있으며, 전기를 이용하는 데는 큰 불편이 없고, 그 요금도 크게 부담이 되는 것으로 생각하지 않는다. 수돗물의 경우도 기본적으로 절약을 하려고 신경을 쓰는 편이지만 해야 할 일을 못할 정도는 아니다. 그러나 아침에는 모든 집들이 수돗물을 사용하기 때문에 고지대일수록 물이 조금씩 나오고, 이럴 때 세탁기를 사용하면 물을 채우는 데 시간이 오래 걸리기 때문에 전기료가 더 많이 나온다. 얼마 전까지 각 가정에 하수구가 없어서 집 밖에서 물일을 했다고 하며, 최근에 하수구가 시설되어 사정이 좋아졌다. 쓰레기는 2~3일에 한 번꼴로 치워가는데, 좁고 비탈진 골목길은 청소원들이 분담하여 들어와 치우기 때문에, 일부 가정에서는 한 달에 한 번씩 따로 2~3천 원 정도의 수고비를 준다. 그러나 쓰레기종량제의 실시 이후 분리수거가 잘되고 있지 않을 뿐만 아니라, 가뜩이나 좁은 골목길이 각 가정에서 내놓은 쓰레기들로 인해 더욱 좁아졌고 악취를 풍기게 되었다.

이 지역주민들에 대한 면접조사를 통해 확인된 가구별 지출에서 자원이용 및 오염물질처리와 관련된 비용의 지출액과 그 구성비는 <표 2>와 같았다. 그리고 이 지역에서 확인되는 자원·환경문제의 특성을 요약하면 다음과 같다.

첫째, 이 지역주민들의 소득이 매우 낮으며, 이로 인해 생활에 필요한 자원을 적절하게 구입하지 못하고 있다. 이 지역주민들은 대체로 건설일용직, 소규모서비스업, 기타 잡급직 등에 불완전하게 고용되어 있거나 또는 완전실업 상태에 있으며, 경제활동이 불가능한 단독가구도 상당수 있다. 이로 인해 이들은 매우 낮고 불안정한 소득에 의존하거나 또는 생활보호대상자 보조금 등에 의존하여 생계를 유지하고 있다. 이러한 상황에서 이들은 자원이용이나 오염물질처리비용뿐만 아니라 주택임대료, 교육비, 교통비, 의료비 등에 상대적으로 많은 비용을 지출하고 있으며, 특히 자원이용 및 오염물질처리 관련지출비용은 가구 총지출액에서 5% 정도를 차지하고 있다. 이들은 이러한 지출을 통해 자원, 환경과 관련하여 자신의 생활에 필요한 최소한의 기본 욕구만을 충족시키거나 또는 이러한 수준조차 충족시키기 어려운 실정에 놓여 있다.

<표 2> 면접가구들의 자원이용 및 오염물질처리 관련지출 내역

면접 가구	월평균 지출	자원이용 및 처리관련 비용(단위: 원)					
		계	수도 사용료	전기 사용료	난방, 연료비	분뇨 처리비	쓰레기 처리비
가 (가옥주, 4인가족)	80만 원 (건설일용 직, 임대 수입)	40,000 (총지출 의 5.0%)	7,000 (별 부담 없이 사용)	8,500 (대부분의 가전제품)	16,000 (연탄보일 러와 LNG 사용)	4,000 (자가변소, 월1회처리)	4,500 (종량제봉 투값 외 수 고비 월 2,500원)
나 (세입자, 3인가족)	50만 원 (가족송금, 생보자 보조금)	24,500 (총지출 의 4.9%)	6,000 (매일 환 자 의복 세탁)	7,000 (세 탁 기 많이 사용)	10,000 (연탄아궁 이, LNG 사용)	— (지역공동 변소 사용)	1,500 (종량제 봉투값)
다 (세입자, 2인가족)	30만 원 (생보자 보조금 등)	16,000 (총지출 의 5.3%)	4,000 (매우 아 껴씀, 주 인집에서 할당)	5,000 (가전제품 거의없음, 겨울에 전 기요사용)	5,000 (겨울에도 난방 안함, 석유스토 브)	1,500 (주인집 화 장실 사용)	500 (쓰레기 거 의 없음)

　둘째, 이 지역주민들은 열악한 주거환경조건으로 인해, 자원이용과 오염물질의 처리에 추가 부담(화폐적 비용 또는 불편)을 안고 있다. 이 지역은 상당히 고지대일 뿐 아니라 좁고 가파른 골목길가에 불량 주택들이 밀집되어 있으며, 개별 주택들도 매우 열악한 생활환경조건을 갖추고 있다. 이로 인해 이들은 연탄배달이나 쓰레기처리를 위해 평지에서는 지불하지 않아도 될 비용을 추가로 부담하고 있다. 또한 이들은 공동화장실의 이용, 연탄에 의존한 난방으로 인한 실내오염, 시간대에 따라 잘나오지 않는 수돗물 등으로 큰 불편을 겪고 있다.

　셋째, 이 지역주민들은 가구의 총소비지출에서 상대적으로 더 많은 비중의 자원·환경비용을 지불하고 심지어 추가비용까지 부담하고 있는 반면 실제 사용하는 자원이용량은 상대적으로 매우 제한적임에도 불구하고, 이들은 이에 대한 문제점을 절실히 느끼지 못하고 있다. 즉 이들은 자신의 생활에 부족하며 이로 인해 많은 고통을 겪고 있음에도, 자신이 화폐로 지불한 만큼의 자원이용이 당연하다고 생각하고,

열악한 주거환경으로 인해 추가적으로 부담해야 하는 비용에 대해서는 불가피한 것으로 받아들이고 있다. 달리 말해서 이들은 인간의 생존에 필요한 최소한의 자원, 환경이 기본적으로 보장되어야 한다는 환경(생존권)을 거의 인식하지 못하고 있다.

넷째, 이 지역은 서울시에서 대표적으로 오래된 빈민지역이기 때문에, 외부의 지원이나 주민들의 자발적 활동을 통해 주민조직과 지역운동이 비교적 활발한 편이지만, 이러한 활동을 하는 단체들도 아직 자원·환경문제의 심각성을 제대로 인식하지 못하고 있다. 이들은 대부분 주민들의 생계부조나 주택철거 또는 탁아, 공부방운동 등에 더 많은 관심을 가지고 활동하고 있다. 또한 이들은 환경문제를 단지 대기오염이나 수질오염과 같이 포괄적인 문제로 인식하고 있으며, 이러한 점에서 이 지역에는 아직 환경문제가 심각하지 않는 것처럼 느끼고 있기 때문에, 자원·환경문제가 다른 문제들에 비해 그렇게 절박하지 않는 것으로 간주한다. 이러한 지역주민단체들의 미흡한 인식은 환경생존권에 대한 지역주민들의 인식 부족과 더불어 지역문제에서 자원·환경문제를 주요한 이슈로 제시하지 못하고 있다.

3) 주거-공장혼합지역 환경피해의 불평등: 구로구 신도림동 지역

구로구 신도림동은 구로공단에 인접한 지역이며 이 지역 내에도 한국타이어, 조흥화학, 삼영화학, 종근당 등 대규모 고무, 화학공장들과 여타 많은 중소공장들이 입지해 있다. 조흥화학과 한국타이어 공장에서 불과 100m 정도 떨어진 곳에 바람부는 방향과 나란히 하여 우성아파트 1, 2단지가 위치해 있고 그 뒤로 3, 5단지가 위치해 있다. 조흥화학과 한국타이어 공장 사이에 신도림국민학교가 끼어 있어 담을 맞대고 있는 상태이다. 다른 쪽으로 삼영화학, 종근당, 대성연탄 공장이 연이어 들어서 있으며, 그 뒤로 중소 주물·선반·조립공장들이 주택이나 상가와 혼재하여 밀집해 있다. 그리고 이 지역에 접하여 미성

아파트 단지가 위치해 있다.

한국타이어공장의 타이어 제조과정에서 고무 타는 냄새가 심하게 나며, 고무가루가 인접지역으로 날리고 있고, 타이어 완제품을 운반하는 지게차의 소음도 매우 심하다. 이스트와 삭카린 등을 제조하고 있는 조흥화학은 누룩냄새 비슷한 악취를 풍기고 있고, 이와 함께 염산가스(클로로설폰산)가 새어나와 합쳐지면서 비위가 상하는 역겨운 냄새를 유발하여, 주민들 1/3정도 이 냄새로 구토를 한 경험이 있다. 특히 밸브 조작과정의 미숙이나 실수로 인해 염산가스가 심하게 누출되기도 하며, 폭발의 위험까지 있는 것으로 우려되고 있다.[30] 또한 이 지역의 중소공장들은 대부분 주택을 고쳐서 무허가 작업장으로 사용하고 있기 때문에, 이 공장들에서 배출되는 쇳가루나 먼지들과 소음으로 작업장내 근로자들의 작업환경이 극히 열악할 뿐만 아니라 이들과 혼재되어 있는 주택들에 심각한 환경오염을 유발하고 있다.

지역주민들은 일상적으로 악취나 분진, 소음을 피하기 위해 여름철에도 창문이나 문을 항상 닫아놓고 생활하고 있고, 자녀들을 가능한 밖에 나가 놀지 못하게 하며, 경제적으로 능력이 되기만 하면 에어컨과 공기정화기를 구입·설치하여 바깥 공기와 접촉하지 않으려고 애쓴다. 주민들 가운데 기관지염, 인후염, 비염으로 치료를 받는 사람들이 상당수 있으며, 만성적 눈병이나 두통 등으로 호소하는 경우도 많다. 중소공장에 취업해 있는 근로자들도 작업장의 환경문제로 인해 불만이 많지만, 자신의 생계가 달려 있기 때문에 어쩔 수 없이 감수한다. 지역주민들 중에 10년 이상 살아온 사람들이 절반 이상을 차지하고 있지만, 47% 가량의 주민들이 다른 지역으로 이주할 계획을 세우고 있는 것으로 조사되었다.

이 지역주민들이 일상생활에서 경험하는 환경문제의 실태에 대한 간

---

30) 예로, 1995년 6월 12일에는 사카린 제조공정의 클로로슬폰산 이송배관 이상으로 유독가스(염화수소)와 악취가 심하게 발생하여 신림중학교 학생들이 수업중에 대피하고 단축수업을 한 소동이 벌어지기도 했다.

<표 3> 신도림동 지역주민들이 경험한 환경문제의 실태

경험자의 비율(%) \ 경험사례	창문을 열어 놓으면 집안이 금방 더러워진다	흰 와이셔츠를 하루 입으면 검게 된다	철제가구가 쉽게 녹슨다	매연이 안개처럼 끼어 있는 것을 본 적이 있다	매연에 구토가 난 적이 있다	식구 중 기관지 등 호흡기 질환을 앓는 사람이 있다	식구 중 결막염 등 안질환을 앓는 사람이 있다
1차 조사	89	77	53	66	31	45	10
2차 조사	94	80	40	88	67	63	29

주: 1차 조사는 1995년 4월, 이 지역 상가·주택지역 주민 62명을 대상으로 했으며, 2차 조사는 1995년 6월, 이 지역에 우성아파트 주민 86명을 대상으로 한 것임.
자료: 지역주민에 의한 간이설문 조사자료.

이 설문조사의 결과를 요약하면 <표 3>과 같으며, 이 지역 환경문제의 요약하면 다음과 같다.[31]

첫째, 이 지역의 환경문제는 지역 내 위치한 대규모 공해공장들[32]에 의해 주로 유발되고 있다. 이 공장들은 설립년도가 아주 오래된 관계로 생산공정이 기술적으로 낙후되었거나 생산시설들이 매우 노후했기 때문에 대기오염물질들과 소음, 악취 등을 대량으로 배출하고 있는 것으로 추정된다. 이로 인해 이 공장들은 공해방지시설들의 설치 등을 통해 자신들이 부담해야 할 비용을 지역사회에 전가시키고 지역주민들에 심각한 환경피해를 미치게 됨에 따라, 지역주민들의 잦은 민원대상이 되었을 뿐만 아니라 행정당국의 공해단속에 적발되었지만, 이에 대한 개선 노력을 거의 하지 않고 있는 실정이다.[33]

---

31) 이세영, 「노동자가 처해 있는 환경오염실태와 환경운동의 주체」, ≪환경과 생명≫ 겨울호, 1994; 박효미, 「숨막히는 환경사각지대, 신도림동 사람들」, 월간 ≪말≫ 7월호, 1995, pp.180-183 등 참조.

32) 대표적으로 한국타이어(종업원 5,925명, 설립년도 1941년), 조흥화학(333명, 1959년), 삼영화학(637명, 1959년), 종근당(1,401명, 1956년) 등이다.

33) 예로, 환경부에 의해 악취중점 관리대상업소로 지정되어 있는 한국타이어 측은 "공해방지투자를 계속하고 있지만 고무혼합과정에서 발생하는 악취는 기술상 한계 때문에 완전히 없애지 못하고 있다"며 "비용부담이 커 이전계획은 세우고 있지 않다"고 말했다(≪중앙일보≫ 1995. 3. 14). 뿐만 아니라, 도로신설과 관련된 토지보상문제 등으로 이전계획이 있는지 여부를 숨기고 있는 조흥화학의 한 관계자는 "신도림동에 오래 산 사람들은 거의 냄새를

둘째, 이 지역 환경문제의 또 다른 부분은 이 지역 주택이나 상가와 혼합되어 있는 영세한 중소공장들에 기인한다. 이 공장들은 공해방지시설을 거의 설치하지 않고 있을 뿐만 아니라 시설 자체가 무허가이기 때문에, 정부당국의 규제를 거의 받지 않고 있으며 실태파악도 제대로 되지 않고 있다. 이런 공장들은 대부분 공장으로서의 목적건물에 시설들을 설치한 것이 아니라 기존의 주택들을 작업장으로 개조하여 사용하고 있기 때문에, 작업장내 환경이 매우 열악하고 안전사고의 위험이 상존할 뿐만 아니라, 혼재되어 있는 주택이나 상가들에 분진과 소음들을 여과없이 배출하고 있다.[34] 뿐만 아니라, 이 지역 내 중소공장들은 노동자들을 구하기 용이하며, 서울시내 수요자나 시장과 가깝고 이에 따라 교통비용이 절감될 수 있기 때문에, 특히 1990년대 초에 주거지역을 잠식하면서 확장되고 있다. 그러나 이러한 사실은 지역개발 및 토지이용과 무허가 공해시설들에 대한 정부의 행정에 심각한 문제점이 있다는 점을 드러내준다.

셋째, 이 지역의 환경문제가 객관적으로 매우 심각함에도 불구하고, 이에 대한 지역주민들의 인식과 대응은 어떤 문제성을 드러내고 있다. 중하위계층으로 구성되어 있는 이 지역주민들 중 일부는 그동안 생계와 주거문제 해결의 절박성으로 인해 환경문제의 심각성을 제대로 인식하지 못했었다. 그러나 상당수의 주민들은 문제가 있음을 인식하고 있었음에도 불구하고, 대기업 공장들과 대항해서 싸울 수 있는 힘이 부족하거나 또는 자신이 취업해 있는 공장이기 때문에, 또는 다른 곳을 이주하거나 직장을 옮길 수 있는 능력이 없었기 때문에 체념하고

못 믿는다"면서 "새로 이사온 사람들이 말이 많다"고 억지스러운 주장을 하고 있다(월간 ≪말≫ 7월호, 1995).

34) 구로구청은 신도림지역이 준공업지역으로 공장이 밀접해 있고 경인로 및 지하철 1, 2호선이 지나고 있어 타지역에 비해 소음, 먼지, 악취 등의 요인이 상존해 있음을 인정함에도 불구하고, 이 지역의 대기환경오염도가 환경기준치 이하라고 믿기 어려운 주장을 하고 있다. 즉 구로구청은 1994년 10월 측정결과, 아황산가스농도가 0.015ppm인 것으로 발표했지만, 이는 서울시 평균보다도 낮은 수치이다.

살 수 밖에 없었다. 뿐만 아니라 지역 내 일부 주민들은 최근까지도 자신의 재산가격의 하락을 이유로 지역환경문제의 심각성이 표면화되기를 꺼려왔다.

넷째, 최근 환경문제가 사회적으로 주요한 이슈가 되고, 특히 이 지역의 환경문제가 악화됨에 따라, 이에 대한 지역주민들의 대응이 보다 활발해지고 조직화되게 되었다. 1994년 1년 동안 이 지역에서 환경문제와 관련하여 접수처리된 민원은 4건이었다.[35] 그러나 이러한 민원요구에 대한 정부의 처리결과는 극히 미온적이거나 일시적인 조치에 불과했고, 이에 인해 지역환경문제는 거의 완화되지 않은 상태에서 특히 올해 6월 12일 조흥화학의 유독가스(염화수소) 유출사고까지 발생하게 되었다. 이를 계기로 6월 말 지역주민들은 보다 조직적인 지역환경비상대책위원회를 결성하고 지역환경문제에 본격적으로 대응하고자 노력하고 있다. 이러한 지역주민단체의 결성과 더불어 지역주민들은 지역환경오염과 부동산값 하락을 방지하기 위해서도 보다 적극적으로 지역환경문제를 인식하고 이에 대처하고자 한다.

4) 환경오염통제시설(소각장)에 의한 피해의 불평등:
   노원구 상계동 지역

노원구 상계동 지역은 1985년 정부의 택지개발사업지구 지정에 따

---

35) 다음 부표 참조.

<부표 2> 신도림동 지역 환경관련 진정과 처리결과(1994년)

발생월일	진정내용	처리결과
94. 2.22	삼영화학공장의 악취문제	삼영화학 및 주변업소인 조흥화학, 한국타이어 환경오염도 검사의뢰결과 기준 이내
94. 4.21	일대 공장소음피해문제	영세, 비규제업소로서 작업시 세심한 주의로 민원발생이 없도록 종업원 교육행정지도
94. 5. 6	광성샤링(공장)의 소음문제	무허가소음배출시설 설치로 고발 및 폐쇄명령 (2회고발), 폐쇄명령으로 현재 폐업상태임
94.10.18	한국타이어 매연, 소음문제	배관스팀 누설로 인한 수증기 및 소음 발생, 즉시 부품 교환수리로 정상운영 조치

라 대단위 고층아파트단지들이 조성된 지역으로, 주로 중간 및 저소득층 주민들이 밀집된 주거생활을 영위하고 있다. 아파트단지들은 저소득층이 주로 거주하는 시영임대아파트나 장애인아파트에서부터 중간계층의 주민들이 거주하는 상대적으로 큰 평수의 민영아파트에 이르기까지 계층적으로 다양하다. 이들에게 공통 사항은 토착민이 거의 없고 타지역 유입인구가 대부분이며, 또한 전세입자가 거의 반 정도를 차지하기 때문에 가구의 이주율이 매우 높게 나타난다는 점이다. 이로 인해 지역주민들간 전통적인 친밀성이 약하고 이 지역에 대해 애착이나 정체성도 미흡한 것으로 추정된다. 그러나 이 지역에 환경오염처리시설인 소각장 입지라는 공동사안이 제기되면서, 주민들은 조직적인 단체를 구성하여 이에 적극적으로 반대하는 운동을 전개하게 되었다.

서울시는 난지도 매립장이 포화상태에 이르자 김포에 광역수도권 매립지를 조성했지만, 이 과정에서 지역주민의 집단시위, 가두점거 등 심한 반대를 겪게 되었고 또한 교통체증, 수송비 및 위생매립비용의 상승, 김포매립지 이후 추가조성의 어려움 등으로 인해, 쓰레기처리방식을 소각위주로 전환하고자 했다. 이에 따라 1991년 서울시는 1999년까지 연차적으로 서울시에 노원구 상계동 부지를 포함하여 11개소의 쓰레기소각처리장 건립계획을 발표했다. 이 계획은 그 이후 전반적으로 축소 재조정되지만, 목동, 강남, 상계처리장은 계획대로 추진하도록 했다. 상계쓰레기소각장 건립계획은 처리용량 800톤/일의 소각시설과 지구 내 아파트난방 공급원으로서 720톤/시간(연료 LNG)용량의 집단에너지시설 및 주민편의를 위한 부대시설(수영장, 독서실, 체력단련장 등)계획도 포함한다. 서울시와 관련기관들(노원구와 청소사업본부 등)은 이 시설의 건립을 위해 지역주민들과 2년 6개월 정도 심각한 갈등관계를 거치지만 결국 1993년 8월 착공을 강제적으로 시행했다.

이러한 정부의 쓰레기처리정책과 소각장건립계획과 관련된 지역주민과의 갈등은 1986년 이 지역에 쓰레기중간집하장을 건설하려던 서울시의 계획의 대한 주민들의 반대에서 시발되었지만, 1991년 8월 서울시가 소각장건설계획을 발표하면서부터 본격화되었다. 지역주민들은 이 계획의 발표 직후 한동안 소각장 건설로 인한 영향과 파급효과를 분석한 후 1992년 4월 이후 본격적으로 소각장건설에 반대하는 청원서, 진정서, 주민서명운동 등을 전개하고, 동년 8월에는 소각장건립반대대책위를 구성하고 가두시위 등 보다 적극적인 반대운동을 추진했다. 이러한 지역주민운동은 1992년 10월 이후부터는 다시 상대적으로 소극적인 반대운동으로 전환하게 되었고, 이러한 주민반대에도 불구하고 소각장이 강제 착공된 이후부터 지역주민들의 동원력이 상대적으로 떨어졌지만, 지역주민조직을 유지하면서 소각장환경영향평가에 대한 조작 의혹 등과 관련된 진정과 소송제기 등 소각장반대운동을 지속하고 있을 뿐만 아니라, 자신들이 쓰레기정책에서 우선되어야 한다고 주장하는 감량화와 재활용을 위한 지역환경운동을 전개하고 있다.

이 지역에서 소각장 건설을 둘러싼 서울시 정책 추진과 주민운동의 전개 과정에서 드러난 환경불평등의 특성들은 다음과 같이 요약된다.

첫째, 서울시의 쓰레기처리정책에 어떤 문제점을 안고 있으며, 이로 인해 지역주민들은 자신의 지역이 불이익을 당하는 것으로 인식한다. 서울시는 소각위주의 쓰레기처리방식으로 전환하면서 1991년 발표한 시내 11개소 쓰레기소각처리장건립계획이 추진과정에서 전지역에 걸쳐 심한 주민반대에 봉착하게 됨에 따라, 이를 수정하여 1998년까지 목동, 강남, 상계 등에 시설용량 3,000톤/일을 건설하고, 2001년까지 8,150톤/일을 건설하며 나머지는 2001년 이후 재활용 재고율과 국내 소각기술개발 등을 고려하여 단계별로 건설하는 것으로 변경했다. 이 과정에서 상계동 지역주민들은 수정된 계획이 다른 지역들은 제외하거나 연기하면서, 자신의 지역은 왜 포함되어야 하는지에 대해 이의를 제기할 수 있게 되었다. 뿐만 아니라 서울시의 쓰레기처리정책의 기본방침은 지역주민들이 소각장건립을 반대하는 이유에 제대로 대응하지 못했다. 즉 지역주민들은 소각장에서 인체에 치명적인 다이옥신 등의 대기오염물질 발생으로 지역환경이 오염되고 재산가치가 하락한 다는 점뿐만 아니라 소각처리방식에 비해 재활용처리방식이 훨씬 저렴하고 보다 환경적이라는 점을 반대이유로 제시하고 있다. 이러한 이유들은 지역주민들의 일방적 희생을 요구하는 정책의 비합리성과 더불어 서울시의 쓰레기처리정책의 문제성을 드러내는 것이라고 하겠다.

둘째, 서울시는 상계소각장 건립과 직접 관련된 행정을 추진해가는 과정에서도 많은 문제점을 안고 있었으며, 이로 인해 지역주민들의 불신을 유발하게 되었다. 지역주민의 입장에서 문제점들을 보면, 서울시는 폐기물발생량에 대한 정확한 자료없이 산정한 통계에 기초하여 소각장설치계획을 입안한 것처럼 보이며, 지역주민들에게 노원구쓰레기만을 소각처리하겠다고 확약하면서도 실제 소각처리량을 이 보다 훨씬 높게 설정함으로써 외부에서 쓰레기를 반입할 것처럼 보인다. 또한 지역주민들이 우려하는 다이옥신, 벤젠, 페놀 등 발암물질의 처리에 대한 대책이 불명확한 상태에서, 기술개발을 목적으로 소각로시설이 시험적으로 건설되는 것처럼 보인다. 또한 서울시와 청소사업본부는 전기집진기방식으로 최저가 입찰에 응한 현대중공업에 낙찰을 시키기 위해[36] 이미 검토가 끝난 1992년 5월의 환경영향평가 최종보고서의 내용을 마치 백필터(bag filter) 방식으로 결정하지 않은 것처럼 조작한 의혹을 사고 있다. 이러한 문제점들은 단순히 행정적인 착오에서 오는 것이 아니라 그동안 정부의 환경행정에 내재된 문제점들이 구체적으로 표출된 것이라고 하겠다.

셋째, 소각장 건립과정을 둘러싸고 서울시 및 관련기관과 지역주민들 간에 진행되었던 협상과정에서 양방간에 여러 가지 미숙한 점들이

---

36) 서울시는 애초 상계소각시설 건설예산액을 1,500억 원으로 책정하고 입찰한 결과, 현대중공업이 예정가의 36.9%에 불과한 가격에 낙찰했으며(이는 최초 1,600톤/일 규모이며 그 이후 800톤/일 규모로 축소하면서 공사비도 427억 원으로 조정됨), 외국의 사례로 볼 때 이 비용은 건실 시공을 하기에는 매우 부족한 액수로 추정된다.

있었고, 이로 인해 앞으로 지역주민들과의 갈등이 재연될 수 있는 가
능성을 남겨놓게 되었다. 즉 지역주민과 서울시 간에 다양한 방법으
로 문제해결을 위한 접촉이 있었지만,[37] 이 과정에서 정부측은 지역
주민들을 합리적으로 설득시키지 못했고 협상에 실패함에 때라 강제
적으로 공사를 착공했다. 이러한 점은 앞으로 상계소각장건설 이후
운영과정에서 지역주민들과 마찰이 일어날 소지를 잠재하게 되었을
뿐만 아니라 다른 지역들에서 환경 관련시설들의 건설과 관련된 정부
와 주민간의 갈등해소에 좋지 못한 선례를 남기게 되었다.

넷째, 소각장건립반대운동을 통해 지역주민들은 환경의식을 고양시
키고 보다 성숙된 환경실천을 전개할 수 있게 되었다. 운동의 전개과
정에서 지역주민들 간에 소각장건설반대와 관련된 정보들이 철저히
홍보되지 못했고, 주민대표들로 구성된 대책위 조직 내에서도 다소간
의 이견이 있었으며, 또한 지역주민들의 참여가 충분히 유도되지 못
함으로 인해 협상이 결국 실패로 끝났다는 점에서 앞으로 지역주민운
동 차원에서 여러 가지 반성할 점들을 남겨놓고 있다. 보다 고무적인
점은 지역주민들이 반대운동과정에서 제안했던 사항들을 자신들이 스
스로 실천하고자 노력하고 있다는 점이다.[38] 이러한 지역주민환경운

---

37) 상계소각장 건립과 관련하여 약 100여 회에 달하는 크고 작은 간담회, 설
명회, 공청회 등이 있었으며, 서울시 및 관련기관들과 지역주민들은 이를 통
해 상호 입장을 개진하고 이를 조정하는 협상을 진행했었다. 양측은 대면을
통한 상호활동 외에도 진정서, 청원서 혹은 서면질의 등을 통해 민원을 제기
하고 서울시는 이에 답하기 위해 수십차례를 회의를 했으며 그 결과를 서면
답변 형식으로 전달하고자 했다. 또한 지역주민들은 자신들의 입장을 관철시
키기 위해 집단농성과 가두시위 등 보다 강경한 운동을 전개했으며, 정부는
공권력을 동원하여 강제해산, 연행 등으로 맞서게 되었다.

38) 예로, 지역주민들은 서울시의 쓰레기정책이 소각 위주에서 재활용 우선으
로 바뀌고 소각건설계획을 대폭 축소해야 한다는 당위성을 실현시키기 위해,
단지별로 쓰레기분리를 철저히 하여 쓰레기통을 아예 없애버리고 매주 월요
일에만 수거하도록 함으로써 처음에는 불편했지만 지금은 쓰레기 배출량을
많이 줄일 수 있게 되었다. 또한 아파트단위의 동모임에 환경분과를 신설하
여 공동학습을 하고 있으며, 소각장건설이 계획 또는 진행중인 지역들과 연
대하여 수시로 정보를 교환하는 등 협의회 활동을 벌이고 있고, 앞으로 농촌

동은 지역이 당면한 환경문제를 주민실천을 통해 스스로 풀어나가도
록 하며, 또한 정부의 환경정책에 대한 주민 참여와 감시활동을 보다
적극적으로 전개하도록 한다는 점에서 매우 고무적이라고 할 수 있다.

5) 공원부지 내 골프장 건설에 의한 피해의 불평등: 강남구 청담동 지역

강남구 청담동 66번지 지역은 청담(근린)공원 부지 주변을 둘러싸
고 아파트와 빌라 및 단독주택들이 들어서 있으며, 주민들은 소득수
준이 상당히 높은 중상층으로 구성되어 있다. 공원 주위에는 폭 6m의
간이도로가 나있고 이 도로를 사이에 두고 주거지가 인접해 있다. 청
담공원은 그동안 수목들이 잘 관리되어 숲이 상당히 울창하고 야생조
류들의 서식지일 뿐만 아니라 근린주민들의 휴식처로서 주요한 역할
을 하고 있다. 공원부지 전체 면적은 59,347㎡로, 이 중 11.8%에 해
당되는 부분은 현재 도시계획시설(청담공원)조성계획이 해제되어 골
프연습장으로 용도 변경되었고, 관련시설들의 공사가 이미 완료되어
운영되고 있다. 그러나 그동안 공원부지의 토지소유 및 용도변경과
관련된 특혜의혹과 함께 골프연습장 건설과 운영에 따른 공원 생태계
의 파괴와 환경오염 유발을 이유로 이에 반대하는 지역주민들의 저항
으로 문제가 표면화되었다.

문제가 되고 있는 청담공원 토지 전체는 과거 안동 권씨 문중의 땅
이었다가 1960년대 초 군인들에 의해 불법으로 '접수'된 이후 몇 차
례의 등기이전을 통해 수백 명의 소유주를 거쳤고, 1982년 재판에 의
해 분할되면서 일부는 원소유자가 환원되었으나 그 이후에도 여러 차
례 소유주가 바뀌는 등 복잡한 과정을 겪었다. 특히 1992년 이후 서

지역의 유기농 단체와 연계한 음식쓰레기의 퇴비화, 소각장 운영을 감시하기
위한 주민감시체제의 조직 등 여러 가지 주민환경실천들을 계획·추진해나가
고 있다.

울시와 강남구가 청담근린공원을 조성하면서 예산 한계를 명분으로 특정인의 토지만 공원부지 매입대상에서 제외하고 이어 골프연습장까지 건립할 수 있도록 공원조성계획을 변경해줌에 따라 어떤 권력을 배경으로 특정 토지소유자에게 특혜를 주었다는 의혹을 사고 있다. 골프연습장 조성에 대한 지역주민들의 반대운동은 특정인의 부당한 재산권 행사로 인한 도시근린공원의 자연생태계 파괴와 소음 등의 환경문제뿐만 아니라 골프연습장 허가가 나고 조성되기까지 관련 토지가 주민들에게 사전공개 없이 소유권이 이전되고 용도가 변경되었다는 사실에 대한 분개를 바탕에 깔려 있다.[39]

이와 같은 문제 속에서 추진된 골프연습장의 조성으로, 이전에 무성했던 공원부지의 나무들이 대거 잘려나가면서 새들의 서식처가 사라졌고, 공원의 자원생태계가 상당히 파괴·훼손되었다. 또한 골프연습장 내 부대시설(식당, 사우나시설 등)에서 배출되는 폐수나 분뇨저장탱크로 인해, 인근지역의 지하수와 특히 청담공원 내 약수터가 오염될 것이 우려되었다. 그리고 골프연습장 이용 차량들의 통행으로 인한 교통혼잡과 소음, 골프공을 타격할 때 발생하는 소음, 자정까지 60~70m 높이의 지지대에서 골프연습장과 인접지역을 비추고 있는 과도한 조명 등으로 인해 주민들이 수면장애, 신경과민 등의 고통을 겪고 있다. 뿐만 아니라 골프연습장 시설 자체가 미관상 좋지 않아 집값이 평균 1천만 원 정도 하락한 것으로 평가되고 있다. 이로 인해 인접지역 주민들은 민원제기, 집단시위, 행정소송 등을 통해 관련 토지의 소유권 이전과 용도 변경과 관련된 의혹 및 골프장 건설로 인한 환경피해에 대응하고자 했다.

이 지역에서 그동안 전개되었던 토지소유권 이전 및 용도 변경과

---

39) 이 점은 문제의 부지가 용도 변경되어 사업허가가 난 직후부터 이에 대한 주민반대운동의 중심에서 활동하고 있는 면담자(현재 구의회 의원)의 주장, 즉 "문제가 단순히 잘못된 사업인가에 있지 않고 권력형 비리라는 사실"을 처음부터 감지했다는 주장에서 확인될 수 있다.

골프연습장 허가·조성과정에서 나타나고 있는 사회-환경적 불평등의 특성은 다음과 같이 정리된다.

첫째, 자연이 제공하는 주요 자원, 특히 도시의 녹지(공원)로 사용되고 있는 토지의 소유와 용도변경과정과 관련하여 정부의 관리행정에 심각한 문제가 있다. 문제의 토지는 권씨 문중의 토지였고, 1973년 절대공원용지로 지정되어 있었던 토지가 군인들에 의해 무단점유되고 소유권이 무분별하게 이전되었으며, 특히 청담공원부지 매입 및 골프연습장 승인과 직접 관련된 부분에서 어떤 부정적 특혜가 있었거나 최소한 행정실무자들의 자의적인 결정이 있었을 것으로 추정된다.[40] 이러한 점에서, 이 지역에서 발생하고 있는 환경불평등은 토지이용 및 소유관계를 둘러싸고 특정인에 대한 특혜에서 비롯된 것이라고 할 수 있다.

둘째, 지역주민들 다수가 자유롭게 이용하는 도시의 녹지공간에 일부 상위계층들만이 사용할 수 있는 골프연습장을 조성하고자 한 토지소유자나 이를 승인한 정부에 상당한 문제가 있다. 도시공원법에 규정하고 있는 골프연습장의 설치기준을 보면, 자연공원과 근린공원에

---

40) 즉 강남구는 청담근린공원의 조성을 위해 1989년 12월 정 모씨 등 4명이 공동소유한 청담동 66번지 토지를 매입하면서 66-4, 66-7 등 2개 지번을 새로 만들어 11,034m²를 정씨 명의로 분번해주고 매입대상에서 제외했고, 또한 1990년 4월에도 청담공원 내 66-1, 2, 5 등 3개 지번 6,515m²를 매입하면서 정씨 토지는 제외했다. 뿐만 아니라, 서울시는 1991년 12월 정씨가 골프연습장 설치를 신청하자, 처음에는 지역주민들의 민원에 따라 이를 반려했음에도 불구하고, 그후 이들이 이해당사자가 아니라는 이유에서 약간의 조건을 달아 공원 내 골프연습장을 설치를 승인했다. 이에 대해 지역주민들은 "공원지정 이전부터 소유해온 사람들에 대해서는 끝까지 매각을 종용, 끝내 매각토록 해놓고 공원지정 이후인 1988년 토지를 취득한 정씨만 매입대상에서 제외시키고 조성계획까지 변경해준 것은 분명한 특혜"라고 주장한다. 이에 대해 강남구 관계자는 "공원 내 토지매입은 정해진 예산 내에서 이루어지는 것이므로 정씨의 토지가 제외되었다고 해서 꼭 특혜라고만 볼 수 없다"고 하며 "당시 매입업무를 담당했던 직원이 한 명도 남아 있지 않아 정확한 내용은 알 수 없다"는 극히 무책임한 발언을 하고 있을 뿐이다(≪국민일보≫ 1994. 2. 2).

는 이를 허용하고(도시공원법 시행규칙 제2조) 있으며, 체육공원에는 시민들에게 위화감을 준다는 이유로 설치를 금하고 있다. 이 규정에 의하면, 근린공원인 청담공원 내에 골프연습장 설치를 허가하고 이 시설을 조성한 것은 법적 하자가 없다고 할 수 있다. 그러나 실제로 는 체육공원이든 근린공원이든 상관없이 골프연습장 조성과 운영은 주민들 사이에 위화감을 조성한다는 점에는 별 차이가 없다.[41]

셋째, 개인의 사유재산권 행사와 지역주민들의 환경권 간에 갈등이 유발될 때, 특정한 사유가 없는 한 사유재산권 보호가 우선되어야 한 다는 법원의 판결에 문제가 있다. 지역주민들은 청담공원의 골프연습 장 조성이 공원의 생태계를 파괴하고 소음공해 등으로 쾌적한 환경에 서 생활할 권리를 침해받았다는 점에서 서울고등법원에 행정소송을 제기했다. 재판부는 "환경권은 사회생활상 일반적으로 용인할 수 있는 한도내의 환경침해는 감수해야 하는 의무를 함께 내포하고 있는 기본 권"이라 전제하고 "신청인인 주민들이 정씨의 사유재산권 행사로 인 해 환경권의 침해를 받게 되더라도 그 침해가 받아들일 수 있는 정도 여서 정씨의 사유재산권 행사를 막을 수 없다"고 밝혔다.[42] 그러나 이

---

41) 특히 공원용지 중 10,000m^2 이상 소유자는 독자적인 개발을 할 수 있다는 서울시의 민자유치방침에 따라 재력을 가진 토지소유자가 골프연습장을 설 치하게 되었지만, 소음과 조명으로 인한 피해가 확실하고 공원 내 수목을 파 괴함으로써 생태계를 교란시키고 있음이 엄연한 상황임을 고려할 때, 이러한 법과 제도에 문제가 있다고 할 수 있다. 사실 서울시는 골프연습장 허가신청 을 승인하면서, 공원 내 골프연습장 설치에 반대하는 민원이 제기되자 이의 해결대책으로 주차장의 충분한 확보, 완벽한 방음시설, 주택가의 조명차단, 그린에 인조잔디를 깔아 인근 약수 오염 우려 해소, 최소한의 녹지훼손 등이 충족되도록 하는 조건을 달았지만, 이러한 조건 부여는 골프연습장 설치가 실제 상당한 환경문제를 유발할 수 있는 소지를 가지고 있음을 확인한 것이 라고 할 수 있으며, 지역주민들의 반대시위는 이러한 조건이 충분히 실현되 지 않았음을 재확인해주는 것이라고 하겠다.

42) 재판부는 지역주민들이 행정소송을 제기할 당사자가 아니라는 서울시의 주 장을 기각하고, 이들의 청담공원 이용권과 주거의 안녕 및 생활환경을 침해 받지 않을 이익을 가짐을 인정한다. 이 점은 재판부의 판결에 또 다른 문제 점을 드러낸 것이다. 즉 서울시가 골프연습장 조성과정에 환경문제가 유발되

러한 판결문은 환경권의 침해에 '사회생활상 일반적으로 용인할 수 있
는 한도'를 어떻게 결정할 수 있는가의 의문을 제기하게 한다.[43] 그리
고 무엇보다 환경권의 침해 여부는 지역주민들의 입장에서 판단되어
야 함에도 불구하고 환경권의 심각한 침해를 주장하는 지역주민들의
입장 등이 무시되었다는 점에서 재판부 판결은 많은 문제점을 안고
있다고 할 수 있다.

넷째, 문제가 유발된 지역의 주민들은 소득수준과 학력이 매우 높
은 상위층에 속하며, 실제 지방의회 의원, 대학 교수의 부인 등이 골
프연습장 반대운동에 중심적인 역할을 하고 있다. 특히 피해를 집중
적으로 입는 인접 주민들은 방음유리 등을 새로 갖추어 주택을 재건
축하려 할 만큼 경제적 대응능력을 갖추고 있다. 그럼에도 불구하고,
피해를 직접 입고 있는 인접지역 주민들뿐만 아니라 이로부터 다소
떨어진 지역의 거주자들도 상당수 반대운동에 참여하여, 골프연습장
건설이 진행되는 동안 불도저 앞에 누워 시위를 할 만큼 적극적이고
단합된 모습을 보여주고 있다. 이러한 점에서, 이 지역의 주민운동은
지가하락이나 소음피해 등 직접적 피해뿐만 아니라 도시공원의 훼손
으로 인한 생태계의 파괴, 당국의 특혜조치로 인해 다수가 피해를 받
는다는 사실이 부당하다는 이유에서 유발된 것이라고 하겠다.[44] 이와

지 않도록 조건들을 부여하면서 단지 지역주민들이 관련당사자가 아니라는
이유에서 조성 허가를 해준 이유 자체가 무효화됨에도 불구하고, 재판부는
이를 문제시하지 않았다.

43) 즉 골프연습장 조성관련 환경영향평가가 "공사진행 면적이 전체 공원면적
의 1/6에 불과하지만 개발될 경우 공원 전체 생태계에 부정적인 영향을 미
치게 될 것"이라고 진단한 점, 또한 실제 청담공원 내 발달상태가 상당히 양
호한 자생수종 여러 종과 그 속에 서식하고 있었던 다수의 야생조류가 공사
진행과정에서 상당히 파괴 또는 소멸되었고 소음과 조명공해가 지역주민들
에게 공해를 유발하고 있다는 사실 등을 들 수 있다.

44) 이 점은 반대운동에 중심적으로 참여해온 한 면담자가 "이러한 반대운동은
생태계 파괴문제와 사업허가 과정에서 보인 상식적으로 설명되지 않는 특혜
의혹을 해명받고, 이 과정에서 철저히 무시된 시민의 권리를 되찾으려는 취
지에서 시작된 것"이라고 설명했다는 점에서도 확인된다.

같은 지역주민운동의 특성은 기본적인 필요수준이 충족된 상황에서 보다 높은 차원의 권리 및 규범, 즉 환경권과 사회정의를 실현시키고자 하는 욕구가 주민들 사이에 강한 공감대를 형성하고 있다는 점으로 설명될 수 있다. 이러한 점은 앞으로 일반 서울시민들의 소득수준이 더 높아지면, 환경권과 사회규범에 대해 더 많은 관심을 가지고 이들이 부당하게 침해당할 경우 이들에 보다 적극적으로 대응하고자 하는 욕구도 높아질 것임을 예측할 수 있도록 한다.

4. 환경불평등 해소정책

점점 심화되고 있는 환경문제의 해결을 위해 정부뿐만 아니라 기업과 시민들, 즉 환경과 관련된 모든 주체들이 보다 적극적으로 노력해야 하겠지만, 환경자원의 공공성과 환경피해의 공해적 성격 등 문제의 속성과 관련하여, 정부는 환경문제의 해결에 더 큰 책임을 가진다고 할 수 있다. 특히 환경불평등문제는 국가정책이 추구해야 할 평등이나 복지라는 사회적 규범에 위배될 뿐만 아니라 사회공간적 불만과 갈등으로 정치권력에 대한 저항을 노정시킨다는 점에서, 문제 해결을 위한 정부의 능동적인 자세와 역할이 요청되고 있다. 그러나 그동안 정부는 총량적 경제성장정책을 추구하면서 환경문제의 통제·관리정책에 대해서는 거의 관심을 두지 않았고, 특히 자원배분이나 오염통제의 효율성과 전반적인 해소방안들을 강조하면서 형평성과 특히 문제를 안고 있는 계층이나 지역에 대한 배려는 거의 완전히 무시해왔다. 예로, 저소득층 서민들이 정부의 환경정책을 비판받는 데는 여러 가지 이유들이 있겠지만, 이 중 하나는 환경문제를 해소하기 위한 정책들이 점차 자신들에게 더 큰 부담을 주고 있다는 점이다.

이러한 점들에서 환경문제, 특히 환경불평등 문제를 해결하기 위해 (지방)정부의 역할이 매우 중요하지만, 문제의 해결 주체는 물론 단지정부에 한정되는 것은 아니다. 환경불평등이 심화되고 이로 인해 환경자원의 접근으로부터 소외되거나 환경오염의 피해를 집중적으로 전가받게 된 주민들이 자원공급에 대한 요구 또는 환경피해에 대한 저항을 더욱 치열하게 전개할 경우, 기업들의 생산활동에 필요한 공장의 입지 및 가동이 점차 어려워질 것이고, 시민들의 일상생활에 있어서도 혼란과 갈등이 가중될 수 있다. 이러한 점에서 기업과 시민들(소외 또는 피해를 당한 저소득계층뿐만 아니라 모든 시민들)은 환경문제의 사회공간적 불평등을 해소하기 위해 노력해야 할 것이다. 서울시는 환경불평등 문제를 해소하기 위한 환경정책의 이념과 기본방향 및 구체적 시행방안들을 마련해야 할 뿐만 아니라 기업과 시민들이 이러한 문제를 해소하기 위해 실천적으로 노력할 수 있도록 해야 할 것이다.

1) 환경정책의 이념과 방향

대부분의 환경정책이 발생한 문제의 해결에 우선적인 관심을 가진다고 할지라도, 정책 자체는 어떤 근본 이념과 기본 방향에 따라 추진되어야 한다. 이러한 이념이나 기본방향은 보편적인 선이나 시대정신을 반영한다는 점에서 단순히 어떤 정책입안자에 의해 제시되기보다는 시민 전체의 합의에 기초해야 한다. 또한 환경정책의 기본방향과 구체적 방안들은 이러한 이념들에 근거함으로써 그 정당성을 획득할 수 있을 것이다. 물론 모든 정책들은 설정된 문제의 해결을 위해 가장 효율적인 방안(수단)들을 강구해야 할 것이다. 그러나 문제의 설정 자체에 있어서 뿐만 아니라 수단의 선택 및 정책 실행의 효과면에 있어 형평성도 주요하게 고려되어야 한다. 예로, 환경자원의 가격화나 환경관련시설의 민영화 전략은 지역 전체 환경문제를 완화 또는 해소하는 데 상당한 효율성을 가질 수 있겠지만, 환경불평등의 문제와 관련해서는 형평성을 심각하게 저해할 수 있다. 효율성과 형평성이 상호 충돌할 때, 또는 어떤 원칙과 실제 효과가 문제성을 내포하고 있을 때, 이러한 문제를 해소하기 위한 준거개념이 바로 정책의 이념이라고 할 수 있다.서울시의 환경정책은 기본적으로 두 가지 이념, 즉 '환경권'과 '지속가능한 개발'에 기초하고 있다. 이 두 가지 이념은 분명 환경문제의 일반적 해결뿐만 아니라 환경불평등의 해소에 있어서도 주요한 의미를 가진다. 그러나 이 이념들이 서울시의 환경정책뿐만 아니라 기업과 시민들이 추구해야 할 어떤 '보편적 선' 또는 '공동의 목표'가 되기 위해서는 보다 정교하고 설득력 있게 체계화되어야 할 것이며, 또한 단순한 정책적 수사(修辭)가 아니라 실제 정책들에 구체적으로 반영되어 실현될 수 있어야 한다. 그리고 이러한 두 이념들을 상호 관련적으로 포괄하면서, 환경불평등과 이로 인해 발생할 수 있는 갈등의 해소와 밀접한 관계를 가지고 있는 '환경적 정의(environmental justice)'의 개념이 서울시의 환경정책의 기본이념으로 추가될 수 있을 것이다.

우선 제시될 수 있는 이념으로서 환경권과 관련하여, 우리나라 현행 헌법에 "모든 국민은 건강하고 쾌적한 환경에서 생활할 권리"를 가진다고 규정되어 있다. 이러한 환경권은 환경에의 침해(공해)를 배제할 수 있는 배타적 권리일 뿐만 아니라 환경자원에의 대한 평등한 접근과 사용을 요구할 수 있는 평등적 권리라고 할 수 있다. 서울시의 환경정책 관련책자에서도 "이 권리는 인간의 기본적 인권의 일종이며, 인간생존을 위한 절대권이고, 모든 국민에게 평등하게 부여될 권리"라고 정의하고, "인간의 존중을 그 이념적 기초로 하면서, 자유권적 성격과 생존권적 성격 및 기타 청구권적 성격 등을 아울러 가지는 '종합적 기본권'의 성격을 지니는 것"으로 서술하고 있다.[45] 이러한 점에서 환경권은 '환경평등권'이라고 할 수 있으며, 모든 사람들은 자신의 생존과 생활을 위해 기본적인 환경자원과 보다 쾌적한 자연환

---

45) 서울시, 앞의 책, 1994, 35-36쪽.

경을 절대적으로 필요로 한다는 사실에 기초한다. 달리 말해서 환경평등권은 ① 아무리 낮은 계층의 사람들일지라도 생존과 생활을 위해 기본적인 자원과 환경이 필수적이며, ② 만약 생존과 생활을 위해 필요한 기본적인 자원과 환경이 충족되지 않을 경우 심각한 사회공간적 갈등이 야기될 수 있으며, ③ 만약 부유계층이 자신의 시장능력에 따라 환경자원을 과잉소비하거나 오염물질을 과잉배출할 경우 환경문제의 심화로 우리사회 전체(모든 계층의 사람들)이 파멸의 위기에 처하게 된다는 사실에서 연역된 이념이라고 할 수 있다.

다음으로 제시될 수 있는 이념으로, '지속가능한 개발(또는 발전)'은 1992년 리우환경회의에서 천명된 개념으로, 우리사회에서도 널리 사용되고 있으며 또한 당면한 환경문제의 해결을 위해 새로운 규범이 될 수 있다는 점에서 많은 사람들이 공감하고 있다. 이 개념은 구체적으로 무엇을 의미하며 실제 정책에 어떻게 반영될 수 있는가에 대해 많은 논란을 불러일으키고 있지만, 분명한 점은 이 개념이 환경문제의 포괄적 해결뿐만 아니라 환경불평등의 해소에도 기여한다는 점이다. 「브룬트란트 보고서」에서, 이 개념은 "미래세대가 그들의 필요를 충족시킬 능력을 저해하지 않으면서 현세대의 필요를 충족시키는 것"이라고 정의된 것처럼, 환경의 이용에 있어 세대간의 형평성을 특히 강조하고 있다. 그리고 이 이념을 구체화한 '의제 21'을 보면, 이 형평성은 단지 세대간의 형평성만을 의미하는 것이 아니라 한 국가나 지역 내에서의 계층간 형평성 및 국제사회에서 국가간의 형평성을 내포한 포괄적 의미로 이해될 수 있다.[46] 특히 '의제 21'은 지속가능한 개발이라는 이념을 통해 환경문제가 빈곤이나 빈부격차의 문제와 직결된 것으로 파악한다. 이러한 점에서 볼 때, 지속가능한 개발은 ① 환경자원은 특정한 세대나 국가, 지역, 계층에 의해 독점될 수 없으며, 세대간, 국가간, 지역간, 계층간에 형평성 있게 이용되어야 하며, ②

---

46) 이정전, 앞의 책, 1995, 14쪽.

그동안 생태계의 수용능력을 능가한 지나친 경제성장과 개발전략은 이제 더 이상 진행될 수 없고, ③ 이윤추구논리와 시장메커니즘에 의해 추동되어온 이러한 개발전략들은 정부에 의해 일정하게 통제되어야 한다는 점을 함의한다.[47]

이러한 두 가지 이념과 더불어 최근 활발하게 논의되고 있는 이념은 '환경적 정의'라는 개념이다. 이 개념에 대해서는 앞서 이미 많이 논의한 바 있지만, 이의 정의를 다시 제시하면, 다음과 같다. 즉 "환경적 정의란 자원을 지속가능하게 사용함으로써, 인간의 욕구를 충족시키고 생활의 질—경제적 평등, 보건, 주거, 인권, 종의 보전 그리고 민주주의—을 향상시킬 수 방향으로의 사회전환과 관련된다."[48] 사회정의라는 개념과 비교하여, 환경정의라는 개념은 특히 환경과 관련된 부분들을 강조하지만, 전자에 비해 결코 좁은 의미는 아니다. 왜냐하면 환경정의란 일상생활 전반과 관련되며, 또한 이러한 환경정의를 억제하는 요인들은 사회 전반적으로 산재해 있기 때문이다. 즉 환경적 정의의 중심 원리는 자연자원, 맑은 물과 공기, 적절한 보건, 여유 있는 주거, 안전한 작업장에의 균등한 접근을 강조한다. 그리고 이러한 환경적 정의가 이루어지지 않는 이유는 경제력이나 정치권력의 결여 또는 법적 배타성(예로, 법적 소유권에 근거한 환경자원의 배타적 독점)이나 사회문화적 차별화를 조장하는 제도들(예로, 인종주의, 남

---

47) 그러나 이 개념은 여전히 환경을 그 자체로서 보전할 가치가 있는 것으로 인식하기보다는 개발(또는 발전)을 위한 수단으로 (비록 암묵적이라고 할지라도) 간주하고 있다는 점에서 어떤 문제점을 안고 있다. 이러한 점에서, 이 개념은 부분적으로 개발과정에서 환경을 고려하도록 하지만, 흔히 개발을 정당화시키기 위한 이데올로기로 동원될 위험을 안고 있다. 뿐만 아니라 이 개념은 지속가능성의 전제로서 다음 세대를 위한 환경보전을 강조하고 있지만, 실제 이 개념이 환경정책들에 응용되는 과정에서 다음 세대의 입장을 대변할 수 있는 아무런 주체도 없다는 점에서 어떤 혼란을 초래하고 있다.

48) Richard Hofrichter, "Introduction," in Richard Hofrichter(ed.), *Toxic Struggles: The Theory and Practice of Environmental Justice*, Philadelphia: New Society Publishers, 1993, p.4.

성중심주의 등)에 기인한다. 예로, 환경오염시설 부근에 사는 사람들
은 환경문제로 인한 피해뿐만 아니라 빈곤과 불량주거로 고통을 받는
다. 이들은 소득이 낮고 정치적 힘이 없으며 사회적으로 차별화되었
기 때문에 다른 곳으로 이주할 수 없고 이곳에 살 수밖에 없다. 환경
적 정의는 이러한 문제의 해결을 위한 정책의 기본 이념이 될 수 있
다. 특히 환경불평등의 해소와 관련하여 환경적 정의에 기초한 정책
은, 첫째 사회적 자원의 생산 및 이용과 관련된 경제적, 정치적, 법적,
사회문화적으로 특권적 이용을 지양하며, 둘째 물리적 및 심리적 건
강 유지에 필요한 기본 욕구의 충족을 위한 사회적 자원의 균등한 배
분을 추구하며, 셋째 누구를 위해 무엇을 어디서 생산·이용할 것인가
에 대한 결정에 있어서의 민주주의를 강조할 것이다.

이와 같은 환경정책의 기본이념들에 기초하여, 환경불평등을 해소
하기 위한 서울시 환경정책의 기본방향이 설정될 수 있다. 즉 서울시
의 환경정책은 한편으로 시민들의 인식과 요구를 적극적으로 반영하
고 참여하도록 하면서, 이러한 이념들이 구체적으로 구현될 수 있는
방향으로 나아가야 할 것이다. 정부 정책에 시민들의 의식을 반영하
고 그 의사결정과정에 참여하도록 하는 것은 정책 자체의 정당성 획
득과 이의 원만한 시행을 위해 극히 당위적일 뿐만 아니라, 실제 정
부 정책의 유형들은 계층별 및 지역별로 상이하게 인식되며, 또한 차
별적인 효과를 가져올 수 있기 때문이다. 따라서 정부(또는 지방정부)
는 국민(또는 시민)들을 총괄적으로 대상화하기보다는, 이들 가운데
계층별로 각기 어떤 환경정책을 바라고 있으며, 또한 특정 정책이 실
제 시행될 경우 각 계층에게 어떤 상이한 영향과 반응을 유발하게 될
것인가에 대해 보다 신중하게 고려해야 할 것이다.

환경정책을 통해 구현하고자 하는 기본이념들과 정부의 환경정책에
대한 시민 인식에 있어 계층적·지역적 상이성을 반영하면서, 서울시
가 환경문제의 불평등을 해소·완화하기 위해 설정할 수 있는 환경정
책의 기본과제들은 다음과 같이 제시될 수 있다.

　첫째, 정부는 환경자원의 불평등한 공급이나 환경문제의 차별적 피해에 대해 직접 보조금 또는 보상금을 지불하고 이에 대한 대책을 수립해야 한다. 예로, 수돗물이나 난방용 연료(특히 연탄)을 공급받기 위해, 고지대에 살고 있는 저소득층이 추가로 부담해야 하는 비용이나 불편에 대해 보조금을 지불하고 이를 해소할 수 있는 적정한 시설이나 수단들을 강구해야 한다. 또한 공단이나 발전소, 폐기물 매립장 등 공해유발시설 주변지역의 주민들이 입게 되는 피해를 철저히 조사하고 이에 대해 충분한 보상을 해주어야 한다. 만약 이러한 대책들이 이루어지지 않을 경우, 저소득계층들은 점점 가중되는 부담과 고통으로 인해 사회적 위화감을 가지게 될 것이고, 환경피해를 집중적으로 전가받게 된 지역주민들의 반발로 인해 사회적으로 불가피하게 요구되는 공해유발시설들의 새로운 입지 확보가 불가능하게 될 것이다.

　둘째, 정부는 환경자원의 제공 또는 환경문제의 통제를 위한 제도나 시설들을 계층적 및 지역적 형평성을 고려하여 시행 또는 조성해야 하며, 부차적인 불평등이 유발되지 않도록 신중히 계획·시행해야 한다. 환경자원과 관련된 편익은 때로 (예, 정치권력의 지지기반을 확보하기 위한 목적 등으로) 불평등하게 제공되며, 환경문제의 통제를 위한 제도들은 흔히 환경보존이 어느 정도 이루어져 있는 곳(따라서 이미 고소득계층이 거주하고 있는 곳)에 우선 시행되기도 한다. 그렇지 않다고 할지라도 특정 지역에 편익을 향유할 수 있는 시설들이 입지(예, 보다 깨끗한 수돗물의 공급)하거나 또는 쾌적한 환경을 유지하도록 하는 제도들(예, 환경보전을 위한 지구설정이나 환경기준 강화)이 시행될 경우, 이 지역에 경쟁능력을 가진 고소득계층이 밀집하게 되고 반면 저소득계층은 밀려나게 된다. 이러한 점에서 정부의 환경정책은 사회공간적 형평성을 철저히 고려하고, 불평등의 조장 또는 부차적 효과의 발생을 막기 위한 제도적 장치를 마련해야 할 것이다.

　셋째, 정부는 환경불평등을 유발하는 무분별한 (또는 효율성만을 강조한) 개발계획이나 공해시설의 입지정책을 시정하고, 나아가 불평등을 유발하는 환경문제의 근원적 해결을 위해 노력해야 한다. 그동안 국토개발정책과 구체적 입지계획들은 총량적 경제성장을 위한 효율성의 극대화라는 측면에서 이루어졌지만, 이러한 국가정책은 이제 특정 지역의 환경오염을 심화시킴으로써 오히려 (집적의) 불경제를 유발하게 되었다. 이러한 개발전략들이 시정되지 않을 경우, 환경문제의 불평등은 점점 심화될 것이고, 이에 따른 불경제로 인해 사회경제적 손실을 초래하게 될 것이다. 또한 불가피하게 공해시설들이 조성되어야 할 경우, 그 입지선정은 사회공간적 형평성이 충분히 고려될 때만 시행될 수 있을 것이다. 나아가 자원다소비·에너지과소비형 산업의 개선과 환경파괴이나 오염에 민감한 시설조성의 억제를 위해, 보다 근원적인 산업구조조정과 대체에너지의 개발 등이 필요하다.

넷째, 정부는 환경불평등을 시정하기 위한 규제제도뿐만 아니라 절대적으로 부족한 환경재의 공급을 위해 국가재정을 마련해야 하며, 그 재원은 부담능력이 있는 계층에게 보다 누진적으로 부담해야 한다. 어떠한 환경규제제도라고 할지라도 저소득계층에 비해 고소득계층은 이러한 규제를 벗어날 수 있는 능력을 더 많이 가지고 있기 때문에, 환경문제의 불평등을 시정하기 어렵다. 따라서 이 문제를 해결하기 위해 환경자원의 제공이나 환경문제의 통제를 위한 시설들이 보다 확충되어야 한다. 이를 위해 필요한 재정은 국가예산구조의 재편(국방비의 감축 등) 또는 (환경세와 같이 새로운 목적세의 신설보다) 기존 조세의 누진율 강화를 통해 마련될 수 있다. 사실 상대적으로 고소득계층일수록 더 많은 환경자원을 이용하고 이에 따른 편익을 향유하지만, 그 과정에서 더 많은 오염물질들을 배출함으로써 더 많은 사회적 비용을 유발하는 경향이 있다. 따라서 환경문제의 해결을 위한 부담은 이중적으로 누진적이야 할 것이다.

다섯째, 정부는 환경자원의 공급이나 환경문제의 통제에 필요한 시설들을 민영화시키거나 또는 가격화정책을 통해 환경재의 공급과 수요를 통제하려는 전략을 원칙적으로 배제해야 하며, 이의 시행이 불가피할 경우 소득개선정책이 병행되어야 한다. 환경문제가 심화되고 이를 통제하기 위한 정부의 재정부담이 가중됨에 따라, 정부는 관련 시설들을 민영화시키고자 하지만, 이는 공공적으로 제공, 이용되어야 할 환경자원을 이윤추구를 위한 대상으로 전환시키는 것이다. 이렇게 될 때, 생존과 생활에 필수적인 환경자원은 상품화되고 가격에 의해 통제되게 된다. 그러나 환경재의 가격을 인상시킴으로써 소비를 통제하고자 하는 정책은 화폐능력을 가진 계층에게는 거의 효과를 가질 수 없는 반면, 생활을 위해 필수적임에도 불구하고 이를 구입할 수 없는 계층에게는 심각한 고통을 주게 된다. 국가의 기본적 역할은 모든 국민들이 자신의 생활에 필요한 (환경)자원을 저렴한 가격에 이용할 수 있도록 하는 것이다. 만약 이러한 정책이 불가피하다면, 우선 소득배분의 불평등을 개선하고자 하는 정책이 전제되어야 한다.

2) 환경불평등 해소를 위한 구체적 정책 대안

환경불평등은 단순히 일시적인 현상이 아니라 사회체제와 관련된 구조적 문제라고 할 수 있으며, 따라서 정부는 기본이념과 방향에 따라 문제 해소를 위한 장기적인 계획을 입안·시행할 수 있어야 할 것이다. 뿐만 아니라 환경불평등을 야기하는 구조적 문제에 대한 해결방안의 모색에 있어 지방정부의 차원을 벗어나서 중앙정부 또는 보다 거시적인 사회 전반적인 변화가 고려되어야 하지만, 이 연구는 서울시가 사례연구에서 살펴본 바와 같이 도시 내에서 발생하고 있는 여러 가지 유형의 환경불평등을 해소하기 위하여 구체적인 정책 대안에 초점을 두고자 한다. 물론 서울시는 이러한 정책 대안들의 시행과정에서 필요할 경우 중앙정부가 가지는 권한을 지방정부에 이양 또는 위임하도록 요청할 수 있어야 할 것이다. 이러한 점들을 고려하여 서울시가 환경불평등을 해소하기 위해 수행할 수 있는 구체적 정책 대안들은 다음과 같이 열거될 수 있다.

(1) 자원공급 및 환경통제시설 관련정책

① 저소득계층(지역)을 위한 시설의 확충

자원공급 및 환경통제 시설의 확충과 그 입지에 있어, 이러한 시설들로부터 편익을 가장 적게 얻는 계층이나 지역이 우선적으로 고려되어야 한다. 도시가스 공급시설, 상수도 및 하수도시설 등 모든 자원공급시설들은 이의 설치가 보다 용이한 곳, 특히 부유한 계층이 살고 있는 지역들에서부터 순차적으로 추진되는 경향이 있다. 이로 인해 설치가 보다 어려운 지역에 살고 있는 저소득계층의 주민들은 이러한 시설들이 제공하는 자원의 이용에 있어 항상 뒤쳐지게 된다. 이를 시정할 수 있는 방안으로 시설의 확충과 입지 선정에 있어 단순히 설치의 용이성뿐만 아니라 자원공급이 부족한 계층이나 지역의 우선성이 고려되어야 한다.

② 공해유발시설의 입지선정에 있어 형평성 제고

공해를 유발하는 시설들은 그것이 비록 공익 차원에서 불가피하다고 할지라도, 지역주민들에게 피해를 주기 때문에 주민들의 반대에 봉착하게 된다. 이로 인해, 이러한 시설들은 결국 주민들의 반대가 가장 적거나 또는 이러한 반대를 가장 쉽게 무마할 수 있는 지역, 즉 지역주민들의 방어능력이 가장 미약한 지역에 입지하는 경향이 있다. 이러한 문제를 시정하기 위해 공해유발시설의 입지에 있어 과학적 합리성뿐만 아니라 계층적, 지역적 형평성이 주요한 기준이 되어야 한다.

③ 환경관련 시설의 공영개발 원칙 준수

자원공급과 환경통제 시설은 공공성을 전제로 하고 있기 때문에, 정부는 이의 부족을 해소하기 위해 시설들을 공영개발해야 할 책임을 가지고 있다. 만약 정부 재정부족을 명분으로 이러한 시설들의 조성과 운영을 민영화할 경우, 사회계층적 불평등은 점점 심화될 것이다. 왜냐하면 관련기업들은 공공성이 아니라 자신의 이윤추구 대상으로 이러한 시설들을 운영할 것이며, 이에 따라 항상 더 많은 이윤을 얻을 수 있는 계층이나 지역을 대상으로 할 것이기 때문이다. 특히 이러한 시설들은 속성상 시장을 독점적으로 장악하기 때문에, 순수한 시장메커니즘에 의해 결코 운영되지 않는다. 따라서 상대적으로 고소득층을 위한 시설들은 민영화된다고 할지라도, 저소득층을 위한 시설들은 정부에 의해 조성, 운영되어야 한다.

④ 저소득계층지역의 자원·환경관리시스템 개발과 운영

저소득계층지역들은 단지 한 가지 유형의 자원부족이나 오염문제만으로 피해를 보기보다는 모든 유형들이 거의 동시에 나타난다. 뿐만 아니라 이러한 지역들은 낮은 소득수준, 열악한 주거환경, 매우 혼잡한 교통 등 복합적인 문제들을 안고 있고, 이러한 문제들이 악순환적으로 상호 연계되는 문제를 안고 있다. 이러한 지역들에 대해서는 특별관리지역으로 지정하고 문제의 실태를 면밀히 조사하고 이를 통제관리할 수 있는 자원·환경관리종합시스템을 개발하여 운영해야 한다.

⑤ 자원공급 및 환경통제시설의 사용비용의 인하

시설들의 효율성 증대를 위한 기술개발 및 가용자원의 종합적 조사 등 장기적 자원공급계획을 수립하여 이들의 사용비용을 상대적으로 인하하도록 해야 한다. 이러한 시설들의 사용비용의 인하는 흔히 자원 남용과 오염 심화를 촉발하는 것으로 우려되지만, 생태계를 침해하지 않는 범위 내에서 효율성의 증대를 통한 자원, 환경의 이용은 생활수준의 향상을 위해 필요하다. 따라서 이러한 우려는 가격을 통해 해소되기보다는 정부의 규제와 시민들의 절제를 통해 해소되어야 할 문제이다.

⑥ 시설의 설비 및 운영에 필요한 비용의 원인자 부담원칙

자원공급 및 환경통제 시설들의 사용비용은 원가주의 및 사용자부담원칙에 입각하여 책정된다고 하지만, 이러한 원칙들은 이러한 시설

들이 필요하게 된 원인을 무시하고 있다. 즉 이러한 시설들은 오늘날 자원의 희소성이 사회적으로 증대했고 환경오염이 사회적으로 심화되었기 때문에 필요한 것들이다. 따라서 자원공급 및 환경통제시설의 투자비용은 문제를 유발한 원인자에게 부담되어야 하며, 문제가 유발된 이후 이를 사용하고자 하는 사용자에게 부담시켜서는 안 된다.

(2) 환경 관련제도와 행정에 관한 정책

① 규제정책의 강화와 철저한 시행

자원을 남용하거나 환경을 오염시키는 활동에 대해 규제제도를 강화하고 이를 철저히 준수하도록 규제할 필요가 있다(예로, 자원보존지역의 지정 범위 확대, 지역별 환경기준 제고, 오염물질배출 기준의 강화 등). 이러한 규제정책은 지역경제성장과 개발이라는 명분으로 흔히 완화되거나 또는 철저히 지켜지지 않고 있지만, 이러한 정책수행은 결국 자원고갈과 환경오염을 심화시킴으로써 더 이상 개발이나 성장이 불가능한 상황에 이르도록 한다. 사실 자원남용과 환경오염을 통제하기 위한 수단으로 가격화방안 보다 규제방안을 모색하는 것이 더 합리적이라고 할 수 있다. 왜냐하면 정부는 자원, 환경이 공공성을 가진다는 점에서 이를 철저히 규제할 수 있는 권한과 책임을 가질 뿐만 아니라, 가격 조정으로 통제될 수 없는 부분(예로, 대기업 또는 부유한 계층이 가격 지불을 전제로 자행할 수 있는 자원남용이나 환경오염)이 있기 때문이다.

② 문제의 원인자에 대한 철저한 비용 부담

환경자원의 사용과 관련된 편익은 균등하게 배분되어야 하지만, 환경문제를 유발하는 요인에 대해서는 철저히 조사하여, 그에 상응하는 비용을 부담하도록 해야 한다. 환경자원의 사용자가 바로 환경문제의 원인자인 것은 결코 아니다. 환경자원의 사용자는 자신의 노력 여하에 따라 환경문제를 유발할 수 있고, 그렇지 않을 수도 있다. 예로,

만약 기업들이 보다 친환경적인 상품의 생산이나 철저한 공해방지시설을 해서 자신이 사용한 자원이 환경문제를 유발하지 않는다면, 기업들은 비용에 대한 별도의 책임을 지지 않아도 될 것이다. 문제는 기업들이 이러한 노력을 하지 않고 그 비용을 사회적으로 부담하도록 함에 따라 발생하며, 이렇게 사회화된 비용은 이를 회피할 수 없는 가장 열악한 계층에게 결국 집중적으로 전가된다는 점이다.

③ 일정량 이상의 환경자원 사용에 대한 누진율 강화

자원공급과 환경통제시설을 위한 투자 재원을 확보하기 위해, 정부는 부분적으로 이의 사용자에 대한 사용료를 받을 수 있을 것이다. 그러나 사용료는 단순히 사용량에 정비례하여 책정되기보다는 사용료를 부담할 수 있는 사용자의 능력에 따라 책정되어야 한다. 이러한 방안의 시행은 사회적 형평성의 측면뿐만 아니라 자원, 환경문제의 통제를 위해서도 필요하다. 즉 기본량의 환경자원 사용이나 오염물질의 배출은 모든 사람의 생존에 필수적으로 전제되기 때문에, 기본량에 대한 부담은 인하되어야 할 것이다. 반면 이를 초과한 낭비적 사용이나 무절제한 배출은 자원고갈과 환경오염의 심화를 통제하기 위해 당연한 것이라고 할 수 있다.

④ 불필요한 부문의 예산 절감으로 환경관련 예산 확충

자원고갈과 환경오염이 점점 심화되는 상황에서, 쾌적한 자원환경의 절제된 이용은 시민생활을 질을 향상시키는 필수적 요소이다. 따라서 환경관련 정책이나 이를 위한 예산의 배정은 다른 경제·사회정책들에 비해 단순히 부수적인 것으로 인식될 수 없다. 절대적으로 한정된 정부 예산 내에서 환경관련예산의 비중은 앞으로 제고되어야 할 뿐만 아니라 상대적으로 불필요한 부문의 예산을 과감하게 절감함으로써 환경관련 예산을 확충할 수 있어야 한다. 이렇게 확충된 환경관련예산은 환경문제의 전반적인 해소뿐만 아니라 이의 사회계층적 불평등을 시정하기 위한 여러 가지 방안들의 시행에 이용되어야 할 것이다.

⑤ 환경행정관련 인력의 확충과 적절한 배치

정부의 규제정책이 실효성을 거두기 위해서는 이를 뒷받침할 수 있는 인력이 확충되어야 하며, 환경문제가 상대적으로 심한 지역에 우선적으로 배치되어야 할 것이다. 환경문제가 사회공간적으로 불평등하게 발생하는 상황에서, 지역인구수와 같이 단순한 기준에 따라 비례하여 행정력을 배치할 경우, 문제가 심한 지역에 배치된 관련공무원들은 업무의 절대적 또는 상대적 과중으로 인해 힘들어 할 것이고, 이 지역의 환경문제는 철저히 규제되기 어려울 것이다.

⑥ 자원이용 및 환경오염 관련 특혜 및 비리의 근절

자원의 희소성으로 인해 가격이 인상되고 환경오염에 따른 비용이 증대함에 따라, 이와 관련된 특혜나 비리가 점차 늘어나고 있다. 자원을 법적으로 소유하고 있는 자산계층이 자신의 개인적 이해관계만을 위해 이를 개발, 이용하고자 할 경우, 또는 기업들이 환경오염물질들을 적절히 처리하지 않고 무단으로 배출하게 될 경우, 이로 인한 환경자원의 공공성 침해 여부가 과학적이면서도 이로 인해 피해를 입게되는 주민의 입장에서 판정되어야 할 것이다. 그러나 이러한 공공성 침해 여부는 흔히 행정기관에 의해 자의적으로 판단되거나 또는 심지어 불법적으로 묵인 내지 적당히 무마될 수 있다. 이러한 자원환경관련 특혜 및 비리는 그 자체로서 불법적일 뿐만 아니라 결국 사회계층적 불평등을 심화시킨다는 점에서 근절되어야 한다. 또한 대규모 자원, 환경관련시설들의 건설과 운영을 둘러싼 부정도 철저히 불식되어야 할 것이다.

(3) 환경피해 구제 및 시민환경실천과 관련된 정책

① 환경관련정보의 적극적인 공개

시민들의 대표기관으로서 정부의 모든 정책은 시민들에 알릴 의무가 있지만, 특히 환경정책의 정당성 확보와 원활한 추진을 위해서도 관련정보를 보다 적극적으로 공개할 필요가 있다. 최근 환경문제로 인한 지역주민들의 요구나 갈등은 단지 이들이 어떤 피해를 당했기 때문만이 아니라, 앞으로 당하게 될지도 모를 피해를 우려하기 때문에 발생하는 경우가 많아지고 있다. 이러한 상황에서 정부가 관련정보를 은폐하거나 또는 일부분만을 공개하고 사실을 왜곡시키게 될 경우, 당분간은 적당히 넘어가게 되겠지만 결국 시민들에게 알려지게 되고 이에 대한 행정불신과 저항으로 나아가게 될 것이고, 이로 인해 추가 시설들의 조성이 불가능해질 수 있다.

② 환경문제의 불평등을 상쇄할 수 있는 보조금 및 보상비 지급

생활보호대상자에 대한 보조금 지급과 마찬가지로, 생존을 위해 기본적으로 필요한 최소한의 자원환경을 확보할 수 없는 계층에 대해서는 보조금이 지급되어야 할 것이다. 또한 공공적 목적의 자원공급이나 환경통제시설의 건설 및 운영으로 인해 발생하는 피해는 자신의 개인적인 의지와 무관하게 발생하기 때문에 어떤 명분으로도 희생을 강제할 수 없으며, 이에 대한 피해보상비는 당연히 지불되어야 한다.

③ 환경문제의 계층적 불평등에 대한 조사 철저

자원·환경문제는 계층이나 지역과는 무관하게 전반적으로 나타나는 것이 결코 아니라 특정 계층, 지역에 보다 심하게 나타나기 때문에, 자원·환경문제의 관련 자료는 총량적(또는 평균적)으로 조사될 것이 아니라 계층별, 지역별로 보다 세분되어 조사되어야 한다. 마찬가지로 어떤 공해시설의 입지는 주변지역 주민들에게 사회계층적으로 차별적인 영향을 미치게 된다. 이러한 문제에 대응하기 위해, 환경영향평가에 계층적 불평등의 정도에 관한 사항을 포함할 필요가 있다.

④ 환경관련 민원기회의 확대와 중재기능의 강화

자원·환경문제의 사회계층적 불평등으로 인해 어떤 피해를 입었을 경우, 이의 구제를 요청할 수 있는 기회가 보장되어야 한다. 특히 저소득계

층들은 이러한 피해를 입고 있음에도 불구하고, 여러 가지 이유들(예로, 생계에 종사해야 하기 때문에 시간의 부족, 피해구제를 요청하는 방법에 대한 무지 등)로 인해 이에 대한 적절한 보상을 받지 못할 경우가 많다. 심지어 그동안 정부는 이러한 피해구제의 요구를 의도적으로 차단하는 경우가 많았다. 뿐만 아니라 환경문제의 불평등으로 인한 피해 구제를 요청한 경우에도, 조정기구들은 분쟁을 상당히 편향적으로 중재하여, 가능한 피해가 발생하지 않은 것으로 유도하고자 하는 경향이 있었다.

⑤ 생활의 유형에 적합한 환경교육과 환경홍보

환경의식을 고취시키고 자원환경문제 일반을 완화시키기 위한 보편적 교육과 홍보활동도 필요하지만, 이를 위한 기업의 역할과 시민의 역할이 다른 것과 마찬가지로 계층화되고 다원화된 시민생활의 각 유형별로 적합한 환경교육과 환경홍보가 있어야 할 것이다. 예로, 자원에 대한 절제된 사용은 분명 저소득층보다는 고소득층에 더 많이 강조되어야 할 것이다. 반면 모든 사람들의 생활은 기본적인 환경자원을 필요로 하며, 이에 대한 요구는 생존권적 권리라는 사실, 즉 환경평등권에 교육은 저소득층에게 더 많이 강조되어야 할 것이다.

⑥ 시민환경운동(특히 저소득층의 자구적 환경운동) 적극 지원

자원·환경문제, 특히 이의 사회계층적 불평등에 관한 문제는 이를 시정하고자 하는 정부의 적극적인 정책뿐만 아니라 시민들의 자구적 실천에 의해 해소될 수 있다. 저소득계층이 부족한 자원을 확보할 수 있도록, 그리고 고소득계층이 이의 이용을 절제할 수 있도록, 즉 환경문제의 사회계층적 불평등의 문제를 스스로 인식하고 실천할 수 있도록 간접적 지원이 필요하다. 이러한 지원은 정치적 목적으로 결코 이용되어서는 안 될 것이며, 문제 그 자체의 해결을 위해 자율적으로 조직된 시민환경단체들, 특히 저소득층지역의 자구적 주민모임과 이들의 실천에 더 많이 이루어져야 할 것이다.

5. 맺음말

다양한 유형으로 발생할 수 있는 환경불평등은 그 자체로서 주요한 사회공간적 문제일 뿐만 아니라 이로 인해 여러 가지 문제를 파생시키게 된다. 만약 보다 중요한 이유로 해서 환경불평등에 대해 민감하게 반응할 수 없는 계층이나 지역(예로, 생존을 위한 쌀의 구입이 난방을 위한 연탄의 구입 보다 절대적으로 더 중요하게 인식되는 최하위계층)의 주민들은 생활을 위한 기본자원의 부족이나 신체에 치명적인 유해환경에도 불구하고 이를 감수할 수밖에 없을 것이다. 그러나 이러한 계층을 제외한 중·하위계층의 주민들은 이러한 불평등에 대해 보다 민감하게 반응할 것이다. 예로, 환경오염의 직접적 피해로 인해 신체적 또는 재산상의 손실을 입거나 또는 여타 형태로 비용을 지불해야 하는 계층(또는 지역)의 주민들은 여러 가지 방법들을 동원하여 이에 적극적으로 반대하는 운동을 전개할 것이다. 환경불평등으로 불이익을 받고 있는 계층이나 지역의 주민들이 설령 치열한 운동을 전개하지 않는다고 할지라도, 사회계층적 위화감으로 정치권력에 대한 지지를 철회하거나 또는 여타 방법들을 동원하여 중앙 및 지방정부에 정치·정책적으로 영향을 미치게 될 것이다.

환경불평등 및 이와 관련된 문제 양상들의 갈등적 표출은 앞으로 사회정치적 여건들의 변화로 인해 더욱 심화될 것으로 예상된다. 몇 가지 주요한 여건들의 변화로서 첫째, 서울 시민들의 전반적 소득수준의 향상은 물질적 소비의 증대 및 쾌적한 환경에 대한 욕구의 증대 등 환경과 관련된 편익을 더 많이 추구할 것으로 예상된다. 소득계층별 격차가 완화되지 않는 상황에서 이러한 편익들의 추구가 증대할 경우, 자원이용과 환경오염에 대한 통제수단의 이용에 있어 사회공간적 불평등이 심화될 것이다. 둘째, 자원의 공급과 환경오염 통제에 대한 정부의 역할이 상대적으로 줄어들면서, 이에 대한 민간자본의 참여가 확대되고 있기 때문에, 이로 인한 환경자원의 상품화와 환경오염의 통제를 위한 가격화(즉 환경문제의 해결을 위해 시장메커니즘에의 의존성 증대)전략이 보다 광범위하게 적용될 것이다. 이러한 상황에서 환경(자원)시장에의 접근성에 있어 사회계층별 불평등이 증폭될 것이 예상된다. 셋째, 지방자치제의 본격적 시행과 더불어, 지역주민들의 요구에 대한 통제가 과거처럼 그렇게 용이하지 않을 것이다. 환경불평등으로 인해 고통을 받고 있는 계층의 주민들은 보다 적극적으로 자신들의 불만과 위화감을 표출하게 될 것이며, 지방정부는 이러한 문제양상들의 표출을 더 이상 지역이기주의 등의 명분으로 무마하기 어려울 것이다. 넷째, 시민사회의 전반적 성숙으로 인간생활의 기본권으로서 환경(평등)권에 대한 보장 요구가 일반화될 것이다. 또한 이에 기초하여 환경과 관련된 단체들의 결성 및 활동이 앞으로 더욱 활발해질 것으로 기대되며, 지방정부의 정책결정에 주요한 영향을 미칠 것으로 예상된다.

환경불평등과 이로 인한 갈등의 표출은 다른 문제들(예로, 소득격차나 주거의 불평등 등)에 비해 아직 심각하지 않으며, 현재로서는 도시의 사회공간적 응집력의 유지에 결정적인 영향을 미치지 않는 것처럼 보인다. 그러나 이를 해결하고자 하는 적절한 정책적 노력없이 그대로 방치·심화될 경우, 이로 인해 지역사회의 안정이 심각하게 저해될 수 있으며, 정부에 대한 요구와 저항이 더욱 치열해질 것이다. 이러한 문제를 사전에 해소하기 위해, 환경평등권의 실현을 위한 정부의 노력이 절실히 요청된다.

환경자원의 배분 및 오염비용의 할당에 있어 합리적이고 정의로운 정책은 첫째 저소득계층에 대한 필수적 자원을 제공하여 기본적인 생활을 가능하도록 하고 나아가 사회공간적 소외감이나 정치적 위화감을 해소시켜 주어야 하며, 둘째 상대적으로 고소득계층의 낭비적 자원 이용이나 과도한 오염물질의 배출을 효과적으로 방지하도록 하여, 셋째 전반적인 환경문제의 해결과 사회정치적 균형발전을 추구할 수 있어야 할 것이다.

제9장

생태학의 재인식과 환경정의*

1. 서론

인간은 사회적 존재인 동시에 자연적 존재이다. 즉 인간은 고립된 개체로서 생존하기보다는 서로 일정한 관계를 구성하고 이를 통해 형성된 특정 사회 속에서 자신의 생활을 영위해나간다. 또한 인간은 자연의 일부분으로서 자연과의 부단한 관계 속에서 자신의 생존과 사회의 발전을 추구해나간다. 이와 같이 한 인간이 맺고 있는 사회적 관계와 자연과의 관계는 분석적으로 서로 분리될 수 있다고 할지라도, 존재론적으로는 서로를 전제한다. 달리 말해서, 인간과 환경, 사회와 자연은 분리된 개별 실체들이 아니며, 따라서 이들에 대한 이분법적 접근은 극복되어야 할 것이다.

지리학은 오랜 전통 속에서 인간과 환경 간의 관계를 규명하는 학문으로 정의되어 왔으며, 특히 이러한 개념은 라첼(Ratzel)과 블라쉬(Vidal de la Blache) 등에 의해 주도되었던 근대 지리학의 발달과정에

---

* 이 논문은 대한지리학회 편, ≪대한지리학회지≫ 제33권 4호, 1998, 499-523 쪽에 게재된 바 있다.

주요하게 함의되어 있었다. 그러나 근대 지리학에 대한 왜곡된 해석은 흔히 환경결정론과 환경가능론이라는 대립적 주장들을 강조하면서, 인간과 환경 간의 관계를 암묵적으로 이분화시키는 경향이 있었으며, 오늘날 지리학 역시 이러한 경향을 크게 벗어나지 못하고 있다.1) 이 문제에 덧붙여, 지리학은 이 관계에 대한 모호한 강조로 인해, 인간사회나 자연환경 어느 한 영역에 대해서도 깊이 있게 고찰하지 못하는 문제를 안게 되었다.

반면, 근대 지리학의 성립과 비슷한 시기에 등장한 생태학은 초기에는 자연환경을 이루는 구성요소들간의 관계와 이들로 이루어진 전체 체계를 연구하기 위한 학문으로 출발했지만, 최근 인간사회와 자연환경 간의 관계를 다루는 포괄적 학문으로서 새로운 관심을 끌고 있다. 이러한 관심은 물론 오늘날 점점 심화되고 있는 환경문제 해결을 위한 노력에 기인한 것이지만, 학문적으로도 보다 유의한 이론적 틀이 잠재되어 있기 때문이라고 할 수 있다. 이러한 이론적 틀은 인간과 환경 간의 관계와 더불어 자연을 전제로 한 인간과 인간 간의 사회적 관계를 포괄하는 것으로 인식되고 있으며, 이에 따라 '생태학'이라는 이름으로 기존의 사회이론 및 철학적 사상들이 재조명되고 있다(Merchant, 1994; Hayward, 1994).

지리학과 생태학 간의 이러한 단순 비교는 어떤 학문의 상대적 우월성을 평가하기 위한 것이 결코 아니라, 인간과 환경 간의 관계를 다루는 학문으로 정의되는 지리학이 앞으로 나아가야 할 이론적 방향을 모색하고 또한 환경문제를 해결할 수 있는 실천적 방안들을 개발하기 위한 것이다. 이러한 점에서, 최근 많은 지리학자들이 기존의 의미로 '생태학적'이라고 할 수 있는 과제들에 관심을 가지고 연구 결과들을 발표하고 있다(예로, Pepper, 1993; Harvey, 1996; Peet and Watts, 1996). 특히 이러한 연구들은 어떤 생태학적 '사실'들을 규명하기 위

---

1) 그러나 이의 대표적인 예외로, Glacken(1967) 참조.

한 것이 아니라, 그들의 저서 제목에 함축된 바와 같이 사회환경적 '정의' 또는 '해방' 생태학의 강조 등 환경윤리와 새로운 사회-환경을 지향한다는 점에서 인간과 환경 간의 관계를 고찰하고자 했던 과거의 지리학과는 상이한 의미를 가진다고 할 수 있다.[2]

이 논문은 이러한 점에서, 우선 최근 재인식되고 있는 생태학의 기본 개념 및 생태적 합리성의 문제 즉 생태학의 확대와 관련된 방법론적 및 이데올로기적 문제들을 논의한 후, 환경정의와 관련된 다양한 사회이론적 및 철학적 전통들을 살펴보고 이들을 종합하고자 하는 시도들을 분석해볼 것이며, 끝으로 환경정의와 관련된 고전적 사상들을 세 가지 유형, 즉 분배적 정의, 생산적 정의, 그리고 승인적 정의로 새롭게 범주화하고자 한다. 이 논문은 이러한 연구를 통해 실제 세계의 관계들을 반영하는 환경정의론의 발전에 기여하기 위한 서론적 고찰이라고 할 수 있다.[3]

2. 생태학의 재인식

1) 생태학 개념의 재정의

어떠한 학문이든 관점과 발전과정에 따라 상이하게 정의되지만, 생태학만큼 그 범위와 내용에 있어 모호하게 정의되는 학문은 거의 없을 것이다. 물론 생태학도 그 발전의 역사와 전개과정을 가진다. 잘 알려진 바와 같이, 생태학의 최초 개념은 다윈에 의해서 제시되었다

---

2) 한편 최근 지리학에서는 정의에 관한 관심이 재등장하고 있다. Smith(1994), Merrifield and Swyngedouw(1997) 등 참조. 그러나 스미스(Smith, 1997: 19)는 "사회정의의 개념이 지리학적 의제로 다시 등장"했지만, "이 의제를 다루는 지적 분위기는 1970년대 '급진지리학'과는 상당히 다르다"고 강조한다.
3) 이러한 목적에서 진행된 일련의 연구에서 그 부분들에 관한 보다 상세한 고찰들로서, 최병두(1997b, 1997c)와 B-D. Choi(1997a, 1997b) 참조.

고 할 수 있으며, 생태학이라는 용어 자체는 1869년 헤켈(E. Haeckel)에 의해 '생물과 이들의 서식조건이 되는 환경에 관한 학문'을 지칭하기 위해 조어되었다. 그 이후 최근에 이르기까지 생태학은 흔히 자연환경, 특히 유기체와 그 생활환경을 구성하는 요소들 간의 관계들 또는 이들로 이루어진 체계들에 관한 연구를 의미하게 되었다. 이러한 좁은 의미의 생태학은 상대적으로 소수의 생물학자들에 의해 학문적으로 연구되는 전문분야로 한정되어 있었다(고철환, 1991; McIntosh, 1985). 그러나 최근 환경문제의 심화로 인해 이에 관한 학문적 및 실천적 대안이 요구되면서, 생태학은 인간과 환경 간 관계 전반을 다루는 학문 또는 지식의 영역으로 확대되었다. 물론 이러한 개념 정의에서 생태는 '환경'이라는 용어와 흔히 혼용되기도 하지만, 때로 이들간에는 어떤 차이가 있는 것으로 강조되기도 한다. 즉 이 개념들은 관점에 따라 상이하게 해석될 수 있지만, 일반적 의미에서 (자연)환경은 인간 및 다른 생명체들의 존재를 위한 조건들을 제공하는 배경을 의미한다면, 생태는 자연환경을 구성하는 요소들간의 체계 또는 연계망을 의미할 뿐만 아니라 광의적으로 이러한 인간 및 여타 생명체들과 그 배경간의 관계를 의미한다고 할 수 있다.

이러한 생태학의 영역 확대와 더불어, 전통적 의미로서의 환경과의 개념적 차이는 최근 환경이라는 용어보다는 생태(학)라는 용어를 선호하도록 하거나, 또는 환경이라는 용어를 재규정하도록 요구하고 있다. 예로, 생태적 문제를 포함하여 서구의 근대화과정에 발생한 제반 문제들에 관한 고찰에서, 벡, 기든스 그리고 래쉬(Beck, Giddens and Lash, 1994: 7)는 공통적으로 '성찰적 근대성'의 개념을 강조할 뿐만 아니라 "생태적 의문들이 '환경'에 관한 선입견으로 환원되지 않아야 한다"는 점에 동의한다. 즉 이들은, "사실 '환경'은 더 이상 인간의 사회생활에 외적인 것이 아니라, 이에 의해 철저히 침투되고 재조직된 것이기 때문에, 생태적 논제들은 전면에 부각되어야 한다"고 강조한다. 다른 한편, 환경이라는 용어 자체도 재정의되고 있다. 예로, 멸

종위기에 있는 야생동물에 우선적 관심을 가지는 환경보호론자와 인간의 생존을 위협하는 도시환경을 위해 투쟁하는 민중적 환경활동가들 간의 차이를 해소하기 위한 노력으로, 도위(Dowie, 1995: 127)는 "조화를 향한 그 첫번째 실질적 단계는 의미론적이어야 한다. '환경'의 정의는 (야생동물이나 황무지뿐만 아니라) 작업장 내부와 빈민의 부엌까지 포함하는 것으로 확대되어야 한다. 환경론은 어린이의 시민권과 인권을 포괄해야 한다"고 주장한다. 이와 같이 생태 또는 환경은 이론 및 실천 양 영역 모두에서 단순히 인간생활로부터 분리되어 존재하는 어떤 독립된 세계가 아니라 인간사회와 융합되어 있으며 이를 통해 재조직되는 것으로 이해되게 되었다.

사실 1970년대 이후 이와 같은 생태(그리고 환경)의 개념 전환 및 생태학(그리고 환경론)의 영역 확대는 이와 관련된 실천적 운동의 이념적 사고들에서 뿐만 아니라 학문적으로 매우 광범위한 사회 이론들 및 철학적 전통들과 결합되면서 다양한 유형으로 분화되게 되었다. 이들은 생태문제를 이해하는 기본적 인식에 따라 크게 기술중심주의와 생태중심주의(또는 인간중심주의와 생태중심주의)로 구분되었으며, 보다 구체적으로는 정치생태학, 사회생태학, 심층생태학, 생태맑스주의, 아나키스트 생태학, 에코페미니즘, 포스트모던 생태학, 영적 생태학 등등으로 세분되었다(이명우 외, 1989; 문순홍, 1993; 최병두, 1995a). 여기서, 기술중심주의는 어떤 이론체계라기보다는 환경문제를 인식하는 기본적 입장에 근거하는 반면, 생태중심주의는 보다 체계화된 이론들에 기초하여 발전해왔다. 그리고 다양한 유파로 구분되는 생태학 모두가 '생태중심주의'를 지향하는 것은 아니지만, 기술중심주의와는 기본적으로 반대된다는 점에서 어떤 공통점을 가진다.

이와 같은 맥락에서 제시된 최근의 생태학적 이론들은 각기 매우 상이한 주장들을 하고 있으며, 때로 심각한 논쟁들에 빠져들어 아직 제대로 해결되지 않은 경우들도 있다.[4] 그럼에도 불구하고, 이들은 몇가지 측면들(앞에서 언급한 바와 같이, 오늘날 심화되고 있는 환경위기를 전제로 하고 있으며, 또한 기본적으로 기술중심주의에 반대한다는 점들에 덧붙여)에서 공통점을 가진다는 점에서 과거 좁은 의미의 생태학과는 구분된다. 또한, 이들은 이 공통점들과 관련하여 공통적인 문제에 봉착해 있으며, 앞으로의 생태학 발전에 해결해야 할 주요 과제들을 동시에 안고 있다고 할 수 있다. 이러한 점에서 여러 유파들을 포괄하는 입장에서 최근 재규정되고 있는 생태학 일반의 공통된 특성과 그 문제점들을 요약하면 다음과 같다.

첫째, 생태학은 좁은 의미의 자연에서 벗어나 인간과 자연 간의 관계 및 자연을 매개로 이루어지는 인간과 인간 간의 관계를 포괄하게 되었다. 최근 생태학적 연구에 있어 가장 중요한 주제들 가운데 하나는 데카르트 이후 근대 서구적 의식에서 인간과 환경, 사회(문화)와 자연, 주체와 객체, 정신과 물질 등, 비자연적 인간세계와 비인간적 자연세계를 철저히 분리시키는 이원론적 사고를 어떻게 극복하고, 이들 각각을 어떤 실체 또는 '사물'로 간주하기보다는 이들간의 변증법적 '관계'에 초점을 둘 것인가라는 문제이다(Harvey, 1996: 49). 인간과 자연을 재결합시키고 이들간의 관계에 초점을 두고자 하는 노력들은 맑스나 니체를 포함하여 사회이론 및 철학 일반에서 오랜 전통을 가지며, 오늘날 생태학적 연구에서도 다양한 주장들에 기초하고 있다. 이들 가운데 하나는 자연과 인간을 분리시키는 이원론의 극복과 더불어 이러한 분리에 기초했던 인간에 의한 자연의 '지배' 문제를 해결하기 위해, '자연의 생산'(또는 보다 포괄적으로 '공간의 생산')이라는 개념을 사용하자는 주장이다(Lefebvre, 1991; Smith, 1996). 이 개념은 나아가 자연의 생산이 개인적으로 이루어지는 것이 아니라 협업과 분업을 전제로 하며 또한 그 생산물의 사회적 배분을 전제로 한다는 점

---

4) 이러한 논쟁들은 흔히 매우 유사한 입장들을 견지하거나 또는 동일한 전통에 속하는 입장들 간에도 발생하고 있다. 전자의 예로, 심층생태학과 에코페미니즘 간의 논쟁을, 후자의 예로 맑스주의 내에서 '자연의 지배' 논제를 둘러싼 논쟁을 들 수 있다.

에서, 자연을 매개로 이루어지는 인간들간의 관계도 생태학에 포함되어야 함을 함의하고 있다.

둘째, 이와 같은 개념의 변화 또는 연구 주제의 확대와 더불어, 생태학은 단순히 정태적인 것으로 간주되는 자연이 아니라 역동적으로 변화하는 인간사회의 역사성을 고찰할 필요를 가지게 되었다.[5] 인간사회와의 관계 속에서 자연은 단순히 주어진 것이 아니라 인간의 '변형적 실천'에 따라 끊임없이 재조직되는 것으로 이해되며(박만준 외, 1995), 또한 이와 관련하여 흔히 인식되는 것처럼 균형상태를 지향하는 것이 아니라 인간사회와 항상 갈등적 관계를 가지면서 변증법적으로 변화하는 것으로 인식된다. 이러한 변증법적 관계 인식은 자연의 생산 또는 재조직이 결코 일방적이지 않으며, 그 결과가 인간사회에 얼마나 엄청난 위험을 가져올 것인가를 이해하게 해준다. 특히 근대 서구사회의 발전 및 이를 뒷받침했던 과학기술의 발달은 단순한 자연의 지배에서 나아가 자연을 재창조하고자 하는 의지를 반영하고 있지만, 이는 인류사회에 커다란 위험을 가져다주고 있다는 점에서, 근대 사회는 '위험사회'로 지칭되고 있다(홍성태, 1997). 구체적인 예로, 오늘날 유전공학의 발달은 동물 개체의 복제뿐만 아니라 수백만 년 전의 쥬라기공원을 현실세계 속에 실현시키고자 노력할 정도로 '미친(panic)' 생태학을 만들어냈다고 비판된다(Clark, 1997). 생태학은 인간사회와 자연환경 간의 관계에 내재된 이러한 위험성을 포함하여 그 역동성을 연구하게 되었다.

셋째, 생태학은 자연의 영역 내에 한정된 것으로 인식했던 물질적 흐름을 인간사회로 확대시킬 뿐만 아니라, 인간사회와 자연환경 간의 상징적 관계(특히 가치의 문제)에도 관심을 가지게 되었다. 생태학은 물질적 흐름이 기본적으로 자연에서부터 시발되지만 자연에 한정되는

---

5) 이러한 역사성에 관한 생태학적 고찰은 흔히 근대성(modernity)에 관한 연구와 관련된다. Toledo(1993), Hajer(1995), Beck(1995) 등 참조. 또한 최병두(1997a) 참조

것이 아니라 인간사회로 부단히 유입되며 또한 인간생활의 결과로 발생하는 폐기물질들은 지속적으로 자연으로 되돌아간다는 사실을 규명하고자 한다. 뿐만 아니라 생태학이 인간사회를 자신의 연구주제의 일부로 포섭함에 따라 새로운 측면, 즉 상징적 또는 윤리적 관계를 포함하게 되었다. 특히 이러한 점에서, 생태학은 '자연의 내재적 가치'에 관심을 가지고 이와 관련된 논쟁에 휩싸이기도 했다(Harvey, 1996: ch.7; Donner, 1996). 이는 자연의 가치와 관련하여 생태학이 두 가지 상이한 해석을 포괄하고 있기 때문이다. 즉 논쟁에서 한쪽을 이루는 생태중심주의 특히 '심층생태학'에 따르면, 생태계는 의미 없는 메커니즘이 아니라 하나의 유기체로서 자기 '내재적 가치'를 가지는 것으로 가정되며, 인간은 이러한 유기체와 분리되어 살아갈 수 없으며, 그 일부로서만 의미를 가지는 것으로 강조된다. 반면 이와 대립되는 인간중심주의적 입장은 인간을 제외한 자연물들이 그 자체로서는 가치를 가지지 않으며, 단지 인간생활과의 관계 속에서 그 의미와 가치를 부여받게 된다고 주장한다(Howarth, 1995). 이러한 논쟁 속에서 분명한 사실은, 생태학이 그 연구 주제 내에서 가치를 발견할 것인가 또는 그 연구 주제들에 일단의 가치를 부여할 것인가의 상반된 주장들을 어떻게 해결할 것인가의 문제를 떠나서, 생태학이 가치(나아가 윤리)의 문제를 다루게 되었다는 점이다.

넷째, 생태학은 당면한 환경위기의 극복과 더불어 새로운 미래 사회-환경을 열어가는 비전을 제시하고 또 이를 실현시키기 위한 실천을 전제로 하고 있다. 즉 생태학이 인간사회의 역사성과 가치의 문제를 내포하게 됨에 따라, 인간사회와 자연환경 간의 관계가 보다 가치 있는 역사적 발전을 지향하는 실천적 비전을 제시해야 하는 과제를 안게 되었다. 예로, 와츠와 피트(Watts and Peet, 1996: 260)는 이러한 비전으로 '해방생태학'을 제시한다. "해방생태학은 발전이라고 불리는 것에 의해 이루어진 환경적 퇴락과 치유의 비판적 분석, 그리고 이러한 과정들을 둘러싸고 전개되는 투쟁과 갈등의 해방적 잠재성의 논의"에 초점을 두고 있으며, 이들은 이러한 생태학에 의해 "자연에 대한 이성적 행위에 관한 모더니스트적 사고를 견지"하면서 "자본주의적 합리성에 대한 맑스주의적 및 후기 구조주의적 비판을 채택하여, 이를 합리성의 민주적 과정으로 대체하고자 한다." 물론, 이러한 생태학이 제시하는 미래 전망 또는 대안적 비전이 어느 정도 실현가능한가의 문제는 여전히 의문으로 남아 있다. 그러나 오늘날 광범위하게 확산되고 있는 생태운동을 이끌어갈 어떤 이념이 만들어지지 않았으며, 이로 인해 환경운동은 "생태적 선언을 기다리고 있는 혁명"이라고 지칭되기도 했다(Dowie, 1995: 222).

2) 생태적 합리성과 이데올로기

좁은 의미의 자연 영역에 한정되어 있던 기존의 생태학이 자연환경과 관계를 맺고 있는 인간사회를 그 연구 주제의 일부로 포함하게 됨에 따라서, 생태학은 새로운 학문적 및 실천적 의미와 더불어 많은 연구 과제들을 안게 되었을 뿐만 아니라 쉽게 해결될 것 같지 않은 여러 가지 문제들을 유발하게 되었다. 이들 가운데 특히 지적되어야 할 두 가지 문제는 생태학의 연구방법론과 현실 세계에서의 이의 응용과 관련된 문제이다. 즉 한 문제는 생태학이 각각 상이한 방법론에 따라 연구되어온 자연환경과 인간사회를 동시에 포괄하고 나아가 이들간의 관계의 역사성을 규명하고자 함에 따라 발생한 연구방법론 및 이의 합리성과 관련된 문제이며, 다른 하나는 생태학이 합리성, 가치 및 윤리 등의 문제와 새로운 사회-환경의 비전 제시를 주요 과제로 포섭하게 됨에 따라 이의 역작용으로 발생하는 사회통제 및 이데올로기 문제이다.

서구 철학적 연구방법론의 전통에서, 자연과학적 방법론과 인문사회과학적 방법론은 흔히 구분된다. 전자는 시·공간상에서 반복적으로 발생하는 현상들의 경험적 관찰이나 인위적 통제를 통해 폐쇄된 체계

속에서 이루어질 수 있는 실험을 통해 가치자유적이고 보편적 법칙 또는 영구적 진리를 추구하지만, 후자는 이러한 관찰이나 실험을 통한 엄정한 법칙의 추구는 불가능하며 개방체계 속에서 개연적으로 이루어지는 행위나 사건들에 대한 가치함의적 해석과 추론을 통해 그 의미를 이해하고자 한다. 물론 이러한 방법론적 구분이 결코 엄격한 것은 아니며, 오히려 데카르트와 베이컨 이후 그리고 콩트의 실증주의와 비엔나학파의 논리실증주의와 더불어 자연과학적 방법론은 인문사회과학적 연구에도 도입되어 그 고유한 방법론을 압도하거나 왜곡시켰다. 뿐만 아니라 이러한 자연과학적 방법론은 학문적으로 근대적 과학기술의 발달을 가능하게 함으로써 근대 서구사회의 의식에 만연한 기술적 합리성(즉 주어진 목적을 실현시키기 위해 효율적 수단의 선택을 강조하는 도구적 합리성)과 이에 따른 산업 발전과 물질적 부의 축적을 가능하게 했지만, 다른 한편으로 이러한 과정은 자연을 황폐화시키고 생태위기를 초래한 기본적 동인으로 지목받고 있다.

실증주의적 과학은 우선 자연의 외적으로 존재하는 물리적 실체이며, 일단 자연의 법칙들이 발견되면 이에 따라 이용가능한 또는 통제가능한 대상으로 간주한다는 점에서 비판된다. 이러한 의미에서 자연을 대상화한 과학(기술)의 발달은 인류의 역사에서 점점 더 급속하게 이루어지고 있지만, 이러한 과정에서 자연에 대한 그 효과가 다시 인간사회에 미치는 영향에 대해서는 제대로 규명할 수 없었다. 또한 이러한 과학 그 자체의 방법론적 한계는 자연환경문제를 유발하는 인간사회의 문제성, 즉 자연환경과 인간사회 간의 관련성에 대해 적절한 설명을 제시하지 못했다. 이러한 점에서, 생태학은 단순한 자연과학이 아니며, 자연환경과 인간사회 및 이들간의 관계를 규명하는 복합과학으로 정의된다면, 이에 적합한 새로운 연구방법론이 개발되어야 할 것이다(최병두, 1995a).

물론 오늘날 인문사회과학의 연구방법론은 실증주의적 과학 및 도구적 합리성의 전통을 많이 벗어났지만, 아직 완전한 대안을 찾지 못하고 있다. 생태학을 위한 대안적 방법론에 관한 깊이 있는 모색은 이 논문의 한계를 벗어나지만, 바스카(Bhaskar, 1979)가 강조하는 실재론 또는 하버마스(Habermas, 1981)가 주장하는 체계이론과 해석학의 결합에 기초하여 대안적 방법론을 고찰할 수 있을 것이다. 바스카의 '과학적 실재론'은 인문과학에서 '자연주의'의 가능성을 전제로 현상들간 우연적 관계의 일반화가 아니라 그들간의 필연관계를 만들어내는 메커니즘과 그 구조적 실재를 과학적으로 규명하고자 한다(이창우, 1995). 그러나 생태학적 측면에서의 실재론의 응용가능성은 완전히 개발되지 않았다. 다른 한편 하버마스의 주장처럼, 체계이론은 자연환경의 구성요소들간의 관계뿐만 아니라 이들과 인간사회 간의 관계에 관한 연구들에 많은 통찰력을 제공해주고 있다. 문제는 이러한 체계이론이 인간사회와 자연환경의 관계를 인간의 의미 있는 행위가 배제된 채 기능적 관계로 고찰하고자 하기 때문에, 이러한 관계를 매개로 하는 인간 행위에 관한 해석학적 이해가 요청된다는 점이다(Howarth, 1995). 그러나 하버마스 자신은 자연에 대한 인간의 노동행위 및 이와 관련된 '도구적 합리성'과 인간들 간의 사회적 상호행위 및 이와 관련된 '의사소통적 합리성'을 범주적으로 완전히 구분하기 때문에, 그의 이론을 직접 생태학에 적용하기는 어렵다는 주장이 제기되기도 했다(Alford, 1985; Eckersley, 1992: ch.5).[6] 따라서 자연에 대한 인간의 행위와 합리성을 단순히 도구적 관점에서 보는 것이 아니라 생태적 관점에서 파악하고, 이들간의 관계에 어떤 가치와 목적이 내재되어 있는 것으로 이해하여야 할 것이다.

생태적 합리성은 인간과 자연 간 관계가 단순히 도구적 관계가 아니라 어떤 가치와 목적을 내재하고 있으며, 따라서 이들간에는 일방적 지배관계가 아니라 상호 호혜적이며 윤리적 관계를 가질 수 있음을 인정하는 것이다. 이러한 생태적 합리성에 대한 강조는 최근의 여

---

6) 그러나 Dryzek(1990), Margarita(1994), Vogel(1996: ch.6) 등은 하버마스의 의사소통적 합리성이 생태학적으로 유의하게 응용될 수 있다고 주장한다.

러 문헌들에서 찾아볼 수 있지만(Dryzek, 1987; Beck, 1995; Leff, 1995), 아직 그 내용이 체계적으로 정형화되지는 않다. 이 논문에서 생태적 합리성은 인간과 자연 관계에 내재된 가치나 목적에 기초하며, 또한 자연을 매개로 연계되는 인간들간의 관계에도 이러한 합리성이 적용될 수 있음을 전제로 한다. 이러한 생태적 합리성은 뒤에서 논의할 바와 같이 환경정의의 범주들과 이들 각각에 적용되는 원칙들, 즉 인간과 자연 간의 물질적 관계와 관련된 생산적 정의와 노동의 원칙, 자연을 매개로 한 인간들간의 관계와 관련된 분배적 정의와 필요의 원칙, 그리고 사회를 매개로 한 인간과 자연 간의 상징적 관계와 관련된 승인적 정의와 담론의 원칙에 따른다고 할 수 있다.

이와 같이 연구방법론의 문제를 합리성의 문제와 연계시키게 되면, 우리는 위에서 지적한 두번째 문제로 넘어오게 된다. 즉 생태학이 합리성, 가치 및 윤리의 문제를 다루게 됨에 따라, 이의 역작용으로 생태학이 사회통제 또는 규율을 위한 새로운 이데올로기로 역할하게 되었다는 점이다. 생태학이 새로운 사회규율을 위한 이데올로기로 등장하게 된 이유는 우선 환경문제의 특성에 놓여 있다고 할 수 있다. 벡(Beck)이 현대사회의 위험 체계가 달라졌다고 주장하는 바와 같이, 오늘날 우리의 일상적 삶을 위협하는 요인들은 과거와는 매우 상이하다. 전통사회의 일상생활에서 가장 두려웠던 위험은 식량부족에 따른 기아와 높은 유아 사망률, 혹은 전염병의 만연 등과 관련된 질병문제였지만, 이들은 (최소한 서구사회에서는) 근대화 이후 과학적 계몽과 경제성장 및 과학기술의 발달에 따라 점차 완화되게 되었다. 그러나 오늘날 구조화된 사회 속에서 새로운 위험들, 예로, 실업의 만연, 정신적 질환 등과 더불어 환경적 위험들이 새롭게 부각되고 있다. 이러한 위험의 일반적 특징은 불확실성이다. 예로, 1986년 체르노빌 핵발전소의 폭발사고는 그 자체로 이미 금세기 대표적인 '생태적 재앙'으로 규정지어지지만, 이 사고는 또한 세계 도처에 있는 어떠한 핵발전소들도 결코 완전히 안전할 수는 없다는 불확실성의 문제를 드러낸 것이다.

실제 환경문제는 국지적 수준에서 전지구적 범위에 이르기까지 경험적으로 확인되고 있으며 때로 치명적으로 전지구와 인류를 위협할 정도이지만, 문제는 고도의 과학기술 발달에도 불구하고 그 위험의 정도를 완전히 극복할 수 없으며, 오히려 이로 인한 불확실성은 개인적 및 사회적으로 엄청난 불안감을 자아내고 있다. 이러한 불확실성과 불안감은 생태적 문제가 단순히 자연과학적 문제가 아니라 사회과학적 문제임을 인식하게 해준다. 뿐만 아니라 이와 같이 생태적 문제가 사회과학화됨에 따라, 생태학은 사회를 지배하는 우월한 양식에 종속되는 경향을 보이게 되었다. 즉 생태학은 더 이상 객관적 자연과학의 영역에 속하는 것이 아니라, '규율적' 과학, 즉 자연적 원칙들이라고 생각되었던 것이 인간들이 준수해야 하는 규율적 법칙들이 되었다(Haila and Heininen, 1995: 155). 이러한 규율적 과학으로서 생태학은 이른바 '공동목장의 비극'이나 '구명정 원리'와 같은 생태적 우화에 내재되어 있으며, 나아가 생태적 문제들의 해결을 전제로 독재적 사회통제와 인종적, 계급적, 지역적 차별성을 정당화시키고자 하는 환경제국주의 또는 생태파시즘으로 발전하기도 했다(Katz, 1997; Zimmerman, 1997).

이에 따라, 오늘날 생태 또는 자연환경은 객관적이고 중립적으로 존재하는 것이 아니라 그 속에서 생활하는 구성원들을 규율하는 공간으로 변화하고 있다. 한편으로 인간사회의 추악함을 감추기 위해 이에 대립되는 자연세계의 생태적 순수성으로 조작되기도 하며, 다른 한편으로 집단 전체에 미칠 수 있는 생태적 재앙을 피하기 위해 소수의 불가피한 희생이 강요되기도 한다. 이를 위해, 오늘날 지배권력의 담론은 생태 또는 자연환경을 이해하는 특정한 방식을 강화하기 위해 방법론적으로 특정한 가정, 코드, 절차 등을 동원하고자 한다. 그 결과 이들의 담론은 자연환경에 관한 '진실'과 '지식'을 생산할 뿐만 아니라, 이에 기초한 정책들이나 전략들이 가지는 정당성과 효율성을 뒷받침하는 정치적 '합리성'과 '힘'이 된다. 이러한 점에서 오늘날 자연, 생태, 또는 환경에 관한 담론들은 '생태-지식(eco-knowledge)'의 규율적 접합이며, 나아가 '지-권력(geo-power)'의 체계를 만들어내면서 '녹색통치성'을 위한 노력으로 재해석되기도 한다(Luke, 1995).

이와 같은 생태지식의 이데올로기적 성격은 생태학의 또 다른 딜레마를 가져오기도 한다. 즉 오늘날 생태적 문제는 한편으로 환경에 대한 관심 부족에서 유발된 것이라고 하겠지만, 다른 한편으로는 이의 과잉으로 발생한 것이기도 하다. 매우 분화된 생태학적 연구 또는 환경론적 주장들은 방법론적 관점의 다양성을 인정하는 것처럼 보이지만, 이데올로기적 측면에서 보면 환경에 대한 관심을 분산시키면서 나아가 이들간의 갈등을 유발할 뿐만 아니라 진정한 관점을 모호하게 만들면서 수많은 관점들 가운데 단지 하나의 관점으로 전락시킨다는 점에서 과잉이라고 할 수 있다. 이러한 점에서 오늘날 생태의 위기는 '생태학의 (과잉)위기'라고도 할 수 있다. 이러한 생태학의 이데올로기적 성격 및 이의 과잉으로 인한 갈등적 관계를 극복하기 위해, 지나치게 다양한 관점들을 새로운 (예로, 정치경제학적) 틀로 종합하여 이들간의 갈등을 극복할 필요가 있다고 주장할 수 있다. 그러나 다른 한편, 포스트모던 철학 및 사회이론이 주장하는 바와 같이, 종합적 또는 '총화적' 과학으로서 대안적 생태학의 모색은 생태학을 결국 정치적 합리화에 기여하고자 하는 규율적 과학으로 전락시킬 것으로 우려되기 때문에, 이러한 작업은 중단되어야 한다는 주장도 제기되고 있다(Haila and Heininen, 1995).

이와 같은 딜레마를 극복하기 위해, 와츠와 피트(Watts and Peet, 1996: 260)는 자신들이 제시한 '해방생태학'이 "정치경제학에의 비판적 접근과 후기 구조주의적 철학으로 도출된 사고들을 결합시킨다"고 주장한다. 즉 이들의 해방생태학은 사회-자연 관계들이 노동과정의 신진대사적 활동—이를 통해 자연은 인간화되며, 인간은 자연화된다—의 결과라는 맑스의 전제로부터 출발한다. 그러나 이들은 "만약 자연이 이윤추동적 상품경제의 추진과 모순관계에 있는 생산조건이라면, 이 생산조건이 편성되고 전환되는 특정한 방식들은 권력, 지식 그리고 제

도들이 특정한 축적양식을 유지하는 복잡한 방식들과 연계되게 된
다.”는 점을 강조한다. 이러한 점에서, 이들은 “이데올로기에 관한 맑
스적 사고, 계몽적 이성에 대한 후기 구조주의적 비판, 그리고 서구적
발전과정에 대한 포스트모던 의문은 환경적 실천과 지식의 대안적 형
태들에 관한 신중한 고려를 하도록 한다”고 주장한다.

이러한 맥락에서, 하비(Harvey, 1996)는 현대 자본주의의 상부구조
로서 파편화된 문화와 지식에 대해 탈근대성(포스트모더니티)이 조건
지어져 있는 상황에서, 어떻게 생태적 담론의 이데올로기적 성격을
벗어날 수 있는가를 고찰하고자 한다. 그는 이를 위해 새로운 가치로
서 ‘환경정의’의 개념을 정형화하고자 한다. 그러나, 아래에서 논의하
는 바와 같이, 환경정의와 관련된 이론들은 아주 다양하며, 이들이 현
대사회와 생태를 지배하는 담론들로서 기능하고 있다.

3. 다양한 환경정의론

1) 환경정의론의 대두

현대사회에서 생태적 지식이 규범화되면 될수록, 사회통제를 위한
이데올로기적 또는 규율적 성격을 더 많이 담지하게 되는 내재적 딜
레마를 안고 있는 상황에서, 환경정의론은 이러한 상황을 극복하기
위한 돌파구로서 제시될 수 있을 것이다. 즉 환경정의론은 생태학이
인간사회와 자연환경 간의 이원론을 극복하고 이들간의 관계를 진정
하게 이해할 수 있도록 하며, 또한 비규율적(즉 해방적) 성격의 정형
화를 통해 우리의 실천을 안내할 새로운 가치를 제시하고자 한다.

이러한 점에서, 환경정의에 관한 주장은 1980년대 후반 이후 특히
미국에서 국지적 환경 및 생활공동체운동을 전개해온 실천적 운동가
들로부터 먼저 제기되었다.[7] 이들은 1970년대 이후 활발하게 전개되

었던 생태운동이 점차 전국적 및 전지구적 규모로 확대되었지만, 이러한 주류 환경운동과 이들의 환경론은 도시 내 열악한 주거환경 문제보다는 야생동물이나 자연보호에 더 많은 관심을 가지면서 중산층 백인 중심으로 이루어지게 되었음에 대한 비판과 대안으로서 환경정의운동을 제기하게 되었다(Szasz, 1994; Chiro, 1996 등 참조).

환경정의운동은 주류 또는 전통적 환경운동 및 이들이 견지했던 환경론의 지배적 의미들에 도전하여, 환경이론과 실천에 새로운 형태를 만들어내고자 했다. 이들은 처음부터 실천과정에서 환경문제를 성, 인종, 계급의 문제들과 접합시켰으며, 또한 환경정의와 관련된 주장들은 활동가들의 실천에 바탕을 두고 제시되었다는 점에서 주류 환경운동 및 이들의 환경론과는 상이했다. 환경정의운동은 사회와 자연 간 구분의 거부, 인간의 생활이 이루어지는 도시환경의 중요성, 다양한 운동들 간 구분의 통합적 초월, 전통적 의미의 환경운동보다는 지역사회운동에 더 친화적인 특성을 가졌다. 즉 "환경정의운동의 활동가들은 '새로운 환경주의자'로 그들 자신을 규정하기를 싫어한다. 왜냐하면 그들은 바다의 '고래나 열대우림의 보호'를 슬로건으로 내세운 '낡은' 환경운동의 탈피로서 그들 자신을 이해하지 않는다. 환경정의운동가들을 '새로운' 시민권 또는 '새로운' 사회정의활동가들로 이해하는 것이 보다 정확할 것이다"(Chiro, 1996: 303). 환경정의운동에서 새로운 것은 그 구성원들의 '고양된 환경의식'이 아니라, 혁신적 정치·문화적 담론과 실천의 재정의 및 재구축 과정들을 통하여 근본적으로 사회적 및 환경적 변화를 추구하는 방법들에 있다. 이는 다른 많은 것들 가운데, 환경정의와 환경인종주의의 개념의 접합, 풀뿌리 정치조직의 새로운 형태의 조성을 포함하였다.

국지적 생활공동체에 기초를 두고 있던 이러한 환경정의운동들은 점차 상호 네트워크를 형성하게 되었고, 운동의 목적 및 환경정의의

---

7) 미국 환경운동의 전개과정에 대해, Gottlieb(1993), Dowie(1995), Edwards(1995) 등 참조.

세부 내용들에 대한 합의를 선언하게 되었다.[8] 이들은 환경정의운동
의 목적을 환경퇴락에 대한 반대와 더불어, 고유 문화의 존중, 환경정
의 자체의 보장, 경제적 대안의 촉진, 정치·경제·문화적 해방의 확보
등 다섯 가지로 설정하고, 이러한 목적을 실현하기 위한 17가지 세부
내용들을 제시한 바 있다. 이러한 환경운동의 구체적 실천은 좁은 의
미의 자연환경이 아니라 공동체적 인간생활 및 삶의 질과 관련된 모
든 환경적 조건들에 대해 관심을 가졌다(Hofrichter, 1993: 3). 특히
환경정의운동은 인종적, 계급적, 성적 차별성에 의한 생태환경적 불평
등에 초점을 두고, 문제 해결을 위한 상호 존중과 힘의 강화를 추구
했다. 이러한 점에서, 하비(Harvey, 1996: 391)는 "한편으로 힘의 강
화와 인격적 자기존중의 추구, 다른 한편으로 환경주의적 목적의 결
합은 환경정의를 위한 운동이 매우 독특한 방법으로 생태적 정의의
목적과 사회적 정의의 목적을 엮어냄을 의미한다"고 해석했다.

실천적 환경정의운동에서부터 시발되었던 환경정의에 관한 주장은
미국 정부의 정책에도 크게 반영되었을 뿐만 아니라, 학문 세계에도
주요한 반향을 불러일으켰다. 환경정의운동의 영향으로 1992년 미국
에서는 환경정의법이 제정되었으며, 클린턴 행정부의 집권을 위한 인
수과정에 환경정의팀이 구성되어 환경문제의 인종적, 계급적 불평등
에 관한 자료 수집과 정책대안 제시가 이루어지기도 했다(Dowie,
1995; Hartley, 1995; Derris and Hahn-Baker, 1995).

학문 영역에서, 환경문제를 사회정의와 관련시켜 분석 또는 이해하고
자 하는 시도는 물론 1970년대부터 있었지만(Smith, 1974; Heinegg, 1979),
환경정의에 관한 학술적 연구는 실천적 환경정의운동이 어느 정도 자리
를 잡고 난 이후, 즉 1990년대 들어와서 본격적으로 추진되었다. 이 점

---

8) 1991년 10월 워싱턴 D.C.에서 제1차 전국 유색인 환경지도자회의가 있었다.
   이 회의에는 미국 전역에서 모인 500여 명의 유색인 환경지도자들이 모여
   '변화를 위한 다인종적 운동'을 전개하기로 하고, 환경정의의원칙(Principles
   of Environmental Justice)을 채택했다(Chiro, 1966 등 참조).

은 1990년대 전반 및 중반부에 환경정의와 관련된 많은 단행본들이 발간되었을 뿐만 아니라, 사회학, 정치학, 지리학, 환경학(좁은 의미) 분야 등에서 많은 학술지들이 환경정의에 관한 특집 주제로 다루었다는 사실에서도 확인된다.[9] 환경정의와 관련된 문헌들은 크게 두 가지 유형, 즉 환경정의의 개념을 보다 세련시키고 이론적으로 정형화하는 작업, 그리고 이 개념을 현실 세계에 응용하여 다양한 차원에서 환경문제를 분석하거나 또는 환경정책을 제시하기 위한 노력으로 구분된다.

환경정의를 개념화하고자 하는 연구는 우선 환경정의운동에서 제시되었던 여러 가지 주장들을 정리하여 체계화하는 작업에서부터 시작되었지만, 점차 학문적 영역으로 깊게 들어감에 따라 사회정의와 관련된 기존의 다양한 사회이론적 또는 철학적 전통이나 사상들 가운데 특정한 입장과 관련시켜 새로운 환경정의의 개념을 구축하고자 했다(Wenz, 1988; De-Shalit, 1995).

이러한 전통이나 사상들에는, 자유론, 공리주의, 계약론 등 자유주의 정의론과 맑스주의 정의론, 포스트모던 정의론 등이 포함되며, 칸트적 정의론, 덕목적 정의론, 동물권 개념, 생물종 개념 등 그외 많은 관점이나 입장들도 도입되어 환경정의에 관한 논의를 다채롭게 했다. 또한, 환경정의론이 어떤 측면에 초점을 두는가에 따라, 형식적 정의론과 실질적 정의론으로 구분되거나 또는 자원의 수혜와 부담의 배분에 있어서의 분배적 정의론이 강조되기도 했다. 그리고 다양한 이론들의 개진으로 인해 환경정의의 개념이 혼돈을 일으키거나 대립적 갈

---

9) 이러한 학술지의 이름과 출판시기, 특집제목 등은 다음과 같다. *Qualitative Sociology*, 1993, vol.16(3), "Social Equity and Environmental Activism: Utopias, Dystopias and Incrementalism"; *Social Issues*, 1994, vol.50(3), "Green Justice: Conceptions of Fairness and the Natural World"; *Social Theory and Practice*, 1995, vol.21(2), "The Environmental Challenge to Social and Political Philoso- phy"; *Antipode*, 1996, vol.28(2), "Race, Waste, and Class: New Perspectives on Environmental Justice." 우리나라에서도 ≪환경과 생명≫ 14호(겨울호), 1997에서 「환경정의, 그 이론과 실천」이라는 주제의 특집을 다루고 있다.

등을 유발하게 됨에 따라, 이 개념을 둘러싸고 크고 작은 논쟁들이 빈번하게 제기되었다(Almond, 1995; Hampson et al., 1996). 뿐만 아니라 일부 학자들은 개별 환경정의론들이 가지는 한계를 극복하기 위해 이들 각각의 장·단점들을 고찰한 후 종합하거나 또는 각 환경정의론이 제시되는 학문적 및 현실적 배경을 고찰하고, 이에 내재된 문제점들을 분석하기도 했다. 이러한 학문적 열기 속에서 환경정의에 관한 학술적 관심이 전세계적으로 확산됨에 따라, 1997년 호주에서 환경정의에 관한 대규모 국제학술대회가 개최되기도 했다(문순홍, 1997).[10]

환경정의에 관한 연구는 이와 같이 단지 이론적으로만 이루어진 것이 아니라, 이를 현실 세계에 적용하여 환경문제의 사회공간적 불평등을 경험적 분석하고(Bowen et al., 1995),[11] 이를 해소하고자 하는 환경정의운동에 보다 세련된 환경정의의 이념을 제시하거나, 또는 국내 및 국제 환경정책들에 주요한 원칙이나 지침을 제시하기도 한다(Bullard, 1993, 1994; Westra and Wenz, 1995; Bryant, 1995). 환경정의의 관점에서 환경문제의 분석은 자원 이용이나 비용 부담, 피해의 방어 능력, 특히 부의 외부효과를 발생하는 여러 가지 환경 기초시설들(매립장, 소각로, 핵발전소 등)의 입지 등이 사회공간적으로 불평등하게 이루어지고 있음에 관심을 가지고, 그 불평등이 발생하게 되는 이유를 설명하고자 했다. 특히 미국 사회에서 환경적 불평등은 가장 기본적으로 인종적 차별성에 의해 이루어진다는 점에서 '환경적 인종주의'라는 용어가 제시되었다(Bullard, 1993; Westra and Wenz, 1995).

그러나 다른 한편 자본주의 사회에서 인종 변수는 빈곤, 저소득, 사회경제적 능력의 부재 등으로 환원될 수 있으며 따라서 궁극적으로 계급적 문제로 간주되어야 한다고 주장되기도 한다(Heiman, 1996). 환경적

---

10) 최근 국내에서도 환경정의에 관한 관심이 높아지고 있다. 김원식(1996), 이상헌(1995) 등 참조.
11) 국내에서 환경정의론과 직결되지는 않지만 환경불평등에 관한 경험적 연구로는 이정전(1988), 최병두(1995b) 등 참조.

불평등을 야기하는 주요 요인이 인종이든 계급(또는 성)이든지 간에 이에 관한 연구들은 환경정의운동을 고무시켰을 뿐만 아니라(Cutter, 1995), 이러한 문제를 해결하고자 하는 정책들의 개발을 촉진시켰다.

환경정의의 실현을 위한 정책의 개발은 우선 이 개념에 기초한 정책 기조 또는 원칙들을 제도화시켰으며,12) 보다 구체적으로 환경문제의 사회공간적 불평등을 시정하고 새로운 정책들이 더 이상 이러한 불평등을 야기하지 않도록 입안·시행되어야 한다는 점을 강조했다. 뿐만 아니라 환경정의와 관련된 정책적 논의는 정책의 입안 및 시행과정의 민주성을 강조한다. 즉 환경정의의 원칙은 환경관련 정책들에서 경쟁하는 대안들 간에 선택을 위한 기준을 제시할 뿐만 아니라 환경정의 개념 응용은 정책의 합리적 의사결정 및 그 효과의 형평성 확인을 위해 시민들의 참여를 필수적으로 요구한다는 점에서 '생태적 민주주의'의 개념을 만들어 내기도 했다(Mathews, 1996; Lafferty and Meadowcroft, 1996).

이러한 환경정의 개념을 응용한 경험적 연구나 정책적 대안 제시는 일국적 상황에서 나아가 국제적 규모로 확대되고 있다. 예로, 선진국들의 자본에 의해 직·간접적으로 촉진되고 있는 후진국들의 열대림 개발과 원주민들의 생활 및 문화 터전의 파괴, 또는 선진국들의 공해산업과 폐기물질들의 후진국 수출 등은 국제적 환경정의의 측면에서 강력히 비판되고 있으며, 지구온난화 등 지구적 환경문제들의 해결을 위한 부담에서도 국제적 환경정의의 개념이 응용되기도 한다(Cooper and Palmer, 1995; Reus-Smith, 1996; Michael, 1997).

2) 환경정의론의 여러 유형

실천적 운동에서부터 제기되었던 환경정의에 대한 관심이 학문적 영역으로 확대됨에 따라, 이와 관련된 많은 개념적 및 응용적 연구들

---

12) 우리나라의 경우, 1997년 「환경윤리에 관한 서울선언문」에서 환경정의가 네 가지 원칙들 가운데 하나로 천명되었다.

이 촉진되었다. 이러한 연구들은 명시적으로 또는 암묵적으로 환경정의에 관한 특정한 관점에 기초했다. 특히 환경정의에 관한 개념적 연구들은 보다 분명하게 정의에 관한 고전적 전통이나 사상들에 기초하여 그 개념을 정형화하고자 했다.

또한 환경정의의 개념이 환경운동이나 환경정책 분야에서도 많은 관심을 끌게 되자, 환경활동가들이나 환경정책가들은 환경정의의 개념을 임의적으로 주장하거나 또는 기존의 정의론들을 차용하여 자신들의 입장을 뒷받침하고자 했다. 뿐만 아니라 정의에 관한 모든 고전적 이론들이 환경정의의 개념화를 위해 동원될 수 있다는 점에서 전반적으로 재검토되기도 했다.

환경정의 개념에 관한 이러한 연구들에서 흔히 논의되고 있는 사회이론적 및 철학적 전통이나 사상들은 자유론, 공리주의, 계약론, 맑스주의, 포스트포디즘 등을 포함하며, 이들의 특성과 주요 내용은 <표 1>과 같이 요약된다.[13]

자유론적 정의론은 정의에 관한 모든 문제들이 자유시장(과 법정)을 통해 해결될 수 있다는 신념에 기초하며, 대표적인 사상가는 권리(특히 재산권), 자유(불간섭), 평등 등을 강조한 정치철학자 로크(Locke) 등이다(Wenz, 1988: ch.4). 이 이론에 의하면, 개인들은 모든 사람들에게 동일하게 평등한 권리를 존중하는 한, 그들이 원하는 것을 할 수 있도록 허용된다. 즉 이 정의론에서 첫째 원칙은 사람들이 강제나 기만에

---

13) 정의와 관련된 사상의 전통들은 관점에 따라 여러 가지 유형으로 구분될 수 있다. 예로 다비에 의한 다음과 같은 유형 구분 참조.

<부표> 정의에 관한 세 가지 개념

구분	엘리트주의적 정의 (자유론적 정의)	공리주의적 정의 (계약론적 정의)	사회적 정의 (롤즈적 정의)
기본공리	강자가 지배하도록 하자	행복을 최대화하자	고통을 최소화하자
선호되는 집단	강자	다수	빈자
정부	최소국가	경찰국가	복지국가
전형적 제도	시장의 보이지 않는 힘	국가의 보이는 힘	부의 재분배
선도적 학자	니체, A. 스미스, 하이에크	홉스, 벤담, J. S.밀	루소, 맑스, 롤즈

자료: Davy(1997: 267).

<표 1> 환경정의론의 여러 유형들

구분		원리	주요 내용	고전 사상가
자유 주의적 환경 정의론	자유론	자유와 보상	타인의 생명과 재산에 영향을 미치는 행위를 제외한 모든 행위들은 허용되지만, 만약 이 (환경오염) 행위로 피해를 미쳤다면 적절하게 보상해야 한다	로크
	공리 주의	최대 복지 (공동의 선)	환경개발의 이익이 환경보전에 의한 복지를 더 크게 훼손하거나, 개인의 재산권 행사가 사회생태적 문제를 유발한다면, 공동의 선의 관점에서 제한될 수 있다	벤담, J. S. 밀
	계약론	최소 최대화와 공정성	자원이용, 이를 위한 소득, 오염으로부터 자유로울 수 있는 자존감 등은 이들의 불평등한 분배가 최소수혜자에게 이득을 주지 않는 한 평등하게 분배되어야 한다	루소, 롤즈
맑스주의 환경정의론		필요와 노동	인간과 자연간을 매개하는 노동과정에 공동체적으로 참여하며, 이를 통해 생산된 자원을 필요에 따라 분배한다	맑스
포스트모던 환경정의론(심층 생태학 포함)		공생과 차이	다양성과 공생은 발전의 잠재력이며, 타자성이 존중되고, 생태적 및 문화적 차이들이 인정되어야 한다	스피노자, 니체

의하지 아니하고 자신의 사유재를 자유롭게 거래할 수 있는 경제적 정의가 보장된다는 점이다. 국가는 강제나 기만이 이루어지지 않도록 보장하는 것 이상을 수행하지 않도록 한다. 둘째 원칙은 사유재산권의 침해로 발생한 손상에 대한 보상이 이루어져야 한다는 점이다(Wenz, 1989: 64). 이러한 자유론적 정의론을 환경부문에 응용하면, 개인 또는 집단(기업, 정부를 포함)은 다른 사람들의 생명과 재산에 영향을 미칠 수 있는 행위를 제외한 모든 행위들을 할 수 있으며, 만약 그 행위로 인해 피해를 입었을 때는 적절하게 보상해주어야 한다고 주장된다.

　자유론적 환경정의론은 현대사회에서 최소한의 유의성을 가질 수 있다. 예로, 이는 타인의 생명과 재산상의 피해를 유발하는 오염행위, 특히 기업의 오염물질 배출행위나 정부의 환경개발사업들 또는 오염유발 시설들의 입지는 중단되어야 하며, 만약 이러한 행위들에 의해 사유재산권의 손실을 입게 된다면 이를 적절하게 보상해주어야 한다는 주장을 정당화시킨다. 그러나 자유거래와 보상의 원칙이 환경정의를 완전히 보장하기는 불충분하며, 때로 환경정의에 역행할 수도 있다.

우선, 환경을 오염시킨 사람이 이 오염에 의해 생명과 재산상에 영향을 받은 모든 사람들로부터 동의를 얻거나 또는 적절한 보상을 해준다는 것이 현실적으로 불가능하다. 또한 보다 근본적인 문제는 자유론적 정의론이 채택하고 있는 원칙들은 사유재산권을 인간의 기본 권리로 전제하고 있다는 점이다. 이러한 사유재산권의 인정에 의한 자연환경의 배타적 소유의 허용은 비록 '현명한' 이용을 통해 직접적 또는 단기적으로 타인이나 사회 전체에 문제를 유발하지 않는다고 할지라도, 간접적 및 장기적으로 큰 영향을 미칠 수도 있다. 뿐만 아니라, 이러한 점에서 사유재산권에 개입하게 되면, 자유론적 환경정의론은 그 자체로서 논리적 모순을 안게 된다.

공리주의적 정의론은 도덕적 효용을 최대 복지(행복, 선호만족, 또는 명예 등)의 원칙에 두고 있으며, 벤담 및 밀의 사상에서 도출된다 (Wenz, 1988: ch.8; De-Shalit, 1995: ch.3). 이들은 '정의'의 개념에 대해 다소 경멸적이거나 또는 다른 도덕적 개념으로 대체하고자 했지만, 그들의 사상은 정의론에서 주요한 의미를 가진다. 특히 이 정의론이 가지는 정책적 함의는 혜택에 대한 부담(즉 편익에 대한 비용)을 측정하여 부담에 비해 혜택이 가장 큰 행위의 선택을 정당화시킨다는 점이다. 공리주의는 인간의 권리(그리고 동물의 권리도)를 인정하지만, 이 권리는 결코 절대적이거나 무제한적인 것이 아니라, '공동의 선'이라는 점에서 그 한계가 부여된다. 이러한 공리주의적 정의론이 환경문제에 적용될 경우, 정부의 환경개발이 환경보전에 의한 국민들의 복지를 더 크게 훼손한다면, 또는 개인의 자유로운 행동이나 재산권의 행사가 자연환경의 고갈과 사회적 환경오염문제를 유발한다면, 이는 '공동의 선'이라는 관점에서 (심지어 보상 없이도) 제한될 수 있다는 주장이 정당화된다. 이 이론은 자연환경을 매개로 개인들간의 관계뿐만 아니라 인간과 동물(예로, 종의 보전, 채식주의, 동물실험)들 간의 관계에도 전형적으로 응용(즉 인간의 복지에 큰 도움이 되지 않는다면, 동물의 권리는 보호되어야 한다)될 수 있다고 제시된다(Singer, 1993).

이러한 공리주의적 정의론은 자유주의적 정의론에 비해 보다 합리적이고, 유연하며, 포괄적이라고 할 수 있다(Wenz, 1989: ch.8). 그러나 공리주의적 환경(정의)론에 내포된 함의는 여러 가지 문제점들을 안고 있다. 첫째, 공리주의는 사회 한 부분의 이익이 다른 부분의 손실과 비교하여 전체적으로 이익이 더 많다면 그 행동은 사회적으로 수혜로운 것으로 간주한다. 그러나 이러한 인식은 전체 사회에 수혜적이라는 명분으로 특정 개인이나 집단 및 지역에게 부당한 손실을 감수하도록 요구하는 환경규제, 환경개발, 시설입지 등의 정책을 지지하는 경향이 있다. 또한 공리주의적 정의론이 원칙으로 하는 행복이나 선호만족의 최대화에서, 이들이 측정, 비교, 대체될 수 있다고 가정한다. 그러나 상이한 요소들을 동일한 기준으로 측정하고 비교하는 것은 거의 불가능하며, 또한 경제적 선호와 생태적 선호 간 대체가능성의 인정으로[14] 환경퇴락을 오히려 촉진시킬 수 있다. 나아가 공리주의적 정의론에서 강조되는 공동의 선 개념은 공동체적 호혜성을 강조하는 정의론과는 무관하거나 대립적이며(Rawls, 1971: 315), 때로 전체주의적 이념에 빠질 우려가 있다.

계약론적 정의론은 국가의 법이나 공동체의 규범을 준수하는 의무는 피통치자들의 계약이나 합의에 기초한다는 루소의 정치이론이나 현대 철학에서 공정성과 절차적 합리성을 강조하는 롤즈의 정의론에서 찾아볼 수 있다(De-Shalit, 1995: ch.4). 특히 롤즈의 정의론은 사회의 도덕적, 정치적 주장들의 근저에 깔린 정의의 제원칙들을 밝히고, 이 원칙들은 공정하다고 합의될 절차의 결과로서 모든 사람들에게 인정될 수 있음을 증명하고자 한다.[15] 그의 이론은 계약에 참여하는 당

---

14) 예로, 저소득 또는 소수인종 지역사회에서, 그들의 인근에 공해산업이 입지하여 얻게 되는 경제적 이익과 직장에 대한 선호는 보다 안전한 환경으로부터 얻을 수 있는 공중보건을 대체할 수 있다.

사자들이 '원초적 입장'이라고 불리는 가설적 입장에서 정의의 제원칙을 선택한다고 가정한다. 이 원초적 입장은 당사자들의 인지상의 조건으로서 '무지의 베일', 그리고 동기상의 조건으로 '상호무관심적 합리성'이라는 두 가지 조건에 의해 규정된다. 이 조건들하에서 "모든 사회적 기본가치—자유와 기회, 소득과 부 그리고 자존감의 기반 등—는 이의 일부 혹은 전부의 불평등한 분배가 최소수혜자에게 이득을 주지 않는 한[최소극대화(maximin)의 원칙] 평등하게 분배되어야 한다"(Rawls, 1971: 62, 303). 여기서 말하는 '사회적 기본가치'에 자연의 직접적 이용기회 또는 형평적인 소득분배를 통한 자원이용의 평등성, 환경오염으로부터 자유로울 수 있는 자존감 등을 포함시킨다면, 롤즈의 정의론은 생태환경문제에 직접 적용될 수 있다. 뿐만 아니라 이 무지의 베일 속에 있는 당사자들에 미래 세대나 동물들을 포함시킴으로써 보다 확장된 환경정의론으로 응용될 수 있다는 주장들이 제시되기도 했다(Manning, 1981; Singer, 1988).

계약적론 정의론, 특히 롤즈의 정의론은 다른 자유주의적 정의론들에 비해 많은 관심을 끌고 있으며, 환경정의론의 여러 측면들에도 응용되고 있다. 이 이론은 자유와 평등, 효용과 권리의 사고들을 결합시키고, 서구의 자유민주주의적 이상을 위한 새로운 기반을 제공하는 것으로 평가되기도 한다. 그러나 그 자체의 논리에서나 또는 환경정의론에의 응용, 그리고 일반적 관점에서 있어서 문제가 있는 것으로 지적되고 있다. 그 자체의 논리에서, 롤즈는 현실적으로 불가능한 '원초적 입장'을 가설적으로 설정하고 있으며, 당사자들은 결과가 자신

---

15) 롤즈에 의하면, 가능한 모든 사회가 다 정의의 원칙을 요구하는 것이 아니며 어떤 사회에 있어서 정의의 원칙에 대한 필요성이 생기게 하는 데는 배경적 조건이 있다. 이와 관련하여 롤즈가 제시한 객관적 여건은 생태학적으로 주요한 의미를 가진다. 즉 롤즈는 정의의 원칙에 대한 필요성이 대두되는 중요한 객관적 조건으로서, 자원들의 적절한 부족(moderate scarcity)으로서 여러 가지 자원이 협동체제가 필요 없을 정도로 풍족한 것도 아니며 보람 있는 협동체가 결렬될 정도로 궁핍한 것이어서도 안 된다는 점을 가정한다(Rawls, 1971: 126- 128).

의 이해관계와 어떻게 관련될 것인가를 알지 못하기 때문에 정의의 원칙들에 합의하게 되지만, 다른 한편으로 각 개인은 자신의 이해관계에 의해서만 정의의 원칙들에 도달하는 것으로 가정되는 모순을 보이고 있다. 또한 환경정의론에의 응용에 있어 무지의 베일 속 당사자들에 미래 세대나 동식물(심지어 무생물)을 포함시키고자 하지만, 이들은 자신들이 정의에 따른다는 의식을 가지지 않을 뿐만 아니라, 롤즈 스스로 인정한 바와 같이(Rawls, 1971: 512), 현 세대 인간들과 대등한 입장에서 계약에 참여할 수 있다고 간주하기 어렵다(Achterberg, 1993; Thero, 1995).

이상에서 논의된 자유론적 정의론, 공리주의적 정의론, 그리고 계약론적 정의론은 모두 넓은 의미의 자유주의적 정의론에 속한다고 할 수 있다.16) 이들은 세부적으로 여러 가지 측면들에서 차이가 있으며, 때로 상호 비판적이지만, 정의를 개인들간 의무관계 및 사회적 균형과 조화라는 관점에서 이해하며, 또한 분배적 측면에서 정의를 강조한다는 점 등에서 포괄적인 공통성을 가진다. 이러한 점에서, 롤즈는 고전적·공리주의적 정의론의 비판하지만, 그 역시 공리주의의 한계를 벗어나지 못했다고 비판된다. 또한 롤즈가 제시한 원칙들은 자유방임적인 고전적 자유주의의 재현이 아니라 평등주의적 복지이론과 양립 가능한 자유주의라는 점에서 차이가 있지만, 넓은 의미로 이 원칙들에 반영되어 있는 도덕적, 정치적 이념은 자유주의적 이데올로기라고 할 수 있다(Luper- Foy, 1992). 이러한 자유주의적 (환경)정의론은 환경평등, 갈등해소, 정당한 몫 분배, 협상을 통한 타결 등 여러 가지 자유주의적 개혁들을 뒷받침하지만, 이러한 정책들은 단지 드러난 문제들만을 해소하고자 한다는 점에서 '현 상태'를 지지하는 경향이 있는 것으로 비판되기도 한다(Heiman, 1996).

이러한 자유주의적 환경정의론에 내재된 문제성을 해소하고 환경정

---

16) 여기서 좁은 의미의 '자유론적(libertarian)' 정의론과 보다 광의적(포괄적)으로 '자유주의(liberalism)'에 기초한 정의론을 구분하고자 한다. 후자에 관한 논의로, Reppy and Hampson(1996), De-Shalit(1997) 등 참조

의에 대한 대안적 개념을 모색하기 위해, 맑스주의적 환경정의론 또는 포스트모던 환경정의론이 논의되고 있다. 맑스주의나 포스트모던 철학은 공통적으로 (그러나 각각 다른 이유에서) 환경정의의 개념이나 이론이 지배권력을 정당화시키는 이데올로기라고 비판하기도 하지만, 명시적 또는 암묵적으로 환경정의론을 추구하고 있다. 그러나 이러한 입장들에서의 환경정의론 역시 많은 문제들을 안고 있기 때문에, 그 자체로서 완결된 것은 결코 아니며, 앞서 지적한 바와 같이 상호보완적으로 결합하여 새로운 이론체계로 발전할 수 있어야 할 것이다.

맑스주의적 환경정의론은 인간과 자연 간을 매개하는 노동에의 공동체적 참여와 그 생산물인 자원의 필요에 따른 분배에 기초해 있다.[17] 맑스는 그의 저술들 전반에 걸쳐 정의, 권리, 평등 등과 같은 개념들이 사회조직이나 이의 정치적 전환을 위해 기본이 된다는 사고를 부정하는 것처럼 보인다. 그는 이러한 개념들이 이데올로기적으로 (또는 사법적으로) 사용하고자 하는 부르주아뿐만 아니라 이들을 유토피아적으로 (즉 보편적으로) 사용하고자 하는 사회주의자들을 강하게 비판한다. 그러나 맑스는 다른 한편으로 자본주의 사회에서의 자본-노동 간의 불평등 관계를 혹독하게 비판할 뿐만 아니라, 예로 「고타 강령 비판」에서 '무엇이 공평한 분배'인가에 관해 논의하면서[Marx, 1994(1875)], 사회주의 사회에서 노동생산물들의 분배를 관리하기 위한 정의의 원칙을 명시적으로 제시하고 있다. 특히 여기서 그가 제시한, "능력에 따라 각자로부터, 필요에 따라 각자에게로"라는 슬로건은 정의에 관한 그의 입장을 극명하게 나타낸 것으로 이해되고 있다. 이러한 맑스의 입장에 의하면, 사회정의는 공동체적 생산관계를 통해 노동에 참여할 수 있는 능력과 이를 통해 생산된 결과물의 필요에 따

---

17) 맑스의 저술들 중 정의론 일반에 관한 연구들(Buchanan, 1982; Geras, 1985; Pruzan, 1989; Peffer, 1990)과 생태학 일반에 관한 연구들(Schmidt, 1971; Parsons, 1977; Lee, 1980; 박만준 외, 1995)은 많이 있지만, 이를 결합시킨 환경정의론적 연구는 없는 것으로 보인다(Choi, 1997a).

른 분배를 의미한다고 할 수 있다.

이러한 맑스주의 환경정의론을 분배적 정의의 관점에서 보면, 호혜적 정의를 강조하는 일부 자유주의적 정의론(예로, 롤즈의 정의론)과 유사한 내용을 가진다. 그러나 후자는 대체로 절차적 또는 형식적 정의로서 호혜성을 강조한다면, 전자는 보다 실질적인(그 결과로서) 정의로서 호혜성을 강조한다. 뿐만 아니라, 맑스의 정의론에서 가장 핵심적인 부분은 분배적 정의가 아니라 '생산적 정의'라고 불릴 수 있는 개념이다. 생산적 정의는 인간과 자연 간의 노동과정에서 공동체적으로 참여함으로써 자신과 공동체의 다른 구성원들의 필요충족뿐만 아니라 자연과의 소외되지 아니한 노동 그 자체로서 자아실현을 추구한다. 물론 맑스의 환경(정의)론은 인간과 자연 간의 관계에서 전자(즉 인간본성)에 더 큰 비중을 두고 있는 인간중심주의적이라고 비난되거나(Eckerley, 1992), 생산성의 지속적 발전을 강조함으로써 자연의 무제한성을 전제로 하는 것처럼 보이며 기술중심주의적 편향이라고 의심받기도 하며(Jung, 1983), 또한 인간과 자연의 관계뿐만 아니라 자연을 매개로 한 인간들 간의 관계에서 물질적 측면을 강조함으로써 상징적 측면에 대한 통찰력을 제공하지 못한다는 비난을 받기도 한다.

포스트모던 환경정의론은 스피노자나 니체의 철학(Naess, 1977; Hal- lman, 1991; Choi, 1998)에 소급되지만, 최근 몇 가지 주요한 환경론, 특히 심층생태학 및 이와 관련된 에코페미니즘이나 포괄적으로 '급진적 환경론'이라고 불리는 환경론, 그리고 포스트모던 철학자군에 직접 속하는 학자들의 주장에서 찾아볼 수 있다.[18] 이에 속하는 이론이나 주장들은 세부적으로 많은 차이가 있지만, 환경위기를 포함하여 현대 사회의 위기의 근원을 서구 문명에서 찾으며, 자유주의적 이론들뿐만 아니라 맑스주의적 이론들도 이러한 문명을 뒷받침했던 거대 서

---

18) 포스트모던 생태학 일반에 관해서는 Bordessa(1993), Gare(1995), Gandy(1996), Conley(1997) 등 참조. 또한 심층생태학에 관해서는 Naess(1989), Sessions (1995) 등 참조.

사라는 점에서 비판한다는 공통점을 가진다. 또한 이들은 어떠한 단일 생물체의 종들도 다른 종들보다도 우월한 권리를 가지지 않는다는 주장에 기초하여 (생태)공동체를 지향한다.[19]

이러한 포스트모던 환경론과 관련된 다른 유파들을 선도하고 있는 네스(Naess, 1989: 200-202) 및 들뢰즈와 가타리(Deleuze and Guattari, 1987: 10)에 의하면, 다양성, 복잡성 그리고 공생은 근본적인 잠재력이며, 이 잠재력의 실현은 다원적이며 질적으로 상이하다고 주장된다. 또한 '차이'를 강조하는 포스트모던 정의론의 입장에서, 체니(Cheney, 1990: 6)는 우리 문화에서 탁월한 지배의 논리는 타인에 대한 관심의 부족에 기인한다고 지적하면서, 생물지역주의(bio-regionalism)에 기초하여 타자성을 존중하고 어떠한 타협에 대한 압력 없이 생태적 및 문화적 차이들이 존재할 수 있도록 해야 한다고 주장한다(Cheney, 1989, 1990; Frodeman, 1992; Smith, 1993).

포스트모던 환경(정의)론은 기존의 거의 모든 사회이론적 및 철학적 전통들을 부정하고 새로운 담론을 지향한다는 점에서 많은 관심을 끌고 있다. 또한 이 유형의 환경정의론은 특히 생태적, 문화적 차이들 속에서의 공생을 강조한다는 점에서 실질적으로 중요한 의미를 가지며, 나아가 이러한 차이에 근거한 타자와의 상호 '승인'을 전제로 한다는 점에서 주요한 시사점을 제시하고 있다. 그러나 포스트모던 환경정의론은 자연생태 그 자체에 어떤 '내재적 가치'가 있는 것으로 강조함으로써 때로 생태적 신비주의에 빠지는 경우도 있으며, 실제 매우 암묵적으로 이러한 자연의 가치를 인정하는 것이 결국 인간이라는 사실을 인정함으로써, 내적 논리의 비일관성을 드러내기도 한다. 이러한 점에서, 하비(Harvey, 1996: 168)는 심층생태학이 자연으로부터의 분리로 인해 인간 잠재성(즉 맑스의 용어로 인간본질 또는 류적

---

19) 심층생태학의 생태중심적 평등원칙은 그러나 모든 생명의 부분들간에 어떤 계층적 질서가 있다는 점에서, 절대적 평등의 이상을 주장하는 것은 아니다 (Naess, 1973: 95; Naess, 1989: 168, 174).

존재)으로부터도 근본적으로 소외되었으며, 이와 같이 잃어버린 연계를 회복하기 위해 '자아실현'을 위한 직관적 또는 현상학적 노력을 하고 있다고 해석한다. 끝으로 포스트모던 환경(정의)론은 근대적 합리성을 뒷받침했다는 점에서 총체적으로 고전적 거대이론들을 거부하고 있지만, 만약 이들이 강조하는 공생과의 차이 그리고 상호승인의 개념들을 포괄하는 체계적 환경정의이론이 정형화될 수 있다면, 이러한 이론이 굳이 거부되어야 할 이유는 없을 것이다.

4. 환경정의론의 재구성

1) 환경정의론의 종합을 위한 시도들

환경정의에 대한 관심이 급속히 확산되면서, 이의 개념화를 위한 다양한 사회이론적 및 철학적 전통들이 동원됨에 따라, 환경정의론은 매우 보수적이고 우파적인 경향에서부터 상당히 급진적이고 좌파적인 경향에 이르기까지 다양한 유형들을 포괄하게 되었다. 그러나 이러한 상황에서, 환경정의론은 앞서 생태학의 영역 확대와 관련하여 지적한 것과 유사한 문제에 봉착하게 되었다. 즉 로와 그리슨(Low and Gleeson, 1997: 32)은 드라이젝(Dryzek, 1987: 59)이 지적한 바와 같이 생태적 합리성이 새로운 리바이던과 유사한 전체주의적 프로젝트를 위한 기반이 될 수도 있는 것처럼 "환경정의도 이러한 경향에 반대하는 어떤 명시적 장치를 구축하지 않을 경우, 전체화하는 프로젝트가 될 수 있다."고 주장한다. 이와 같은 맥락에서, 하비는 환경정의론이 때로는 지배권력의 통치방식 또는 지배집단의 생활방식을 정당화시키는 어떤 합리성으로 동원될 수 있음을 지적하고, 이로 인해 "갈등은 정의로운 해결책과 부정의한 해결책들 간이 아니라, 정의에 대한 상이한 개념화들 간에서 발생"하며, 따라서 우리는 "사회정의이론들 가운데 어떤 것이 사회적으로 가장 정의로운 것인가”를 결정할 필요가 있다고 주장한다(Harvey, 1996, pp.397-398).

물론 이러한 문제에 봉착하여, 하나의 환경정의론이 다른 어떤 환경정의론들에 비해 우월하다고 주장하기는 어려우며, 또한 벤츠(Wenz, 1989)가 주장하는 바와 같이, 설령 어떤 환경정의론이 한 상황에서는 적합하다고 할지라도 다른 상황에서도 그렇게 적용될 것이라는 보장도 없다. 또한 동시에, 특정한 환경정의론이 특정한 집단이나 특정 상황에 적합하며, 다른 환경정의론들은 다른 집단들이나 상황들에 적합하다고 인정하게 되면, 상대주의적 딜레마에 빠지게 된다. 이러한 점에서, 우리는 다양한 환경정의론들을 어떻게 재해석할 것이며, 그리고 이들을 어떻게 체계적으로 종합 또는 재구성할 것인가라는 의문을 가지게 된다. 이러한 의문을 해소하기 위해, 우선 이를 위한 몇몇 학자들의 시도들을 고찰해볼 수 있다.

벤츠(Wenz)는 환경정의에 관한 학문적 고찰이 아직 큰 관심을 끌지 않았던 1988년에 환경정의를 이론화하기 위해 여러 고전적 전통들을 평론하고 나아가 이들을 종합하고자 했다. 그는 도덕의 기본 원칙들이 사회 및 자연환경 속에서 이루어지는 인간 행위에 어떤 영향을 미치는가를 고찰하면서, 적절한 정의이론은 인간들 사이의 사회적 행위 및 인간과 자연 간의 상호행위들 모두를 설명할 수 있어야 한다고 주장한다. 이러한 주장에 기초하여 벤츠는 환경정의론을 위해 동원가능한 거의 모든 철학적 전통들, 예로, 덕목이론, 자유론적 이론, 효율성 이론, 인간권리론, 동물권리론, 공리주의론(비용-편익분석 포함), 그리고 롤즈의 정의론 등을 세심하게 분석한다. 그리고 벤츠는 각 이론이 환경정의에 관한 총체적 이론으로서 사용되기에는 부적절하다고 주장하면서, 어느 한 이론을 선택하기보다는 모든 이론들의 주요 부분들을 결합하는 다원주의적 정의이론을 개발하고자 한다. 즉 그는 보편적 지표 또는 원칙이 필요함을 인정하면서도 합리적으로 주장될 수 있는 정의 원칙들의 다원성을 인정하면서, “단일적이지 않으면서 다원적이지도 아니한 이론이 우리가 고려한 도덕적 판단들의 모든 것들에 적용될 수 있다"고 주장한다(Wenz, 1988: 313). 이 점에서 그는 그 자신이 명명한 '동심원적 환경정의론'을 제시했다. 이 이론의 주요 요소들(예로, 인간, 가축, 동식물, 여타 자연 요소들)은 상호관계에 있어 그 근접성과 비례하는 타자에 대한 의무의 강도와 수라는 점에서 규정되며, 근접성의 다양한 원들에 있는 요소들에서 외곽으로 나갈수록 도덕적 의무들은 확대되는 것으로 이해된다(<표 2> 참조).

이와 같은 벤츠의 이론은 환경정의와 관련된 제반 전통들을 세심하게 분석하여 장점과 그 한계들을 제시하고 있으며, 인간중심적 정의론을 능가하여 동식물과 자연 요소들까지 정의의 영역에 포함시키고자 했다는 점에서 주요한 의의를 가진다고 하겠다. 그러나 그의 환경정의론은 인간들간의 관계를 동심원의 중심에 두고 동식물과 여타 자연적 요소들로 확산시켜나갔다는 점에서 여전히 인간중심적 정의론이라고 할 수 있다. 또한 그는 다원주의적 환경정의론을 추구하면서 다른 한편으로 이들에 적용될 수 있는 환경정의의 보편적 원칙들이 가능하다고 주장하지만, 실제 그의 환경정의론은 각 전통들을 종합적으로 통합하기보다는 병렬적으로 나열하고 있다. 뿐만 아니라, 그의 이론은 자연자원 또는 환경문제를 매개로 한 인간들간의 관계에서 분배적 정의에 초점을 두면서, 기본적으로 자유주의적 정의론들을 옹호하고 있다. 물론 그의 연구가 이루어졌던 시기에 맑스주의적 생태학이나 포스트모던 정의론이 크게 부각되지 않았다고 할지라도, 그의 연구에는 이에 관한 논의가 완전히 빠져 있으며, 이로 인해 그의 환경정의론에서는 진보적 경향을 찾아볼 수 없다.

하비는 벤츠의 환경정의론과 같은 다원주의적 이론에 대해 우려를 표명하면서, 자신의 입장에서 다양한 환경정의론들을 해석하고자 한다. 그에 의하면, 만약 "각 이론이 그 자체로서 선택된다면 실패할 것이며, … 한 유형의 상황에 한 이론을, 다른 유형의 상황에 다른 이론을 사용하도록 유도한다"면, 이 입장의 문제점으로 다음과 같은 의문이 제기

<표 2> 벤츠의 동심원적 환경정의론

동심원 내 위치	안쪽 <————————————————————> 바깥쪽			
의무의 내용	선호의 만족	적극적 권리	소극적 권리	진화과정의 보전
의무의 대상	인간 상호 간	인간들과 일부 동물(가축)	생명을 가진 모든 주체들	자연의 비감정적 비생명체
정의론	자유론 및 효율성이론	인간권리론	동물권리론	(생태적 진화론)
의무의 강도 의무의 우선성	강함 <————————————————————> 약함 후차적 <————————————————————> 우선적			

될 수 있다. 첫째, 왜 어떤 상황에 특정 유형의 원칙들이 적용되며, 다른 유형의 원칙들은 적용되지 않는가? 둘째, 권력 행위들에 의해 이미 엘리트 및 유력 집단의 물질적 이익을 위해 편향된, 환경정의에 관한 일부 다원주의적 담론의 가장(假裝)된 유연성을 어떻게 막을 것인가? 이러한 점에서, 하비는 "사회정의를 영구적 정의 및 도덕성의 문제로 간주하는 경향에서, 사회 전반에서 작동하는 사회적 과정들에 개연적인 어떤 것으로 간주하는 경향으로 이동하는 것이 중요하다"고 주장한다(Harvey, 1996: 399).

하비는 우선 환경적 이슈들에 관한 담론은 후코가 주장하는 바와 같이 사회적 권력의 표현이며, 이러한 관점에서 환경-생태적 담론은 곧 사회에 대한 주장이라고 강조한다. 그는 또한 기존의 환경담론들을 네 가지 유형, 즉 환경관리의 '표준적 견해', '생태적 근대화', '현명한 이용'(사유재산의 옹호를 전제로 함), 그리고 환경정의운동 (약자를 옹호하는) 등으로 구분하여 고찰하고, 이들이 각각 어떠한 (환경)정의 개념과 관련되는가를 논의하고 있다. 그에 의하면, 표준적 견해는 공리주의적 정의론, 생태적 근대화론은 사회계약론적 정의론, 현명한 이용의 교리는 자유주의적 정의론, 그리고 환경정의운동은 호혜적 정의론과 관련된다고 주장한다. 뿐만 아니라 하비에 의하면, 이와 같이 광의적으로 인류중심적인 정의론들은 각각 생물중심적 유추들을 가진다. 즉 공리

<표 3> 하비가 제시한 사회정의론과 환경담론 간 관련성 및 생물중심적 유추

정의론의 전통	환경담론	생물중심적 유추(생태환경에 관한 정의)
공리주의	표준적 견해	동물권리를 번창·증식이라는 점에서 가능한 많은 종들에게 확대
사회계약론	생태적 근대화론	위험에 처한 종의 권리를 위한 강력한 인정
자유주의	현명한 이용 교리	모든 '생명의 주체들'에 따라 권리의 영역을 확장
(급진적) 호혜주의	환경정의운동론	모든 종들과 그 서식지들의 공생적 존재 인정

주의는 동물권리를 번창, 증식한다는 점에서 가능한 많은 종들에게 확대되도록 요구하며, 계약론적 이론은 위험에 처한 종의 권리를 강력하게 인정하고자 한다. 또한 자유주의적 이론은 모든 '생명의 주체들'에 따라 권리의 영역을 확장하고자 하며, 급진적 호혜주의 이론은 모든 종들과 서식지들에 관한 심층적 생태운동을 전개하고자 한다 (Harvey, 1996: ch.13. <표 3> 참조).

환경정의와 관련된 하비의 연구는 물론 사회정의론과 환경담론 간의 관련성 및 생물중심적 유추를 제시하는 것보다 훨씬 더 포괄적이며, 복잡한 내용들과 자신의 주장들을 담고 있다. 이러한 그의 연구는 환경정의와 관련된 여러 가지 철학적 및 사회이론적 개념들과도 연계되며, 앞으로 이 분야에서 많은 영향을 미칠 것으로 평가된다. 따라서 그의 환경정의론에 관한 비평 역시 그의 연구 전체를 배경으로 이루어져야 할 것이다. 그러나 위에서 논의한 하비의 주장에 한정한다면, 첫째, 그는 환경정의와 관련된 여러 가지 정치철학적 전통들을 종합하기보다는 어떤 하나의 전통, 즉 급진적 호혜주의를 선호하는 것처럼 보인다. 그러나 그는 이러한 입장에서나 또는 정치경제학적 입장에서 자신의 환경정의론을 제시하지 않고 있으며, 따라서 환경정의의 기본 원칙들이나 실현방안들에 대해 구체적으로 언급하지 않았다. 끝으로 하비는 인간사회의 영역에서 적용되는 어떤 한 정의이론이 생태환경의 영역에서도 유추될 수 있는 어떤 내용을 가진다고 주장하지만, 인간사회와 생태환경간의 관계에 주목하지는 않았다. 즉 그는 변증법에 관한 그의 개념화에서 어떤 사물이나 실체보다는 이들간의 관계에 초점을 두어야 한다고 주장하지만, 환경정의에 관한 그의 분석은 이러한 주장을 따르지 못한 것으로 평가된다.

끝으로 최근 다양한 환경정의론들을 종합적으로 정리한 시도로서 로와 그리슨(Low & Gleeson, 1997)의 연구를 들 수 있다. 이들은 우리사회가 불평등을 줄이기보다는 확대시키는 방향으로 나아감에 따라 정의에 관한 의문은 여전히 정치적으로 주요한 의제로 간주되고 있으며, 특히 이 의제는 지구적 환경의 미래에 대한 인간의 위기의식 또는 공포의 증대에 의해 더욱 심각하게 부각되게 되었다고 주장한다. 이러한 점에서 그들은 윤리적 범주로서 환경정의에 관한 담론에 관심을 가지며, 특히 '총화적 담론'에 대한 포스트모던 비판에 직면하여, 정의에 관한 '보편적' 원칙들을 어떻게 재설정할 수 있는가에 대한 의문을 제기한다. 이러한 점에서, 그들은 환경정의 개념을 두 가지 측면, 즉 환경적 가치들의 정의로운 배분 즉 '환경 내(in)에서의 정의'와 인간과 자연 간의 정의로운 관계, 즉 '환경에 대한(to) 정의' 간을 구분하고 이들 간의 연계를 탐구하며, 나아가 사회적 및 환경적 담론에서 진보적 요소들의 회복을 가져올 수 있기를 바란다. 그러나 이들은 '환경 내에서의 정의'에 관한 이론들뿐 아니라 '환경에 대한 정의'에 관한 이론들에도 많은 불확실성이 내재해 있으며, 심지어 이들간에 갈등이 있다고 지적한다.

로와 그리슨은 이러한 문제점들을 벗어나서, '무엇이 인간정의와 환경정의를 연계시키는가'라는 의문을 제기하고, 보편성과 특수성의 결합 및 진보성의 회복을 강조한다. 특히 이들은 환경정의와 관련된 포스트모던 이론, 일반 환경론 그리고 시장에 관한 정치철학 등 세 가지 전통들에서의 담론이 해방과 인내, 특수성과 보편성, 그리고 자연에 대한 착취와 보전에 관한 이원론적 정치적 관행들을 조화시킬 수 있다고 주장하고, 이러한 조화를 가져올 수 있는 환경정의 이론은 퇴행적 경향이 아니라 진보적 경향을 가져야만 한다고 주장한다.

<표 4> 환경정의와 관련된 정치철학들의 진보적 경향과 퇴행적 경향

구분	녹색(환경)이론	시장이론	(에코)페미니즘과 포스트모던 이론
진보적 경향	자연과의 연계	개인 존중과 교환 자유	다원성, 다양성, 집단연대
퇴행적 경향	자연의 탈인간화	반정치주의와 권력구조의 은폐	반대의 파편화와 도덕적 상대주의

자료: Low and Gleeson(1997: 39).

이들에 의하면, 환경정의와 관련된 세 가지 정치철학들은 내재하고 있는 양경향들, 즉 진보적 경향과 퇴행적 경향에서, 전자의 입장에 따라 자연과의 연계, 개인 존중과 교환의 자유, 다원성, 다양성, 집단연대 등을 포괄하는 환경정의론을 재구성할 수 있게 된다(<표 4> 참조). 이들의 주장은 환경정의론을 진보적 입장에서 종합 또는 재구성하기 위해, 어떤 특성들이 강조되어야 할 것인가에 대해 매우 유의한 시사를 하고 있다. 또한 이들은 환경정의론을 현실세계의 두 가지 측면, 즉 '환경내에서의 정의'와 '환경에 대한 정의'로 구분하고 각 정치철학적 전통들을 평가하고자 했다는 점에서 의의를 가진다. 그러나 환경정의에 관한 이들의 범주화는 어디에 근거를 두고 있으며, 이에 내재된 원칙이 무엇인가를 밝히지 않았다. 또한 이들이 제시한 환경정의론은 많은 철학적 전통이나 주장들을 종합하기보다는 개별적으로 비평한다는 점에서 아직 어떤 체계화된 이론이라고 보기 어렵다.

2) 환경정의론의 재범주화

환경정의 이론의 발전은 기존의 철학적 및 사회이론적 전통하에서 제시된 다양한 환경정의론들을 어떻게 해석할 것인가, 그리고 이들을 어떻게 체계화 또는 종합할 것인가의 문제에서 출발한다고 하겠다. 그러나 위에서 살펴본 바와 같이, 환경정의와 관련된 기존의 논의들은 자연환경이나 인간사회 간의 관계에 초점을 두기보다는 이들을 분리된 어떤 실체들로 간주하고 이에 적용될 수 있는 어떤 이론체계 또는 원칙들을 구축하고자 했다는 점에서 문제점을 가진다. 이러한 문제 해결을 위해, 우선, 환경정의론은 자연환경과 인간사회 간의 관계들에 초점을 두어야 할 것이다. 즉 무엇보다도, 환경정의론이 인간과 자연 간의 관계와 더불어 인간들간의 관계를 포괄하며, 또한 이러한 관계들에서 물질적 연계뿐만 아니라 상징적 연계를 적절하게 포착할 수 있어야 한다는 점에서, 이 이론이 이해하고자 하는 현실 세계의 구성 범주들을 분석적으로 설정하는 것이 중요하다. 또한, 환경정의가 적용되는 각 관계들에 어떤 보편적 원칙들이 내재하며, 이러한 원칙(들)에 따라 실제 그 관계가 정의로운가 또는 그렇지 아니한가를 평가할 수 있어야 할 것이다. 따라서 이러한 원칙들은 그 관계를 매개하는 요소들에 기초해야 할 것이다. 끝으로, 이러한 환경정의론이 기존의 사회질서 또는 지배관계를 유지하기 위한 이데올로기로서 사용될 수 있는 가능성을 방지할 수 있어야 한다.

이러한 점들에 유의하여, 이 논문은 환경정의가 적용될 현실 세계의 영역을 자연자원을 매개로 한 인간들간의 관계, 노동을 매개로 한 인간과 자연 간의 물질적 관계, 그리고 상호인식(즉 승인)을 매개로 한 인간과 자연간 상징적 관계로 구분하고, 이와 관련하여 환경정의론이 포괄할 기본 범주를 분배적 정의, 생산적 정의, 승인적 정의로 설정하고자 한다.

각 범주들에서의 정의는 상호 관련되어 있지만 그 관계들에 내재되어 있는 원칙들에 근거하여 평가된다. 이러한 환경정의의 세 가지 범주들은 기본적인 관계들에 초점을 둔 것이지만, 기존의 사회정의이론들이 근거를 두고자 했던 사회의 각 영역들, 즉 사회(좁은 의미)적, 경제적, 그리고 문화적 정의가 자연을 포함할 수 있도록 확장된 것이라고 할 수 있다. 또한 각 범주의 정의의 원칙과 그 내용은 완전히 새롭다기보다는 이들에 가장 적절한 기존의 철학적 전통들의 재구성을 통해 제시될 수 있을 것이다. 이러한 주장들에 기초하여, 이 논문이 제시하는

<표 5> 환경정의의 세 가지 범주와 원칙

정의의 범주	분배적 정의	생산적 정의	승인적 정의
정의의 영역	자연자원을 매개로 한 인간들간 관계	노동을 매개로 한 인간과 자연 간 물질적 관계	상호인식(승인)을 매개로 한 인간과 자연 간 상징적 관계
정의의 원칙	필요의 원칙	노동의 원칙	담론의 원칙
사회(정의) 영역의 확장	사회 영역의 확장 (좁은 의미)	경제 영역의 확장	문화 영역의 확장
철학적 전통	자유주의적 특히 롤즈의 정의론	맑스의 정의론	니체 또는 포스트모던 정의론

환경정의론은 <표 5>와 같이 요약된다.

기존의 사회정의론들 뿐만 아니라 새롭게 재조명되고 있는 환경정의론에 있어서도, 가장 일반적으로 논의되는 범주는 물질적 자원 및 사회적 가치(명예 등)의 배분과 관련된 분배적 정의이다. 자유주의적 정의론은 기본적으로 분배적 정의에 초점을 두고 있을 뿐만 아니라, 맑스의 정의론에 관한 많은 논의와 논쟁들도 대부분 분배정의론의 입장에서 이루어지고 있다(Peffer, 1990; White, 1996). 또한 환경정의론에 관한 연구에서, 벤츠(Wenz, 1988: 11)는 그의 관심은 "우선적으로 분배적 정의의 이론들에 관한 것"이라고 천명하고 있다.

롤즈의 정의론은 앞서 지적한 바와 같이 여러 가지 문제점들을 안고 있지만, 이러한 분배적 정의에 관한 이론들 가운데 가장 세련된 것이라고 할 수 있다. 즉 그는 인간의 이해관계(즉 필요)를 충족시키는 사회적 제 가치들(즉 물질적 자원을 포함하여, 롤즈가 명명한 '일차적 재화')의 분배에 있어 모든 사람들이 특정한 이익을 취할 수 없으며 또한 자신에게 특정한 손해를 그대로 묵과할 이유도 없다는 점에서 '평등의 원칙', 그리고 만약 사회체제에 어떤 불평등이 있음으로써 그것이 단순한 평등이 주는 수준과 비교해서 모든 사람들의 처지를 보다 개선해줄 수 있는 경우, 이러한 불평등은 허용되어야 한다는 '차등의 원칙'이 어떻게 합의될 수 있는가를 설득력 있게 보여주고 있다.

이러한 분배적 정의는 자원들이 인간의 생존과 생활에 요구되는 필요의 형평적인 충족에 초점을 둔다는 점에서 중요한 의미를 가진다. 즉 인간들간의 관계는 이들의 필요를 충족시킬 수 있는 자원이나 가치들에 의해 매개되며, 이 관계에 있어 정의는 이러한 자원이나 가치들에 관한 필요가 어느 정도 형평성 있게 충족되었는가에 의해 결정될 것이다. 그러나 이와 같은 분배적 정의를 강조하는 패러다임은 여러 가지 측면들에서 문제점이 있는 것으로 지적되고 있다. '차이의 정의'를 강조하는 영(Young, 1990: ch.1)은 분배적 정의 패러다임이 분배 유형을 결정하는 사회구조적, 제도적 배경을 무시하는 경향이 있으며, 또한 분배의 개념은 비물질적·사회적 재화들이 마치 정적인 사물들인 것처럼 간주하고 사회관계 또는 사회과정에 있어 이들의 기능을 무시하는 경향이 있다고 비판한다.

뿐만 아니라 이러한 분배적 정의론이 자연생태 또는 환경문제에 응용될 경우, 여러 문제들이 파생될 수 있다. 우선 분배적 정의 패러다임은 그 자체로서 불가피하게 환경을 단순히 인간들간에 배분되어야 할 자원으로 인식한다는 점에서 비판된다(Eckersley, 1992: 9; Wissenburg, 1993). 물론 자원의 배분문제에 동(식)물도 포함시킬 수 있겠지만, 인간과 동물 간 한정된 지구자원의 배분문제 또는 인간의 필요를 위해 동물의 희생문제 등은 기존의 분배적 정의의 영역을 훨씬 능가하게 된다. 또 다른 예로, 매립장의 입지로 인한 오염의 경우 노약자들이 우선적으로 보호되면서 보통 사람들은 모두 동일하게 오염될 기회를 가진다고 할지라도, 환경정의가 이루어지는 것은 아니다. 즉 환경정의는 공해에의 단순한 노출의 형평 이상의 어떤 것을 요구하며, 이는 바로 생산의 문제와 관련된다(Heiman, 1996; Brion, 1992).

환경정의와 환경(자원의 분배적)평등 간의 관계는 단순히 의미론적 이상의 어떤 새로운 범주, 즉 인간과 자연 간의 관계에 있어서의 정의의 문제로 나아가도록 요구한다. 생태학의 연구 주제는 바로 인간과 자연 간의 관계이며, 따라서 환경정의가 이 관계에 우선적 관심을 두어야 한다는 점은 분명하다. 그러나 환경정의에 관한 기존의 논의들은 대부분 인간과 자연 간의 관계 자체에 초점을 두기보다는 이들을 각각 분리된 실체로 간주하고 이들에게 적용될 수 있는 정의의 개념을 병렬적으로 접합시키고 있다. 맑스의 저작은 이러한 문제성을 극복하고, 인간과 자연 간의 관계에 적용될 수 있는 정의의 개념이 도출될 수 있는 어떤 기반을 제시한다. 즉 맑스의 변증법적 생태학은 자연의 인간화와 인간의 자연화로 요약되며, 이러한 변증법적 상호과정을 가능하게 하는 매체로서 노동을 강조한다. 노동을 통해, 인간은 외적 자연에 행동을 가하고 이를 변형시키면서 동시에 그 자신의 본성을 변화시킨다. '노동'이 환경정의의 원칙에서 핵심적 요소가 된다는 점은 바로 이러한 매개적 역할을 담당하기 때문이라고 할 수 있다. 정의롭고 공평한 노동(즉 타자로부터 그리고 자연으로부터 소외되지 않은 노동, 상호 승인적이며 공동체적 노동)은 단순히 자연세계의 물질을 자원화하여 인간의 필요를 충족시킨다는 점에서 나아가, 자연적 인간에 내재되어 있는 역량을 실현시킴으로써 자아 발전을 가능하게 한다.

자연과의 관계에서 소외되지 않은 노동을 통한 인간의 필요 충족과 자아실현은 환경정의에서 가장 기본적인 것이라고 할 수 있으며(Tolman, 1981; Vogel, 1988; Choi, 1997), 이러한 정의의 범주는 '생산적 정의'라고 명명될 수 있다(Pruzan, 1989). 이러한 생산적 정의의 개념이 가지는 부수적 장점은 이원론적 관계 속에서 인간에 의한 '자연의 지배'라는 논제를, 인간과 자연 간의 관계 속에서 인간에 의한 '자연의 생산'이라는 논제로 대체시킬 수 있다는 점이다. 이러한 생산적 정의의 개념은 단순히 주류 자유주의적 철학이나 정치학에 기초한 분배적 정의 패러다임의 문제점들을 비판하거나 보완하는 정도가 아니라, 완전히 새로운 차원의 (환경)정의론을 구축할 수 있도록 할 것이다. 그러나 노동이 단지 물질적 생산이라는 점으로 이해될 경우, 인간과 자연 간의 관계 또는 자연의 생산에 내재된 도덕성의 문제를 개념화하기 어려우며, 또한 인간의 노동에 내재된 상호 주관적 관계 또는 개인들간의 상호인식을 이해할 수도 없을 것이다. 따라서 환경정의에 관한 적합한 이론은 분배적 정의 및 생산적 정의의 사고와 더불어, 노동 및 생산의 개념에 내재되어 있지만, 이러한 개념들(좁은 의미)로부터 직접 도출될 수 없는 상호주관적 인식, 또는 상호승인의 계기, 즉 '승인적 정의'의 사고도 포괄해야 할 것이다.

자연의 승인이라는 논제는 헤겔의 영향하에서 서술되었던 맑스의 초기 저술들에서 노동의 개념과 관련하여 주요하게 다루어졌다. 호네스(Honneth, 1995: 146)의 해석에 따르면, 그의 초기 저술들에서 맑스의 노동 개념은 "매우 규범적 의미를 가지고 있으며, 이에 따라 그는 생산행위 자체를 상호주관적 인식의 과정으로 이해할 수 있었다." 즉 맑스는 노동을 통해 경험할 수 있는 이중적 긍정－즉 자신과 타인을 통해－을 언급하면서, "생산된 대상의 거울 속에, 사람은 특정한 능력을 소유하는 개인으로서 자신을 경험할 뿐만 아니라 상호행위에서 상대방의 구체적 필요를 제공할 수 있는 자신을 이해하게 된다"는 점을 지적했다. 노동의 개념 속에서 맑스가 찾아내고자 했던 이러한 '승인'의 개념은 그 이후 자본의 분석에서는 포기되었다. 이러한 노동의 개념을 부활하는 것, 즉 상호승인을 전제로 한 노동의 중요성을 강조하는 것은 자연으로부터의 탈소외 즉 자연과의 정의로운 관계를 가능하게 할 것으로 기대된다. 현대 사상에서 이러한 승인의 개념은 하버마스의 초기 저작(홍윤기, 1982)에서 상당히 주요하게 논의되었으며, 최근 그의 자리를 이은 호네스에 의해 중요한 논제로 부각되고 있다. 그러나 그 이후 하버마스는 노동을 인간과 자연 간의 관계에만 한정시키고, 인간들간의 사회적 관계는 의사소통적 관계로 규범화시키고 있다. 다른 한편, 이 논제는 니체의 전통을 이어받은 포스트모던 정의론(Young, 1990) 또는 '다문화주의'(Taylor, 1994)와 결합되면서 큰 관심을 끌고 있다.

자연과 인간 간의 상호승인을 위한 합리적 인식(즉 생태적 합리성)은 자연적 대상들로부터 분리된 초월적 자의식의 선험적 인지 또는 주어진 자연에 의해 규정된 주체의 수동적 인정을 의미하는 것도 아

니다. 승인적 정의는 포스트모던 정의론에서 강조되는 타자성과 (문화
적) 차이, 또는 하버마스가 제시한 인간들간의 상호승인적 관계에 내
재하는 담론(또는 의사소통)의 원칙을 인정하고, 이를 인간과 자연 간
의 관계에도 적용하는 것이다. 자연과 인간 간의 정의로운 관계는 자
연과 인간 간의 관계뿐 아니라 인간 주체들간의 관계도 매개하고 있
는 노동과, 매개 대상물들간의 상호승인, 즉 자연(특히 생명)에 대한
인간의 애정 어린 배려와 인간 상호간에 존경과 신뢰를 전제로 한다.
이러한 인간과 자연 간의 (승인적) 정의의 관계는 단순히 물질적 생산
의 통제만이 아니라 문화적 생산 또는 인식의 재구성을 요청한다. 그
러나 이의 역으로 인간과 자연 간의 정의로운 관계는 단지 문화적 생
산이나 인식의 재구성만으로 이루어질 수 없으며 따라서 물질적 생산
통제 및 물질적 필요충족의 재구성을 요구한다(Fraser, 1995). 따라서,
분배적 정의, 생산적 정의, 승인적 정의는 환경정의론을 구성하는 통
합적 범주들이다. 이러한 환경정의의 세 가지 범주들을 동시적으로
만족시키는 사회는 노동과 생산이 완전히 발전한 사회, 즉 상호 주관
적 인식에 기반을 두고 자기관리적 노동(즉 탈소외된 노동)을 통하여
공동적 생산이 이루어지는 새로운 사회라고 할 수 있다.

5. 결론: 새로운 생태학과 환경정의론을 위하여

오늘날 생태학은 단순히 자연환경의 구성요소들간 관계들 및 이들
로 이루어진 생태체계들을 다루는 학문에서 벗어나, 인간과 자연 간
의 관계를 포괄하는 종합적 학문으로 새롭게 부각되고 있다. 새로운
생태학의 연구과제들은 인간과 자연환경 간의 관계, 나아가 이를 매
개로 한 인간들간의 관계의 개념적 정형화, 이 관계들에 내재된 역동
적 변화과정과 그 역사성에 관한 설명, 물질적 및 상징적 관계들에서
확인 또는 부여될 수 있는 가치와 윤리성의 이해, 그리고 새로운 미

래 사회-환경을 위한 비전 및 실천적 이념의 제시 등을 포함한다.

환경정의론은 이러한 새로운 생태학에 기초하며, 또한 그 지평을 확대시켜나갈 것으로 기대된다. 환경정의론은 한편으로 규율적 과학으로서 생태학의 이데올로기적 성격을 극복하고 다른 한편으로 당면한 생태위기에서 벗어나 새로운 인간-환경공동체를 이룩하기 위해, 인간-자연세계에 대한 진정한 이해와 더불어 우리의 실천을 안내할 가치들을 함양할 수 있어야 한다. 이러한 목적에서 환경정의에 관한 많은 논의들이 있었으며, 정의에 관한 기존의 철학적 및 사회이론적 전통들에 따라 유형화되기도 한다. 또한 다양한 이론들을 종합적으로 재정리하여 환경정의론의 이론적 토대를 재구축하려는 시도들이 있었다.

그러나 환경정의에 관한 많은 논의들은 그 이론이 적용될 수 있는 현실세계(특히 세계 내에 존재하는 어떤 사물이나 실체가 아니라 관계들)에 관한 적절한 범주화와 이 관계들에 내재되어 있는 매개 요소들로부터 도출된 원칙들을 제시하지 못했다. 이러한 문제성으로 인해 다양한 환경정의론들은 여전히 사회-환경의 통제를 위한 규율적 또는 이데올로기적 담론으로서 작동하거나 또는 이들간에 심각한 갈등이 야기됨에 따라 정의/부정의가 아니라 어떤 정의(론)를 선택할 것인가의 문제를 초래하기도 한다. 이러한 문제점들은 환경정의론이 근거하고 응용될 현실세계의 적절한 범주화와 이에 내재된 원칙들의 확인을 통해 해소될 수 있을 것이다.

이 연구는 아직 환경정의론에 관한 예비적 고찰 단계이지만, 그 기본적인 틀은 다음과 같이 요약된다. 환경정의론은 현실세계의 세 가지 관계들, 즉 노동을 매개로 한 인간과 자연 간의 물질적 관계, 자연을 매개로 한 인간들 간의 관계, 그리고 상호 인식(승인)을 매개로 한 인간과 자연 간의 관계에 근거하여, 이들 각각에 적용될 수 있는 생산적 정의, 분배적 정의, 승인적 정의를 포괄한다. 이들은 또한 이 관계들을 매개하는 노동, 필요, 및 담론들의 원칙에 근거하여 평가되는 것으로 추정된다. 환경정의의 각 범주들은 현실 세계의 각 영역들을 가지지만, 또한 동시에 서로를 전제로 하며 상호 보완적이다. 환경정의의 실현은 이러한 세 가지 영역들 또는 범주들에서의 정의 추구를 통해 이루어질 수 있다.

□ 참고문헌

고철환. 1992, 「환경문제와 생태계」, 한국공간환경연구회 편, 『한국공간환경문제의 재인식』, 한울.

문순홍. 1993, 『생태위기와 녹색의 대안』, 나라사랑.

_____. 1997, 「환경정의와 지구 윤리 참관기」, ≪환경과 생명≫ 14호.

이상헌. 1995, 「새로운 환경정의론의 모색」, 한국공간환경학회 편, 『새로운 공간환경론의 모색』, 한울.

이정전. 1988, 「소득분배의 측면에서 본 환경문제」, ≪환경논총≫ 23(3).

이창우. 1995, 「지속가능한 도시개발의 실현을 위한 도시공간의 실재론적 이해」, ≪공간과사회≫ 6호, 한울.

최병두. 1995a, 『환경사회이론과 국제환경문제』, 한울.

_____. 1995b, 「환경문제의 사회공간적 불평등」, ≪도시연구≫ 1호.

_____. 1997a, 「환경의 근대성과 탈근대성」, ≪공간과사회≫ 9호, 한울.

_____. 1997b, 「도덕성 및 정의에 관한 맑스주의적 개념의 재고찰: 환경정의론을 위한 함의의 예비적 연구」, ≪문예미학≫ 3호.

_____. 1997c, 「자연의 지배, 탈소외, 승인: 맑스주의적 생태학에서 인간과 자연 간 관계의 재고찰」, ≪도시연구≫ 3호.

戸田淸. 1994, 『環境的公正を求ぬて』, 新曜社, 김원식 역, 1996, 『환경정의를 위하여』, 창작과비평사.

Achterberg, W. 1993, "Can liberal democracy and survive the environmental crisis," in A. Dobson and P. Lucarde(eds.), *The Politics of Nature*, Routledge: London.

Alford, C. F. 1985, *Science and the Revenge of Nature: Marcuse and Habermas*, New York: Holt Rinehart & Wiston.

Almond, B. 1995, "Rights and justice in the environment debate," in D. E. Cooper and J. A. Palmer(eds.), *Just Environments: Intergenerational,*

Inter- national and Interspecies Issues, London & New York: Routledge.

Beck, U. 1986, *Risikogesellschaft: Auf dem Weg in eine andere Moderne*, Frankfurt am Main: Suhrkamp Verlag, 홍성태 역, 1997, 『위험사회: 새로운 근대(성)를 향하여』, 새물결.

______. 1995, *Ecological Enlightenment: Essays on the Politics of the Risk Society*, New Jersey: Humanities Press.

Beck, U., A. Giddens, and S. Lash. 1994, *Reflexive Modernization*, Stanford: Stanford University Press.

Bhaskar, R. 1979, *The Possibility of Naturalism: A Philosophical Critique of the Contemporary Human Sciences*, Sussex: Harvester Press.

Bordessa, R. 1993, "Geography, postmodernism and environmental concern," *The Canadian Geographer*, 37.

Bowen, W. M., M. J. Salling, K. E. Haynes, and E. J. Cyran. 1995, "Toward environmental justice: spatial equity in Ohio and Cleveland," *Annals of the Association of American Geographers*, 85(4).

Brion, D. J. 1992, "An essay on LULU, NIMBY, and the problem of distributive justice," *Environmental Affairs*, 15.

Bryant, B.(ed.). *Environmental Justice: Issues, Policies, and Solutions*, Washington D.C.: Island Press.

Buchanan, A. E. 1982, *Marx and Justice: The Radical Critique of Liberalism*, New Jersey: Rowman and Littlefield.

Bullard, R.(ed.). 1993, *Confronting Environmental Racism: Voices from the Grass- roots*, Boston: South End Press.

______. 1994, *Unequal Protection: Environmental Justice and Communities of Color*, San Francisco: Sierra Club Books.

Cheney, J. 1989, "Postmodern environmental ethics: ethics as bioregional narrative," *Environmental Ethics*, 11(2).

______. 1990, "Nature and the theorizing of difference," *Contemporary Philosophy*, 13.

Chiro, G. D. 1996, "Nature as community: the convergence of environment and social justice," in W. Cronon(ed.), *Uncommon Ground: Toward Reinventing Nature*, New York and London: W. W. Notron Co.

Choi, B-D. 1997, "Ecology and environmental justice in Marx," presented at the Inaugural International Conference in Critical Geography, 12, Aug., Vancouver, Canada.

______. 1998, "Ecology and naturalistic justice in Nietzsche," *Journal of the Korean Geographical Society*, 33(3).

Clark, N. 1997, "Panic ecology: nature in the age of superconductivity," *Theory, Culture and Society*, 14(1).

Conley, V. A. 1997, *Ecopolitics: The Environment in Poststructuralist Thought*, New York: Routledge.

Cooper, D. E. and J. A. Palmer. 1995, *Just Environments: Intergenerational, International and Interspecies Issues*, London and New York: Routledge.

Cutter, S. L. 1995, "Race, class and environmental justice," *Progress in Human Geography*, 19(1).

Davy, B. 1997, *Essential Injustice*, Wien/New York: Springer.

Deleuze, G. and F. Guattari. 1987, *A Thousand Plateaus*, Minneapolis: University of Minnesota Press.

De-Shalit, A. 1995, *Why Posterity Matters: Environmental Policies and Future Generations*, London and New York: Routledge.

______. 1997, "Is liberalism environment-friendly?" in R. S. Gottlieb(ed.), *The Ecological Community*, New York & London: Routledge.

Donner, W. 1996, "Inherent value and moral standing in environmental change," in F. O. Hampson and J. Reppy(eds.), *Earthly Goods: Environmental Change and Social Justice*, Ithaca: Cornell University Press.

Dowie, M. 1995, *Losing Ground: American Environmentalism at the Close of the Twentieth Century*, Cambridge, Massachusetts: The MIT Press.

Dryzek, J. S. 1987, *Rational Ecology: Environment and Political Economy*, Oxford: Basil Blackwell.

______. 1990, "Green reason: communicative ethics for the biosphere," *Environmental Ethics*, 12(3).

Eckersley, R. 1992, *Environmentalism and Political Theory: Toward an Ecocentric Approach*, State University of New York Press.

Edwards, B. 1995, "With liberty and environmental justice for all: the emergence and challenge of grassroots environmentalism in the

United States," in B. R. Taylor(ed.), *Ecological Resistance Movements: the Global Emergence of Radical and Popular Environmentalism*, Albany, SUNY Press.

Ferris, D. and D. Hahn-Baker. 1995, "Environmentalists and environmental justice policy," in B. Bryant(ed.), *Environmental Justice: Issues, Policies, and Solutions*, Washington D.C.: Island Press.

Fraser, N. 1995, "From redistribution to recognition? Dilemmas of justice in a 'postsocialist' age," *New Left Review*, 212, reprinted in N. Fraser, 1997, *Justice Interruptus: Critical Reflections on the Postsocialist Condition*, New York and London: Routledge.

Frodeman, R. 1992, "Radical environmentalism and the political roots of postmodernism: differences that make a difference," *Environmental Ethics*, 14(4).

Gandy, M. 1996, "Crumbling land: the postmodernity debate and the analysis of environmental problems," *Progress in Human Geography*, 20(1).

Gare, A. E. 1995, *Postmodernism and the Environmental Crisis*, London and New York: Routledge.

Geras, N. 1985, "The controversy about Marx and justice," *New Left Review*, 150.

Glacken, C. 1967, *Traces on the Rhodian Shore*, Berkeley.

Gottlieb, R. 1993, *Forcing The Spring: The Transformation of the American Environmental Movement*, Washington D.C.: Island Press.

Grundmann, R. 1991, *Marxism and Ecology*, Oxford: Oxford University Press, 박만준·박준건 역, 1995, 『마르크스주의와 생태학』, 동녘.

Habermas, J. 1971, *Theorie und Praxis*, Frankfurt: Suhrkamp Verlag, 홍윤기 역, 1982, 『이론과 실천』, 종로서적.

______. 1984, *The Theory of Communicative Action*, 2 vols., Boston: Bea- con Press.

Haila, Y. and L. Heininen. 1995, "Ecology: a new discipline for disciplining?" *Social Text*, 42.

Hajer, M. 1995, The *Politics of Environmental Discourse: Ecological Modernization and the Policy Process*, Oxford: Oxford University Press.

Hallman, M. O. 1991, "Nietzsche's environmental ethics," *Environmental Ethics*, 13(2).

Hartley, T. W. 1995, "Environmental justice: an environmental civil rights value acceptable to all world views," *Environmental Ethics*, 17(3).

Harvey, D. 1996, *Justice, Nature and the Geography of Difference*, London: Blackwell.

Hayden, P. 1997, "Gilles Deleuze and naturalism: a convergence with ecological theory and politics," *Environmental Ethics*, 19(2).

Hayward, T. 1994, *Ecological Thought: An Introduction*, Cambridge: Polity Press.

Heiman, M. K. 1996, "Race, waste and class: new perspectives on environmental justice," *Antipode*, 28(2).

Heinegg, P. 1979, "Ecology and social justice: ethical dilemmas and revolu- tionary hopes," *Environmental Ethics*, 1(4).

Hofrichter, R.(ed.). 1993, *Toxic Struggles: The Theory and Practice of Environmental Justice*, Philadelphia: New Society Publishers.

Howarth, J. M. 1995, "The crisis of ecology: a phenomenological perspective," *Environmental Values*, 4.

Jung, H-Y. 1983, "Marxism, ecology and technology," *Environmental Ethics*, 5(3).

Katz, E. 1997, "Imperialism and environmentalism," in R. S. Gottlieb(ed.), *The Ecological Community*, New York & London: Routledge.

Lafferty, W. M. and J. Meadowcroft. 1996, *Democracy and the Environment: Problems and Prospects*, Cheltenham: Edward Elgar.

Lee, D. C. 1980, "On the Marxian view of the relationship between man and nature," *Environmental Ethics*, 2.

Lefebvre, H. 1991, *The Production of Space*, London: Blackwell.

Leff, E. 1995, *Green Production: Toward an Environmental Rationality*, New York and London: The Guilford Press.

Low, N. P. and B. J. Gleeson. 1997, "Justice in and to the environment: ethical uncertainties and political practices," *Environment and Planning A*, 29.

Luke, T. W. 1995, "On environmentality: geo-power and eco-knowledge in the discourse of contemporary environmentalism," *Cultural Critique*, 31.

Luper-Foy, S. 1992, "Justice and natural resources," *Environmental Values*, 1.

Manning, R. 1981, "Environmental Ethics and Rawls' Theory of Justice," *Environmental Ethics*, 3(2).

Margarita, A. 1994, "Environmental destruction and the public sphere: On Habermas's discursive model and political ecology," *Social Theory and Practice*, 30(3).

Marx, K. 1994[1875], "Critique of the Gotha Program," in L. H. Simon(ed.), *Karl Marx: Selected Writings*, Indianapolis: Hackett Publishing.

Mathew, F.(ed). 1996, *Ecology and Democracy*, London: Frank Cass.

McIntosh, R. P. 1985, *The Background of Ecology: Concept and Theory*, Cambridge: Cambridge University Press.

Merchant, C.(ed). 1994, *Ecology: Key Concepts in Critical Theory*, New Jersey: Humanities Press.

Merrifield, A. and E. Swyngedouw(eds.). 1997, *The Urbanization of Injustice*, New York: New York University Press.

Michael, M. A. 1997, "International Justice and wilderness preservation," in R. S. Gottlieb(ed.), *The Ecological Community*, New York & London: Routledge.

Naess, A. 1977, "Spinoza and ecology," *Philosophia*, 7(1).

______. 1989, *Ecology, Community and Lifestyle*, Cambridge: Cambridge University Press.

Parsons, H.(ed.). 1977, *Marx and Engels on Ecology*, New York: Paragon House.

Peet, R. and M. Watts. 1996, *Liberation Ecologies: Environment, Development, Social Movements*, London: Routledge.

Peffer, R. G. 1990, *Marxism, Morality, and Social Justice*, Princeton, New Jersey: Princeton University Press.

Pepper, D. 1993, *Eco-Socialism: From Deep Ecology to Social Justice*, London and New York: Routledge.

______. 1984, *The Roots of Modern Environmentalism*, London: Croom Helm,

이명우 외 역, 1989, 『현대환경론』, 한길사(

Pruzan, E. R. 1989, *The Concept of Justice in Marx*, New York: Peter Lang.

Reppy, J. and F. O. Hampson. 1996, "Conclusion: liberalism is not enough," in D. E. Cooper and J. A. Palmer(eds.), *Just Environments: Intergenera- tional, International and Interspecies Issues*, London & New York: Routledge.

Reus-Smit, C. 1996, "The normative Structure of International society," in D. E. Cooper and J. A. Palmer(eds.), *Just Environments: Intergenerational, International and Interspecies Issues*, London & New York: Routledge.

Schmidt, A. 1971, *The Concept of Nature in Marx*, London: New Left Books.

Sessions, G.(ed.). 1995, *Deep Ecology for the 21st Century*, Boston: Shambhala.

Singer, P. 1988, "An Extension of Rawls' Theory of Justice to Environmental Ethics," *Environmental Ethics*, 10.

______. 1993, *Practical Ethics*, Cambridge: Cambridge University Press.

Smith, D. M. 1994, *Geography and Social Justice*, London: Blackwell.

______. 1997, "Back to the good life: towards an enlarged conception of social justice," *Environment and Planning D: Society and Space*, 15.

Smith, J. N.(ed.). 1974, *Environmental Quality and Social Justice in Urban America: An Exploration of Conflict and Concord Among Those Who Seek Environmental Quality and Those Who Seek Social Justice*, Washington D.C.: The Conservation Foundation.

Smith, M. 1993, "Cheney and the myth of postmodernism," *Environmental Ethics*, 15(1).

Smith, N. 1996, "The production of nature," in G. Robertson et al.(eds.), *Future Natural: Nature/ Science/ Culture*, London and New York: Routledge.

Szasz, A. 1994, *Ecopopulism: Toxic Waste and the Movement for Environmental Justice*, Minneapolis: University of Minnesota Press.

Taylor. C. 1994, *Multiculturalism: Examining the Politics of Recognition*, New Jersey: Princeton University Press.

Thero, D. P. 1995, "Rawls and environmental ethics: a critical examination of the literature," *Environmental Ethics*, 17(1).

Toledo, V. M. 1993, "Modernity and ecology: the new planetary crisis," *Capitalism, Nature and Socialism*, 4(4).

Tolman, C. 1981, "Karl Marx, alienation, and the mastery of nature," *Environmental Ethics*, 3.

Vogel, S. 1988, "Marx and alienation from nature," *Social Theory and Practice*, 14(3).

Watts, M. and R. Peet. 1996, "Conclusion: Towards a Theory of Liberation Ecology," in R. Peet and M. Watts, *Liberation Ecologies: Environment, Development, Social Movements*, London: Routledge.

Wenz, P. 1988, *Environmental Justice*, Albany: State University of New York.

Westra, L. and P. S. Wenz(eds.). 1995, *Faces of Environmental Racism*, London: Rowman & Littlefield Publishers.

Wissenburg, M. 1993, "The idea of nature and the nature of distributive justice," in A. Dobson and P. Lucardie(eds.), *The Politics of Nature: Explorations in Green Political Theory*, London: Routledge.

Young, I. 1990, *Justice and the Politics of Difference*, Princeton New Jersey: Princeton University Press.

Zimmerman, M. E. 1997, "Ecofascism: a threat to American environmentalism?" in R. S. Gottlieb(ed.), *The Ecological Community*, New York & London: Routledge.

■ 지은이

최병두(崔炳斗)
서울대학교 사회과학대학 지리학과 졸업
서울대학교 대학원 지리학과 졸업(석사)
영국 리즈(Leeds)대학교 지리학부 졸업(박사)
미국 존스 홉킨스(Johns Hopkins) 대학교 방문교수
현재 대구대학교 사회교육학부 지리교육전공 교수
저서: 『한국의 공간과 환경』, 『환경사회이론과 국제환경문제』
역서: 『사회정의와 도시』, 『사적 유물론의 현대적 비판』, 『자본의 한계』,
　　　『희망의 공간』 등

환경갈등과 불평등

ⓒ 최병두, 1999

지은이 | 최병두
펴낸이 | 김종수
펴낸곳 | 도서출판 한울

초판 1쇄 발행 | 1999년 9월 6일
초판 2쇄 발행 | 2002년 10월 25일

주소 | 121-801 서울시 마포구 공덕1동 105-90 서울빌딩 3층
전화 | 영업 326-0095(대표), 편집 336-6183(대표)
팩스 | 333-7543
전자우편 | newhanul@nuri.net
등록 | 1980년 3월 13일, 제14-19호

Printed in Korea.
ISBN 89-460-2660-X 93330

* 가격은 겉표지에 있습니다.